LA FLORE DE LA S

ET SES ORIGINES

Par le Dr H. CHRIST

BALE—GENÈVE—LYON

H. GEORG, LIBRAIRE-ÉDITEUR

LA

FLORE DE LA SUISSE

ET SES ORIGINES

GENÈVE. — IMPRIMERIE CH. SCHUCHARDT.

LA

FLORE DE LA SUISSE

ET SES ORIGINES

PAR

JI. CHRIST

ÉDITION FRANÇAISE TRADUITE

PAR

E. TIÈCHE

REVUE PAR L'AUTEUR

OUVRAGE ACCOMPAGNÉ DE CINQ CARTES EN COULEURS ET DE QUATRE ILLUSTRATIONS HORS TEXTE

BALE-GENÈVE-LYON

H. GEORG, LIBRAIRE-ÉDITEUR

1883

AVANT-PROPOS

Située sur la limite de l'Europe centrale et de l'Europe méridionale, la Suisse est une contrée à part qui présente sur un très petit espace les contrastes les plus saisissants et en même temps les beautés les plus harmonieuses. On chercherait en vain ailleurs, sur un territoire aussi restreint, une pareille abondance de phénomènes de tout genre. A l'exception de la mer et des steppes, toutes les formes de paysage possibles ont leur place dans le court segment de la chaîne alpine qui s'étend du Mont-Blanc au massif de l'Ortler. La nature montagneuse y déploie toute sa richesse et toute sa majesté et l'on y trouve le soleil ardent des régions du sud-ouest aussi bien que la nature plus froide et plus sévère des contrées du Nord. Des vallées traversent la montagne dans toutes les directions. Dans les plus larges, la végétation des régions chaudes et basses monte jusqu'à la proximité immédiate des glaciers; dans d'autres il règne toute la fraîcheur délicieuse des hautes vallées alpines. Au pied des chaînes secondaires s'étend un plateau élevé et couvert de collines, véritable parc aux aspects les plus riants et les plus variés, et plus favorisé qu'aucune autre partie des immenses plaines qui bordent les deux versants de la chaîne. Au pied des Alpes s'étalent des lacs qui donnent au paysage un caractère à la fois riant et sublime. Au versant sud de la chaîne, cette zone des lacs apparaît plus belle encore, car ici les pentes des grands sommets descendent en lignes plus harmonieuses jusqu'à ces magnifiques bassins aux bords desquels la nature du Midi s'étale dans toute son exubérance, surpassant même à bien des égards celle de l'Italie proprement dite. On trouve en

Suisse toutes les configurations de terrain ; tous les climats de l'Europe s'y rencontrent et y réagissent les uns sur les autres. Çà et là le climat est rude ; mais en Suisse même les climats extrêmes sont encore assez doux, comparés à ceux de l'Europe orientale. Ils sont extrêmes juste assez pour nous donner une idée de pareils climats, mais sans jamais atteindre ce degré où le froid devient hostile à l'homme au point de compromettre son existence ou sa prospérité. Tous ces climats subissent encore l'action bienfaisante du Golfstrom, laquelle se fait sentir d'une manière évidente jusque vers l'extrême limite orientale de notre pays, à tel point que, même sur nos sommets les plus élevés, la température ne descend jamais aussi bas que dans les plaines de la Russie.

Mais c'est dans la végétation de nos montagnes, du fond des vallées jusqu'aux crêtes les plus élevées, que tous ces avantages se révèlent de la manière la plus éclatante.

Grâce à la configuration si variée de notre pays, à sa situation aux portes du Midi, sur la ligne frontière de deux zones toutes différentes, notre monde végétal est d'une richesse, d'une variété surprenante.

Prenons pour exemple nos forêts. Quels contrastes n'y remarque-t-on pas? Ici, rappelant le midi, les bois de châtaigniers, où fleurit le cyclamen, où brillent les grands genêts ; là, la forêt de hêtres aux épais ombrages ; plus loin, les bosquets de mélèzes aux branches gracieuses et balancées par le vent, bosquets tout pénétrés de soleil sous lesquels s'étalent déjà les plantes des hautes Alpes ; ailleurs, sur d'immenses étendues, les forêts de sapins dans toute leur austère majesté ; ailleurs encore, rappelant les climats du nord, l'arole aux formes lourdes et massives, à l'ombre duquel l'ours vient chercher un refuge ; enfin, sur certains points des Alpes, le pin de montagne qui est un arbre des Pyrénées. Ici, la nature méridionale des côtes de la Méditerranée ; plus loin, à quelques kilomètres seulement, les représentants de la zone des grandes forêts sibériennes.

Tous ces contrastes, déjà si nombreux et si variés, le deviennent bien plus encore si l'on considère plus spécialement la végétation basse et plus rapprochée du sol : les arbrisseaux, les gazons, quelle richesse! quelle variété! Tantôt, ce sont les rochers du Valais, ornés d'*Opuntia*, d'*Iris*, de buissons d'amandiers et de figuiers et d'anémones d'un bleu foncé, des pentes donnant asile au *Bulbocodium* de l'Espagne ou tout étoilées des corolles géantes de l'*Adonis vernalis*; tantôt, quelques kilomètres plus haut, les gazons serrés des laîches et des ériophores arctiques, occupant les places marécageuses situées près des neiges éternelles ; et tout auprès la fleur blanche et diaphane de l'anémone printanière, à peine éclose au milieu des neiges fondantes et hier encore recouverte de son blanc linceul. A ces plantes sauvages, produits naturels de notre sol, vient s'ajouter le contingent des végétaux cultivés qui doivent leur existence au travail de l'homme.

L'influence exercée par le climat sur la distribution de ces végétaux, les raisons qui militent en faveur de leur indigénat dans telle ou telle contrée, les particularités qu'on remarque dans leur groupement naturel, la place qu'occupe notre monde végétal comparativement à celui qui nous entoure, les données que nous possédons sur son histoire, telles sont les questions que nous avons soulevées et cherché à résoudre dans cet ouvrage tout en décrivant à ces divers points de vue la végétation de notre chère patrie.

Ces recherches, appliquées à chaque espèce considérée isolément, dépasseraient de beaucoup les limites d'une vie humaine. Watson, il est vrai, a entrepris de décrire la flore d'Angleterre en recherchant les origines de chaque espèce; mais il ne faut pas oublier que la végétation de cette île septentrionale est bien moins variée et que la chaîne des Alpes, qui est bien certainement la partie la plus riche du continent, offre des problèmes autrement nombreux et difficiles que l'Angleterre qui n'a reçu que les derniers reflets du foyer de vitalité au centre duquel nous nous trouvons.

Nous avons cherché à résumer dans les pages qui suivent ce que trente années d'observations faites avec zèle et amour, au milieu de nos belles vallées et de nos montagnes, nous ont fourni de données dans ce magnifique et inépuisable champ d'étude.

Si l'amour que l'auteur porte à son sujet se trahit parfois trop vivement dans son ouvrage, il faut lui pardonner, car il est profondément convaincu que le Créateur a doté notre patrie des avantages les plus précieux, avantages souvent uniques, et qu'il y aurait ingratitude de sa part à ne pas donner pleinement essor à ce sentiment.

L'AUTEUR.

TABLE DES MATIÈRES

EXPLICATION DES CARTES

La *carte I* indique, d'une manière générale, d'après les renseignements de MM. Kohler, Franzoni et Brugger, la distribution de la vigne dans le territoire suisse. Nous ne donnons pas ces indications comme absolument exactes ni absolument complètes. Les teintes qui marquent la présence de la vigne annoncent aussi, presque toujours, les régions où les espèces méridionales ont immigré. On voit, à première vue, que le plant rouge se cultive de préférence dans la partie orientale et transalpine de notre pays, et le plant blanc dans la partie occidentale.

La carte indique aussi la distribution de plusieurs espèces mentionnées au chapitre I. D., appartenant particulièrement aux bassins des lacs alpins et aux vallées traversées par le fœhn, auxquelles elles donnent un caractère méridional. Plusieurs de ces espèces se retrouvent au Tessin. Elles sont originaires du midi et du sud-est.

La *carte II* indique la distribution de quelques arbres formant forêt. On remarque que le hêtre fait défaut dans les Alpes centrales et que le mélèze est confiné dans cette partie de la chaîne. Ces deux arbres s'excluent partout, à l'exception de la Suisse transalpine et de quelques districts peu étendus de Vaud et des Grisons. La carte indique aussi le peu d'extension du pin ordinaire, qui est confiné dans quelques grandes vallées fluviales ; on remarquera de même, très évidemment, qu'au sud-ouest, ainsi qu'au midi, dans la partie transalpine de la chaîne, les arbres rares et méridionaux sont fortement représentés ; ce sont en partie les mêmes espèces qui se retrouvent dans ces deux zones. On remarquera de même que sur la lisière orientale du Jura les espèces méridionales se sont avancées jusqu'à des latitudes nord relativement très élevées.

Le châtaignier se retrouve aux bords des lacs de la Suisse occidentale, ce qui caractérise bien leur climat spécial.

La *carte III* donne quelques exemples remarquables dans la distribution des plantes alpines. Remarquez le territoire singulièrement compact et serré du *Primula integrifolia*, dont la limite absolue, tant vers l'est que vers l'ouest, ne dépasse pas la superficie comprise dans la carte ; le territoire du *Senecio uniflorus*, plante du sud-ouest, du *Senecio incanus*, forme des Alpes centrales, du *S. carniolicus*, forme de l'est. Chacune de ces trois espèces se rattache à un climat spécial. On distingue aussi la distribution de l'*Androsace pubescens*, espèce de l'ouest, qui se perd insensiblement du côté de l'est. Le versant méridional de la chaîne est caractérisé par la présence du *Saxifraga cotyledon* qui, dans la zone centrale, monte très haut vers le nord. Cette plante marque aussi la limite de la flore alpine occidentale dont elle évite le climat plus sec. Le centre de sa distribution

APERÇU GÉNÉRAL

Pour embrasser dans leur ensemble les phénomènes si remarquables et si divers qui se rattachent au monde végétal de nos montagnes, de nos vallées et de nos plaines, il faut avant tout classer et grouper ces phénomènes. Au premier abord, il ne semble guère nécessaire de partager en différentes zones un territoire aussi peu considérable que celui de la Suisse, territoire qui est compris tout entier entre deux degrés de latitude sur quatre de longitude. Dans d'autres contrées bien plus étendues, et même dans la plupart de celles qui sont situées au nord des Alpes, la végétation revêt généralement, à égalité de superficie, un caractère uniforme dont elle ne s'écarte guère. Décrire la végétation des plaines de l'Allemagne du nord ou des contrées de l'ouest de la France, pour un territoire égal à celui de la Suisse, serait chose simple et facile. Sur un espace aussi restreint, le caractère général de la flore n'offrirait pas de différences essentielles, même dans les contrées accidentées.

Il en est tout autrement en Suisse. Nos Alpes, cette barrière puissante et majestueuse, quoique relativement étroite, séparent la partie nord de l'Europe tempérée des zones méridionales. C'est sur leurs flancs que se rencontrent les différents courants atmosphériques et que le climat du nord-ouest de l'Europe touche au climat si caractéristique des régions méditerranéennes. Ce sont encore les Alpes qui forment la limite entre la végétation du nord de l'Europe et de l'Asie et celle du bassin de la Méditerranée. Leurs pâturages et leurs rochers recèlent une troisième flore qui diffère de celle des deux autres régions et qui est la flore alpine. Et de même que les vallées, les fleuves, les torrents, les glaciers et les abîmes varient à l'infini l'aspect général de ces montagnes, les trois flores qui s'y rencontrent s'y présentent dans les conditions les plus différentes et les plus variées, grâce à l'influence qu'elles exercent mutuellement l'une sur

1

l'autre. Vers le nord, nous voyons le Jura se détacher des Alpes au sud de la frontière suisse et former une chaîne indépendante qui offre, bien que dans une moindre proportion, une série de nouveaux phénomènes. C'est par son entremise, pour ainsi dire, qu'un certain nombre d'espèces, appartenant à la flore montagneuse des contrées méridionales, viennent augmenter la nôtre. Le Jura forme en même temps la limite où s'arrêtent plusieurs représentants de la flore de l'ouest de l'Europe.

Dans la distribution des végétaux, ce n'est pas seulement des influences du nord et du midi qu'il faut tenir compte, mais encore de celles de l'est et de l'ouest. C'est surtout dans la chaîne des Alpes, qui se déploie de l'est à l'ouest, tout en déviant fortement vers le nord, que la flore change de caractère, selon que la contrée subit les influences de l'est ou de l'ouest. Le fond de la flore des Alpes orientales se compose, il est vrai, d'espèces qui se retrouvent dans toute la chaîne; mais il s'y joint un contingent très considérable d'espèces essentiellement orientales. La flore des Alpes occidentales est modifiée d'une manière toute semblable. C'est surtout dans la Suisse orientale que ces différences peuvent s'observer : les deux flores s'y rencontrent et la limite géographique de plus d'une espèce se trouve sur notre territoire.

Entre les Alpes et le Jura s'étend le vaste plateau parsemé de collines qu'on a nommé à tort la plaine suisse. Je dis à tort, car le niveau en est si élevé, la surface en est si mouvementée, si coupée de lacs et de vallées, que partout ailleurs qu'au pied des Alpes, cette contrée serait envisagée comme un pays montagneux ou tout au moins montueux. Ce plateau, où règne la flore de l'Europe centrale, a subi de tout temps et subit encore l'influence des montagnes qui l'environnent. Il offre par suite des particularités qui sont étrangères aux vastes plaines de l'Allemagne, et presque partout il lui manque cette flore des champs qui caractérise les plaines plus sèches de ce pays.

La flore de notre petite patrie se ressent donc de l'influence de plusieurs autres flores toutes différentes, qui la modifient dans deux directions. En suivant la ligne horizontale, on voit la flore changer d'aspect du sud au nord et de l'est à l'ouest; en suivant la ligne verticale, on voit différents climats se superposer sur les pentes de nos

Alpes et donner naissance, selon les hauteurs, à une série d'espèces toutes différentes.

Ces changements successifs que l'on remarque dans la flore, à mesure que l'on s'élève sur les hauteurs, ne consistent pas seulement en une diminution dans l'intensité de la vie végétale, ils sont encore d'une autre nature.

En montant du fond de nos vallées sur les hauteurs de nos Alpes, ou en passant des contrées tempérées à celles du nord et du cercle polaire, on trouve deux flores analogues et même une partie considérable de leurs espèces sont absolument identiques. Une ascension sur nos sommités équivaut à un voyage aux contrées du nord et dans les deux cas le contraste est également tranché.

Au pied de nos montagnes, dans les bassins de ceux de nos lacs qui s'étalent à une altitude de moins de 400 mètres, le long de la chaîne du Jura et dans la vallée du Rhin, il a pénétré comme un rayon de la richesse végétale des bords de la Méditerranée.

Plus haut, dans la zone des chaînes secondaires et sur les collines du plateau, règne la flore de l'Europe centrale et du nord de l'Asie; plus haut encore, à partir de la région des conifères, l'analogie et même l'identité qui existe entre la plupart des espèces et celles de la zone subarctique devient de plus en plus frappante.

N'oublions pas non plus l'influence très considérable qu'ont les Alpes, envisagées comme centre créateur et point de départ d'espèces particulières auxquelles elles ont donné naissance et qui leur appartiennent en propre. Nous aurons à examiner avec attention la distribution de cette flore indigène et les conditions de son existence.

Nous aurons en outre à mentionner les liens historiques qui rattachent le monde végétal de la Suisse aux époques antérieures. Les trois flores dont les territoires confinent dans notre pays correspondent à trois périodes géologiques différentes ou, pour nous expliquer plus clairement, à deux époques déjà passées et à celle où nous nous trouvons actuellement. L'époque tertiaire et l'époque glaciaire ont laissé des traces bien marquées sur notre sol : la première dans la flore méditerranéenne, la seconde dans la flore alpine. La flore des plaines de l'Europe centrale est en grande partie la création d'une troisième époque, plus récente, qui est l'époque actuelle. Cette flore renferme, il est vrai, certains mélanges qui paraissent remonter jusqu'à l'époque tertiaire.

Pour finir, nous aurons à nous occuper encore des modifications que la présence de l'homme a apportées au paysage vierge et imposant de l'Helvétie primitive.

Pour faciliter la comparaison entre la distribution des plantes, et celle des animaux qui s'y rattachent plus spécialement, nous avons mentionné chaque fois, à la suite des plantes, les lépidoptères les plus importants de nos contrées.

PRINCIPES FONDAMENTAUX

Avant d'entrer dans les détails de notre sujet, il est nécessaire de nous entendre sur quelques principes fondamentaux auxquels nous serons continuellement ramenés.

Nous parlerons du *territoire d'une flore.*

Rien n'est plus motivé que cette expression. En effet, de même que les peuples forment différentes nations, différents États qui ont leurs frontières bien arrêtées et se distinguent souvent entre eux, même entre voisins, par des contrastes très marqués ; ainsi les plantes occupent diverses régions, divers territoires souvent très distincts.

Le territoire auquel appartient la flore de l'Europe centrale est d'une immense étendue. Pour en trouver la limite orientale, il nous faudrait pénétrer jusque dans les contrées où l'Amour inférieur roule ses eaux vers l'océan Pacifique.

Les bois et les prairies offrent un aspect tout différent, selon que nous nous trouvons au centre de la Chine ou dans les contrées au nord de l'Oussouri, à l'est de la Sibérie, ou au Kamtschatka. Dans la première de ces contrées, ce sont les plantes du *territoire de la flore japonaise et chinoise* qui dominent, ce sont des espèces caractéristiques de chênes et de conifères, des bambous et des palmiers nains, des camélias et des azalées, tandis que dans les autres nous nous trouvons déjà sur le *territoire de la flore du nord de l'Asie et de l'Europe.* Là végètent, outre les espèces qui forment nos prairies, des sorbiers, des bouleaux, des sapins, des mélèzes et des aroles. Vers le sud, cette région est d'une immense étendue : elle s'étend jusqu'aux steppes du centre de l'Asie; vers l'ouest, elle s'avance jusqu'aux frontières occidentales de l'Europe, jusque dans les Alpes et même au delà, jusque dans les montagnes du bassin de la Méditerranée. Vers le nord; elle s'étend jusqu'aux froides bruyères couvertes de mousses et de lichens et ornées de plantes alpines, contrées qui forment *le territoire de la flore arctique et alpine*, laquelle se retrouve en partie sur les hauteurs de nos montagnes.

Au centre de l'Asie, la limite sud de la région du nord de l'Asie et de l'Europe est formée par *la flore des steppes*, qui manque d'arbres et ne donne naissance qu'à des arbrisseaux dépourvus de feuilles ou ne portant que des épines, à des salsolas d'un aspect grisâtre et à d'autres végétaux qui se flétrissent rapidement, tels que les chardons et les armoises. Toute cette végétation a un caractère de tristesse et de pauvreté.

Enfin, par une transition souvent très brusque, le *territoire de la flore du nord de l'Asie et de l'Europe* touche au sud-ouest à *celui de la flore méditerranéenne*, qui se distingue par ses arbres et ses arbrisseaux aux feuilles étroites, persistantes et d'un vert foncé, par ses labiées et ses cistes odoriférants.

Ce sont en première ligne les différences de climat qui fixent les limites de ces divers territoires. Les frontières qui séparent ces royaumes pacifiques sont presque toujours des frontières naturelles et font comprendre les changements climatériques qui déterminent le caractère de la végétation.

Les conditions de température et d'humidité, telles qu'elles se présentent dans le territoire de la flore de l'Europe centrale et du nord de l'Asie, sont favorables à la végétation des arbres ; aussi cette région est-elle riche en forêts et en était-elle dans l'origine entièrement recouverte. Au nord, vers le 70me degré, elle a pour limite un climat où règne un été trop court pour permettre aux arbres de se développer. Vers le sud, dans les steppes du centre de l'Asie, la sécheresse produit les mêmes effets que l'été trop court des contrées arctiques, et les forêts disparaissent également. Vers le nord, les eaux stagnantes produisent pendant la belle saison, bien courte il est vrai, toute une flore de mousses, de lichens, de laîches et d'autres herbes semblables. Vers le sud, le manque d'eau est à son comble : il règne là des vents terribles et l'été a beau être long, de toute la végétation éphémère qui recouvre un instant les prairies il ne reste bientôt que de rares végétaux formant des groupes épineux, grisâtres et du plus triste aspect.

Deux climats tout différents se rencontrent aussi sur la limite des forêts de la Chine et de celles de la Sibérie. D'un côté nous trouvons un été sec et brûlant, suivi d'un hiver long et froid ; de l'autre, des saisons plus égales et surtout un été chaud, interrompu par des pluies bienfaisantes.

Il en est de même sur les limites qui séparent la flore méditerranéenne de celle de nos plaines, limites marquées presque partout par de hautes montagnes. Là, l'été humide et frais et l'hiver rigoureux de l'Europe centrale font place à un été bien plus long et plus sec qui se change insensiblement en un hiver doux et presque sans gelées.

Nous pouvons donc constater l'influence décisive du climat sur la délimitation des différentes régions botaniques, et pourtant cette influence est bien loin de nous expliquer à elle seule les différences fondamentales qui distinguent les diverses flores.

Si dans une contrée les arbres forment la partie essentielle de la végétation, et si, dans une autre, il ne croît que des herbes de petite taille, on attribuera avec raison cette différence à celle du climat. Il en est de même quand dans telle contrée donnée on trouve des arbres au feuillage délicat et caduc, et dans telle autre des arbres au feuillage dur et persistant ; ou quand des herbes à feuilles larges et glabres font place à des herbes à feuilles étroites et pubescentes. Toutes ces différences peuvent s'expliquer par l'action d'un climat doux ou rigoureux, humide ou sec. Mais c'est en vain que nous aurions recours au climat seul pour expliquer pourquoi les chênes et les conifères de la flore chinoise et japonaise diffèrent absolument de ceux de la flore du centre de l'Europe et du nord de l'Asie ; pourquoi les sapins et les épicéas de l'Europe ne sont pas les mêmes que ceux de la Sibérie, et pourquoi encore ce sont les labiées et les cistinées qui dominent dans la région méditerranéenne, tandis que ce sont les primevères et les gentianes qui dominent dans la région alpine.

Les particularités les plus saillantes, celles qui donnent le ton, qui constituent pour ainsi dire le caractère national d'une flore, sont précisément celles qui ne peuvent en aucune manière s'expliquer par les influences du climat. Le ciel du Japon ressemble tellement à celui de plusieurs contrées méditerranéennes, que les végétaux d'un de ces pays réussissent fort bien dans l'autre, et que les camélias, les nèfles de Nipon fleurissent aussi bien sur les bords du lac de Côme que dans leur patrie. Et pourtant la structure de ces plantes

est toute différente, elles ne ressemblent en rien aux espèces de la
Méditerranée et se distinguent par des caractères si saillants, que le
botaniste expérimenté peut reconnaître avec certitude si l'herbier
qu'on lui présente est d'origine japonaise, australienne ou méditerranéenne, lors même qu'il n'aurait jamais vu les espèces dont cet
herbier se compose.

Nous arrivons donc à la définition du territoire d'une flore. C'est
une certaine étendue de pays, soumise à des influences climatologiques particulières et possédant une flore à peu près semblable. Cette
flore présente non seulement le caractère du climat, mais encore certaines particularités pour ainsi dire nationales en suite de la prédominance d'espèces, genres et familles qui ne se rencontrent que rarement ou même pas du tout dans d'autres contrées.

Chaque territoire se subdivise à son tour en une série de régions
moins distinctes et présentant entre elles une analogie beaucoup plus
grande.

Un territoire comme celui de la flore du centre de l'Europe et du
nord de l'Asie, lequel embrasse tout un hémisphère et comprend des
climats différents, se partage nécessairement en plusieurs provinces
ou régions qui, tout en se ressemblant pour le fond de la végétation,
donnent, chacune, naissance à des espèces particulières. Le climat
rigoureux de la Sibérie fait place à l'ouest de l'Europe au climat plus
doux du Golfstrom. Ce changement ne manque pas de réagir sur la
flore : c'est ainsi que le sorbier et un grand nombre de plantes herbacées se rencontrent de l'extrémité orientale de la Sibérie jusqu'à la
mer du Nord et aux Pyrénées; tandis que le chêne, le hêtre, le sapin
et l'épicéa de l'Europe occidentale ne franchissent pas les monts
Ourals.

Dans les districts les plus restreints on voit se répéter ce phénomène de la variété des espèces locales au milieu de l'unité de la
région, prise dans son ensemble. Les lois qui président à la distribution des espèces se compliquent ainsi de plus en plus et nous font
remonter à des causes premières qui sont de tout autre nature que
l'influence du climat. A mesure que les régions se rétrécissent, on
voit disparaître les différences de climat qui seraient assez fortes pour
confiner certaines espèces dans des limites aussi étroites. On peut
affirmer qu'il n'y a pas deux espèces dont les territoires soient iden-

tiques. Chaque plante est soumise, quant à sa distribution, à des lois spéciales.

Ces lois remontent à l'histoire du monde végétal dans les époques les plus reculées. Ces flores si diverses, ces espèces locales sont le résultat des changements que le sol terrestre a subis dans les périodes antérieures. Dans le cours de cet ouvrage, nous aurons à examiner les traces que ces changements ont laissées.

Outre la définition du territoire d'une flore et de ce qu'on appelle une flore locale, nous aurons à nous occuper de celle de la *végétation* ou plutôt des *formes* de la végétation.

Nous désignons du nom de végétation la couche plus ou moins puissante de substance végétale qui recouvre la terre et l'orne de verdure et de fleurs. Ici il ne s'agit plus des espèces, mais des individus, des troncs, des tiges, des groupes, des gazons. Nous aurons à parler d'une végétation riche, d'une végétation pauvre, d'une végétation d'arbres ou d'une végétation d'arbrisseaux. Il va sans dire que la flore d'une contrée peut être riche en espèces, sans que pour cela la végétation cesse d'être pauvre; c'est le cas, par exemple, quand un maigre gazon ou une bruyère se compose d'une quantité d'herbes et d'arbrisseaux d'espèces différentes. C'est surtout le cas dans la plus pauvre de toutes les régions, celle des steppes de l'ouest et du centre de l'Asie. Les deux genres si voisins des Astragales et des Oxytropis y comptent ensemble plus de mille espèces, et pourtant la végétation reste à tel point au-dessous de tout ce qu'en Europe on est habitué à voir en fait de verdure, que pendant certaines saisons on est tenté de croire au premier abord que ces plateaux sont dénués de toute végétation.

En revanche, la végétation la plus riche de nos contrées, par exemple celle d'une forêt de hêtres dans toute sa fraîcheur, est une des plus pauvres, envisagée au point de vue de la flore, car il n'y règne qu'une seule espèce qui empêche toute autre de se développer. La flore des bords de la Méditerranée, plutôt remarquable par les formes plastiques de ses végétaux que par son exubérance, compte environ 5000 espèces; cette flore est donc très favorisée, tandis que les îles de la Nouvelle-Zélande, couvertes toutes deux d'immenses et impénétrables forêts, ne possèdent guère, malgré toute leur verdure, qu'un millier d'espèces.

Il nous reste à définir encore un troisième principe.

Nous parlerons souvent du lieu d'origine, du foyer de création d'une espèce et en outre de sa distribution, de sa migration, de sa retraite et de sa disparition. Ces termes ont une valeur historique : de l'état actuel des choses, ils remontent au passé.

La distribution des espèces, telle que nous la voyons actuellement, présente les lacunes les plus singulières ; il semble parfois qu'elle ait eu lieu par bonds, ou, si l'on peut dire, par caprices. Il est rare que telle ou telle contrée qui doit être envisagée comme région distincte, présente les caractères d'une véritable unité ; d'ordinaire nous y trouvons plutôt quelque chose de rompu et d'incomplet. Non seulement il est des espèces qui passent d'un saut des pentes de l'Altaï à celles de nos Alpes, sans toucher les étendues immenses de la Russie ; mais il y en a qui s'élancent du cercle polaire jusqu'au Caucase, de là en Transylvanie et de la Transylvanie aux Pyrénées, sans toucher aux Alpes (*Carex pyrenaïca, Gentiana pyrenaïca*). On remarque aussi dans les flores locales les lacunes les plus bizarres, ainsi des espèces isolées comme des combattants refoulés par l'ennemi et séparés du gros de l'armée : témoin le *Carex vaginata,* ce dernier reste d'une espèce qui n'existe plus dans les Alpes que sur un seul point, ou encore le *Potentilla fruticosa,* plante dont le dernier exemplaire est actuellement extirpé de l'Europe centrale.

Tous ces faits nous obligent à remonter aux causes d'une pareille dispersion. Mais avant de résoudre cette question, il faut en résoudre une autre : faut-il admettre pour chaque espèce un point de départ unique, une première patrie ? On peut, sans trop de hardiesse, trancher la question affirmativement. Des considérations d'ordre systématique aussi bien que d'ordre géographique conduisent nécessairement, pour la flore et pour la faune, à l'hypothèse que, dans leurs migrations, les espèces sont parties d'un territoire unique et bien distinct qui était leur patrie, que leurs territoires se sont modifiés au contact de ceux d'autres espèces rivales, et qu'elles ont fini, en suite d'influences géologiques et de rivalités toujours nombreuses, par être confinées dans les limites actuelles, dernier résultat de transformations nombreuses et compliquées.

Le moment où cette migration a commencé se perd pour la plupart des espèces dans la nuit des temps; d'autres, comme l'*Erigeron canadensis* et les céréales, gagnent journellement du terrain sous nos yeux. On sait que des plantes de l'époque tertiaire ont vécu à Œningen et qu'elles en ont été refoulées par le climat de l'époque glaciaire et par les glaces elles-mêmes. On sait qu'après cette période elles ont reparu dans nos contrées, sous des formes toutes semblables. On sait encore qu'une partie de la flore glaciaire n'existe plus que dans le Nord, tandis qu'une autre partie s'est conservée dans les Alpes, où elle a monté du fond des vallées jusque sur les hauteurs. Il est connu aussi que la migration de plusieurs espèces, telles que le *Primula minima* et le *Gentiana punctata*, a eu lieu des Alpes vers les montagnes de l'intérieur et du nord de l'Allemagne, et que, pour certaines espèces, cette migration s'est même poursuivie jusqu'en Scandinavie (*Gentiana purpurea*), jusqu'aux monts Ourals et même au delà (*Nigritella*); tandis que d'autres plantes non glaciales sont répandues depuis le nord jusqu'au pied des Alpes (*Carex heleonastes*, *Juncus squarrosus*), et n'ont pas atteint les hauteurs. On sait enfin que ces migrations ont subi des interruptions dont les unes s'expliquent par les retours offensifs des glaces et l'adoucissement du climat qui s'est produit dans les intervalles.

Faut-il encore s'étonner si, par suite de ces nombreuses complications, les territoires sont souvent déchirés et parfois même coupés par des intervalles d'une étendue égale à celle de la chaîne des Alpes? Nous ne pensons pas y voir une raison suffisante pour abandonner l'idée d'un lieu de départ unique pour chaque espèce.

En rencontrant des espèces comme le *Campanula excisa*, qui, au Simplon et sur les montagnes voisines, entre le Tessin et le val Antigorio, a son territoire bien distinct qu'elle n'abandonne jamais et où elle est abondante, nous n'hésiterons pas à saluer ces plantes comme des espèces endémiques dont la distribution n'a pas été troublée, depuis longtemps du moins, par ces nombreuses influences qui ont brisé le cadre primitif du territoire des autres espèces.

Nous croyons avoir ainsi suffisamment éclairci les principes sur lesquels se fondent les théories de l'endémisme, des centres de création et de la migration des espèces, pour pouvoir aborder dans ses détails l'étude du monde végétal de notre patrie.

ZONES

Les différences qui se présentent dans le monde végétal, quand nous montons de la plaine à la limite des neiges, nous conduisent au principe des *zones*.

Il suffit de jeter, de loin même, un coup d'œil sur l'une des chaînes de nos Alpes, pour constater que les végétaux qui la couvrent se partagent en zones bien distinctes, aux limites fortement accentuées, et que la transition des espèces de grande taille aux menues herbes alpines n'a pas lieu insensiblement. Le vert sombre des forêts de conifères se détache également bien, en aval, du vert gai des forêts de hêtres, et, en amont, du riant tapis des pâturages. Où cesse la forêt des essences à feuilles commence la région des cultures aux limites parfaitement distinctes; tandis que peut-être une bordure d'arbrisseaux nains sépare des vastes étendues du pâturage la limite supérieure de la forêt de conifères.

Les plantes cultivées, le hêtre, les conifères, les arbrisseaux et les pâturages alpins ont tous leurs limites, tant inférieures que supérieures. Arrivé à une certaine hauteur, on passe rapidement d'une flore à une autre, ce qui se constate facilement par la présence d'espèces entièrement différentes.

Haller déjà, dans la célèbre préface de son principal ouvrage de botanique, *Commencement d'une histoire des plantes suisses* (1768), a donné un aperçu comparatif de ces zones, aperçu si vrai, si précis, si frappant, que jusqu'ici il n'a pas été surpassé. Voici ce passage, qui, dans la traduction française, ne saurait avoir l'originalité et la concision du texte latin.

« L'Helvétie renferme presque toutes les régions de l'Europe, telles qu'elles se rencontrent des extrémités de la Laponie et même du Spitzberg à l'Espagne. Voici pourquoi :

« 1° Autour des glaciers, dans les plus hautes vallées des Alpes, il règne le même climat qu'au Spitzberg, savoir : un été fort court, qui ne dure guère qu'une quarantaine de jours et qui est même interrompu par des chutes de neige. Pendant le reste de l'année, il y règne un hiver rigoureux. Voilà pourquoi l'on trouve autour des glaciers de nos Alpes la plupart des espèces que Frédéric Martens a trouvées au Spitzberg. Comme, au Spitzberg et au Groënland, ces plantes croissent sur les bords de la mer, il est clair que ce qui favorise l'existence des plantes alpines, c'est le froid et non pas la raréfaction de l'air. Dans le Nord et dans les Alpes, le froid est le même, tandis que la pression de l'air est bien différente.

« 2° Quand on quitte les glaces éternelles, on trouve les pâturages, qui sont d'abord maigres et rocheux et ne nourrissent que des moutons. Il n'y croît que de petites herbes qui sont toutes vivaces, ont presque toujours des fleurs blanches et forment de courts gazons. Le tissu des plantes est ordinairement dur, elles conservent leurs couleurs à la dessiccation et sont aromatiques, si bien que les renoncules mêmes exhalent un parfum.

« 3° Viennent ensuite des pâturages de plus en plus gras, tels qu'il les faut pour la nourriture des vaches. Les troupeaux peuvent y séjourner pendant les quarante jours où la neige a disparu, du moins de la plus grande partie du terrain. Dans cette région, il croît un grand nombre d'espèces alpines ; beaucoup de ces espèces se retrouvent aussi en Laponie, en Sibérie et au Kamtschatka, et quelques-unes sur les plus hautes montagnes de l'Asie. Ce sont les montagnes les plus élevées qui donnent naissance à la plupart de ces plantes.

« C'est dans ces pâturages que les arbrisseaux ligneux commencent à se montrer ; ce sont d'abord des genévriers et des pins aux fruits comestibles, des rhododendrons, des saules et des vacciniées.

« 4° Un peu plus bas, nous rencontrons les forêts d'épicéas, qui croissent sur les pentes des montagnes et des Alpes. Quelques-unes de ces forêts, exposées au nord, donnent aussi naissance aux plantes du nord de la Laponie et de la Sibérie : ce sont par exemple les forêts qui descendent de Pont-de-Nant jusque près du hameau des Plans (*Epipogon, Pyrola uniflora, Corallorrhiza*). Les autres renferment un certain nombre de plantes qui sont les mêmes que celles du Harz et de la Suède, et il s'y mêle des espèces particulières à la Suisse. Entre les forêts se trouvent parfois des prairies qui ont succédé aux forêts

incendiées; elles sont d'ordinaire revêtues du plus beau vert. Ici
dominent les gentianes jaunes, les vératres, le *Campanula rhomboïdalis*,
la vipérine, le stachys brun et d'autres plantes de montagne.

« 5° Vient ensuite la région montagneuse inférieure et subalpine
avec ses champs, ses prairies, ses forêts comme on les voit dans le
canton de Fribourg et dans d'autres contrées situées aux abords des
Alpes et déjà traversées par des montagnes peu élevées. D'abord, il
ne s'y trouve pas de plaines, mais seulement des groupes de collines
alternant avec des vallées. Puis on rencontre des plaines qui présentent à peu près les mêmes caractères que celles de l'Allemagne du
Nord; toutefois, elles ne sont pas sablonneuses; on y trouve des tourbières, mais celles-ci n'y sont jamais d'une aussi grande étendue.
Quelques plantes alpines se mêlent ici aux espèces communes et l'on
peut supposer qu'elles y ont été amenées par les eaux.

« 6° Vient ensuite la région de la vigne, la plaine de Bâle, de
Zurich, de la Thurgovie, de Payerne, de Vaud, de Genève et des vallées alpines. La partie la plus chaude de cette plaine rappelle la contrée d'Iéna et de l'intérieur de l'Allemagne; cependant les vignobles
ensoleillés du Léman, du lac de Neuchâtel et du Valais la surpassent
par la qualité du vin et la beauté des plantes. Dans cette région,
beaucoup d'espèces des parties les plus chaudes de l'Autriche, de la
France, de l'Italie et de l'Espagne se retrouvent dans les vallées
méridionales du Valais et de la Valteline, qui fournissent des vins
aromatiques, spiritueux et souvent violents.

« La chaleur qui règne dans ces vallées est si grande que les étrangers ont peine à y croire. A Roche, à l'approche d'un orage, j'ai vu
le thermomètre monter à 117° Fahrenheit (47,2 C.) et en 1762
il a atteint un degré plus élevé encore (140° F., soit 60° C.), alors
que je l'avais suspendu à un mur de jardin qui était à l'abri des
vents du nord.

« Enfin, les régions les plus chaudes se trouvent dans la Valteline
et dans la Suisse transalpine, à Lugano et à Chiavenna. Les plantes
qui croissent dans ces contrées sont encore peu connues, il est vrai,
mais ce sont des espèces italiennes qui manquent à l'Allemagne,
quand on n'envisage pas la Carniole et l'Istrie comme faisant partie
de l'Allemagne. »

A. Limites supérieures.

Ce n'est que plus tard que l'on a cherché à évaluer par chiffres l'étendue des différentes zones.

Après avoir parcouru la Laponie et s'y être exercé à l'observation des différents phénomènes relatifs à la distribution des plantes, le Suédois Wahlenberg visita, en 1811, le nord de la Suisse et s'avança jusqu'au Saint-Gothard. Il établit pour ce territoire les zones suivantes :

1° La plaine ou zone de la vigne montant jusqu'à 552 mètres.

2° La zone montagneuse inférieure ou zone du noyer, 633 m.

3° La zone montagneuse supérieure ou zone du hêtre, 1323 m.

4° La zone subalpine ou zone du sapin, 1478 m.

5° La zone alpine inférieure de la limite des arbres aux taches de neige inférieures, 1789 m.

6° La zone alpine supérieure ou subnivale, ou zone des taches de neige persistantes, 2112 m.

7° La zone nivale jusqu'à la limite des neiges éternelles, 2675 m.

Cette classification est juste et se base sur une exacte observation de la nature; aussi n'a-t-elle guère été modifiée dès lors; toutefois les observations de Wahlenberg ayant été complétées par d'autres et répétées dans un grand nombre de contrées, il en est résulté quelque simplification dans la distribution des zones, telles qu'il les avait établies. En outre, on est d'accord, d'après les nouvelles définitions, pour assigner à la zone alpine une extension plus grande dans le sens vertical. Le naturaliste suédois n'ayant séjourné qu'au nord des Alpes, par un été extrêmement froid et pluvieux, il est naturel qu'il ait fixé pour les Alpes des limites généralement trop basses. Déjà en 1835, Heer a réuni pour le sud-est du canton de Glaris la zone subalpine et la zone alpine inférieure en une seule zone alpine montant jusqu'à 2275 mètres. Il a de même fixé à 2762 mètres la limite entre la zone subnivale et la zone nivale. En 1871, Sendtner a augmenté pour la Haute-Bavière le nombre des zones tel qu'il avait été fixé par Wahlenberg, de quatre zones nouvelles, savoir d'une zone de la plaine supérieure (de 1200 à 1700 pieds, 390 à 552 mètres) où, dans ce pays, cesse la culture de la vigne, d'une

zone du pin de montagne (de 5300 à 6100', 1722 à 1982 mètres)
d'une zone nivale inférieure, et d'une zone des cryptogames.

Plus le champ d'observation devient étendu, plus nous voyons disparaître ces différentes particularités. Ici, c'est telle zone qui n'est
pas représentée, tandis qu'ailleurs cette même zone se confond avec
quelque autre qui y confine : avec celle du noyer, par exemple, ou
celle des arbrisseaux alpins. C'est ainsi que Rion, dans un travail lu
en 1852 dans la réunion helvétique de naturalistes, arrive à établir
pour le Valais trois zones principales. Il part en cela du principe que,
dans cette contrée, les forêts d'arbres à feuilles occupent si peu
d'étendue qu'elles ne peuvent être envisagées que dans peu d'endroits
comme formant une zone distincte. Fischer, dans un travail plus
récent sur l'Oberland bernois, arrive à un résultat semblable, mais
par des voies toutes différentes. Selon lui, le climat de l'Oberland
étant plus tempéré que celui du Valais, il en résulte que la zone
inférieure et celle du hêtre n'en forment plus qu'une.

Rion fixe comme suit les limites de ses trois zones pour le Valais :

Zone des plantes cultivées, 1263 mètres.

Zone des conifères, 2050 m.

Zone des pâturages alpins, 2750 m.

Fischer distingue dans l'Oberland :

1° La zone inférieure qui va jusqu'à la limite supérieure du hêtre,
1300 mètres.

2° La zone moyenne, jusqu'à la limite de l'épicéa, 1800 m.

3° La zone supérieure jusqu'aux cimes des montagnes sans limites supérieures.

Rien, en effet, ne fait supposer que dans nos Alpes la vie des
plantes en général et même des phanérogames soit soumise à une
limite supérieure.

Nous pouvons donc établir pour toute la Suisse quatre zones bien
distinctes et bien naturelles :

I. La *zone inférieure*, caractérisée par la culture de la vigne et des
arbres fruitiers, et, en outre, par la présence de types méditerranéens. Cette zone monte en moyenne à 550 mètres au nord des
Alpes et à 700 mètres dans la Suisse occidentale et méridionale.

II. La *zone des arbres à feuilles*, qui est plus spécialement celle du
hêtre dans le nord de la Suisse, où elle monte à 1350 mètres, et plus

spécialement celle du *châtaignier* dans la Suisse méridionale, montant jusqu'à 900 mètres.

III. La *zone des forêts de conifères*, savoir de l'*épicéa* dans le nord de la Suisse montant à 1800 m., du *mélèze* et de l'*arole* dans les Alpes centrales, montant à 2100 m. dans les Grisons et à 1800 seulement dans les Alpes du Tessin.

IV. La *zone alpine*, montant de cette dernière aux crêtes et aux sommités des montagnes. La limite des neiges peut être fixée à 2700 mètres pour la partie septentrionale des Alpes et pour le Tessin, et à 3000 mètres pour la partie méridionale des Alpes centrales. On ne peut toutefois envisager cette ligne comme marquant la limite de la région alpine dans sa partie supérieure. On verra plus loin que sur les cimes les plus élevées de nos Alpes il n'y a pas trace de limites absolues à la distribution des phanérogames. D'ailleurs, aucun chiffre n'a de valeur plus relative que celui dont on se sert pour désigner la hauteur où commencent les neiges éternelles, cette limite étant des plus variables et changeant même considérablement pendant toute une série d'années, souvent même de manière à permettre à des espaces qui, depuis plusieurs années, étaient restés sous les neiges, de se couvrir de verdure et de fleurs.

Sans remonter aux périodes géologiques, on peut affirmer que souvent ces zones avaient d'autres limites qu'aujourd'hui. Après la dernière transformation géologique, mais avant l'apparition de l'homme, les forêts d'arbres à feuilles et même celles de conifères descendaient jusque dans la plaine et la couvraient même tout entière, témoin la description que Tacite a faite des contrées du versant nord des Alpes. Ce n'est guère que dans les marais situés aux bords de nos lacs et de nos fleuves, et dans les contrées où, comme sur les rocailles arides du Valais, la nature du terrain et le climat empêchaient les forêts de s'étendre, que se distinguait une zone inférieure spéciale.

Ces forêts montaient aussi plus haut que maintenant, elles dépassaient le plateau du Grimsel à 2000 mètres. Au Simplon elles montaient même bien au delà, elles y atteignaient les hauteurs où croissent maintenant des groupes de pins aux rameaux tortus, de saules, de vernes et de rhododendrons. Léonhardi rapporte qu'au XVIIIme siècle on voyait encore à 2334 mètres, au Lago della Crocetta, sur

le versant sud de la Bernina, des troncs d'arbres au même endroit
où fleurissent maintenant le *Potentilla frigida* et le *Phyteuma pauciflorum*. L'homme a défriché les bois non seulement en les attaquant
dans la plaine, mais encore en les détruisant sur les montagnes. En
outre, la zone cultivée est sa conquête, et les changements que le
temps imprime à la montagne et qui tendent à l'abaisser de plus en
plus, sont venus se joindre à ses efforts et les ont secondés. On peut
admettre qu'avant l'apparition de l'homme, les zones atteignaient les
altitudes suivantes :

Zone inférieure des forêts (jusqu'à la limite des arbres feuillés),
1350 mètres.

Zone des conifères, jusqu'à 2000 mètres dans les Alpes centrales
et jusqu'à 2400 mètres pour le mélèze et l'arole, comme c'est encore
le cas au-dessus de *Trafoi*, sur la pente orientale du Stelvio.

Dans toute la chaîne de nos Alpes, ces limites peuvent se reconnaître aux souches des arbres qui croissaient jadis au-dessous de ces
anciennes limites supérieures, ainsi qu'à la présence des sapins isolés,
des mélèzes et des aroles qui ornent le pâturage alpin bien au-dessus de la limite actuelle des forêts. Ce qui prouve que ces arbres,
maintenant isolés, mais pour la plupart d'une belle croissance, ne
sont qu'un reste d'anciennes forêts et qu'ils vivaient autrefois au
milieu de voisins qui ne leur cédaient en rien quant à la force, c'est
leur état prospère, leur croissance régulière, ainsi que les souches
qu'après une recherche attentive l'on ne manque pas de trouver à
leurs côtés.

Au point de vue du climat, la limite de la zone cultivée, telle que
nous venons de la fixer, correspond à une température moyenne de
8,70° C., avec deux mois seulement au-dessous de zéro; celle de la
zone du hêtre, à une moyenne de 5,10°; la limite actuelle des conifères est à 2,00°, tandis que probablement elle ne montait pas
autrefois à plus de 1,30° au maximum. Dans la zone des conifères,
ou autrement dit de la limite du hêtre jusqu'aux abords de la zone
alpine, règnent des hivers où, durant cinq mois de l'année, le thermomètre descend au-dessous de zéro; plus haut, dans la zone alpine
proprement dite, les moyennes de température qui restent au-dessous de zéro embrassent jusqu'à sept mois de l'année et même plus
encore.

C'est dans les Alpes centrales que ces chiffres sont le plus élevés, ce qui est dû à l'influence des hauteurs généralement plus considérables. Dans le Tessin, les limites s'abaissent par suite de pluies plus abondantes. Nous aurons à parler de ces diverses influences.

Il ressort de la comparaison avec les contrées environnantes que nos Alpes suisses sont très favorisées au point de vue de l'étendue des zones dans les régions supérieures.

Pour les *Alpes bavaroises*, nos voisines du côté de l'est, Sendtner indique les limites suivantes :

Pour la vigne, jusqu'à 390 mètres.

Pour le hêtre, jusqu'à 1356 mètres.

Pour le sapin, jusqu'à 1722 mètres.

Pour l'arole, jusqu'à 1867 mètres.

On voit que ces limites sont considérablement plus basses qu'en Suisse, à l'exception toutefois de celle du hêtre qui, comme Sendtner le prouve, monte généralement plus haut dans les Alpes orientales que dans les chaînes occidentales qui sont plus arides. Ce n'est qu'à l'extrémité nord des Alpes bavaroises, sur les hauteurs calcaires qui touchent immédiatement au plateau bavarois, que les limites sont un peu plus élevées que celles que nous venons d'indiquer. Grisebach explique ce phénomène par l'influence du plateau qui tempère le climat, mais cela tient aussi à la sécheresse naturelle du sol calcaire.

Dans les chaînes du *Piémont et du Dauphiné*, situées à deux degrés au sud des Alpes, nous retrouvons à peu près les mêmes limites qu'au Valais. La situation plus méridionale est compensée par la configuration plus étroite des montagnes, généralement coupées de vallées profondes. Dans ces conditions, l'adoucissement du climat, qui dans l'Engadine et le Haut-Valais résulte du niveau général plus élevé, ne se fait plus sentir. Dans les Alpes méridionales il n'est plus du tout question d'une limite normale de la région des arbres, région qui ne monte pas aussi haut que le climat le permettrait, de sorte que la ligne climatérique et la limite actuelle des arbres n'y coïncident pas, comme cela a lieu en Suisse. Cela provient de la configuration trop abrupte des pentes et des déchirements excessifs de la montagne, sans parler de la destruction des forêts, qui a eu lieu sans aucun ménagement. On peut fixer la limite du hêtre à 1500 m.;

celle de l'épicéa, déjà plus rare, à 1900 m.; celle de l'arole et du mélèze à 2100 m.

Au Canigou, dans les *Pyrénées*, situées à deux degrés plus au sud, la limite du pin de montagne (*P. montana, f. uncinata*) est à 2320 m, et Martins relève expressément le fait que cette limite est normale et dépend uniquement du climat des hauteurs. Dans les Pyrénées-Orientales le sapin ne monte pas à plus de 1950 m., et le hêtre à plus de 1600 m.; dans les chaînes occidentales ce dernier arbre ne dépasse pas 1462 m. Si, dans cette contrée, la limite des forêts est considérablement plus élevée, cela est uniquement dû à la présence du pin de montagne dans sa forme élancée, de cet arbre qui monte plus haut que tous les autres, comme on peut d'ailleurs le constater dans nos Alpes, où il ne se montre plus, il est vrai, dans les hauteurs que sous sa forme inclinée et tortue.

Dès que nous nous éloignons de la chaîne des Alpes pour nous rapprocher du nord, nous voyons partout les limites s'abaisser dans une rapide progression. On peut déjà s'en convaincre dans le *Jura*.

D'après Thurmann, la zone inférieure, celle de la vigne, monte à 450 m.; la zone moyenne, où domine le hêtre, à 700 m.; la zone montagneuse, ou du sapin blanc, à 1300 m.; la zone alpine, à 1700 m. La limite du sapin est à 1400 m.

Dans cette chaîne, les forêts de sapins empêchent le hêtre de monter à sa limite supérieure; on le trouve pourtant aussi, croissant en groupes ou isolément, à une hauteur de 1800 m. et même plus haut.

Pour les *Vosges*, Kirschleger a fixé comme suit la hauteur des différentes zones, telles qu'elles se présentent dans la chaîne en général et spécialement dans la vallée de Munster.

Zone de la vigne, jusqu'à 350 m.

Zone montagneuse inférieure, arbres à feuilles : chêne, hêtre, 600 m.

Zone de la bruyère et des hêtres nains, aux rameaux tortus, rappelant le port du pin de montagne, 1366 m.

Ici, toutes les limites de hauteur restent encore au-dessous de ce qu'elles sont au Jura; ce qui s'explique par le fait que les vents et les nuages qui parcourent les Vosges leur viennent plus directement de l'Océan, et que l'altitude générale et la superficie occupée par les montagnes sont plus considérables. Il ne faut pas oublier non plus qu'elles sont situées à un degré plus au nord que le Jura. L'abaissement de la limite supérieure des conifères et la présence d'une zone spéciale d'arbrisseaux et de hêtres nains, sont dus à l'influence des vents de l'ouest. Ils sont si puissants sur le plateau des hautes Vosges, qu'à une hauteur où, dans les Alpes, les forêts de conifères commencent à se déployer dans toute leur magnificence, elles n'existent plus qu'exceptionnellement, malgré un climat plus doux, qui, dans des circonstances ordinaires, leur aurait permis d'atteindre des limites plus élevées.

Il en est à peu près de même dans la *Forêt-Noire*, où les limites sont en moyenne de 70 m. plus élevées, grâce à une étendue plus considérable des montagnes. Ici les taillis de hêtres ne forment pas de zone spéciale, et la limite des arbres est formée par l'épicéa à une hauteur de 1200 m. Cette limite est dépassée çà et là par quelques hêtres isolés, de petite taille il est vrai, mais au tronc droit et vigoureux.

Si les Vosges et la Forêt-Noire, ces chaînes où la limite des arbres est à 500 m. plus bas que dans nos Alpes, rappellent les climats septentrionaux, cela peut se dire à plus forte raison des montagnes de l'Allemagne, situées à quatre degrés plus au nord. Dans les *Sudètes* ou *Monts des Géants*, chaîne caractérisée par un grand nombre de hauts plateaux, le hêtre monte à 650 m., l'épicéa ne dépasse pas 1170 m. Au-dessus de la limite des forêts s'étend une zone occupée par le pin de montagne, zone qui monte à 1430 m. Entre la région du hêtre et celle de l'épicéa on trouve celle du bouleau qui monte jusqu'à 1267 m. et rappelle les pays du nord.

Sur les monts *Tatra*, en Hongrie, qui ont beaucoup d'analogie avec nos Alpes et ne sont situés qu'à un degré plus au nord que la chaîne des Vosges, les forêts d'épicéas atteignent déjà à 1495 m. leur limite supérieure ; le mélèze reste au même niveau ; l'arole et le bouleau montent seuls par groupes isolés à 65 m. au delà de cette limite, tandis que le hêtre disparaît déjà à 1007 m. Dans la zone alpine, le pin de montagne occupe une large zone et monte jusqu'à 1944 m. La limite des neiges est à environ 2268 m. Toutes ces limites subissent à un haut degré l'influence de la configuration de la chaîne, qui est des plus abruptes et des plus déchirées ; elles ne peuvent donc être considérées comme limites climatologiques et normales.

B. **Limites inférieures.**

Quand une plante ne trouve plus, à une certaine altitude, le minimum de chaleur solaire qu'elle exige durant sa période végétative, cette plante a atteint sa limite supérieure. Les rigueurs de l'hiver et, pour les arbres, les courants atmosphériques, la fréquence des orages et le poids des neiges, sont autant d'influences qui contribuent à l'élévation ou à l'abaissement de cette limite.

En partant du principe opposé, nous arrivons à la définition *des limites inférieures.*

Plus une contrée s'avance dans les chaudes régions, plus les limites inférieures des végétaux y deviennent nombreuses. Le petit nombre de phanérogames qui se rencontrent dans les contrées les plus reculées du cercle polaire, se trouvent toutes aux bords de l'Océan. Mais déjà au Groënland et dans la Nouvelle-Zemble les espèces des bords de la mer sont bien distinctes des espèces alpines proprement dites, et ces dernières n'y croissent qu'à une altitude de 600 m. En Laponie on voit déjà se dessiner des limites inférieures pour les arbrisseaux et les arbres. Dans les Sudètes, le pin de montagne (*Pinus montana f. Pumilio*) ne descend pas au-dessous de 1170 m.

En Italie et au midi de la France, la flore de l'Europe centrale et celle des montagnes ne commence qu'au-dessus de la zone méditerranéenne. Des arbres qui, dans nos contrées, n'ont pas de limites inférieures, comme le hêtre, le chêne, ne se rencontrent plus que bien haut dans la montagne. En Provence le hêtre apparaît pour la première fois au mont de la Sainte-Beaume et au Mont-Ventoux, à 920 m., sur le versant nord et à 1150 m. sur le versant sud.

C'est avant tout l'aridité de la région inférieure et un été long et sec qui empêchent les plantes de notre zone de franchir vers le midi une limite qui désigne en même temps le minimum d'humidité dont elles ont besoin. L'humidité devient pour les plantes alpines une condition d'existence si essentielle, qu'il est rare qu'elles survivent à un dessèchement complet du sol qui entoure leurs racines, lors même que ce dessèchement n'aurait eu lieu qu'une seule fois. Elles ne sont pas non plus organisées pour une période de végétation aussi longue que celle des plantes des régions inférieures, et pour accomplir le travail de végétation qui leur incombe pendant une année, c'est-à-dire pour traverser toutes les phases de leur existence, depuis l'éclosion du germe à la fructification, il ne leur faut guère plus de 3 à 4 mois. Exposées plus longtemps à l'humidité et à la chaleur, elles ne manqueraient pas de succomber.

Il est évident que, dans les contrées de la Suisse où les limites supérieures montent à une altitude exceptionnelle, il doit en être de même des limites inférieures. C'est ainsi que, sur le versant nord de nos Alpes, on ne peut distinguer aucune limite inférieure pour le hêtre, et, même dans le Jura, cette limite n'existe pour le sapin que sur le versant méridional. A 400 m., cet arbre y croît par groupes isolés, et ce n'est qu'à partir de 700 m. qu'il y forme des forêts de quelque étendue. A la même altitude, l'épicéa commence aussi à se montrer, mais il ne domine qu'à 1000 m.

Sur le plateau, l'épicéa descend même partout jusque dans les régions inférieures. Dans le Valais, où ces dernières occupent un bassin très chaud, beaucoup de végétaux appartenant à la flore des plaines de l'Europe centrale ne se montrent qu'à une altitude où, dans le nord de la Suisse, nous sommes déjà en pleine région montagneuse. De Saint-Maurice à Martigny, le mélèze descend jusqu'au fond de la vallée. Au centre du bassin, à Sion, nous ne trouvons cet arbre qu'à 400 m. plus haut, et avec lui toute une série de plantes, telles que le sorbier des oiseleurs, le bois gentil, la bruyère, ainsi que les espèces herbacées qui les accompagnent.

L'arole est le premier arbre qui ait dans toute la Suisse une limite inférieure bien distincte : elle est à 1600 m. pour l'Oberland bernois et ne descend pas au-dessous de 1800 m. pour le Valais et les Grisons. Pour la Haute-Bavière, Sendtner fixe la limite inférieure du mélèze à 910 m., celle de l'arole à 1531 m.

Les limites inférieures les plus élevées sont celles des plantes alpines proprement dites, qui, pour la plupart, ne commencent guère au-dessous de la limite supérieure des forêts ; à moins toutefois que la configuration abrupte des montagnes ne favorise de continuelles migrations vers les profondeurs.

Enfin, dans la zone alpine, il y a encore un groupe d'espèces nivales, spécialement chargées d'orner les plus hauts sommets et qui ne descendent guère au-dessous de 2300 m.

Nous ne manquerons pas, le moment venu, d'entrer dans plus de détails au sujet de toutes ces différences; il nous suffisait ici d'en faire une première mention pour établir le principe des zones.

ZONE INFÉRIEURE

Le caractère le plus important, le plus essentiel du monde végétal dans les régions inférieures de notre pays, c'est la présence de la *flore méditerranéenne* comme partie intégrante de celle de ces contrées. Pour avoir une juste idée de l'influence que cette flore exerce sur notre végétation, il est nécessaire d'en esquisser à grands traits les caractères généraux ainsi que les conditions d'existence.

Le territoire de la flore de la Méditerranée comprend les contrées situées autour du bassin de la mer qui porte ce nom, pour autant qu'elles jouissent du climat que nous désignons sous le nom de ciel de l'Italie, de la Grèce et de l'Espagne.

Tandis que, dans l'Europe centrale, les pluies se répartissent en quantités à peu près égales sur toute l'année et sont même très abondantes en été, une longue période de sécheresse donne aux climats des bords de la Méditerranée un cachet tout particulier. Ce caractère se révèle d'autant plus vivement dans le monde végétal, que c'est précisément pendant l'été que les pluies sont le moins abondantes.

Tandis qu'à Bâle les 3 mois d'été comptent en moyenne 44 jours de pluie et à Genève 30, il ne pleut à Nice que pendant 9,6 jours. Une période de sécheresse aussi longue pendant la saison chaude oblige pour ainsi dire les végétaux à s'accommoder à une économie qui diffère entièrement de celle des plantes de notre région où l'humidité est plus également répartie. Leur croissance est interrompue pendant l'été et se concentre sur un printemps court et pluvieux. De là vient que les arbres et les arbrisseaux sont d'ordinaire pourvus de feuilles toujours vertes, étroites et coriaces, qui se développent rapidement au premier printemps et résistent ensuite à la chaleur, à la sécheresse et à la poussière des mois d'été, grâce à leur épiderme plus tenace et à leur tissu plus épais et plus consistant. L'olivier, le myrte, le laurier-rose, le romarin sont des types de pareils végétaux. Le *Chamærops humilis*, l'unique représentant en Europe de la famille des palmiers, se rattache de même à ces espèces par la consistance et la dureté de ses feuilles.

La sécheresse de cet été sans nuages est telle que plusieurs espèces perdent toutes leurs feuilles à l'entrée de l'été, l'*Euphorbia dendroides*, par exemple, et qu'elles restent dans cet état aussi longtemps que dure la période de sécheresse, absolument comme chez nous, pendant l'hiver, la plupart des plantes perdent leur feuillage par suite du froid. Les espèces dont la tige n'est pas ligneuse fleurissent de préférence dans la période des dernières pluies qui précèdent l'été. Les herbes sont presque toutes annuelles et disparaissent au bout de peu de temps; tandis qu'en juillet et en août nos prairies sont encore en pleine floraison, le paysage méditerranéen, couvert d'une poussière amassée pendant plusieurs mois, n'est plus guère orné que de chardons, qui seuls ont survécu, grâce à la dureté de leur tige et à leur sobriété naturelle.

Outre ce caractère essentiel des pluies, inégalement réparties sur les différentes saisons de l'année, il faut mentionner encore une température moyenne annuelle plus élevée, qui se fait sentir surtout par un hiver plus doux. Quand à Bâle, en janvier, le mois le plus froid de l'année, le thermomètre ne monte pas en moyenne au-dessus de — 0°,29, à Nice il est déjà à 8°,3, ce qui allonge considérablement la période de végétation. Les plantes caractéristiques des contrées méditerranéennes trouvent donc leur limite où les gelées rendent cette période trop courte; il suffit parfois d'un degré de froid de plus pour fixer une limite fatale à la distribution d'une espèce.

A part le nord de l'Afrique, ce climat ne se montre dans toute sa pureté qu'en Sicile, dans la partie méridionale de la côte de Naples, sur le littoral espagnol, et enfin sur les bords de la mer, de Gênes aux Pyrénées, grâce à la position abritée que font à cette contrée les Alpes maritimes et les Apennins.

La moyenne de la température de Nice (d'après Teysseire dans le journal *Nice Médical*, 1er janvier 1878) peut servir de type pour un

climat essentiellement méditerranéen, tel qu'il règne sur un des
points les plus rapprochés de notre pays. Les moyennes de 28 années
(1849 à 1876) se résument comme suit :

Année.	Déc.	Janv.	Fév.	Mars.	Avril.	Mai.	Juin.
15,67	9,0	8,3	9,2	11,0	14,2	17,7	21,4

Juillet.	Août.	Sept.	Oct.	Nov.
23,9	23,6	20,6	16,8	11,9

Minimum absolu.	Maximum absolu.
—3,5	33,7

Le mois le plus froid de l'année (janvier) a une température qui,
chez nous, annonce l'approche du printemps et grâce à laquelle fleurissent déjà un certain nombre de plantes (à Bâle, le mois de mars
a 4,3, avril 10,3). La différence de température entre le mois le plus
froid et le mois le plus chaud, n'est pas de plus de 13,6 degrés, tandis qu'à Bâle (janvier —0,29, juillet 19,6) elle est de 19,8. Le minimum de la température pendant l'hiver est à Nice de 9,8 degrés
plus élevé qu'à Bâle, et, dans la règle, ce n'est que par moments que
le thermomètre descend au-dessous de zéro.

Avec une quantité de pluie de 81,1 cm., quantité à peu près égale
à celle de Schaffhouse, Nice ne compte que 64,7 jours de pluie et
208,5 jours de soleil. Dans les trois mois d'été il n'y a que 9,6 jours
de pluie, pendant lesquels il en tombe 9,7 cm.; tandis que dans les
mois d'octobre, de novembre et de décembre, la masse de pluie est
de 37,4 cm., soit de presque la moitié de celle de toute l'année.

Il s'en suit que le printemps succède à l'automne par une transition insensible et que l'été, trop sec, est la seule période pendant
laquelle la végétation est arrêtée.

En parlant du climat méditerranéen, tel que nous venons de le
décrire dans ses traits principaux, nous sommes tenté de le désigner
du nom de climat doux, et pourtant cette désignation n'est pas entièrement exacte. Sans doute, la température générale de l'année n'y
est pas sujette à des variations aussi considérables que dans le climat
de l'Europe centrale et orientale, et les degrés extrêmes que la température y atteint pendant l'été et pendant l'hiver ne sont pas si distants, par le fait que l'hiver y est de beaucoup plus chaud et que la

température de l'été n'y est guère plus élevée que dans le centre et
l'est du continent. Mais dans les limites de ce cadre plus étroit il reste
encore assez de place pour des changements même très considérables : c'est ainsi qu'à Nice et sur toute la côte, de Gênes aux Pyrénées, il règne un vent qui exerce, surtout en hiver et au printemps,
une influence des plus sensibles sur la température. C'est le *mistral*,
courant atmosphérique de nature toute locale, qui, vers la fin de
l'hiver, descend des Cévennes et des Alpes sur les plaines de la Provence, dès que celles-ci commencent à se réchauffer et que l'air raréfié monte pour faire place au courant invincible qui part de ces
froides hauteurs et se jette avec force dans le vide qui s'est formé.

Le même phénomène se présente au nord de l'Adriatique : un
vent tout semblable mais encore plus violent, la *bora*, s'y précipite
des hauteurs du Karst sur la contrée de Trieste et de Fiume. Toutefois, Grisebach a prouvé que ces vents, en apparence si froids et si
hostiles à la végétation des arbres, permettent, dans une certaine
mesure, aux plantes de la région méditerranéenne de vivre dans des
contrées plus septentrionales. Ce vent, qui souffle sans interruption
pendant plusieurs jours et même plus longtemps encore, balaie les
nuages de l'horizon et augmente ainsi considérablement le nombre
des jours de soleil. Il remplace ainsi abondamment par son influence
directe ce que l'atmosphère a perdu en se refroidissant. Aussi est-ce
précisément dans les contrées où règne la bora, sur les bords du
Quarnero, par exemple, que la flore méditerranéenne s'avance le
plus vers le nord, malgré l'âpreté relative du climat.

La physionomie générale de la flore méditerranéenne est loin
d'avoir le caractère d'exubérance que lui prêtent d'ordinaire les
habitants des contrées du nord. Nos prairies couvertes d'herbages,
nos forêts de hêtres au feuillage vert et savoureux le présentent bien
davantage. Quelle différence entre l'aspect des arbres sur les côtes
rocheuses de la Méditerranée et celui que nous leur voyons dans
notre pays. Pour trouver, dans le midi, une verdure quelque peu
riche et des plantes à larges feuilles, il faut déjà monter bien haut et
même jusque vers la limite supérieure de la zone méditerranéenne
proprement dite, dans les régions où s'élèvent les cimes puissantes
des châtaigniers. Sur les côtes tout porte l'empreinte de la sécheresse
du climat. La végétation n'en a pas moins un caractère de remar-

ble beauté, mais c'est moins grâce à l'abondance des individus qu'au
groupement pittoresque de quelques arbres aux formes plastiques et
ramassées. Les arbres indigènes qui croissent en forêt, tels que le
chêne vert et le lentisque, ont tous un feuillage de couleur brunâtre
et foncée, composé de petites feuilles. L'olivier, le végétal le plus
anciennement cultivé de cette région, n'ajoute de charme au paysage
que par l'originalité de ses formes et le gris tendre et mélancolique
de son feuillage. Le pin d'Italie, le plus noble et le plus majestueux
de ces contrées, ne croît que rarement en forêt, comme dans la *pineta*
de Ravenne; il ne croît d'ordinaire qu'individuellement ou par groupes isolés sur les points les plus saillants du paysage, dont il forme,
pour ainsi dire, le couronnement, comme Horace l'a déjà remarqué.
Un groupement plus individuel des arbres, des feuillages de couleur
plus foncée, tel est en général le caractère de cette région; aussi ne
manque-t-elle pas de fournir aux peintres quelques-uns de leurs
motifs les plus pittoresques. — Les espèces frutescentes et formant
buisson abondent dans la flore, telles sont les cistes, les genêts, les
bruyères, les buis, les labiées, l'arbousier, le chêne à cochenille, le
myrte. Ces plantes apparaissent seules en masses considérables, et
elles couvrent souvent d'immenses étendues depuis longtemps dépouillées de leurs forêts. D'ordinaire elles restent plus basses et ne
montent que rarement à hauteur d'homme. Elles sont d'une couleur
vert-brunâtre et ce n'est qu'au moment de la floraison que, par l'abondance de leurs fleurs, elles donnent au paysage des couleurs plus
vives. Les champs cultivés, où se pressent côte à côte le mûrier, le
maïs et la vigne, sont seuls d'un beau vert; mais ces cultures ne
s'étendent qu'aux parties de la contrée traversées par des eaux courantes. Les pentes et les terrasses sont presque toutes couvertes d'oliviers.

Sur les points les plus méridionaux, sur les côtes de Gênes et dans
l'est de l'Espagne, le dattier, ce palmier introduit par les Arabes,
donne déjà au paysage un caractère plus oriental. Un peu plus au
nord s'est répandue la culture de l'oranger et du citronnier qui tous
deux sont originaires de l'Inde.

Au sud-ouest de l'Europe, en Portugal, il se mêle au climat méditerranéen un élément presque tropical. Là, en effet, malgré la douceur du climat, les pluies deviennent plus abondantes, grâce à l'in-

fluence du Golfstrom qui fait retomber en eau toute l'humidité qu'il a pompée de l'Océan. De là vient que l'on y voit prospérer, même à l'état subspontané, des arbres de l'Inde et des îles Canaries qui ne résisteraient au climat d'aucune autre partie du continent.

Voyons maintenant jusqu'à quel point ce climat méditerranéen, et avec lui la flore qui le caractérise, s'avance vers nos frontières.

On aborde la région des labiées odoriférantes et à pubescence laineuse, des lentisques aux formes raides et pourtant si pittoresques, des lauriers et des oliviers au feuillage gris argenté, quand, en suivant le cours du Rhône, on entre dans la contrée située au-dessus de Montélimar (à 44°37' d'après Martins). C'est le point où la vallée se rétrécit par suite du rapprochement des Basses-Alpes d'une part, et des dernières chaines des Cévennes d'autre part. Plus au nord le climat est encore généralement celui de l'Europe centrale, tandis qu'au sud on trouve la végétation méditerranéenne. Cette transition est si frappante que le voyageur le plus indifférent ne manque pas de le remarquer, grâce à l'aspect général du paysage, à la présence d'autres plantes cultivées et à l'approche du mistral qui se révèle par des arbres au tronc incliné et des allées de cyprès plantées en guise d'abris devant les champs et les maisons. Si la transition se fait en cet endroit d'une manière si brusque et si immédiate, c'est encore un effet du mistral qui descend des hauteurs voisines des Hautes-Alpes et des Cévennes.

Mais le lecteur se demande sans doute pourquoi, au lieu de parler des parages lointains de la Provence, nous ne décrivons pas de préférence les contrées de l'Italie qui bordent nos frontières méridionales dans toute leur étendue et s'avancent par saillies profondes vers le centre de nos Alpes, comme au Val d'Ossola et au lac de Côme. Nous avons mentionné la Provence, parce que cette Italie qui s'étend au pied de nos Alpes, n'appartient pas encore, quant à sa végétation, à la zone méditerranéenne, mais plutôt, et dans presque toute son étendue, à celle de l'Europe centrale, savoir au territoire de la flore des forêts de l'Asie. Les ormes, les saules, les peupliers et les frênes du plateau suisse se retrouvent dans les plaines de la Lombardie et du Piémont; il en est de même de la plus grande partie de nos plantes herbacées. L'olivier ne prospère encore sur aucun point de la plaine lombarde; c'est en vain que nous le chercherions à Bologne et même à Ravenne; ce n'est qu'au sud de Faënza, aux confins du pays d'Ancône, que l'on aborde réellement le territoire de la flore de la Méditerranée, et encore est-elle loin de se montrer aussi riche que sur les côtes liguriennes.

Si la végétation de la Lombardie est encore celle des contrées plus septentrionales, cela s'explique en partie par le fait que les terrains cultivés y tiennent beaucoup de place et n'en laissent presque plus aux arbrisseaux et aux autres plantes sauvages, mais cela tient aussi aux particularités du climat.

Séparée des contrées méridionales par les Alpes maritimes et les Apennins, la Lombardie a des hivers plus froids et est sujette à des différences de température plus considérables. D'après Schouw, la température moyenne pendant le mois de janvier, le plus froid de l'année, descend à Milan à $+ 0°,6$, et elle est en juillet de $23,7°$, ce qui fait une différence de $23,1°$, soit de $7,7°$ plus considérable qu'à Nice. En ce qui concerne les conditions d'humidité, et surtout les pluies des trois mois d'été, le climat de la Lombardie est également bien différent de celui de la région méditerranéenne. D'après Grisebach et Schouw, la quantité de pluie qui tombe à Milan pendant l'été est de 8 pouces et demi, quantité plus considérable qu'à Nice, où, pendant le même espace de temps, elle ne monte qu'à 9,7 cm. En outre, ces 8 pouces et demi se répartissent sur 18 jours de pluie, tandis qu'à Nice l'été n'en compte que 9. Il faut aussi tenir compte du fait que la plaine de la Lombardie et du Piémont est le pays le mieux arrosé de l'Europe. Il reçoit, comme dans un grand et unique bassin, toute la richesse des eaux qui s'écoulent des Alpes. Cette abondance des eaux refroidit le climat et le sol. Celui-ci ne convient que rarement aux arbrisseaux des côtes de la Méditerranée, car ces arbrisseaux ne prospèrent que sur des rochers ou des pentes, ou du moins sur un terrain sec.

Ce n'est qu'après avoir traversé la chaîne des Apennins que nous abordons enfin le climat et la nature des régions méditerranéennes. Le dernier tunnel de la Bocchetta, que l'on rencontre sur la ligne si pittoresque de Turin à Gênes, est pour ainsi dire la porte qui ouvre sur un nouveau paysage, celui du *Midi*. Le voyageur l'attend d'heure en heure avec impatience, mais il ne le rencontre que sur le littoral. Le long de celui-ci, sur le versant sud des Apennins, cette région s'étend au delà de Gênes jusqu'au golfe toscan de Viareggio et trouve sa limite au magnifique cap de l'Argentaro. Dans l'intérieur des terres, en Toscane, on trouve bien encore l'olivier, mais il n'y acquiert plus un aussi grand développement.

Après avoir franchi les hauteurs glacées du Gothard, et nous être rapprochés des bords du lac Majeur, nous rencontrons à Bellinzone déjà, et plus encore à Locarno, les prémices de la nature italienne. Dans ces contrées nous voyons les cyprès s'élever bien au-dessus de l'enceinte des cimetières, le grenadier et le figuier se développer librement et vigoureusement, et le laurier s'élancer plus haut vers un ciel d'un azur plus foncé. Les îles Borromées, les jardins de Pallanza sont comme un avant-goût de ce que nous réservent les villas de la côte de Gênes, et la flore indigène nous révèle par ses cistes, son *Pteris cretica* et le micocoulier, la présence de représentants de la flore méditerranéenne, au pied même de nos Alpes. Mais ces espèces ne se rencontrent que par exception, et seulement dans la contrée qui forme l'étroite bordure du versant méridional de nos Alpes et orne si pittoresquement les eaux limpides de nos lacs italiens. En descendant des basses Alpes, des collines du Sotto-Cenere et de la Brianza dans la plaine immense de la Lombardie, nous voyons ces formes méridionales disparaître de nouveau et faire place à la flore ordinaire et bien connue de l'Europe centrale. Il s'y mêle pourtant quelques nouveaux éléments. Les plantes cultivées appartiennent souvent à d'autres espèces et quand il n'en est pas ainsi, elles s'y cultivent autrement. Le mûrier, le maïs, la vigne prospèrent aussi dans nos contrées; mais ces plantes y prennent des formes bien moins riches, bien moins exubérantes et moins pittoresques qu'en Lombardie. A ces végétaux vient encore s'ajouter le riz des Indes dont la présence prouve que nous sommes déjà sur la limite d'un nouveau climat.

Mais en quelle mesure cette zone méditerranéenne, que Schouw a nommée zone de De Candolle, en mémoire du célèbre naturaliste genevois, se rattache-t-elle, quant à sa flore, à la végétation de notre Suisse?

Elle s'y rattache d'une manière plus intime et plus essentielle que ne le fait supposer au premier abord l'espace considérable qui nous sépare de ses foyers principaux, c'est-à-dire de Montélimar à l'ouest, de Gênes au sud, de Faënza et de Görz à l'est.

Toute une série d'espèces plus résistantes, et par là même mieux organisées pour les migrations vers le nord, se sont avancées du territoire de cette flore jusque dans nos contrées, où elles ont élu domicile dans les stations qui leur étaient le plus favorables. Il est temps d'examiner maintenant d'une manière détaillée quelle a été l'influence de cet élément méridional qui est entré dans la composition de notre flore.

Sans même tenir compte de certaines influences spéciales, il suffit d'un coup d'œil jeté sur la carte pour reconnaître quelles sont les contrées de notre pays qui, par leur situation, sont favorables à l'existence des plantes méridionales. Ce sont avant tout plusieurs vallées qui, dans le relief de la Suisse, se distinguent par de profondes dépressions.

1. Au versant sud des Alpes nous voyons la vallée du Tessin pénétrer jusque dans l'intérieur des montagnes, soit des bords du Majeur, à 197 m., jusqu'à Biasca, situé à 297 m. C'est la partie la moins élevée du sol helvétique. Le lac de Côme est à 213 m. et la Valteline ne monte, à Tirano, qu'à 460 m. Le niveau du lac de Lugano est à 272 m.

2. Du côté du sud-ouest s'ouvre la vallée du Rhône qui commence à 375 m. au bord du lac de Genève ; elle atteint à Martigny 462 m., à Sion 497 m., et ne monte pas à Brigue à plus de 702 m.

3. Le long du Jura règne une forte dépression, la partie la plus chaude de cette région est la contrée du lac de Neuchâtel dont le niveau est à 435 m.

4. Sur le versant nord des Alpes, le lac de Thoune est à 560 m., le lac des Quatre-Cantons à 437 m., le lac de Sarnen à 473 m., le lac de Wallenstadt à 425 m. Tous ces niveaux sont moins élevés que ceux de la plus grande partie du plateau compris entre les Alpes et le Jura (Berne est à 574 m., Fribourg à 630, Saint-Gall à 864 m.).

5. Du côté du nord-ouest s'étend la vallée du Rhin, du lac de Constance, à Reichenau ; Bâle est à 248 m., Schaffhouse et le lac de Constance à 398, Coire à 504 et Reichenau à 597 m.

Le premier et le second de ces territoires se distinguent par une situation méridionale et, en même temps, par l'influence qu'y exerce la proximité de hautes montagnes. Dans tous les cinq, nous trouvons par places, et dans une mesure très inégale, il est vrai, des représentants de la flore méditerranéenne.

A. Région des lacs insubriens.

C'est sous ce nom que Gaudin a désigné notre Italie suisse qui embrasse les vallées du Tessin avec les bords de leurs lacs, la vallée de la Maira, près du lac de Còme et la partie inférieure de la vallée du Poschiavino, rameau latéral de cette grande Valteline qui, du temps de Haller, appartenait encore à la Suisse.

Ces vallées sont loin de former chacune un domaine à part, mais elles se rattachent aux Alpes vénitiennes et aux nombreuses vallées méridionales du Piémont, et forment avec celles-ci une région distincte. Cette région est aux Alpes ce qu'est à l'Himalaya cette immense contrée qui fait suite à son versant sud, et qui, tout en étant située au nord de la zone tropicale proprement dite, n'en donne pas moins naissance à une flore et à une faune qui, par leur richesse et leur exubérance, présentent au plus haut degré le caractère des tropiques.

Il en est de même sur le versant méridional de nos Alpes, où nous trouvons une variété, une richesse de formes et d'espèces que la plaine lombarde est loin de présenter, malgré sa situation plus méridionale. Le même contraste se retrouve, et bien plus saisissant, entre la flore chétive du Bengale et de la vallée du Gange et les forêts luxuriantes du Terai ou des montagnes du Népaul.

Et ce n'est pas seulement quand on descend du nord de la Suisse ou des sommets des Alpes vers les vallées du Tessin ou de la Moesa, qu'on est frappé de la richesse méridionale du versant sud de nos Alpes ; c'est aussi quand on s'en rapproche au sortir des contrées de Turin, de Milan ou de Bologne.

La région insubrienne ne confine d'aucun côté à la région méditerranéenne proprement dite, dont elle est séparée par la plaine du Pô, les Alpes méridionales et les Apennins. C'est en vain que l'on chercherait dans toute l'étendue du bassin du Pô la rose-ciste, le *Pteris cretica*, l'*Heteropogon Allionii* et le *Micromeria* des bords des lacs du Tessin : nous ne retrouvons ces espèces que sur les collines de Gênes, baignées par la mer et directement réchauffées par le sirocco. Cesati, botaniste lombard, envisage le territoire de chacun de ces lacs comme autant d'oasis qui, à l'entrée du bassin du Pô, font pressentir le Midi ; tandis qu'il se plaint de la monotonie de la plaine elle-même qui, malgré sa richesse proverbiale, fait le désespoir du botaniste.

Par le fleuve qui la traverse, la vallée du Rhône est seule reliée directement au bassin de la Provence. Toute l'étendue de pays situé au pied du versant méridional des Alpes est séparé de la zone méditerranéenne par une série de montagnes aux cimes froides et en partie couvertes de neige, et par une vaste superficie couverte de prairies fertiles et richement arrosées.

Ce n'est pas l'unique exemple en Europe d'une flore dont le territoire cesse tout à coup pour reparaître ailleurs et souvent à une distance considérable, malgré tous les obstacles qui semblaient devoir le maintenir dans d'infranchissables limites.

La région des lacs insubriens est une sorte de poste avancé qui a pénétré déjà bien avant dans un territoire étranger. Comment expliquer ce phénomène? Pour cela, étudions en premier lieu le climat de la Suisse transalpine. En ce qui concerne la température, nous constatons que ce climat ne mérite aucunement le nom de méditerranéen.

Année.	Hiver.	Printemps.	Été.	Automne.	Décembre.	Janvier.	Février.	Mars.	Avril.	Mai.	Juin.	Juillet.	Août.	Septembre.	Octobre.	Novembre.
BALE 278 m.																
9,5	1,0	9,7	17,9	9,6	0,6	10,2	2,6	4,3	10,3	11,5	16,8	19,6	17,1	15,2	8,5	3,9
BELLINZONE 229 m.																
12,5	3,1	12,7	21,7	11,5	3,9	0,9	4,6	7,4	13,3	17,5	20,7	23,2	21,3	18,9	12,0	6,8
MILAN 140 m.																
12,8	2,1	13,0	22,8	13,2	2,1	0,6	3,1	8,3	12,9	17,9	21,1	23,8	23,1	19,0	13,5	7,1
NICE.																
15,6					9,0	8,3	9,2	11,0	11,2	17,7	21,4	23,9	23,6	20,6	16,8	11,9

A Bellinzone, la moyenne de la température annuelle est de 12,5°, à Nice elle est de 15,6°. A cet égard, Bellinzone tient presque le juste milieu entre Nice et Bâle. Quant aux variations de la température, notre Suisse méridionale ne peut pas non plus se comparer au territoire de la Méditerranée. La différence entre le mois le plus chaud (juillet) et le plus froid (janvier) est de 22,3° à Bellinzone, de 19,8° à Bâle, tandis qu'à Nice elle n'est que de 13,6°.

En revanche, des étés et des hivers plus chauds révèlent d'une manière bien positive l'influence du Midi. A Bellinzone, la température moyenne est de 3,1 degrés pendant l'hiver et de 21,7 pendant l'été.

A Bâle la première est de 1,0, la seconde de 17,9°.

A Bellinzone la température moyenne monte en juillet à 23,2 ; à Bâle à 19,6. En janvier elle est de 3,9 dans la première de ces deux localités et de 0,6 dans la seconde.

Un phénomène essentiel et des plus importants pour la végétation, c'est le fait qu'à Bâle le minimum de la température est de — 13,3, à Bellinzone de — 6,8 seulement, à Locarno (en 1876 et 1877) de — 3,6 ; ce qui fait une différence de 6,5 et de 9,7°, différence bien suffisante pour éloigner de ces contrées la plupart des espèces de la flore méditerranéenne.

Le climat de la région insubrienne conserve sa douceur jusque dans la région montagneuse.

Année.	Décembre.	Janvier.	Février.	Mars.	Avril.	Mai.	Juin.	Juillet.	Août.	Septembre.	Octobre.	Novembre.	Décembre.
CASTASEGNA 700 m.													
10,0	2,2	—0,3	3,4	4,5	10,6	14,6	17,4	19,8	18,0	15,8	9,3	4,7	—8,0
BRUSIO 777 m.													
9,8	2,5	0,0	3,1	4,7	10,3	13,9	16,4	19,3	17,6	15,5	1,2	4,9	7,0
GENEROSO 1224 m. (pour 1871)													
7,6	—3,5	—3,0	1,1	2,3	6,7	9,6	10,9	17,3	15,8	11,3	5,9	0,6	
THUSIS 706 m.													
8,4	—1,1	—3,1	1,1	3,0	9,0	14,5	16,2	18,9	16,7	15,0	8,3	2,7	—15,6
AFFOLTERN 795 m.													
7,3	—1,1	—2,5	0,8	1,3	8,0	12,6	14,2	17,8	15,1	13,6	6,9	1,6	—25,5
KLOSTERS 1207 m.													
5,1	—2,6	—4,6	—1,2	—0,8	4,0	10,3	11,1	11,4	12,7	11,8	5,1	0,0	

et à la même altitude

On voit que la différence entre le minimum des montagnes du Tessin et celui de stations montagneuses du nord de la Suisse est encore plus forte que celle des stations basses, et que même la montagne, au Tessin, a un hiver de 7 à 8 degrés plus doux.

Comparons maintenant Bellinzone et Milan. La température de cette dernière station décrit une courbe de 0,9 plus forte (la différence entre le mois le plus froid et le mois le plus chaud est à Bellinzone de 22,3° et à Milan de 23,2); le mois de juillet est, il est vrai, plus chaud (23,8 au lieu de 23,2), mais l'hiver y est plus froid, témoin le mois de décembre qui compte 2,4, janvier 0,6, février 3,4, tandis qu'à Bellinzone, décembre compte 3,9°, janvier 0,9 et février 4,6. Des différences si minimes dans la température suffisent pour séparer deux flores dans un territoire situé sur leur limite climatologique.

Mais pour atteindre au fond de la question, il ne suffit pas d'avoir égard à la température seulement, il faut encore tenir compte des conditions d'humidité.

	Année. M.	Hiver. M.	Printemps. M.	Été. M.	Automne. M.
Bassin du Rhin (d'après A. Benteli).	1,137	0,188	0,271	0,371	0,303
Bassin du Tessin	1,698	0,201	0,138	0,158	0,597

	Décembre. Mm.	Janvier. Mm.	Février. Mm.	Mars. Mm.	Avril. Mm.	Mai. Mm.	Juin. Mm.	Juillet. Mm.	Août. Mm.	Septembre. Mm.	Octobre. Mm.	Novembre. Mm.
Bassin du Rhin	97,2	58,8	48,3	126,1	104,8	207,3	154,3	113,1	190,9	230,2	235,2	132,9
Bassin du Tessin	76,8	69,3	51,2	85,2	82,2	103,9	119,1	113,8	111,1	112,4	112,0	79,3

On sait que plus on se rapproche des montagnes, plus les pluies deviennent abondantes. Tandis qu'à Schaffhouse il ne tombe par année que 83 cm. et à Bâle 92 cm. de pluie, il en tombe déjà 120 à Saint-Gall, 137 à Altorf et à Gossau 165 cm. Cette dernière localité est, de ce côté des Alpes, une des plus riches en pluies.

Dans nos Alpes méridionales ces chiffres élevés sont encore dépassés. Lugano a 157 cm. de pluie, Mendrisio 167, Bellinzone 180 et la haute vallée de Misocco en a même 200 et 250 cm. Ces moyennes annuelles se rapprochent des plus élevées que l'on connaisse dans toute l'Europe.

Quel contraste avec les côtes de la Méditerranée, si pauvre en

pluies ! Et quelle analogie avec l'Inde, cette contrée où les côtes maritimes, la plaine immense et les hautes montagnes se réunissent dans
de si gigantesques proportions ! Qu'il me soit permis d'emprunter à
Grisebach la description si remarquable que Hooker, dans son *Hima-
layan journal*, fait du climat de l'Himalaya, car on peut l'appliquer à
la lettre à la Suisse insubrienne :

« Les vapeurs d'eau qui montent de l'océan Indien et qui franchissent une distance de plus de 80 milles, sans laisser tomber une
goutte d'eau sur la plaine ardente, se déversent ici sous forme de
pluies. Après avoir donné un nouvel essor à la végétation exubérante
de ces lointaines contrées, elles reprennent sous forme de torrents
impétueux leur cours vers le delta du Gange, pour s'y changer encore
en vapeurs, traverser les airs, se condenser en nuages, se résoudre de
nouveau en pluies et subir encore cette incessante transformation. »

Remplacez les plaines du Gange par celles de la Haute-Italie,
l'océan Indien par la Méditerranée et les montagnes du Népaul par
les Alpes méridionales, et vous aurez une description aussi exacte
que frappante des phénomènes qui déterminent le climat au versant
sud de nos Alpes. A Rome le nombre des jours de pluie pendant
l'été est de 15, à Florence de 17, à Milan de 18, à Nice de 9 en
moyenne. On sait que dans les vallées méridionales les orages sont
fréquents et qu'il ne se passe guère de jour où les nuages ne se résolvent quelque part en pluies. A Rome et à Nice il ne tombe en été
que 9,7 cm. de pluie.

D'après Lavizzari, le nombre des *giorni aquosi*, soit des jours de
pluie proprement dits, était à Lugano, pendant les années 1856 à
59, de 7,3 en hiver, de 15,7 au printemps, de 8,1 en été, de 13,7
en automne, soit de 45,0 par année, et à Milan de 13,3, 9,8, 11,7,
soit de 38,1 par année. Cette comparaison fait également ressortir
avec quelle puissance les Alpes absorbent l'humidité. Cette force
d'aspiration ne cesse qu'en hiver, alors que la plaine réclame sa part
des pluies et que les pentes des montagnes se dessèchent insensiblement.

Ce n'est guère que lorsque les vapeurs qui montent de la mer
retombent immédiatement sans avoir à franchir les vastes étendues
de la plaine, comme cela a lieu dans la partie sud-est de la chaîne
des Alpes, que la quantité de pluie est plus considérable encore qu'au

Tessin. Ainsi à Tolmezzo, la quantité de pluie atteint le chiffre énorme de 243,8 cm., chiffre qui n'est dépassé que sous les tropiques et dans le Portugal, contrée qui est sous l'influence immédiate du Golfstrom et du vent du sud-ouest. A Coïmbre il tombe 311,5 cm. de pluie.

Il ne faut donc pas s'étonner si, par suite de pluies aussi abondantes, le niveau du lac Majeur a haussé en 1868 de 6,67 m., tandis que, pendant le même espace de temps, celui de Constance ne s'est élevé que de 1,10 m., et si, même à Dazio, pendant le mois d'août de l'année 1878, le transit sur la route du Gothard a été interrompu pendant plusieurs jours par des pluies torrentielles.

Il va sans dire que cette abondance d'humidité qui se déverse de l'atmosphère sur les pentes si hautes et si rapides du versant méridional de nos Alpes, donne à la région insubrienne un caractère qui est loin d'être celui du littoral poudreux de la Ligurie : on y trouve, en effet, des forêts d'une richesse étonnante, de fraîches rosées et une abondance de verdure qui recouvre et embellit tout le paysage.

Pourtant la zone insubrienne a plus d'un trait de ressemblance avec le Midi, avec le territoire de la Méditerranée, sinon par la quantité de pluie, du moins par sa distribution sur les différentes époques de l'année.

Nos contrées cisalpines appartiennent à la région des pluies d'été, c'est pendant cette saison que les pluies y sont le plus abondantes ; le printemps et l'automne sont plus secs et l'hiver est la saison la plus sèche de l'année. Dans le bassin du Rhin les pluies se distribuent comme suit : été 33 %, automne 27 %, printemps 24 %, hiver 16 %. Dans la zone méditerranéenne c'est précisément l'été qui est la saison la moins pluvieuse.

Dans le bassin du Tessin il pleut beaucoup moins pendant l'été que pendant l'automne ; l'été y est à cet égard presque au même niveau que le printemps, tandis que l'hiver descend considérablement au-dessous des trois autres saisons (été 27 %, automne 35 %, printemps 26 %, hiver 14 %).

Ces chiffres prouvent que l'été est une saison privilégiée. Nous savons tous par expérience que, pendant cette saison, les Alpes sont presque continuellement enveloppées de nuages et que les pluies y sont fréquentes. Nous nous étonnons que les touristes étrangers choisissent de préférence cette saison pour leurs voyages; tandis que pendant l'automne l'air est incomparablement plus pur, le temps plus sec, les jours plus clairs, et au point de vue de la jouissance esthétique, infiniment préférables à ceux de l'été. Il en est tout autrement au Tessin. C'est au fort de l'été que les beaux jours sont le plus nombreux. D'après Benteli, il tombe encore en mai dans le bassin du Tessin 207,3 cm. de pluie, tandis qu'en juin il n'en tombe que 154,3 et en juillet 113,1 seulement. En août, ce chiffre monte à 190,9. Dans le bassin de la Reuss la quantité de pluie monte graduellement; elle est en mai de 138,1, en juin de 143,1, en juillet de 147,1, pour monter en août à 202,1. Il en est de même dans le bassin de la Simmen (mai 114,1, juin 145,9, juillet 158,5, août 176,6).

Quelle influence ne doivent pas exercer sur la végétation ces étés plus beaux et moins pluvieux, toujours accompagnés d'une si grande chaleur et d'une si forte insolation.

Il faut aussi tenir compte d'un autre fait. Dans nos contrées les brouillards et les nuages couvrent souvent le ciel pendant des semaines entières, sans se résoudre en pluie. De l'autre côté des Alpes, les vapeurs dont l'atmosphère est chargée se résolvent en pluies torrentielles, mais aussitôt après le soleil reparaît et les jours brumeux sont rares. De là vient aussi que l'influence du soleil est plus vive et plus puissante. Le climat réunit donc admirablement ces deux avantages, des pluies très abondantes et un très grand nombre de jours de soleil.

En comparant les chiffres qui résument les observations faites dans une station cisalpine, celle de Bâle, par exemple, et ceux relatifs à la station de Lugano, on voit que l'avantage est du côté du Tessin, et cela dans les proportions suivantes :

	Décembre.	Janvier.	Février.	Mars.	Avril.	Mai.	Juin.	Juillet.	Août.	Septembre.	Octobre.	Novembre.	Décembre.
Lugano	4,8	4,6	4,6	5,1	4,1	5,0	4,8	4,8	3,9	4,1	4,3	5,5	4,7
Bâle	7,0	6,9	7,0	6,9	5,7	5,7	5,6	4,8	5,2	4,5	6,8	7,7	6,1

Ces chiffres résument 12 années d'observations (1864-75) et indiquent en moyenne combien le dixième de l'étendue du ciel était couvert de nuages. Plus les chiffres sont bas, plus la clarté du ciel était grande. C'est à l'hiver que l'avantage revient, surtout à Lugano : on y compte pendant cette saison plus de jours de soleil que pendant notre été. En été le ciel y est également plus clair qu'au nord de la Suisse; seul, le mois de juillet est sur la même ligne dans les deux stations. Juin et août accusent une notable différence en faveur de Lugano.

Ce n'est qu'en examinant de plus près les indications données par le tableau à la page 30, au sujet des masses de pluie, que nous arrivons à nous rendre compte de la portée des chiffres ci-dessus. En juin, les pluies dépassent au Tessin de 35 mm. celles de la Suisse septentrionale; en août, la différence est de 49 mm. Ce n'est qu'en juillet que la quantité est la même pour les deux contrées (113 mm.). On voit donc que, malgré des pluies considérablement plus abondantes, les jours de soleil n'en sont pas moins plus nombreux; le climat a donc pendant l'été quelque chose d'extrêmement favorable, malgré la grande proximité des Alpes, qui, comme le remarque Wahlenberg dans un latin original, « jouissent ou plutôt *souffrent* d'une atmosphère d'une humidité inouïe. »

En 1877 la moyenne de la clarté du ciel n'était que de 4,2. Mais il vaut mieux encore ne pas nous contenter de moyennes, faisons un pas de plus et voyons quel est le nombre des jours entièrement beaux et des jours entièrement couverts, d'après les données fournies en 1874 par notre institut météorologique.

	Année.		Déc.		Janv.		Févr.		Mars.		Avr.		Mai.		Juin.		Juil.		Août		Sept.		O.t.		Nov.	
	beaux.	cout.	b.	c.	b.	c.	b.	c.	b.	c.	b.	c.	b.	c.	b.	c.	b.	c.	b.	c.	b.	c.	b.	c.	b.	c.
Lugano	139	75	6	13	19	3	13	9	15	4	11	9	9	6	7	6	8	3	11	5	11	4	12	8	11	5
Affoltern C. de Berne	111	91	17	2	9	6	8	6	8	12	9	8	10	5	9	3	7	9	8	10	6	10	8	13	12	7

On a omis dans ce tableau tous les jours qui ont un caractère douteux, qui montrent un ciel couvert sur un espace de deux à huit dixièmes de son étendue. Outre la différence annuelle de 28 jours de soleil en faveur de Lugano, ces chiffres indiquent clairement la marche de la température. Après un printemps bien plus favorable, les mois de mai et de juin ont, au Tessin, des pluies plus abondantes que dans le nord de la Suisse; en revanche, le mois de juillet y est déjà plus beau, et le mois d'août. qui, à Affoltern, est plus nuageux que ceux d'avril, de mai, de juin et même d'octobre et de novembre, accuse à Lugano 14 jours de soleil et 5 seulement de pluie. Il n'est dépassé, pour la clarté du ciel, que par deux autres mois, ceux de janvier et de mars. L'influence prolongée du soleil pendant l'été, combinée avec l'immense quantité d'humidité contenue dans le sol, produit au Tessin cette végétation merveilleuse. Les eaux y sont aussi plus abondantes que dans aucune contrée de l'Europe et le soleil d'une puissance tout italienne.

Comparons maintenant le nombre des beaux jours dans la plaine lombarde et dans la zone insubrienne :

	Année.	Hiver.	Printemps.	Été.	Automne.
Beaux jours à Lugano	212,0	51,0	46,0	62,5	49,5
Beaux jours à Milan	179,3	36,3	45,2	55,8	42,0

Ces chiffres, qui résument les observations faites par Cantoni pendant les années 1856 à 1859 et nous ont été communiqués par Lavizzari, montrent combien les contrées situées au versant sud des Alpes sont plus favorisées que celles des plaines du Pô où, pendant l'hiver aussi bien que pendant l'été, règnent parfois d'épais brouillards.

N'oublions pas non plus un fait qui est de nature à favoriser les espèces du midi. Un relief quelque peu exact de la Suisse montre à première vue que la chaîne des Alpes méridionales émerge pour ainsi dire d'un seul jet des profondeurs du bassin du Pô.

Cet immense rempart est à l'abri des vents du nord-est qui se brisent aux chaînes orientales et les rayons du soleil le frappent directement et dans toute leur plénitude. Il en résulte une puissance d'insolation comparable à celle que nous recherchons avec soin pour ces arbres aux fruits rares, ces vignes délicates que nous faisons croître en espaliers aux murs abrités et exposés au soleil.

Comme nous l'avons déjà remarqué, la chaîne des Alpes arrête les vents du nord; mais il ne faut pas oublier non plus l'abri que forme une autre barrière, moins élevée, il est vrai qui brise ces vents froids dus à des influences toutes locales, ces föhn méridionaux ou ces vents qui prennent naissance trop près des neiges éternelles. Cette autre barrière est formée, comme Martins le remarque, par les coteaux situés à l'issue des vallées autour des rives des lacs, coteaux qui protègent celles-ci contre les courants plus froids qui descendent des montagnes. La zone insubrienne, dans sa partie la plus remarquable, est en effet bordée du côté des Alpes de plusieurs chaînes de collines de hauteur moyenne, sans parler de l'influence considérable qu'exercent les nombreux miroirs des lacs sur les pentes qui les dominent. En parlant de nos lacs cisalpins, nous verrons qu'ils contribuent à adoucir les rigueurs de l'hiver et surtout à prévenir les gelées par l'évaporation qui se produit à leur surface, et, en outre, qu'ils adoucissent la température par la reverbération des rayons solaires.

Le rayonnement de chaleur qui se produit sur la surface de l'eau est en lui-même beaucoup moins considérable que celui qui se produit à la surface du sol; en outre, l'évaporation continuelle s'oppose d'une manière efficace à ce que ce rayonnement ait lieu dans le vide et refroidisse en conséquence la surface des eaux et les rives des lacs. Ces vapeurs absorbent la chaleur de l'eau et la communiquent aux rives. Grâce à cette influence, les plantes du Midi sont protégées en hiver contre leur ennemi le plus terrible, le refroidissement subit pendant la clarté des nuits d'hiver. Durant ces nuits, le sol se refroidit à tel point par le rayonnement que, d'après Martins, tandis qu'à Montpellier, à 49 mètres au-dessus du sol, l'air a une température de — 1,0°, il règne à 0,5 mètres au-dessus de la surface de la terre un froid de — 5,7°. C'est grâce à l'influence bienfaisante de l'évaporation des lacs que, comme Martins le fait observer, les arbres des contrées subtropicales peuvent se cultiver dans les îles Borromée, dans les jardins des frères Rovelli à Pallanza et, en général, sur les bords de nos lacs insubriens.

Ensuite de ces diverses données, il nous est possible de résumer les caractères essentiels du climat dans la zone insubrienne. C'est une région qui ne présente pas le caractère des contrées méditerranéennes en tant que celles-ci se distinguent par une température annuelle plus égale, par des hivers plus chauds et des étés secs. En revanche, les hivers insubriens sont bien moins froids que ceux des pays situés au nord des Alpes, et, par des pluies moins fréquentes, les étés se rapprochent de ceux du midi. A ces caractères s'ajoutent encore un ciel clair, une forte insolation, une situation à l'abri des vents du nord-est, une humidité presque sans exemple, des eaux

abondantes formant une série ininterrompue de grands et magnifiques lacs qui contribuent eux-mêmes, chacun pour sa part, à adoucir
le climat de leurs rives.

Les avantages et les beautés de contrées éloignées et diverses se
fondent dans cette nature en une harmonieuse unité que l'on retrouverait difficilement ailleurs sur le continent.

Faut-il s'étonner si, dans ces circonstances et dans un pays où
le relief est d'une beauté sans pareille, le paysage du Tessin, avec ses
lacs aux golfes nombreux et les croupes élégantes de ses montagnes,
exerce une si puissante attraction? A la magnificence de la végétation, à la majesté des montagnes, à la sérénité des lacs, vient s'ajouter la transparence d'un ciel qui prête à ce coin de terre déjà si privilégié une magie de tons qui ne se voit nulle part ailleurs.

Lavizzari, bien qu'accoutumé dès son enfance à ce jeu de reflets
et de nuances, trouve à peine des paroles pour exprimer le ravisse-
ment qu'il a éprouvé lors d'un coucher de soleil à Gandria sur les
rives du lac de Lugano. Voici la description qu'il fait de ce spectacle: «Un moment d'une beauté incomparable et qui remplit l'âme
d'admiration, c'est celui où le soleil se rapproche de l'horizon. Des
nuages d'un rouge pourpré forment une auréole autour de l'astre
qui décline; une lueur dorée glisse sur la surface du lac et de la
terre. Les cimes flamboient pour s'envelopper bientôt dans de sombres voiles. La pyramide solitaire du Salvatore s'élève de la surface
brillante du lac et projette au loin son ombre, terminant ainsi la fête
d'un beau jour. »

Tyndall, dans sa magnifique description du passage du Weissthor,
parle avec enthousiasme du jeu magique des nuances qui se voient
par un beau matin dans la haute vallée d'Anzasca, qui ressemble
encore en tout point aux contrées de notre Tessin. Ces teintes de
pourpre et de violet, tantôt pâles, tantôt foncées, donnent à toute la
nature un éclat en quelque sorte surnaturel. Le célèbre physicien suppose l'existence d'un fluide spécial qui, dans ces contrées, pénétre-
rait l'air et prêterait au paysage ces admirables teintes.

Le secret de cette beauté gît précisément dans ce concours intime
d'un soleil méridional, d'un ciel transparent et d'une abondante
humidité.

Ces influences se font sentir jusque dans la région montagneuse.

Je me souviendrai toujours avec bonheur d'un coucher de soleil qui,
après un orage impétueux, illuminait les hauteurs abruptes et dénudées de la haute Maggia et leur prêtait des teintes éclatantes, d'un
rouge flamboyant et pourtant si transparentes que les montagnes
elles-mêmes étaient comme diaphanes.

Dans ce pays, de pareils spectacles se répètent sous mille formes
différentes, et toujours d'une égale beauté, ils lui donnent un cachet
de perfection qui ne se retrouve nulle part dans cette mesure. Dans
quelle autre partie de l'Italie trouvons-nous, dans une si parfaite
harmonie, de vastes surfaces d'eau, des forêts profondes et de hautes
montagnes, le tout exposé à un chaud soleil?

Mais il est temps de tourner nos regards vers la végétation qui
couvre cette région inférieure des lacs et des vallées du Tessin jusqu'à l'entrée des forêts de châtaigniers.

La contrée la plus remarquable que nous rencontrions au sortir
des Alpes est celle de Locarno, située au niveau du lac Majeur, à
218 mètres.

Cette contrée rappelle le midi de l'Italie. Le lac baigne des montagnes dont les pentes sont d'une rapidité extraordinaire. La Punta
di Tros monte en ligne presque verticale à 1866 mètres. L'église
pittoresque de la Madonna del Sasso avec ses reposoirs qui se détachent en blanc sur les feuillages obscurs, rappelle les chapelles
d'Amalfi. Une saillie de rochers longe la montagne, malheureusement
fortement dénudée, jusqu'à Ponte Brolla où l'entrée de la vallée de
la Maggia est marquée par un passage d'une hardiesse incomparable.
Un pont a été jeté sur une gorge étroite; au-dessous gronde le torrent de la Maggia qui s'est creusé un lit de 70 mètres de profondeur
dans la terrasse de gneiss qui recouvre le fond de la vallée. Il y roule
des eaux transparentes, aux reflets d'un vert brillant. Dans le lit du
torrent se dressent encore quelques lames rocheuses, derniers restes
des masses de gneiss qu'il a emportées. Ces strates plus dures sont
rayées de plusieurs cannelures aussi franches et aussi parfaites que
si elles avaient été creusées de main d'homme. Entre ces différentes
cannelures on voit encore toute une série d'ouvertures profondes
faites comme au ciseau. Toutes ces formes, malgré leur régularité
apparente, sont l'effet de l'action continue de l'eau qui n'a pas eu
le temps d'emporter le rocher horizontalement, mais qui, agissant
par intervalles, en a marqué le dos de cicatrices profondes.

Entre Ponte-Brolla et l'entrée du Val Verzasca, sur les couches de gneiss et les débris de rochers, nous abordons la seule contrée suisse où la flore puisse se comparer à celle des mâquis ou garrigues de la zone méditerranéenne. Pour la première fois, les cistes donnent le ton. Le *Cistus salvifolius* couvre les pentes de ses feuilles persistantes, il est vrai, mais grisâtres et qui, en mai, font le plus grand contraste avec sa fleur d'un blanc de lait. A l'époque de la floraison, les rochers se recouvrent comme par enchantement d'un tapis de roses blanches qui malheureusement se fane trop vite.

Quand les cistes sont abondants, nous n'avons plus à douter du caractère méditerranéen d'une contrée. Aucune des vingt espèces que ce genre compte en Europe ne s'éloigne considérablement du littoral de la Méditerranée ou ne franchit les Alpes. Si le *C. hirsutus* suit les côtes de l'Atlantique, du Portugal jusqu'en Bretagne, c'est que ce territoire appartient encore, quant au climat, aux contrées du Midi. Nulle part le *Cistus salvifolius* ne se rapproche autant des hautes Alpes qu'à Locarno. Haller, et après lui Koch et Gaudin, l'indiquent aussi à Riva et à Chiavenna, dans le bassin du lac de Côme, mais je ne sais s'il s'y trouve encore. Au bord oriental de la chaîne, au lac de Garde, on rencontre une autre espèce, le *Cistus albidus* à fleurs rouges, mais celle-ci ne s'avance que jusqu'au Monte Baldo, première cime des basses Alpes. Une espèce dont la présence révèle également le climat de la Méditerranée, c'est la bruyère arborescente (*Erica arborea*). Il est vrai qu'on n'a pas encore trouvé cette espèce au Tessin; mais, d'après Killias, elle se trouve déjà dans la partie la plus chaude du val Bregaglia, non loin de Plurs, et, d'après Franzoni, sur les bords du lac de Côme, au-dessus de la villa Sommariva. Haller l'a trouvée à Riva, à Chiavenna et dans la Valteline, Poco d'Adda et Morbegno; Facchini, dans les forêts du midi du Tyrol, près du lac d'Idro.

En examinant de près les plantes qui accompagnent le ciste sur les rochers de Solduno, nous sommes étonnés de trouver réunis sur le même espace des types appartenant d'ordinaire à des groupes de plantes toutes différentes, des espèces dont aucun géographe botaniste n'aurait soupçonné l'existence côte à côte. Tout près des cistes, de l'*Heteropogon allionii*, du *Pollinia Gryllus*, du figuier sauvage et du micocoulier (*Celtis australis*) nous trouvons partout cramponnées aux

roches brillantes du gneiss les vigoureuses rosettes du *Saxifraga coty-*
ledon et du *Sempervivum tectorum*; plus loin, l'*Asplenium septentrionale*,
fougère boréale, a pris pied dans les lézardes de la pierre; la verne
(*Alnus viridis*) que les Tessinois appellent « tros, » ombrage la charmante fougère connue sous le nom de cheveux de Vénus, véritable
espèce du midi. Dans la gorge au nord de la Madonne del Sasso, où
l'agave orne les rochers, où le plaqueminier (*Diospyros lotus*) croît
spontanément en arbre, nous cueillons, un peu plus bas du côté de
la vallée, les *Calamintha grandiflora* et *nepetoides*, le *Campanula*
spicata, le ciste déjà nommé, le fragon épineux et, tout auprès, la
myrtille commune, le *Calamagrostis silvatica* et le *Rhododendron fer-*
rugineum, appelé *giup* par les Tessinois et les habitants de la Haute-
Engadine. Tout autour s'étale le *Lycopodium chamæcyparissus*. Toutes
ces plantes se trouvent à peine à 100 mètres au-dessus du niveau du
Lac Majeur; elles sont toutes, même en juillet, pleines de sève et de
fraîcheur. Le long de la route poudreuse de Ponte-Brolla, où les tiges
raides du *Rumex pulcher* et le feuillage toujours flétri du *Parietaria*
diffusa résistent seules à la chaleur, on trouve d'un côté des champs
où le maïs monte à deux fois la hauteur d'un homme, et de l'autre
côté, le long de la pente, de vraies petites tourbières dont les dépressions sont couvertes de *sphagnum*, et qui sont remplies de plantes
caractéristiques, telles que le *Carex punctata*, plus rare que le *distans*
de nos marais; les *Rhynchospora alba* et *fusca*, le *Schœnus nigricans*,
le *Montia fontana* et le *Gratiola officinalis*.

La végétation des rochers qui s'élèvent entre ces petites tourbières
offre également les contrastes les plus frappants; on y trouve le ciste
et les graminées du Midi, et tout auprès une vraie richesse de formes
végétales due à la présence d'espèces qui, sans être précisément
méridionales, ne se retrouvent cependant nulle part en Suisse. Au
bord de ces petits marécages s'élève l'*Osmonde royale*, fougère admirable, que nulle autre ne surpasse en vigueur et en beauté. Son
rhizome, aussi dur que l'acier, atteint jusqu'à un pied d'épaisseur,
ses tiges d'un beau jaune, également dures et élastiques, brillant au
soleil, dépassent parfois la taille d'un homme et étalent leurs pinnu-
les d'un vert splendide, garnies à leur extrémité de sporanges bruns.
Malheureusement cette belle fougère ne se laisse que difficilement
cultiver. Elle se retrouve jusque dans le Nord, mais, à part une légère

trace dans la plaine de l'Argovie (à la tourbière de Bunzen, d'après Muhlberg), elle ne croît en Suisse qu'au Tessin. Et il faut bien le reconnaître, elle paraît moins à son avantage dans les forêts de la Sprée ou les marais du Brandebourg, que sur les pentes de Salduno, où son rhizome se couvre d'un voile léger, tissu par le capillaire cheveux de Vénus, où la corolle rouge du lis bulbifère brille sur les rochers, à côté de la neige des cistes et des panicules ondoyantes du *Saxifraga cotyledon*.

C'est dans cette union intime d'une humidité des plus abondantes et d'un ciel italien qu'il faut chercher le secret de ce mélange, si rare et presque unique en Europe, de formes méridionales et de formes alpines ou septentrionales. Le soleil est assez chaud, l'hiver assez doux pour la végétation des plantes du Midi, et le sol assez humide pour offrir à celles des Alpes une retraite fraîche et bien arrosée. Comme nous l'avons remarqué, cette humidité suffit même pour la formation de la tourbe. Cette fusion de l'élément méridional et de l'élément alpin est encore favorisée par le fait que, partout dans cette région, les pentes des montagnes descendent en lignes rapides et ininterrompues des cimes les plus élevées jusqu'au niveau des lacs. Outre les avantages d'une situation très abritée, notre Himalaya a celui d'une forte inclinaison des pentes. Le rhododendron n'a qu'un court voyage à faire pour passer de la crête de la Punta de Tros, située à 1866 m., à la gorge d'Orselina, à 300 m., et les eaux qui descendent des cimes rafraîchissent en même temps les plantes alpines et celles des régions inférieures.

La formation géologique de ces montagnes n'est pas non plus sans influence. Le territoire tout entier appartient au terrain primitif, composé de gneiss riches en feldspath et formant, en se désagrégeant, un sable qui absorbe au plus haut point l'humidité. Aussi ne faut-il pas s'étonner si, dans cette zone, les fougères sont d'une abondance exceptionnelle. Des quarante espèces qui croissent en Suisse, il n'y en a que quatre qui manquent au Tessin, et ces quatre espèces sont essentiellement septentrionales : ce sont deux *Botrychium*, l'*Aspidium cristatum* et le *Cystopteris montana*, espèce des lieux frais et ombragés. Toutes les autres fougères s'y rencontrent, souvent même en abondance, surtout les plus délicates et les plus vigoureuses, qui manquent au reste de la Suisse, notamment l'*Asplenium Breynii*, l'*Os-*

munda, le *Struthiopteris* (cette dernière espèce dans la vallée de la Maggia et au mont Cenere) et tout spécialement le *Pteris cretica* et le *Nothochlæna Marantæ.*

Ces deux dernières espèces atteignent ici leur limite nord. En paraissant au Tessin, le *Pteris* s'éloigne même considérablement de son territoire proprement dit, car il appartient à la région méditerranéenne méridionale, à la contrée de Naples et à la région des îles de Corse, de Sardaigne et de l'Archipel. Le *Nothochlæna* est une espèce à feuilles raides et découpées, courtes, d'une forte texture et couvertes, à leur surface inférieure, d'écailles luisantes ; on peut le cueillir à Cavigliano, sur les rochers à l'entrée du Centovalli. Cette plante est disséminée le long des Alpes italiennes et dans le Midi.

En rencontrant des espèces comme le *Pteris cretica,* on voit combien la situation abritée au pied des Alpes, sur le versant sud, est plus favorable aux plantes méridionales que les plaines du Piémont et de la Lombardie. Il faut avoir parcouru la magnifique station que cette plante occupe au-dessus de Locarno pour juger de l'exubérance de la végétation insubrienne. Où cesse la vigne, le gneiss forme une gorge étroite et rapide ; de hauts châtaigniers en ombragent l'entrée et le fond en est couvert d'herbes qui, à l'abri des vents, dépassent de beaucoup la hauteur d'un homme. Le *Phytolacca* y plie sous le poids de ses grappes de fruits noirs, et le sol y est tapissé de la plus belle de nos graminées, le *Paspalum undulatifolium,* dont les feuilles, à l'instar de plusieurs de ses congénères des tropiques, sont largement ovales et délicatement plissées, si bien qu'on dirait un petit bambou, sauf les longs entre-nœuds qui caractérisent ce dernier genre. C'est au haut du ravin, au-dessus des couches de gneiss qui surplombent, sur des corniches semblables à celles d'une grotte, que l'on trouve les gracieuses feuilles du *Pteris.* Elles sont étroites, à segments allongés, à surface ondulée, atteignant quelquefois jusqu'à deux pieds de longueur et se balançant sur leurs frêles rachis d'un brun rougeâtre. L'aspect tout entier de la plante nous transporte d'un trait sous le ciel des tropiques. Sa couleur, son port, la hardiesse de ses lignes, tout dénote une forme des pays chauds ; aussi chercherait-on en vain dans nos climats quelque autre espèce semblable. Les congénères du *Pteris cretica* ne quittent pas les tropiques et ne se retrouvent chez nous qu'à l'état fossile, parmi les restes de l'époque tertiaire.

Tout un monde d'autres fougères, d'hépatiques et de mousses tapissent les niches du ravin; de ce nombre est l'*Aspidium Braunii*, grande espèce à pubescence laineuse.

Parmi les plantes croissant sur le gneiss, aux environs de Locarno, je mentionne encore :

Le *Peucedanum Oreoselinum*, plante très répandue dans les prairies et ne se trouvant chez nous que dans les forêts de montagne, en petit nombre d'individus.

Le *Celtis australis*, à l'entrée de la vallée de la Maggia. Il ne s'en trouve, il est vrai, qu'un seul pied au milieu des buissons. Peut-être y a-t-il été apporté des bords du lac de Côme par les oiseaux qui sont très friands de ses fruits.

Le *Diospyros Lotus*, dans la gorge près de la Madonna del Sasso, au milieu de la forêt, et, en outre, dans l'enceinte du couvent de la Madone, où l'on en cultive deux pieds déjà vieux et d'où il s'est certainement échappé.

Le *Galium insubricum* Gaud., qui fleurit en mai dans les prairies.

L'*Arum italicum*, grande espèce au spadice jaune, fleurissant au printemps dans les vergers.

L'*Androsœmum officinale*, près d'Ascona, plante qui s'est répandue de là jusqu'à Luino et au lac de Côme.

Le *Lotus corniculatus f. ciliatus* Ten. et le *Thymus serpyllum L. f. pannonicus*, formes d'espèces connues, mais caractéristiques pour le climat. Tous deux doivent leur pubescence plus forte à l'influence du Midi.

Galium lucidum. Calamintha nepetoides. Cucubalus baccifer. Oxalis corniculata. Symphytum bulbosum. Astragalus monspessulanus. Peucedanum venetum.

La flore gagne en richesse dans les environs de Lugano, car ici, au lieu du sous-sol de gneiss, toujours le même, nous voyons affleurer au sud et à l'ouest la roche calcaire et la dolomie.

Là croissent : *Scabiosa graminifolia*, couvert d'un duvet argenté, la plus belle espèce de ce genre; *Polygala nicœencis, Silene italica, Galium purpureum* et *vernum. Aristolochia rotunda, Cytisus capitatus, hirsutus. Dorycnium herbaceum, Geranium nodosum, Helleborus niger, Trifolium patens, Bupleurum ranunculoides f. caricifolium, Inula hirta* et *spirœifolia, Asperula taurina* et *flaccida* Ten. *Phyteuma scorzonerifolium*

*Vill. Campanula bononiensis, Colutea, Molinia serotina, Rhamnus saxati-
lis, Rhus cotinus, Ruta graveolens, Corydalis lutea, Helianthemum apenninum, Anchusa italica, Melissa officinalis, Hyssopus officinalis, Serapias
longipetala, Asparagus tenuifolius, Cerastium manticum, Danthonia provincialis, Orchis variegata, Hieracium porrifolium* et *Aquilegia Einseleana.*
Cette dernière espèce a été trouvée encore au Monte Oresso par Gaudin.

Une plante particulièrement intéressante, c'est le *Micromeria
græca*, petite labiée qui a maintenant disparu, mais dont je possède
des exemplaires cueillis à Gandria par Muret, il y a une vingtaine
d'années. Cette espèce occupe ici une station isolée et septentrionale, puisqu'elle ne se retrouve plus qu'à Toulon et sur les côtes de
l'Italie.

Pour que l'on puisse juger de l'importance de cette immigration
d'espèces méridionales dans le Tessin, je fais suivre une liste des
plantes méditerranéennes proprement dites qui croissent dans ce
canton. Les vastes étendues plus arrosées et plus fraîches de la plaine
du Pô forment une sorte de zone neutre qui s'oppose à l'invasion de
ces espèces; elles ont dû pénétrer du côté de l'Adriatique en suivant
le pied des Alpes.

Je commence par donner la liste des espèces qui trouvent dans
notre zone insubrienne leur limite septentrionale; elles n'ont donc
pénétré ni dans la Suisse cisalpine, ni dans le Valais.

Cistus salvifolius.	*Aristolochia rotunda.*
Erica arborea.	*Celtis australis.*
Polygala nicæensis.	*Quercus Cerris.*
Silene italica.	*Ostrya carpinifolia.*
Umbilicus pendulinus.	*Vallisneria spiralis.*
Cerastium manticum.	*Orchis papilionacea.*
Androsæmum officinale	*Serapias longipetala.*
Dorycnium herbaceum.	*Asparagus tenuifolius.*
Anthemis Triumfetti.	*Cyperus Monti.*
Centaurea splendens.	*Fimbristylis annua.*
Fraxinus Ornus.	*Heteropogon Allionii.*
Micromeria græca.	*Pteris cretica.*
Melissa officinalis.	*Nothochlæna Marantæ.*
Phytolacca decandra.	

Les lépidoptères méditerranéens qui accompagnent ces plantes

sont : les *Arctia curialis* et *Libythea celtis* qu'on peut trouver à Crevola, où le *Celtis* croît en abondance, et un peu plus haut, dans le
val Vedro, le *Zygœna transalpina* Ochs. non Esper. J'ai reçu en outre
du Monte Bre des exemplaires du *Colias Cleopatra*, espèce d'un
magnifique orange, l'*Anthocharis Eupheno*, l'*Aurore* de la Provence, et
l'*Anthocharis Belia*, aux marbrures vertes ; ces deux derniers papillons
appartenant essentiellement au sud-ouest.

Parmi les plantes du Tessin, les suivantes arrivent jusqu'à
Genève et au Valais, quelques-unes même vont jusqu'à Neuchâtel :

Corydalis lutea.	*Hyssopus officinalis.*
Bunias Erucago.	*Ficus carica.*
Helianthemum salicifolium.	*Orchis laxiflora.*
Ruta graveolens.	*Ruscus aculeatus.*
Rhus Cotinus.	*Asphodelus albus.*
Ononis Columnæ.	*Carex nitida.*
» *Natrix.*	*Andropogon Gryllus.*
Astragalus Onobrychis.	*Kœleria valesiaca.*
» *monspessulanus.*	*Molinia serotina.*
Lathyrus sphæricus.	*Cynosurus echinatus.*
Opuntia vulgaris.	*Festuca rigida.*
Scorzonera austriaca.	*Adiantum Capillus veneris.*
Vinca major.	*Asplenium Halleri.*

Parmi les papillons appartenant à cette série, on peut mentionner
le *Polyommatos Gordius*, espèce du midi et du sud-ouest qui a également pénétré dans le Haut-Valais et au Salève, et le bel *Erebia
Evias*, qui, au printemps, à l'instar de notre *Medusa* et de l'*Episty-
gne*, espèce plus méridionale, peut s'observer au Generoso, au Valais
et dans la Haute-Engadine.

Nous avons une troisième série de plantes à mentionner, ce sont
celles qui, tout en ayant leur territoire principal au midi, s'avancent
jusqu'au sud de l'Allemagne et même plus au nord.

Parmi ces espèces, les suivantes s'avancent :

a. Jusqu'au Rhin :

Rumex pulcher.	*Symphytum bulbosum.*
Verbascum floccosum.	*Anchusa italica.*

Antirrhinum majus.
Iris germanica.
Tamus communis.
Ornithogalum pyrenaicum.
Limodorum abortivum.
Parietaria diffusa.
Micropus erectus.

Galium parisiense.
Prunus Mahaleb.
Helianthemum polifolium.
Cheiranthus Cheiri.
Peucedanum Chabræi.
Sedum Cepœa.

b. Jusqu'en Wurtemberg et au Danube :

Colutea arborescens (Rhin, Danube).
Inula hirta (Thuringe).
Achillea nobilis (Wurtemberg).

Ceterach officinarum (sud de l'Allemagne).
Rhamnus saxatilis (Souabe).
Luzula Forsteri (sud de l'Al.).
Cyperus longus (lac de Constance).

c. Jusqu'en Thuringe et en Saxe :

Helianthemum fumana.
Tunica saxifraga (Hanovre).
Dianthus Seguieri.
Silene armeria.
Geranium divaricatum.
Oxalis corniculata.
Dictamnus albus.
Cytisus nigricans.
Trifolium scabrum (Halle).
Oxytropis pilosa.

Cornus mas.
Asperula arvensis.
   »   *galioides.*
Dipsacus laciniatus (Silésie).
Tragopogon majus.
Apera interrupta (Hanovre).
Eragrostis poœoides.
Eragrostis pilosa.
Cynoden Dactylon (Berlin).

d. Jusqu'en Belgique :

Chenopodium Botrys.

Amaranthus deflexus.

Les *Zygœna Ephialtes, Syntomis Phegea, Neptis Lucilla, Lyc. Battus, Steropes Aracinthus* ont une distribution géographique toute semblable ; ces papillons ne se trouvent en Suisse que dans le Tessin, à l'exception des deux premiers qui s'observent aussi en Valais ; toutes ces espèces reparaissent au sud de l'Allemagne et dans les contrées plus orientales.

Il en est de même de la variété terne de l'*Argynnis Adippe f. Cleodoxa*, du *Spil. Altheæ* qui ressemble, quoique plus grand, à l'espèce commune *Spil. Alceæ* et de l'*Arg. Paphia f. Valesina,* forme d'un vert foncé magnifique qui, au Tessin, est plus belle et plus grande encore qu'au Valais.

Énumérons maintenant les espèces qui appartiennent exclusivement à la zone insubrienne.

Grisebach a prouvé que le territoire tout entier de la plaine de l'Allemagne, au nord des Alpes, ne possède pas une seule espèce qui lui appartienne en propre et que même la plaine, plus riche et plus favorisée, du centre de la France n'a qu'une seule espèce vraiment endémique, savoir le *Peucedanum parisiense.* S'il existe donc dans un territoire aussi restreint que celui de notre zone insubrienne des plantes qui peuvent être à bon droit envisagées comme espèces endémiques, on ne saurait méconnaître que c'est là un phénomène des plus remarquables.

Il n'y a dans l'Europe tempérée que deux régions où l'endémisme soit un phénomène bien distinct et susceptible d'être constaté sur des séries d'espèces tout entières : ces deux régions sont les Alpes et les côtes de l'Atlantique. Forbes et Watson ont cherché à prouver que les bords de l'Océan Atlantique ont conservé un certain nombre d'espèces qui jadis appartenaient à un territoire plus étendu, recouvert actuellement par la mer. Dans les montagnes, c'est le versant sud qui donne naissance au plus grand nombre d'espèces endémiques.

En parlant d'endémisme et de foyers de végétation, nous entendons uniquement par ces mots le fait que dans une circonscription géographique aux limites plus ou moins distinctes, il croît une espèce qui ne se trouve que dans cette étendue de pays et ne s'est pas répandue dans les régions voisines.

Il est évident que ce phénomène donne à un pareil territoire une importance toute particulière, celle d'un foyer de création indépendant et assez puissant pour produire des plantes capables de se maintenir dans la lutte incessante qu'elles ont à soutenir avec les autres espèces dont se compose la flore de ce territoire et qui font, pour ainsi dire, invasion de toutes parts.

Il faut nécessairement admettre aussi des influences de nature toute spéciale, influences qui, dans un pareil territoire, ont favorisé la naissance et la conservation d'une espèce endémique et en même temps restreint la concurrence de ses rivales.

L'origine première d'une espèce endémique échappe naturellement à toute observation. Dans cette question l'hypothèse a le champ libre, mais une science orgueilleuse peut seule donner ses rêves pour des réalités.

Il n'en est pas de même quand il s'agit de la migration d'une espèce, de l'extension que prend son territoire, ou des causes qui contribuent à la maintenir ou à la refouler dans d'autres contrées.

Ici nous avons affaire à des phénomènes qu'on peut observer.

Il est donc permis de croire que le climat tout particulièrement favorable qui règne au pied des Alpes, dans la zone insubrienne, a contribué à produire et à conserver ces espèces endémiques. Le ciel magnifique de Madère et des Canaries a une douceur presque tropicale et des saisons distinctes et tout européennes dans leur distribution. Cela ne nous explique-t-il pas l'existence simultanée de cette végétation arborescente, semblable à celle des tropiques, et de ce monde d'arbustes et d'arbrisseaux qui ne sont que des formes plus développées, plus belles et plus grandes de nos genres européens, *Geranium, Sempervivum, Mathiola, Statice,* etc.?

Il en est de même dans la zone insubrienne. L'humidité, le soleil, les hivers plus doux, cette union d'une nature alpine et d'une nature méditerranéenne, des pluies abondantes, toutes ces influences doivent se montrer efficaces dans la distribution des plantes, dans l'exclusion et la conservation de certaines espèces.

Toutes les contrées qui, comme le Tessin, sont privilégiées par le climat, donnent naissance à un grand nombre de plantes endémiques. J'ai déjà parlé de Madère et des Canaries, je dois mentionner encore le versant occidental du Caucase et la pente nord de l'Elbrous dans les provinces persanes de Ghilan et de Mazenderan, si magnifiquement ornées de leurs *Pterocarya,* de leurs *Parrotia,* de leurs *Gleditschia.*

Pour ce qui concerne notre zone, nous pouvons compter 28 espèces qui lui appartiennent en propre. Quelques-unes de ces espèces se trouvent sur tout le versant sud de la chaîne du Mont-Rose aux Alpes orientales; d'autres ne s'y trouvent que par places et même quelquefois par points isolés. Elles sont très distinctes de celles de la Méditerranée, évitent les côtes et ne se trouvent qu'au pied des Alpes.

Voici la liste de ces espèces, pour autant qu'elles croissent dans le territoire des lacs du Tessin, y compris le voisinage immédiat du lac de Côme. Le lac de Garde a déjà d'autres espèces qui lui sont propres et n'arrivent pas jusqu'en Suisse (*Pedicularis acaulis, Campanula Morettiana, Pæderota Ageria*, etc.).

Sanguisorba dodecandra Mor., espèce remarquable, voisine du *S. canadensis*, à fleurs jaunes ; elle ne se rencontre que dans la chaîne située entre la Valteline et la vallée de Bergame, sur le versant nord près de Sondrio, dans les vallées d'Ambria et d'Arigna ; sur le versant sud sur l'Alpe di Sogno. — Heer en a cueilli une fois quelques exemplaires isolés dans la Domleschg.

Leontodon tenuiflorus Rb., qui diffère essentiellement du *L. incanus* Schrank, au lac de Côme, au Salvatore et au Calbege, aux bords du lac de Lugano ;

Buphthalmum speciosissimum Ard. : San-Martino, près de Griante, au bord ouest du lac de Côme, Corni di Canzo, Grigna, lac de Garde.

Campanula Raineri Perp., sur les rochers humides du Legnone, en abondance dans les fentes de rochers du Val Sassina et du Val Neria, au Resegone et à Sasso-Rancio au bord est du lac de Côme, entre Bellaggio et Lezzeno ; aux Corni di Canzo, aux Monte Barro et San-Primo, entre les lacs de Côme et de Lecco. D'après Pollini, au Baldo.

Cytisus glabrescens Sartor., Calbege et Denti della Vecchia, entre les lacs de Côme et de Lugano ; montagnes de Canzo, entre les lacs de Côme et de Lecco ; Val Neria, Grigna et Resegone, au bord est du lac de Côme. Cette espèce est plus que douteuse pour la Dalmatie, la plante qui y est indiquée sous ce nom n'étant probablement pas celle du Tessin.

Thalictrum exaltatum Gaud. : lac Majeur, lac de Lugano, entre Melide et Morcote ; Piano di Magadino et entre Minusio et La Ravegna ; la Valteline inférieure jusqu'à Morbegno ; isolé encore en Savoie, près de Saint-Pierre d'Albigny, dans la vallée du lac du Bourget.

Centaurea transalpina Schleicher : val Vedro, Lago d'Orta ; abondante dans le Tessin et au lac de Côme ; se trouve aussi en Toscane.

Corydalis ochroleuca : du bassin de nos lacs jusque dans la Carniole.

Inula spiræifolia L. : le Piémont, Gandria, la Carinthie.

Paspalum undulatifolium : zone des lacs du Tessin, et de là jusqu'au Piémont et en Istrie.

Crepis incarnata Tausch.: forêts du Tessin, lac de Côme; les Alpes orientales jusqu'en Styrie.

Mentionnons aussi des espèces moins saillantes, et par là même d'une distribution géographique encore insuffisamment connue. Ainsi :

Carduus defloratus L. *f. Summanus Pollin:* Generoso, Grigna, Baldo.

Viola heterophylla Bertol. (Dubyana Burnat), forme à grandes fleurs, qui se distingue par ses bractées digitées; elle orne les Corni di Canzo et la Grigna, et a été trouvée dans quelques endroits isolés du versant sud des Alpes, de la Ligurie et du Tyrol.

Prenanthes purpurea f. tenuifolia L. Cette forme est constante dans les forêts du Tessin; ailleurs elle ne se trouve que par exemplaires isolés et comme une sorte d'aberration, comme la forme *Valesina* de l'*Argynnis Paphia.*

Centaurea Jacea L. *f. Gaudini* Boissier : Laveno, Locarno, Lecco.

Les trois espèces suivantes se retrouvent isolées vers le nord en dehors de leur foyer central :

Aquilegia Einseleana Schultz : lac de Lugano (Gaudin), lac de Côme, au midi du Tyrol et dans la Haute-Bavière.

Laserpitium Gaudini Mor.: val Vedro, au pied du Simplon; vallées du Tessin, Alpes du sud-est jusqu'à la Czerna-Gora, dans l'Engadine et le centre des Grisons; isolé dans les Alpes Saint-Galloises.

Alnus viridis f. sericea: val Maggia; isolé aux bords du lac de Wallenstadt.

Je fais suivre les espèces endémiques de la région subalpine :

Androsace Charpentierii Heer : Camoghe et Legnone.

Mœhringia Thomasiana Bertol. *Alsina grineensis* Gr. et Godr. Grigna di Mandello, sur la rive orientale du lac de Côme.

Silene Elisabethæ Jan. : trois stations dans les montagnes de la rive méridionale et orientale du lac de Côme jusqu'à celui d'Iseo. Celles qui sont le plus rapprochées de notre frontière sont le Pizzo di Barbisino et la Grigna au-dessus de Lecco. C'est une des formes isolées les plus magnifiques et les plus distinctes ; elle a les plus grandes fleurs du genre.

Primula calycina Duby: espèce voisine du *spectabilis* Tratt., mais beaucoup plus grande. Elle apparaît pour la première fois dans les montagnes entre le lac de Côme et celui de Lecco, à Crosgalle entre Lezzeno et Bellaggio ; elle se retrouve aux Corni di Canzo, à San-Martino sopra Agro et au Monte Barro, atteint le bord est du lac de Côme à la Grigna di Mandello et au Resegone, et trouve sa limite au versant méridional de la chaîne qui borne la Valteline du côté du sud.

Allium insubricum Boiss. Reut., 1854 : aux Corni di Canzo et sur les montagnes au-dessus de Lecco. Il diffère de l'*A. pedemontanum* Willd. (*narcissiflorum* Vill.) des Alpes occidentales par un bulbe dépourvu de tuniques fibreuses.

Viola Comollia Massara, forme de petites dimensions, tenant le milieu entre les *V. cenisia, nummularifolia* et *heterophylla*. Elle se trouve dans les montagnes entre le lac de Côme et la Valteline : à la Valle Mara, dans la province de Sondrio, d'après un exemplaire extrait de l'herbier de Comolli, cueilli par Massara et à moi communiqué par Franzoni.

Saxifraga Vandelii St. : au lac de Côme ; aux Corni di Canzo, au Pizzo di Barbisino et à la Grigna ; reparaît au val Livigno et au-dessus de Bormio dans la Haute-Engadine.

Potentilla grammopetala Mor. : Campiglia dans le val Soanna en Piémont (Leresche) ; au Monte Morone, sommité au-dessus d'Intra, bord du lac Majeur (De Notaris) ; au Monte Ghiridone au-dessus de Brissago (Franzoni); dans les montagnes entre Misocco et Campo-dolcino (Brügger).

Carex baldensis L. : bord occidental du lac de Côme (San-Martino, au-dessus de Griante); entre le lac de Côme et celui de Lecco (Barro) ; rive orientale du lac de Côme (Grigna, Resegone) ; forêt de la Valle di Rou en Valteline; lac de Garde, vallée de l'Adige ; reparaît dans la vallée de Loisach, Haute-Bavière.

Alnus viridis f. *Brembana* Rota, qui diffère du type par l'exiguïté de toutes ses parties : pente du Camoghe, vallée de la Maggia, val Bremba au-dessus de Bergame. D'après Muret, des formes intermédiaires entre cette variété et le type se trouvent au Camoghe ; mais cette forme n'en est pas moins très remarquable. Regel l'indique aussi au Labrador.

Les espèces endémiques insubriennes, nous tenons à le faire

remarquer, se distinguent généralement par l'exubérance de leurs
formes ; beaucoup d'entre elles sont même les plus belles et les plus
remarquables du genre, témoin le *Thalictrum*, le *Sanguisorba*, le
Buphthalmum, le *Paspalum*, et avant tout, le magnifique *Silene* et le
Primula, espèces qui toutes sont sans rivales. De même, aucune androsace ne peut se comparer au *Charpentieri* pour la grandeur des
fleurs et aucun carex au *Baldensis* pour l'éclat des épillets. Ce ne sont
donc pas des variétés qui dévient à peine du type, des espèces jorda-
niques à peine distinctes, mais des formes richement caractérisées,
saillantes et remarquables, qui doivent leur existence au climat tout
particulièrement favorable de la zone insubrienne. De toutes celles
de la zone, l'espèce endémique la plus remarquable, c'est l'*Androsace
Charpentieri* Heer. Son territoire se borne à deux stations seulement:
le Camoghe au-dessus de Bellinzona et le Legnone, qui lui fait face,
à l'est du bassin du lac de Côme. Cette espèce n'est pas seulement
une variété locale de quelque espèce plus répandue, mais un type
tout particulier, très nettement caractérisé. Par la forme et la pubescence de ses feuilles, par ses pédoncules plus longs, par sa corolle
de couleur rouge et très grande, enfin par son fruit elle se distingue
parfaitement de toutes les autres espèces du genre. Heer l'a découverte, en 1833, sur le sommet le plus élevé du Camoghe à 2116 m.
Elle a été décrite pour la première fois par Hegetschweiler, en 1840,
sous le nom d'*Aretia brevis*. Plus tard, elle a été trouvée par Muret
sur un autre point de la même crête ; au Monte Garzirola, et par
Heer sur une assez grande étendue au Legnone, de la région alpine
jusque vers le sommet. C'est ce dernier point qui paraît être le centre
de son territoire. Dès lors elle a été trouvée plusieurs fois par Franzoni et Alioth dans les stations mentionnées, mais jamais ailleurs
dans ces montagnes, et si elle s'y trouvait dans quelque station nouvelle, elle n'aurait pas manqué d'y être remarquée, grâce à la beauté
de ses fleurs. On trouve un dessin et une description de cette plante
dans l'ouvrage de Heer : Limites supérieures de la vie des plantes et
des animaux, 1845. Au point de vue de la distribution des espèces,
l'*Androsace Charpentieri* est une plante tout aussi remarquable par
son isolement que le *Wulfenia* des Alpes de Carinthie, qui n'a également que deux stations très rapprochées.

Quand une forme aussi saillante ne se trouve que dans un territoire si peu considérable, comme un îlot dans l'Océan, on est tenté d'envisager ce territoire comme le dernier reste d'une circonscription plus étendue et non pas comme un foyer à l'extension duquel s'opposent des obstacles extérieurs. Cependant Grisebach a démontré que si ces foyers n'ont pas rayonné sur de plus grandes étendues, cela provient de leur situation. Dans la plupart des cas il s'agit de plantes de montagne dont la station est bornée de tous côtés par des vallées profondes. Ce principe reconnu vrai, nous arrivons nécessairement à abandonner toute idée de migration et à admettre l'existence d'un foyer primitif.

Le territoire où se rencontrent la plupart de ces espèces endémiques et qui offre par conséquent au plus haut point les conditions nécessaires à leur développement est évidemment la rive orientale du lac de Côme et spécialement la chaîne de montagnes qui s'élève à l'est du lac de Lecco. De là, elles se répandent, en moins grande abondance, il est vrai, dans les montagnes situées entre les deux bras du lac de Côme, sur les bords du lac de Lugano, et même jusqu'au lac Majeur. Ici, sur les rochers humides de Val Neria et Sassina, ces plantes se trouvent réunies en groupes assez considérables pour donner à la végétation un cachet tout particulier.

Le massif dolomitique des Grigne di Mandello (*Grigna sassosa* et *Grigna erbosa*) qui sépare le lac de Lecco du val Sassina, peut spécialement être envisagé comme la patrie de ces magnifiques espèces. Reuter a raconté d'une manière fort intéressante l'ascension qu'il a faite sur ces montagnes en août 1854, et j'ai suivi ses traces en août 1879. Dans la région du châtaignier, il a trouvé sur un petit espace : *Cytisus sessilifolius, Dorycnium suffruticosum, Centaurea Jacea* f. *Gaudini* Boiss. *Galium purpureum, Scabiosa graminifolia, Centaurea scabiosa* f. *grinensis* Reut., *Crepis virens* f. *lariensis* Reut., *Linaria Cymbalaria* f. *lariensis* Reut., *Rhamnus saxatilis, Peucedanum Schottii, Aquilegia Einseleana, Carex baldensis, Buphthalmum speciosissimum, Leontodon tenuiflorus, Ostrya carpinifolia.* Plus haut, dans la région du hêtre : *Euphorbia variabilis, Cytisus Laburnum, Geranium nodosum, Helleborus niger, Galium lævigatum.* Sur les pâturages : *Primula calycina et Horminum pyrenaicum.* Les buissons sont formés par le *Rhododendron hirsutum* et le *Cytisus glabrescens*, auxquels se mêlent *Laserpitium Gaudini, Molopospermum, Rhaponticum heleniifolium, Avena*

Notarisii. Plus haut : *Centaurea rhætica, Stachys recta f. oblongifolia*
Reut., *Gladiolus illyricus, Betonica Alopecuros, Laserpitium nitidum et
peucedanoides, Asperula umbellulata* Reut.; sur les crêtes rocheuses :
Campanula Raineri, Buphthalmum speciosissimum, Valeriana saxatilis
et les gazons serrés du *Saxifraga Vandellii* dans les pierres roulantes :
Allium insubricum Reut. Boiss., *Peucedanum rablense, Carex sempervirens L. f. tenax* Reut. Sur les pâturages rocailleux de la zone subalpine : *Trisetum alpestre, Saxifraga elatior et mutata, Achillea Clavennæ,
Scorzonera alpina, Doronicum cordifolium*, et vers le sommet, à
2181 m., *Saxifraga sedoides, Crepis Jacquini, Juncus Hostii, Mœhringia
Thomasiana, Cerastium ovatum*, et enfin le magnifique *Silene Elisabethæ*
disséminé sur les rochers et de loin reconnaissable à ses énormes
fleurs d'un rose violacé. Tout auprès apparaissent la charmante *Potentilla nitida* aux grandes corolles d'un blanc rosé, le *Salix glabra*
et le *Phyteuma comosum.* Reuter avait trouvé toutes les plantes de
montagne de la zone insubrienne, à l'exception du *Viola declinata* qui
croît non loin de là sur les Corni di Canzo, et que j'ai pu constater
encore en fleurs sur les pentes de la Grigna elle-même, à 1800 m.

Quand on songe au grand nombre d'espèces endémiques comprises dans la florule de cette seule sommité, et en outre à la présence d'une foule d'autres plantes appartenant aux Alpes méridionales, on est frappé de la richesse de cette station. C'est en vain que
nous chercherions ailleurs, sur une cime si peu élevée, un si grand
nombre de plantes endémiques et en même temps une telle abondance de formes végétales, riches et variées.

Vouons maintenant quelque attention aux espèces qui ont pour
patrie toute la région méridionale située au pied des Alpes. Comme
les précédentes, elles habitent les vallées qui s'ouvrent sur le midi,
mais leur territoire s'étend bien plus loin du côté de l'est et de l'ouest.
Elles se retrouvent dans le Dauphiné, dans les dernières chaînes des
Alpes orientales et même au delà dans les Pyrénées et dans la Transylvanie. Ces espèces n'appartiennent plus en propre à la zone insubrienne, mais au versant sud des grandes chaînes alpines en général,
et se montrent moins difficiles quant aux conditions de leur existence. Un petit nombre seulement restent exclusivement confinées
sur le versant sud; la plupart pénètrent dans le Valais et dans d'autres vallées abritées.

Je mentionne en première ligne les espèces qui ne se rencontrent que sur le versant sud des Alpes, en Suisse et dans les contrées voisines :

Cardamine asarifolia, Silene saxifraga, Trifolium patens (Paris), *Bupleurum graminifolium, Cnidium apioides, Peucedanum rablense, Ligusticum Seguierii, Molopospermum cicutarium, Galium vernum, Galium lævigatum, Galium purpureum, Galium insubricum* Gaud. (espèce très caractéristique qui diffère du *G. Mollugo* et dont le territoire comprend le Tessin, la vallée d'Anzasca et le Piémont jusqu'aux Alpes de Tende, soit la partie occidentale de la chaîne). *Asperula flaccida* Ten., *Scabiosa graminifolia, Achillea tanacetifolia, Phyteuma comosum* (du lac de Côme à travers les Alpes orientales jusqu'en Transylvanie), *Carex punctata* (qui se trouve aussi en Norwège), *Danthonia provincialis, Euphorbia variabilis, Genista germanica* f. *Perreymondii.*

Les espèces suivantes pénètrent dans le Valais ou, par places, dans les vallées des Alpes centrales : *Galium pedemontanum, Peucedanum venetum, Linaria italica, Campanula spicata, Cytisus radiatus, Nasturtium pyrenaicum* (Alsace), *Erysimum helveticum* (Engadine), *Lychnis flos Jovis* (Engadine), *Juniperus Sabina* (Vaud et Berne), *Anemone montana* (Grisons, Tyrol), *Galium rubrum* (Schöllenen, Coire), *Thalictrum fœtidum* (Uri, Berne), *Tommasinia verticillaris* (Grisons ; isolé en Serbie), *Calamintha grandiflora* (Simmenthal), *Betonica Alopecuros* (vallée de Lauterbrunnen).

Les espèces suivantes se trouvent dans le Valais et dans le Jura : *Asplenium Halleri, Cytisus alpinus, Ononis rotundifolia.*

Les suivantes se trouvent dans le Jura sans toucher au Valais : *Dianthus monspessulanus* (Jura genevois), *Geranium nodosum* (Jura jusque dans le canton de Berne), *Rhamnus alpina* (Jura, lac des Quatre-Cantons), *Cytisus Laburnum* (Jura genevois).

Certaines espèces présentent un caractère tout particulier : ce sont celles qui, dans notre pays, ne croissent qu'au sud de la chaîne des Alpes, mais qui, en Bavière déjà, se retrouvent au nord de la chaîne dans les basses Alpes et même sur les plateaux de la Haute-Bavière :

Adenophora suaveolens, Galeopsis pubescens, Helleborus niger, Cytisus hirsutus, C. capitatus, Centaurea axillaris, Hieracium porrifolium, Horminum pyrenaicum, Betonica Alopecuros, Symphytum tuberosum,

Achillea Clavennæ, Carex baldensis, Aquilegia Einseleana, Pæonia peregrina.

Les 5 premières espèces ont certainement leur indigénat du côté de l'est. La ligne oblique qui marque leur distribution va du nord-est au sud-ouest. Évidemment elles fuient le nord-ouest des Alpes à cause du climat trop humide et trop froid qui y règne, et s'avancent de préférence le long du versant sud, dans la direction de l'est à l'ouest. Elles évitent ainsi les courants océaniques qui soufflent de l'ouest et diminuent si considérablement la chaleur solaire.

C'est pour les mêmes raisons que les limites du territoire d'un grand nombre d'animaux et de plantes s'avancent, du côté de l'est, bien plus loin vers le nord que du côté de l'ouest. Cela tient aux différences qui existent entre le climat continental et celui des contrées maritimes. Le *Lycæna Battus*, les *Epinephele Eudora, Syntomis Phegea, Zygæna Ephialtes*, qui ne paraissent qu'au Bregaglia, au Val Vedro et dans le Valais, s'avancent vers l'est jusqu'en Silésie; le *Satyrus Statilinus* s'avance même jusqu'à Berlin.

Les cinq plantes dont nous venons de parler ont pénétré par la vallée du Danube jusque dans la Haute Bavière; plus à l'ouest elles n'ont pu s'avancer du côté du nord, mais seulement du côté du sud, parce que ce n'est que là qu'elles trouvaient un été suffisamment chaud.

Il n'en est pas ainsi des neuf autres espèces. Elles appartiennent évidemment aux contrées situées au sud des Alpes et même à la zone insubrienne *(Carex baldensis)*. Pour expliquer cette distribution, nous ne pouvons plus avoir recours aux influences du climat; une telle explication serait insuffisante. Nous sommes obligés d'admettre dans la migration des plantes une phase encore inconnue, une période pendant laquelle une partie de la flore du sud des Alpes a pu s'avancer jusqu'au pied des Alpes bavaroises. On connaît l'hypothèse d'après laquelle le soulèvement des Alpes aurait coupé en deux un territoire qui n'en formait autrefois qu'un seul. Dans le cas qui nous occupe cette hypothèse reste également hors de cause; car il est prouvé que ce soulèvement a eu lieu avant que les contrées subalpines fussent couvertes par les glaces, soit bien avant l'existence de la flore actuelle.

Nous terminons nos listes par celle des plantes qui ne paraissent provenir ni du Midi, ni des Alpes. Voici quelles sont ces espèces :

Dentaria bulbifera, qui se retrouve encore par places dans le Rhein-thal et jusqu'en Suède.

Dianthus deltoides, en Suisse seulement dans le Tessin, les Grisons et le canton de Zurich; répandu en Allemagne et pas rare de l'Espagne jusqu'en Suède.

Cucubalus baccifer, qui se retrouve à Genève.

Sarothamnus scoparius, véritable ubiquiste qui manque presque entièrement en Suisse, de ce côté des Alpes.

Potentilla alba, Genève, nord-est de la Suisse.

Montia fontana, Grisons.

Thrincia hirta, Genève et Vaud.

Campanula bononiensis, Valais.

Anchusa officinalis, Grisons.

Pulmonaria azurea, Bess., lac de Côme, Grisons.

Veronica verna, Valais.

Orobanche Rapum, Vosges, Kaiserstuhl.

Mentha Pulegium, Genève.

Gladiolus palustris, Valais.

Osmunda regalis, en Argovie, dans un seul endroit.

Orchis variegata, *Illecebrum verticillatum*, *Galeopsis pubescens*, *Iris graminea*, *Lycopodium Chamæcyparissus*, *Struthiopteris germanica*.

Les six dernières espèces ne se trouvent en Suisse qu'au Tessin.

Toutes ces plantes sont plus ou moins répandues en Allemagne et même au delà; mais, chose singulière, elles manquent dans l'intérieur de la Suisse, ou ne s'y trouvent que sur quelques rares points. Elles reparaissent au pied des Alpes tessinoises pour disparaître de nouveau vers le sud, pour la plus grande partie du moins. De ce nombre sont surtout le *Lycopodium*, le *Struthiopteris* et l'*Asplenium Breynii*, qui ont au Tessin la limite méridionale de leur territoire. Grâce au climat d'Insubrie qui réunit un grand nombre d'avantages appartenant d'ordinaire à des cieux tout différents, les espèces septentrionales et les espèces méridionales vivent en bonne harmonie sur le même sol.

Examinons aussi de plus près la flore des bords des lacs du Tessin.

Au lac Majeur, on trouve le *Scirpus mucronatus*, qui reparaît, il est vrai, sur les bords des lacs de Constance, de Pfæffikon et de Genève.

Le *Cyperus longus*, espèce caractéristique des bords tempérés des lacs de Constance, des Quatre-Cantons, de Thoune et de Genève.

Le *Carpesium cernuum*, composée à fleurs verdâtres peu apparentes et sans rayons, qui suit les bords des lacs et se trouve dans les mêmes stations que la précédente.

Le *Vallisneria spiralis*, espèce méditerranéenne qui croît aux bords du lac de Lugano (Agno, Ponte Tresa, Paradiso), peut être envisagée comme une des plantes les plus extraordinaires qui soient connues, car elle paraît douée d'une vie presque animale. Elle croît sur le sable, à quelques pieds de la surface de l'eau. Ses fleurs mâles, réunies en chatons à l'extrémité d'un pédoncule court et radical, se développent au fond de l'eau et semblent devoir ne jamais être mises en contact avec les fleurs femelles. Celles-ci flottent à la surface, à l'extrémité de longs pédoncules enroulés en spirales plus ou moins serrées selon le niveau plus ou moins élevé du lac. Grâce à un phénomène unique, ces deux fleurs arrivent à se féconder : le chaton des fleurs mâles se détache tout entier du pédoncule et vient nager à la surface de l'eau. On voit flotter ces chatons en grand nombre au milieu des fleurs femelles. Le soleil fait éclater les anthères, le stigmate en retient le contenu et bientôt la spirale du pédoncule de la fleur fécondée s'enroule en cercles toujours plus nombreux et plus serrés, et le fruit achève de mûrir au fond de l'eau.

Cette espèce singulière, aux longues feuilles linéaires et obtuses, semblable à un sparganium flottant, ne franchit nulle part les Alpes; elle remonte la vallée du Rhône jusqu'à Lyon, sans atteindre le lac de Genève, et s'avance à l'est jusqu'au lac de Garde. Elle se retrouve dans les contrées tropicales, les plantes aquatiques n'étant guère sujettes à d'autres limites qu'à celles du climat.

Mentionnons encore deux plantes qui croissent partout dans les champs de riz du Pô inférieur ; le *Fimbristylis annua* (Gordola près de Locarno) et le *Cyperus Monti* (lac de Lugano).

N'oublions pas non plus le *Festuca rigida*, qui se retrouve aux bords du lac de Genève, près de Nyon et le *Thalictrum exaltatum* Gaud., bien plus grand et bien plus beau que le *Th. flavum* des contrées cisalpines.

Le *Lindernia Pyxidaria*, plante aquatique à pétales presque cachés dans le calice, très disséminée dans l'Europe centrale et figurant dans presque toutes les flores au nombre des espèces disparues, a été découverte en 1877 par Franzoni, dans la partie supérieure du lac Majeur.

Le *Marsilea*, plante à feuilles de trèfle et appartenant néanmoins aux cryptogames vasculaires. Cette plante a aussi été cueillie dans les marais de l'extrémité orientale du Léman et n'est pas méridionale ; son territoire s'étend de la Carniole jusqu'au sud de l'Allemagne et jusqu'en France.

L'*Elatine hexandra*, qui se retrouve aux bords du Léman.

Dans la baie d'Agno et au lago di Muzzano, on peut cueillir encore le *Trapa natans* L., espèce singulière et disparaissant de plus en plus. C'est à juste titre que cette plante aquatique, si remarquable au point de vue physiologique et morphologique, à tiges tendres et flottantes, et pourtant à fruits lourds, épineux et durs, a été nommée espèce quaternaire. Son fruit à 4 épines crochues est connu vulgairement sous le nom de « cornuelle ou châtaigne d'eau, » et se trouve en abondance dans la plupart des anciennes tourbières et dans les stations lacustres des lacs de notre plateau cisalpin, où elle a dû être très répandue. Il n'en reste plus que quelques vestiges, à Roggwyl, au canton de Berne, où elle fructifie à peine. A Elgg, elle paraît avoir disparu depuis quelque temps.

Dans le bassin du Tessin elle est encore très abondante, à tel point que, d'après Franzoni, au lac de Varese, on en apporte les fruits au marché, sous le nom de *lagane*.

Cette plante est d'un extérieur très frappant : elle a deux sortes de feuilles, les unes filiformes, déchirées en dent de peigne et se développant sous l'eau ; les autres, nageantes, rhomboïdales et disposées en large rosette s'étalant à la surface de l'eau, tant que la plante fleurit.

Au printemps, les pédoncules se remplissent de bulles d'air et maintiennent la plante à la surface, tant que dure son développement. Dès que le fruit est suffisamment formé, les pédoncules se rétrécissent, et toute la plante descend au fond de l'eau où les fruits achèvent de mûrir, se détachent et s'enfoncent dans la vase, où ils se fixent à l'aide de leurs crochets pareils à des ancres et commencent à germer. L'appareil dont cette plante aquatique se sert pour monter à la lumière et fructifier, tout en étant plus simple que dans l'espèce précédente, n'en est pas moins ingénieusement combiné.

Un autre phénomène singulier, c'est la présence au lac Majeur de deux cryptogames septentrionaux, les *Isoëtes echinospora* et *lacustris*. La première de ces plantes croît aussi au lac d'Orta, tandis que l'espèce géante, l'*I. Malinverniana*, se rencontre dans les champs de riz du bassin du Pô, en Piémont, près de Verceil.

La présence de ces deux espèces du nord dans cette contrée remonte peut-être au temps où les glaciers descendaient jusque dans le bassin des lacs du Tessin. C'est ainsi que la baie du Quarnero a conservé, en souvenir de cette époque, une faune qui est bien certainement celle du nord.

La limite occidentale de la flore si remarquable des collines insubriennes est marquée par la profonde vallée d'Antigorio. Le plus grand nombre des espèces s'y arrêtent. Cette vallée sépare en effet la zone des lacs du Tessin de la zone des Alpes occidentales et est un obstacle à une plus grande extension de la flore insubrienne. Cette limite est aussi bien distinctement marquée par la configuration du sol. Jusqu'au lac Majeur, le paysage est riche et varié, orné partout de lacs magnifiques; ce caractère se maintient jusqu'à la crête des Alpes dans une foule de vallées profondément ramifiées. Entre les lacs et la plaine se trouve une contrée montagneuse également magnifique, la Brianza. Le versant sud des Alpes conserve ce caractère du lac de Garde jusqu'à la profonde vallée d'Antigorio. Plus à l'ouest on ne trouve plus que le petit lac d'Orta; la contrée passe ensuite, par une transition rapide, des hautes sommités à la vaste plaine du Piémont, et les vallées qui descendent de cette arête sont courtes et rapides.

A l'ouest du lac d'Orta, les larges collines boisées, comme elles se trouvent à l'est, commencent à manquer, et ce n'est qu'au sud-ouest, dans les vallées vaudoises, que les vallées s'élargissent de nouveau. Mais ici le climat est déjà un peu plus sec et se ressent de l'approche du Dauphiné.

Si les espèces de la partie est des Alpes méridionales trouvent leur limite occidentale au Tessin, ce n'est pas à cause du climat général, mais ensuite de la configuration du pays qui n'est pas favorable à leur développement. Ce sont des plantes affectionnant les hautes collines et la basse montagne. Elles n'ont pu s'étendre du côté de l'ouest, à cause de la raideur des escarpements et de l'absence des hauteurs secondaires.

Plusieurs plantes qui ne sont pas du nombre des espèces endémiques de la zone insubrienne s'arrêtent également à la vallée d'Antigorio, au lieu de continuer à longer le versant des Alpes qu'elles avaient suivi à partir du lac de Garda.

Cytisus purpureus, Ligusticum Seguieri, Peucedanum rablense, Laserpitium Gaudini, peucedanoides, Tommasinia, Achillea Clavennæ, Crepis incarnata, Veratrum nigrum, Phyteuma comosum, Hieracium porrifolium, Adenophora suaveolens, Salix glabra, Horminum, Galeopsis pubescens, Cirsium pannonicum, Saxifraga petræa.

La limite orientale de la zone insubrienne est loin d'être marquée aussi distinctement. Le bassin du lac de Garde, extrêmement chaud tout en étant déjà plus sec que celui du lac de Côme, passe insensiblement aux basses Alpes vénitiennes, où il n'y a plus de lacs, il est vrai, mais où le voisinage de la mer se fait déjà sentir par des pluies très abondantes. De là vient que beaucoup de plantes traversent sans obstacle toute la zone et ne s'arrêtent qu'à l'Antigorio ou au Mont-Rose.

La *limite supérieure* de la région insubrienne est marquée presque partout par une cluse ou une gorge. Arrivé dans cet endroit, le voyageur voit encore une dernière fois les sombres conifères encadrer les torrents et cacher sous leur ombrage les plantes alpines, qui semblent lui dire un dernier adieu. Au sortir de ces gorges étroites, le regard est frappé tout à coup par la nature merveilleuse du midi.

Dans *la vallée principale* du Tessin, cette transition est moins sensible. A Faido, le châtaignier commence à paraître, et à Giornico c'est la vigne; mais le paysage n'en conserve pas moins jusque-là un caractère tout alpestre, et ce n'est qu'au moment où le lac Majeur se découvre dans toute sa magnificence que nous passons des Alpes aux contrées méridionales.

La surprise est bien plus grande au Val Vedro. Là, un seul pas, l'ouverture de la gorge d'Iselle, près de Varzo, fait passer le voyageur de la région sauvage des hautes Alpes dans la contrée méridionale la plus riche. Je ne crois pas que ce passage puisse être comparé à aucun autre dans toute la partie occidentale de la chaîne.

Rien n'est plus sombre, plus froid, plus menaçant que les rochers, les précipices et les torrents, tels que nous les voyons jusqu'à Iselle, et rien ne ressemble mieux à un paysage idéal dans le style du Titien, que cet admirable bassin de Varzo, aux lignes hardies et pourtant harmonieuses. Les forêts de châtaigniers y sont d'une richesse incomparable et parsemées partout d'innombrables petits villages. La végétation est superbe et les paysages lointains revêtent les teintes les plus vives et les plus délicates. Iselle, qui est situé à 663 m., marque le point de transition entre deux régions parfaitement distinctes.

Dans le *Bregaglia*, c'est une arête rocheuse, d'un aspect singulier, qui coupe la vallée et qui forme la limite entre les deux zones, à une altitude de 850 m. Dans cette muraille naturelle, haute à peine de 50 m. et couronnée pittoresquement par un castel en ruines, est creusée une ouverture que l'on désigne sous le nom de *la Porta* et qui sépare d'une manière aussi distincte que la gorge d'Iselle, le monde de l'arole et de la mélèze de celui des forêts de châtaigniers.

Sur les rochers de la Porta croissent encore en effet quelques mélèzes, quelques aroles isolés, qui ombragent le rhododendron et l'*Astrantia minor*, mais dix pas au-dessous de ce passage, nous voyons le *Syntomis Phegea*, aux brillantes ailes d'un bleu d'acier, et le *Polyommatos Gordius*, aux reflets lumineux, voltiger autour des fleurs du *Sarothamnus* et du cytise ; tandis que les panaches de fleurs des châtaigniers exhalent un parfum pénétrant et se détachent comme autant de plumets blancs sur le vert foncé des feuillages.

Dans *la Mesolcina*, la limite qui sépare les climats est également une assise de rochers que Théobald compare au passage de la Porta. Ce n'est qu'à leur pied, à Soazza, à 630 m., que commence la forêt de châtaigniers et la nature italienne. Dans cette vallée, le charme du paysage des Alpes méridionales est encore augmenté par de nombreuses cascades et par des ruines extrêmement originales.

Cette même transition si brusque peut s'observer encore dans la petite vallée de *Poschiavo*, la plus écartée, mais non pas la moins remarquable de nos vallées méridionales. Des hauteurs de la Bernina, des bords froids et dénudés du Lago Bianco, encadré par les glaces du Piz Palu, qui pénètrent jusque dans l'intérieur de la forêt alpine, on descend en quelques heures au lac de Le Prese, où déjà le tilleul se mêle au sapin, mais où domine encore la nature des sous-Alpes et où le *Primula farinosa* et l'*Astrantia major* continuent à orner les prairies. Ce n'est qu'au versant sud de la Motta, cette croupe pierreuse qui borne le lac, que l'on se trouve dans la région du châtaignier et que le regard enchanté s'ouvre sur Brusio qui est déjà en pleine nature italienne, entre des montagnes sauvages et déchirées, mais néanmoins presque enseveli dans la verdure des châtaigniers, des noyers, des mûriers et des figuiers. Dans cette vallée, la limite n'est marquée ni par une gorge ni par une crête rocheuse, mais par un rempart de pierres désagrégées, provenant d'un ancien éboulement. A peine l'a-t-on franchi ou tourné que le *Peucedanum rablense, Centaurea transalpina* et *splendens, Sisymbrium strictissimum, Trifolium patens, Chenopodium Botrys, Tunica saxifraga, Hieracium australe,* prouvent à l'évidence que nous avons abordé les chaudes régions de la Valteline.

Poschiavo est d'un intérêt particulier, parce que c'est la seule vallée qui relie notre pays à celle, si importante et si intéressante, de la Valteline, la plus grande de la zone insubrienne.

La Valteline a la même direction générale que le Valais ; mais elle en diffère par une entrée moins étroite, par un fond plus large et couvert de marais et par le fait que, vers le sud, elle n'est pas bornée par une série de grands glaciers, mais par des montagnes au climat plus doux, dont le sommet seul présente quelques névés. La Valteline est encore comprise dans la zone insubrienne, dans laquelle elle s'ouvre directement près du lac de Côme et à laquelle elle se relie du côté du val d'Oglio par la dépression de Corteno, à 1168 m. seulement. Des deux côtés de la vallée règne une large ceinture de châtaigniers, qui manquent presque entièrement dans le Valais.

Sur la rive gauche de l'Adda, ces forêts montent du fond de la vallée jusqu'à Bolladore, à 865 m. En revanche, il n'y a que peu de vignes. Sur la rive droite, sur les versants exposés au soleil du midi, la vigne est cultivée sur de vastes espaces et remplace le châtaignier. On sait que le vin de la Valteline est au nombre des plus recherchés. La vigne monte dans la vallée principale jusqu'à Tiolo, à 800 m. environ et dans la vallée latérale de Malenco jusqu'à Spriana. L'*Erica arborea,* le ciste blanc croissent à l'entrée de la vallée. L'*Adiantum capillus Veneris* se rencontre encore sous une forme très basse (*f. Burmense* Brügg.) près des sources chaudes de

Bormio, à 1223 m. Il est vrai que c'est là une station presque artificielle.

Les marais de l'Adda renferment une riche végétation ; on peut y cueillir :

Thalictrum exaltatum, Butomus, Villarsia, Alisma ranunculoides, Heleocharis ovata, etc.

Poschiavo participe, quant à la flore, aux particularités de la Valteline. Le *Peucedanum rablense*, qui croît à Brusio, paraît être plus abondant dans cette vallée et surtout aux environs de Bormio, qu'à l'ouest. Il n'est indiqué au Generoso que par d'anciens botanistes. Le *Sisymbrium strictissimum*, qui se retrouve dans la Basse-Engadine, est également une plante des contrées de l'est, ainsi que l'*Arabis Halleri*.

Le *Cardamine asarifolia*, espèce répandue au sud de la chaîne jusque dans les Alpes maritimes, ne se trouve en Suisse qu'à Poschiavo. *Cirsium Erisithales, Achillea tanacetifolia, Molopospermum, Campanula spicata, Linaria italica, Dianthus Seguierii, Silene Saxifraga, Thalictrum fœtidum, Phyteuma Scheuchzeri*, relient la vallée aux autres vallées alpines de la zone insubrienne.

Pour ce qui concerne les *plantes cultivées* du Tessin, nous en trouvons trois principales, ce sont la *vigne*, le *mûrier* et le *maïs*.

La *vigne* s'y trouve dans toute son exubérance. Le genre de culture donne déjà à lui seul au paysage transalpin quelque chose de poétique. On ne donne pas pour support à la vigne un échalas raide et mort, mais un appui vivant. Presque partout cet appui est l'*Acer campestre* nommé *oppio*, rumpo dans le dialecte du pays. On choisit cet arbre, parce que ses feuilles sont plus petites que celles de tous les autres arbres et par conséquent ne nuisent pas par leur ombrage. La vigne a dans cette contrée toute sa beauté naturelle. Elle paraît être en pleine liberté et recouvre ces arbres noueux de ses pampres superbes, et bientôt de nombreuses grappes se montrent sous le feuillage de l'érable, aussi bien que sous le pampre. C'est ainsi que la vigne se cultive aux environs de Locarno.

Dans la Lévantine et dans la vallée du Blegno, on la cultive d'une autre manière, également en usage en Italie. On fixe habituellement à hauteur d'homme, ou même plus haut encore, de longues perches transversales sur des supports de bois ou des piliers de pierre. La vigne recouvre cet échafaudage qui finit par ressembler à un berceau de verdure, et les grappes descendent dans les espaces vides. Ce genre de culture est tout aussi pittoresque que la première. Ces deux méthodes permettent également de cultiver entre les ceps et sous leur ombrage des légumineuses, du maïs et du millet.

Cette double utilisation du sol ne paraît nuire ni à la vigne ni aux cultures intercalaires : c'est une preuve nouvelle de l'excellence du climat, puisqu'il suffit même aux plantes annuelles cultivées à l'ombre de la vigne, et une preuve encore de la fertilité du sol, formé par les débris des rochers des Alpes.

Presque partout c'est le vin rouge qui se cultive. Le plant ordinaire a de grandes feuilles et de fortes grappes à baies grosses et à pellicule épaisse. Le vin du Tessin s'exporte en grandes quantités par le Gothard dans les cantons montagnards. Il est de couleur très foncée, peu aromatique et a un fort goût de terroir. Par suite de la fermentation à l'air libre, laquelle est généralement en usage, il a moins d'alcool qu'il ne pourrait en avoir. Comme tous les vins du midi, il a peu d'acidité, c'est un vin sec et extrêmement sain. Il diffère essentiellement du vin du Valais, le plus concentré et le plus fort de tous nos crûs.

Malgré sa grande superficie de hautes montagnes, le Tessin est de beaucoup le canton le plus vinicole de la Suisse; il comptait en juin 1876, 7488 hectares cultivés en vignes, tandis que le canton de Vaud n'en comptait à la même époque que 5650.

Au Sotto Cenere la vigne monte du côté du Cenere jusqu'au-dessus de Taverne, à 450 m.; dans le Centovalli à 500 m. environ; dans l'Onsernone jusqu'au-dessus de Loco, à 606 m.; dans le val Maggia jusqu'à Broglio, à 728 m.; et elle pénètre même dans le Val Bavona; dans le Verzasca elle s'élève au-dessus de Lavertezza, jusqu'à 560 m.; dans la Lévantine plus haut que Giornico; dans la vallée de Blegno, au-dessus d'Aquila, à 748 m.; dans la Mesolcina jusqu'à Verdabbio, à 730 m., et jusqu'à Nadro-Castaneda, au-dessus de Grono, à 700 m., et en plants isolés jusqu'à Arvigo à 850 m. Dans le Bregaglia elle s'avance jusqu'au delà de Soglio, à 700 m.

Comme ailleurs, l'oïdium a beaucoup nui aux vignes du Tessin. Mais, en remplacement des ceps détruits, on a fait avec succès, à Locarno par exemple, de grandes plantations d'une vigne américaine, *Vitis labrusca*, à feuilles laineuses, peu profondément incisées, et à grappes lâches. Cette espèce a très bien résisté à la maladie. Dans ce climat, le raisin de cette vigne arrive à une maturité complète et le vin n'est pas essentiellement différent de celui des autres espèces. Le fléau le plus redoutable, le phylloxera, après s'être tenu longtemps à distance de la zone, a fait récemment son apparition à Valmedrera, non loin du lac de Côme; mais il n'a pas encore franchi la frontière suisse. Espérons que grâce à la vigilance des autorités, qui ont ordonné les mesures les plus sévères pour le commerce des plants et de tous les produits viticoles, il sera possible de préserver de l'atteinte de ce terrible insecte les vignobles si florissants du Tessin. Espérons aussi que l'humidité, dont le terrain de cette contrée ne manque jamais, mettra un obstacle naturel à la propagation du fléau.

Après la vigne, il faut mentionner tout naturellement le *gelso* ou *morone*. C'est ainsi que les gens du pays appellent le *mûrier blanc*. C'est un arbrisseau ou un arbre de grandeur moyenne et son feuillage sert à nourrir le ver-à-soie. Sur le bord des chemins et dans les champs, on voit partout dans la région des cultures cet arbre aux feuilles luisantes et d'un beau vert, et c'est grâce à lui que le paysage prend un aspect si riant et si gai.

Il monte pour le moins aussi haut que la vigne. Je l'ai vu à Broglio, dans le haut du val Maggia, à 750 m.

A en juger par son état prospère jusque dans le nord de l'Allemagne, il pourrait monter plus haut encore; mais la limite supérieure des arbres cultivés ne dépend pas seulement des influences du climat, mais pour le moins autant des besoins et des caprices de l'homme, du voisinage des villages, de la rapidité des pentes et de la configuration des vallées.

Pour ce qui concerne le mûrier, il faut encore tenir compte du fait que l'existence du ver-à-soie est évidemment liée par la température à des régions plus basses que la limite supérieure de l'arbre nourricier et que par conséquent la culture de la soie ne peut monter aussi haut que l'arbre, qui est remplacé dans les régions élevées par d'autres plantes plus utiles. Franscini donne d'intéressantes indications au sujet des progrès qu'a faits au Tessin, depuis le commencement du siècle, l'industrie essentiellement méridionale de la soie. Il évalue la production de la soie dans le canton, il y a 90 ans, à 5,000 kil.; pour l'année 1837, à 12,000 kil.; pour 1843, elle monte déjà à 23,000 kil., et le nombre des mûriers est évalué pour 1848 à 300,000. Dès lors, la maladie des vers-à-soie paraît avoir occasionné de notables diminutions.

Le *maïs* fournit le mets national des paysans de nos vallées méridionales, ils en transportent partout avec eux. Le gruau, soit farine grossière, cuite avec de l'eau, compose leur polenta et suffit presque entièrement à leur nourriture et à celle de leur famille.

Pour prospérer, le maïs a besoin d'un été chaud et continu, avantage que la zone insubrienne lui accorde dans une large mesure. Dans la Suisse cisalpine il réussit aussi quelquefois, mais il est loin d'avoir l'épi aussi gros et aussi riche, la tige aussi élevée et les feuilles aussi larges que dans les champs du Tessin. Là, cette plante a quelquefois des épis de plus d'un pied, et il n'est pas de maison, de cabane même dont la façade ne soit ornée de ces magnifiques épis d'un or pâle. Il n'y a en Suisse que trois contrées où le maïs réussit : le Tessin, le Valais et le Rheinthal, près de Sargans; on pourrait y ajouter encore les environs d'Altorf. Dans toutes ces contrées, la température descend à peine en mai au-dessous de 15° c. et la moyenne pour le mois de septembre n'est guère au-dessous de 16°, tandis que pour 8 années consécutives les maxima n'ont pas été en moyenne au-dessous de 30,5°.

C'est dans les champs où le maïs est cultivé entre les vignes et où, entre les pieds de maïs, on a trouvé moyen de cultiver encore du lin ou des pois, que se montre dans toute sa puissance la productivité du sol du Tessin.

A la suite de ces trois plantes si précieuses, la vigne, le mûrier et le maïs, il faut mentionner en seconde ligne les *arbres fruitiers*, savoir: le figuier, qui porte déjà en mai ses premiers fruits (fioroni); le grenadier (Melegrano), l'amandier et le pêcher, arbres qui prospèrent tous en plein vent. Souvent le figuier s'échappe des cultures et croît à l'état sauvage sur les rochers. Il monte jusqu'aux villages les plus élevés; à Olivone, dans le val Blegno, il monte même à 892 m.

Dans les hautes régions, on cultive encore fréquemment le *blé sarrasin* (grano saraceno). Dans la règle on ne le sème qu'à la mi-juillet, après la moisson, sur les champs où a crû le seigle. Il mûrit en octobre et l'on prépare avec la farine de sa graine une sorte de polenta de couleur noire qui, assaisonnée de crème fraîche, est un plat de fête, désigné à Poschiavo du nom de *polenta in flur*. Leonhardi affirme que le pollen des anthères rougeâtres du blé sarrasin colore en brun le miel de ces contrées.

D'autres graminées cultivées depuis des temps immémoriaux, telles que le *millet* (miglio) et le *panic* (panico), se rencontrent aussi quelquefois.

Le *tabac* commence aussi à jouer dans certaines contrées de la zone insubrienne un rôle assez considérable, surtout à Brusio, dans la vallée de Poschiavo, où il a été introduit par la Valteline. Sa culture remplace même quelquefois avec avantage celle des céréales.

Au Tessin, l'*olivier* est plutôt un ornement dans le paysage qu'une plante cultivée pour son fruit. Cependant il s'y trouve depuis les temps les plus anciens et sa culture avait certainement autrefois bien plus d'extension qu'actuellement.

On en voit de beaux groupes dans le Sotto Cenere, au lac de Lugano, aux environs de cette ville, et surtout à Gandria, où Gaudin l'a même trouvé à l'état subspontané, en 1833.

De son temps, on fabriquait avec les olives indigènes une huile qui ne le cédait en rien à celle de la Provence. Franscini, ce savant connaisseur du Tessin, indique Castagnola, au pied du Monte Bre, entre Lugano et Gandria, comme le seul endroit de la Suisse où la culture de l'olivier se soit conservée comme une branche de l'agriculture.

J'ai vu ci et là de vieux oliviers peu prospères, il est vrai, dans les vignes et sur les pentes entre Locarno et Solduno, sur la terrasse de la Madonna del Sasso. Par son feuillage bleuâtre et argenté, cet arbre ne contribue pas peu à donner à la contrée un caractère vraiment italien et à augmenter le charme de cette rive. Au lac d'Orta l'olivier manque; aux lacs Majeur et de Lugano il est rare; il l'est moins sur les bords du lac de Côme, près de Varenna et de Bellaggio, où la forêt d'oliviers de la Villa Serbelloni rappelle déjà par sa beauté celles de la Ligurie.

Dans les Alpes méridionales, la région de l'olivier ne prend quelque extension que près du lac de Garde, et dans la vallée de la Sarca, qui s'étend de la rive nord de ce lac jusque vers les Alpes. Cette dernière vallée possède encore un arbre sauvage qui appartient à la même zone que l'olivier, c'est le *chêne vert* (*Quercus Ilex*). Ici, l'huile d'olive se fabrique déjà en grandes quantités, et près de chaque maison l'on remarque ces pressoirs de forme antique dont on se sert pour écraser les fruits. Dans la vallée de l'Adige, l'olivier s'avance jusqu'à Botzen et croît fréquemment dans les vignes, mais on n'en utilise pas les fruits, on se sert seulement de ses rameaux dans certaines fêtes catholiques.

Au sud de la zone insubrienne, dans les plaines du Piémont et de la Lombardie, l'olivier manque. Il ne reparaît que de l'autre côté des Apennins, sur le versant méridional qui domine le golfe de Ligurie, dans la Toscane, et à l'est de la péninsule à Faënza. Dans la vallée du Rhône, à l'ouest de la chaîne des Alpes, il monte jusqu'à Rochemaure, au-dessus de Montélimart. A Clarens, sur les pentes abritées de la partie orientale du lac de Genève, on en cultive ci et là comme rareté quelque petit exemplaire dans les jardins. Telles sont les limites de cet arbre autour du Tessin ; elles prouvent, comme celles de beaucoup d'autres plantes, que le versant des Alpes méridionales offre déjà plusieurs points de ressemblance avec la zone méditerranéenne proprement dite, tandis qu'au point de vue de la flore, le bassin du Pô diffère encore assez considérablement de cette dernière.

N'oublions pas non plus que dans la plaine, qui est fortement arrosée et parfois marécageuse, l'olivier ne trouve pas le sol qu'il lui faut, car c'est un arbre des collines sèches et des terrasses rocheuses.

Bien que l'été du Tessin soit moins pluvieux que celui du reste des Alpes, le sol est cependant trop humide pour convenir à un arbre qui, dans sa patrie, jouit d'un été absolument sec. La période de végétation est aussi trop courte pour que l'arbre puisse se cultiver en grand, et soit d'un bon rapport. D'après Grisebach, l'olivier bourgeonne à Nice déjà en janvier, à 6,6° R., soit 8,2° C. Les fruits ne mûrissent qu'en novembre. A Lugano, la moyenne de la température pendant le mois de janvier est de 0,9°, en février elle est de 4,2°, et ce n'est que de mars en avril qu'elle dépasse 8,2°. — Il est évident qu'un réveil aussi tardif chez un arbre qui, en Orient et même aussi dans la zone méditerranéenne, se montre si précoce, ne peut qu'empêcher son développement.

Si, au Tessin, l'olivier n'est pas encore précisément chez lui, cela est moins un effet des rigueurs de l'hiver que des causes que nous venons de mentionner. De 1864 à 1875, c'est-à-dire pendant douze années, le minimum moyen n'a été que — 6,8°, température à laquelle l'olivier ne gèle pas encore. A Montpellier, où cet arbre est prospère, le minimum moyen est de — 9,23°, et d'après Martins il n'est sérieusement menacé qu'à — 15,9°. L'olivier, cet « arbre heureux, » comme l'ont appelé les anciens, ne peut être compté au Tessin au nombre des plantes de rapport proprement dites. Il ne paraît pas qu'il en ait toujours été ainsi. Lavizzari raconte que des documents de l'année 769 font mention d'une véritable culture de l'olivier à Lugano; d'autres documents, qui remontent à l'année 1300, parlent également d'une culture semblable à Locarno. Les hivers rigoureux de 1600 et de 1709 détruisirent presque entièrement ces arbres, et plus tard, l'extension considérable de la culture plus productive et plus sûre du mûrier fit oublier celle de l'olivier et devint ainsi un obstacle au renouvellement des plantations détruites.

Après avoir passé en revue les plantes cultivées, il vaut la peine de parler encore des *végétaux exotiques* dont les jardins du Tessin peuvent être ornés. Ces plantes sont extrêmement nombreuses et, grâce à un climat aussi favorable, elles le deviennent de plus en plus.

A Piano di Magadino et à Bellinzona on trouve déjà le cyprès, le grenadier, le jasmin et, non loin de cette ville, un pied magnifique d'*Albizzia Julibrissin*, mimosa de l'Inde et des côtes de la mer Caspienne, aux touffes de fleurs d'un violet clair.

Les espèces des côtes de la Méditerranée, des parties de l'Amérique du Nord qui touchent le golfe du Mexique, du Japon, de l'Himalaya, de la Californie, du Chili et de la Nouvelle-Zélande, ne prospèrent véritablement que sous l'influence immédiate des reflets du lac. D'ordinaire, les jardins font juger trop favorablement de la productivité d'un climat, car l'active sollicitude de l'homme vient s'y ajouter aux ressources de la nature, mais ils n'en donnent pas moins une idée de ce qu'il est possible d'atteindre dans les circonstances les plus favorables.

Dans les jardins de Locarno nous voyons mûrir les fruits de l'*Eryobotrya japonica*, nèfle du Japon qui se mange beaucoup dans la contrée sous le nom de *nespoli*. Nous voyons fleurir le *Prunus lusitanica*, l'azareiro du Portugal, au tronc vigoureux. D'après Lavizzari, le pin pignon atteint à Intragna une circonférence de 1,50 m.; à Trinità, le *Prunus Laurocerasus* une circonférence de 1,72 m.

Le *Vitex Agnus castus*, le pin d'Alep, le laurier rose (leandro) et sa belle forme à feuilles étroites, désignée sous le nom de N. *Oleander f. indicum,* prospèrent tous en plein vent. L'*Azalea indica* se couvre de fleurs, l'*Annona triloba* y mûrit son fruit. Le feuillage blanchâtre et délicat de l'*Acacia dealbata* se détache du vert savoureux de l'*Evonymus japonica* et du *Ligustrum japonicum,* qui étale ses panicules de fleurs blanches. L'*Azedarach* de la Syrie et de l'Inde se couvre de ses touffes de fleurs violettes, et le *Camélia* planté en parterre et sans abri devient un petit arbre de 4 m., garni de feuilles serrées depuis le sol jusqu'à la cime. En 1873 j'ai vu un pied du plus beau des arbres toujours verts, le *Magnolia grandiflora* de la Floride, qui, âgé de 15 ans seulement, était devenu dans le jardin de Franzoni un arbre de 12 m. de haut. Son feuillage reluisant, d'un brun doré, est recouvert presque toute l'année d'énormes fleurs d'une blancheur de neige, qui ressemblent à des nénuphars. En 1877, Coaz a constaté que cet arbre avait déjà 15,5 m. de haut et une circonférence de 1,52 m. Le *Laurus Camphora* du midi de la Chine, le *Benthamia fragifera* de l'Himalaya, ornent les jardins de Locarno. Le 10 novembre, Coaz a trouvé cette dernière plante couverte de ses fruits mûrs, qui ont la forme d'une fraise. Il décrit en outre un *Sequoia gigantea* de la Californie, qui, à 17 ans, avait atteint une hauteur de 22 m. et une circonférence de 2,8 m. Le *Cunninghamia sinensis* de Hong-Kong se développe moins rapidement, mais il n'en a pas moins atteint en 15 années 7 mètres de hauteur. En 8 ans, l'*Eucalyptus globulus* de la Nouvelle-Zélande a atteint 8 mètres de hauteur et 46 cent. de circonférence. Il faut mentionner aussi à Minusio et au-dessus de la Madonna del Sasso des groupes d'*Agave americana* qui se multiplient abondamment. Telle est, esquissée à grands traits, la végétation exotique des environs de Locarno.

Les jardins du milieu du lac Majeur, par exemple ceux de l'Isola Madre et des frères Rovelli près de Pallanza, qui renferment les plantes les plus rares et les plus recherchées, prouvent d'une manière plus évidente encore combien ce climat est favorisé.

On y trouve, en arbres et donnant richement leur fruit, le Pin des Canaries, le *Pinus Theocote,* le *Pinus religiosa,* originaires du haut plateau mexicain; les conifères du Japon, telles que *Pseudolarix Kœmpferi* et *Pinus Jezoensis* ; celles de l'Himalaya, le *Cupressus*

torulosa des Indes méridionales, le *Cupressus glauca*, les *Frenela*, ces
singulières plantes de l'Australie, et les myrtes aux étamines pour-
pres (Metrosideros), qui fleurissent pendant notre hiver comme
dans leur propre pays. Le *Jubœa spectabilis*, ce palmier du Chili,
et l'*Araucaria* du Brésil prospère parfaitement, et y devient un grand
arbre touffu, garni de cônes aussi gros que la tête d'un homme.
Un véritable taillis de Camélia, de Théa, d'*Olea fragans*, nous transporte dans la zone toujours verte des collines du midi de la Chine.

Sur les bords du lac de Lugano, situés à 85 m. plus haut, le nombre des plantes exotiques et tropicales, cultivées dans les jardins,
n'est déjà plus aussi considérable. Pourtant Haller, et après lui
Gaudin, avaient trouvé l'agavé à l'état sauvage sur les rochers de
Gandria. Lavizzari raconte que cette plante fleurit même quelquefois
(*non rare volte*), phénomène que la jeunesse de Lugano célèbre en
s'emparant de ces inflorescences géantes disposées en candélabre,
preuve vivante d'une nature privilégiée. A Morcote, à l'extrémité sud
de la presqu'île du Salvatore, Lavizzari a observé un laurier dont le
tronc mesurait 1,56 m. de circonférence ; à Lugano, un *Lagerstrœmia
indica* atteignait 0,60 m. et à Albogasio, à l'est de Lugano, un
cyprès 3,80 m. Aux îles Borromées et près de Côme, le câprier des
bords de la Méditerranée croissait déjà du temps de Haller à l'état
sauvage, sur les murs et sur les rochers. Le caractère de cette flore
des jardins devient de plus en plus méridional à mesure que nous
nous avançons vers l'est, et c'est au lac de Garde qu'il atteint son
point culminant par la culture du *limon* qui est très étendue et très
productive. Il est vrai que cet arbre n'y croît pas en plein vent ; on
le cultive en espalier et l'on a soin de le recouvrir en hiver. On le
trouve déjà par pieds isolés et en espalier à Locarno et à Ascona,
et plus loin sur les bords des lacs de Lugano et de Côme ; mais ce
n'est qu'au lac de Garde que l'on atteint la contrée où il vaut la peine
de le cultiver en grand.

Ces plantes cultivées en pleine terre, dans la zone de nos lacs
insubriens, ont pour patrie la zone tempérée et la zone subtropicale des
deux hémisphères. Il est toutefois nécessaire de remarquer que plus
la station naturelle de la plante s'approche des tropiques, plus aussi
est élevée l'altitude à laquelle elle s'y trouve. Les îles Canaries,
l'Himalaya, le sud du Brésil (28°) et du Mexique (20°) ne nous

fournissent que des plantes ligneuses, apparaissant dans les forêts humides et montagneuses, et jamais dans les contrées basses et très chaudes. Il n'y a guère que l'Australie et le Chili (30°), savoir les contrées de l'hémisphère sud, qui nous livrent des arbres appartenant aux régions basses. Chose singulière, le midi de la Chine (23°) et celui des Indes (Goa 15°) font exception à cette règle; car ils nous donnent le *Cunninghamia* et le *Cupressus glauca*, espèces originaires des montagnes chaudes et des bords de la mer, et qui néanmoins supportent parfaitement bien l'hiver du Tessin et y mûrissent leurs fruits. Il est vrai que ce sont des conifères dont la structure se rapproche beaucoup de celle des espèces européennes.

B. Le Bassin du Rhône.

La partie moyenne de la vallée du Rhône, entre la France et la Savoie, est séparée du cours supérieur de ce fleuve, qui appartient à la Suisse, par les gorges du haut Jura, dominées par le fort de l'Écluse et le Châtelard. Pendant le cours des siècles, le Rhône s'est frayé un passage à travers la chaîne, dont les cimes voisines du fleuve atteignent une altitude de 1600 m. Il court de là directement vers le bassin de la Méditerranée. A une altitude de 357 m. s'étale le large et magnifique bassin du Léman, et quelques lieues plus loin on rencontre une autre gorge plus grandiose encore que celle du Jura, c'est la gorge de Saint-Maurice, creusée par le fleuve au sortir des Alpes valaisannes et située à 426 m. Plus loin commence le bassin proprement dit du fleuve, le Valais, longue vallée de plus de 150 kil., probablement la plus longue et la plus importante des vallées des Alpes.

C'est par le thalweg de la vallée du Rhône que la Suisse est en relation directe avec le domaine de la flore méditerranéenne, lequel s'étend jusqu'aux environs de Montélimart. De là, les espèces les plus résistantes pénètrent dans la vallée du Rhône, sur les collines des deux rives. Thurmann a décrit cette diminution, cette réduction toujours plus sensible que subit la végétation méridionale des contrées du Rhône, à mesure que l'on s'avance vers le fond de la vallée.

A Grenoble, sous le 46me degré de latitude, on trouve encore : *Rhus cotinus, Rhamnus alaternus, Convolvulus Cantabrica, Scabiosa graminifolia, Leuzea conifera, Ononis minutissima, Orobus gracilis, Cytisus argenteus, Bupleurum junceum, Senecio Doria, Crupina vulgaris, Kœleria phleoides, Geranium nodosum.* A Bellay on peut cueillir encore : *Laserpitium gallicum, Lonicera caprifolium, Osyris alba, Pistacia Lentiscus,* et même, dans les cluses du Jura près de Genève, *Acer opulifolium* et *monspessulanum, Cytisus Laburnum, Ruscus aculeatus, Ononis Natrix, Coronilla minima, Sedum anopetalum* et *altissimum.* Personne ne niera que ces espèces n'aient un caractère méditerranéen.

Mais dès que l'on aborde le magnifique bassin du Léman, nous voyons la flore prendre tout à coup un caractère moins saillant et plus ordinaire. Les espèces méridionales manquent sur ses bords ; mais en remontant le cours du Rhône, en pénétrant dans le Valais, on retrouve tout à coup un certain nombre de plantes que l'on avait quittées au Fort de l'Écluse, savoir : *Rhus Cotinus, Crupina, Acer opulifolium, Ruscus, Ononis Natrix* et *Columnæ, Coronilla minima ;* et à Sion, au centre de la vallée, on peut même constater la présence de plusieurs espèces qui ne se retrouvent que fort loin vers le midi. Le *Cactus Opuntia,* l'amandier et le grenadier, semblent même croître à l'état sauvage sur les rochers. Ce n'est que bien au-dessus de Brigue, dans la région où les affluents du Rhône ne sont plus que des torrents qui descendent des glaciers, que disparaît ce dernier reflet du Midi, sous l'âpre souffle du climat alpestre.

Voici quel est, d'après Thurmann et notre institution météorologique, le climat des contrées situées sur le cours du Rhône :

	Altitude Mètres	Moyenne de la chaleur annuelle
Lyon	160	12,85°
Grenoble	300	12,50
Genève	408	9,70
Montreux	385	10,45
Martigny	498	9,97
Sion	536	10,61
Glyss près de Brigue	688	8,70

Ces chiffres prouvent-ils que la température annuelle diminue à mesure que l'on se rapproche des sources du fleuve? Nullement.

Montreux est plus chaud que Genève, et Sion plus que Montreux; si bien que cette dernière station, qui est de 120 m. plus élevée, et de 100 kil. plus rapprochée du fond de la vallée, est de 0,91° plus chaude que Genève.

Comparativement à la situation de la contrée, cette dernière ville n'est guère favorisée par le climat. Ce qui en augmente la rigueur, c'est le voisinage du haut Jura, dont les larges croupes montent jusqu'à 1700 m., et d'où la neige ne disparaît qu'en juin. Ce qui contribue aussi à rendre le climat de Genève plus rude, c'est la situation même de la ville, entièrement ouverte aux vents du nord-est. A vrai dire, elle se trouve dans une vallée des Alpes, mais sans jouir des influences qui, dans certaines circonstances, contribuent à tempérer sensiblement le climat de ces vallées. Aucune paroi rocheuse, située à proximité, ne réverbère la chaleur du soleil; le fond de la vallée est un lac qui, tout en diminuant le froid en hiver, contribue en revanche à diminuer la chaleur en été. De là vient que le climat de Genève n'est guère plus doux que celui de Bâle, dont la moyenne annuelle est de 9,50°, ni même que celui d'Olten, ville qui se trouve à peu près à la même altitude (393 m.), au nord-est du Jura. Dans ces deux dernières stations, la température annuelle suit une marche à peu près semblable.

Année.	Hiver.	Printemps.	Été.	Automne.	Décembre.	Janvier.	Février.	Mars.	Avril.	Mai.	Juin.	Juillet.	Août.	Septembre.	Octobre.	Novembre.
GENÈVE																
9,70	1,3	9,5	18,0	9,8	1,1	—0,1	2,8	4,1	9,9	14,1	16,8	19,5	17,7	15,7	9,5	4,1
OLTEN																
9,09	0,2	9,4	17,8	8,8	0,2	—1,3	1,7	3,6	9,8	14,7	17,0	19,3	17,1	14,8	8,1	3,1
BALE																
9,50	1,0	9,7	17,9	9,2	0,6	0,2	2,6	4,3	10,3	14,5	16,8	19,6	17,1	15,2	8,5	3,9

Les différences qui existent entre ces trois stations, différences qui ne comprennent guère que des fractions de degrés, consistent pour Genève en un hiver et un automne un peu plus doux; et, point essentiel pour ce qui concerne la végétation, en minima de température moins bas pendant l'hiver, soit de — 11, 90, tandis qu'à Bâle le minimum est de — 13, 3°, et à Olten de — 13, 1°.

La quantité de pluie qui tombe dans la contrée de Genève annonce déjà un tont autre climat que celui de la zone montagneuse, lequel est sensiblement plus humide. Tandis qu'à Montreux la moyenne annuelle est encore de 128 cm., et à Morges de 103, à Genève elle n'est plus que de 78, c'est-à-dire un peu moins élevée que dans le nord de la Suisse (Bâle 92 cm., Schaffhouse 83 cm.), ce qui indique déjà la proximité du climat méridional du sud-est de la France.

L'influence du midi se fait également sentir dans la moyenne de clarté du ciel. A cet égard, comme pour la température, la moyenne annuelle est à peu près la même pour Genève et pour Bâle ; mais en revanche l'été diffère essentiellement. L'état du ciel n'est à Genève, d'avril en septembre, que de 5,1. 5,2. 4,5. 4,2. 4,7. chiffres qui ne sont que de quelques dixièmes moins favorables que ceux de la zone insubrienne. A Bâle, pendant les même mois, la clarté du ciel est de 5,7. 5,7. 5,6. 4,8. 5,2. 4,5 ; le ciel d'été y est donc plus nuageux qu'à Genève.

Un été plus beau, moins de pluie, et un hiver qui, sans être considérablement plus chaud que celui du nord de la Suisse, ne descend pas à des minima aussi bas, tels sont les caractères essentiels du climat de Genève.

Ce qui nuit encore à ce climat, c'est la bise, ce vent du nord-est auquel la contrée est entièrement ouverte ; et ce courant atmosphérique refroidit considérablement la température.

La flore de Genève est une des plus riches de la Suisse, car elle touche à différents territoires. Sur un espace très restreint se trouvent le Jura et son poste avancé, le Salève, séparé de la chaîne par la vallée du Rhône ; en outre, les basses Alpes savoisiennes (le Brezon, le Môle) et le bassin du Rhône avec les rives du Léman. A Genève, les Alpes touchent à la plaine. Il faut ajouter que cette contrée a été explorée depuis longtemps par une série de botanistes célèbres, à tel point qu'il n'est guère au monde de flore locale mieux connue, et mieux étudiée. Nous examinerons en détail la flore de ces montagnes quand nous parlerons des différentes zones auxquelles elles appartiennent ; nous nous bornerons pour le moment à faire quelques excursions dans la plaine du Rhône et sur ses collines. Il est extrêmement intéressant d'y voir par une transition insensible la flore champêtre de l'Europe centrale faire place aux espèces méditerranéennes de la partie inférieure de la vallée du Rhône. La plaine genevoise forme une étape dans la migration d'un grand nombre d'espèces méridionales vers le nord.

On trouve au Fort de l'Écluse :

Acer monspessulanum, Helianthemum pulverulentum, Cytisus Laburnum et alpinus, Arabis saxatilis, muralis, stricta. Hutchinsia petræa, Ononis Natrix, Potentilla rupestris, Sedum anopetalum, Parietaria diffusa, Ruscus aculeatus, Astragalus monspessulanus, Colutea arborescens, espèce qui appartient proprement à la flore du midi de la France et qui croît dans le Jura méridional.

Dans la plaine, on rencontre :

Fumaria capreolata, Reseda Phyteuma, Trifolium elegans, striatum et scabrum, Vicia lutea, Lathyrus sphæricus, Eruca sativa, Micropus erectus, Carduus tenuiflorus, pycnocephalus, Kentrophyllum lanatum, Centaurea Calcitrapa, Helminthia echioides, Lactuca virosa et saligna, Crepis nicæensis, Anarrhinum bellidifolium, Anchusa italica, Echinospermum Lappula, Solanum miniatum, Scrophularia Balbiisi, Erythronium Dens canis, Narcissus biflorus, Gastridium lendigerum, Aira aggregata, Gladiolus segetum, Plantago arenaria, Cynops, Amaranthus silvestris, deflexus, Festuca tenuiflora, cilata, sciurides, Bromus squarrosus, Lolium multiflorum, Ornithogalum pyrenaicum, Carex nitida, Rosa systyla, Calepina Corvini.

La plupart de ces espèces croissent dans la grande vallée du Rhône et l'on en retrouve plusieurs bien plus haut, dans l'intérieur du Valais.

On trouve en outre : *Agrimonia odorata, Dipsacus laciniatus, Vicia lathyroides, Silene Otites, Veronica acinifolia, Gagea stenopelata, Allium Scorodoprasum, Chaiturus Marrubiastrum, Pulmonaria angustifolia, Thrincia hirta, Centaurea nigra, Asperula galioides, Rosa gallica, Potentilla alba, Lamium incisum,* espèces qui appartiennent toutes à la flore de l'Allemagne et du centre de la France, et sont au nombre des raretés de notre pays.

La flore paludéenne et riveraine est aussi très riche, à preuve les espèces suivantes : *Viola stagnina, stricta, elatior, pratensis, Lathyrus palustris, Isnardia palustris, Peplis Portula, Ceratophyllum submersum,*

Helioscicadium nodiflorum, OEnanthe fistulosa et Lachenalii, Gladiolus palustris, Cirsium bulbosum, Inula Viallantii, Chlora serotina, Mentha Pulegium, Samolus Valerandi, Cladium Mariscus, Najas minor.

Les espèces mentionnées dans ces deux dernières listes révèlent distinctement les caractères de la flore des champs et des plaines, outre quelque analogie avec celle de la vallée du Rhin aux environs de Bâle; mais dans aucune autre contrée de la Suisse ce caractère n'est aussi prononcé qu'à Genève. La flore des régions inférieures s'y rapproche, plus que sur aucun point de notre pays, de celle des vastes plaines de l'Europe centrale. — C'est pour cette raison que nous ne trouvons nulle part ailleurs un si grand nombre d'espèces récemment immigrées ou échappées des jardins. Parmi ces espèces il faut mentionner tout spécialement l'*Erica vagans*, qui appartient aux types des Asturies et qui prouve avec quelle facilité le climat de Genève accorde le droit de cité, même à des espèces aussi lointaines. D'après Reuter, cet arbuste s'est fixé depuis très longtemps dans une prairie au bord du bois de Jussy et paraît s'y être entièrement acclimaté. Il y forme un large buisson de plusieurs pieds de diamètre. Cette espèce se retrouvant dans une station isolée du département de l'Isère, on est tenté de supposer que l'on a affaire ici, non pas à une plante échappée des cultures, mais au dernier avant-poste d'un territoire des plus irréguliers.

Il faut mentionner encore, comme espèce tout particulièrement intéressante, l'*Isopyrum thalictroides*, fleur printanière des plus charmantes, intermédiaire entre les anémones et les pigamons, et très disséminée en Europe, à partir de Kœnigsberg. Près de Genève on la trouve sur le Vuache, colline jurassique.

Quand nous parlerons du Jura, nous examinerons de plus près la flore des rochers du Salève, station qui fournit à la flore genevoise le plus grand nombre d'espèces méridionales.

Comparée à celle de la vallée du Rhône, dans sa partie la plus étroite à l'ouest et à l'est du lac, la température du *bassin du Léman* subit une dépression notable. C'est que l'influence des hautes parois de rochers y est remplacée par celle d'une vaste nappe d'eau. Il faut aussi tenir compte des vents froids du nord que ne peuvent arrêter les faibles hauteurs du Jorat.

Voici quelles sont les moyennes de la température pour Genève, Morges, Lausanne et Sion.

	Année.	Hiver.	Printemps.	Été.	Automne.	Maxima.	Minima.
Genève....	9,70	1,3	9,5	18,0	9,8	33,3	—11,9
Morges....	9,79	1,6	9,7	17,9	9,8	29,3	—10,3
Lausanne ..	9,0	0,2	8,0	17,1	9,0		
Sion	10,61	1,2	11,2	21,3	10,5	32,1	—10,2

L'hiver, le printemps et l'automne sont un peu plus chauds à Morges qu'à Genève; en revanche l'été y est un peu plus froid. A Sion, la température décrit une courbe plus accentuée, elle monte d'un hiver un peu plus froid à un été plus chaud. Les maxima de Morges sont considérablement plus bas que ceux de Genève et de Sion, et les minima plus élevés que ceux de l'hiver rigoureux de Genève.

Lausanne, située vers le centre du lac et au point de sa plus grande largeur, a de même une température plus basse, surtout en hiver et au printemps. En revanche, l'été et l'automne n'y sont que de 0,8 moins chauds qu'à Morges. La chute d'eau annuelle s'élève à Morges à 103 cm. et à Lausanne à 102; à Sion elle n'est que de 74 cm. et à Genève de 78. A. Weilenmann a prouvé en 1872 que la cause de cette température plus basse et de cette humidité plus abondante, n'est autre que la grande masse d'eau du lac, laquelle donne au climat un caractère plus ou moins analogue à celui des contrées maritimes. D'une part, l'eau, qui se réchauffe plus lentement, refroidit les bords du lac et en s'évaporant enlève à l'air une assez grande quantité de chaleur; d'autre part, le refroidissement moins rapide des eaux empêche qu'en hiver la température ne s'abaisse subitement et ne devienne rigoureuse. L'atmosphère humide du lac qui se fait sentir encore à 100 mètres du rivage, forme une petite zone distincte, très favorable aux arbres toujours verts et surtout aux conifères du Midi.

Quand sur la pente des collines vaudoises tout est glacé par le gel, l'étroite bande de terre qui borde la rive reste presque toujours épargnée. Heer a déjà fait remarquer que, dans cette région, le *Sequoia sempervirens* prospère parfaitement. Les jardins autour de Lausanne et de Vevey renferment une quantité de plantes méridionales qui, dans la Suisse cisalpine, ne se cultivent que sur le bord des lacs. A Genève déjà on voit des cèdres qui surpassent probablement en beauté tous les exemplaires du continent. Dans la campagne de Beaulieu, près de Saconnex, on peut voir un groupe de ces arbres s'éle-

ver au-dessus de tous les autres: les deux plus grands ont plus de
35 m., et leurs branches inférieures, garnies de milliers de cônes, couvrent un espace qui mesure plus de 20 m. de diamètre. Les fruits
sont notablement plus gros qu'au Liban. Rien de plus vigoureux, de
plus majestueux que ces arbres. Ils prospèrent là mieux encore que
dans leur patrie maintenant presque déserte. Le *Cupressus funebris*, le
Cryptomeria japonica, le *Cupressus sempervirens* sont des hôtes qui se
sont depuis longtemps acclimatés dans cette zone. A Lausanne on
voit aussi un exemplaire assez âgé de *Pinus Pinea*. D'après la légende,
l'olivier aurait même été cultivé dans ces contrées; toutefois Dufour
a prouvé d'une manière évidente que les anciens documents qui parlent d'huile et de dîmes prélevées sur l'huile à Saint-Saphorin peuvent
tout aussi bien se rapporter à l'huile de noix. Au moyen âge le climat
du bassin du Léman n'a pas dû permettre plus qu'aujourd'hui à
l'olive d'arriver à maturité. Preuve en est le fait qu'à Menton les
olives les plus précoces ne se récoltent qu'au commencement d'octobre et ne fournissent encore qu'une petite quantité de liquide. Dans
les chaudes années même, elles ne contiennent encore aucune trace
d'huile au commencement de septembre, et ce n'est qu'en hiver que
cette matière se forme en quelque abondance. Comme sur les bords
du Léman il y gèle chaque année en novembre et déjà même en
octobre; il est donc évident que l'olive serait détruite précisément
pendant la période critique où l'huile commence à se former dans la
pulpe.

En 1871, le thermomètre était à 7 heures du soir:

le 15 novembre, à	+	1,7
» 18 »	+	1,4
» 19 »	—	1,6
» 20 »	—	3,7
» 21 »	—	5,5
» 22 »	—	4,5

Pendant cet espace de temps le thermomètre n'est descendu à
Bellinzone qu'une seule fois au-dessous de zéro (—0,2). Sur les
bords du lac de Genève l'automne est donc beaucoup moins favorable
à l'olivier que dans la zone insubrienne. Le *laurier* réussit parfaite-

ment à Vevey; aux environs de Clarens le *romarin* croît presque à l'état sauvage, le *Phyllyrea* et le *Viburnum tinus* s'y trouvent également. Les plus belles de ces plantes étrangères, acclimatées chez nous, sont l'*Azareiro* du Portugal qui croît à Ouchy depuis de longues années et y est devenu un arbre vigoureux, et le *Magnolia grandiflora*, plante vraiment royale. Ses rameaux n'y atteignent pas un développement aussi considérable que dans la zone insubrienne (à Locarno, à Villa Natta sur le lac d'Orta); mais le tronc n'en arrive pas moins à une circonférence très considérable. Carrard m'en a montré de jeunes pieds, issus de semences qui avaient germé spontanément dans le gravier de son jardin au-dessous de Lausanne. Ce caractère plus doux du climat se montre plus ou moins sur les bords de tous les lacs de la Suisse. C'est grâce à lui que l'*Adiantum Capillus Veneris* et le *Ceterach* croissent sur les bords du lac de Neuchâtel, et la *Lavande* et le *Vinca major* sur ceux de Morat et de Bienne. A Neuveville le *Quercus ilex* réussit dans les jardins; au lac de Thoune, près de Gonten, on est surpris de voir des buissons vigoureux de *Laurier cerise;* on le retrouve au lac des Quatre-Cantons, où le châtaignier s'est réservé une petite zone le long des rives. A Murg, sur le lac de Wallenstatt, on peut encore voir un charmant coin de la rive couvert de vigne et ombragé de châtaigniers.

Tous ces phénomènes sont dus aux influences toutes locales de la protection que la proximité des lacs accorde à leurs bords immédiats. Ce sont, sur une échelle réduite, des influences toutes semblables à celles que l'océan exerce en grand sur les côtes occidentales de l'Europe.

La grève sablonneuse, large à peine de quelques mètres, que les lacs recouvrent périodiquement pour s'en retirer ensuite et qui est garnie sur le bord de buissons ou de plantes marécageuses, se ressent également de cette influence particulière du climat. Toute une série d'espèces ne se trouvent que sur ces bords et se rattachent intimement au contact des eaux et de leur atmosphère. C'est surtout au lac de Genève que cette végétation est remarquable et il vaut la peine de s'y arrêter un instant. Il faut mentionner avant tout l'*Heleocharis Lereschii*, cette curieuse petite cypéracée dont les tiges nombreuses, hautes à peine de trois centimètres et surmontées d'épillets d'un brun rougeâtre foncé, croît sur les grèves sablonneuses des Pierrettes, près de Lausanne, et ne se développe que dans les années où les eaux ne dépassent pas un certain niveau. Cette espèce, l'une des plus rares, a été découverte en octobre 1830 par Lerêche. Plus tard Rota la lui a communiquée des bords du Tessin, près de Pavie, sous le nom de *Scirpus erraticus*. C'est là que Penzig, sur mon indication, l'a retrouvée en quantité dans ces dernières années. Leresche a retrouvé la plante en 1876, dans une autre localité, à Allaman, toujours sur les bords du lac. Il a comparé la plante du lac de Genève avec des exemplaires de l'*Heleocharis monandra* Hochst. du Cordofan et les a touvés identiques. Outre les trois localités mentionnées, elle n'a été trouvée nulle part. Elle ne peut être identifiée avec l'*H. atropurpurea* Kunth., espèce des Indes. Au point de vue de la rareté, elle ne peut guère être comparée qu'au *Coleanthus*, cette graminée naine qui habite quelques-uns des marais à moitié desséchés de la Moravie et du Tyrol méridional; mais vu la distance qui sépare les différentes localités où elle a été observée, l'héléocharis est bien plus remarquable encore que cette dernière espèce; car des trois stations connues, deux sont séparées par la chaîne des Alpes et la troisième par la Méditerranée et le tropique.

En compagnie de cette petite plante on trouve encore au lac de Genève le *Scirpus supinus*, espèce rare qui n'est pas méridionale, très disséminée dans l'Europe centrale.

Il en est de même du *Scirpus Holoschœnus*, répandu depuis le nord de l'Allemagne jusqu'en Andalousie, mais principalement dans la zone méditerranéenne

On peut citer encore:

L'*Aira littoralis* Gaudin, forme bien distincte, qui se retrouve à Schaffhouse et probablement au lac de Constance, à côté de l'*A. cœspitosa*.

Le *Scabiosa columbaria f. pachyphylla* Gaud. remarquable par les divisions de ses feuilles épaisses et charnues et par ses rameaux plus divariqués.

Le *Myosotis palustris f. cœspiticia* DC., forme naine, vraiment ravissante, croissant en gazons épais ornés d'une quantité innombrable de fleurs. Cette variété se retrouve au lac Majeur à Locarno, au lac de Constance, à Lausanne et à Genève, et toujours sur le sable humide des grèves.

Le *Zannichellia tenuis* Reuter, qui ne s'est trouvé jusqu'à présent que dans les marais des bords du lac de Genève, en compagnie de l'*Elatine hexandra* et du *Nitella hyalina;* enfin la *Littorella lacustris,* répandu sur les bords de nos lacs jusqu'à ceux de Zurich et de Constance.

Il faut également relever le fait que le *Cyperus longus,* le *Scirpus mucronatus* et les grands Scirpus en général croissent en Suisse exclusivement ou presque exclusivement sur le bord des lacs.

Il en est de même de l'*Inula Britannica.*

Le *Ranunculus reptans* ne s'écarte également jamais des grèves sablonneuses, du lac de Genève à celui de St.-Maurice en Engadine.

Outre ces espèces lacustres, en partie aquatiques et en partie amphibies, on rencontre sur le bord immédiat du Léman des espèces méridionales qui ne se retrouvent pas ailleurs en Suisse. A Nyon on trouve à peu de distance l'un de l'autre le *Gaudinia fragilis,* graminée de la Provence, le *Ptychotis heterophylla,* ombellifère commune dans le midi de la France, la *Centaurea paniculata,* et le *Festuca rigida.* Ces espèces y forment en quelque sorte une florule méditerranéenne dans des proportions réduites.

Pour démontrer l'influence considérable du niveau des lacs sur la caractère méridional de leurs rives, Cesati donne comme exemples ces lacs artificiels qui s'étendent sur une surface de plusieurs lieues entre la Sesia et l'Adda et qui servent à la culture du riz. Dans cette partie de la Lombardie, c'est la flore de l'Europe centrale qui domine ; les espèces méridionales ne se trouvent que dans les rizières ou sur les terrains secs de leur voisinage immédiat. Dans cette plaine immense, la végétation change essentiellement de caractère selon qu'il se trouve ou non des surfaces recouvertes par des eaux. Leur influence est encore bien plus évidente que sur le bord de nos lacs, où les pentes des montagnes et les parois de rochers contribuent déjà par elles-mêmes à modifier le climat. De grands espaces recouverts par les eaux tempèrent un climat local de manière à favoriser la végétation du Midi.

A part cette flore lacustre, le bassin du Léman n'offre dans sa partie vaudoise qu'un petit nombre d'espèces intéressantes. La flore est celle des parties les plus chaudes du plateau suisse.

On peut récolter dans les champs et dans les vignes : *Vicia lutea* et *hybrida, Myosurus, Euphrasia serotina, Fumaria capreolata, Iberis pinnata, Crassula rubens, Asperula arvensis, Rumex pulcher, Stellaria Borœana, Euphorbia falcata, Setaria verticillata, Eragrostis megastachya.* Dans les prés et les forêts : *Helianthemum Fumana, Orobanche cruenta, Luzula Forsteri* et *nivea, Doronicum Purdalianches, Crepis nicœensis, Limodorum, Orchis Simia, antropophora, Bunias Erucago, Althæa hirsuta, Potentilla micrantha, Mespilus germanica, Rosa systyla, Asperula tinctoria, Thrincia hirta, Verbascum floccosum,* — et, en immense abondance, la plante par excellence de la zone du Léman, le *Primula acaulis,* l' « olive des Vaudois, » qui en mars recouvre les prairies encore grisâtres de ses grandes touffes de fleurs d'un jaune soufré.

Au-dessus de Vevey, quelques marais tourbeux se distinguent par la présence de l'*Anagallis tenella* (seule localité en Suisse), de l'*Inula Vaillantii,* de l'*Orchis laxiflora* et du *Saxifraga hirculus.* Ces plantes forment un singulier mélange d'espèces du Midi et d'espèces du Nord; les dernières montrent déjà l'influence des hauteurs du Jorat.

Cette chaîne s'étend au-dessus du bassin du lac, au sud du plateau suisse, et renferme, à une hauteur de 900 m., une flore des tourbières qui présente tous les caractères du nord.

Des bords du lac, à une altitude de 600 m. (jusque près du signal de Chexbres), et de Genève jusqu'à l'Arvel, et même plus loin encore, s'étend le *vignoble* vaudois, qui recouvre une surface de 5650 hectares, et qui est au nombre des mieux cultivés de l'Europe. Le genre de culture tient le milieu entre celui du Midi, qui laisse les ceps bas, et celui du nord de la Suisse, qui les fait s'élever sur de hauts échalas.

Les plants sont presque exclusivement de raisin blanc, à baies charnues et à pellicules épaisses. Le vin est doux, agréable et non sans chaleur. Le plateau tout entier, y compris les cantons de la Suisse orientale, qui sont eux-mêmes vinicoles, s'approvisionnent dans le canton de Vaud.

Dans aucune autre contrée de la Suisse, la culture de la vigne et les intérêts qui s'y rattachent n'occupent à tel point les populations; il y a même encore, dans les mœurs vaudoises actuelles du pays, certains traits qui rappellent les bacchanales de l'antiquité, témoin la grande fête des vignerons qui se célèbre à certaines époques. Dans aucun autre canton, l'usage du vin n'est aussi intimement lié aux

mœurs et aux relations sociales; aussi la culture de la vigne prend‑
elle d'année en année une plus grande extension.

En comparant les deux rives du Léman, on est frappé du con‑
traste qui existe entre la côte vaudoise et la côte savoisienne ou le
Chablais. Sur la rive vaudoise, le plateau descend en pente douce
jusqu'au lac, et ce n'est que vers l'est, du côté des Alpes, que les
pentes deviennent plus rapides et plus élevées. Les forêts ne descen‑
dent jamais jusqu'au lac. Une zone cultivée, ininterrompue, s'étend
de Genève à l'Arvel.

Le paysage est riant et animé : les vignes et les jardins, les villages
et les villes se succèdent sur la rive. Tout montre que l'homme a
pris possession de cette contrée depuis les temps les plus reculés et
en a utilisé chaque pouce de terrain.

Une immense moraine, qui s'épaule aux Alpes valaisannes et
refoule vers l'ouest le lit de la Dranse, marque la rive savoisienne.
Derrière ce premier plan s'élèvent en pentes rapides les hauteurs des
Alpes calcaires. Ce n'est que du côté de Genève qu'une plaine d'une
lieue environ, à moitié cultivée et à moitié marécageuse, fait suite à
la grève du lac. Cette plaine s'étend jusqu'à la colline des Allinges.
Toute la partie montagneuse de cette zone est occupée par de som‑
bres forêts. Les châtaigniers y sont superbes et montent jusqu'à
900 m.; ils recouvrent déjà les Allinges et mieux encore le pied des
Alpes. Plus haut s'étendent de fraîches prairies, des forêts de hêtres
et de sapins qui s'élèvent jusqu'aux riants pâturages qui couvrent les
hauteurs.

Sur la rive vaudoise le pays est entièrement cultivé; sur la côte
savoisienne la contrée est encore couverte de forêts séculaires.

Le contraste qui existe entre ces deux rives ne tient pas seule‑
ment à l'influence de l'homme, mais encore et surtout à celle de la
nature : la côte vaudoise, tournée directement vers le sud-est et le
sud, est exposée en plein à l'action du soleil. Par sa situation natu‑
relle et la configuration du sol, elle est comme prédestinée à former
un pays de vignoble.

Non loin des moraines de la rive du Chablais, coupées par le lit
graveleux de la Dranse, s'élèvent les Alpes de Savoie. Leurs pentes
sont tournées vers le nord et s'étalent du côté de l'ombre; elles sont
coupées de gorges et de replis profonds qui forment parfois de vérita‑

bles vallées, et pénètrent dans l'intérieur de la montagne. C'est grâce à cette situation, ainsi qu'au voisinage presque immédiat d'une région alpine aux eaux abondantes, que la Savoie doit ces magnifiques et sombres forêts que nous admirons de la rive suisse, à travers le léger hâle et les nuances bleuâtres du lointain.

Vue de près, la rive savoisienne frappe par l'abondance extraordinaire de ses eaux, par ses prairies et ses forêts plus riches qu'en aucune contrée de la Suisse. Près d'Évian, à 50 mètres au-dessus du lac, l'*Astrantia major* ouvre en pleine prairie ses milliers d'ombrelles étoilées, auxquelles se mêle la variété rouge du *Pimpinella magna*, l'Ancolie noire et plusieurs orchidées qui ne croissent d'ordinaire que dans les forêts. Toutes ces plantes sont déjà subalpines. Les murs sont couverts de mousses et de fougères, et pourtant le figuier et le laurier, tous deux vigoureux et prospères, révèlent la douceur du climat du Léman. Le pays est si riche en bois qu'une quantité de grands arbres, auxquels on a enlevé l'écorce et les branches, servent d'appuis à la vigne et sont plantés en terre par allées régulières. Ils forment ainsi une forêt d'arbres morts de 5 à 6 m. de haut, et leurs rameaux épais et dénudés s'élèvent du sol comme autant de spectres livides, entourés de pampres gracieux et verdoyants. Dans ce genre de culture, que l'on appelle culture « en crosse, » on prodigue énormément le bois, mais elle a pour avantage de ménager du terrain pour les cultures secondaires. Le vin des rives savoisiennes est plus léger, plus acide et moins chaud que le vin vaudois. Les forêts sont d'une beauté incomparable, et la contrée tout entière semble appartenir à une époque beaucoup plus rapprochée de l'état primitif que la côte suisse, plus civilisée et plus cultivée.

N'oublions pas que le contraste qui se remarque entre le paysage des deux rives du Léman se retrouve le long de la chaîne des Alpes, chaque fois que les vallées sont tournées de l'ouest à l'est, et que le côté sud de la vallée s'élève en pentes rapides. Dans le Valais c'est sur le versant sud des Alpes bernoises, et dans la Valteline sur le versant sud de la Bernina, que croît la vigne et que se trouvent les villages, tandis que le versant nord des Alpes pennines et bergamasques est couvert de sombres forêts.

A *Montreux*, où les Alpes vaudoises se rapprochent du Léman et descendent rapidement jusqu'au lac, comme les montagnes du lac

Majeur, elles protègent un coin de terre privilégié, qui rappelle la zone insubrienne. Adossé au versant de la montagne, il est entièrement à l'abri des vents du nord.

	M.	Année.	Hiver.	Printemps.	Eté.	Automne.	Maxima.	Minima.
Montreux...	385	10,51	2,11	10,10	18,69	10,65	29,7	−−8,7

Déc.	Janv.	Févr.	Mars.	Avril.	Mai.	Juin.
2,5	0,8	3,8	5,0	10,6	15,5	17,8

Juillet.	Août.	Sept.	Oct.	Nov.
19,9	18,2	16,3	10,4	5,1

Quelle douceur dans la température pour une station cisalpine ! La moyenne annuelle y est plus élevée que celle de toutes les stations suisses situées au nord des Alpes. Le mois de janvier, le plus froid de l'année, y est même de tout un degré plus chaud qu'à Sion, et n'est que de 0,15 plus froid qu'à Lugano. L'été est essentiellement *plus frais* qu'à Sion et à Lugano ; en revanche, l'automne et l'hiver y sont plus chauds qu'à Sion. Ce sont surtout les mois de novembre et de décembre qui sont plus doux, quoique bien moins encore qu'à Lugano (1,46 contre 0,9). Le minimum est très élevé, d'un degré seulement plus bas que celui de Lugano, partant de 5 à 6 degrés plus élevé que celui de nos contrées jurassiennes les plus tempérées et les plus basses. Seul, le printemps accuse des chiffres moins favorables, qui dénotent, bien que dans une faible mesure, l'âpreté de la nature cisalpine. De mars en mai, Montreux est moins chaud que Sion et que Lugano ; avril ne monte même pas au delà de 10,6 degrés.

C'est pendant l'été et l'automne et jusque vers la fin de l'année qu'est le moment favorable pour un séjour dans cette magnifique station. Au printemps, le climat présente moins d'avantages. Pendant cette saison les pluies sont abondantes, à cause du voisinage des Alpes, et souvent, même assez tard, ces pluies sont mêlées de neige. Elles atteignent à Montreux une moyenne de 128 cm., moyenne qui se rapproche de celle des Hautes-Alpes.

C'est précisément cette abondance de pluie qui donne à cette anse son admirable fraîcheur, et à toute la contrée son caractère presque méridional. En effet, comme au Midi, le paysage est orné de magnifiques forêts de châtaigniers, et les murs et les rochers sont couverts de verdure.

Ajoutons que du haut des Alpes valaisanes, un vent chaud appelé la « Vaudère, » mais qui n'est que le Fœhn si connu et si vivement discuté en Suisse, réchauffe souvent en hiver et au printemps le golfe de Montreux d'une manière sensible.

A l'extrémité du lac s'ouvre la vallée du Rhône. dont le fond est une large plaine cultivée. Les pentes sont tantôt recouvertes de forêts, tantôt rocheuses, jusqu'à l'énorme cluse de Saint-Maurice, qui paraît fermer entièrement la vallée. Bex, qui est situé dans l'intervalle, a une température plus basse que Montreux, ce qui s'explique par l'éloignement du lac et du bassin plus chaud du Valais. Le minimum annuel descend à — 13,5°.

En amont de la cluse de Saint-Maurice, la nature du Valais ne se montre pas encore dans toute sa pureté : la vallée est trop étranglée, trop étroite. Des torrents impétueux précipitent les eaux, les graviers et les plantes alpines des hauteurs de la Dent du Midi; aussi, le long de ces pentes humides et presque verticales, les mélèzes et les saxifrages descendent jusqu'à la voie ferrée.

Tout à coup, comme par enchantement, nous voyons s'ouvrir à Martigny l'immense bassin du Rhône, la *Vallée* par excellence, l'antique Valesia, le Valais (il Vallese), comme nous le nommons aujourd'hui. Le regard longtemps borné aperçoit à l'est, le long de la vallée, de profonds lointains, au-dessus desquels s'élève le Bietschhorn, pic imposant qui domine toute la contrée. Du côté du nord s'étagent les pentes des Alpes bernoises, tandis que vers le sud les premières hauteurs cachent les Alpes pennines, dont les sommets éclatants de neige n'apparaissent que par moments. Une série de rochers pittoresques, couronnés de ruines, d'églises et de beffrois : Saillon, Valère, Tourbillon, Sierre, s'élèvent comme des îlots du fond de la vallée que, depuis des milliers d'années, le Rhône recouvre de ses sables brillants.

Tout révèle l'approche du Midi. La vigne, basse et à demi sauvage, se traîne sur le sol; mais des milliers de canaux descendent des glaciers des Alpes bernoises et abreuvent ses racines. Dans la plaine, nous voyons se dresser les tiges du maïs, souvent à moitié enfouies par les sables du Rhône. L'épi est long et grenu comme au Tessin. Sur les ormes et les chênes mutilés qui croissent le long de la route, on entend le chant mille fois répété de la cigale; dans l'herbe, le *Mantis religiosa* guette sa proie ; d'innombrables et magnifiques papillons se balancent sur les fleurs, tandis que la vipère et le lézard vert se chauffent paresseusement au soleil sur les pierres ardentes.

Voici en quelques traits les remarques les plus importantes auxquelles donne lieu la comparaison du bassin du Léman avec l'intérieur du Valais :

Le paysage, de Montreux à la cluse de Saint-Maurice, rappelle les charmes de la zone insubrienne et, en même temps, la nature du Valais et des Alpes occidentales. De riches forêts de châtaigniers ombragent des prairies d'un vert foncé ; sur les pentes s'étendent des vignobles qui, à Yvorne et à Ollon, ne le cèdent en rien à ceux du Valais ; le terrain d'alluvion est occupé par de grands marais. Tels sont les caractères de cette vaste et magnifique contrée.

Nous y trouvons, dans les prairies, l'*Ornithogalum pyrenaicum* et le *Geranium lividum*, espèce subalpine, et en outre, les violettes les plus belles et les plus rares de la Suisse. On peut y cueillir les *Viola odorata* et *multicaulis*, appartenant au même groupe. Cette dernière espèce, hybride peut-être, a de nombreux stolons qui fleurissent la première année ; la corolle est blanche, tachetée de violet. On y trouve encore l'*alba*, aux feuilles d'un vert jaunâtre, allongées et pointues, à corolle blanche à éperon jaune ; le *scotophylla* à fleurs blanches et à éperon violet, à feuilles semblables à celles de l'*alba*, mais d'un vert violacé ; plus haut, vers la région subalpine, le *Viola sciaphila f. glabrescens* Focke, entièrement glabre, à petite corolle d'un bleu pâle, blanche à l'intérieur ; enfin, parmi les espèces appartenant au groupe du *hirta*, le type lui-même, et, en outre, le *permixta* Jord., à larges feuilles persistantes en hiver, à pubescence courte et à corolle odorante, dont les veines sont plus foncées. Une pareille collection de violettes est un phénomène rare qui révèle le sud-ouest et s'observe aussi en Savoie, près de Genève. Il est très caractéristique pour la région du châtaignier, sous les ombrages duquel croissent toutes ces plantes. Elles s'y trouvent en compagnie du *Primula officinalis f. suaveolens*, à feuilles au duvet blanchâtre, à corolle grande et à calice ouvert, variété qui manque dans l'intérieur du Valais, et du *Pulmonaria montana* Lej., la plus belle et la plus vigoureuse espèce du genre. A l'intérieur du Valais, cette plante habite la zone du mélèze. Autour de Montreux, ces aimables fleurs du printemps ornent en avril les forêts de châtaigniers encore dépourvues de feuillage.

De ce nombre était aussi l'*Anemone hortensis*, qui m'a encore été envoyée après 1850, et qui a été dès lors entièrement extirpée par les jardiniers. — En 1768, Haller l'indiquait déjà sur les rochers qui dominent les moulins de Roche.

Ce qui prouve que cette anémone était bien spontanée, c'est la présence du *Cyclamen neapolitanum*, qui croît encore en quantité dans les forêts de hêtres, au-dessus de Roche et de Vouvry. Ses fleurs blanches, bordées d'un pourpre foncé, brillent au commencement d'octobre parmi les feuilles sèches. Le *Ruscus aculeatus* croît dans ces mêmes localités.

A l'exception des *Viola odorata* et *hirta*, toutes ces plantes des forêts de la région du hêtre et du châtaignier manquent au Valais, qui est moins humide.

Bientôt l'on voit quelques pentes sèches (Tombey près d'Ollon, Chiétroz près de Bex) se revêtir de plantes appartenant plus spécialement aux pâturages rocailleux du Valais, et le vin de la contrée a déjà quelque chose du feu des vins valaisans. Parmi ces plantes on peut mentionner *Scorzonera austriaca*, *Astragalus monspessulanus*, *Viola Steveni*, *Molinia serotina*. N'oublions pas non plus l'*Andropogon Gryllus*, espèce insubrienne qui manque au Valais, et l'*Onosma* à fleur jaune pâle des collines du Tombey, près d'Ollon, seule localité connue. Gremly a nommé cette espèce *O. vaudense*; elle se rapproche de l'*echioides*, mais diffère du *stellulatum* du Valais.

Autour d'Aigle et de Bex voltigent déjà quelques papillons valaisans : le *Lycœna Sebrus* et le *Sat. Cordula*, grande espèce d'un brun foncé à reflets bleus. Ces deux insectes appartiennent au sud-ouest et relient le Valais au Piémont et au Dauphiné.

Dans les marais du Rhône, près du lac de Genève, on trouve sur une vaste étendue le *Marsilea quadrifolia*, petite fougère aquatique à feuille de trèfle, et le *Gladiolus palustris*, qui se retrouve dans les marais de la vallée du Rhin.

Nous voici arrivés devant la haute muraille que coupe la gorge de Saint-Maurice, et qui s'élève en lignes hardies, dessinant des rochers richement découpés et aux formes majestueuses.

L'espace qui s'étend, sur une longueur de 15 kilom., de la porte

du Sex jusqu'à la courbe du Rhône, aux Folaterres, près de Martigny, est encore bien différent de la grande vallée ultérieure, large et
ensoleillée. Les montagnes sont sauvages et à versants très rapides ;
sur le flanc gauche de la vallée elles sont si verticales et si rapprochées, que les éboulements et les immenses cônes de pierres roulantes
descendent jusque près du Rhône. Toute la vallée ressemble à une
immense gorge, et il ne reste presque aucun espace entre la pente
des montagnes et les larges grèves du Rhône.

Cette partie de la contrée est tournée du côté du nord-ouest ;
elle est par conséquent ouverte aux vents d'ouest et ne participe
pas au climat spécial du centre du Valais, savoir de la partie de la
vallée qui s'étend de Brigue à Martigny, dans la direction du sud-
ouest.

Par son humidité et son caractère alpestre, cette gorge du Rhône
fait le plus grand contraste avec la clarté sereine et la sécheresse
méridionale de l'intérieur du Valais. La vigne a presque disparu :
les pentes sont trop abruptes, les cônes de déjection trop sauvages.
On ne voit guère, en fait de cultures, que des prairies et des champs.
Le mélèze descend le long des parois de rochers jusque dans la
vallée ; le hêtre ne manque pas non plus. Sur les pentes de la chaîne
occidentale, le châtaignier paraît par groupes, recouvrant de verdure
les rochers et les pierres roulantes. C'est une des rares stations où
l'on peut voir réunis le mélèze et le châtaignier. Cette rencontre
imprévue donne au paysage, au-dessus d'Epenassey, un charme tout
particulier. Un torrent qui charrie de la vase et des blocs de rochers,
— sol recouvert par les pins du Bois Noir, — descend de la Dent
du Midi, en élargissant son lit comme les plis d'un éventail ouvert.
Plus loin, la magnifique cascade de Pissevache précipite ses ondes
écumantes vers le fond de la vallée. Tout ce versant est continuellement reluisant, par le fait de l'abondante humidité qui suinte des
hauteurs.

La végétation est alpine et se compose d'un mélange de types
méridionaux et de types du Nord ; elle contient aussi des espèces
rares qui ne se retrouvent pas dans l'intérieur de la vallée.

Dans la gorge de Saint-Maurice on peut cueillir : *Asplenium
Halleri f. fontanum, Cochlearia saxatilis, Rhamnus alpina, Arabis Turrita, Lactuca perennis,* plantes de la région du hêtre ; et en outre,

7

Arabis muralis, Biscutella lœvigata f. saxatilis, Scorzonera austriaca, Ruta graveolens.

Le *Cornus mas*, répandu déjà dans les forêts vaudoises, monte jusqu'au Bois-Noir, et les espaces entre les rochers sont tapissés de touffes innombrables d'*Erica carnea*, qui, en avril, sont toutes roses de fleurs.

Dans la forêt de châtaigniers au-dessus d'Épenassey on trouve en abondance une grande ombellifère des Alpes méridionales, le *Trochiscanthes nodiflorus*, qui croît par places fort isolées dans les vallées du versant sud des Alpes, de l'Istrie au Dauphiné. L'endroit où croît cette plante est des plus grandioses et, en même temps, des plus caractéristiques. Les restes d'un ancien éboulis s'élèvent jusqu'à la région alpine, surmontés de rochers sombres et déchirés. Au-dessus des blocs couverts de mousse se balancent les fûts élancés des mélèzes, parmi des châtaigniers peu élevés, il est vrai, mais au feuillage superbe. Partout des couleurs et des effets de lumière magnifiques : on se croirait en pleine Insubrie.

En s'approchant de la paroi de rochers, noirâtre et toujours humide, que franchit la cascade de Pissevache, on trouve une foule de plantes alpines qui ont été amenées dans la plaine par les eaux qui descendent des hauteurs.

Les ombelles roses de la primevère farineuse émaillent les prairies humides, et tout près, sur les rochers, croissent l'*Arabis alpina*, le *Draba azoides*, et, en grande quantité, le *Primula hirsuta (viscosa Vill.)*, que l'on ne trouve guère ailleurs en si grande abondance et en si beaux exemplaires; en outre, *Silene rupestris, Selaginella helvetica, Hutchinsia alpina, Saxifraga cuneifolia* et beaucoup d'autres plantes vraiment alpines.

La plus belle partie de ce versant, c'est la puissante croupe qui domine au sud la gorge du Trient, et sur laquelle s'étale le plateau verdoyant de Gueuroz.

La gorge verticale creusée dans cet endroit par le torrent, qui descend des glaciers du Mont-Blanc, est bien la plus profonde des Alpes suisses. Quand, des hauteurs de Salvan, le regard plonge dans ces sombres abîmes d'environ 800 m. de profondeur, l'aspect en est d'une grandeur saisissante. Au-dessus de la gorge s'étalent de vertes prairies, couvertes de chalets, de noyers et de châtaigniers, et proté-

gées de trois côtés par des parois verticales : le tout est ruisselant de
lumière. C'est sur ces rochers, et aussi par ci par là près de Pissevache et à l'entrée de la vallée de la Dranse, que croît le *Vesicaria
utriculata*, une des plus belles crucifères des rochers. Son territoire, comme celui du *Trochiscanthes*, se rattache aux Alpes méridionales. Tout auprès, l'*Hutchinsia petræa* et un *Saxifraga* probablement
endémique, le *S. leucantha* (*S. cæspitosa f. leucantha* Gaud., *S. exarata
f. leucantha* Fauconnet), dont les gazons peu serrés rappellent ceux
du *cæspitosa* du Nord. La plante du Valais a les feuilles courtes, tri-
partites et à pédoncule plus large, profondément sillonné ; et les fleurs
ordinairement solitaires, d'un blanc de lait. Elle est très abondante
de Pissevache au-dessus de la gorge de Trient, et se retrouve encore à
Branson en exemplaires isolés. Les magnifiques *Sempervivum arachnoideum f. pulverulentum*, au blanc duvet, orne les saillies de rochers
et se retrouve dans la vallée de la Dranse et à Nax sur Sion.

A Gueuroz on voit briller dans les prairies l'*Anemone montana*,
l'*Orchis sambucina*, dont les épis sont tantôt à fleurs purpurines, tantôt à fleurs jaunes ; le *Corydalis solida f. australis*, le *Lychnis viscaria*
et le *Saxifraga bulbifera*, espèce qui, d'un seul bond, passe de l'Autriche et du Tyrol dans le Valais et ne se retrouve plus à l'ouest.

Les champs de la plaine recèlent le *Lamum incisum*, qui n'est pas
rare en Allemagne et manque presque entièrement en Suisse ; sur les
pentes le *Nepeta nuda* qui s'avance du sud jusqu'au centre de l'Allemagne et se retrouve en quantité dans la vallée de Nendaz et à Nax,
au-dessus de Sion. Près du coude du Rhône s'est fixé le *Peucedanum
venetum*, plante également insubrienne ; près de Morcles, le *Peucedanum austriacum*, en société du *Pimpinella saxifraga f. nigra*, variété
qui reparaît au nord de l'Allemagne.

Voici enfin l'angle aigu que forme, en face de Martigny, le versant rapide des Alpes vaudoises, et qui est marqué par le rocher des
Folaterres, qui domine la contrée comme la haute tour d'un castel.
La vallée change tout à coup de direction : au lieu de se diriger du
nord-ouest au sud-est, elle se prolonge dans la direction du sud-ouest
au nord-est. Là, nous quittons la sombre vallée alpine, aux rochers
qui descendent jusqu'au fond de la vallée, pour entrer tout à coup
dans une contrée vaste, pleine de lumière, au caractère méridional,
aux horizons larges et lointains. Nous avons traversé les parvis, nous
entrons maintenant dans le sanctuaire intérieur du Valais.

Le Valais est une contrée remarquable à tous égards, et ce n'est pas à tort qu'on l'a nommée l'Espagne de la Suisse. C'est le grand Haller qui, le premier, a fait cette comparaison, qui, même dans les détails, est d'une exactitude vraiment surprenante. On ne saurait trouver ailleurs en Europe, et sur un espace aussi restreint, un contraste plus frappant que celui qui se présente au regard lorsqu'on passe de l'Oberland bernois à la large vallée du Rhône. Le voyageur qui passe la Gemmi, et qui, de la vallée de la Kander, est parvenu au point où la perspective s'ouvre tout à coup sur les Alpes pennines et les profondeurs du Valais, voit avec étonnement un autre ciel, d'autres couleurs, un paysage tout méridional. L'éclat de la lumière du Midi (*il lume acuto*, comme a dit le Dante); les lointains qui, au milieu du jour, paraissent si rapprochés et dont les parties qui ne sont pas éclairées s'accusent en ombres fortement tranchées; les sublimes teintes rosées, dans lesquelles, vers le soir, le paysage tout entier semble noyé; la transparence de l'air, la chaleur des parois rocheuses contre lesquelles viennent darder les rayons du soleil; les pentes couvertes de *Juniperus sabina*, les armoises au duvet blanchâtre, les papilionacées à tige frutescente et à fleurs dorées (*Ononis Natrix, Colutea*) — sont tout autant de caractères de la nature du Midi, et nous les rencontrons immédiatement en descendant la Gemmi. La surprise n'est guère plus grande quand, après avoir remonté le cours du Rhône, on aborde, à Saint-Maurice, l'intérieur de la vallée.

« Un sillon longitudinal, large et profond, creusé dans la partie culminante des Alpes, cette ligne de faîte vers laquelle s'élèvent d'une part les plaines de la Suisse, et de l'autre celles de la Lombardie, ce gigantesque monument des grandes catastrophes qui ont déterminé le relief actuel du continent européen : voilà le Valais.

« Entourée de chaînes de montagnes que dominent les pics les plus élevés de l'Europe, séparée des confédérés par des arêtes dont l'élévation moyenne a plus de 3000 mètres, de la Savoie et du Piémont, par un rempart qui dépasse le précédent de plus de 200 mètres, cette grande vallée n'a qu'une issue naturelle, une seule voie toujours ouverte aux communications avec le dehors : l'étroite *gorge* creusée entre la Dent de Morcles et la Dent du Midi, à une profondeur de 2660 mètres au-dessous des deux pyramides dont la nature a décoré le portail du bassin supérieur du Rhône.

« Placé au centre de l'Europe, dont il est séparé par la haute barrière qui l'enceint, le Valais ne ressemble que trop à une île aux bords escarpés, élevée au milieu du monde civilisé. »

C'est ainsi que Alphonse Rion, naturaliste valaisan et profond connaisseur de son pays, décrivait en 1852 la nature à la fois simple et grandiose du Valais.

Le climat du Valais est certainement doux, pour un pays de montagnes dont les régions inférieures sont déjà à 500 m. au-dessus du niveau de la mer (Bex, 437 m. ; Martigny, 498 ; Sion, 536 ; Glys, 688).

Le relevé qui suit montre la différence qui existe entre la température du Valais et celle des vallées situées au nord des Alpes suisses.

	Année.	Hiver.	Printemps.	Été.	Automne.
Sion.........	10,61	1,2	11,2	19,3	10,5
Schwytz 547 m. ..	8,60	0,2	8,6	16,7	8,8

	Décembre.	Janvier.	Février.	Mars.	Avril.	Mai.	Juin.	Juillet.	Août.	Septembre.	Octobre.	Novembre.
Sion.......	1,2	—0,8	3,2	5,3	11,7	16,5	18,4	20,9	18,7	17,0	10,3	4,3
Schwytz.....	—0,1	—1,1	2,0	2,9	9,1	13,8	15,5	18,2	16,3	14,9	8,3	3,2

Interlaken, dont le climat est si favorable et qui est à 571 m., ne diffère pas essentiellement de Schwytz (moyenne 8,7).

Pour Sion, le minimum d'hiver est de —10,2 pour Schwytz de —12,2
   »   »   ,   »   32,1   »   28,3

Comme nous l'avons déjà vu en comparant la zone insubrienne avec les contrées plus septentrionales, on trouve aussi au Valais un hiver plus doux et une élévation plus rapide de la température au printemps et en été. Ce qui frappe le plus quand on compare le climat du Valais à celui de Genève, c'est que dans la première de ces contrées la moyenne annuelle est de 0,91° plus élevée, malgré une différence de 130 m. dans l'altitude. A Sion, l'hiver est un peu plus froid, mais le printemps déjà plus doux de 1,7°. L'été et l'automne

sont également de 1,3° et de 0,7° plus chauds. Il s'ensuit que les
minima du Valais sont de 3,1° au-dessus de ceux de Genève.

Le climat du Valais diffère de celui des vallées insubriennes par
une température plus basse, ce qui provient en partie de la situation, qui est de 300 m. plus élevée. D'autres causes y contribuent
encore. Au Tessin, les stations de la région montagneuse soutiennent
encore, même à 700 m., la comparaison avec la température de
Sion et jouissent même d'un hiver notablement plus doux. Cela provient de ce que le Tessin est ouvert aux courants du midi, tandis que
le Valais est enfermé entre d'immenses glaciers. Malgré les différences qui existent entre ces deux climats, leurs minima d'hiver plus
élevés, comparés surtout à celui de Genève, permettent de les ranger
dans une même catégorie. Jusque sur les hauteurs subalpines du
Valais les hivers sont extrêmement doux : Græchen, à 1632 m., a
un minimum de —17,3 seulement, tandis que la célèbre station de
Davos, dont les hivers attirent chaque année des centaines de mala-
des et qui est située à la même altitude et dans une exposition très
favorable, descend jusqu'à —24,3 ; Vuadens, dans les basses Alpes
fribourgeoises, à une altitude de 825 m., a déjà un minimum de
—17,2.

La description du climat du Valais serait bien incomplète, si nous
ne parlions des conditions d'humidité. Sur ce dernier point il existe
de notables différences entre le Valais et le Tessin. Le Valais, tout
en étant situé entre les plus hautes montagnes de l'Europe, est déjà
en dehors de la zone humide subalpine. Le Grimsel accuse encore
le maximum extraordinairement élevé de 226 cm. Mais déjà à
Reckigen, dans le haut Valais, à 1339 m., le maximum descend à
94 cm.; à Græchen (1632 m.), à 54 cm. ; à Zermatt (1620), à 65,
et au fond de la vallée, de Glyss à Martigny, de 75 à 61. Ce n'est
qu'à plus grande proximité du Léman, à l'endroit où, près des Folaterres, la vallée prend tout à coup la direction du nord-ouest, que
nous retrouvons les maxima de 90 cm. (Bex), de 100 et de
128 cm. (Montreux).

Plus au sud, le Saint-Bernard accuse, à 2478 m., un maximum
de 121 cm. de pluie. Sans aucun doute, le versant sud des Alpes
graïennes ne reste guère au-dessous du Tessin, tandis que la vallée
d'Aoste reste à peu près au niveau du Valais.

Des maxima aussi bas (65,64) sont un phénomène unique en Suisse : il n'y a guère que la basse Engadine, à partir de Zernetz, qui reste au niveau de ces chiffres.

Il y a donc une différence essentielle entre le Tessin et le Valais. Dans la première de ces contrées l'eau existe en abondance et sous toutes les formes, dans la seconde il règne une sécheresse qui est presque égale dans toutes les parties de la vallée.

A la fin de mai, le blé jaunit déjà sur les terrasses rocheuses des environs de Sion et n'est pas loin de la maturité. A la même époque, les pentes prennent déjà une teinte d'un gris rougeâtre qui persiste jusqu'au printemps de l'année suivante. Ce n'est que pendant quelques semaines, de mars à la mi-avril, qu'elles s'ornent des fleurs les plus brillantes et les plus rares. Sur les collines de Branson et de Montorge s'épanouissent d'abord les corolles étoilées et délicates du *Gagea saxatilis* et du *Bulbocodium;* un peu plus tard les grands calices de l'*Anemone montana* et de l'*Adonis vernalis*, les *Viola Steveni* et *arenaria*, violettes charmantes, et les iris jaunes et bleus. Rien de plus exquis que cette flore. Plus tard, tout est comme brûlé : les armoises au feuillage grisâtre, les rosettes charnues des sempervivum et les tiges épineuses de l'Opuntia s'élèvent seules, ci et là, sur les pentes poudreuses que le vent a recouvertes des sables du Rhône.

Quelle différence avec le Tessin ! Le moindre mur nous y révèle les influences réunies du soleil et de l'humidité. Chez nous, les murs restent d'ordinaire nus quand ils vieillissent et restent abandonnés ; ils donnent peut-être asile à quelque lichen jaunâtre, à quelque chétive graminée ou à quelques exemplaires nains de *Sedum* ou de *Geranium Robertianum*. Au Tessin, les murs qui séparent les champs sont toujours recouverts d'un tapis de verdure composé d'hépatiques, de mousses, de lycopodium, de fougères et de phanérogames aux formes les plus élégantes, toutes espèces qui d'ordinaire ne croissent que sur le roc vif. Rien de plus charmant que cette florule des murs du Tessin. Outre nos *Asperium Trichomanes* et *Ruta muraria*, on y trouve l'*Adianthum nigrum*, plus fort et plus développé, aux rachis d'un noir d'ébène ; les *A. Breynii* et *septentrionale ;* le *Ceterach* orne le haut des murs, pendant que l'*Adianthum capillus veneris* en garnit les lézardes en compagnie de l'*Oxalis corniculata*, du *Rumex scutatus* (l'*erba pan a vin* des Tessinois) du *Sedum Cepaca*, du *Montia fontana* et de bien d'autres espèces encore.

Au Valais, rien de semblable, excepté dans la grande entrée de la vallée principale, dans la partie comprise entre le Léman et Martigny : plus au centre, l'été trop sec est hostile à cette végétation.

Pour ce qui concerne la part de pluie qui échoit à chacune des différentes saisons de l'année, le Valais accuse encore, quoique en proportion moindre qu'au Tessin, une diminution pour l'été comparativement à l'automne : soit 26 % contre 27 ; tandis que partout ailleurs, même dans l'Engadine, l'été dépasse toutes les autres saisons.

« Durant les chaleurs estivales des années chaudes, la rosée ne rafraîchit point la végétation des environs de Sion. En hiver, le brouillard et le givre sont une rareté. Sur dix fois que des nuages chargés de pluie ou de grêle paraissent à l'horizon, ils suivent au moins neuf fois les deux grandes chaînes de montagnes et laissent le centre à sec. Le bel azur du ciel au zénith de Sion n'est ordinairement voilé que par quelques cordons de cirrhus qui, à raison de leur grande élévation, ne paraissent prendre aucune part aux mouvements qui s'opèrent près de la terre. Les cumulus, par contre, et les brouillards se posent régulièrement sur les arêtes qui forment notre horizon. »

Les observations météorologiques viennent à l'appui de cette description si plastique de Rion.

L'action directe des rayons solaires est encore bien plus considérable que dans la zone insubrienne.

	Année. Clair. Couvert.		Décembre. Cl. C.		Janvier. Cl. C.		Février. Cl. C.		Mars. Cl. C.		Avril. Cl. C.	
Martigny...	145	69	4	11	15	3	13	2	14	5	13	8
Lugano....	139	75	6	13	19	3	13	9	15	4	11	9

Mai. Cl. C.		Juin. Cl. C.		Juillet. Cl. C.		Août. Cl. C.		Septembre. Cl. C.		Octobre. Cl. C.		Novembre. Cl. C.	
8	6	11	6	11	4	15	3	14	5	14	5	13	8
9	6	7	6	8	3	11	5	11	4	12	8	14	5

Il ressort de cette série d'observations, faites en 1874, que de juin en octobre le nombre des jours entièrement clairs est plus considérable qu'à Lugano : le chiffre total de ces jours est de 6 plus élevé au Valais qu'au Tessin. C'est là un phénomène bien digne d'être remarqué.

En mai et en décembre le nombre des jours clairs diminue considérablement, par suite de la période des pluies ; mais déjà en juin et en janvier la courbe monte très haut ; les mois de juin et de juillet sont surtout beaucoup plus clairs qu'à Lugano. On peut aussi se rendre compte du degré de clarté du ciel en comparant la moyenne de la nébulosité. Dans le tableau ci-après les chiffres sont d'autant moins élevés que le ciel était plus dégagé de nuages :

	Année.	Décembre.	Janvier.	Février.	Mars.	Avril.	Mai.	Juin.	Juillet.	Août.	Septembre.	Octobre.	Novembre.
Martigny.	4,1	2,5	4,3	3,4	3,0	5,4	2,7	5,4	3,8	3,4	4,2	4,2	6,5
Sion....	4,3	2,4	5,0	3,4	3,2	5,8	3,4	6,0	3,8	3,7	4,5	4,7	6,3
Lugano..	4,4	2,0	7,0	2,3	4,9	4,3	3,7	5,6	3,8	4,0	4,9	1,7	6,0

Ce tableau, établi sur des indications faites en 1871, montre une fois de plus que le Valais a l'avantage sur le Tessin quant à la clarté du ciel.

Le Valais est donc de toute la Suisse la contrée la plus sèche et la plus exposée à l'action du soleil. Je laisse encore mon ami Rion expliquer ce phénomène. Avant l'année 1856, qui est celle de sa mort, hélas ! bien prématurée, que de fois n'ai-je pas discuté avec lui toutes ces questions sur les sommets glacés du Gornergrat ou sous les amandiers en fleurs de Valère.

« La raison de ces faits, si singuliers en apparence, se trouve dans le continuel changement d'équilibre auquel l'atmosphère est soumise dans ce pays, où la température est si inégalement répartie. En effet, lorsqu'on fait l'ascension d'une des montagnes qui nous entourent, on sent, surtout le soir et mieux encore la nuit, un courant d'air qui se précipite vers la plaine et dont la force augmente à mesure qu'on s'élève. L'air de la plaine échauffé, soit par l'action directe des rayons solaires, soit par l'effet de la radiation de la chaleur que le sol a acquise, ou enfin par la réverbération que les parois des montagnes produisent, cet air s'élève en courant vertical, emportant dans son cours les produits de l'évaporation. Arrivé à la hauteur où le froid doit produire une condensation de la vapeur, il se forme de la pluie ou des nuages ; l'air qui les porte doit remplacer la couche qui s'est précipitée vers la plaine, il se porte vers les arêtes, s'y décharge d'une partie de son eau, redescend la pente pour reprendre une température plus élevée, remonte de nouveau vers l'espace et continue son mouvement de circulation. C'est ainsi que j'explique la plupart des phénomènes météorologiques du Valais et l'état habituel du ciel au zénith de Sion. »

En un mot, c'est à son caractère de *vallée* puissamment développée qu'il faut attribuer le climat tout particulier du Valais.

Une fois que le fond rocailleux du bassin du Rhône a été réchauffé par le soleil du printemps, l'air raréfié monte continuellement, les nuages sont tous chassés vers les hauteurs et l'humidité s'éloigne d'autant plus complètement du centre de la vallée, que les montagnes environnantes aux vastes espaces couverts de neige l'attirent et la transforment en pluie. Ce rayonnement dure aussi longtemps que le soleil est assez élevé à l'horizon. Ce n'est qu'en automne, quand les ombres s'allongent, que commencent les rosées et les pluies. Que de fois, des hauteurs de Tourbillon, qui dominent le Valais central, n'ai-je pas suivi ces mouvements de l'atmosphère, et toujours j'ai vu les cumulus incessamment amenés par le vent d'ouest qui soufflait du lac de Genève, se résoudre en cirrhus et bientôt disparaître au-dessus de la puissante étuve que forme le centre de la vallée du Rhône.

Il est donc permis de croire que si les Alpes bernoises n'existaient pas ou ne s'élevaient qu'à la hauteur du Jura, le Valais n'aurait tout au plus que la végétation du canton de Vaud; mais dans les conditions où il se trouve, et tant au point de vue du climat qu'à celui de la flore, il ressemble beaucoup aux vallées du sud-ouest, comme lui longues et profondes, et tout particulièrement à la vallée d'Aoste. Aoste, à 614 m., a, d'après Carrel, une moyenne annuelle de 10,69, et la marche que suit la température annuelle est presque la même qu'au Valais : hiver 1,7, printemps 10,6, été 20,0, automne 10,2; minimum —7,35, maximum 27,11. Naturellement c'est au centre du bassin, dans la contrée de Sion, que ces influences se font le plus fortement sentir.

Voici comment Rion s'exprime à ce sujet : « Les arbres formant forêt, qui ne croissent à Sion qu'à 1100 m., descendent à Martigny jusque dans la plaine. En se dirigeant vers le haut Valais, on peut observer un abaissement semblable de la ligne marquée par cette végétation qui descend dans la plaine entre Tourmagne et Viège. Cette ligne forme un grand arc dont la convexité, tournée vers les Alpes, atteint sa plus grande élévation au centre du pays et dont les deux extrémités reposent sur la plaine, l'une dans le bas, l'autre dans le haut Valais. C'est dans la partie du pays qui est comprise entre les deux bouts de cette courre, que sont situés les principaux vignobles, c'est là que la route est bordée d'ormes, que les amandiers croissent sans culture, que les rochers se couvrent d'opuntias et nourrissent dans leurs fentes les figuiers et les grenadiers dont les fruits parviennent à une parfaite maturité.

« Des arcs de ce genre se retrouvent sur une moins grande échelle dans les vallées latérales, et compliquent singulièrement certains problèmes de la géographie botanique. »

Il ressort cependant du tableau cité plus haut que le bassin de Martigny, fermé de trois côtés, est encore plus favorisé que Sion, sinon quant à la température, du moins pour ce qui concerne la clarté du ciel.

Pour assigner à *la végétation* de la partie inférieure du Valais sa vraie place dans la distribution générale des espèces, on peut envisager la vallée du Rhône, de ses origines jusqu'à la mer, comme une région ininterrompue dont le Valais est la partie supérieure. — Les types de la flore des chaudes régions de la partie française de la vallée du Rhône ont pénétré jusque dans cette enceinte intérieure, chaude et abritée, comme ils ont pénétré dans les vallées latérales du Dauphiné et de la haute Provence. Si pour ses espèces méditerranéennes la zone insubrienne est tributaire de l'est de l'Italie, le Valais se rattache, quant à sa flore, aux contrées de l'ouest. Il se mêle aux espèces de cette provenance un nombre considérable d'autres plantes, provenant des Alpes méridionales, et même quelques espèces endémiques. Ces plantes croissent en si grande abondance, qu'elles donnent au paysage un aspect tout à fait original. Les stations de ces espèces du midi ont le plus grand charme : ce sont les versants méridionaux de la chaîne septentrionale, les larges pentes qui les terminent, et surtout les collines rocheuses qui émergent des alluvions et des moraines de la vallée.

Ces hauteurs se montrent du côté de l'est, dès que l'on atteint l'angle de Joux-Brûlée, qui donne tout à coup une autre direction au fleuve et à la vallée. Elles se poursuivent de Fully, Ardon, Sion et Sierre, jusqu'à Naters. Ces rochers sont ceux des Folaterres, situés exactement au-dessus du coude de la vallée ; les collines de Saillon, de Montorge, de Valère et de Tourbillon, au-dessus de Sion ; les Plâtrières, au-dessus de Saint-Léonard ; les collines de Sierre et les hauteurs de Varen, près du bourg de Louèche.

Ce sont là les stations les plus intéressantes sur la pente sud des Alpes bernoises. Quelques stations semblables, quoique moins favo- risées, plus rapides et un peu plus ombragées, se trouvent aussi sur le versant nord des Alpes pennines. Nous en trouvons près de Mar- tigny (aux Marques), près de Saxon et de Charrat, et plus loin, dans les entrées rocailleuses des grandes vallées : à Nax, à l'entrée d'Érins, aux Pontis, à l'entrée d'Anniviers, entre Viège et Stalden, dans la vallée de Saint-Nicolas, et de Brigue jusque près de Schallberg.

La limite supérieure de cette région, qui est en même temps celle des vignes, est en moyenne de 811 m. ; elle est bornée vers le haut par les prairies des villages de montagne, et plus souvent encore par la région des conifères.

D'après Favrat, les espèces caractéristiques de la région chaude montent dans les proportions suivantes vers le fond de la vallée prin- cipale.

La forêt de Fiesch est la limite assez exacte que les plantes de la vallée ne dépassent pas. L'étage inférieur du Fiesch-Lax, de 1054 à 1046 m. jusqu'à la barre de Grengiols, à 900 m. environ, ne pos- sède que quelques rares espèces méridionales. Elles ne commencent guère que plus bas. Le *Centaurea maculosa f. valesiaca* monte jusqu'à Mœrel, à 769 m. ; l'*Artemisia valesiaca* jusqu'à 702 m. ; l'*Onosma stellulatum* jusqu'à Brieger-Bad ; l'*Achillea tomentosa*, jusqu'à la gorge à l'entrée du val de Binn. Au Simplon, les bouleaux, les pins, les *Centaurea*, l'*Astragalus Onobrychis*, le *Campanula spicata* montent jusqu'au pont de Ganter, au-dessous de Bérisal, à 1400 m.

Dans les vallées latérales, les types méridionaux montent un peu plus haut, grâce à l'exposition et à la chaleur des pentes. Dans la vallée de Nendaz, au-dessus de Sion, on trouve jusqu'à 1400 m. toute la flore méridionale des champs et des collines, y compris le *Satyrus Cordula*. Dans celle d'Anniviers, le *Crupina* et le *Centaurea* montent jusqu'à 1000 m. ; dans celle de Zermatt, le *Centaurea*, l'*Achillea*, l'*Hyssopus* jusqu'à 930 m., et le *Sabina*, l'*Astragalus mons-pessulanus*, l'*Artemisia absinthium* et le *Lactuca perennis* jusqu'au pont supérieur jeté sur la Viège du Gorner, au-dessus de Zermatt, à 1700 m.

Une de ces stations les plus privilégiées est Nax, où, à 1307 m. d'élévation, on trouve l'*Anemone montana*, l'*Onobrychys arenaria*, l'*Oxytropis velutina*, et un taillis de *Rosa lutea* avec toutes les apparences d'un rosier sauvage.

Ce n'est que dans la partie inférieure du Valais, aux environs de Martigny, qu'une étroite bordure de hêtres et de châtaigniers vient s'interposer entre la zone inférieure et celle des conifères. Aussi dans la première de ces deux zones ne trouve-t-on guère d'essences à feuilles formant forêt, à l'exception peut-être d'un bois de châtaigniers, près de Fouly, d'un autre à Naters, et de quelques groupes de cet arbre à Bramois. En revanche, on y voit en quantité, le long des chemins de montagne, l'orme, le frêne et le chêne. Bien que d'ordinaire on mutile ces arbres en en coupant les branches supérieures, quelques-uns d'entre eux n'en sont pas moins grands et forts. En été, d'innombrables cantharides s'attachent à leur feuillage, et la cigale y répète sa chanson, qui s'entend de fort loin.

Ce n'est guère que sur les alluvions du fond de la vallée que l'on trouve des buissons formant forêt; les bois de pins ne croissent également que sur les dépôts antérieurs situés actuellement en dehors de l'action du fleuve. L'aspect de la plaine du Rhône a quelque chose de triste et de sévère. Les sables et les graviers qui recouvrent d'immenses étendues, annoncent l'impétuosité toujours redoutable du torrent. Alimenté par les eaux de nombreux glaciers, parmi lesquels se trouvent les plus grands de l'Europe, il inonde régulièrement, en été et même en automne, une plus ou moins grande partie de la vallée. Et cela durera tant que les digues, dans lesquelles on s'efforce de l'enfermer, ne seront pas assez puissantes pour le contenir. Les buissons qui croissent sur les graviers sont assez élevés et ne manquent pas d'un certain charme mélancolique. Ce sont des grands taillis de saules se composant pour la plupart de *Salix alba*. Ces taillis couvrent des lieues entières et alternent avec les bouleaux et les peupliers blancs auxquels se mêlent en mai les fleurs blanches du merisier à grappes (*Cerasus padus*), arbre qui est extrêmement répandu dans la contrée et y atteint une taille plus élevée que partout ailleurs en Suisse. Ces taillis aux reflets blanchâtres, au feuillage balancé par le vent, forment un magnifique premier plan aux lointains des montagnes qui bornent l'horizon.

Dans les endroits où la rive du fleuve s'est récemment affermie, l'*argousier* (*Hippophaë rhamnoides*) forme des taillis très étendus, hauts de plusieurs mètres, et qui unissent au reflet argenté du feuillage de l'olivier le beau rouge des fruits du sorbier. C'est dans ces taillis qu'habite le *Deilephila Hippophaës*, papillon rare du sud-ouest, qui monte jusqu'à Brigue. Dans les endroits où les eaux sont plutôt stagnantes règnent de grands marais où croît en immense quantité le *Typha angustifolia*, qui manque ailleurs en Suisse, et qui est d'une taille bien plus élevée que le *latifolia*, répandu de même dans ces stations.

Les forêts de pins sont une des particularités du Valais. Cet arbre ne croît guère en forêts dans d'autres parties de la Suisse, sinon au-dessus de Coire et dans la vallée de la Reuss, au canton d'Uri. Au Valais, le pin recouvre les anciennes moraines et les cônes de déjection. On le trouve déjà en forêt entre Saint-Maurice et Martigny (au Bois-Noir) ; plus loin, il reparaît au-dessus de Sion et de Sierre (Bois de Finge). Ces pins sont un peu moins élevés que ceux des forêts de l'Allemagne, mais ils sont d'un aspect pittoresque et ont des formes ramassées qui rappellent ceux du Midi. Le *Bombyx Pityocampa*, papillon des contrées méridionales, y suspend en masse ses poches à cocons grosses et dures. Dans le haut Valais, on trouve dans les forêts de pins l'*Euphrasia viscosa*, plante des Alpes du Midi, et l'*Astragalus exscapus*, qui s'avance jusqu'en Thuringe.

Les pentes chaudes qui ne sont pas occupées par la vigne ou les champs de blé, ont un aspect tout différent : elles sont sans arbres et l'on n'y trouve d'autres buissons que l'épine-noire, l'épine-vinette, le cerisier *Mahaleb*, le *Rubus amœnus* et quelques roses ; à moins que ci et là quelque amandier épineux, ou quelque figuier aux petites feuilles et aux fruits pas plus gros qu'une noix, ne se soit échappé des cultures pour aller vivre libre et sauvage sur ces côteaux brûlés, comme le grenadier, par exemple, sur les pentes du Tourbillon.

Dans la partie supérieure de la vallée, à partir du bourg de Louèche, le *Juniperus sabina* couvre les pâturages rocheux sur de vastes étendues et y forme des taillis d'un demi-mètre de hauteur. Il exhale sous l'action du soleil une senteur particulière, très forte, qui rappelle certaines contrées du midi ou de l'orient.

Les espaces, très vastes dans cette région, qui ne sont pas recouverts par les graviers du Rhône, sont d'un aspect des plus étranges, pour autant qu'ils ne sont pas occupés par les cultures. Dès que le premier printemps est passé, les gazons desséchés donnent au paysage une teinte grisâtre et même brunâtre ; ils ne sont surmontés que par des panicules chatoyantes de quelques frêles graminées qui se balancent sur leurs chaumes. A part ces graminées, le sol est tout parsemé de coussins blanchâtres. Ce sont les touffes de l'*Artemisia valesiaca* All. De ces touffes naissent, en octobre seulement, des épis étroits, garnis de glomérules de petites fleurs d'un jaune d'or. Cette armoise est la plante caractéristique du Valais ; elle exhale une forte odeur d'absinthe, et ne se retrouve plus qu'à la vallée d'Aoste, sous la même forme et en pareille abondance. Elle appartient en propre aux grandes vallées pennines : par son aspect grisâtre qui est le même en hiver qu'en été, par sa pubescence épaisse, c'est bien une plante des régions fortement exposées aux ardeurs du soleil et au souffle des vents secs. Le *A. maritima*, que Koch réunit au *valesiaca*, me paraît en différer essentiellement, même dans les formes où la pubescence est grisâtre.

Quand on les examine de plus près, on voit bientôt que ces rocailles du Valais ne sont pas aussi pauvres qu'elles le paraissent au premier abord. Le botaniste attentif y trouve une foule d'espèces, presque toujours d'un aspect chétif et comme desséchées, mais qui n'en sont pas moins rares et intéressantes.

Avant d'examiner en détail la flore estivale de ces contrées, jetons un coup d'œil sur celle du printemps, saison heureuse, quoique de bien courte durée.

En février on cueille déjà, près de Montorge et de Branson, le premier messager du printemps, le *Gagea saxatilis*, charmante petite liliacée aux fleurs dorées, que j'ai cueillie tout près des neiges. Cette espèce n'est pas méridionale, mais extrêmement rare : elle se retrouve dans quelques localités isolées au centre de l'Allemagne. Elle commence à l'est de Francfort-sur-l'Oder, elle s'avance au nord jusqu'au Palatinat, et au sud jusqu'au Valais. Le *Bulbocodium vernum*, sorte de colchique printanier qui croît par groupes assez serrés, fleurit en même temps que le *Gagea*. Cette plante paraît déjà dans la partie antérieure de la vallée, près de Miéville; mais on ne la trouve vraiment chez elle que sur les collines sèches de Branson, Montorge et Saint-Léonard. Elle monte même jusqu'aux Agettes, dans les Mayens de Sion, où elle ne fleurit, il est vrai, qu'un mois plus tard. Le bulbocodium est une plante du sud-ouest, dont le territoire embrasse la Provence et le Piémont, et trouve sa limite au Valais. Dans les steppes du midi de la Russie et de la Hongrie elle est remplacée par une espèce voisine, le *B. ruthenicum*. Dans la troisième semaine de mars paraît l'*Anemone montana*, aux anthères d'or et aux stigmates rouges, recouverts d'un calice d'un bleu d'acier, pourvu de longs poils argentés. C'est une espèce des Alpes méridionales. Puis vient l'*Adonis vernalis* aux grandes fleurs d'un beau jaune, plante disséminée dans le midi et le centre de l'Europe, manquant dans le reste de la Suisse et reparaissant en Alsace. En avril, c'est le tour du *Viola arenaria f. Allionii* Pio, ravissante variété naine aux fleurs d'un bleu magnifique; de l'*Oxytropis velutina* (Sieber), aux fleurs d'un violet pâle, à pubescence épaisse et argentée, espèce différant essentiellement de l'*Ox. Halleri*. Cette plante qui, dans la vallée de Saint-Nicolas, monte jusqu'aux Alpes, croît au printemps sur les collines de Branson, de Saillon et de Sierre; sa racine y plonge toujours dans le sable, richement micacé, que le vent chasse des grèves du Rhône. Voici encore le *Viola Steveni* Besser ex Koch, *V. Beraudii* Bor., remarquable par sa fleur d'un bleu clair à large gorge blanche, à éperon obtus et à pubescence rude; puis le *Ranunculus gramineus*, qui croît en abondance sur les hauteurs des Plâtrières, au-dessus de Saint-Léonard. Cette espèce commençant à paraître près de Lyon, on peut envisager la station qu'elle occupe au Valais comme un poste avancé de la grande vallée du Rhône moyen. Plus loin se balancent les panicules dorées du *Trisetum Gaudini* Boiss., graminée délicate et gracieuse, haute comme la main. Comme espèce endémique, elle appartient au Valais et à la vallée d'Aoste; elle se trouve, par places, de Branson, Saillon et Montorge jusqu'à Saint-Léonard. On ne la connaît pas ailleurs, excepté à Suse, au mont Cenis. Le *Poa concinna* couvre les rochers de ses gazons courts et épais, de Montorge et de Tourbillon jusqu'à la vallée de Viège. J'en ai même trouvé un exemplaire sur la pente

du Riffel, à 2200 m. Ses panicules de forme triangulaire, serrées et panachées de vert et de rose, justifient pleinement son nom de « pâturin mignon. » On ne le retrouve avec certitude qu'en Valais, du moins sous cette forme et en pareille abondance. Quant aux autres pays, Koch l'indique encore sur le littoral de l'Istrie, Ascherson et Kanitz dans l'Herzégovine et le Czrna Gora.

Cette flore printanière, caractérisée par quelques plantes bulbeuses aux fleurs brillantes, dénote un réveil puissant dû à l'élévation considérable de la température, élévation qui se produit en peu de jours, lors de la transition de l'hiver au printemps.

En mai, et plus tard encore, la flore des coteaux rocheux du Valais, en apparence si stériles, est d'une richesse étonnante et en même temps de la plus haute originalité. Partout on voit se balancer les arêtes plumeuses du *Stipa pennata* et celles du *St. capillata*, moins élégantes, mais tout aussi remarquables. Toutes deux appartiennent proprement à la région des steppes, elles fuient les cultures et sont répandues du fond de la Russie jusque dans les lieux arides de l'Espagne.

A côté de ces graminées caractéristiques, on trouve abondamment le *Festuca Valesiaca* Gaudin, espèce des steppes aussi, disséminée depuis la Sibérie jusqu'à la Méditerranée (Hackel), et occupant en Valais une de ses stations les plus étendues. En société des deux précédentes croissent encore les *Kœleria valesiaca* Gaud. et *gracilis* Pers. : la première est une plante de la Méditerranée, très répandue au sud-ouest et s'avançant au pied du Jura jusqu'à Neuchâtel, et vers l'est jusqu'aux vallées méridionales du Tyrol; l'autre est une forme qui se trouve par places dans toute l'Italie et a sa limite nord au Valais.

Les assises rocheuses du Valais donnent donc naissance à trois espèces endémiques : le *Trisetum*, le *Poa concinna* et l'*Artemisia*. C'est là un phénomène des plus remarquables, qui n'a pas d'équivalent au centre de l'Europe. Ni la zone insubrienne, ni aucune autre contrée de notre pays ne possède des plantes endémiques croissant en si grand nombre. Le Valais acquiert par là l'importance d'un foyer de création. Ce foyer peut, quant à son intensité, être comparé à celui des Alpes maritimes avec leurs saxifrages spéciales, et aux dolomies du Tyrol méridional avec leur *Daphne petræa* et d'autres espèces. Dans ces deux régions, il ne s'agit toutefois que de quelques plantes peu répandues, tandis qu'au Valais ce sont les espèces qui lui sont propres qui sont en même temps les plus communes de la contrée.

C'est par la végétation de graminées vivaces, à souche dure, que les coteaux rocheux du Valais se distinguent à première vue des régions incultes de la zone méditerranéenne, des garrigues du midi de la France. Ici, ce sont les graminées qui manquent, à l'exception des espèces printanières annuelles, et ce sont en revanche les labiées qui donnent à la contrée son cachet particulier. Le sol pierreux ou argileux est recouvert sur de vastes étendues par les touffes arrondies et grisâtres du *Thymus vulgaris* qui, en mai, prennent par la floraison une teinte violacée. Il s'y mêle des germandrées, des lavandes, et çà et là les tiges plus élevées du *phlomis* et du *romarin*. Les labiées du Midi manquent entièrement aux lieux pierreux du Valais, et cela est d'autant plus remarquable qu'au Piémont la lavande monte assez haut dans la montagne, et dans le Jura même jusqu'à Besançon. Malgré toutes les espèces méridionales qui s'y trouvent, le Valais revêt déjà tous les caractères d'une vallée alpine.

Dans les chaudes régions, on trouve encore :

Sur les rochers : *Arabis muralis, Rhus Cotinus, Centranthus ruber, Scorzonera austriaca, Molinia serotina.*

Sur les terrains pierreux : *Helianthemum salicifolium, Buffonia paniculata, Ononis Columnæ, Ononis Natrix, Trigonella monspeliaca, Astragalus Onobrychis, Astragalus monspessulanus, Coronilla minima, Lathyrus sphæricus, Rosa Pouzini* Tratt, *Telephium Imperati, Scabiosa columbaria f. agrestis* W. K., *Achillea tomentosa, Kentrophyllum lanatum, Crupina vulgaris, Xeranthemum inapertum, Thymus Serpyllum f. pannonicus, Calamintha adscendens, Tragus racemosus, Festuca tenuiflora.*

Dans les champs, les prairies et les décombres : *Glaucium corniculatum, Bunias Erucago, Corydalis solida f. australis, Vicia onobrychioides, Lonicera etrusca, Rubia tinctorum, Eruca sativa, Cerinthe aspera* (Sion), *Salvia Sclarea, Anthriscus Cerefolium f. trichospermum, Tricitum biflorum Brign.* (Viège), *Cynosurus echinatus, Lolium multiflorum* Gaud., *Lolium rigidum* Gaud.

Ces plantes se rattachent à la flore de la Méditerranée, elles ont leur limite nord au Valais, à l'exception de quelques espèces qui,

comme l'*Ononis natrix*, longent le Jura jusqu'au canton de Neuchâtel, ou, comme l'*Astragalus monspessulanus*, reparaissent près de
Coire.

Au nombre des lépidoptères qui accompagnent ces plantes, je dois
mentionner l'*Argynnis Pandora*, qui a été trouvé près de Martigny,
et plus tard, aux environs de Louèche. Il est déjà moins rare dans la
vallée d'Aoste. Nulle part il ne franchit les Alpes, mais il se retrouve
en Hongrie, d'où il descend dans la Basse-Autriche et la Moravie.
Il en est à peu près de même du magnifique *Lycæna Iolas*, la plus
brillante et la plus grande espèce de ce groupe, et dont la chenille
habite les gousses du baguenaudier. Ce Lycæna habite la Hongrie et
le midi de la France, et c'est probablement de cette dernière contrée
qu'il s'est répandu dans le Valais, où Jæcki l'a trouvé près de Sierre,
dans les stations du baguenaudier (Colutea). Le *Lyc. Zephyrus*
Friv., espèce de l'orient et d'Andalousie, a été retrouvé près
de Brigue dans une variété : *f. Lycidas* Trapp. Mentionnons
encore :

Le *Polyommatos Gordius*, papillon charmant, d'un rouge-orange
foncé, aux reflets d'un bleu violacé ; espèce méridionale mais bien
voisine du P. *Alciphron*, répandu en Allemagne.

Le *Sat. Statilinus f. Allionia*, forme méridionale qui se trouve à la
fin d'août en essaims nombreux, sur les rochers de la région des
vignes ; le *Naclia punctata*, le *Catocala Puerpera*, et plusieurs autres
nocturnes.

Mais revenons aux plantes. Les espèces suivantes sont méridionales, bien qu'elles s'avancent vers le nord jusqu'au sud, et même
jusqu'au centre de l'Allemagne.

Rochers : *Cheiranthus Cheiri, Ruta graveolens, Vinca major, Iris
germanica, Ceterach officinarum.*

Terrains pierreux : *Carex nitida, Helianthemum Fumana, Lychnis
coronaria, Colutea arborescens, Astragalus Cicer, Fœniculum officinale,
Silybum Marianum, Micropus erectus, Achillea nobilis, Hieracium Peleterianum, Alsine Jacquini, Tunica saxifraga, Oxytropis pilosa, Potentilla
rupestris, Silene Armeria, Orobanche loricata, Limodorum abortivum,
Bromus squarrosus, Cynodon Dactylon, Eragrostis pœoides, Eragrostis
pilosa, Sclerochloa dura.*

Champs, prairies, décombres : *Isatis tinctoria, Calepina Corvini,*

Lepidium graminifolium, Potentilla recta, Potentilla inclinata, Carum Bulbocastanum, Pastinaca opaca, Tragopogon majus, Lactuca virosa, Lactuca viminea, Podospermum laciniatum, Androsace maxima, Chenopodium Botrys, Euphorbia falcata, Phleum asperum, Apera interrupta, Aspargus officinalis.

Il y a aussi des espèces non méridionales qui, en Suisse, se trouvent exclusivement, ou presque exclusivement, au Valais. Il s'y mêle quelques ubiquistes dont la présence constitue un fait tout aussi singulier que leur absence dans le reste de la Suisse.

Nous avons signalé de pareils phénomènes en parlant de la flore du Tessin.

Voici des plantes valaisannes de cette catégorie : *Clematis recta, Ranunculus Philonotis, Papaver hybridum, Sisymbrium Irio, Bryonia alba, Draba muralis, Lepidium ruderale, Vicia lathyroides, Silene otites, Echinospermum Lappula, Veronica prostrata, Orobanche arenaria, Euphorbia Gerardiana, Aira præcox, Potamogeton marinus, Acorus Calamus, Glyceria distans, Hutchinsia petræa, Veronica verna, Myosotis stricta, Asperugo procumbens, Campanula bononiensis, Turgenia latifolia, Anthriscus vulgaris, Asperula arvensis, Adonis flammea, Echinops sphærocephalus, Chenopodium ficifolium, Chenopodium opulifolium, Typha angustifolia.*

Quant aux lépidoptères qui vivent avec ces plantes, mentionnons : *Lycæna Meleager, Argynnis Daphne, Epinephele Eudora, Zygæna Ephialtes, Melitæa Phœbe, Aurelia, Syrichthus Carthami, Spil. Lavateræ, Satyrus Alcyone* et *Arethusa* (val d'Anniviers) ; qui tous ne se trouvent guère en Suisse qu'au Valais, tandis qu'en Allemagne, surtout dans les contrées de l'est, ils s'avancent bien plus au nord. L'*Ephialtes* est identique à la forme du sud de la Russie et de la Hongrie; ses reflets métalliques d'un bleu presque noir, ses perles blanches et sa ceinture d'un rouge sang, font de ce papillon un joyau d'une rare magnificence. Les *Meleager, Aurelia, Phœbe* et *Carthami* se retrouvent dans la Basse-Engadine; les deux derniers et le *Lavateræ* au pied du Jura.

Il est particulièrement intéressant de trouver au Valais des espèces qui appartiennent essentiellement aux Alpes méridionales.

Les rochers et les pierres sont souvent tapissés des *Sempervivum tectorum* et *arachnoideum*, ce qui prouve clairement que nous nous trouvons au pied d'une chaîne alpine aux versants rapides, où les formes du Midi se mêlent à celles des Alpes. N'oublions pas de dire que dans le reste de la Suisse ces deux crassulacées habitent les chaudes vallées des Alpes, plutôt que les hauteurs.

De ce nombre sont aussi l'*Hieracium lanatum*, qui orne les rochers de ses grandes feuilles au duvet grisâtre; l'*H. pictum* Schl., le *Dracocephalum austriacum*, qui se retrouve dans la basse Engadine; les *Sisymbrium pannonicum* et *austriacum;* en outre : *Asperula montana, Arabis saxatilis, Campanula spicata, Onobrychis arenaria, Erysimum helveticum, Onosma stellulatum.* Ces dernières espèces sont très abondantes.

On remarque dans la société de ces plantes des Alpes méridionales, les lépidoptères suivants :

Satyrus Cordula, qui se rencontre dans toutes les rocailles du Valais, jusqu'à 1400 m. (Hutegg, dans la vallée de Saas).

Les *Lycœna Sebrus* et *Escheri*, formes des Alpes méridionales, qui remplacent les *L. Acis* et *L. Alexis*, appartenant à la faune de l'Europe centrale.

Les *Zygœna transalpina* Esp., *Deilephila Hippophaës* et *Vespertilio*, et avant tout l'*Erebias Evias*, superbe papillon d'un brun foncé, dont les nombreux essaims hantent au printemps l'entrée des vallées latérales, et dont le territoire commence, du côté du sud-est, en Espagne, pour finir dans la haute Engadine.

Trois plantes du Midi qui, au Valais, se sont depuis longtemps échappées des cultures, et croissent maintenant à l'état absolument sauvage, méritent d'être spécialement mentionnées. Ce sont l'*amandier*, le *grenadier* et le *figuier*. On peut y ajouter comme plantes accidentelles ou provenant probablement de cultures : l'*Opuntia vulgaris*, le *Rubia tinctorum*, l'*Hyssopus*, l'*Anthriscus Cerefolium* et le *Rhus Cotinus*. Ce qu'il importe de constater, c'est que l'amandier, le figuier, le grenadier, sont entièrement naturalisés au Valais et croissent dans les lieux les plus sauvages, aussi bien que les arbustes indigènes.

Il n'est pas rare de trouver l'amandier sur les rochers de Saillon, de Montorge et de Sion, parmi les épines blanches et les cerisiers de Mahaleb. Il se présente sous forme de buisson vigoureux, aux rameaux terminés par une forte épine, aux feuilles petites, obtuses et obscurément crénelées, et au fruit de petite dimension, à coque extrêmement dure et à amande amère.

Il se retrouve dans les mêmes conditions dans les vallées voisines du Piémont et de la Savoie, si bien qu'Allioni et après lui Bertoloni l'envisagent comme indigène.

Le figuier se cramponne sous forme de buisson de petite taille, mais néanmoins bien vigoureux, aux rochers de Saillon, de Tourbillon et de Valère. Ses feuilles trilobées, petites et extrêmement rudes, et plus encore son fruit arrondi, sessile, de la grosseur d'une noisette et restant toujours sec, lui donnent au plus haut point l'aspect d'une plante du pays. Les botanistes italiens se prononcent unanimement en faveur de l'indigénat de cette plante et de Candolle arrive également au même résultat.

Quant au grenadier, il croît sur les pentes escarpées de Tourbillon et de Valère; mais comme les habitants de Sion en ont enlevé un grand nombre de pieds pour les transplanter dans leurs jardins, il a maintenant beaucoup diminué. A Botzen, dans le Tyrol méridional, la plante forme buisson et couvre de grandes étendues dans la région de la vigne. Non seulement le grenadier fleurit au Valais sur les rochers, mais encore il y mûrit parfaitement son fruit, à preuve une grenade fraîche qui m'a été envoyée en automne 1870 et dont l'enveloppe était aussi dure et d'un aussi beau rouge que les grenades d'Espagne.

La pente méridionale des rochers de Valère est couverte en juin de fleurs jaunes et, en septembre, des fruits rougeâtres de l'*Opuntia vulgaris*, qui croît en compagnie du *Sempervivum tectorum* et de l'*Iris germanica*. Plus loin il se retrouve par pieds isolés et par groupes sur les collines de Majorie et de Tourbillon.

Cette singulière plante, qui atteint à peine un pied de haut, croît aussi sur l'autre versant du Simplon, près du pont de Crevola, et j'en ai trouvé quelques pieds non loin d'Aoste. — Dans le sud du Tyrol elle est bien plus abondante encore : près de Botzen, elle recouvre des pentes tout entières et s'avance jusqu'à Méran.

La présence au milieu de la flore méditerranéenne de cette espèce qui, tout en appartenant à un genre exclusivement américain, ne s'en comporte pas moins chez nous, quant à sa distribution, comme une plante tout à fait indigène, est un phénomène qui n'est pas encore suffisamment expliqué. Plusieurs naturalistes du midi de l'Europe affirment que cette espèce est indigène.

Ce cactus paraît appartenir au versant sud des Alpes et à la flore des vallées. Sur le littoral de la Méditerranée il est remplacé par l'*Opuntia ficus indica*, espèce plus grande. Il est difficile de comprendre pour quelle raison cette plante, qui actuellement n'est cultivée nulle part (les opuntia cultivés dans le Midi, en haies ou autrement, appartiennent, autant qu'il m'a été possible de le constater, aux espèces *Ficus indica* et *Tuna*, etc.) s'est acclimatée précisément dans les vallées aussi écartées que le Valais, le Val Vedro et la vallée d'Aoste. Il y aurait lieu d'examiner avec attention les cactus sauvages du midi de l'Europe et de les comparer avec les espèces sauvages de l'Amérique.

Tous ceux qui connaissent la contrée comprendront facilement que la garance, l'hysope, le cerfeuil et le sumac prospèrent au Valais aussi bien que dans les pays voisins. Chose singulière, le phytolacca y manque entièrement, ce qui est dû peut-être à quelque influence du climat.

Nous arrivons maintenant au dernier groupe de plantes des collines du Valais. Ce groupe comprend les espèces qui peuvent être envisagées, avec plus ou moins de certitude, comme endémiques pour la contrée, avec ou sans exclusion des contrées les plus voisines.

Trois de ces espèces ont déjà été mentionnées, ce sont:

Artemisia valesiaca, Trisetum Gaudini, Poa concinna.

Le *Clypæola Jonthlaspi f. Gaudini* Trachsel est une petite crucifère printanière de la zone méditerranéenne qui, au Valais, paraît sous une forme spéciale et constante. On peut la cueillir sur les rochers de Branson, de Tourbillon et de St.-Léonard, et surtout dans la cluse de Longeborgne, sur le versant nord des Alpes pennines. Elle se retrouve isolée dans la vallée inférieure du Rhône, à Tain, dans les cluses du Jura français.

L'*Ephedra helvetica* C. A. Meyer est un petit arbuste d'un demimètre de haut, qui par son extérieur ressemble aux equisetum; il croît en quantité, par places, sur les rochers de Branson, et de là jusqu'au delà de Sion. Il se recouvre en mai de chatons jaunâtres, et en août les pieds femelles sont chargés de baies rouges qui rappellent celles de l'if. Rien de plus singulier que l'aspect de cet arbuste touffu, raide et aux rameaux articulés comme un prêle. Avec l'*Artemisia valesiaca*, les joubarbes, les Stipa flottants, les Opuntia informes et charnus, il contribue à donner aux rocailles du Valais une physionomie locale toute particulière. C'est en effet une plante de la région des steppes : ses sœurs habitent en foule la Dzongarie et vont de là jusqu'au Maroc. L'existence de cette plante aphylle, qui ne respire que par ses rameaux recouverts d'un épiderme vert, révèle comme tous les nombreux autres arbustes dénués de feuilles qui couvrent les steppes, par exemple les Calligonum, un climat hostile aux tissus plus tendres, climat composé de chaleur, de froid, de sécheresse et de vent.

Un Ephedra au Valais ! Ce fait est extrêmement significatif pour le climat et établit une différence essentielle entre cette contrée et la zone insubrienne. C'est au Valais que se trouve la station principale de cette plante. Les pieds mâles et les pieds femelles croissent en nombre à peu près égal. De là, on la retrouve au sud-ouest jusqu'en Provence, mais seulement par pieds isolés, et même, d'après Bonnet, il ne se trouve dans ces localités occidentales que des individus mâles ou des individus femelles, circonstance qui fait supposer que le Valais, où les deux sexes existent ensemble, est bien sa station et que c'est de là qu'elle s'est répandue vers l'ouest.

A Sisteron, dans les basses Alpes, elle est remplacée par une autre espèce l'*E. Villarsii*, espèce plus petite, aux articulations plus courtes, et dans la chaude contrée de Garde, par l'*E. distachya* L.

Le *Centaurea maculosa f. valesiaca* est commun au Valais jusqu'au-dessus de Brigue, et se retrouve au Val d'Aoste. Une des nombreuses variétés de cette espèce polymorphe se retrouve aussi, mais sous une forme différente, dans la basse Engadine (*f. Mureti* Jord.), près de Coire et près de Bâle (*f. Rhenana* Bor.)

Le *Viola tricolor f. valesiaca* Thom., à Branson, se distingue par une pubescence blanchâtre et une taille très trapue.

Le *Lactuca augustana* All., que l'on a joint à tort au *Scariola*, n'est pas rare dans toute la vallée, surtout dans le haut Valais et se distingue par ses pédoncules minces, ses fleurs à demi violettes et les contours non incisés de sa feuille à nervure moyenne glabre. Elle ne se retrouve plus que dans le Piémont.

L'*Androsæmum officinale f. grandifolium* Choisy, le *Biscutella lævigata f. saxatilis* et l'*Iris virescens* paraissent également se trouver surtout dans le Valais, du moins, dans leurs formes les plus caractérisées.

L'*Androsæmum*, plante tendre et grêle, très distincte de la forme typique, ne croît qu'à un seul endroit près de Sion et n'est plus mentionné que dans la haute Italie.

Le *Biscutella*, qui croît sur les collines chaudes et rocailleuses, est d'un tout autre aspect que l'espèce type, qui est une plante alpine glabre ou à pubescence douce; les fruits de la forme *saxatilis* présentent des rugosités très distinctes.

Quant à l'*Iris*, c'est bien la plus belle des plantes indigènes du Valais. Longtemps il a été confondu avec l'*I. lutescens* du midi de la France, espèce bien plus petite. Celle du Valais est entièrement conforme à l'espèce de Redouté : elle est beaucoup plus petite, a ses feuilles bien plus étroites que l'*I. germanica* et porte une, ou parfois deux fleurs d'un jaune verdâtre, tachetées de violet pâle et exhalant une forte odeur de sureau. On ne la connaît à l'état sauvage que sur les collines de Sion, où elle orne des places inabordables et commence à fleurir déjà en avril.

Terminons cette liste par le magnifique *Tulipa Oculus Solis* Gaud. (et non pas St. Am., *T. maleolens* Rb.). Murith l'avait déjà trouvé en 1810 en groupes nombreux dans les champs cultivés, soit en blé, soit en luzerne, tout près de Sion sur la plaine du Rhône. Ce n'est que dans les champs de blé qu'elle fleurit en nombre. Elle s'y trouve en si grande abondance que l'on s'en sert pour orner les autels improvisés aux coins des rues, le jour de la Fête-Dieu, comme on se sert à Locarno du *Saxifraga cotyledon* et du *Lilium bulbiferum*. La corolle est magnifiquement nuancée de pourpre, de jaune et de noir, comme celle de l'*Oculus solis* St. Am. et du *præcox* Ten. Cette noble tulipe, digne de celles de la Méditerrannée et de l'Orient, ne se retrouve plus que dans les vallées des Alpes du Midi: à St.-Jean de Maurienne et dans les Basses-Alpes (*T. Didieri* Jord.).

Parmi les espèces qui ne sont pas endémiques, il faut mentionner encore :

L'*Achillea setacea* W. K., abondante et remplaçant dans la région inférieure le *Millefolium*, qui ne paraît que dans les montagnes. Cette plante se retrouve dans la vallée d'Aoste et plus loin en Moravie, en Hongrie et en Bosnie.

L'*Asperula montana* Willd. (*longiflora* W. Kit.?) qui se trouve aussi dans le bassin de l'Adige et diffère de l'*Asperula flaccida* du Tessin, peut être envisagé comme identique à la plante de la Hongrie et de l'Illyrie. Comme les stipa, l'*Onobrychis arenaria*, l'*Achillea setacea*, l'*Ocnogyna Parasita*, lépidoptère nocturne, il forme le trait d'union entre le Valais et la région des steppes de la Hongrie.

Mais avec l'été la flore n'a pas encore dit son dernier mot. Le Valais est l'unique contrée de la Suisse qui ait une flore d'automne spéciale. Ce phénomène fait mieux ressortir encore la singularité du climat. L'été, qui est extrêmement sec, condamne au repos plusieurs espèces qui ne se développent que par l'influence des pluies d'automne. Outre le *Molinia serotina* et le *Cyclamen neapolitanum* il n'y a guère que l'*Artemisia valesiaca* qui se comporte de la sorte, mais il vaut bien la peine de consigner ici qu'une plante qui contribue plus qu'aucune autre à donner le ton à la végétation, n'est en pleine floraison qu'au mois d'octobre. En août ses pousses sont encore hautes comme la main, et ce n'est que deux mois plus tard que s'ouvrent ses capitules d'un beau jaune.

Comparons maintenant le Valais et la zone insubrienne.

La différence qui existe entre ces deux contrées éclate par le seul fait que, malgré la rapidité des pentes, nous ne trouvons nulle part sur les collines du Valais, à l'exception peut-être des Sempervivum, ce mélange caractéristique de formes méridionales et de formes alpines, comme on le remarque sur les bords du lac Majeur. En revanche, du Valais on peut s'élever en très peu de temps de la zone de l'Opuntia à la région des plus hautes Alpes, comme l'a si bien dit Haller en 1768 dans une description à jamais célèbre :

« Quand on part, dit-il, de Sion en Valais pour faire l'ascension du Sanetsch, qui est éloigné environ 7 heures de marche, on quitte l'*Ephedra*, le *Tragus racemosus*, le grenadier qui fleurit sur les rochers de Valère, les vignobles excellents, les châtaigniers et les noyers magnifiques dans les cimes desquelles chantent les cigales; on trouve ensuite de beaux champs de blé, mais bientôt le hêtre et le chêne disparaissent, les pins et bientôt après les aroles disparaissent à leur tour, la contrée ne montre plus aucun arbre et le voyageur peut prendre son repas au milieu des saxifrages et des plantes du Spitzberg, et cueillir des plantes qui croissent là-bas sous le 80me degré de latitude et que l'on trouve ici sous le 40me. »

La sécheresse des régions inférieures du Valais exclut rigoureusement le rhododendron qui, au Tessin, prospère à côté du figuier, dans les gorges toujours humides des environs de Locarno.

Mettons en regard pour chacune de ces deux contrées, une série de plantes caractéristiques de la région de la vigne :

VALAIS	TESSIN
Juniperus sabina.	*Ostrya carpinifolia.*
Ephedra helvetica.	*Celtis australis.*
Onobrychis arenaria.	*Cytisus nigricans.*
Oxytropis pilosa.	» *capitatus.*
Astragalus Onobrychis.	» *hirsutus.*
Kentrophyllum lanatum.	*Trifolium patens.*
Xeranthemum inapertum.	*Sarothamnus scoparius.*
Echinops sphærocephalus.	*Centaurea transalpina.*
Lactuca viminea.	*Galium lævigatum.*
Podospermum laciniatum.	» *insubricum.*
Hieracium lanatum.	» *rubrum.*
Artemisia valesiaca.	*Phytolacca decandra.*
Onosma stellulatum.	*Thalictrum exaltatum.*
Kœleria valesiaca.	*Paspalum undulatifolium.*
» *gracilis.*	*Adiantum Capillus Veneris.*
Festuca ovina f. valesiaca.	*Osmunda regalis.*
Trisetum Gaudini.	*Struthiopteris germanica.*
Poa concinna.	*Pteris cretica.*
Sclerochloa dura.	*Arum italicum.*
Stipa pennata.	
» *capillata.*	
Bulbocodium vernum.	
Tulipa maleolens.	
Gagea saxatilis.	
Ceterach officinarum.	

Quelle sécheresse dans les graminées rudes et piquantes qui caractérisent le Valais, dans les armoises incolores, les composées raides et épineuses, aux capitules entourés d'involucres secs se froissant avec bruit, dans ce manque d'arbustes au vert feuillage ! Les légumineuses ont le caractère des plantes des steppes, les fougères verdoyantes manquent à l'exception des feuilles coriaces du cétérach. Ce n'est qu'au printemps, pendant l'apparition éphémère des plantes bulbeuses, qu'éclate une vie nouvelle dans la végétation.

En revanche, quelle abondance de feuilles et de verdure dans la zone insubrienne ! Des cytises à grandes fleurs, de tendres *galium,* un arum plein de sève, des fougères aux éventails magnifiques! nous y voyons même la graminée qui appartient le plus en propre au Tessin se pourvoir d'une feuille à large limbe, contrairement aux usages de la famille.

Au Valais la feuille est réduite à ses dimensions les plus étroites et recouverte d'un duvet grisâtre ou d'une pubescence argentée, ce qui dénote toujours un air sec et des vents impétueux ; au Tessin, tout est plein de sève et de verdure.

Il serait difficile de trouver un contraste plus frappant entre les pays situés au même degré de latitude. Cela provient de ce que dans l'un la quantité de pluie est une fois plus considérable que dans l'autre. La vallée d'Antigorio forme la limite parfaitement distincte qui sépare la zone pennine des Alpes occidentales de la zone insubrienne des Alpes orientales, tant au point de vue du climat qu'à celui de la distribution des espèces. Le Valais et la vallée d'Aoste forment pour ainsi dire avec les Alpes du Dauphiné, jusqu'aux Alpes maritimes, un seul territoire. Le Tessin, la Valteline, les montagnes des lacs de Côme et de Garde en forment un second. Le climat du premier est celui de la haute Provence, lequel, bien que tempéré, continue de régner au delà de Brigue : celui du second est le climat maritime des pentes alpines méridionales, qui reçoivent leurs pluies de l'Adriatique et de la Méditerranée.

Mais, à vrai dire, ce n'est pas le fond de la vallée d'Antigorio qui est la ligne de démarcation des deux climats : ils se séparent déjà sur les cimes des Alpes, car les vallées qui descendent des hauteurs vers le sud-est ont déjà un caractère entièrement insubrien. On ne peut guère s'imaginer de transition plus brusque que celle du Valais au Val Vedro par le Simplon. Le bassin de Brigue est un véritable centre pour toutes les espèces sèches du Valais: le *Centaurea,* les *Astragalus onobrychis* et *excapus,* les *Achillea tomentosa* et *setacea,* les *Hieracium pictum* et *lanatum,* l'*Asperula montana* s'y retrouvent toutes encore une fois et montent même jusqu'à la gorge de la Ganter à 1400 m.

A peine a-t-on franchi le plateau alpin qui marque le milieu du passage, que l'on remarque déjà dans les prairies et dans les gorges de la haute vallée subalpine de la Doveria le *Polygonum alpinum*, le *Saxifraga Cotyledon*, le *Silene saxifraga* et à Isella, dans la forêt de châtaigniers, le *Centaurea transalpina*, le *Cyclamen europæum*, et plus loin le *Phytolacca* et le *Celtis* : bref, toute une flore dont il n'est pas trace au Valais. — Les ombellifères croissant en grand nombre et formant masse dans la végétation, voilà un trait qui manque absolument au Valais. Déjà à Algaby, dans la partie supérieure du Val Vedro, le *Pleurospermum*, espèce de haute taille, croît en pieds si nombreux que l'on dirait de loin de vastes touffes du *Spiræa Aruncus*. Sur les esplanades des rochers on découvre de véritables parterres formés par une variété géante du *Libanotis montana* (*f. exaltata* Gaud.); et à l'entrée de la vallée de Zwischbergen et près d'Iselle, le magnifique *Molopospermum*, aux feuilles d'un vert bleuâtre foncé, divisées à l'infini et aux ombelles atteignant un pied de diamètre. Le *Laserpitium Siler* et le *Peucedanum Oreoselinum* s'y joignent encore, et toutes ces ombellifères de haute taille donnent à ces gorges un caractère tout particulier.

Ce n'est donc pas la dépression profonde que forme la vallée qui sépare les deux flores : d'une part, c'est le versant sud, qui reçoit les vents et les pluies de la Méditerranée, et de l'autre le versant des Alpes valaisannes qui garde encore quelque chose de la sécheresse de sa vallée. Malgré la proximité des deux régions, il est rare que la végétation du Val Vedro pénètre dans le Valais ; seul le *Saxifraga cotyledon* paraît se retrouver dans les gorges humides au-dessus de Naters.

Ce qui prouve à quel point cette limite climatérique est tranchée, c'est que, malgré leur mobilité naturelle, les insectes eux-mêmes offrent des exemples d'une pareille fixité. Les *Zygæna transalpina* Ochs., *Charon*, *Orion* H. S., *Arctia Curialis*, *Neptis Lucilla*, *Libythea Celtis*, espèces caractéristiques du Val Vedro, sont entièrement étrangères au Valais. Le *Polyom. Gordius* franchit, il est vrai, la barrière, mais seulement dans le haut Valais et jamais plus bas. Le *Lycæna Battus*, si commun dans les vallées insubriennes, a une station très isolée au bas Valais.

Pour finir, il faut relever encore que les plantes qui, dans le cours des temps, sont venues peupler le Valais, ne s'y sont pas toutes introduites par le thalweg du Rhône, et que même dans les cas où, selon toute probabilité, elles ont suivi ce chemin, la ligne qui ratta-che ces espèces au bassin inférieur du fleuve est d'ordinaire inter-rompue par la région du Léman et le pays de Vaud, auquel man-quent généralement les plantes du Valais.

Parmi ces plantes du bassin inférieur du Rhône, il faut mention-ner les suivantes :

Ranunculus gramineus.	*Rubia tinctorum.*
Helianthemum salicifolium.	*Kentrophyllum lanatum.*
Ononis Columnæ.	*Crupina vulgaris.*
Trigonella monspeliaca.	*Xeranthemum inapertum* (Ain).
Astragalus monspessulanus.	*Salvia Sclarea.*
Coronilla minima au-dessus de	*Carex nitida.*
Varen.	*Kœleria valesiaca.*
Lathyrus sphæricus.	*Bromus squarrosus.*

Beaucoup d'autres espèces appartiennent moins au bassin du Rhône qu'aux vallées des Alpes du Piémont et du midi de la France, et ont longé le pied des montagnes et même franchi les cimes. Ce sont en particulier : *Bulbocodium, Hieracium lanatum, Onosma stellu-latum, Telephium Imperati, Achillea tomentosa, Vicia onobrychioides.* Ces plantes ont leur foyer dans les vallées des Alpes méridionales et manquent sur les côtes de la Méditerranée.

Nous venons de voir que, lorsqu'on franchit le Simplon, le contraste entre la zone insubrienne et le bassin du Valais éclate d'une manière étonnante. Ce qui frappe tout autant si l'on passe le Saint-Bernard, c'est la ressemblance qui existe entre la *Vallée d'Aoste* et le Valais. Par-tout la même sécheresse, les mêmes gazons rudes et piquants. En descendant les longues pentes de la vallée latérale du Buttier, on retrouve l'*Artemisia*, qui croît par groupes entre les vignes comme au Valais. L'*Achillea setacea* et *tomentosa*, le *Lactuca augustana*, le *Trise-tum Gaudini*, le *Kœleria gracilis*, le *Centaurea maculosa f. valesiaca*, bor-dent les chemins et les murs. Il est vrai que le Val d'Aoste est plus ouvert et que si les cimes du Valais descendent en pentes rapides vers le fond de la vallée, le versant des Alpes graies s'abaisse plus insensiblement jusqu'à la large plaine d'Aoste, ce qui a fait dire à de Saussure, d'une manière si expressive, que là « les montagnes paraissent tourner le dos à la plaine. » Le châtaignier acquiert le même développement qu'au Valais ; il se trouve partout disséminé et en groupes nombreux, mais il n'atteint pas encore l'exubérance qu'on lui trouve dans les forêts du Tessin. Quant à la vigne, le terrain plus doucement incliné en permet déjà la culture en berceaux, sur des supports en pierre peu élevés, ce qui lui donne un aspect très pittoresque. Grâce à une situation plus méridionale et à une température plus élevée, on rencontre plusieurs espèces qui manquent encore au Valais, comme le *Celtis australis, Erodium Ciconium, Cheilanthes odora, Inula montana, Ægilops triuncialis, Tribulus terrestris, Salvinia natans*, et surtout en abondance le *Kochia prostrata*, sorte d'ansérine en forme de balais et à feuilles étroites ; plus haut, le *Nepeta Nepetella*, l'*Astragalus alopecuroides*. Tout en étant plus méridionales, ces plantes n'en sont pas moins semblales à celles du Valais, elles appartiennent à un climat sec et ne se rattachent en aucune manière à la végétation du Tessin. La région de la culture de la vigne et des céréales, l'aspect des habitations, les traditions et les figures des habitants, tout est comme au Valais ; seules, les ruines romaines, si intéressantes, prouvent que la vallée est plus rapprochée de l'Italie, de toute la largeur d'une haute chaîne alpine.

Au Valais, à une altitude de 462 à 811 m., la *vigne* est de beaucoup la plante cultivée la plus répandue. Elle occupe les collines situées au versant sud des Alpes bernoises, de Branson jusqu'au bassin de Naters et plus loin jusqu'à Mœrel.

Ce vignoble est d'une très grande étendue et s'étage en nombreuses terrasses sur les hauteurs, où il est arrosé par des milliers de canaux. Le Valais est la seule contrée de la Suisse où, pour faire prospérer la vigne, il est nécessaire de l'arroser. Ailleurs elle souffre plutôt d'une trop grande abondance d'humidité. Ces canaux que les Valaisans appellent *bis* font l'étonnement de tous ceux qui visitent ces contrées pour la première fois ; ils représentent une somme de travail et de persévérance qui donne la plus haute idée de l'énergie des habitants. Ces travaux ne le cèdent en rien, quant à l'étendue, à ceux des digues et des innombrables canaux des plantations de riz du Piémont, et ils les surpassent de beaucoup en hardiesse. Les bis montent jusqu'aux glaciers ; car ce n'est que là, dans la haute région alpine, qu'au fort de l'été on peut compter sur des eaux vivifiantes ; plus bas, et même déjà dans la région montagneuse supérieure, les torrents glaciaires se creusent leur lit dans des gorges si profondes qu'il devient impossible d'atteindre leurs eaux. Ces canaux de bois, supportés par des traverses fixées dans le sol, s'alimentent aux frais réservoirs de la montagne et, franchissant parfois des abîmes, descendent les pentes abruptes, les parois verticales ou surplombantes, pour se diviser au-dessus des vignes en une quantité innombrable de petits couloirs qui arrosent le sol où la vigne plonge ses racines. Parfois ces canaux sont recouverts de planches et c'est sur ce chemin glissant, parfois même coulant et qu'aucune barrière n'accompagne, que les paysans s'aventurent hardiment, par-dessus les précipices, pour aller s'assurer de l'état des eaux. Il arrive même que des populations entières, habituées à ces voyages périlleux, se servent de ces sentiers d'un nouveau genre pour abréger les chemins ordinaires. Ce n'est que quand on les a examinées de près, que l'on comprend ce que signifient ces lignes qui sillonnent les pentes des montagnes jusqu'à la région alpine. Souvent on en distingue jusqu'à six, légèrement tracées et superposées les unes aux autres ; elles se font remarquer par une teinte verdoyante qui fait une agréable diversion avec la couleur grisâtre des rocailles et des pierres roulantes. Tels sont les *bis*, preuves d'un travail aussi persévérant qu'héroïque et dont notre pays ne donne pas d'autre exemple. Souvent, dans les montagnes, on entend un bruit de marteaux et l'on se croit près d'une habitation humaine. Erreur ! ce n'est qu'un simple moulinet de bois posé dans le canal pour annoncer de loin si le *bis* est en bon ordre ou si l'eau s'échappe par quelque fissure. Dès que le marteau ne se fait plus entendre, le paysan va réparer le conduit.

Ce n'est pas seulement par la nécessité d'arroser la vigne que se trahit la sécheresse excessive du climat : on n'a qu'à remarquer comment elle croît et comment on la taille. Soutenue par de courts échalas, elle ne s'élève guère qu'à un mètre, et souvent même on la laisse traîner sur le sol. Si on la faisait monter aussi haut que dans la Suisse cisalpine, on l'exposerait trop au vent, aussi la laisse-t-on s'abriter par terre. Même dans les contrées où l'on commence à imiter la culture vaudoise, on laisse les ceps plus bas que partout ailleurs. L'ancienne culture valaisanne est toute pareille à celle du midi de l'Espagne, pays avec lequel le Valais a, comme nous l'avons dit, une grande analogie au point de vue du climat. Ce n'est que rarement, et seulement quand elle est abritée par des parois de rocher ou qu'elle croît en espaliers, près des maisons, qu'on voit la vigne s'élever comme au Tessin. A Eiholz, au-dessus de Viège, on la fait monter en espaliers inclinés, et les pampres recouvrent les toits garnis de pierres des noirs chalets, spectacle digne du pinceau d'un peintre.

Les vins du Valais ont aussi beaucoup plus d'analogie avec les vins de l'Espagne qu'avec ceux de l'Europe centrale : ce sont les plus forts et les plus substantiels de la Suisse. Ce n'est que bien au Midi que l'on en retrouve de semblables. On cultive d'ailleurs un très grand nombre de cépages ; on en a compté plus de cent. Ces cépages sont souvent mêlés d'une manière qui n'est pas précisément favorable à une culture rationnelle et qui prouve qu'ils sont introduits depuis très longtemps. Ce n'est pas sans raison que l'un des miracles que les Valaisans attribuent à saint Théodule, patron du pays, est celui d'une vendange très abondante, alors que la gelée avait détruit toute l'espérance des vignerons. Les noms de plusieurs sortes de vin témoignent d'ailleurs en faveur de leur antiquité : le nom d'*Amigne*, que les connaisseurs font dériver de l'*Amineum bibe* d'Horace ; celui d'*Humagne* qui serait une corruption de *vinum humanum* ; le *vin païen*, le *Rèze*, l'*Arvine*, etc.

Ce sont essentiellement des vins blancs, comme le *fendant* et le *muscat*, au goût de terroir ou du muscat fortement prononcé ; ils se cultivent surtout dans les régions supérieures. Plus bas, ce sont des crûs très chauds, doux ou amers, très aromatiques et ayant le bouquet des vins du midi de l'Espagne, du Xérès et même du Madère. Des environs de Sierre, ces vins se transportent souvent dans les villages du val d'Anniviers, aux habitants desquels appartiennent les vignes : à Vissoye (1220 m.), à Ayer (1456 m.), à Luc (1675 m.), à Zinal (1678 m.). Là sous l'influence d'une température plus froide, ils prennent en très peu de temps cet arome. C'est un spectacle singulier et bien caractéristique pour le pays que de voir, vers le soir, les Annivards, partis de Sierre sur leurs mulets chargés chacun de deux tonnelets de vin, monter en long cortège le long de l'immense paroi de rocher qui ferme leur vallée du côté du

9

Rhône. Ces pérégrinations durent presque toute l'année. Les vignerons descendent pour les cultures, pour les vendanges, pour le pres-
surage, et retournent dans leurs retraites montagneuses, où seules les
neiges de l'hiver les retiennent pour quelque temps.

La malvoisie, qui se cultive de préférence dans certaines contrées
du bas Valais, possède plus encore le caractère méridional. Quoique
plus rude, il ressemble absolument aux vins de Frontignan.

On a essayé récemment d'introduire le plant de Johannisberg,
qui joint alors au bouquet particulier du vin du Rhin la chaleur et
le goût sucré des vins du Valais.

Les vins rouges sont en général plus rares et paraissent n'avoir
été introduits que plus tard. Ils sont également, quant au corps et à
la force, en pleine harmonie avec la nature du pays. Les pentes
rocheuses au-dessus de Salgetsch fournissent le plus excellent, qu'on
nomme *vin d'enfer*, et qui ne le cède en rien à un autre plant de la
Valteline qui porte le même nom.

Ce qui prouve qu'au commencement du XVIme siècle on cultivait
déjà toute sorte de vins au Valais, c'est un curieux passage de la
description que Thomas Platter fait de son séjour à Briger-Bad :
« J'ai fait, dit-il, une très bonne cure; seulement, je manquais
d'appétit, aussi n'avais-je goût qu'au pain de seigle et ne pouvais-je
boire de vin, car il était trop fort. Je m'en suis plaint à l'hôte et lui
ai dit : Si seulement vous aviez du vin aigre ! Là-dessus, l'aubergiste
fait venir du vin de Mœrel (796 m.) ; il était extrêmement aigre, car
cet endroit est très sauvage, et c'est le plus haut point du pays où
croisse la vigne. Lorsqu'on amena ce vin, l'aubergiste me dit : Platter, je veux vous en verser. Il y en avait deux muids, et il me donna
un beau verre de cristal qui pouvait bien contenir près d'un pot. Je
descendis alors à la cave, où je bus la plus grande gorgée que j'aie
bue de ma vie, car j'avais une grande soif et la peau me démangeait
fort, attendu que je ne buvais que l'eau chaude de la source. Après
avoir bu cette gorgée, je n'eus plus aucune envie de ce vin et eus de
nouveau goût à manger et à boire. »

Le raisin blanc du Valais, le fendant est d'un sucré, d'un savoureux incomparable, et s'exporte en grandes quantités jusqu'en Russie
et jusqu'en Suède.

Pendant les dernières années la culture de la vigne a passé, dans bien des endroits, entre des mains vaudoises, plus actives et plus intelligentes. Le Valais promet ainsi de devenir une des contrées viticoles les plus importantes, non seulement de la Suisse, mais encore de l'Europe.

La limite supérieure de la vigne est remarquablement élevée. A Sion, au centre du vignoble, le fond de la vallé du Rhône est déjà à une altitude de 500 mètres ; cette altitude marque à peu près la limite de la vigne dans le nord de la Suisse. D'après Wahlenberg et Schlagintweit, cette limite est de 487 à 552 m. ; au pied du Jura, à Neuchâtel, par exemple, elle est de 450 à 550 m., et ce n'est que par exception que, suivant Thurmann, elle monte jusqu'à 580 m.

Ce n'est que dans les Alpes méridionales, et même dans les vallées les plus favorisées, que l'on trouve une limite semblable à celle du Valais. A Thoune, la vigne ne monte pas à plus de 643 m., tandis qu'à Saint-Gervais, dans la vallée de Chamounix, elle atteint jusqu'à 815 m., à Modane, dans la Maurienne, 756 m. et à Morgès, dans la vallée d'Aoste, 893 m.

Sur quelques points des Alpes méridionales, ces maxima montent bien plus haut, par exemple à 1188 m. à Saint-Pierre au-dessus d'Aoste, et même, d'après Gasparin, à 1200 m. dans les Hautes-Alpes.

De pareils maxima s'observent aussi au Valais : à Stalden, à 834 m., la vigne est encore tout à fait chez elle, témoin un cep fort ancien, de l'épaisseur d'un pied, qui orne la fontaine du village.

Les vignes pénètrent encore plus avant dans la vallée de Saint-Nicolas, jusqu'à Calpetran. En juillet 1878 j'en ai constaté la limite à la chute de l'Emdbach, à l'endroit où ce torrent se jette dans la Viège. Là, on a planté des vignes sur les terrasses des rochers jusqu'à 80 m. au-dessus de cette rivière, ce qui fait une altitude de 1020 m.

M. Zimmermann, à Viège, a eu l'obligeance de me consigner sur place, d'après les courbes de la carte de l'état-major fédéral, l'altitude des derniers vignobles situés entre Viège et Visperterminen, sur une pente large et douce exposée à l'ouest, et où croît le fameux vin désigné sous le nom de *Heidenwein* ou vin païen. Cette pente est située à 1100 m.

Fait digne de remarque, c'est précisément dans cette contrée qu'il pleut le moins en Suisse (A Græchen, la moyenne n'est que de 54 cm.) et que la puissance des rayons solaires se trouve le plus renforcée, grâce à la réverbération des massifs de la chaîne du Mont-Rose.

Il ne faut pas oublier d'ailleurs que la limite supérieure d'une plante cultivée, telle que la vigne, ne dépend pas en première ligne du climat, mais des besoins et même des caprices de l'homme. Si cette culture est presque nulle sur le versant nord des Alpes pennines, ce n'est pas non plus le climat qui en est cause, mais la trop grande raideur des pentes. De ce côté de la vallée, on ne trouve des vignes qu'à Charat, à Martigny, à l'entrée de la vallée de la Dranse jusqu'à Bovernier et Sembrancher, et plus loin, au bord sud du grand bassin du Haut-Valais, spécialement à l'entrée des vallées de la Viège.

Dans la vaste plaine du Rhône, les espaces stériles et recouverts de gravier alternent avec des langues de terre d'autant plus fertiles. Le *maïs* y pousse de magnifiques épis qui ne le cèdent en rien à ceux de l'Italie ; la culture du *tabac* y a aussi été introduite avec succès. Ces cultures ont constamment à craindre un ennemi redoutable : les flots débordés du Rhône.

Dans quelques endroits isolés et plus spécialement à Naters, la culture du *safran* s'est maintenue comme un reste du moyen âge. Actuellement encore ce narcotique joue un rôle dans l'art culinaire du pays. Dans les grandes occasions, les paysans en parfument la pâtisserie et même le laitage et le rôti. Près de Sion, à Sous-le-Sex, sur les pentes rocheuses, et même sur le sommet de Valère, cette plante croît subspontanée, et ouvre à la fin d'octobre sa belle corolle violette aux longs stigmates rouges à trois divisions.

Dans les jardins de Sion, la figue et la pêche mûrissent parfaitement. Quant à ce dernier fruit, je ne l'ai vu nulle part aussi beau. Le *Pyrus japonica* y mûrit également et, près de Sion ; l'*Anona triloba* croît en arbres d'une hauteur considérable.

Outre les dévastations causées par le Rhône, les cultures, dans la vallée supérieure du Valais, ont encore à craindre le vent, qui souffle sans interruption, sorte de mistral desséchant et brûlant tout sur son passage. Il favorise, il est vrai, la clarté du ciel, mais il éloigne en même temps cette douceur et cette abondance qui fait le charme de la nature du Tessin.

Les essaims de sauterelles qui hantent parfois le Valais, révèlent également le caractère méridional de cette vallée et son analogie avec les steppes.

C. La vallée du Jura.

Des bords du Rhône à l'extrémité orientale du Jura, la flore méditerranéenne projette un rayon qui longe le pied de cette chaîne.

La chaîne du Jura émerge du plateau suisse en masses compactes et fortement inclinées. Les eaux qui en découlent ne profitent pas aux hauteurs et s'infiltrent rapidement dans les fissures innombrables du sol, pour ne reparaître que dans les régions inférieures, au pied des forêts. Aussi les rivières du Jura sortent-elles toutes formées des rochers. La Sorgue, à Vaucluse, en Provence, l'Orbe, au canton de Vaud, le Creuxgénat, en Ajoie, et bien d'autres rivières offrent toutes le même caractère. Ces eaux que la montagne ramène à la plaine forment vers le sud une série de marécages, et, au milieu de la ligne du Jura, trois lacs assez considérables, ceux de Neuchâtel, de Morat et de Bienne, dont les rives méridionales touchent elles-mêmes à de grands marais.

Il se forme ainsi, entre la limite ouest du plateau et le Jura, une vallée profonde au climat lacustre tout particulier, et qui occupe une place spéciale au milieu des différentes circonscriptions géographiques de notre pays.

Du côté du soleil, la pente du Jura, au sol calcaire, sec et chaud, ne forme pour ainsi dire qu'un grand vignoble, très favorablement situé. De Genève aux environs d'Orbe, la vigne ne paraît pas encore : les forêts du Jura, qui dans cette partie de la contrée présente un caractère entièrement alpin et conserve beaucoup de neiges, touchent aux prairies de la plaine. Mais à partir d'Orbe jusqu'au delà du lac de Bienne, les gradins occupés par les vignes se superposent le long des pentes. De Neuveville à Bienne, les parois de rochers interrompent même et couronnent bien souvent les vignobles.

Le niveau de ces lacs est à 435 m., et de 100 ou 150 m. plus bas que celui du plateau de Dizy (588 m.), de Fribourg (630 m.), et de Berne (574 m.), qui monte insensiblement vers les Alpes.

Le climat de cette zone subjurassienne est aussi bien plus favorable que celui du plateau. A sa position plus basse vient s'ajouter encore l'influence du Jura, qui la protège contre le vent du nord-ouest.

	Année.	Maxima.	Minima.	Hiver.	Printemps.	Été.	Automne.
Neuchâtel...	9,31	32,3	—12,2	0,5	9,3	18,6	9,3
Dizy.....	8,75			0,2	8,7	17,2	8,7
Berne.....	8,13	30,7	—15,6	—0,7	8,3	16,8	8,0

	Décembre.	Janvier.	Février.	Mars.	Avril.	Mai.	Juin.	Juillet.	Août.	Septembre.	Octobre.	Novembre.
Neuchâtel....	0,3	—0,9	2,0	3,1	9,9	11,6	17,0	19,7	17,7	15,7	8,7	3,4
Dizy......	—0,1	—0,9	1,7	2,9	9,1	13,9	16,2	18,9	16,7	15,2	8,1	2,8
Berne......	—1,1	—2,3	1,3	2,1	9,0	13,7	15,6	18,5	16,3	11,3	7,5	2,1

On voit que la température moyenne de tous les mois de l'année (janvier excepté) est plus élevée au pied du Jura que sur le plateau; que le gel y dure moins longtemps (à Neuchâtel la moyenne de la température est même au-dessus de zéro), et que les minima sont considérablement plus élevés. Un maximum aussi élevé est un phénomène tout local, qui provient de la réverbération de la chaleur par les collines calcaires.

Grâce à cette situation favorable, le châtaignier s'avance par places jusqu'à Neuveville et à l'île de Saint-Pierre un autre arbre du Midi, l'*Acer opulifolium*, pénètre dans les forêts jusqu'à Granges et aux cluses de Moutiers; il en est de même du *Quercus pubescens*.

Une autre plante caractéristique et qui croît en immense abondance sur les collines, c'est le *buis*. Cet arbuste donne au paysage une physionomie toute particulière, si bien qu'une partie de la contrée située au pied du Jura a été déjà fort anciennement désignée sous le nom de *Buchsgau*, contrée du buis, et même que deux villages soleurois, Ober- et Unterbuchsiten, portent son nom. On voit de loin cet arbuste, souvent haut d'un mètre et plus, recouvrir d'un manteau vert foncé les pentes stériles. La forte odeur qu'il exhale, surtout au temps de la floraison, est très goûtée des habitants du

Jura, et son tronc, qui atteint jusqu'à 15 cm. de diamètre, tout en restant d'ordinaire courbé vers la terre, est fort recherché des tourneurs qui en font toutes sortes de petits ouvrages. Dans le canton de Bâle-Campagne, le buis pénètre jusque dans les petites vallées des plateaux du Jura, et croît même au delà du Rhin, près de Grenzach, sur le muschelkalk ou calcaire coquillier; mais il n'a été trouvé nulle part sur les grès de la Forêt-Noire.

Le buis ne s'avance pas jusqu'au Valais, il reste fidèle au calcaire blanc. Au Tessin, il ne paraît guère se trouver à l'état sauvage; ce n'est qu'au lac de Garde qu'il reparaît sous une autre forme, plus basse et sans parfum.

Cet arbuste est un des végétaux ligneux qui dominent dans la zone méditerranéenne occidentale. Dans les Pyrénées il est déjà arborescent; en Algérie, c'est un arbre véritable. Il pénètre à travers la plaine jurassique et la vallée de la Moselle, dans les contrées situées au nord des Alpes.

Le *Quercus pubescens*, ce chêne de petite taille, aux rameaux tortueux et aux feuilles tomenteuses, qui orne nos collines rocailleuses et entoure souvent si pittoresquement les ruines des anciens châteaux, est un arbre des forêts de la Méditerranée. Il fleurit très fréquemment chez nous, mais il mûrit rarement ses glands qui dépassent à peine leurs cupules. Il se distingue par des feuilles plus coriaces, finement tomenteuses, par son écorce à cannelures étroites, et surtout par la pubescence épaisse qui recouvre les écailles des bourgeons d'hiver.

Ce duvet, dont les plantes du Midi sont souvent pourvues, a pour but de les empêcher de se dessécher à la chaleur : le chêne pubescent révèle ainsi pleinement son origine méridionale. Au Salève, cet arbre apparaît dans sa forme la plus distincte, il y est recouvert d'une pubescence tomenteuse grisâtre. Plus au nord, cette pubescence diminue, mais dans les stations qui forment sa limite nord à l'Isteiner-Klotz et à Kaiserstuhl, cet arbre ne conserve pas moins son caractère spécifique. Il croît aussi sur les collines rocheuses du Valais, dans les montagnes calcaires du Tessin, et dans le Rheinthal, près de Coire.

L'*Acer opulifolium* est un bel arbre qui caractérise les forêts le long de la Méditerranée, de la Dalmatie jusqu'à Grenade. Dès le mois d'avril on en voit de loin les cimes fleuries, d'un beau jaune vert, se détacher en points saillants du milieu des forêts de hêtres encore endormies. Il ne pénètre en Suisse que du côté de l'ouest, embrasse la ligne du Jura jusqu'aux cluses de Moutiers et de Délémont, et le versant ouest des Alpes vaudoises, de Vevey aux Folaterres. De là il s'avance au pied des Alpes bernoises jusqu'à Sion, et pénètre même aussi dans les recoins abrités de la haute vallée de Gessenay. Cet arbre est accompagné d'une autre plante, également ligneuse, qui forme sous-bois, et fait l'ornement de la forêt par ses longues et magnifiques grappes de fleurs dorées : c'est le *Cytisus alpinus*. Le territoire de cet arbrisseau est le même que celui de l'*Acer opulifolium* ; seulement il ne s'avance pas vers le nord au delà de Pontarlier, et se trouve en abondance dans la zone insubrienne. Son voisin le plus rapproché, le *Cytisus laburnum* de nos jardins, ne dépasse pas le Jura genevois.

Au Jura, l'érable à feuilles d'aubier et son compagnon, le cytise des Alpes, ne quittent pas la forêt de hêtres et sont loin de monter à sa limite supérieure.

Il est encore d'autres espèces caractéristiques qui, de la zone du sud-ouest, s'avancent jusque sur les assises rocheuses du Jura, et dont nous allons dire quelques mots.

Sans aucune station intermédiaire, l'*Iberis saxatilis* passe d'un seul bond des Corbières, au pied des Pyrénées, et des Basses-Alpes à la Ravellenfluh, au-dessus d'Œnsingen et au Lomont, dans les environs de Montbéliard. Dans ces deux localités, qui dépassent de beaucoup la limite nord de l'espèce, elle est prospère et se multiplie en abondance. C'est là un exemple des plus frappants et des plus rares d'une distribution sporadique et absolument irrégulière. Cet ibéris, plante frutescente et toujours verte, a tout l'extérieur d'une plante du climat méditerranéen, qui ne connaît pas les neiges ; aussi toutes les espèces congénères appartiennent-elles à ce climat. On en compte douze au sud de l'Europe (en Espagne, en Sicile, au midi de l'Italie et en Crète). Deux espèces seulement, l'*I. saxatilis* et l'*I. garrexiana* s'avancent jusqu'aux Basses-Alpes. La première seule pénètre dans un climat qui, par ses pluies abondantes pendant l'été et par un hiver froid, est presque l'opposé du climat de son véritable territoire. Entre mille espèces, il n'en est guère qu'une qui soit capable de ce tour de force. Le fait que cette plante croît à Œnsingen n'en révèle pas moins la situation favorable du pied du Jura et en même temps les avantages du sol calcaire, facilement accessible à la chaleur.

Une autre espèce des plus remarquables, c'est le *Vicia narbonensis*, qui se trouve près de Bâle, sur les rochers au-dessus d'Istein, à l'extrémité de la chaîne du Jura dans les vignes et parmi les buissons des *Prunus Mahaleb* et *spinosa*, en compagnie de l'*Himantoglossum*, du *Potentilla cinerea*, du *Trinia vulgaris*. Elle a été retrouvée à Grenzach, au-dessus de Bâle, sur le calcaire longeant la Forêt-Noire. C'est une plante bien spontanée, qui, elle aussi, ne se retrouve qu'en Provence; mais pour une espèce annuelle, cette adaptation constitue un fait moins remarquable que celle d'un arbuste toujours vert comme l'*Iberis*.

Le *Geranium nodosum* a été trouvé dans la région montagneuse, de Diesse à Orvins. C'est une plante de la zone du châtaignier, disséminée du Dauphiné au bas Valais et au Jura.

L'*Orobus canescens* passe du Dauphiné à la Brévine, dans le haut Jura neuchâtelois.

Le *Corydalis lutea* croît en abondance sur les murs de vigne à Orbe, Valeyres et Neuchâtel et reparaît près de Bâle.

Le *Narcissus biflorus* se trouve au bord du Jura dans les cantons de Vaud et Neuchâtel.

Mais la plus caractéristique de toutes ces plantes, c'est l'*Adiantum Capillus Veneris*, petite fougère du Midi. A Saint-Aubin on trouve tout près du niveau du lac des grottes irrégulières très basses et creusées par le travail des eaux. Dans ces niches, à l'abri de la gelée et d'un soleil trop ardent, s'étalent les feuilles délicates de cette charmante fougère, la plus gracieuse de toutes, qui y croît sur un tapis de vertes hépatiques. C'est un paysage transalpin en miniature. Les stations les plus rapprochées sont le pied du Crédoz, au sud du fort de l'Écluse, et Rumilly en Savoie.

Toutes les espèces mentionnées ci-dessus, du *Buxus sempervirens* à l'*Adiantum*, remontent le cours du Rhône jusqu'à Genève. Le climat plus tempéré du bassin du Léman les oblige à prendre la direction du nord-est et à suivre le Jura. A cet égard, on peut envisager la région des lacs du pied du Jura comme la véritable prolongation de la vallée du Rhône ; et quelque singulier que cela puisse paraître au premier abord, plusieurs espèces qui se trouvent en abondance dans la contrée de Neuchâtel, doivent leur existence au bassin inférieur du Rhône, lors même que le versant est du Jura écoule toutes ses eaux dans le Rhin et la mer du Nord. L'exaussement de terrain qui, près de Lausanne, forme la ligne de démarcation entre l'Orbe qui se dirige vers le nord et la Venoge qui descend au Léman et par conséquent vers la contrée du Rhône, est si peu considérable (450 m.) qu'il ne saurait être envisagé comme une limite climatérique séparant les deux bassins.

Un certain nombre de ces espèces méditerranéennes se trouvent à l'extrémité supérieure du Léman et aussi en Valais, pour la plupart du moins ; elles ont donc franchi l'obstacle du climat du Léman, plus humide et plus froid, pour s'avancer vers l'est et vers le nord.

Voici la liste de ces espèces avec l'indication de leurs stations jurassiques extrêmes :

A Orbe, l'*Ononis rotundifolia*.

A Neuchâtel, l'*Helianthemum fumana*, l'*Orobanche cruenta*, le *Colutea arborescens*, le *Carum bulbocastanum*, l'*Hieracium lanatum*, à l'entrée du Val de Travers ; *Kœleria valesiaca*, *Mespilus germanica*, *Luzula Forsteri*, *Ceterach officinarum*, *Trifolium scabrum* et *striatum*, et comme plantes des rocailles, l'*Iberis amara*.

A Neuveville, *Cheiranthus Cheiri*, *Vinca major* et *Geranium nodosum*.

A Bienne, *Lactuca perennis*, *Dianthus silvestris f. virgineus*, Jacq. non L.

Au Hauenstein, *Asplenium Halleri*. Reparaît au lac de Wallenstadt.

A Istein, *Carex gynobasis*.

On voit que c'est à Neuchâtel que se rencontrent les types les plus méridionaux ; c'est aussi ce point qui est le plus chaud de tout le bassin et où croît le vin le plus recherché.

Il ne faut pas oublier de mentionner encore toute une série de plantes qui, tout en n'étant pas du nombre des espèces méditerranéennes, n'en appartiennent pas moins aux chaudes régions. Ce sont les suivantes : *Glaucium luteum* (Yverdon, Grandson), *Helleborus fœtidus*, *Myosurus minimus*, *Diplotaxis muralis*, *Alsine Jacquini*, *Cerastium glutinosum*, *Silene Otites* et *gallica*, *Stellaria Holostea*, *Prunus Mahaleb*, *Rosa pimpinellifolia*, *systyla*, *Sabini*, *Dianthus cœsius*, *Lathyrus Cicera*, *Asperula tinctoria* (Orbe), *Peucedanum Chabrœi*, *Helio-*

sciadium nodiflorum, OEnanthe Lachenalii et *fistulosa, Sium latifolium, Torilis nodosa, Tordylium maximum, Eryngium campestre, Anthriscus vulgaris, Bupleurum falcatum, Trinia vulgaris, Mentha rotundifolia, Galeopsis ochroleuca, Brunella alba, Marrubium vulgare, Stachys arvensis, Myosotis versicolor, Lithospermum purpureo-cœruleum, Echinospermum Lappula, Heliotropium europæum, Verbascum Blattaria, Cornus mas, Pulicaria germanica, Filago gallica, Thrincia hirta, Hypochoeris maculata, Inula britannica, Lactuca virosa, Achillea nobilis, Linosyris vulgaris, Sedum maximum, Orobanche Hederæ, Valerianella carinata, Veronica acinifolia, Primula acaulis, Cyclamen europæum* (au nord jusqu'à Granges, et par places jusqu'à Meltingen) *Hottonia palustris, Herniaria glabra* et *hirsuta, Euphorbia falcata* et *palustris, Orchis laxiflora, Limodorum abortivum, Aceras anthropophora, Iris Germanica, Lilium bulbiferum, Muscari comosum, Allium pulchellum, Gagea stenopetala, Ornithogalum nutans* et *pyrenaicum, Tulipa silvestris, Hemerocallis fulva, Scirpus maritimus, Stipa pennata, Carex pilosa, Phleum Bœhmeri.*

Ces espèces manquent entièrement ou presque entièrement au plateau suisse et ne se retrouvent qu'en partie et par places dans les bassins plus chauds et plus secs des fleuves de l'Allemagne.

L'*Alisma ranunculoides*, plante des contrées de l'ouest, habite les marais près du lac de Neuchâtel, et le *Leucoïum æstivum*, grande et belle espèce à plusieurs fleurs, ceux du Seeland.

Une nouvelle preuve de la douceur du climat qui règne au pied du Jura, ce sont les nombreux cas de naturalisation d'espèces méditerranéennes : *Centranthus ruber, Jasminum fruticans, Antirrhinum majus, Thymus vulgaris, Lavandula vera*, etc. Cette dernière espèce s'est si bien acclimatée que nous doutons qu'elle ne soit pas vraiment indigène. Thurmann l'a trouvée absolument sauvage à Culoz (montée du Grand Colombier) et Grenier au Mont de Bregille, près Besançon. A Neuveville, Gibollet la croit échappée des jardins. Pourtant, d'après les botanistes qui connaissent le pays, elle se trouvait en abondance au Vully, dans les endroits chauds le long des bois, au-dessus des vignes ; elle s'y trouve encore maintenant dans toutes les conditions d'une plante spontanée et les habitants de la contrée vont l'y chercher pour la transplanter dans leurs jardins.

Tout cela nous montre à quel point la situation abritée au pied du Jura, la dépression de la vallée, la connexité qui rattache le bord ouest du plateau suisse à la vallée du Rhône, favorisent cette contrée, comparativement aux autres parties de ce plateau. Comme nous l'avons vu, la flore méditerranéenne y introduit un assez grand nombre d'espèces.

Un fait digne de remarque, c'est la distribution du *Rosa Sabini*, qui croît au Salève et sur les hauteurs, près d'Œnsingen, et se retrouve dans le Jura wurtembergeois d'après Kemmler. Cette espèce est très répandue en Angleterre, se retrouve en Scandinavie et en Belgique et paraît dans trois localités du Jura, très distantes l'une de l'autre, sans jamais toucher à la France.

La zone subjurassique ne comprend pas seulement les abords immédiats du Jura, mais aussi le bassin des lacs sur l'une et l'autre rive. La pente si légère qui termine le plateau sur le bord oriental de la dépression des lacs, fait encore partie de cette zone. La flore du Midi y compte, il est vrai, un nombre beaucoup moins considérable de représentants. Néanmoins, la présence du *Primula acaulis* à Moudon, de l'*Helianthemum Fumana* à Payerne et au Vully, en compagnie du *Lavandula*, les faits que le châtaignier prospère à Cossonay, à Estavayer et à Port-Alban et que la vigne se cultive à Morat, à Anet et à Aarberg, prouvent que la zone subjurassienne n'est limitée que par le bord ouest du plateau, bien que cette zone n'apparaisse dans ses caractères les plus saillants qu'à l'assise même des montagnes, c'est-à-dire, sur la rive occidentale des lacs.

Le plus grand nombre des espèces de cette flore méridionale trouvent leur limite à Granges, entre Soleure et Bienne: c'est là que finit la vigne, l'*Acer opulifolium* le *Cyclamen* et le *Primula acaulis*.

Il en est toutefois quelques-unes qui s'avancent au delà des lacs actuels, le long de la vallée de l'Aar, ce lit d'anciens lacs desséchés, jusque dans la contrée entre Brugg et Bade. Au-dessus d'Olten nous retrouvons la vigne qui s'étend au pied du Jura jusqu'au Lägern pour rejoindre, près de Schaffhouse, le grand vignoble de la vallée du Rhin, vallée où commence le territoire d'une autre flore.

Aussi le plus grand nombre des espèces mentionnées dans notre dernière liste sont-elles répandues des bords du lac de Bienne jusqu'à Aarau.

Ce n'est que plus à l'est que commence le plateau avec ses vastes prairies et son climat plus rigoureux et plus défavorable à la vigne.

Ce que nous avons dit des plantes qui croissent au pied du Jura, nous pouvons le dire également des papillons. On trouve parmi ces derniers tout un contingent d'espèces méridionales. Les *Syrichthus Carthami, Spil. Lavateræ, Ep. Eudora, Zyg. Peucedani*, ne se rencontrent que là et manquent entièrement au plateau. Le *Saturnia Pyri*, ce grand nocturne du Midi, s'avance même jusqu'aux cluses de la vallée du Doubs. Il en est d'autres qui hantent de préférence la dépression subjurassienne et sont rares sur le plateau ; ce sont les suivants :

Syr. Sao, Naclia Ancilla, Lycæna Damon, Melitæa Phœbe, et *Parthenie Bkh., Sat. Briseïs, Thecla Acaciæ, Limenitis Camilla, Carterocephalus Palæmon, Zygæna Fausta, Hippocrepidis* et *Achilleæ, Ino Globulariæ*. Les mêmes faits observés dans la flore, s'observent aussi dans la faune. Dans les deux règnes, on trouve une série d'espèces méditerranéennes et une autre série d'espèces moins méridionales qui manquent entièrement à l'intérieur du plateau.

Le caractère dominant du paysage de la vallée du Jura tel qu'il se montre au voyageur d'Olten au lac de Genève, c'est la ligne sévère des montagnes aux forêts d'un noir bleuâtre. Ce n'est qu'au pied de cette zone montagneuse, d'un aspect sombre et presque boréal, que nous voyons des collines dont les pentes rapides alternent avec des rochers de couleur plus claire, interrompus çà et là par l'entrée de quelque gorge. Le revêtement de ces collines plus chaudes est des plus variés. On y voit la vigne au feuillage d'un vert gai, ou bien des vergers superbes, légèrement inclinés, remplis d'arbres fruitiers et émaillés au printemps d'innombrables crocus. Le lierre grimpe sur les rochers et il arrive même que le voyageur, emporté par la vapeur, parvient à détacher rapidement au passage, une guirlande de *Saponaria ocymoïdes*, charmante espèce qui orne les rochers et les pierres roulantes. On remarque bientôt des œillets, des joubarbes et une foule d'autres plantes caractéristiques. A Bienne, les lacs commencent à occuper le fond de la vallée, et les collines, baignées par les eaux, prennent un caractère plus méridional, plus varié et plus pittoresque. La zone subjurassienne n'est nulle part aussi riche, aussi aimable qu'à Neuchâtel, où le climat porte déjà l'empreinte de celui de la Bourgogne et du Midi. C'est à partir de cette ville que l'on voit au printemps le *Primula acaulis* couvrir les coteaux de ses belles touffes

de grandes fleurs d'un jaune pâle et que les cerisiers sont déjà en
pleine floraison alors que sur le plateau et même près de Bâle
leurs fleurs ne sont encore qu'en boutons. Dans les jardins on voit
prospérer maintes espèces méridionales, surtout les conifères. On
voit même sur les promenades le *Magnolia grandiflora* qui n'arrive pas, il est vrai, à la hauteur qu'il atteint à Lausanne, mais qui
pourtant fleurit. Quand on quitte l'extrémité sud du lac de Neuchâtel et qu'on s'éloigne du Jura, la contrée devient de plus en plus
monotone, à mesure que l'on descend plus avant dans l'intérieur du
canton de Vaud. En suivant le Jura, on trouve bien encore la vigne
jusqu'à Orbe et la Sarraz ; mais la contrée n'a plus au même degré
le cachet méridional, car il y manque l'influence du lac, et le plateau
vient s'y appuyer au Jura. sans l'intermédiaire d'une dépression
bien accusée sans que cette barre suffise, toutefois, comme nous
l'avons dit plus haut, pour former une limite absolue aux influences
méridionales de la vallée du Rhône.   °

C'est en montant sur les hauteurs de Neuchâtel, par exemple, et
en examinant le plateau qui s'étend sur la rive orientale de ce lac, à
une proximité suffisante pour distinguer encore les détails du
paysage, que la nature favorisée de la lisière du Jura nous frappe le
plus. Tandis que tout autour de nous, le soleil brille sur des groupes
d'arbres magnifiques, nous voyons souvent encore des champs de
neige de l'autre côté du lac, où les sapins descendent jusqu'sur la
rive et se relient par de nombreuses forêts aux vastes étendues boisées qui recouvrent les versants des sous-Alpes fribourgeoises. Au-
dessus de ces forêts, nous voyons briller les cimes majestueuses et
glacées de la grande chaîne.

D. Zone des lacs et du föhn au versant nord des Alpes.

A part Montreux, qui est déjà au seuil du Midi, les bords du lac
des Quatre-Cantons sont la seule contrée de la Suisse dont le climat
et le paysage présentent quelque analogie avec la zone insubrienne.
Au sud règne la chaîne des hautes Alpes ; au nord, le plateau vaste
et froid (Affoltern, 795 m., 7,32° ; Sursee, 505 m., 7,85° ; Muri,
483 m., 8,53° : Zurich, 480 m., 8,99° ; Winterthour, 441 m.,
8,44°). La vaste nappe d'eau qui occupe les dépressions de ce bas-

sin se subdivise en différents lacs ; elle est située à 437 m. au-dessus de la mer. La partie inférieure de ses rives rappelle les bords des lacs transalpins. En effet, le châtaignier y forme d'épaisses forêts dans lesquelles croissent une série de plantes appartenant à la région de cet arbre. Cette zone du châtaignier s'étend sur les deux rives des cantons de Zoug et de Lucerne jusqu'à Burglen. Du lac de Zoug jusqu'à Vitznau et surtout à Weggis, cet arbre est commun et son fruit mangeable. Il s'avance jusque dans la vallée de Schwyz et ne manque pas sur la rive opposée, près de Buochs et surtout au Bürgen.

Il est vrai que les deux conditions essentielles de la zone du châtaignier, la douceur de la température et l'humidité, se trouvent ici réunies au plus haut degré.

Gersau, qui est à 460 m., est avec Montreux la seule de toutes les stations cisalpines qui atteigne le chiffre de 10. Sa moyenne annuelle est de $10,07°$, soit de $0,47°$ seulement au-dessous de celle de Montreux, et elle est au même niveau que celle de Castasegna (700 m. $10,04°$), dans le val Bregaglia. Aucun des mois n'y descend jusqu'à zéro, pas même janvier, qui est à 0,64.

	Déc.	Janv.	Févr.	Mars.	Avril.	Mai.	Juin.
Gersau...	1,8	0,6	3,3	4,4	10,3	15,2	17,9

Juillet.	Août.	Sept.	O t.	Nov.
19,4	17,5	16,0	10,0	4,7

On voit que la température de cette station n'est jamais d'un degré entier au-dessous de celle de Montreux, et qu'elle est même de 2,7 à 1,1 plus élevée que celle de toutes les autres stations du plateau.

Ce n'est pas seulement l'abri formé par les montagnes qui s'élèvent de toutes parts, et contre lesquelles les vents froids vont se briser, ni l'influence bienfaisante des eaux du lac et la situation favorable des pentes, qui font que le climat de cette contrée est un des plus favorables ; c'est encore l'existence d'un courant atmosphérique spécial que nous sommes convenus de désigner du nom de *föhn* (favonius).

Nous nous garderons bien d'entrer dans l'examen de la question de l'origine de ce vent, question débattue depuis longtemps, et non sans aigreur, parmi les savants. Nous ne voulons que décrire le phénomène, tel qu'il se présente, et l'influence profonde qu'il exerce sur l'économie du climat de notre pays.

Le föhn, vent sec et chaud, souvent même brûlant, parcourt chaque année avec plus ou moins d'intensité la contrée située au nord de la grande chaîne des Alpes. C'est surtout au printemps qu'il souffle. Sur une moyenne de 7 années (1864-1870) on compte pendant cette saison 17 jours de föhn. En hiver, ces jours sont déjà moins nombreux, en automne moins encore, et c'est en été que ce vent se fait le moins sentir : les jours de föhn ne sont alors que de 5 en moyenne. Le föhn souffle d'ordinaire par périodes de 2 jours et demi ; dans l'espace de 7 années on a compté 112 périodes semblables. Il prend naissance sur les hauteurs des Alpes et part des cimes et des crêtes pour se jeter comme un ouragan dans les vallées du versant nord des Alpes, d'où il se fait sentir jusqu'au sud de l'Allemagne. Sa limite méridionale est partout la chaîne principale; sur le versant sud, au Tessin, le föhn, comme vent du sud, est inconnu. Il y est remplacé par un vent du nord absolument semblable, qui descend du Gotthard dans la Léventine.

Il ne faut pas confondre le föhn avec le vent chaud et humide du sud-ouest, qui amène en Europe la température et les nuages du Golfstrom, ou courant du Golfe, et encore moins avec le sirocco, autre vent du sud, chaud et chargé de poussière, qui provient des régions brûlantes de l'Afrique et gagne les côtes de l'Italie. Comme Mühry l'a prouvé, ce dernier vent ne peut souffler chez nous en hiver, et surtout dans les hauteurs. Malgré ses effets puissants, le föhn n'en est pas moins un courant tout à fait local, et à cet égard il peut se comparer à la bora et au mistral. Ensuite d'une cause encore imparfaitement connue, et qui consiste en une forte diminution de la pression atmosphérique dans les contrées du nord-ouest, au delà des mers, et en une forte aspiration qui s'y établit, la couche d'air qui règne sur les hauteurs des Alpes s'engouffre presque subitement dans les profondeurs par toutes les ouvertures qui se présentent.

Bien qu'il descende des hauteurs alpestres, le föhn est un vent sec et chaud. Il l'est à tel point que dans les couloirs principaux qui lui servent de passages, dans les vallées qui pénètrent le plus en avant, jusqu'aux hauts massifs, la température monte pendant les jours de föhn à 10 et même à 15° au-dessus de la moyenne mensuelle. Toutefois, ce n'est que dans les profondeurs qu'il en est ainsi. Quand on monte par un jour de föhn d'Altorf au sommet du Gotthard, la température diminue rapidement (d'un degré environ par 100 m.). Dufour a pu constater le fait que dans la première localité l'augmentation de la chaleur est de 7,9° au-dessus de la moyenne mensuelle, tandis qu'elle n'est à Andermatt que de 2.3°, et qu'au sommet de la montagne il règne une température qui n'est que de 1,8° au-dessous de la moyenne ordinaire.

Ce n'est donc qu'en se précipitant des hauteurs vers les profondeurs que le föhn devient plus chaud. Le fait même est dû au frottement et à la condensation, phénomènes accompagnés d'un dégagement de chaleur. A l'origine, ce vent est glacé, car c'est la première couche d'air froid qui, des hauteurs des montagnes, est brusquement transportée vers les profondeurs, sans qu'elle subisse de changement. Mais les masses d'air qui suivent sont de plus en plus chaudes. Voici comment on a décrit un ouragan par le föhn dans la vallée du Hasli, le 28 mars 1878. « Il y avait environ 0,3 m. de neige. Ce jour-là, à l'heure de midi, on ressentit le premier souffle du föhn ; il était d'un froid glacial, mais à mesure qu'il gagnait en force et en rapidité, il gagnait aussi en chaleur, et le soir à dix heures la vallée était entièrement débarrassée de son manteau de neige. »

La sécheresse de ce vent est si grande que dans les contrées où la moyenne de l'humidité en temps ordinaire est d'environ 70 à 80 %, cette moyenne descend à 50, 40 et, à proximité des Alpes, à 30 et même à 24 %. J'emprunte ces détails aux résumés de Mühry et de Wettstein.

Tel est, à grands traits, le caractère de ce vent, qui est un vent alpestre par excellence. On ne s'étonnera pas que nous lui attribuions une amélioration sensible du climat de nos vallées. En 1822, Kasthofer attribuait déjà à l'action du föhn le fait que, dans la vallée de Lauterbrunnen, les conifères montent jusqu'à 6000 p. ; lors même que dans cette vallée ce vent souffle avec une violence telle que l'engrais répandu sur le sol est quelquefois enlevé et emporté bien loin dans les airs. — Dans le Rheinthal supérieur, près de Dissentis, à 1150 m., il arrive que la neige fond et que les gazons verdissent alors qu'à Coire, à 600 m. plus bas, les champs et les prairies sont encore recouverts de neige. Théobald attribue en grande partie ce phénomène à l'influence du föhn qui pénètre de deux côtés dans la vallée, par le Gotthard et le Lukmanier.

Toutes les vallées, plus larges et plus lointaines, qui font pour ainsi dire suite aux hautes vallées de la chaîne des Alpes, sont soumises à l'influence du föhn. Ce sont surtout, à commencer par l'ouest, la vallée inférieure du Rhône, la vallée supérieure de l'Aar, la vallée de la Reuss, y compris le lac des Quatre-Cantons, la vallée de la Linth, dans le canton de Glaris, et le Rheinthal grison et saint-gallois.

Mais ce n'est pas seulement par sa sécheresse et par sa chaleur qui, à la fin de l'hiver et au printemps, dévorent la neige en peu de temps, que l'influence du föhn se fait sentir : il augmente encore l'ardeur du soleil en chassant les nuages. Les contrées où il souffle ont un caractère plus méridional, ce qu'elles n'auraient pas sans cela.

Les observations faites à Altorf sont très caractéristiques pour l'une de nos vallées, qui est en même temps l'un des principaux couloirs où s'engouffre le föhn. Cette station, située à 454 m., au pied des glaciers, fermée du côté du sud, de l'ouest et de l'est par des montagnes très élevées et ouverte seulement du côté du nord, a une température moyenne de 9,69, presque égale à celle de Bex, dans la vallée du Rhône (9,74) et à celle de Genève (9,70); de sorte que cette température est plus élevée que celle d'aucune autre station de l'intérieur et du nord de la Suisse, y compris même Neuchâtel (9,34). Contraste singulier, ce n'est pas seulement parce qu'il est abrité par d'immenses rochers qu'Altorf jouit d'un climat si favorable, c'est aussi parce que la chaleur lui vient des régions glacées du Saint-Gotthard, grâce au föhn, dont la violence est parfois terrible. Le bulletin international du réseau météorologique nous apprend que le 20 avril 1867, pendant une période de föhn, Altorf, où l'on observait ce jour-là une température de 18,7°, et Alicante, au midi de l'Espagne (25,7°), étaient les deux points les plus chauds de toute l'Europe !

A part la sécheresse et la chaleur, le föhn a encore une autre influence, qui, il est vrai, ne se fait pas sentir au premier abord, mais n'en est pas moins la conséquence presque nécessaire de son passage. A peine a-t-il cessé de souffler que les nuages qui le suivent éclatent en pluies torrentielles. Le föhn, tout sec qu'il est, n'en a pas moins pour conséquence une augmentation considérable de l'humidité. A Glaris, la moyenne des pluies est de 168 cm.; à Auen, de 191; à Altorf, de 137; à Gersau, de 165. Cette abondance d'humidité est très favorable à la végétation dans des vallées où le sol rocailleux demande à être fortement arrosé pour que les arbres puissent y prospérer.

Le föhn, ce vent du versant nord de nos Alpes, ne s'en rattache pas moins à une série de phénomènes de nature plus générale qui se présentent surtout au Midi, et dont nous avons déjà fait quelque mention en décrivant le climat et les vents de la Méditerranée. Le föhn a une origine analogue à celle du mistral et de la bora. Ces vents du nord se forment sur les froids plateaux des Cévennes, des Alpes méridionales, du Karst et des Alpes dinariques, et se font sentir au printemps, quand le contraste qui règne entre la température de la plaine déjà réchauffée et celle des hauteurs encore glacées tend à déplacer les couches de l'atmosphère. Il en est de même du föhn, avec cette différence toutefois qu'on attribue ce courant moins à la température plus élevée des hautes vallées qui lui servent de canal, qu'à une raréfaction qui se produirait à distance dans les couches d'air. A vrai dire, le föhn est au nombre des phénomènes qui, tout en caractérisant le climat du Midi, se retrouvent exceptionnellement au versant nord des Alpes.

Ce qui prouve que le föhn ne se forme que sur le plateau alpin, c'est le courant atmosphérique analogue qui se déverse des hauts sommets dans nos vallées méridionales, en particulier dans la Lévantine. Leonhardi fait remarquer qu'à Poschiavo le föhn est un vent du nord qui souffle pendant des semaines entières des hauts plateaux de la Bernina.

Et que seraient nos régions montagneuses et subalpines sans cet élément vivifiant? Combien, sans son influence, la fonte des neiges n'en serait-elle pas retardée, ainsi que la végétation? Faut-il s'étonner si les pâtres de nos Alpes se réjouissent chaque année de l'approche de ce puissant allié dans la lutte avec la nature, tout en redoutant qu'il ne fasse cause commune avec le feu et ne détruise en quelques instants leurs demeures.

Heer décrit d'une manière très précise les effets du föhn dans le Sernfthal glaronnais (900 m.). Des masses de neige, de 4 à 5 p. de hauteur et qui durent d'ordinaire tout l'hiver, disparaissent en peu de temps comme absorbées par le vent. Les plantes, réveillées par la chaleur de l'air et par la quantité d'eau qui vient imbiber leurs racines, poussent rapidement des feuilles et des fleurs; il arrive même que les fleurs des cerisiers qui, la veille encore, étaient à l'état de boutons, se montrent au matin entièrement épanouies. De là vient que dans ces vallées le contraste entre l'hiver et le printemps est beaucoup plus frappant qu'ailleurs. Cet avantage ne manque pas d'avoir aussi son côté fâcheux : La végétation fortement activée par le föhn se trouve exposée plus tard à la gelée, qui détruit les jeunes pousses; c'est même à ce brusque passage d'une période de föhn à une période de gel que Heer attribue l'impossibilité de cultiver certaines plantes qui prospèrent dans d'autres contrées.

Dans les deux grandes vallées d'Uri et de Glaris, qui toutes deux se dirigent du nord au sud jusqu'à la chaîne principale et servent de couloirs aux ondes impétueuses du föhn, la végétation se ressent très évidemment de l'influence de ce courant atmosphérique.

Le pays de Glaris n'est pas favorisé comme celui d'Uri par la présence d'un grand lac, dont les golfes profonds pénètrent dans l'intérieur des vallées. Le lac de Wallenstadt, bien qu'à proximité, reste sans influence sur cette contrée, car ce lac est entouré de montagnes à pentes rapides d'une hauteur considérable.

Ces deux vallées n'en ont pas moins beaucoup d'analogie dans leur partie inférieure, par suite de la présence de l'*Hypericum Coris*. Cette jolie plante des rochers ne croît en Suisse, et en général de ce côté des Alpes, que dans ces deux contrées, savoir : dans le canton de Glaris sur la chaîne du Wiggis, et dans celui d'Uri sur les deux rives du lac : à gauche, au Gitschen, à Bauen, à Beroldingen, à Emmatten; à droite de l'Axenstein jusqu'à Morschach, et plus loin sur les parois du Mythen et à l'entrée du val de la Muotta.

Ce n'est certainement pas sans raison que cette espèce qui ne se retrouve qu'au midi du Tyrol (Baldo, Roveredo), en Ligurie, en Provence, dans l'Italie centrale et en Grèce, n'apparaît au nord des

Alpes que dans les deux vallées plus particulièrement balayées par le föhn. Mais ce n'est pas la seule plante méridionale de la contrée, le pays d'Uri et les rives du lac de ce nom possèdent les espèces suivantes :

Helleborus viridis.
Helianthemum Fumana.
Geranium sanguineum.
Staphylæa pinnata.
Evonymus latifolius.
Rhamnus alpina.
Sarothamnus scoparius.
Inula Vaillantii (Giswyl).
Carpesium cernuum.
Artemisia Absinthium.
Achillea tanacetifolia (Réalp).
Leontodon pseudo-crispus (Hospenthal).
Sedum hispanicum.
Echinospermum Lappula.
Linaria Cymbalaria.
Primula acaulis.
Calamintha nepetoides Jord.
Daphne Laureola.

Colutea arborescens (Axen).
Coronilla Emerus.
Vicia Gerardi.
Helosciadium repens.
Asperula taurina.
Galium lucidum.
      »   *rubrum* (Schœllenen).
Juniperus Sabina.
Tamus communis.
Allium carinatum.
   »   *sphærocephalum.*
   »   *fallax.*
Lilium bulbiferum.
Hemerocallis fulva.
Carex humilis.
Stipa pennata (Axen).
Selaginella helvetica.
Asplenium Adiantum nigrum.
Ceterach officinarum.

Et sur les bords du lac de Sarnen :

Cyperus longus.   *Eragrostis pilosa.*

Toute cette série de plantes a un caractère essentiellement méridional. On ne saurait douter que le *Sarothamnus* et le *Galium rubrum* ne proviennent directement du Tessin où ils croissent en abondance jusque dans la région montagneuse et ne se soient acclimatés de ce côté des Alpes sous l'influence du föhn. Il est probable qu'il en est de même de l'*Achillea*.

L'aspect général du pays a lui-même quelque chose de méridional qui rappelle les contrées transalpines. A cet égard, Bauen, sur le lac d'Uri, est une localité unique. Dans aucun autre endroit du nord des Alpes la végétation ne fait, par son exubérance, ses couleurs vives et ses formes pittoresques, un contraste plus frappant avec des rochers sauvages et des cimes qui s'élèvent d'un trait jusqu'aux neiges éternelles. Le noyer y atteint le même développement qu'au Tessin. Les rochers sont revêtus de selaginella et le houx y devient un arbre de 3 à 4 mètres, qui s'élève au-dessus des lianes enroulées du *Tamus communis*, pendant qu'à ses pieds le cyclamen exhale son doux parfum.

Bien que, sur les bords du lac des Quatre-Cantons, les teintes lumineuses qui donnent à la zone insubrienne son charme particulier soient remplacées par des tons moins vifs et plus bleuâtres, la première de ces deux contrées n'en reste pas moins incomparable dans sa beauté sublime et solennelle. Peut-être se trouve-t-il ailleurs dans nos Alpes des paysages aux lignes aussi nobles et aussi grandioses, mais sur les bords de ces lacs, visités par le föhn, le monde végétal est tout autre que dans les rudes vallées alpines ; au sublime de la contrée vient s'ajouter encore l'abondance et la magnificence des arbres qui, sur ce versant de la chaîne, semblent être comme un ressouvenir du Midi.

Cette abondance, jointe à l'aspect grandiose des montagnes est un caractère qui appartient exclusivement à nos lacs alpins.

Le pays de Glaris, dont le climat n'est tempéré par aucun lac, n'en possède pas moins : l'*Echinospermum Lappula*, l'*Hippophaë rhamnoïdes*, le *Coronilla Emerus*, le *Juniperus sabina*, l'*Hemerocallis fulva*, le *Lilium bulbiferum*, l'*Asperula taurina* et le *Sedum hispanicum*. On voit que les espèces méridionales ne sont pas en nombre aussi considérable qu'au canton d'Uri, mais la présence de ces espèces n'en est pas moins remarquable pour une vallée septentrionale, située au cœur des Alpes.

Comme la Suisse, le Tyrol a ses vallées hantées par la föhn. Heufler remarque que, sur le versant nord des chaînes tyroliennes, la vallée de l'Œz possède à elle seule une série d'espèces qui appartiennent au sud du Tyrol ; ce sont les suivantes : *Kœleria valesiaca*, *Luzula nivea*, *Galium lucidum*, *Thalictrum fœtidum*, *Alsine laricifolia*, etc. La présence de ces plantes s'explique par le fait que la vallée de l'Œz forme un long couloir courant en ligne droite du sud au nord et ouvert au föhn qui descend du haut de la chaîne principale.

Toutes ces vallées sont fermées vers le sud par de grands sommets couverts de glaciers ; il est donc évident que le caractère méridional

de leur végétation ne provient pas de ce qu'en remontant le thalweg on se rapproche peu à peu du Midi, mais de ce que, sur les
hauts sommets, il se produit un phénomène qui devient une véritable source de chaleur.

Les bords du lac de Zoug ont un climat analogue à ceux du lac
des Quatre-Cantons : vers la rive orientale, à Walchwyl, le châtaignier prospère encore, et y prospérait déjà au temps de Haller.

La région *des lacs de Thoune et de Brienz* n'atteint pas, quant au
climat, les degrés presque insubriens du lac des Quatre-Cantons. En
janvier, la moyenne de la température reste au-dessous de zéro, la
moyenne annuelle n'est pas même de 9° ou de 10° ; toutefois, en
comparant cette zone avec le plateau qui l'avoisine, on remarque
bientôt l'influence favorable du niveau du lac et de l'abri ménagé à
la contrée par les hautes montagnes qui s'élèvent sur la rive.

	Année.	Minima.	Maxima.
Interlaken 571 m..............	8,7	—11,1	29,4
Brienz 586 m................	8,8		
Berne 571 m................	8,1	—15,6	30,7

	Décembre.	Janvier.	Février.	Mars.	Avril.	Mai.	Juin.	Juillet.	Août.	Septembre.	Octobre.	Novembre.
Interlaken......	0,0	—1,8	1,5	3,2	9,7	11,6	16,1	18,9	16,5	15,0	8,3	2,8
Brienz........	0,1	—0,4	2,3	3,1	9,5	14,7	15,7	18,1	16,1	14,7	8,2	3,3
Berne........	—1,1	—2,3	1,3	2,1	9,0	13,7	15,6	18,5	16,3	14,3	7,5	2,1

Les maxima d'hiver sont de plus de 4° plus élevés. Au printemps,
sur les bords du lac, la température s'élève plus rapidement, la chaleur dure plus longtemps en automne, et atteint en juillet un niveau
un peu plus élevé. Il en résulte une période de végétation un peu
plus longue et par conséquent plus favorable. Le climat est tout juste
assez chaud pour permettre encore la culture de la vigne : il suffirait
de quelques dixièmes de degré de moins pour rendre cette culture
impossible. A Berne elle est nulle, à Thoune elle réussit déjà assez
bien, quoique les produits en soient de qualité assez contestable.
On voit déjà dans la contrée quelques groupes de châtaigniers. Le
laurier-cerise réussit parfaitement sur les rives des lacs de l'Oberland, de Thoune à Brienz. Kasthofer a planté près d'Oberland d'Un-

terseen des arbres des zones méridionales, parmi lesquels les Phyllyrea ont parfaitement réussi; il a même essayé de planter un
Magnolia grandiflora, arbre qui a résisté trois ans.

De Thoune, cette zone tempérée pénètre dans les vallées de la
Kander et de la Simmen, ou plutôt elle reparaît dans les cluses de
Wimmis et de Boltigen à l'abri des hauts rochers. On en retrouve
même une trace dans la haute vallée de Gessenay.

Voici une liste de plantes qui croissent sur les bords immédiats
des lacs de Thoune et de Brienz :

Helianthum Fumana.
Rhamnus alpina.
Coronilla Emerus.
Vicia Gerardi.
   »   *hirsuta.*
Sedum maximum.
Rosa sepium.
Bupleurum falcatum.
Asperula taurina.
Inula Vaillantii.
Carpesium cernuum.
Crepis nicæensis.

Linaria Cymbalaria.
Cyclamen europæum.
Daphne alpina.
Parietaria erecta.
Aceras anthrophora.
Tamus communis.
Lilium bulbiferum.
Hemerocallis fulva.
Cyperus longus (Faulensee.)
Carex gynobasis.
Stipa pennata.
Asplenium Adiantum nigrum.

En revanche, les *Primula acaulis*, *Selaginella helvetica*, *Colutea* et
Hypericum Coris, qui sur les bords du lac des Quatre-Cantons croissaient dans la zone du châtaignier, manquent ici. De l'Oberland au
pays des châtaigniers il y a encore un pas. Au lac de Thoune, à l'embouchure de la valle de Justis, l'*Epinephele Eudora* indique une
trace de la faune méridionale.

Au point de vue pittoresque, la zone des lacs de l'Oberland est
unique en Europe par la magnificence des hautes cimes. Elles y resplendissent de l'éther lumineux des hauteurs et ne révèlent nulle
part des formes aussi nobles et aussi parfaites. Des montagnes du plus
beau vert leur servent d'assises. La beauté incomparable des hautes
cimes et la majesté de l'ensemble du paysage empêchent quelquefois
l'admirateur le plus fervent de vouer une attention suffisante aux différentes parties du tableau. Dans la région cultivée, c'est le noyer
qui domine; ses ombrages épais contrastent agréablement avec l'éclat
des neiges éternelles.

Outre plusieurs des espèces mentionnées plus haut, on trouve à l'entrée de la vallée de la Kander :

Thalictrum fœtidum, qui n'est que là et au canton d'Uri, sur le versant nord de nos Alpes.

Æthionema saxatile, de même ; il ne se trouve ailleurs que dans le Jura méridional, en Valais et dans les Grisons.

Dans les cluses de Boltigen :

Hedera Helix, à 800 m., de même que dans la partie antérieure du Simmenthal, à 1,300 m., en pieds vigoureux et richement fleuris.

Hieracium lanatum, qui ne se retrouve qu'en Valais et dans le Jura.

Atragene alpina, plante du Salève et des Grisons.

Æthionema saxatile.

Lathyrus heterophyllus.

Peucedanum austriacum (Vaud).

Calamintha grandiflora, qui ne se retrouve qu'au Tessin.

Arabis saxatilis, qui n'est d'ailleurs que dans le bas Valais, la basse Engadine et le Jura méridional.

Arabis brassicæformis, Orchis sambucina, Viola sciaphila, Hieracium sabinum.

Dans la vallée de Gessenay, à Château-d'OEx (944 m.) et à Mont-bovon (800 m.) on peut cueillir : *Atragene alpina, Cytisus alpinus, Peucedanum austriacum, Juniperus Sabina, Symphytum tuberosum, Acer opulifolium*. Dans ces dernières localités la végétation alpine renferme un assez grand nombre de types méridionaux, ce qui s'explique par la ligne générale des vallées qui se dirigent de l'ouest à l'est et restent fermées au vent du nord, et en outre par l'influence qu'ont sur le climat les dépressions profondes et abritées, comme nous l'avons vu dans la vallée du Rhône, dans une plus grande proportion.

La dernière trace de ce climat lacustre et privilégié se trouve au lac de Wallenstadt où l'on retrouve encore le châtaignier et de plus :

Prunus Mahaleb, Primula acaulis, Cyclamen, Parietaria erecta, Juniperus Sabina, Asperula taurina, Sedum hispanicum, l'*Alnus incana f. sericea*, qui est une forme du Tessin ; enfin, l'*Asplenium Halleri*, espèce très méridionale, trouvaille des plus remarquables de M. Jæggi ; la plante s'avance là bien au delà de sa limite qui est le Valais et le Jura argovien.

On demandera sans doute pourquoi, malgré sa proximité du lac

de Wallenstadt et son niveau de 409 m., de 16 m. inférieur à celui
de ce dernier, nous ne mettons pas le lac de Zurich sur la même
ligne que les lacs mentionnés jusqu'à présent. C'est parce que, malgré
son niveau plus bas, il appartient à la zone tempérée du plateau
suisse et que sa flore ne renferme pas d'espèces méridionales. Le lac
de Zurich n'est pas situé dans une vallée dont les pentes l'abritent
et lui envoient le föhn. Seule, son extrémité orientale qui se rapproche des montagnes, montre quelque lointaine analogie avec le lac de
Wallenstadt et le Rheinthal, par suite de la présence de l'*Asperula
taurina*, du *Primula acaulis* et du *Sedum hispanicum*.

Ce qui caractérise la contrée des lacs du versant nord des Alpes
et en fait une zone spéciale qui, dans son ensemble, comprend la
région des lacs de Thoune et de Wallenstadt, ce n'est pas seulement
une température plus élevée et une situation qui donne pleinement
accès à l'action du föhn, c'est aussi la présence de certaines plantes
que ces vallées renferment toutes et qui ne se retrouvent pas dans le
reste de la Suisse cisalpine, à l'exception du pied du Jura.

Ce sont, entre autres : le *Carpesium cernuum*, singulière composée sur les bords des lacs de Brienz et d'Uri, et à Illgau près de
Schwyz ; l'*Helianthemum fumana*, lac de Thoune, à Meiringen et au
lac d'Uri ; le *Cyperus longus*, lacs de Brienz, de Sarnen et de Lucerne:
le *Primula acaulis*, lacs de Sarnen, des Quatre-Cantons, de Zurich,
de Wallenstadt et jusqu'à Coire et Oberriedt dans le Rheinthal.

Il est surtout deux espèces, deux plantes de la région du hêtre
qui marquent les limites de cette zone d'une manière très distincte,
c'est en première ligne l'*Asperula taurina*, qui habite la partie supérieure du lac de Thoune et celui de Brienz, et, au delà du Brunig, le
lac de Sarnen, toutes les rives de celui des Quatre-Cantons, les lacs
de Zoug, la partie supérieure du lac de Zurich et celui de Wallenstadt
et qui reparaît ensuite dans le Rheinthal, comme le *Primula*. La
seconde de ces plantes est le *Sedum hispanicum*, qui manque, il est
vrai, aux lacs de l'Oberland, mais a sa circonscription bien déterminée du lac de Sarnen et du Pilate aux rives centrales et méridionales du lac des Quatre-Cantons, aux lacs de Lowerz, de Zoug, de
Zurich et de Wallenstadt, sans toutefois atteindre le Rheinthal,
comme l'espèce précédente.

La présence de ces deux plantes est un fait d'autant plus remarqua-

ble que les stations mentionnées sont les seules cisalpines et qu'elles
manquent non seulement du côté du Jura, mais aussi vers l'est, où
leur territoire est borné par la vallée du Rhin. Des espèces aussi
caractéristiques et croissant par masses, comme c'est notamment le
cas de l'Asperula, font de la zone des lacs sur le versant nord des
Alpes un domaine très particulier : des cimes aux neiges éternelles
se reflétant dans les ondes de lacs purs et profonds, des forêts de
hêtres et de châtaigniers, un ciel doux et clément, tel est d'ailleurs
à un point de vue plus général le caractère de cette zone, caractère
suffisant pour lui assigner une place toute spéciale au milieu des
autres contrées de la Suisse.

Quant à leur indigénat, ces plantes caractéristiques sont toutes
des espèces qui ont leur foyer central au sud et plus particulièrement
au sud-est de la chaîne des Alpes. Ce n'est que chez nous qu'elles se
trouvent au versant nord de la chaîne, elles manquent pour la plupart plus à l'est et plus à l'ouest. Le caractère méridional de la zone
que nous venons de décrire n'en ressort que mieux. Cette zone est
une sorte de poste avancé qui jouit encore des avantages du Midi,
grâce à l'influence de ses lacs et à celle du föhn.

E. La vallée du Rhin.

Il n'existe pas de contrée en Suisse qui, au point de vue de l'aspect
général, ait une analogie aussi frappante avec le Valais que la vallée
du Rhin, du sud du lac de Constance aux Alpes rhétiennes, et plus
spécialement encore la contrée de Coire. L'une et l'autre de ces vallées sont larges, bordées d'énormes chaînes de montagnes et traversées par un fleuve qui franchit souvent ses rives. Tel, des hauteurs
de Tourbillon, le regard plonge dans le fond de la vallée du Rhône,
tel, des hauteurs au-dessus de Coire il peut voir la vallée du Rhin
s'étendre au loin sur une ligne de bien des lieues. Sur la carte, cette
ligne se poursuit de l'autre côté du Gothard et rejoint celle que trace
la vallée du Rhône.

Personne ne supposerait que Coire, situé à une altitude de 603 m.
au versant nord des Alpes rhétiennes, ait un climat exceptionnellement favorable. On peut cependant s'en convaincre par le tableau
suivant :

Année.	Hiver.	Printemps.	Été.	Automne.
9,16	0,3	9,5	17,4	9,3

Décembre.	Janvier.	Février.	Mars.	Avril.	Mai.	Juin.	Juillet.	Août.	Septembre.	Octobre.	Novembre.
0,1	—1,5	2,1	3,8	9,8	11,8	16,3	18,9	16,9	15,5	8,9	3,4

Pour trouver de ce côté des Alpes un climat semblable, il nous faut descendre de 250 m., jusqu'au bord oriental du Jura : Olten à 393 m. et Kaiserstuhl à 362 m. ont des moyennes de 9,9 et de 9,2.

Comme la vallée du Rhône, celle du Rhin doit en partie son climat à son bassin profond, abrité par les montagnes. Toutefois, le climat de Coire atteint un minimum et un maximum plus extrêmes : le premier descend à —14,4° au niveau de Frauenfeld, et le dernier à 31,1, maximum qui est presque celui de Bellinzona et de Martigny.

Coire participe déjà évidemment du climat plus favorable des hauts plateaux de la Rhétie, climat dont nous aurons à parler en détail quand il sera question de l'Engadine. Coire se rapproche même de cette dernière contrée pour ce qui concerne les conditions d'humidité. Bien que située tout près des montagnes, cette contrée n'a qu'une chute annuelle de pluie de 88 cm.

Comme dans le Valais, les nuages et les brouillards sont rares dans le Rheinthal des Grisons. Tandis que la moyenne de nébulosité est à Bâle *en été* de 5,2 dixièmes, elle n'est à Coire que de 4,9. A Bâle la moyenne *annuelle* est de 6 et 1 dixième, à Coire elle n'est que de 5,0. On voit que cette dernière station se rapproche déjà considérablement des stations méridionales et transalpines (Castasegna, à 700 m., 4,9 ; Sils, dans l'Engadine, 5,2).

Le Rheinthal saint-gallois, qui de Coire s'étend vers le nord, participe également à ce climat. Sargans a une moyenne annuelle de 9,31. Mais près du lac de Constance, où les chaînes de montagnes sont plus distantes les unes des autres, cette influence disparaît aussi pour faire place au climat ordinaire des contrées abritées et inférieures du plateau tertiaire. (Altstätten dans le Rheinthal a une moyenne de 8,96 ; Winterthur 8,44; Zurich 8,99.)

De Coire à Sargans la vigne prospère et fournit un vin très spiritueux et d'un goût particulier; le plant que les habitants désignent du nom de *completer* et qui est introduit du vignoble allemand des bords du Rhin, est probablement de tous nos vins suisses celui qui a le plus d'alcool, sans excepter même les vins du Valais. Le châtaignier se voit aussi çà et là; toutefois, d'après Brugger, cet arbre n'est pas indigène; peut-être le sol, trop sec, l'empêche-t-il de croître en forêt.

Les plantes de la zone du châtaignier ne manquent pas non plus, témoin le *Cyclamen europæum* et le *Primula acaulis*. Il est remarquable de voir en Suisse ces deux charmantes fleurs, dont la dernière ouvre la saison printanière, rester constamment fidèles au châtaignier. Des bords méridionaux du Léman au Salève, de l'ouest du Jura à Neuveville, et même plus loin encore, dans le bas Valais, au Tessin, aux lacs de Thoune et des Quatre-Cantons, dans le Rheinthal, en un mot, partout où prospèrent les forêts de châtaigniers, où le climat rappelle celui du Tessin, on retrouve ces deux plantes. Le souvenir des ombrages du châtaignier est inséparable de celui du cyclamen aux pétales purpurins, et du *primula acaulis*, étalant ses gazons d'un vert tendre aux fleurs d'un beau jaune sur les prairies à peine verdoyantes.

Du côté de l'est le cyclamen suit la chaîne des Alpes, et à l'ouest de l'Europe le Primula s'avance même jusqu'en Norwège; mais chez nous ces plantes ne paraissent guère pouvoir exister l'une sans l'autre.

Aux environs de Coire la végétation est déjà en partie celle des vallées alpines méridionales et plus spécialement du sud-est de la chaîne. Elle se compose moins de types de la Méditerranée que de représentants de ces végétaux frutescents ou sous-frutescents, de ces buissons à fleurs ordinairement belles et nombreuses qui ornent les rocailles sèches et se trouvent en nombre plus considérable encore dans les vallées du Tyrol méridional.

De ce nombre sont *Coronilla Emerus, Astragalus monspessulanus, Oxytropis pilosa, Colutea arborescens, Ononis rotundifolia*.

Cette série de papilionacées révèle à elle seule la nature du sud des Alpes. Sans doute, le Valais est plus riche; on ne trouve ici ni les *Cytisus radiatus* et *alpinus*, dont les fleurs ornent si bien le paysage et lui donnent un cachet tout particulier. L'*Ononis natrix*, dont les fleurs dorées rappellent certaines espèces de l'Orient, manque également à la vallée du Rhin.

En revanche, *Helianthemum Fumana, Tunica saxifraga, Linaria Cymbalaria, Echinospermum Lappula, Anchusa officinalis, Lactuca perennis, Bryonia alba, Centaurea maculosa, Artemisia Absinthium, Lynosiris vulgaris, Galium lucidum, Iris germanica, Lilium bulbiferum, Limodorum, Stipa pennata* et *capillata*, forment une série qui appartient évidemment à un climat privilégié : ces plantes croissent au Valais et se retrouvent en grande partie dans certaines stations favorisées du midi et du centre de l'Allemagne.

L'*Asperula taurina*, le *Lasiagrostis*, sont des espèces des sous-Alpes.

Les plantes les plus caractéristiques de la flore des environs de Coire sont les suivantes :

Echinospermum deflexum, Galium tenerum, Galium rubrum, Anemone montana, Tommasinia verticillaris et *Laserpitium Gaudini*.

Ces espèces appartiennent aux vallées du sud des Alpes. Les deux ombellifères ne se retrouvent que dans la zone insubrienne et au sud-est de la chaîne. Comme le *Dorycnium*, dont nous parlerons plus bas, cette papilionacée des bords de la Méditerranée, le *Galium rubrum* ne franchit la chaîne qu'à Coire et à Göschenen ; et pour ce qui concerne l'*Anemone*, c'est une de ces espèces qui, au Valais, au Tessin et dans la vallée de l'Adige, marquent avec plusieurs autres le premier réveil de la végétation.

A Coire on peut récolter l'*Allium pulchellum*, belle espèce aux fleurs purpurines, qui se retrouve au Tyrol, dans le bassin de l'Adige.

Il va sans dire que, comparativement au Valais, la contrée renferme un nombre d'espèces bien moins considérable ; mais en tenant compte du fait que le Valais se rattache au sud-ouest par un bassin fluvial et qu'il n'est séparé des chaudes vallées méridionales que par la chaîne des Alpes pennines, rempart assez étroit, on ne peut que s'étonner qu'une vallée située au nord des chaînes les plus larges et les plus nombreuses, et ne s'ouvrant également que vers le nord, possède un si grand nombre d'espèces qui, d'ordinaire, n'ornent que les rochers situés au pied du versant méridional.

Il ne faut pas oublier que Coire se trouve au seuil du haut plateau de la Rhétie. L'influence de ce plateau, qui est d'une altitude générale beaucoup plus élevée, se fait déjà sentir : nous nous réservons d'ailleurs d'entrer dans plus de détails à cet égard, quand il sera question des Alpes rhétiennes.

Il nous reste encore à parler de quelques plantes tout particulièrement caractéristiques pour cette flore. Nous mentionnerons en première ligne le *Dorycnium suffruticosum*, qui ne se trouve en Suisse qu'à Coire. Cette papilionacée aux petites fleurs et à la tige ligneuse est essentiellement méditerranéenne. Chose singulière, elle semble assez rare à la zone insubrienne et alpine méridionale, des côtes de l'Adriatique jusqu'en Ligurie, et je ne l'ai trouvée qu'au lac de Lecco. En revanche, elle reparaît au versant nord des Alpes, à l'est de Coire, dans la vallée de l'Inn, au nord du Tyrol et près de Munich, à l'instar du *Carex baldensis*, cette plante des basses Alpes insubriennes qui n'a élu domicile au nord des Alpes que dans le gravier d'un torrent qui descend des Alpes septentrionales de la Bavière.

Une autre espèce digne d'être remarquée, c'est le *Rhamnus saxatilis*, arbuste nain et épineux, qui du bassin du Danube, de la Bavière et de la Souabe, descend dans le Rheinthal schaffhousois, zuricois et grison.

Il vaut la peine de citer aussi le *Thesium rostratum*, espèce endémique des vallées alpines orientales, qui habite le Tyrol et la Haute-Bavière, et pénètre de là dans la partie suisse du bassin du Rhin, à Schaffhouse et à Coire, où elle trouve sa limite occidentale.

Nous faisons suivre encore avec quelque doute une quatrième espèce, le *Ranunculus nemorosus f. polyanthemos*, qui s'avance à ce qu'on dit, de l'est jusqu'à Coire, sans dépasser cette station.

Ces quatre espèces se rattachent à la flore du Tyrol et du Danube, ce sont des plantes de l'est. Cette influence de l'est est plus accentuée encore dans la contrée de Schaffhouse. Pour le moment, nous nous bornons à constater que la flore si caractéristique des environs de Coire se compose d'espèces insubriennes et essentiellement méridionales, et d'autres qui se rattachent plus spécialement aux bassins du Danube et de l'Adige (*Dorycnium, Anemone montana*).

Plus près des montagnes et du haut plateau, on voit diminuer le nombre des espèces des vallées méridionales : le Domleschg n'en compte plus que de rares représentants. Cependant, il est un certain groupe de plantes, une sorte d'avant-garde qui pénètre hardiment jusqu'à l'intérieur des montagnes dans l'entonnoir de Tiefenkasten, à une altitude de 864 m. La présence de ce groupe dans cette contrée est tout aussi remarquable que l'entonnoir lui-même, que l'on ne peut atteindre d'aucun côté qu'en descendant des pentes de 600 m. ou en suivant la gorge sauvage et étroite de l'Albula.

Quand des froides hauteurs du plateau de la Lenzerheide on descend dans cette profonde dépression qui forme une sorte de cratère, on descend de la région du pin de montagne dans les profondeurs où règne une température ardente, comme à l'approche d'un haut-fourneau. L'*Astragalus monspessulanus,* le *Libanotis,* l'*Allium pulchellum,* le *Tommasinia,* et le beau papillon valaisan Sat. Cordula témoignent par leur présence que le climat de cet enfoncement ressemble aux oasis du haut plateau du Chorassan, sortes de puits creusés par la nature, et où Bunge a trouvé les plantes cultivées des tropiques au milieu des plaines sauvages et incultes du nord de la Perse.

A Bâle et à Schaffhouse la vallée du Rhin reste encore fidèle au caractère général des contrées inférieures entourées de montagnes. Ce climat se révèle par une température plus élevée et par la présence de représentants de la flore méditerranéenne. Ces deux stations ne sont toutefois pas identiques. La contrée de Bâle n'est que la partie supérieure de cette région qui, de Rheinfelden à Bingen, s'étend entre la Forêt-Noire et les Vosges, et forme la partie moyenne du bassin du Rhin.

La vallée de Schaffhouse est un autre bassin plus élevé, séparé de celui de Bâle par l'étroite vallée de Laufenburg.

Grâce à sa situation plus basse et, plus encore, à la large plaine abritée par les montagnes que le Rhin traverse plus au nord, avantage auquel participent déjà les environs de la ville, Bâle a un climat qui laisse même derrière lui celui de Neuchâtel, et n'est surpassé en Suisse que par les stations transalpines et celles du Léman (le Rhin est à 248 m., la station météorologique à 248 m.).

Année.	Hiver.	Printemps.	Eté.	Automne.	Maxima.	Minima.
9,50	1,0	9,7	17,9	9,2	30,3	—13,3

Décembre.	Janvier.	Février.	Mars.	Avril.	Mai.	Juin.	Juillet.	Août.	Septembre.	Octobre.	Novembre.
0,6	—0,2	2,6	4,3	10,3	14,5	16,8	19,6	17,1	15,2	8,5	3,9

Malgré sa moyenne annuelle relativement élevée (9,5°), le climat de Bâle n'est cependant pas aussi favorable que le climat lacustre du Léman (9,0°); parmi les arbres exotiques on voit bien, il est vrai, aux environs de la ville, le *Sequoia gigantea* et le cèdre, mais le *Sequoia sempervirens*, le *Prunus lusitanica*, et le *Magnolia grandiflora* n'y prospèrent déjà plus.

A *Schaffhouse* (398 m.) l'hiver est plus froid; l'été reste au niveau de celui de Bâle.

Année.	Hiver.	Printemps.	Été.	Automne.
8,94	—0,1	9,2	17,8	8,4

Décembre.	Janvier.	Février.	Mars.	Avril	Mai.	Juin.	Juillet.	Août.	Septembre.	Octobre.	Novembre.
—0,2	—1,8	1,5	3,3	9,7	14,6	19,9	19,3	17,3	15,1	8,2	3,1

On voit qu'ici les extrêmes sont plus élevés, les minima atteignent en moyenne —14,6, et les maxima 30,9; cela est dû à une situation plus élevée et à l'abri que procurent les collines. Bâle, au contraire, est situé en rase campagne, à une distance déjà assez considérable des hauteurs.

Les différences sont plus frappantes encore pour ce qui concerne les pluies. A Bâle elles sont abondantes : il y tombe 92 cm. de pluie. Ce chiffre est à peu près celui de toutes les stations de la partie septentrionale du plateau suisse et du Jura (Frauenfeld 91, Winterthour 95, Zurzach 92, Aarau 92, Soleure 98, Saint-Imier 92, Fribourg 93). A Schaffhouse, la quantité de pluie est moins considérable (Kaiserstuhl 85, Schaffhouse 83, Lohn 81); à cet égard, la contrée se rapproche déjà de l'intérieur de l'Allemagne.

Comme on peut le supposer, la flore de Bâle est en grande partie celle de la vaste plaine rhénane. Cette plaine renferme, il est vrai, beaucoup d'espèces qui ne pénètrent pas en Suisse, tandis que la flore de Schaffhouse se compose d'un singulier mélange de plantes de montagne et de types du Midi et de l'Est, mélange intéressant qui ne se retrouve pas ailleurs.

La contrée de Schaffhouse, couverte de collines, comprend aussi, outre la vallée du Rhin de Kaiserstuhl à Églisau et d'Églisau à Schaffhouse, les contrées voisines, le Klettgau en particulier, vaste bassin situé au nord du Rhin, séparé de ce fleuve par des collines boisées et renfermant un grand nombre d'espèces méridionales.

En remontant le cours du Rhin, on trouve la vigne de Bâle à Brennet, au pied du Schwarzwald ; plus loin, elle disparaît, et les conifères descendent jusqu'au Rhin ; ce n'est qu'à Erzingen à l'entrée du Klettgau que nous la voyons reparaître. Pendant ce long intervalle, on ne trouve qu'un petit essai de vignoble isolé à Waldshut, endroit où s'élargit la vallée.

La superficie relativement considérable qui est recouverte par le vignoble, — celui-ci monte jusqu'au sommet des collines et embrasse tout le paysage comme dans certains départements du midi de la France, dans celui de l'Hérault, par exemple, — montre à quel point cette contrée est favorisée. On évalue à 1260 hectares le terrain occupé par la vigne dans le canton de Schaffhouse, ce qui, comparativement à la superficie totale du sol, est un chiffre très élevé. Le produit de ces cultures est d'ordinaire moins doux que celui de la contrée de Bâle ou de l'Alsace, mais, grâce aux soins assidus des vignerons, il n'en est pas moins de bonne qualité ; les vins d'Unterhallau, par exemple, sont très estimés. A Lohn, au nord-est du canton, la vigne monte jusqu'à 600 m., altitude extraordinaire pour la latitude de la contrée.

Dans les vallées latérales du Rheinthal, ce sont les forêts qui dominent : on y voit ces bois de hêtres qui partout accompagnent le Jura inférieur ; elles recouvrent si complètement le sol qui n'est pas livré à la culture, que le canton de Schaffhouse est de tous les cantons suisses celui qui a le plus de forêts. Elles y couvrent 36 pour cent de la superficie totale du territoire. Bâle-Campagne, dont la contrée a une configuration analogue à celle de Schaffhouse, atteint seul un chiffre aussi élevé.

Les endroits couverts de buissons et les quelques crêtes rocheuses qui dominent la zone de la vigne (Wilchingen, Wirbelberg), sont d'un effet charmant. Ce sont les localités du *Genista ovata* W. Kit.

Voici en outre une série de plantes caractéristiques pour la contrée :

Papaver Lecoquii.   *Hieracium Zizianum.*

Hieracium cymosum.
Sisymbrium strictissimum (Schleit-
  heim).
Erysimum orientale.
Viola collina.
Dictamnus albus.
Dianthus deltoides (Bülach).
Rhamnus saxatilis.
Coronilla Emerus.
Cytisus nigricans.
Prunus Cerasus (est subspontané
  au Wirbelberg).
Tragopogon dubius Vill. à fleur
  petite, en partie de couleur vio-
  lette.
Lychnis Viscaria.
Lactuca perennis.

Trifolium alpestre.
Coronilla montana.
Lathyrus heterophyllus.
Potentilla rupestris.
  »   *micrantha.*
  »   *alba.*
  »   *præcox.*
  »   *canescens* Bess.
  »   *opaca.*
Asperula tinctoria.
Allium rotundum.
Inula hirta.
Ulmus effusa.
Thesium montanum.
  »   *rostratum.*
Orchis pallens.
Carex strigosa (Laufenbourg).

Ce sont là les plantes les plus remarquables des chaudes collines. On n'y remarque que fort peu d'espèces occidentales, mais un nombre d'autant plus grand de plantes proprement étrangères à la Suisse et appartenant aux chaudes oasis de l'intérieur de l'Allemagne.

Ces stations privilégiées, dont Schaffhouse est la plus méridionale, se remarquent distinctement au milieu de la flore ordinaire et triviale des champs et des prairies du centre de l'Allemagne, et en forment pour ainsi dire l'illustration. La plus voisine de Schaffhouse c'est le *Hegau*, qui n'est séparé du bassin de la ville que par une bordure de forêts.

Ici, au Hohentwyl, on voit fleurir :

Alyssum montanum, Asperula galioides, Oxytropis pilosa, Hyssopus officinalis, Rosa rubiginosa f. Gremlii et *flagellaris, Anthemis tinctoria, Hieracium cymosum.*

Une autre oasis parfaitement caractérisée, c'est la contrée de *Ratisbonne* sur le Danube (348 m.). On y trouve, outre le *Cytisus biflorus* L'Her (*ratisbonensis* Herr. Schæff.), les *Cyt. nigricans* et *capitatus, Colutea arborescens, Prunus Mahaleb,* et le beau papillon de Hongrie, le *Colias Myrmidone,* qui n'a émigré que récemment, et dont la présence montre de la manière la plus frappante quelle est l'origine de la flore.

En outre, la *Thuringe,* où croissent :

Hutchinsia petræa, Isatis tinctoria, Helianthemum Fumana, Astragalus exscapus, Coronilla montana, vaginalis, Potentilla alba, canescens, Rosa gallica, Inula hirta, Nepeta nuda.

La *Silésie*, circonscription plus distincte encore :

Cytisus capitatus, nigricans, Lathyrus Nissolia, hirsutus, Potentilla canescens, Rosa gallica, Chenopodium Botrys, Nepeta nuda.

Ces régions plus favorisées sont ou des bassins fluviaux ou des stations abritées, situées sur les pentes des montagnes.

Schaffhouse est aussi une de ces oasis, et pourtant rien ne fait supposer que sa flore provienne du bassin inférieur du Rhin, de l'Alsace et du grand-duché de Bade ; car les plantes les plus caractéristiques des collines de Schaffhouse, les *Cytisus nigricans, Rhamnus saxatilis, Tragopogon dubius, Thesium rostratum*, manquent au bassin du Rhin.

C'est le bassin inférieur du Danube qui a eu évidemment cette influence sur toutes ces oasis allemandes. La plante la plus remarquable de ce genre est le *Genista ovata*, qui se trouve en Hongrie et en Styrie, mais qui manque à partir de là à toutes les oasis danubiennes allemandes, pour se retrouver à Schaffhouse, saut égal et plus grand même que celui de l'*Iberis saxatilis* et du *Vicia Narbonensis*. Toutes les espèces ci-dessus indiquées sont des plantes orientales, de la Hongrie et du Bas-Danube, et pour la plupart étrangères à la flore de l'Europe occidentale. Du côté de Ratisbonne, ce bassin se rattache à la contrée de Schaffhouse par une série de stations situées le long de la « Schwäbische Alb, » comme le prouvent le *Cytisus nigricans* et le *Rhamnus*.

Il ne faut pas oublier de mentionner les nombreuses et belles roses qui croissent dans la contrée de Schaffhouse et que Gremli nous a le premier fait connaître. En société du *R. Gallica*, l'espèce noble par excellence, plante pour ainsi dire prédestinée plus que toute autre à la culture, nous trouvons le *R. Jundzilliana* et *trachyphylla*, et deux espèces remarquables du groupe des *rubiginosa* : le *Gremlii* à fleurs blanches et le *flagellaris* aux rameaux flagelliformes ; puis de nombreux hybrides du *gallica* qui sont au nombre des plus belles formes connues ; par exemple, le *R. Boreykiana*, combinaison du *gallica* et *coriifolia*, et qui, par son port, par la richesse de son feuillage d'un vert foncé, et le nombre de ses fleurs d'un rouge vif, peut être comparé aux plus belles roses cultivées. Cette espèce est la sœur du *Rosa alba*, la reine des fleurs, auquel il ressemble beaucoup et qui a la même origine.

L'*Armeria purpurea*, le *Pedicularis sceptrum*, ainsi que l'*Allium suaveolens*, plante des contrées de l'est, et le *Potentilla procumbens*, espèce fort rare, mais n'appartenant à aucune zone spéciale, s'avancent des grandes tourbières du Wurtemberg et de la Bavière, situées au nord du lac de Constance, jusque dans la région qui nous occupe.

Sur les collines du Jura schaffhousois, à 700 m., on remarque encore deux espèces remarquables, le *Saxifraga mutata* à corolle d'un jaune safran, espèce qui fuit les hautes Alpes et ne se trouve que sur les basses Alpes et les autres chaînes secondaires, et en outre le *Crepis alpestris*, plante du nord-est des Alpes.

Pourquoi le bassin du lac de Constance, qui est au même niveau que la vallée du Rhin à Coire et la contrée de Schaffhouse, ne donne-t-il pas également asile à une végétation méridionale ? Parce que ce lac, en abaissant la température annuelle et en particulier les chaleurs de l'été, forme pour ainsi dire une interruption dans le climat de la vallée, comme le Léman dans celle du Rhône. Son influence est même plus considérable que celle de ce dernier. Ce n'est que sur les collines de Schaffhouse, dans cette région toute locale, que l'on retrouve un climat semblable à celui de Coire. Coire a 88 cm., Schaffhouse 83 cm. de pluie ; à Coire, le maximum de la chaleur d'été est de 31,1 ; à Schaffhouse, il est de 30,9° ; les moyennes annuelles sont de 9,1 et de 8,9.

Sur la rive thurgovienne du lac de Constance à Kreuzlingen, la pluie atteint 100 cm., le maximum de la chaleur n'est que de 29,2 et la moyenne de 8,8. On voit d'après ces chiffres que le climat subit un abaissement général ; surtout en ce qui concerne l'humidité, nous retrouvons les mêmes différences que nous avons déjà constatées en comparant le climat de Lausanne à celui de Genève et de Sion. Il va sans dire qu'au lac de Constance, où la limite nord des plantes méridionales est encore plus lointaine qu'au lac de Genève, les différences mentionnées doivent avoir pour effet l'exclusion plus complète encore de ces plantes sur les rives du lac.

Seul, le *Cyperus longus*, à Lindau, révèle encore une dernière trace de végétation lacustre méridionale. Ce n'est qu'à l'endroit où le lac se rétrécit, à Ueberlingen, que la flore dénote un climat plus chaud, aussi y trouve-t-on l'*Allium nigrum* et le *Crepis pulchra*, comme en Alsace. A Feldkirch et à Bregenz on trouve aussi quelques espèces des régions chaudes, telles que le *Cyclamen* et le *Primula acaulis* et même, dans la dernière de ces deux localités, l'*Hemerocallis flava* qui manque chez nous.

Pour avoir une juste idée de la végétation de la contrée de Bâle, il nous faut l'examiner dans son territoire principal, c'est-à-dire dans le profond sillon formé par le bassin du Rhin, tel qu'il s'étend sur une longueur de plus de deux degrés de latitude, de Bâle à Bingen, en suivant strictement la direction du sud au nord. La pente suivie par le fleuve est si insensible que le niveau de Bâle (à 248 m.) jusqu'à la frontière de la Basse-Alsace (Lauterbourg à 104 m.) ne s'abaisse que de 144 m. Cette contrée possède un climat doux et favorable à la vigne, surtout au versant oriental des Vosges. Dans les parties qui ne sont pas cultivées, elle est occupée par toute une série de marais formés par les eaux du Rhin et refoulés par ses alluvions, ou provenant d'un écoulement défectueux de ses affluents. Ce sont des marécages herbeux, au sol rarement tourbeux, sans sphagnum, mais richement ornés par la flore paludéenne de l'ouest de l'Allemagne. Ils engendrent d'épais brouillards qui inondent la contrée de Bâle et y réduisent la moyenne des beaux jours de soleil à 6,1 dixièmes. A Schaffhouse les brouillards sont déjà beaucoup plus rares.

De vastes étendues couvertes de sable et de gravier alternent avec ces marais. Les espaces plus secs sont couverts de buissons et de taillis.

Cette végétation est bien celle de la plaine, aussi n'en entre-t-il qu'un très faible contingent d'espèces dans l'intérieur de la Suisse, fermé par la chaîne du Jura. Ce n'est qu'à Bâle, point qui marque la limite septentrionale de la contrée, que cette flore apparaît dans son ensemble. Elle se retrouve ensuite, pour la plus grande partie du moins, dans la plaine du Rhin supérieur, sur les bords du lac de Constance, à Bregenz, Wollmattingen et Rheineck, avec la différence toutefois que, dans ces localités, on trouve bien plus d'espèces du nord (*Pedicularis Sceptrum, Carex capitata, Armeria purpurea*) et de l'est (*Allium suaveolens*).

Cette végétation rhénane ne remonte pas tout entière jusqu'à Bâle, mais seulement jusqu'à Neudorf et Michelfelden, à 5 ou 6 kilom., stations intéressantes où malheureusement la culture toujours plus envahissante a déjà détruit une bonne partie de la végétation primitive.

Voici quelles sont ces plantes aquatiques et paludéennes :

Ranunculus divaricatus Schr.
» *fluitans Lam.*
» *Lingua.*
Hydrocotyle vulgaris.
Œnanthe Lachenalii Gm.
Thysselinum palustre.
Senecio paludosus.
Hottonia palustris.
Hydrocharis Morsus Ranœ.
Sagittaria sagittifolia.
Thalictrum galioïdes.
Gentiana utriculosa.
Butomus umbellatus.
Najas major.

Najas minor.
Scirpus triqueter.
» *Duvalii.*
» *Tabernœmontani.*
Heleocharis acicularis.
Carex riparia.
Leersia oryzoïdes.
Iris sibirica.
Spiranthes œstivalis.
Sturmia Lœselii (disparu).
Cirsium bulbosum.
Allium Schœnoprasum.
Typha minima.
Chlora serotina.

Au nombre des espèces qui croissent sur les terrains secs formés par les alluvions et le *löss,* cette argile qui sert de base à l'*alluvium* inférieur, on peut mentionner :

Trifolium scabrum.
» *striatum.*
Calamagrostis littorea.
Triticum glaucum Desf.
Asparagus officinalis.
Centaurea maculosa.
Stellaria xolostea.
Alsine Jacquini.
» *tenuifolia.*
Lepidium Draba.
Draba muralis.
Papaver Lecoquii.
Isatis tinctoria.
Scabiosa suaveolens.
Crassula rubens.

Linum tenuifolium.
Hippophaë rhamnoïdes.
Myricaria germanica.
Euphorbia Gerardiana.
Scrophularia canina.
Verbascum floccosum.
Stenactis annua.
Epilobium Dodonœi.
Rapistrum rugosum.
Diplotaxis tenuifolia.
» *muralis.*
Erucastrum Pollichii.
Filago gallica.
Lythrum Hyssopifolia.
Falcaria Rivini.

Myosurus minimus.	*Veronica præcox.*
Lathyrus hirsutus.	» *acinifolia.*
» *Nissolia.*	*Eragrostis poæoides.*
» *Cicera.*	» *pilosa.*

Une espèce particulièrement intéressante, c'est l'*Alsine segetalis* Kch., plante de France qui a sa limite orientale au Bruderholz. Il vaut la peine de mentionner aussi l'*Eranthis hiemalis* à Binzen et Riehen, sur les collines de la vallée du Rhin et celles du Wiesenthal où il croît par millions d'exemplaires dans les vignes, au point qu'elles en sont pour ainsi dire toutes couvertes. Il n'est guère d'autre localité où cette espèce croisse à l'état sauvage en pareille quantité.

La plaine du Rhin est limitée par les collines du Jura et le calcaire coquillier qui forme la couche extérieure du grès de la Forêt-Noire.

Là croît en abondance le buis. Cet arbuste des contrées occidentales et méditerranéennes recouvre sur les collines des deux rives des pentes tout entières en compagnie du *Quercus pubescens* et du *Coronilla Emerus.*

Ces pentes calcaires, telles qu'on les voit surtout à l'Isteiner-Klotz, à 15 kilom. de Bâle, donnent asile aux espèces suivantes qui se rencontrent sur plusieurs points :

Thalictrum minus.	*Muscari neglectum Guss.*
Cheiranthus Cheiri.	*Geranium sanguineum.*
Helleborus fœtidus.	*Potentilla opaca.*
Alyssum montanum.	*Linosyris vulgaris.*
Prunus Mahaleb.	*Dictamnus albus.*
Seseli coloratum.	*Anemone Pulsatilla.*
Trinia vulgaris.	» *silvestris.*
Himantoglossum hircinum.	*Carex humilis.*
Orobanche Hederæ.	*Althæa hirsuta.*
» *Teucrii.*	*Ornithogalum pyrenaicum.*
Bupleurum falcatum.	*Stipa pennata.*
Euphrasia lutea.	*Achillea nobilis.*
Allium Scorodoprasum.	*Iris germanica.*

Comme on le voit, cette flore est presque identique à celle des collines calcaires de l'Alsace, telle qu'elle a été décrite par Kirschleger.

Nous y trouvons aussi le *Potentilla cinerea*, qui manque à la Suisse et est ailleurs disséminé de l'orient de la Russie jusqu'au Dauphiné.

Une espèce qui se rattache à cette série, c'est l'*Asperula galioides*, également presque étranger à la Suisse. Une autre plante intéressante, c'est le *Carex gynobasis*, qui remonte le Jura jusqu'à l'Isteiner-Klotz, qui est sa limite nord. Pour finir, mentionnons encore une fois le *Vicia narbonensis*, cet exemple déjà cité d'une distribution irrégulière comme on n'en connaît que dans les espèces arctiques.

Du bassin inférieur du Rhin (Mayence, Coblence) on remarque par places juqu'à Bâle le *Calepina Corvini* et le *Polycarpon tetraphyllum*. D'Alsace nous viennent: *Lepidium ruderale, Linaria striata, Phleum asperum,* et *Lactuca saligna*. Dans les décombres et les lieux vagues, on trouve jusque près de nos frontières:

Senebiera Coronopus, Chenopodium glaucum, Potentilla supina.

Il est évident que ces plantes font presque toutes partie de la flore rhénane.

Le buis et les plantes plutôt méridionales dont nous avons parlé et qui ne se retrouvent plus ni en Alsace ni dans le grand-duché, forment un groupe spécial au milieu de ces espèces.

En revanche, l'Alsace possède plusieurs espèces du Midi qui manquent à la contrée de Bâle; ce sont par exemple : *Micropus erectus, Colutea arborescens, Allium nigrum, Rumex Pulcher* et *Scilla autumnalis.* Elles prouvent une fois de plus que des plantes qui ont leur circonscription climatérique spéciale peuvent se retrouver par places en dehors des limites de cette circonscription, dès que le climat se prête à leur acclimatation.

Il ne faut pas oublier non plus que dans le bassin du Rhin, la limite des plantes méridionales ne doit pas toujours être cherchée du côté de la Suisse; mais que du côté de l'ouest, par la partie inférieure du bassin, il pénètre un contingent, peu nombreux il est vrai, d'espèces méridionales et méditerranéennes.

En étudiant la flore de la France, de la Belgique et même de l'Angleterre et de l'Irlande, on constate que sur les côtes de l'Atlantique, grâce au climat tempéré de la région du golfstrom, une quantité de plantes méditerranéennes de l'Espagne et du midi de la France montent à des degrés de latitude très élevés. Aux environs de Paris croissent déjà l'*Erica vagans*, le *Ranunculus gramineus*, le

Trigonella monspeliaca. Les côtes de la Bretagne nous fournissent aussi de nombreux exemples de distribution semblable; un ciste (le *C. hirsutus*) s'avance même jusqu'à Brest, et plusieurs bruyères portugaises jusqu'en Irlande. De même, des espèces méridionales qui manquent entièrement au sud de la Suisse, pénètrent de France par la vallée de la Moselle et la Belgique jusqu'aux bords du Rhin, témoin l'*Hypecoum pendulum* qui se trouve dans le Palatinat et le *Carum verticillatum* à Aix-la-Chapelle. Parmi les insectes on peut citer l'*Aglaope infausta* et l'*Heterogynis Pennella*, communs dans le midi de la France et qui montent, le premier, jusqu'à Lorch dans la partie moyenne du bassin du Rhin, et le second jusqu'à Rouffach en Alsace, sans toucher le sol helvétique. D'autres espèces qui croissent, il est vrai, dans la Suisse méridionale, mais ne franchissent pas le Jura, ont dans le bassin inférieur du Rhin des stations qui se rattachent par la Belgique et les côtes de l'Atlantique à leur foyer primitif du midi de la France. De ce nombre sont: *Acer monspessulanum, Amaranthus silvestris, Apera interrupta, Anarrhinum bellidifolium.* Le *Calepina Corvini*, tout en se trouvant au Valais, se rattache également à cette série, car si plus récemment il a pénétré jusqu'à Bâle, il est évident que du midi de la France il s'est avancé d'abord jusqu'en Belgique, pour remonter ensuite le cours du Rhin.

Le buis passe également du Haut-Rhin par la vallée de la Moselle jusqu'en France et, grâce au Jura, il se trouve ainsi doublement relié au Midi.

Un fait remarquable dans la flore de Bâle, c'est que le genêt à balai (*Sarothamnus*), si commun sur le plateau du Rhin, manque presque entièrement. Cet arbuste évite, il est vrai, le calcaire et ne prospère que sur un sol très pénétrable à l'eau et surtout sur le sable. Il manque dans presque toute la Suisse cisalpine et n'y paraît que dans quelques rares stations sur le sable et les alluvions. J'ai eu d'autant plus de plaisir à rencontrer cet arbuste aux environs de Bâle, mais dans une seule localité, au bord de la forêt près de Steinen, dans le Wiesenthal, à 15 kilom. de la ville. Le grès rouge triasique affleure dans cet endroit. Cette station est donc entièrement analogue à celles de l'Alsace ou de la Forêt-Noire.

Au versant sud des Alpes, le genêt à balai est répandu en immense quantité jusque dans les hautes vallées et toujours en société du

Cytisus nigricans. Il prospère aussi bien dans la zone montagneuse insubrienne, aux pluies abondantes, que dans la vallée du Rhin, déjà plus sèche, et dans la plaine de l'Allemagne du nord, bien plus aride encore que cette dernière.

Ce n'est que sur les rives du lac des Quatre-Cantons et dans l'intérieur du canton de Lucerne qu'il paraît avoir pris la même extension que dans les vallées insubriennes. Il est probable qu'il a pénétré dans ces deux cantons par le Tessin.

Près de Bâle, dans la localité où croît le genêt à balai, le sol, composé de sable de quartz pur et d'eau tourbeuse, donne encore naissance aux espèces suivantes, d'ordinaire étrangères à la Suisse :

Galeopsis ochroleuca.	*Stachys arvensis.*
Agrimonia odorata.	*Corrigiola littoralis.*
Arnoseris pusilla.	*Teesdalia nudicaulis.*
Ornithopus perpusillus.	*Heleocharis ovata.*
Juncus filiformis.	*Peplis Portula.*
Epilobium palustre.	*Veronica scutellata.*

Ce sont des avant-coureurs de la zone de la Forêt-Noire et des Vosges, étrangers aux régions calcaires et que la Wiese amène des terrains primitifs et du grès de la Forêt-Noire. Il arrive même quelquefois qu'un *Silene rupestris* descend jusqu'à Bâle par la même voie. Un papillon de ces contrées, l'*Erebia Stygne* descend aussi jusqu'à Röthein, à 8 kilom. de la ville.

A Bâle, la dépression du Rhin sépare distinctement les territoires du *Corydalis cava* et du *solida* : sur la rive droite, ou plutôt sur les alluvions de la Wiese, on trouve le *solida ;* du côté du Jura, c'est le *cava* qui règne exclusivement. Dans la plaine, il est rare de voir des plantes communes et croissant par masses, séparées ainsi par un cours d'eau. Dans les Alpes, ce phénomène est assez fréquent. Dans le reste de la Suisse, ces deux plantes croissent mêlées.

En fait de lépidoptères, on trouve à l'Isteiner-Klotz, l'*Ino Pruni* et le *Satyrus Arethusa,* forme rare observée en Alsace et qui ne se trouve en Suisse qu'au Valais. Sur les collines des environs de Bâle, le *Melitœa Phœbe* et *Zygœna Peucedani* ne sont pas rares, les épilobes des grèves du Rhin sont hantés par le *Deilephila Vespertilio*, papillon des contrées alpines méridionales et qui trouve ici sa limite nord. Par places, on voit aussi le *Deiopeia pulchella*, et la série complète des 8 *Thecla* révèle bien distinctement le caractère champêtre et la situation peu élevée de la contrée.

En terminant cette description de la vallée du Rhin, nous achevons en même temps celle des quatre régions inférieures tempérées de notre pays, régions qui, comme nous l'avons dit en commençant, sont : la zone des lacs insubriens, la vallée du Rhône, la plaine située au pied du Jura et la vallée du Rhin. Avant de clore cette partie de notre ouvrage, nous allons entrer dans plus de détails encore au sujet de la *distribution de la vigne* en Suisse.

Il n'est pas difficile de reconnaître que le foyer principal de la culture du précieux végétal est situé de l'autre côté de la chaîne des Alpes. Elle occupe une grande place au Sotto-Cenere et dans les vallées alpines du Tessin jusqu'à Aquila dans le val Blegno et jusqu'au-dessus de Bignasca dans le Val Maggia. Le Tessin est le canton viticole par excellence. La superficie occupée par la vigne y est évaluée à 7488 hectares, étendue qui égale celle de tout le vignoble le long du Jura, de Genève à Schaffhouse, et qui excède même celle du vignoble vaudois. On ne sait pas encore à quel chiffre il faut évaluer la superficie occupée par la vigne en Valais ; nous savons seulement que le climat de la contrée permet à cette culture de s'étendre sur de grands espaces. Le vignoble vaudois couvre 5850 hectares, la plus grande superficie après celle du Tessin ; c'est presque exclusivement sur les rives du lac, de Lausanne à Villeneuve (Lavaux) et de Morges à Genève (La Côte) que s'étend le vignoble. Les autres cantons viticoles de la région jurassique sont : Genève, qui compte 1139 hectares, Neuchâtel, 1296 et l'Argovie, 2376.

Zurich, avec son vignoble des bords du lac et de la contrée du Rhin, possède le chiffre très considérable de 5400 hectares : c'est de tous les cantons du plateau suisse celui qui donne le plus de sol et le plus de travail à la culture de la vigne, malgré un climat peu favorable en soi et des résultats assez médiocres. Il rivalise en cela avec le canton de Thurgovie qui cultive 2016 hectares de vigne sur les rives du lac de Constance et dans la vallée de la Thour. Lucerne, moins bien partagé encore, ne possède que quelques hectares de vigne, situés près du lac de Hallwyl.

Dans la vallée du Rhin la vigne se cultive de Coire à Sargans et

Distribution
de la vigne
et de quelques espèces de la
Zone du Foehn
au versant nord des Alpes

Plant blanc
Plant rouge
Sedum Hispanicum
Asperula Taurina
Cyperus longus
Hypericum Coris.

H.George, Editeur à Bâle et Genève

de Forsteck jusqu'au lac de Constance, sur une étendue de 2700 hectares. Vient ensuite le canton de Schaffhouse avec 1260 hectares. Comparativement à sa superficie, c'est le canton le plus viticole de la Suisse : la vigne y occupe 4,20 °/₀ du sol. Suivent le Frickthal, puis Bâle-Campagne (860 hect.) qui se rattache aux grands vignobles de l'Alsace et des abords de la Forêt-Noire.

De la vallée du Rhin, la vigne pénètre dans celle de la Birse jusqu'à Grellingen et même jusqu'à Laufen à 352 m., où elle occupe des terrasses nouvellement établies et d'une superficie assez considérable.

Aux approches des Alpes, dans l'intérieur de la Suisse, on ne trouve plus que quelques traces ou plutôt quelques restes de viticulture, sur les bords des lacs ou à l'entrée des vallées alpines proprement dites. C'est sur la rive nord du lac de Thoune que ces restes de culture sont encore le plus considérables ; ils le sont déjà moins sur la rive méridionale. On en retrouve quelques vestiges à Weggis, au lac de Zoug, aux deux extrémités du lac de Wallenstadt et près d'Altorf. Toutes ces localités peuvent être envisagées comme des points de limite extrême.

Il ressort de la comparaison des différentes moyennes de température de nos contrées viticoles que la vigne ne prospère plus sous un climat dont la moyenne annuelle descend au-dessous de 8,50. Ce chiffre peut être envisagé comme une limite extrême, et encore à pareille température cette culture ne peut-elle être que d'un rendement très médiocre.

D'après nos voisins de France, qui sont bien plus difficiles et plus entendus, les vraies contrées viticoles ont toutes une moyenne d'au moins 9,50° (Lugano 11,92, Sion 10,61, Montreux 10,54, Morges 9,79). Les vignerons suisses élargissent cette limite. Neuchâtel et Coire, dont les moyennes sont de 9,34 et de 9,16, peuvent encore à juste titre être comptés au nombre des situations privilégiées ; Schaffhouse (8,04) et le Rheinthal saint-gallois (Altstätten 8,76), au nombre des situations normales. Le canton de Zurich est déjà sur la balance (Zurich 8,99 et Winterthour 8,44). La contrée de Glaris (8,34) et le lac de Thoune (Interlaken 8,39), sont décidément en dehors des limites normales de notre zone viticole.

Les viticulteurs français sont d'avis que, pour produire un vin

digne de ce nom, une contrée doit avoir une température qui ne
descende pas en hiver au-dessous de 0,5°, et en été au-dessous de
18°. Dans le canton de Zurich, la vigne se cultive encore malgré
des hivers de —0,4° et des étés de 17,3°.

Du côté du plateau suisse, déjà plus élevé que la région inférieure, voici quelles sont les limites de la région de la vigne.

Du pied du Jura, le vignoble s'avance dans le Seeland, dans la
contrée située à l'ouest des lacs de Morat et de Bienne, et occupe
une étendue de plusieurs lieues sur le versant est du Vully et du
Jolimont, et sur les hauteurs qui terminent le grand marais du côté
de l'ouest. Les points qui marquent cette limite sont, du côté du
plateau, Villars-les-Moines à 499 m., Wyleroltigen à 493 m., Kall-
nach et Dotzigen près de l'Aar à 433 m. Mais les produits de ces
vignobles n'échappent pas à la critique malicieuse des populations,
et dans ces climats évidemment peu favorables, cette culture diminue
d'année en année. Le versant du Jura, du nord-est de Langnau et
de Granges jusqu'à Olten, ne possède pas de vignoble. Ce n'est qu'à
partir de Gösgen et d'Aarau, jusqu'au delà de Baden, que nous
retrouvons la vigne; elle y produit déjà un vin assez remarquable et
rejoint vers le nord le vignoble schaffhousois pour longer le bassin
de la Thour jusqu'à la rive occidentale du lac de Constance. Telle est
en Suisse la limite du côté nord.

Sur la lisière méridionale du plateau, au pied des Alpes, la limite
de la vigne n'est plus marquée que par quelques points très distants
les uns des autres, savoir : Thoune, Meggen sur le lac des Quatre-
Cantons, Walchwyl sur celui de Zoug. Ces stations appartiennent
toutes à la zone du föhn.

Sur les bords du lac de Zurich la présence de la vigne est marquée par une double ligne qui coupe le plateau du sud-est au nord-
ouest. Au nombre des vins du plateau il faut compter aussi ceux de
la Haute-Argovie jusqu'au lac de Hallwyl (Brestenberg, Hitzkirch).
La vigne forme une chaîne ininterrompue qui s'avance par l'ancien
lit du Rhin, du pied des Alpes et du Rheinthal saint-gallois, jusqu'au
lac de Wallenstadt, du canal de la Linth au lac de Zurich, et de là
jusqu'au Jura.

Il est vrai que le vin que produisent ces contrées est bien loin
d'être d'aussi bonne qualité que ceux de Neuchâtel ou de la vallée du

Rhin, près de Coire, de l'Alsace ou de la France. Il n'y a qu'une
population de race germanique, peu gâtée et fort courageuse, pour
vouer tant de soins à cette culture, malgré les récoltes manquées, les
gelées tardives, les froids de l'automne et les étés humides. Des populations de race romane ne cultiveraient jamais la vigne dans de
pareilles expositions. Il vaut aussi la peine de citer ici le jugement
que Wahlenberg porte sur le vin des contrées septentrionales de notre
pays, en le comparant à celui de la Hongrie : « L'Helvétie, contrée
humide et à l'abri des vents, produit un vin qui n'est pas toujours
acide, mais qui est si peu spiritueux qu'il ressemble à de la jeune
bière. »

Le vignoble du Jura ne s'élève guère à plus de 550 mètres, et
celui de la partie nord du plateau à plus de 450; cette dernière altitude peut même être envisagée comme la moyenne pour tout le pied
du Jura. Ce n'est qu'à l'est du Léman, dans les grandes vallées
alpines de Coire et du Valais, et dans la zone insubrienne que cette
limite monte souvent à 600 m. Au Valais, elle monte encore bien
plus haut. C'est donc dans les Alpes méridionales que se trouve le
vignoble par excellence. Sans doute, au nord des Alpes, il est possible d'obtenir çà et là un vin fort et aromatique, mais jamais la vigne
cultivée en plein vent n'y produit un vin semblable aux vins méridionaux, si onctueux et si embaumés.

Dans la Suisse transalpine c'est le vin rouge qui se cultive presque exclusivement. C'est sans doute l'effet d'une tradition très
ancienne. Dans le Valais c'est au contraire le vin blanc qui domine;
le rouge y a été introduit plus récemment. Il en est de même dans
tout le territoire du Léman et du Rhône, jusqu'à Genève, et dans le
Jura jusqu'au Rhin. Dans la vallée du Rhin, de Coire à Schaffhouse,
et dans la vallée de la Thour nous retrouvons des cépages rouges ;
mais sur les bords du lac de Constance c'est encore le vin blanc qui
se cultive. En somme, les plants rouges supportent mieux les expositions élevées que les blancs, et y mûrissent plus tôt leurs fruits.
Dans la contrée de Bâle-Campagne la limite climatérique des deux
couleurs se remarque parfaitement : dans les terrains plats et ouverts,
c'est le blanc, et à l'entrée des vallées, à l'est de Liestal, par exemple,
c'est le rouge qui est exclusivement cultivé.

Nous terminons ici la description des contrées que nous avons

désignées en commençant comme donnant asile à des représentants
de la flore méditerranéenne. Envisagés à un autre point de vue, ces
contrées forment en même temps la région inférieure de la Suisse,
région qui est marquée par la culture de la vigne. Elles sont au
nombre des plus belles de notre pays. Tantôt elles avoisinent des lacs
superbes entourés de montagnes majestueuses et brillant d'un éclat
qui ne se retrouve nulle part en Europe; tantôt ce sont de chaudes
vallées, dont les collines rocailleuses, les murs pittoresques, les pampres verdoyants et les forêts de châtaigniers forment le contraste le
plus frappant avec les cimes lointaines et leurs vastes champs de
neige.

RÉGION DES FORÊTS A ESSENCES FEUILLÉES

Abordons maintenant la région moyenne, qui est en même temps
celle où domine la flore du nord de l'Asie et de l'Europe centrale,
fortement modifiée par les influences de l'ouest. Abandonnée à elle-
même, ne fût-ce que pendant un siècle, elle se transformerait en
une grande forêt, comme le Canada l'était encore au siècle passé.
Cette région s'élève de 550 à 1350 m. d'altitude et a été jadis, sur
presque toute son étendue, dépouillée de ses arbres par la main des
hommes. Où s'étendaient alors de vastes forêts, s'étalent actuellement les prairies et les champs de blé. C'est surtout la partie du
plateau située entre le Jura et les Alpes qui a été le plus modifiée par
la culture; aussi n'est-ce guère que sur le sommet des collines et
rarement dans les dépressions des vallées que l'on retrouve des bois.
Le peu d'étendue de ces forêts fait sourire le forestier autrichien ou
allemand, qui est accoutumé à mesurer les forêts par lieues, même
dans la plaine. Et pourtant elles sont bien belles les petites forêts
qui couronnent le sommet de nos collines et elles contribuent à
donner au paysage de l'intérieur de la Suisse son aspect aimable et
varié.

Ce n'est que sur les pentes des sous-Alpes, et plus encore sur
celles du Jura, que les forêts occupent plus d'espace; dans la région

dont nous avons à nous occuper maintenant, elles se composent d'essences feuillées et le hêtre y domine presque exclusivement.

Le hêtre ou *fayard* (*foyard* dans la Suisse romande) est, comme le remarque Grisebach, l'expression la plus parfaite du climat océanique, l'arbre à la longue période de végétation, aux maxima et minima modérés.

Il évite également le Nord et les ardeurs du Midi. En Scandinavie, on ne le rencontre que dans les parties les plus méridionales (jusqu'au 59° en Norwège). De ce point extrême, sa limite orientale que de Candolle, Sendtner, Grisebach et d'autres naturalistes encore ont cherché à fixer, descend rapidement vers le Sud jusqu'à Königsberg, traverse la Pologne, la Podolie, et rejoint le Caucase en évitant les steppes. Il redoute évidemment le climat continental et ne se hasarde pas jusque dans l'intérieur de la Russie, encore moins jusqu'aux monts Ourals, où croissent pourtant le chêne et le tilleul. En revanche, il habite les contrées tempérées de l'ouest de l'Europe et s'avance même dans les montagnes jusqu'au sud des Apennins et sur les sommets de la Sicile. D'après Sendtner, le hêtre a besoin d'une période de 7 à 8 mois d'une température au-dessus de 0° R.; et d'après Grisebach, il lui faut sur cet espace de temps au moins 5 mois d'une température moyenne supérieure à 8 degrés. Tous les naturalistes sont d'accord pour reconnaître qu'il a besoin de beaucoup d'humidité.

La place qu'occupe le hêtre au point de vue du climat a été décrite par Wahlenberg, et comme toujours dans les termes les plus caractéristiques. « Tandis qu'en Suède le hêtre reste presque dans les profondeurs du noyer et que les arbres fruitiers montent beaucoup plus haut que lui, il s'élève en Suisse jusqu'à la zone où les pâturages alpins succèdent aux prairies. Grâce à la consistance de ses feuilles, il supporte les intempéries des saisons, la pluie, la grêle et même les frimas; mais il exige une longue période de végétation. »

Selon Wahlenberg, le hêtre ne forme forêt dans les Alpes suisses que jusqu'à 1323 m., et selon de Candolle, cette limite est à 1352 m. D'après le rapport fédéral sur les forêts dans les hautes régions, il ne monte à l'état de forêt pure qu'à 1200 m. et, mêlé à d'autres essences, à 1500 m. — Dans l'Oberland bernois, non loin des forêts de mélèze, il ne monte à 1300 m. que dans les expositions les plus favorables, et ce n'est que par exception que dans le Genthal il s'avance jusqu'à 1500 m. Suivant Heer, il atteint à Glaris une moyenne de 1381 m. Dans le Jura il est refoulé dans les parties supérieures par le sapin blanc qui domine déjà à 900 m.; au Chasseral, on trouve le hêtre en pieds nains ou isolés jusqu'à 1300 m. — Au Tessin, Heer l'a observé sur les pentes extérieures des basses Alpes, au Camoghé, par exemple, où il monte à 1516 m., le rapport fédéral mentionne même, dans des vallées abritées, des stations situées à 1800 mètres; toutefois dans les vallées profondes, au pied du massif du Gothard, la limite du hêtre s'abaisse considérablement, comme celles de toutes les plantes de cette région aux neiges abondantes. Il ne paraît pas même y monter aussi haut que de ce côté-ci des Alpes. Au val Maggia, il atteint déjà sa limite au-dessous de Fusio, à 1300 m.

Les indications que Sendtner et Grisebach ont données au sujet du climat du hêtre, trouvent en Suisse une pleine confirmation. A Klosters, station limite du côté du plateau des Grisons (1207 m.), la température est pendant plus de sept mois au-dessus de zéro et pendant cinq mois de l'année de plus de 8° R. Quant à sa limite inférieure, le hêtre ne l'atteint que dans la partie la plus méridionale du Tessin.

Un phénomène qu'il vaut la peine d'examiner de plus près, c'est la cause qui exclut le hêtre dans une grande partie de nos hautes montagnes.

Au Jura, cet arbre domine. Nous ne retrouvons nulle part une région de hêtre aussi compacte, aussi ininterrompue que le long de cette chaîne, à une altitude de 400 à 900 m. Ce n'est pas que la forêt soit toujours de haute futaie au contraire, le hêtre y est noueux, les troncs s'y ramifient trop près du sol, et nous ne trouvons nulle part des individus d'une crue aussi belle que ceux que l'on rencontre quelquefois dans les vallées des Alpes, par exemple au-dessus de Lungern et Giswyl. Cela provient de la maigreur du sol calcaire.

Nous retrouvons en outre le hêtre en quantité dans toutes les vallées et sur toutes les pentes du versant nord des Alpes, mais il ne se rapproche pas des Alpes centrales jusqu'à sa limite supérieure normale; il reste dans les vallées. Wahlenberg a déjà remarqué que

le Gothard « a une aversion singulière pour le hêtre, » et qu'il ne
s'avance dans la vallée de la Reuss que jusqu'à Wasen, dans celle
de l'Aar jusqu'à Gadmen, et dans celle du Rhin jusqu'un peu au
delà de Coire. Kasthofer a dès lors complété ces indications : le
hêtre manque dans toute la partie centrale des Grisons, il ne s'avance
vers les massifs des Alpes rhétiennes que dans le Prättigau, jusqu'à
Klosters et au-dessus de Coire jusqu'à Flims; il manque également à
tout le Valais, à la seule exception de la partie inférieure de la vallée
de Saint-Maurice, dans le vallon de la Lizerne et au Mont-Chemin,
où les dernières forêts se trouvent au-dessus d'Ardon et de Saxon. Il
manque entièrement ou presque entièrement dans les vallées intérieures de la Kander, de la Simmen et de la Sarine.

On serait tenté d'expliquer son absence par la présence du mélèze,
si, dans les hautes vallées du Tessin, à environ 1300 m. dans le val
Maggia, dans la Lévantine et la Mésolcine, nous ne retrouvions le
hêtre en compagnie du mélèze.

Pourquoi donc cet arbre fait-il défaut dans les régions indiquées?
C'est qu'il évite le climat continental et local qui règne dans le voisinage de nos grands massifs. Et s'il croît au Tessin dans les mêmes
localités que le mélèze, si, dans les Alpes tyroliennes méridionales, il
monte jusqu'au Baldo, cela prouve une fois de plus l'excellence du
haut climat insubrien qui est encore assez humide pour le hêtre, tout
en ayant assez de soleil pour le mélèze. Le hêtre entoure les deux
grands massifs de nos Alpes centrales d'une ceinture du plus beau
vert, sans toutefois pénétrer dans l'intérieur de ces massifs.

On a essayé d'expliquer autrement ce phénomène si remarquable
de l'absence du hêtre dans l'intérieur de nos Alpes, phénomène qui,
envisagé au point de vue climatérique, s'explique d'ailleurs assez
facilement, comme nous venons de le voir. On a appuyé sur le fait
que le hêtre cesse dans la vallée de la Reuss dès que le granit commence, et qu'au Jura il croît sur le calcaire pur. On en a conclu
que cet arbre est une plante des terrains calcaires. — N'oublions
pas que dans la Forêt-Noire et dans les Vosges il prospère sur le
terrain primitif. Sur les sommets de cette dernière chaîne, à 1200
m., il forme même au-dessus des sapins des taillis d'individus nains,
rabougris, aux branches noueuses et tortues, et ces taillis sont si
épais que parfois l'on peut y trouver un abri contre la pluie. Au

versant sud du Belchen, dans la Forêt-Noire, on voit quelques hêtres monter très haut ; ce sont des arbres extrêmement vieux, peu élevés, mais aux formes vigoureuses et ramassées et aux rameaux garnis de longs lichens. Nous n'en avons pas de semblables en Suisse.

Le fait que nos deux plus grands massifs alpins se composent de granit, est sans importance pour le hêtre. Il évite, il est vrai, les terrains humides ou marécageux, et préfère les stations sèches ; aussi montre-t-il une prédilection marquée pour la formation calcaire, parce que plus qu'aucune autre elle est riche en pareilles stations.

Ce qui prouve le mieux que c'est bien le climat qui empêche le hêtre de prendre pied dans nos grandes chaînes alpines, ce sont les conditions dans lesquelles il paraît au Valais. Dans toute cette vaste contrée, il ne croît que dans les stations où le vent d'ouest lui vient du lac de Genève. Ce n'est que sur le versant du Mont-Chemin, exposé à ce souffle propice, qu'il prospère et se maintient.

Tschudi résume la distribution géographique du hêtre en disant qu'il évite les districts visités par le föhn, soit l'influence desséchante des vents alpins ; mais cela ne peut s'appliquer aux contrées d'Engelberg et de Glaris, où cet arbre pénètre jusque dans le fond des vallées.

En compagnie du hêtre, on trouve *le charme (Carpinus Betulus)* mais cet arbre ne croît que dans les régions inférieures. Il évite les Alpes centrales d'une manière plus marquée encore que le hêtre et ne monte guère à plus de 800 m. Dans les cantons des Grisons et de Glaris il manque entièrement. Du lac des Quatre-Cantons il ne pénètre guère plus avant que Schaddorf, dans la vallée d'Uri, et que Gyswil, du côté du Brunig ; dans l'Oberland bernois il ne monte pas plus haut que la contrée de Thoune et d'Interlaken, et dans le Valais, pas au-dessus de celle de Sion. Encore dans le voisinage des Alpes reste-t-il à l'état d'arbrisseau, si bien que Rhiner ne mentionne pour le canton de Schwytz que deux localités où l'on peut le trouver en fleurs. Dans la zone jurassique inférieure le charme est un arbre véritable, qui rivalise avec le hêtre par la hauteur de son tronc, grisâtre, lisse, tortueux et très dur.

Dans le Tyrol et la Bavière, il évite également les Alpes. Dans le premier de ces deux pays, Hausmann ne l'indique que près de la frontière septentrionale et méridionale au lac de Constance et au val

Sugana. En Bavière il ne pénètre que dans la vallée de Berchtesga-
den, jusqu'à 793 m. du côté de la montagne ; ailleurs il fait entièrement défaut.

Un arbre qui joue un rôle bien plus secondaire encore, c'est
l'*érable-plane (Acer platanoides)*. On ne le trouve que par pieds isolés dans les forêts de hêtre et seulement dans leur partie inférieure ;
il n'y forme jamais de groupes et ne se distingue jamais par l'épaisseur de son tronc, qui est grisâtre, mais plutôt par sa taille élancée
et de belle venue. Son feuillage est très élégant et rappelle en automne,
par sa belle couleur jaune, les teintes automnales si vantées des
arbres de l'Amérique, mais il ne brille que rarement au milieu du
feuillage des hêtres. Je ne l'ai rencontré nulle part à plus de 1000 m.,
et le plus souvent sous forme de buisson. Son territoire s'étend des
régions méditerranéennes jusqu'au midi de la Suède.

Le houx (Ilex Aquifolium), est le seul arbre vert qui s'avance aussi
loin vers le Nord. Ce qui est plus remarquable encore, c'est que
parmi les arbres verts c'est un des plus beaux, du moins par son
feuillage. La feuille du houx, grande, d'un vert magnifique et d'un
poli superbe, aux fortes épines et à la surface ondulée, surpasse en
vigueur tropicale la plupart des feuilles coriaces de la zone méditerranéenne, et ce n'est que par sa plus grande raideur qu'elle rappelle
les climats du Nord. — Ce magnifique arbrisseau, rehaussé encore
par ses petits bouquets de fleurs d'un blanc argenté et ses baies d'un
rouge de corail, est pour cela aussi l'un des favoris des peuples de
race germanique, dans l'imagination desquels il doit remplacer le
palmier. Autrefois il ornait la fête d'Ioul, et maintenant encore, en
Angleterre, celle de Noël; dans le canton de Bâle-Campagne on s'en
servait en guise d'arbre de Noël avant l'usage allemand du sapin, et
dans bien des contrées on en orne les autels le jour des Rameaux.

Le houx appartient à un genre des tropiques qui comprend plusieurs arbres de l'Amérique du Sud formant forêt. L'un d'eux, par
exemple, fournit le thé du Paraguay. D'autres espèces du même
genre habitent les îles de l'Atlantique et l'est de l'Asie. La présence
de cet arbuste dans notre flore est donc un phénomène rare et singulier. Dans sa distribution, il est intimement lié au hêtre et au
sapin blanc, sous les ombrages desquels il se réfugie d'ordinaire.
Dans les endroits sombres, où il prospère d'ailleurs, il forme buisson;

dans les clairières il a le tronc droit et devient même un petit arbre.

En Suisse il reste fidèle à la zone du hêtre et du sapin blanc; aussi fait-il défaut au centre du Valais et dans les Grisons. Dans le Valais, Rion ne l'a trouvé que de Monthey à Martigny (Ravoire); dans les Grisons il ne paraît pas même s'avancer jusqu'à Coire et manque dans tout le pays (Moritzi-Brügger). Au Jura il est commun sur toute la partie nord; mais où il prospère le mieux, c'est dans la zone inférieure des lacs et dans les vallées alpines plus profondes. Là, grâce au climat humide et chaud, il devient un petit arbre de 5 m. de haut et contribue pour beaucoup à embellir l'épaisseur des taillis, surtout en hiver. C'est ainsi qu'on le trouve aux lacs de Sarnen, des Quatre-Cantons et de Thoune. Sa limite supérieure est à 1200 m.

A un point de vue plus général encore sa distribution est en partie la même que celle du hêtre et du sapin blanc. Dans le nord-ouest, où ce dernier fait défaut, le houx s'avance aussi loin que le hêtre, soit jusqu'en Angleterre et au sud de la Norwège. Du côté de l'est, sa limite descend vers le sud plus rapidement que celle du hêtre, il se rapproche donc de celle du sapin blanc avec cette différence toutefois que le houx s'étend jusqu'en Asie Mineure, ce qui n'est pas le cas du sapin, qui ne dépasse pas l'Olympe de Bithynie.

Dans la zone du hêtre, aussi bien dans le Jura septentrional que dans les parties tempérées du plateau et les vallées alpines inférieures situées autour du lac des Quatre-Cantons, on trouve le *faux pistachier* (*Staphylea pinnata*). Ce bel arbrisseau aux grappes de fleurs blanches, s'élève maintes fois à la hauteur d'un homme. La présence de cette espèce est très remarquable, parce que du sud de la Russie elle ne s'avance pas au delà de l'intérieur de la Suisse où est sa limite occidentale. De notre plateau, il ne s'étend en Allemagne que jusque dans la partie sud du grand-duché de Bade et en Alsace, et du bassin du Danube jusque dans la Haute-Bavière.

Dans les forêts de hêtre de la Suisse orientale on rencontre encore un autre arbrisseau caractéristique, le *fusain à larges feuilles* (*Evonymus latifolius*). Il est disséminé dans les buissons et les bois de la région inférieure et s'étend du Lac de Lucerne, sur toute la zone des lacs de la Suisse centrale et orientale, jusque dans la contrée de Glaris, de Saint-Gall, d'Appenzell et de Thurgovie. De là il s'avance vers l'est, à travers la Haute-Bavière, le long de la chaîne des Alpes. Comme pour le Staphylea, la Suisse marque sa limite du côté du nord et de l'ouest, tandis que vers le sud il s'avance jusqu'au midi de l'Espagne.

En parlant de la zone inférieure, nous avons déjà mentionné l'*Acer opulifolium* et le *Cytisus alpinus*. Nous les retrouvons dans les forêts de hêtre de la Suisse occidentale, auxquelles ils donnent un caractère méridional bien prononcé. L'érable s'avance dans le Jura jusqu'à Moutiers, et dans les Alpes occidentales il va de la Savoie jusqu'au canton de Vaud et au centre du Valais; le cytise, son fidèle compagnon, ne l'abandonne que dans les stations les plus extrêmes et s'arrête à Pontarlier et à Salins.

Parmi les plantes herbacées dont se compose la flore de nos bois de hêtre, on remarque les suivantes :

Le *taminier* (*Tamus communis*). Cette espèce est répandue dans tous les cantons, sans toutefois s'y trouver par masses ; ce n'est que dans le plateau du Haut-Appenzell, si montueux et presque entièrement privé d'arbres à feuilles qu'il paraît faire défaut. A partir de l'est, la Suisse est la seule contrée située au nord des Alpes qui possède ce végétal, véritable liane des tropiques aux feuilles luisantes et aux baies d'un beau rouge, de la grosseur d'une petite cerise. Ce n'est qu'à l'ouest de la Suisse que son territoire s'étend vers le nord, où il s'avance jusqu'en Angleterre et en Belgique. De là il remonte la vallée du Rhin jusqu'en Alsace et au grand-duché. Au sud des Alpes, le taminier est en Europe, avec le *Dioscorea* des Pyrénées, le seul représentant de sa famille qui appartient aux tropiques. Son territoire va de la Crimée au sud de l'Espagne. Il en ressort clairement que le taminier est d'origine méditerrannéenne et que, dans le cours des temps, grâce au climat de l'Océan, il s'est avancé par l'ouest vers le nord, comme beaucoup d'autres plantes, et a fini par pénétrer jusque chez nous pour se répandre dans toute la région inférieure du hêtre, exemple rare d'une immigration complète, plus complète que celle du *Calepina*, qui s'est arrêté au seuil de notre pays.

La présence du taminier dans toute la Suisse et son absence chez nos voisins d'Allemagne, démontre à elle seule que notre pays appartient déjà à la zone du sud-ouest de l'Europe. C'est même toute la région inférieure, jusqu'à sa frontière orientale de Rheineck à Coire, qui présente ce caractère, car dans ces deux localités, on trouve encore cette gracieuse liane, tandis qu'au delà du Rhin il n'y en a plus trace.

L'*Asperula taurina* a à peu près la même distribution que l'*Evonymus latifolius;* mais il commence plus à l'ouest, à l'extrémité supérieure du lac de Thoune, pour suivre de là les lacs et les vallées des basses Alpes, jusqu'à Hohenembs sur le flanc droit du Rheinthal. Cette belle espèce aux capitules blanches, longuement tubulées, fait contraste avec ses sœurs aux corolles moins allongées.

Le *Sedum hispanicum*, qui croît sur les murs et sur les rochers de la région supérieure du hêtre, a une distribution toute semblable à celle de l'Asperula. C'est une espèce de petite taille, formant gazon, aux fleurs blanches à carène rose. Elle traverse les vallées du Brünig au Haut-Toggenburg et au Grabserberg.

L'Asperula et le Sedum descendent aussi peu dans le plateau que l'*Evonymus*; mais, contrairement à cet arbuste, ils ne franchissent pas le Rheinthal du côté de l'est ; ce n'est qu'au sud des Alpes qu'on les voit reparaître, savoir : l'*Asperula*, au Tessin et à Kaltern dans le bassin de l'Adige, et le *Sedum*, seulement dans le Tyrol insubrien. De là, leur territoire s'étend vers l'est à travers la Serbie, la Czrna Gora et l'Illyrie. Nous avons déjà mentionné ces deux plantes en parlant de la zone du föhn.

Ces dernières espèces prouvent que ce n'est pas seulement la région inférieure, située sur les bords de nos lacs, mais aussi la région du hêtre, dans sa partie supérieure, qui est vraiment favorisée en comparaison de celle de l'Allemagne. Quand toute une série de plantes caractéristiques et croissant en abondance s'arrêtent sur la même ligne, on peut être sûr que cela n'est pas dû seulement à diverses phases de migration, mais que les influences climatériques ont leur grande part dans ce phénomène. La vallée du Rhin est une de ces frontières, car à l'est commence la zone plus froide du haut plateau bavarois, où, à égalité d'altitude, le printemps est de tout un mois plus tardif qu'au centre de la Suisse.

Les bois de hêtre, à l'exception de ceux des Alpes et de leurs vallées, renferment en outre :

Carex pilosa, polyrhiza, Melica uniflora, Campanula Cervicaria et *persicifolia, Orobus niger, Scilla bifolia, Crepis præmorsa ;* mais rien ne

révèle mieux au nord du Jura et sur le plateau la fraîcheur et la
sève vigoureuse de nos bois de hêtres que les nombreux papillons
qui s'y rencontrent. On les trouve souvent par légions, voltigeant
dans les chemins creux et humides, autour des eaux qui croupissent
dans les ornières. Je ne crois pas qu'en Allemagne, où le sol est
plus sec, on voie des essaims aussi nombreux d'*Apatura Iris* et
d'*A. Ilia*, de *Limenitis Sybilla*, d'*Argynnis Papia* et d'*Erebia Æthiops*.
Le *Liminitis Populi*, qui, ailleurs, disparaît de plus en plus, est encore
assez fréquent chez nous, surtout près de Constance et au bord des
forêts du plateau, du côté du nord et de l'est. D'après Wolf, il ne
pénètre pas dans l'intérieur du Valais et s'arrête au-dessus de Martigny, dans les épaisses forêts de la Forclaz où il est très rare.

Le *Vanessa Levana* ne paraît se trouver nulle part ailleurs en
si grand nombre et en si beaux exemplaires que dans les forêts de
hêtre du plateau intérieur de notre pays.

Le *chêne*, l'arbre le plus fier des forêts cisalpines, diminue de plus
en plus en Suisse. Sur les collines et dans la région inférieure il
n'existe plus que par groupes ou par massifs peu considérables, et il
est rare qu'il forme de véritables forêts. A la croisée des routes et
au bord des forêts, il existe, il est vrai, des pieds très anciens, qui
prouvent que chez nous cet arbre peut arriver aussi à son plein développement. A Derendingen, dans le canton de Soleure, il existe ou il
existait un chêne que j'ai vu encore il y a quelque trente ans, et qui
mesurait alors 7,5 m. de circonférence. Le rapport fédéral mentionne
un autre chêne, de 9,6 m. de circonférence, à Courfaivre, dans le
val de Delémont. On en a évalué le bois à 30 toises. Ce sont là des
phénomènes isolés. Sur toute son étendue, la zone du chêne, si effectivement elle existe encore, est coupée et traversée en tout sens par
le hêtre dont on ne saurait nier les progrès victorieux. Au versant
oriental du Jura il y avait autrefois des forêts de chênes jusqu'à la
région montagneuse. D'après Thurmann, on en retrouve les restes
dans les hautes tourbières du Jura bernois à une hauteur de 1000 m.

La contrée située entre le pied oriental du Jura et les lacs de
Neuchâtel et de Bienne est encore aujourd'hui la plus riche en chêne
de toute la Suisse; ce n'est guère que là qu'on trouve cet arbre en
forêts un peu considérables, situées au-dessous de la région du
hêtre ou alternant avec celle-ci. De là, le chêne s'étend, par groupes,

sur tout le plateau d'où il pénétre dans les vallées alpines les plus larges, où il recherche les versants exposés au soleil.

Au-dessus de Lausanne, sur le versant méridional du Jorat, il en existe un groupe extrêmement ancien, qui, malheureusement, risque de disparaître bientôt et qui est remarquable par son nom romain ou celtique qui s'est conservé jusqu'à aujourd'hui, c'est le bois de *Sauvabelin;* nom dérivé de *Silva Belini.*

L'espèce de chêne de beaucoup le plus répandue en Suisse, c'est *le chêne à fleurs pédunculées (Quercus pedunculata) ;* c'est aussi l'espèce la plus commune au centre de l'Europe. Il s'élève aujourd'hui dans le Jura jusqu'à 500 m., altitude où commence le sapin blanc. Quelques pieds isolés vont jusqu'à 700 m. et même jusqu'à 800 m. Cette espèce atteint à Glaris 845 m., au Beatenberg 1200 m. et à Wengen 1300 m.

Le chêne à fleurs sessiles (Q. sessiliflora, chêne-rouvre) habite généralement des régions plus basses et s'y trouve en beaucoup moins grand nombre. C'est surtout sur la lisière du Jura méridional et dans la vallée du Rhône qu'il se montre sous sa forme la plus caractéristique. Au versant nord des Alpes pennines, dans les chaudes régions du Valais, il ombrage souvent les routes et les chemins vicinaux. Là, c'est un arbre de taille moyenne, très ramassé, à l'écorce finement cannelée, aux feuilles petites, à la cime touffue avec quelques vigoureuses branches qui s'étendent fort loin.

Envisagé au point de vue de sa distribution générale, le chêne-rouvre occupe partout la partie méridionale de la zone du chêne. Les immenses forêts de chêne du centre de la Russie, celles de la Scandinavie (sur les côtes de la Norwège jusqu'au 63mo degré) se composent du chêne pédonculé; dans les Alpes c'est encore le rouvre qui se trouve dans les chaînes méridionales et il n'y monte pas très haut. D'après Sendtner, il manque à tout le haut plateau ainsi qu'aux montagnes de la Bavière et ne reparaît qu'au delà du Danube dans la Franconie, pays déjà plus tempéré. Dans le sud du Tyrol il est extrêmement commun et couvre les montagnes avec le *Q. pubescens* jusqu'à 1365 m., tandis que le *Q. pedunculata* y est rare et ne paraît que dans la plaine, par conséquent dans les situations moins exposées au soleil.

Les deux espèces réclament également un sol riche et argileux. Au

Jura, partout où les couches calcaires affleurent, le chêne n'apparaît plus comme arbre vigoureux. Il évite également les graviers déposés par les eaux. A Bâle, les forêts de hêtres de la vallée du Rhin sont fortement mélangées de chênes ; ils y atteignent même une assez belle hauteur ; mais dès que leurs racines plongent assez avant pour toucher à la couche de galets sur laquelle repose la terre végétale, ils sèchent dans leurs parties supérieures.

En Suisse, le chêne et le hêtre ne se comportent pas réciproquement comme dans le nord. En Suède, le chêne s'avance jusqu'au 61me degré, et dans l'Oural jusqu'au 58me, tandis que le hêtre touche à peine la Scandinavie et manque entièrement au centre de la Russie.

Au-dessus de la zone du chêne s'étend, dans notre pays, celle du hêtre qui monte à plus de 300 m. au-dessus de la première. D'après Grisebach, le chêne demande une température plus élevée que le hêtre, ce qui explique pourquoi il reste à un niveau inférieur. Si l'éclosion de sa feuille est plus tardive que celle du hêtre, il sait bien mieux que celui-ci maintenir son feuillage en pleine verdure jusqu'aux gelées d'automne, avantage qui lui permet de pénétrer en Suède et dans l'Oural, à des degrés de latitude que le hêtre est loin d'atteindre.

Mais comment expliquer le fait que, dans la montagne, le chêne reste bien au-dessous du hêtre? Peut-être faut-il, comme pour le bouleau, en chercher la cause dans la texture plus charnue de sa feuille, qui, comme celle du bouleau, redoute les pluies torrentielles plus encore que celle du hêtre, qui est plus raide et contient moins de sève.

Le chêne étant peu répandu en Suisse, les plantes qui l'accompagnent d'ordinaire le sont aussi beaucoup moins qu'en Allemagne, et des espèces qui sont très abondantes dans ce pays restent fort rares chez nous. Dans nos forêts de chêne, si peu abondantes qu'elles puissent être, on voit cependant fleurir :

Rosa arvensis, Centaurea nigra, Carex brizoïdes, remota, Hieracium boreale, Luzula albida, Melampyrum cristatum, Hypericum pulchrum, Genista tinctoria et germanica, Orobus tuberosus, Senecio sylvaticus, Aira cæspitosa ; mais ces espèces, si communes en Allemagne, sont peu répandues, et même le *Carex ericetorum* n'a été trouvé que sur quelques points isolés du canton de Zurich.

Le frêne, cet arbre superbe au feuillage si riche qu'il rappelle l'exubérance des formes tropicales, au tronc lisse et élancé, est répandu dans toute la Suisse, au nord aussi bien qu'au midi. On le trouve dans les vallées les plus chaudes, aussi bien que dans les dépressions humides du plateau et même dans les vallées alpines, mais il ne dépasse pas une altitude de 1300 m. Il ne forme jamais forêt et croît toujours par groupes ou par pieds isolés. Nulle part commun et ne manquant pourtant dans aucune contrée, c'est un des plus beaux ornements de la région habitée. Il affectionne surtout les prairies de la région montagneuse inférieure et y atteint de très grandes dimensions. Près de Stocken, au-dessus de Sachselen, à 1000 m., on voit dans une prairie entourée de forêts un frêne d'une taille vraiment majestueuse. Le frêne ne craint pas le voisinage des eaux courantes et y croît souvent avec l'aune. Sur les pentes rocheuses du Jura, à la Bechbourg par exemple, il a pris pied sur les terrasses les plus sèches ; le long des routes du Valais, il est mêlé aux ormes et aux chênes ; on le trouve même jusque dans les hautes tourbières du Jura.

L'orme, *l'érable champêtre* et *le tilleul* se rencontrent dans toute la région jusqu'à 1200 m., le long des chemins, à l'intérieur et au bord des bois.

Les deux premiers arbres sont répandus surtout dans les climats méridionaux, au Valais et au Tessin. Le tilleul, dans ses deux espèces, à grandes et à petites feuilles, n'est que rarement vigoureux et de haute taille quand il croît en forêt ; mais comme arbre isolé, près des fontaines des villages ou autour des grandes fermes, il acquiert une taille d'autant plus gigantesque. Ces vieux tilleuls aux cimes arrondies ne manquent à aucun des hameaux de la Suisse allemande ni de la Suisse romande et se retrouvent jusque dans les montagnes. Les souvenirs les plus chers se rattachent à leur frais ombrage et à leur cime odorante. C'est sous le vieux tilleul que l'on se réunit le soir, après le travail ; le dimanche, les enfants jouent autour de lui pendant que les vieillards devisent sous son ombrage : c'est un véritable patriarche, dont le nom seul a déjà quelque chose de doux et de paisible, en allemand *Linde* signifie *doux*.

L'espèce à petites feuilles est la moins commune : c'est sur la lisière du Jura, surtout vers le sud, qu'elle est la plus répandue. C'est

cette seconde espèce et non pas celle à grandes feuilles qui croît
encore au Salève et vers le sud-ouest, aux environs de Lyon et de
Grenoble, où la première fait déjà défaut. De même c'est le *T. par-*
vifolia et non pas le *grandifolia* qui s'avance jusqu'en Scandinavie.

Quant à *l'orme*, *Ulmus campestris f. montana*, il se trouve par pieds
isolés au Jura et au Valais jusqu'au pont de Calpetran. *L'U. effusa*,
espèce orientale, ne paraît se trouver qu'au canton de Schaffhouse.

L'aune, *Alnus glutinosa*, est l'arbre caractéristique des dépressions
du plateau ; il y suit fidèlement le cours des rivières et des ruisseaux
et n'évite pas même les marais. Il forme des buissons d'un vert
foncé, mais croît aussi fréquemment en arbre de haute taille à courts
rameaux. Il ne contribue pas peu à l'impression de fraîcheur que
laissent les prairies de l'intérieur de la Suisse. Comme le charme, il
ne s'élève que fort peu du côté des Alpes. A Glaris il ne monte qu'à
845 m., dans l'Oberland bernois jusqu'à l'Urweid, dans la vallée de
l'Aar et au Beatenberg à 1150 m. La limite inférieure de la zone
des conifères lui sert de limite supérieure. Au Jura, il est rare
et ne croît que dans le fond des vallées sur un terrain d'argile
ou de sable.

La fougère caractéristique des forêts d'aunes de l'Allemagne septentrionale : l'*Aspidium cristatum* est très rare chez nous (Thoune,
Berne, Robenhausen).

L'aune blanchâtre (Alnus incana) est au contraire très répandu
jusque dans les vallées des Alpes centrales, il monte jusqu'à 1500 m.
Il est plus rarement arborescent que *le glutinosa*, mais beaucoup plus
commun comme buisson. Il recherche les graviers des torrents alpins
et montre en général une affection plus grande pour les stations
rudes et sauvages que son congénère. Il se plaît aussi dans la compagnie des saules dont les hauts buissons recouvrent les abords et
les grèves de nos fleuves jusque dans la région montagneuse, savoir :
dans les hautes régions, les *Salix incana* et *purpurea*, et dans les profondeurs, les *S. triandra*, *alba* et *fragilis*.

Parmi les trois *peupliers*, *l'alba* et le *nigra* recherchent également le
voisinage des eaux courantes. Cette dernière espèce est commune
dans la région inférieure du plateau et sur les graviers des grandes
vallées alpines. Dans la vallée de la Reuss elle va jusqu'à Amsteg ;
du côté du Brunig jusqu'à Lungern ; du côté d'Engelberg jusqu'à

Wolfenschiessen. Le peuplier blanc est un des arbres les moins communs des grandes vallées du Rhin et du Rhône. Dans cette dernière il monte jusqu'à Sierre. Sur le plateau, au versant nord des Alpes, il n'est guère sauvage ; c'est en général plutôt une espèce du Midi. En Bavière sa distribution est la même : il n'existe à l'état sauvage que dans la grande et chaude vallée du Danube et manque sur le haut plateau.

Le *tremble* est répandu dans toute la Suisse. Cet arbre atteint presque la limite du hêtre ; mais, dans les auteurs, ce n'est guère qu'un buisson.

Les autres végétaux ligneux qui se rencontrent dans les forêts et y atteignent parfois la taille d'un arbre, doivent plutôt être considérés comme des éléments plus ou moins hétérogènes, mêlés accidentellement aux essences proprement dites.

De ce nombre sont :

Le *cerisier*, qui orne abondamment la lisière des forêts du Jura, les collines du plateau et de l'est de la Suisse, et y porte en quantité son petit fruit noir ou parfois aussi d'un beau rouge.

Le *pommier* et le *poirier* sauvages, répandus çà et là. Le dernier devient souvent un bel arbre sur les pâturages du Jura.

Enfin l'*alisier (Sorbus torminalis)* qui, dans le Jura bâlois, devient parfois un arbre de 30 à 40 pieds.

Au pied du Jura, à Œnsingen, on a aussi vu l'*alouchier (S. aria)* atteindre la hauteur d'un arbre, mais c'est là un fait rare et isolé.

Dans son plein développement, le *bouleau (Betula alba f. verrucosa* Ehrh.) est au nombre des plus beaux végétaux de la flore européenne. C'est surtout dans les allées et dans les forêts du nord-est de l'Allemagne que l'on peut admirer cet arbre à l'écorce d'une blancheur éclatante, au tronc élancé comme le mât d'un navire et n'en atteignant pas moins de 50 cm. à 1 mètre d'épaisseur. Il se subdivise en mille rameaux effilés qui se ploient sous le poids des chatons comme ceux du saule pleureur, et se pare comme d'un voile de son beau feuillage, si léger et si mobile. L'ensemble de ses formes respire un charme, une grâce toute virginale. En Suisse il n'atteint jamais un développement aussi complet. De temps à autre on le rencontre dans les régions inférieures, mais il a quelque chose d'incertain et de capricieux dans sa distribution ; nulle part il n'a l'air d'être chez lui et pourtant il ne manque nulle part entièrement , partout aussi il reste faible et de petite taille. Wahlenberg s'étonnait déjà de ne pas trouver chez nous les vastes forêts de bouleaux de la Laponie.

Ni le climat ni le sol ne s'opposent chez nous à l'existence de cet arbre, même dans la haute région montagneuse. Si Wahlenberg explique avec raison l'absence du bouleau à la limite supérieure de nos arbres par les pluies torrentielles qui excluent tout arbre au feuillage délicat, les mêmes raisons ne s'appliquent pas aux régions inférieures où cet obstacle n'existe plus. Le bouleau n'est si rare en Suisse que parce qu'il ne peut rivaliser avec d'autres arbres plus vigoureux et projetant des ombres plus épaisses. Le bouleau n'a point d'ombre ; il lui faut un soleil qui joue librement dans son feuillage. Ce sont nos sapins et nos hêtres aux ombrages épais qui se sont partagé son territoire. Rien ne prouve d'une manière certaine que le bouleau ait été autrefois plus répandu dans notre pays ; mais s'il l'a jamais été, il est naturel qu'il ait dû céder le pas aux autres arbres. En Laponie, où le climat refoule déjà le sapin dans des régions inférieures, c'est le pin et le bouleau qui se sont partagé le sol. Cela s'explique facilement : tous deux sont des arbres qui donnent peu d'ombre et par là ne se gênent pas mutuellement. Dans les régions supérieures, c'est le bouleau qui règne seul.

Au bord de nos forêts et sur les débris pierreux, le tronc du bouleau atteint à peine l'épaisseur du bras, aussi reste-t-il sans influence sur le caractère général du paysage, à l'exception peut-être des vallées alpines. Je mentionne ici quelques-unes de ces exceptions : c'est d'abord la forêt de Kipfen dans la vallée inférieure de Saint-Nicolas. Sur la pente d'un ancien éboulis, qui a été remué à nouveau par le tremblement de terre de 1855, s'étend une véritable forêt de bouleaux, mêlée, il est vrai, de beaucoup de mélèzes. Quoi de plus gracieux, de plus charmant que de voir la plus légère de nos conifères et le plus aérien de nos arbres à feuilles, mêler leurs rameaux flottants et leur feuillage mobile ! Une autre exception digne d'être mentionnée, ce sont les nombreux et magnifiques bouleaux qui croissent sur les pentes de la route du Simplon, de Schallberg à Bérisal, en compagnie de pins également magnifiques. Ce paysage paraît être emprunté aux contrées du nord. Enfin, je cite les pentes de la Lévantine au-dessus de Faido, où le bouleau se mêle à des bois d'*Alnus incana*.

Le bouleau est plus commun dans la région inférieure des arbres que dans la supérieure. Je l'ai vu au Tessin à 100 m. à peine au-dessus du lac Majeur, et monter dans la Maggia à 1100 m. (Salita di Peggia). Dans la Levantine, il règne de Dazio, (1000 m.) jusqu'à Poleggio, à 300 m. plus bas, du côté ombragé de la vallée, tandis que du côté exposé au soleil, c'est le châtaignier qui domine. Au-dessous de Poleggio le hêtre supplante le bouleau, comme Kasthofer l'a déjà remarqué.

Au Jura il est rare et à peine sauvage, excepté dans les tourbières dont nous parlerons tout à l'heure. Au Valais il est commun, çà et là, dans le fond de la vallée le long du Rhône. D'après Rion, il ne monte pas au delà de l'entrée des vallées latérales et ne s'avance jamais dans la région montagneuse proprement dite. Dans le haut Valais, il s'arrête à Fürgangen, à environ 1100 m. Dans le nord de la Suisse il est disséminé par pieds isolés sur tout le plateau. A tout prendre, de ce côté des Alpes, il ne dépasse pas la limite du hêtre.

Ce qui prouve bien que le hêtre est pour le bouleau un rival redoutable, auquel il est obligé de céder le pas, c'est la distribution de ces deux arbres dans les Carpathes. Le bouleau y est rare comme en Suisse, tandis que le hêtre est très répandu, et pourtant le climat est déjà notablement plus continental que chez nous. Il est évident qu'ici le climat n'a pas d'influence sur la distribution.

Une forme du bouleau joue dans la flore un rôle tout différent de celui de la forme-type, rôle à peu près semblable à celui du *Pinus montana* à l'égard du *silvestris* : c'est le *Betula alba f. pubescens* Ehrh., que l'on peut désigner du nom de *bouleau des tourbières*.

Rien de plus embrouillé que les opinions des botanistes au sujet des différentes formes du bouleau, jugées dignes ou non d'être élevées au rang d'espèces.

Grisebach, et avant lui Grenier et Wimmer, prétendent que le bouleau qui est répandu dans les plaines de l'Allemagne (le *B. ver-rucosa* Ehrh. d'après Grisebach) est une espèce différente de celle du Nord (*B. alba* L. d'après Grisebach) et qu'elle appartient à l'Europe centrale. Ils prétendent en même temps que notre forme *pubescens* Ehrh. est la variété montagneuse de l'*alba* L. qui monte dans la région montagneuse depuis le sud de la mer Baltique.

D'après cette manière de voir, les deux stations suisses mentionnées jusqu'à présent appartiendraient à l'espèce d'Allemagne, soit au *B. verrucosa*.

Sendtner distingue aussi le *B. alba* L. du *B. pubescens*, son *alba* est absolument le *verrucosa* de Grisebach, et son *pubescens*, l'*alba* du même auteur.

D'après Regel, le *verrucosa* est une forme de la plaine et le *pubescens* une forme du Nord et des tourbières, toutes deux appartenant à la même espèce.

Ce qui est certain, c'est que dans les tourbières du Jura jusque dans la haute Engadine, on rencontre un bouleau de petite taille, arbuste souvent stérile, qui d'ordinaire ne monte pas à plus de 2 m., rarement à 5, et qui se distingue essentiellement du bouleau de la plaine par ses feuilles ovales, non triangulaires, se terminant en pointe plus courte et plus obtusément dentées, par ses rameaux plus épais, à poils non appliqués, et par son fruit aux ailes plus étroites, et non pas du double plus larges que le fruit.

Cette forme manque à la plaine ; elle manque sur le terrain sec, graveleux ou sablonneux où prospère le bouleau de haute taille, et ne paraît que dans la région montagneuse, à partir de 1000 m., dans les tourbières et d'ordinaire en compagnie du *Pinus montana*. Ce bouleau ne manque dans aucune des tourbières jurassiques ; c'est celui qui croît avec le rhododendron dans la tourbière de Schwendi-Kaltbad, à 1320 m., où Wahlenberg l'indique déjà comme un arbuste de trois aunes de hauteur. Il forme également les bois nains que ce savant mentionne à Chiamut, 1500 m., et au Stockboden dans la vallée de la Reuss, 1530 m. ; c'est encore le même bouleau qui forme le petit groupe observé en 1842 par Martins au glacier de l'Aar, à une altitude de 1975 m. Il se retrouve dans la haute Engadine, au lac de St-Moritz, à 1780 m. D'après Fischer, sa limite supérieure est à 1300 m. dans l'Oberland bernois ; à la Handeck, il monte même à 1700 m. et, d'après Moritzi, à 1800 m. à l'Albigna, dans le val Bregaglia.

A l'exception des tourbières et des plateaux alpins qui leur ressemblent, cette forme ne se trouve nulle part. Si elle est vraiment identique à l'espèce du Nord, elle suit ainsi la même distribution que les vaccinium et l'andromède.

D'après les observations faites en Bavière, le bouleau de haute

13

taille des régions inférieures et le bouleau des tourbières ont dans
ce pays une distribution semblable à celle qu'on observe en Suisse.
Le dernier monte jusqu'à 1450 m. et croît aussi dans toutes les
tourbières du plateau à 450 m. ; tandis que le premier ne se trouve
que sur des terrains graveleux et d'autres sols maigres de la plaine.

En Silésie, les deux formes ont également des territoires absolument distincts. Le *pubescens* n'y croît que dans les tourbières de la
montagne. Au midi de la Suède et à Drontheim, en Norwège, le
bouleau des plaines allemandes (*B. verrucosa*) a déjà entièrement
disparu; il ne franchit pas non plus l'Oural ; en revanche, il ne
manque pas dans les montagnes du Midi; sur l'Etna il atteint une
altitude de 2014 m.

Toutes les forêts de bouleau de la Laponie se composent de
B. pubescens ; les Suédois Fries et Scheutz l'ont déterminé *B. glutinosa f. pubescens ;* Martins constate expressément l'identité complète
qui existe entre les bouleaux du glacier de l'Aar et ceux de la limite
des forêts de la Laponie, aux rameaux épais, courts et dressés. Toutefois, il reste une différence dont il faut tenir compte, c'est que,
dans le Nord, la forme en question atteint la taille d'un grand arbre,
tandis que dans nos Alpes il reste à l'état d'arbrisseau.

C'est encore le *B. pubescens* qui couvre toute la Sibérie, où il
atteint une grande taille. C'est lui qui, sur les rives de l'Amour,
forme avec les conifères ces grandes forêts que Kittlitz a si bien
reproduites dans ses paysages des bords du fleuve du Kamtschatka.
Il entre en Europe par le nord-est et s'avance jusqu'à Magerö et
Varanger au 71° de latitude.

Au sud du Kamtschatka et près de la mer d'Ochotsk, il s'y joint
une nouvelle espèce, le *B. Ermani* qui, par son tronc noueux et son
écorce rugueuse, ne ressemble pas à nos bouleaux, ce dont on peut
se convaincre par le dessin que Kittlitz a donné des forêts subalpines
du Kamtschatka.

Il faut remarquer encore que dans les tourbières de la haute
Bavière il existe une autre espèce également de basse taille et qui
nous manque : c'est le *B. humilis*, qui appartient avec les *Salix myrtilloides* et *depressa* au groupe subarctique des plantes des tourbières
bavaroises.

Un phénomène très curieux, c'est la présence d'une autre forme

assez élevée, le *B. Murithii* Gaudin, dans la vallée de Bagnes, à Mau-
voisin, à 1800 m. Il se distingue par ses feuilles plus grandes, brièvement pétiolées, largement dentées en scie, par ses chatons dressés,
brièvement pédonculés et les écailles de ses fruits plus grandes à
pubescence serrée, à lobe moyen très long et à lobes latéraux très
grands et très larges, caractères qui le distinguent essentiellement de
toutes les espèces connues.

En 1876, Favrat a retrouvé en fruits cette forme découverte en
1780 par Murith et déterminée par ce dernier comme *B. nigra*.
C'est là un exemple rare d'une variété parfaitement distincte et connue dans une seule localité.

Le *pin* sylvestre (*Pinus silvestris ;* all. *Föhre, Kiefer ;* all. suisse,
plutôt *Fichte, Dähle ;* en romanche, *teu ;* dans la Suisse française,
daille), ne se trouve pas chez nous dans son plein développement,
tout comme le bouleau.

Pour voir le pin dans toute la magnificence de son développement,
il faut visiter les grandes plaines sablonneuses du bassin du Rhin, à
Haguenau et à Darmstadt, où cet arbre forme à lui seul des forêts de
plusieurs milles d'étendue. Ses troncs nus s'élèvent en lignes verticales parfaitement régulières et comme autant de mâts, jusqu'à une
hauteur de 30 mètres et même au delà. Ce n'est qu'à l'extrémité
supérieure qu'ils se ramifient en une sorte d'ombelle au feuillage
d'un vert bleuâtre foncé, contrastant avec l'écorce rougeâtre, qui se
détache des rameaux par minces feuillets. Par leur parfaite régularité et leur immense étendue, ces forêts sont d'un effet vraiment
solennel. Le sol, qui est entièrement couvert de leurs aiguilles desse-
chées, est absolument lisse et comme balayé ; le vent balance doucement les cimes et la résine exhale partout sa senteur si fine et en
même temps si pénétrante.

Cet arbre ne subit que fort peu les influences du climat, du moins
pour ce qui concerne la température et l'humidité ; mais, pour réussir en haute futaie et sur de vastes étendues, il lui faut un sol de
sable. Partout où l'on trouve des forêts de pins de quelque dimension, elles occupent les plateaux sablonneux ; dès que le sol prend
plus de consistance, cet arbre est remplacé par l'épicéa, le hêtre ou
le chêne.

Ces espaces sablonneux manquant en Suisse, il est naturel que les

forêts de pin y soient rares. On y trouve, il est vrai, des stations
analogues, par exemple les grands dépôts de gravier de nos bassins
fluviaux et les détritus glaciaires que les moraines ont entassés dans
les vallées. Ce sont aussi ces endroits que le pin recherche de préférence chez nous, et en même temps les seuls où il se trouve en quelque abondance, ainsi dans la vallée du Rhin, à Ems au-dessus de
Coire, et dans celle du Rhône, sur les dépôts glaciaires du Bois-Noir,
entre Saint-Maurice et Martigny, près de Sion sur les bords du
Rhône, et surtout dans la forêt de Finges, au-dessus de Sierre, sur
l'immense moraine frontale qui coupe la vallée dans cet endroit. La
dernière station de cette espèce est au-dessus de Brigue, du côté de
Schallberg ; le pin y croît en forêt et se mêle au bouleau vers les hauteurs. — Ce sont là nos forêts de pins les plus considérables ; encore
cet arbre y diffère-t-il beaucoup de celui des forêts allemandes que
nous venons de décrire. De taille beaucoup moins élevée, au tronc
bizarrement noueux, mais très pittoresque, enfonçant ses racines
entre les blocs charriés par les eaux et les couronnant de leurs
cimes, ces pins ont fourni aux Diday et aux Calame les motifs de
leurs toiles les plus remarquables et les plus saisissantes. Ce ne sont
pas comme au bord du Rhin des colonnes imposantes se dressant à
perte de vue les unes derrière les autres : ce sont des formes rappelant en petit les pins de l'Italie, aux rameaux tordus formant néanmoins une sorte d'ombelle qui, lorsque l'arbre est vieux, laisse parfois
une de ses branches retomber jusqu'à terre.

Outre ces stations de quelque étendue, le pin croît encore çà et là
par groupes dans les vallées du versant nord des Alpes, ainsi dans
l'Oberland bernois, dans la vallée de la Reuss, près d'Amsteg et sur
le plateau suisse.

Le pin croît aussi en individus isolés sur les rochers de la région
inférieure. C'est là une des stations les plus caractéristiques. A
l'entrée des vallées latérales du Valais on peut le voir surplombant
des parois verticales ou couronnant la tête des rochers : c'est surtout
le cas des grandes parois calcaires et dolomitiques des Pontis, de la
gorge à l'entrée du Val d'Anniviers, et plus encore des pentes rapides de la route du Simplon, de Brigue jusqu'au pont de la Ganter.
Quant à la partie montagneuse des vallées, il n'y pénètre pas, ou du
moins fort rarement. Au Jura, dont il évite d'ailleurs le sol com-

pact, il croît, entre autres, sur les rochers de la partie septentrionale de la chaîne, où il orne parfois de longues lignes pittoresques
les escarpements rocheux; c'est lui aussi qui le premier recouvre les
murs des ruines si nombreuses de cette contrée.

Dans notre pays la zone du pin est la même, quant à la hauteur,
que celle du bouleau; il est rare qu'il monte à plus de 1500 m.

C'est dans les Grisons qu'il atteint en Suisse la plus grande
altitude. A 1800 m. au-dessus de Samaden et au Statzersee
on peut voir des individus nombreux de *P. silvestris*, mêlés aux
aroles et aux pins de montagne (*Pinus montana f. uncinata*). Il y
atteint une hauteur d'environ 10 mètres, mais il y diffère évidemment de la forme ordinaire. Ses feuilles persistent beaucoup plus
longtemps, ce qui fait que ses branches en sont revêtues beaucoup
plus bas. Ses cônes n'y sont pas d'un brun grisâtre, comme dans la
vallée, mais d'un beau jaune vernissé ; leurs écailles sont fortement
convexes et leur ombilic est entouré d'un anneau noirâtre. Le tronc
est droit et rameux presque dès la base ; quelques vieux pieds portent seuls la cime régulière du pin des vallées. A côté de cette forme
qui rappelle le pin de montagne, il y a encore dans la même localité de véritables hybrides entre les deux espèces.

Brügger a signalé le pin de l'Engadine sous le nom de *P. rhætica*
et Heer sous celui de *P. silvestris f. engadinensis*; mais des exemplaires
que je dois à l'excellent Wichura, enlevé trop tôt à la science, prouvent à l'évidence que la forme de l'Engadine est précisément celle que
revêt le silvestris dans la partie subpolaire de la Laponie, à Quick-
jock, à 67 degrés de latitude, forme que Wichura a désignée du nom
de *P. Frieseana.*

Nous avons vu que le pin de montagne et le bouleau paraissent
dans la haute Engadine dans la forme des régions arctiques ; nous
voyons se répéter le même phénomène pour ce qui concerne le pin :
le *Pinus silvestris f. Frieseana* Wich., le *P. picea Du Roi f. medioxma*
Nyl., et le *Betula alba f. pubescens* Ehrh., forment un groupe arctique
et en même temps rhétien de la plus haute importance.

Au-dessus de Flims, dans la vallée de Coire, le pin monte en
arbre élevé jusqu'à 1800 m. Dans cette station on rencontre souvent la variété à feuilles très courtes (*brevifolia* Heer), forme extrêmement curieuse, que l'on prendrait de loin pour une conifère, non

seulement d'une espèce, mais d'un genre différent, tant le port de
cette variété s'éloigne de celui du pin ordinaire.

Voici le moment de parler des observations de Martins, qui lui
aussi a cru reconnaître une certaine analogie entre la station du
P. silvestris dans la haute vallée de l'Aar et celles qu'il occupe
d'ordinaire en Laponie. En effet, cet arbre, qui reste en Suisse dans
une région si basse, forme en Laponie, au-dessus de la région
de tous les autres conifères, une zone qui monte jusqu'à 360 m.
et qui est dépassée encore par celle du bouleau qui s'élève jusqu'à
540 m.

Martins a cru retrouver une distribution semblable au-dessus de
la Handeck : l'épicéa y cesse, en effet, à 1545 m. et le pin à
1800 seulement. Toutefois la comparaison n'est pas exacte, car
le pin de cette haute vallée n'est pas le *P. silvestirs,* mais le *montana,*
arbre qui se comporte tout différemment quant au climat.

Si le *P. sylvestris* ne monte pas dans nos Alpes à une grande hauteur, cela tient certainement aux mêmes causes que celles qui retiennent le bouleau dans les régions inférieures, savoir la trop grande
prépondérance des arbres à ombrage épais, tels que le hêtre et l'épicéa. Le pin a besoin de lumière, il ne supporte pas l'ombre. A
cette cause s'ajoute encore le manque d'un sol favorable dans les
régions supérieures et, — autre inconvénient relevé par Bravais
et Martins, — les lourdes masses de neige qui se déposent entre
les fascicules de feuilles. Quant au froid, le pin ne le redoute nullement.

C'est dans les climats les plus rigoureux qu'il se trouve en plus
grande abondance. Du bassin de l'Amour il est répandu dans toute
la Sibérie jusqu'au 60me degré, et il s'avance même dans l'Oural
jusqu'au 66me.

Ce qui est remarquable, c'est sa distribution au sud de la grande
chaîne des Alpes. Il s'étend des côtes méridionales de l'Asie Mineure
(Kotschy) jusqu'au midi de l'Espagne, dans la Sierra Nevada. Il forme
au centre de ce dernier pays la grande et célèbre forêt de *La Granja*
au versant nord de la Sierra de Guadarrama, et s'y élève jusqu'à
1950 m.; tandis que dans la presqu'île de l'Italie, couverte de
hêtres et d'épicéas, il ne franchit guère les Alpes et ne reparaît plus
au sud de la côte ligurienne et de l'Istrie. Le climat plus sec du midi

et de l'est de l'Espagne convient évidemment mieux à un pin que le climat plus maritime de l'Italie.

Ce que nous avons dit du chêne, nous pouvons le dire aussi du pin : il ne se trouve chez nous que quelques rares vestiges de la flore des forêts de pin, très distincte dans les régions sablonneuses de l'Allemagne et caractérisée par les *Kœleria glauca, Corynephorus, Viola arenaria, Pyrola umbellata, Jurinea Pollichii*, etc. Ce n'est guère qu'au pied du Jura qu'il est possible de distinguer un groupe de plantes croissant de préférence dans les forêts de pin ; de ce nombre sont les *Ophris*, le *Limodorum*, l'*Orchis fusca* et l'*Aceras*, et même le *Genista sagittalis;* au Valais, on y rencontre encore les *Euphrasia viscosa, Astragalus exscapus, Achillea tomentosa, Viola arenaria, Adonis vernalis, Vicia Gerardi, Kœleria gracilis.*

A. Le plateau suisse.

Quittons maintenant les forêts de notre région moyenne et tournons nos regards vers le vaste paysage qui s'étend du pied des Alpes et de leurs lacs jusqu'au Jura et à la vallée du Rhin : abordons le plateau suisse, vaste étendue recouverte par la flore de nos plaines et de nos collines.

C'est à tort que l'on donne le nom de plaine à cet espace. Du Léman au lac de Constance s'élèvent partout des collines plus ou moins hautes : il n'est pas d'espace, ne fût-il que de l'étendue d'un kilomètre carré, où l'on ne distingue des hauteurs et des enfoncements, des vallées et des sommets. Nulle part au pied des Alpes suisses on ne trouve de haut plateau proprement dit comme celui de Bavière, si imperturbablement monotone, qui s'étend depuis le nord des dernières hauteurs alpines jusqu'au Danube. Là, le versant des basses Alpes descend en lignes presque verticales de la Bregenzerache à la Salzach et forme la limite d'une plaine dont la pente est presque insensible jusqu'au bassin du Danube. Voici quelle est l'altitude du plateau bavarois, à 5 milles de distance des Alpes, sur la ligne de Memmingen à OEtting, qui va de l'ouest à l'est : Memmingen 599 m., Munich 508 m., OEtting 378; à 5 milles plus loin dans la même direction : Augsbourg 490 m., Moosburg 407 m., Landau 340 m. Ce n'est que près du Danube, à 5 milles au delà, que l'on atteint les stations inférieures : Ulm 472 m., Donauwœrth 404 m., Passau 274 m. Cet immense plateau, 5 fois plus étendu que le nôtre, n'a plus rien de la nature montagneuse. Les forêts de pin, les bruyères et les tourbières, les champs de blé sur d'immenses étendues, les puits à bascule qui font silhouette à l'horizon, tout cela rappelle plutôt le nord de l'Allemagne; il faut l'apparition lointaine de quelque fière sommité ou la présence de quelque plante alpine dans la bruyère et les marais pour nous rappeler que nous sommes encore dans le voisinage immédiat de la chaîne des Alpes.

Livrée à tous les vents, ouverte vers le nord et séparée du sud par la chaîne des Alpes, cette contrée a dans le climat quelque chose d'excessif. L'immense étendue qu'y prennent les tourbières à une altitude de 4 à 500 m. seulement (la tourbière d'Erding, à 482 m., ne mesure pas moins de 4,6 milles carrés) prouve déjà que le climat est défavorable. On y rencontre : *Primula Auricula, Gentiana acaulis, Cerastium alpinum, Saxifraga Hirculus, Trientalis, Betula nana, Scheuchzeria, Juncus stygius, Eriophorum alpinum*, toutes espèces qui n'occupent pas en Suisse de grands espaces et qui n'y croissent que dans les régions montagneuses, où même elles ne paraissent guère au-dessous de 900 à 1000 m.

Le plateau suisse ne saurait donc être comparé à celui de Bavière. C'est une étroite bande de terre qui, à partir du lac de Constance, s'étend vers l'ouest, entre le Jura et les Alpes. La partie la plus basse et en même temps la plus chaude est à l'occident. Là, le plateau rejoint la dépression d'où s'élèvent tout à coup les hauts sommets du Jura. Les altitudes suivantes peuvent servir de points de repère dans cette région : lac de Genève 375 m., lac de Neuchâtel 435 m., l'Aar à Olten 393 m., le Rhin à Coblenz 315 m. Du côté de l'est, de nombreuses collines et chaînes secondaires faisant suite aux Alpes, s'avancent jusque vers la ligne du Jura. Ce sont ces exhaussements et ces enfoncements de terrain qui donnent au plateau son aspect si varié : partout des collines et de nombreuses vallées, celles-ci parfois occupées par des lacs. La vallée de l'Aar ne reste au-dessous de 400 m. que jusqu'à Olten, celle de la Reuss jusqu'à Cham, celle de la Limmat jusqu'à Zurich, celle de la Töss jusqu'à Hard, celle de la Thour jusqu'à Pfyn. Tout l'espace compris entre ces vallées et situé à l'est des points mentionnés est à une altitude supérieure et

monte insensiblement jusqu'aux basses Alpes qui ne sont pas éloignées. La contrée à l'est de Lausanne, Fribourg, Berne, Berthoud,
Lucerne, Zoug, Winterthour et Saint-Gall est déjà en moyenne à
plus de 700 m. Le Gibloux (1205 m.), le Guggisberg (1291 m.), le
Walkringerberg (967 m.) se rattachent déjà plus ou moins aux
Alpes bernoises; le Napf (1408 m.), le Rossberg (1582 m.), le Sat-
tel (1299 m.), le Hirzli (1536 m.) et le plateau d'Einsiedeln
(910 m.) aux Alpes des petits cantons et de Glaris; le Bachtel
(1119 m.), le Hörnli (1135 m.), le Schnebelhorn (1295 m.) au
massif des Churfirsten; Schwellbrunn (1083 m.) et Gæbris (1250
m.) à celui de l'Alpstein. Toute cette contrée, comprise dans le plateau, pourrait donc être envisagée à aussi juste titre comme faisant
partie des basses Alpes. Il va sans dire qu'il ne s'agit pas ici des
liens qui, au point de vue géologique, rattachent ces montagnes à la
chaîne des Alpes, mais simplement de la place qu'elles occupent
dans l'ensemble du relief de notre pays.

Notre plateau est donc très accidenté; les Alpes y projettent fort
loin leurs premières croupes. La partie qui revêt le mieux le caractère
d'une plaine proprement dite, c'est celle où s'étendent les vastes
marais qui longent les lacs de Morat et de Bienne jusqu'à Büren.
Partout ailleurs se succèdent des ondulations de terrain; elles prennent presque toujours la direction du nord-ouest au sud-est et leurs
enfoncements sont richement pourvus de lacs : ceux de Sempach, de
Hallwyl, de Zurich (pour sa partie inférieure), de Greifensee et de
Pfæffikon, appartiennent à cette région. Le lac de Constance même,
bien que plus vaste, n'en occupe pas moins une place analogue.
Parmi les lacs situés plus à l'intérieur, il en est plusieurs qui s'avancent jusque dans le plateau, par exemple la rive gauche du Léman,
l'extrémité nord-ouest des lacs de Thoune, des Quatre-Cantons et de
Zoug; aussi le paysage du plateau est-il plus riche et plus varié que
ne le suppose d'ordinaire le voyageur, qui, emporté sur les ailes de
la vapeur, ne connaît et ne recherche que les Alpes.

Quant au sol de cette région, il est formé successivement d'argile,
de molasse et de nagelfluh, qui tous trois appartiennent au tertiaire
marin. Le nagelfluh (poudingue), qui atteint une si grande puissance
au Righi, se compose d'une quantité innombrable de galets roulés et
polis, empâtés dans un ciment très dur.

Ce terrain est en général favorable à la culture des prairies et aux forêts. Il est arrosé par de nombreux ruisseaux qui descendent des basses Alpes; aussi les pentes des collines et les enfoncements sont-ils partout recouverts de fraîches et belles prairies. Dans les espaces où la molasse ou le nagelfluh alterne avec les marnes, on trouve des forêts de hêtres entremêlées de chênes et de charmes. Du côté des Alpes, on voit aussi des forêts d'épicéas qui, d'ordinaire, couronnent aussi la cime des collines. La culture des céréales n'y occupe qu'une place secondaire; en revanche, celle des prairies prend d'année en année plus d'importance. Les prés et les champs, surtout dans la Suisse orientale, servent en même temps de vergers, plantés d'innombrables arbres fruitiers, cerisiers, noyers, pruniers et surtout poiriers et pommiers, avec les fruits desquels on fabrique en Thurgovie le cidre, cette boisson si goûtée des habitants.

Les marais n'ont jamais existé qu'en petit nombre et n'occupaient que de petites étendues; actuellement, ils sont tous en voie de disparaître et appartiendront bientôt au passé.

Vue des pentes du Jura, cette contrée a l'aspect d'une vaste prairie, coupée de champs de blé et de sombres forêts; çà et là brille le miroir de quelque lac ou les méandres de quelque rivière; plus haut, dans le lointain, s'élève la chaîne des Alpes, qui se déroule tout entière du Sentis aux montagnes de la Savoie.

Nous avons déjà fait remarquer que c'est grâce à la dépression du lac de Zurich que la zone de la vigne traverse la plateau suisse; cette culture est étrangère à toute autre partie du plateau. Dans une région où les prairies sont si exubérantes et les cours d'eau si nombreux et si divisés, où l'épicéa descend jusqu'à la plaine, la vigne ne saurait se trouver chez elle.

Quant aux *céréales*, c'est surtout l'épeautre (*Triticum spelta* L.) qui se cultive de préférence sur le plateau; dans la Suisse allemande on l'appelle même « Korn » (grain) tout court.

C'était déjà ce blé au rachis fragile que Haller vantait en 1768, soit un siècle avant Liebig, en disant comme ce dernier qu'il renferme plus de gluten que le froment (*Triticum vulgare*), et que le gluten est le principe nutritif des céréales. Nulle part ailleurs, sauf peut-être en Souabe et au centre de l'Allemagne, on ne cultive l'épeautre en aussi grande quantité que sur le plateau de la Suisse allemande. A l'ouest, dans la vallée du Jura et dans le pays de Vaud, c'est la culture du froment qui domine; dans les vallées alpines c'est celle du seigle.

En parlant du Jura, nous verrons que les anciennes espèces de céréales se sont conservées dans la partie nord de cette chaîne, nous voulons citer le *Triticum monoccum* L. (vulg. petite épeautre, ingrain), le *Triticum dicoccum* Schrank et le *Hordeum zeocriton* L. (vulg. orge en éventail). Le canton de Vaud présente aussi certaines particularités. D'après le témoignage de Haller et de Gaudin, on y cultivait encore en 1768 et 1828 le *blé de Pologne* ou *seigle de Russie* (*Triticum polonicum* L.), aux épis minces aux longues glumelles et aux grains également très longs; toutefois, il paraît que cette culture est aujourd'hui à peu près abandonnée. *Le blé dur* (blé d'Afrique, *Triticum durum* Desf.) aux petits grains ne se cultive également plus nulle part, sauf en petit, à titre d'essai, ou par simple curiosité. Dans la région montagneuse (à Château d'OEx, par exemple), on trouve encore le *Triticum turgidum* L. (vulg. gros blé, blé barbu) à glumelles aristées et à épis souvent rameux; Haller mentionne déjà cette espèce parmi les céréales cultivées. Dans toutes ces cultures, la tradition et l'habitude jouent certainement un très grand rôle, et la limite qui sépare l'épeautre du froment et qui, dans le bassin de l'Aar, sépare en même temps la race bourguignonne de la race allemande, n'est pas une limite marquée par le climat, mais bien par les deux langues nationales.

Le climat du plateau forme la transition entre celui de la zone méditerranéenne et celui des Alpes; ce qui révèle surtout l'influence du climat alpin, c'est la chute d'eau.

Au sud de la ligne Fribourg, Belp, Olten, Zurich, Kreuzlingen, cette chute est encore la même que dans les basses Alpes : elle ne descend nulle part au-dessous de 100 cm., ce qui explique la fraîcheur et l'exubérance des prairies de cette contrée, et, en même temps, la proportion considérable de plantes de montagne qui s'y mêlent.

Ce n'est qu'au nord de cette ligne que les pluies descendent au-dessous de 100 cm.; toutefois, ce n'est qu'à Kaiserstuhl, au seuil du territoire de Schaffhouse, que cette moyenne descend jusqu'à 85 cm.

Comparées à celles du sud de l'Allemagne (Metz 66,0, Strasbourg

68,0, Stuttgart 61,5, Vienne 44,6 cm.), les moyennes sont partout considérables.

Les stations de la zone inférieure, plus sèche, ont en général une moyenne de température annuelle de plus de 8 degrés; celles de la zone plus montagneuse et plus humide, de moins de 8 degrés. Parmi les premières, nous mentionnons comme exemples : Berne (574 m.) 8,13°, Zurich (480 m.) 8,99°, Winterthour (441 m.) 8,44°; au nombre des secondes : Affoltern, dans le canton de Berne (7,95 m.) 7,32°, Sursee (505 m.) 7,85°, Saint-Gall (679 m.) 7,72°. Ce n'est que dans la dépression du Jura proprement dite que l'on observe des moyennes qui se rapprochent de 9° ou atteignent ce chiffre. Olten, à 393 m., a même encore une moyenne annuelle de 9,09°.

Pour ce qui concerne la marche que suit la température pendant l'année, nous donnons les indications ci-après :

	Année.	Minima.	Maxima.
Berne...................	8,13	—15,6	30,7
Affoltern.................	7,32	—15,5	27,5
Zürich...................	8,99	—13,9	29,7

	Décembre.	Janvier.	Février.	Mars.	Avril.	Mai.	Juin.	Juillet.	Août.	Septembre.	Octobre.	Novembre.
Berne........	—1,1	—2,3	1,3	2,4	9,0	13,7	15,6	18,5	16,3	14,3	7,5	2,1
Affoltern.......	—1,1	—2,5	0,8	1,3	8,0	12,6	14,2	17,1	15,1	13,6	6,9	1,6
Zürich.......	—0,1	—1,4	1,8	3,2	9,8	14,7	16,7	19,3	17,1	15,2	8,4	3,1

Deux mois d'hiver restent au-dessous de zéro. Entre les courbes de Berne et de Zurich se trouve la moyenne qui marque la limite de la vigne. Cette différence est de 1 degré Celsius pour les mois de mai et de juin, et d'une quantité un peu moins considérable de juillet à octobre; mais elle consiste surtout en un minimum d'hiver de 1,70° plus doux, condition très importante pour la prospérité de la vigne.

En général, le plateau ne manque pas de soleil, l'insolation n'est insuffisante que dans les contrées où les lacs du plateau et les grands fleuves, l'Aar en particulier, répandent des brouillards. Voici le relevé de la moyenne de nébulosité à Affoltern ; on verra qu'elle est favorable pour une station aussi élevée.

Année.	Décembre.	Janvier.	Février.	Mars.	Avril.	Mai.	Juin.	Juillet.	Août.	Septembre.	Octobre.	Novembre.
5,9	6,8	6,6	6,2	6,7	5,5	5,4	5,6	4,8	5,1	4,3	6,0	7,1

Cela fait 1 et 2 centièmes de jours clairs de plus qu'à Genève et à Bâle.

Comparons les moyennes de température de Munich, situé au centre du plateau bavarois (510 m.) et celles de notre plateau.

Année.	Décembre.	Janvier.	Février.	Mars.	Avril.	Mai.	Juin.	Juillet.	Août.	Septembre.	Octobre.	Novembre.
7,8	0,2	—3,3	—0,7	0,9	3,10	8,8	14,5	18,5	16,5	13,6	8,7	2,4

A une pareille altitude, et même plus haut encore, à Berne par exemple, le mois de février monte en Suisse au-dessus de zéro, et celui de mars au-dessus de 2° : le mois d'avril a déjà une moyenne de 9,0, qui permet le réveil de la végétation, tandis qu'à Munich, elle n'est que de 3,10 comme en hiver. Le mois de mai n'y équivaut pas même à celui d'avril à Berne. Le printemps est plus retardé de tout un mois, l'été est à peu près semblable dans les deux contrées; seul l'automne est un peu plus beau à Munich qu'à Berne.

La végétation du plateau doit également être envisagée comme une végétation de transition, sans caractère particulier; elle forme la transition entre la flore champêtre de la lisière du Jura, du midi de l'Allemagne et surtout de la vallée du Rhin, et la flore montagneuse des basses Alpes.

Elle frappe bien plutôt par l'absence d'un grand nombre de plantes communes qui habitent les champs, les sables et les marais de l'Allemagne que par la présence d'espèces spéciales. A peine peut-on mentionner au nombre de ces dernières quelques plantes immigrées du sud-ouest et des montagnes, plantes actuellement répandues sur les collines et dans les vallées.

La flore champêtre reste constamment à proximité de la dépression jurassique, ou autrement dit de la région aux pluies moins abondantes; elle suit cette ligne jusqu'en Thurgovie; il est vrai que le nombre de ses espèces diminue constamment dans le sens de cette direction.

Ce qui donne au plateau un intérêt particulier, c'est que, comme dans les tourbières du Jura, on y trouve dans le monde végétal les restes d'une distribution géographique qui remonte à l'époque où les glaciers s'étendaient jusqu'aux limites nord du plateau. Cette extension des glaces a évidemment contribué, et même d'une manière essentielle, à la distribution et au groupement de la flore.

Sur la partie moyenne du plateau, la *végétation* se groupe d'après la configuration du terrain et les différences climatériques qui en dépendent.

C'est près du large couloir qui précède le Jura, près des lacs de Morat, de Neuchâtel et de Bienne, et près de l'Aar, où la température est le plus élevée et les pluies le moins abondantes, que nous trouvons la végétation la plus riche et la plus variée. Là, les plantes des champs et des plaines du sud de l'Allemagne et de l'est de la France, sont les plus nombreuses. Parmi elles, on rencontre quelques espèces des régions chaudes, ce qui nous engage à séparer cette contrée du plateau et à lui vouer une attention spéciale.

Dans les exhaussements de terrain qui confinent immédiatement à la dépression des lacs, savoir le Gros-de-Vaud, une partie de la contrée de Fribourg et de Berne, on retrouve encore dans une certaine mesure la flore champêtre du plateau.

Il ne faut pas oublier qu'au nord de cette région, le fond de la vallée de l'Aar est à un niveau beaucoup plus bas que la dépression jurassique des lacs de Neuchâtel et de Bienne. Soleure est à 427 m. seulement, Olten à 393, Aarau à 388, et pourtant, par leur climat, ces stations font partie du plateau. Il leur manque l'abri des parois montagneuses et l'influence des lacs.

Plus nous avançons vers le nord-est, et de là vers les Alpes, plus nous voyons diminuer cette flore des champs. Dans les cantons de Zurich, de Thurgovie et de Saint-Gall, elle est déjà considérablement réduite, et les espèces qui disparaissent ne sont remplacées que par un petit nombre d'autres qui manquent à l'ouest.

Comme dans toutes les contrées à relief peu saillant, les différences de climat déterminent très distinctement sur notre plateau les différences dans la distribution des espèces.

Cette flore champêtre se retrouve en partie sur la limite sud du plateau, près des lacs de Thoune, de Lucerne et de Zoug.

La flore des hauteurs qui, à partir de 900 m., rejoignent insensiblement les basses Alpes, est déjà bien différente de celle des champs du plateau. Là s'étendent de hautes vallées et des terrasses qui, comme le plateau d'Einsiedeln, renferment des tourbières et où se trouve dans une pureté surprenante la végétation de la froide zone du nord de l'Europe. Ces postes avancés qui forment la transition du plateau à la montagne, se distinguent surtout en ce qu'ils donnent asile à tout un groupe de végétaux appartenant proprement à l'Allemagne du nord et à la Scandinavie, végétaux qui manquent aux hautes Alpes, mais qui se retrouvent et souvent en société des mêmes espèces, dans la grande plaine bavaroise, mais, il est vrai, à 300 m. plus bas que dans notre Suisse, plus privilégiée.

a. Étage inférieur.

Les espèces suivantes croissent dans les marais du plateau, où elles sont d'ailleurs beaucoup moins communes que dans ceux de l'Allemagne :

Ranunculus Lingua.
Viola stagnina.
  » *pratensis.*
Cicuta virosa.
Œnanthe Phellandrium.
Hydrocotyle vulgaris.
Helosciadium repens.
Gratiola officinalis.
Iris sibirica.
Allium acutangulum.
Cladium Mariscus.
Scirpus mucronatus.

Scirpus triqueter.
  » *parvulus.*
  » *acicularis.*
Carex paniculata.
  » *acuta.*
  » *riparia.*
  » *Pseudocyperus.*
Alopecurus geniculatus.
Glyceria spectabilis.
Sagittaria sagittifolia.
Hydrocharis Morus Ranæ.

Le *Typha Shuttleworthii* est la seule plante du plateau suisse qui paraissait pouvoir être envisagée comme endémique, mais elle a été récemment découverte dans quelques stations fort isolées depuis la Bukovine jusqu'au grand-duché de Bade, et de la Transylvanie jusqu'à Turin et à Lyon. Elle se distingue par une taille moins élevée et des épis de couleur grisâtre, et croît en assez grande abondance dans les marais le long de l'Aar et de ses affluents, de Thoune à Aarau. On le trouve aussi aux bords de la Sarine, près de Fribourg, et de la Singine près de Neueneck ; plus loin encore, à Muri, en Argovie, près de la Bunze et à Cham, près de la Lorze. Il est remarquable qu'une plante rare des bords des fleuves ait une de ses stations les plus étendues sur notre plateau, car ce sont précisément ces marais fluviaux qui forment un des traits les plus saillants du paysage de ce plateau.

Au pied de nos Alpes, les rivières unissent aux caractères des torrents alpins ceux des fleuves de la plaine. Quoique déjà fort longues, ils n'en charrient pas moins des masses de gravier qui recouvrent partout leurs rives de larges bancs. Ces bancs forment ces mares hantées par les roseaux et les saules que le *Typha* recherche de préférence.

Pourquoi, de toutes nos formations géologiques, est-ce la plus récente qui sert de station à une plante aussi rare ?

D'autres espèces également très rares ont élu domicile sur le sol quaternaire, témoin le *Coleanthus*, l'*Helcocharis* des grèves du Léman et plusieurs autres. Elles prouvent que notre flore de l'Europe centrale ne s'est pas encore arrêtée définitivement dans son travail de création, qu'elle est susceptible de se développer encore et que les espèces qui ont paru dans la dernière période ne sont pas seulement des formes imparfaites et peu distinctes, mais au contraire des formes originales et saillantes.

L'*Inula Vaillantii*, composée à hautes tiges, aux belles fleurs dorées, vit en commun avec le Typha dans les marécages et les grèves du bassin de l'Aar, de Thoune et de l'embouchure de la Kander jusqu'à Berne et à Aarau. Elle croît aussi le long de la Sarine, près de Château d'OEx et de Fribourg, au Greiffensee, sur les rives de la partie supérieure du Léman et sur les rives du Rhône, près de Genève. Cette espèce appartient au sud-est de la France, au bassin de l'Isère et du Rhône (dans l'Ardèche) ; c'est chez nous qu'elle atteint sa limite orientale absolue ; elle relie ainsi bien distinctement notre plateau aux régions du sud-ouest. Il reste encore à mentionner un certain nombre de plantes des marais qui disparaissent à mesure que les travaux de dessèchement les privent impitoyablement du terrain qui leur est nécessaire :

En tête de ces espèces figure le *Trapa natans*, qui croissait autrefois dans l'étang d'Elgg au canton de Zurich, près de Porrentruy, de Rheinfelden et dans d'autres localités encore et dont on trouve les débris dans toutes les stations lacustres. Aujourd'hui, l'étang de Roggwyl dans le canton de Berne, près de Saint-Urbain, est la dernière localité où, d'après Gremli elle existait encore en 1867, à l'exception du Tessin et surtout du lac de Varèse. A Belfort et au bord du Neckar inférieur, elle est encore abondante.

Peplis Portula, Isnardia palustris, Limosella aquatica, Littorella lacustris, Sturmia Lœselii, Najas intermedia sont voués au même sort. Le *Najas intermedia* n'existe plus que dans une seule station, près de Robenhausen.

Le *Stratiotes*, le *Butomus*, le *Villarsia*, toutes si répandues en Allemagne, manquent aujourd'hui complètement sur notre plateau.

L'*Aldrovanda*, ce merveilleux rossolis flottant, aux feuilles chargées de vésicules rondes, touche à notre paysage par le Logsee dans les marais du lac de Constance, près de Rheineck. Cette plante reparaît aux environs de Bregenz, de Botzen et dans la Lombardie.

La flore des prés, des forêts et des champs de notre plateau montre comme celle des marais que la zone, plus chaude et moins humide de l'ouest, est plus riche que la zone orientale plus élevée.

Sont disséminés dans la région inférieure, du pays de Vaud jusqu'en Thurgovie :

Anemone Pulsatilla.	*Staphylea pinnata.*
Silene noctiflora.	*Centaurea solstitialis.*
Geranium sanguineum.	*Crepis fœtida.*
Coronilla Emerus.	*Lycopsis arvensis.*
Lathyrus hirsutus.	*Orobanche minor.*
Potentilla rupestris.	*Euphrasia lutea.*
Torilis infesta.	*Melittis Melissophyllum.*
Asperula arvensis.	*Parietaria erecta.*
Onopordon Acanthium.	*Bromus inermis.*
Tamus communis.	*Erucastrum Pollichii.*

Quelques espèces ne paraissent qu'au nord, sur la pente légère-

ment inclinée du côté du Rhin, et ne s'avancent pas jusqu'au sud-
est, ce sont :

Potentilla alba (qui reparaît près de Genève).	*Carex ericetorum.*
Potentilla opaca.	*Carex polyrrhiza.*
Falcaria Rivini.	*Anthemis tinctoria.*

L'*Euphorbia virgata*, espèce orientale qui ne reparaît qu'en Bohême
et en Autriche, croît au Huttensee à 660 m., station unique et
entièrement isolée. Il semble d'ailleurs que cette plante s'avance
insensiblement vers l'ouest. Hausmann mentionne une localité également isolée à Schwatz dans le nord du Tyrol, où elle a paru dans
un endroit qui avait servi de bercail à des moutons de Hongrie.

La seule localité où le *Lysimachia punctata* croissait en Suisse
(près de Zurich) est actuellement détruite. En Bavière elle ne comptait également qu'une station où elle a subi le même sort. Cette
plante, partout très rare et disséminée de la Belgique en Russie,
recherche de préférence les contrées méridionales.

Le *Pyrola umbellata*, espèce des sables qui habite les forêts de pins
du centre de l'Allemagne, a sa dernière station méridionale à Andelfingen, au canton de Zurich.

Un fait digne d'être remarqué, c'est la présence du *Ribes nigrum*
sur le plateau vaudois où il croît en épiphyte sur les troncs pourris
des vieux saules, quelquefois à plusieurs mètres au-dessus du sol.
Cet arbuste est très disséminé, mais dans les localités où il croît, il
est toujours en nombre et certainement indigène.

On peut admettre que la surface de la partie moyenne du plateau
n'a acquis sa configuration définitive que bien après les plaines allemandes. La dernière de toutes les transformations géologiques, savoir
le déversement des dépôts glaciaires sur la surface du plateau et la
retraite insensible des grands glaciers, s'est certainement poursuivie
à une époque où, au sud des Alpes et au nord du glacier du Rhin, le
sol était déjà découvert et accessible à la végétation actuelle. C'est
donc en partie du sud de l'Allemagne et en partie de la vallée du
Rhône que notre plateau a reçu ses plantes. Les alluvions charriées
par nos fleuves sont de date encore plus récente. Il est évident qu'une

quantité d'espèces qui ne sont pas rares en Allemagne et en France, n'ont pas pénétré jusqu'à nous. Ce sont en particulier les plantes des sables quartzeux, telle que *Corrigiola, Corynephorus, Kœleria glauca, Hypochœris glabra, Teesdalia nudicaulis, Arnoseris pusilla, Ornithopus, Linaria arvensis, Digitalis purpurea.* Le terrain ne pouvait leur convenir. D'autres ont été retenues par d'autres causes (*Sonchus palustris, Conringia orientalis, Myagrum perfoliatum, Chrysanthemum segetum*). Plusieurs autres ont évité le plateau trop humide et trop froid pour se fixer dans les vallées alpines méridionales ; c'est ainsi qu'on trouve en Valais :

Adonis vernalis, Clematis recta, Papaver hybridum, Sisymbrium Irio, Draba muralis, Vicia lathyroides, Turgenia, Echinops, Myosotis stricta, Nepeta nuda, Avena præcox, Glyceria distans ; au Tessin : *Galeopsis pubescens, Mentha Pulegium, Cucubalus baccifer.* D'autres encore ne se sont pas avancées au delà de Genève : *Chaiturus, Cerastium quaternellum, Centaurea Calcitrapa, Cucubalus baccifer.*

Parmi les plantes qui forment la flore champêtre de l'Europe, un très petit nombre seulement ont fini par gagner le centre de notre plateau.

Comme nous venons de le dire, la flore des plaines de l'Allemagne est représentée fort incomplètement chez nous, ce qui ne s'explique pas seulement, au point de vue géologique, par la persistance des glaciers jusque bien avant dans la période où la flore de la plaine avait déjà pris son extension, et au point de vue du climat, par l'abondance des eaux qui arrosent notre plateau, mais aussi par l'absence de stations favorables.

Au sud de la Bavière, s'étendent d'immenses bruyères, telles que le Lechfeld et la Garchingerheide dont la superficie se mesure par lieues carrées. Ces bruyères ont un sol graveleux qui tantôt affleure, tantôt est recouvert d'une mince couche d'argile. Ces espaces sont stériles et abandonnés depuis un temps immémorial. Ils donnent asile à une flore des plaines que nous ne trouvons nulle part en Suisse. Dans aucune contrée de la Suisse on ne rencontre de grandes étendues de terrain plat, laissées incultes : notre climat, nos eaux si abondantes ont transformé en prairies tout le sol qui, dans un autre pays, serait inculte, et sur notre plateau il faut souvent franchir de grands espaces avan de découvrir la plus mince parcelle de sol vierge.

De là vient que la flore des plaines, qui a acquis un si grand développement sur les immenses espaces incultes de l'Allemagne, est chez nous si peu représentée. Malgré son climat défavorable, le sud de la Bavière n'en donne pas moins asile dans ses bruyères à 46 espèces qui manquent à notre plateau. De ce nombre sont :

Inula hirta, Linum flavum, viscosum, perenne, Tunica saxifraga, Dorycnium suffruticosum, Cytisus nigricans, ratisbonensis, Centaurea amara et *axillaris, Daphne Cneorum, Lilium bulbiferum,* et beaucoup d'autres qui donnent à cette flore un caractère plus méridional et plus remarquable qu'on ne le suppose généralement.

Ce qui chez nous empêche ces plantes de prospérer sur le plateau, c'est le manque d'espaces favorables : la prairie soigneusement arrosée a tout envahi.

En général, on peut dire que les plantes caractéristiques de la flore des steppes qui, des régions inférieures de la Pannonie et du nord-est, ont pénétré jusqu'au cœur de l'Allemagne :

Gypsophila fastigiata, Ceratocephalus, Salsola, Corispermum, Silene conica, n'ont pas atteint le plateau suisse et que, de même, les grandes plantes aquatiques n'y ont pas pénétré du tout ou du moins fort rarement.

L'ensemble de la végétation de l'étage inférieur de notre plateau montre très distinctement que la flore y tient le milieu entre celle de la plaine et celle des basses Alpes. Cette flore est à vrai dire la plus triviale de toutes nos flores, les espèces intéressantes de l'Allemagne (*Peucedanum officinale, Euphorbia Esula, Linaria arvensis, Chœrophyllum bulbosum, Scabiosa suaveolens, Corrigiola, Illecebrum,* etc.) y manquent entièrement. Comparée à celle du haut plateau de Bavière, elle n'en révèle pas moins un caractère bien plus méridional, ensuite de la présence des espèces mentionnées dans la liste qui précède, et parmi lesquelles figurent en première ligne le *Tamus communis* et le *Staphylea pinnata.*

La distribution des *lépidoptères* offre également de l'analogie avec celle des plantes : ce que le *Tamus* et *Staphylea* sont pour la flore, une partie des espèces mentionnées à la page 141 le sont pour la faune; ces espèces ne sont pas, il est vrai, aussi répandues qu'au Jura, mais elles n'en marquent pas moins une zone plus méridionale, comparativement à leur distribution en Allemagne, où elles ne s'avancent que fort peu vers le nord. Un fait digne de remarque, c'est que plusieurs papillons qui, en Allemagne, habitent encore la plaine, ne se retrouvent pas en Suisse sur le plateau, mais seulement dans la région montagneuse. Près de Strasbourg, le *Polyommatos virgaureæ* appartient encore à la plaine; chez nous, il ne se trouve que dans les montagnes, dans la région du sapin. Il en est de même des *Lycæna Eumedon*, *Polyommatos Chryseïs* et, dans la plupart des cas, de l'*Argynnis Ino*. Le *Polyommatos Helle*, qui est commun dans la plaine aux environs de Leipzig, est chez nous l'un des rares papillons de la haute région des conifères; il est vrai qu'il y paraît sous une forme qui, par sa grandeur et l'éclat des reflets bleus, laisse le type allemand bien loin derrière elle.

Nous avons vu que beaucoup de plantes des champs et des marais de l'Allemagne manquent à notre plateau : un phénomène analogue dans le monde des papillons, c'est l'absence des deux *Polyommatos*, *Alciphron* et *Rutilus*, qui, tous deux, commencent à se montrer dans la Haute-Alsace et n'abordent pas nos frontières. Le *Cænonympha Hero* n'atteint que la limite extrême de notre territoire à Bâle et à Bonfol.

Les *Lycæna Euphemus* et *Arcas*, assez répandus en Allemagne, sont tous deux rares dans les marais de notre plateau. Parmi les raretés il faut mentionner le *Cænonympha Œdipus*, qui s'est jadis rencontré chez nous et paraît avoir disparu aujourd'hui. C'est un papillon du sud-est et de la lisière des Pyrénées. D'après Villa, il se trouve en Lombardie et d'après Bremi au canton de Zurich, près de Dubendorf : sa distribution a donc quelque analogie avec celle de l'*Euphorbia virgata*. Une autre espèce rare, c'est le *Vanessa Xanthomelas*, papillon qui devient de plus en plus rare et paraît en voie de disparaître. Il tient le milieu entre le *Polychloros* et l'*Urticæ*, espèces communes aujourd'hui, et a été observé plusieurs fois près de Winterthour. C'est à l'est de l'Allemagne qu'est le centre de son territoire

b. Étage supérieur du plateau.

Ce n'est qu'au-dessus de 700 m. que l'on trouve, entre les forêts et les prés, des tourbières de quelque étendue.

Avant de décrire la flore de ces marais si intéressants, il faut constater que les plantes de la région montagneuse descendent en très grand nombre dans les prairies de la partie orientale du plateau. Les *Ranunculus aconitifolium, Trollius europæus, Polygonum Bistorta, Myosotis sylvatica, Geum rivale, Aconitum Napellus, Gentiana Pneumonanthe* et *verna, Primula farinosa, Lychnis diurna, Chærophyllum hirsutum*, sont communs dans les près et y croissent en grand nombre.

Dans les forêts de l'étage supérieur, les *Pyrola chlorantha* et *media* sont au nombre des plantes rares et disséminées ; le *Gentiana asclepiadea*, belle espèce vigoureuse et de haute taille, à physionomie saillante, y est déjà plus abondante.

Les rochers de nagelfluh et de molasse du plateau donnent asile à une saxifrage toute particulière, le *S. mutata*, aux feuilles en rosette presque dépourvues de pores crustacés et à fleurs d'un jaune rouge. Cette plante n'est pas du tout alpine: bien au contraire, son territoire cesse quand commence celui de ses sœurs alpines si nombreuses. Elle ne pénètre nulle part dans la chaîne des Alpes, mais elle manque rarement aux roches de molasse des gorges du plateau. Ce qui prouve évidemment qu'elle fuit les Alpes et le Jura, c'est son absence dans les cantons de Vaud et du Valais et sa présence dans les quatre cantons du lac de ce nom, si soigneusement explorés par Rhiner. Dans toute cette contrée qui, pour les cantons d'Uri et d'Unterwald, comprend une superficie considérable de haute montagne, elle ne se trouve que dans les gorges au pied du Righi, à l'Etzel, dans la vallée de la Lorze, près de Cham. C'est sur les rives du lac près d'Emmetten qu'elle atteint sa limite du côté des Alpes.

Il est très singulier de voir une plante dont la structure et le port ressemblent extrêmement à ceux des saxifrages alpines fuir si anxieusement le sol alpestre. On serait tenté d'expliquer ce fait par la nature du terrain et de dire qu'elle évite avant tout le sol calcaire, mais dans la région voisine du lac des Quatre-Cantons, elle aurait à sa disposition un nombre suffisant de rochers dénués de calcaire. En Bavière, Sendtner ne l'a également trouvée nulle part dans la région alpine proprement dite, mais seulement dans les vallées et le long des fleuves, jusque dans la plaine (à Munich). Chez nous, elle suit aussi l'Aar jusqu'à Soleure et aux hauteurs du Lægern et du Randen. Le point le plus avancé vers les hautes Alpes où j'aie cueilli cette belle plante, c'est la base du Flimserstein au-dessus de Coire. Le *Saxifraga mutata* est répandu de la Transylvanie jusqu'en Suisse, où il atteint sa limite occidentale dans les basses Alpes de Berne, et pour quelques stations isolées, en Savoie. Il reparaît sur les pentes de la Grigna, près du lac de Come, dans la région montagneuse insubrienne, et dans le sud du Tyrol. Sur quelques points (à Gonten sur le lac de Thoune, aux bords de la Lorze, à Emmetten, à la Grigna) il forme des hybrides avec le *S. Aizoon* et même avec le *S. aizoïdes.*

Sur les sommets des plus hautes collines du plateau, et surtout quand ces collines se rattachent directement aux basses Alpes du côté du sud, on voit le nombre des plantes de montagne augmenter de plus en plus avec l'altitude. Une différence de 100 m. amène déjà une différence notable dans le nombre de ces espèces.

Au Schnebelhorn (1297 m.) qui se rattache déjà de très près à la chaîne des Churfirsten, dont il n'est séparé que par le col de Rikon (797 m.), et qui occupe ainsi un plan intermédiaire entre les collines du plateau et les basses Alpes, on trouve déjà, d'après Schlatter, deux Saxifraga (*S. Aizoon* et *rotundifolia*). En outre : *Epilobium trigonum, Sagina saxatilis, Ranunculus montanus, Arabis ciliata, Polygala alpestris, Trifolium badium, Dryas, Potentilla aurea* et *alpestris, Alchemilla alpina, Homogyne alpina, Willemetia, Campanula Scheuchzeri, Rhododendron hirsutum, Erica carnea, Gentiana lutea, asclepiadea, acaulis* et *verna, Bartsia alpina, Pinguicula alpina, Soldanella alpina, Primula Auricula* et *farinosa, Mulgedium alpinum, Senecio cordatus, Alnus viridis, Nigritella, Veratrum, Carex sempervirens, Poa alpina, Asplenium viride* et *septentrionale*, et il faut même, d'après Heer, ajouter à cette liste *Myosotis alpestris, Salix retusa* et *Veronica saxatilis.* Cette florule donne une idée de la flore subalpine d'une sommité isolée qui est à une altitude suffisante pour posséder, à part le rare *Willemetia*, les plantes alpines les plus communes et descendant le plus bas, mais qui n'est pas encore assez élevée pour donner asile à une seule plante appartenant réellement à la zone centrale et supérieure des hautes Alpes.

Sur l'Uto, ce dernier repli de terrain de quelque importance au nord de la partie moyenne du plateau, on trouve encore *Linaria alpina, Epilobium Fleischeri, Saxifraga aizoïdes, Campanula pusilla, Aconitum napellus* et le *Pararge Hiera*, papillon alpin. L'*Alnus viri-*

dis, qui manque à toute la chaîne du Jura, s'avance aussi jusque dans le voisinage du Rheinthal, à l'Irchel, à 696 m. et marque ainsi distinctement l'influence sous laquelle notre plateau tout entier se trouvait autrefois, influence qu'il a en grande partie conservée.

Considérons maintenant les tourbières ou *sagnes* de l'étage supérieur du plateau. Ce qui distingue ces marais, que les naturalistes allemands (Sendtner, Grisebach, etc.) appellent *Hochmoore*, c'est que le fond n'en est jamais formé de carbonate de chaux. Quand c'est le contraire qui a lieu, quand les eaux déposent beaucoup de chaux ou quand elles sont troublées par la présence de particules calcaires, il ne se forme pas de tourbière, mais seulement un marais dans le sens ordinaire du mot, soit *Wiesenmoore* d'après la terminologie allemande. Les *sagnes* se distinguent par l'absence du sol calcaire; ces tourbières reposent sur le ciment naturel siliceux ou argileux que le glacier du Rhône a charrié des roches primitives du Valais et déposé dans les enfoncements du Jura, sorte de fonds de cuvettes où l'eau séjourne plus longtemps. L'eau des sagnes est de couleur foncée, souvent même d'un brun rougeâtre, ce qui provient de la lessive qu'elle a fait subir à la couche d'humus. Ce sol est formé par les coussins imprégnés d'eau des sphaignes et plus spécialement du *Sphagnum cymbifolium;* ces coussins sont plus épais et plus élevés vers le milieu du marais, de sorte que la coupe transversale de la tourbière forme une ligne convexe dont le centre est parfois de 4 m. plus élevé que les extrémités : de là le mot allemand de *Hochmoor* ou marais élevé. Parmi les sphaignes croissent les arbustes et les buissons de la flore des tourbières, auxquelles appartiennent avant tout *Pinus montana f. uliginosa, Betula alba f. pubescens, Salix repens;* en outre, *Calluna vulgaris*, les trois *Vaccinium* et l'*Andromeda*. Comme on le voit, les éricinées y prennent une grande place. L'eau du marais paraît çà et là à la surface, entre les sphaignes rougeâtres, tandis que dans les endroits secs, ces mousses prennent en se desséchant une couleur blanchâtre. Les touffes de *Carex* et de *Rhynchospora* se groupent autour des eaux sur lesquelles flottent les feuilles du *Sparganium natans* et de quelques *Potamogeton*.

Les *marais* proprement dits ou marais verts (Wiesenmoore, en Suisse *Riede*) sont de nature toute différente. Ils se forment quand les eaux, chargées de chaux, manquent d'écoulement, ou quand le sol, très humide, repose sur une couche calcaire. Ces marais viennent s'ajouter aux grèves des fleuves et en forment, pour ainsi dire, la continuation; car les cours d'eau proviennent presque toujours en dernier lieu de contrées à formation calcaire ou traversent ces dernières. Lors même que ces grèves se composent pour la plus grande partie de galets roulés appartenant aux roches primitives, ces galets n'en sont pas moins entourés et recouverts d'un dépôt calcaire qui se dégage des eaux et que nous appelons *craie lacustre* quand il forme le fond de nos lacs.

Chez nous, ces marais se rattachent toujours aux rives des lacs, aux fleuves et aux rivières de la dépression jurassique et de la partie la moins mouvementée du plateau. Les sphagnum y manquent entièrement, ce qui s'explique par le fait que le contact du carbonate de chaux déposé par les eaux les tue immédiatement. Il suffit de conduire de l'eau de chaux dans une tourbière pour y détruire les sphagnum partout où elle pénétrera. Au lieu des coussins si pittoresques de la mousse des tourbières, au lieu des groupes de *Pinus montana* et des arbustes du genre Vaccinium, on trouve dans les marais que nous venons de décrire un tapis de carex en masses plus ou moins serrées, ce qui conserve au marais l'aspect d'une prairie. L'eau affleure entre ces touffes de gazon, souvent elle disparaît sous une couche de *Lemna*, de *Potamogeton*, de *Myriophyllum*, de *Najas*, etc. Dans les endroits plus secs, on ne trouve pas le *Pinus montana*, mais le *Pinus sylvestris*, l'*Alnus glutinosa* et *incana* et plusieurs saules, tels que les *S. purpurea*, *fragilis* et *incana*.

Presque tous les marais de notre région alpine et montagneuse sont des tourbières proprement dites ou *sagnes;* ceux des régions inférieures appartiennent à la seconde catégorie, celle des rieds ou marais verts. Sans parler de la chaux qui se trouve toujours chez nous au pied des montagnes, à moins de 700 m., la température plus élevée et les pluies moins abondantes de la région inférieure de notre plateau ne sont plus favorables au développement des sphagnum. Rien ne fait mieux ressortir la différence qui existe entre notre plateau et le haut plateau de Bavière que le fait qu'au même niveau on trouve dans cette dernière contrée des tourbières de plusieurs lieues d'étendue, recouvertes à perte de vue par le *Pinus montana*.

L'extraction de la tourbe a lieu sur une grande échelle dans les tourbières du Jura et aussi dans plusieurs marais du plateau, surtout dans ceux qui sont des restes d'anciens petits lacs, le marais de Wauwyl, par exemple. Elle se forme partout où les restes des végétaux peuvent s'accumuler sans être troublés par les eaux et les dépôts de substances minérales. La tourbe des sagnes est plus homogène et plus spongieuse, car elle est formée en plus ou moins grande partie de sphagnum et diffère en cela de celle des marais inférieurs qui se compose des filaments et rhizomes des carex, qui sont bien plus durs.

Les tourbières au bord sud de notre plateau sont les plus remarquables de la Suisse; mais comme toutes les autres elles deviennent d'année en année la proie de cultures toujours plus envahissantes, et il est possible que dans un avenir peu éloigné les plantes les plus rares qu'on y rencontre aient subi le sort du *Trapa natans*.

Le plateau d'Einsiedeln, entouré par les dernières avances des basses Alpes de Schwytz, s'élève insensiblement vers la chaîne du Mythen et est situé à une altitude de 880 à 900 m. au-dessus de la mer. Le climat y est très rigoureux, car ce plateau est fermé vers le sud, en dehors du grand courant du föhn, et ouvert seulement vers le nord.

Voici les indications météorologiques concernant ce climat, comparé à celui des Ponts dans le Jura neuchâtelois, et de Trogen dans l'Appenzell.

	Année.	Minima.	Maxima.
Einsiedeln	5,9	—19,0	26,3
Les Ponts 1023 m.	5,9		
Trogen 900 m.	6,9	—16,5	26,6

	Décembre.	Janvier.	Février.	Mars.	Avril.	Mai.	Juin.	Juillet.	Août.	Septembre.	Octobre.	Novembre.
Einsiedeln . . .	—2,7	—1,2	—0,6	0,2	6,2	11,1	13,0	15,7	13,8	12,1	5,6	0,6
Les Ponts. . . .	—3,0	—3,2	—0,3	0,0	6,1	10,9	12,6	16,0	13,9	12,8	5,5	0,1
Trogen.	—0,8	—2,3	0,9	0,9	7,2	11,9	13,5	16,4	11,5	13,3	6,5	1,3

D'après Thurmann, les moyennes de température des Alpes et du Jura présentent dans la règle, à la même altitude, une différence d'un degré en faveur de la première contrée. A Einsiedeln, à une altitude de 100 m. plus élevée, c'est le contraire qui a lieu. La

moyenne annuelle de la température de Ponts-Martel est presque
exactement la même que celle d'Einsiedeln et les hivers y sont moins
rigoureux: Trogen, qui est au même niveau qu'Einsiedeln et situé
bien plus au nord-est, a un climat plus chaud de tout un degré : le
mois de janvier y est de 2° plus doux et les minima de 2,50° plus
élevé.

Il est vrai que, dans la Bavière, des stations situées à la même altitude qu'Einsiedeln ont aussi le même climat : Peissenberg, à 991 m.,
a une température moyenne de 6,0° c.

La *végétation* du plateau d'Einsiedeln révèle sa nature septentrionale, plus encore que celle de toute autre contrée de la Suisse, y
compris même les froides troubières du haut Jura.

Les pentes sont couvertes d'épicéas rabougris et tortus, de sorbiers de petite taille (*Sorbus aucuparia*) et de bouleaux formant buisson (*B. alba f. pubescens*). Le plateau cache dans ses replis de nombreuses tourbières où alternent les coussins blanchâtres des sphagnum
et les durs gazons du *Scirpus cæspitosus* et des carex, au-dessus desquels s'élèvent des buissons de bouleaux et de pins de montagne.

Entre les tourbières on cultive un peu d'orge, d'avoine et de
pommes de terre, sur des bandes de terrain arrachées au marais au
moyen de canaux pour l'écoulement des eaux et de travaux de
défense. Le 15 septembre j'y ai vu récolter l'orge à la faucille, épi
par épi, tandis qu'on laissait debout le chaume, destiné à être fau-
ché plus tard.

Le pin qui croît dans ces tourbières est le *P. montana* Mill. *f. uliginosa* Neum., qu'en Bavière on nomme *Filzkoppen*. Il appartient à la
même espèce que le *P. montana f. uncinata* Ram., qui, dans les Pyrénées et dans les Alpes occidentales, habite les forêts de la région
montagneuse. Ce dernier croît aussi en forêt dans la partie subalpine des Grisons et se distingue par les écailles des cônes qui sont
plus obtuses.

Il ressemble aussi à la forme naine du *P. montana f. Pumilio* Hanke
(nommée *Latsche* en dialecte bavarois et *zuondra* en langue romanche). Elle fixe les éboulis des Alpes calcaires et se trouve aussi dans
le Jura (Haasenmatt, Ravellenfluh, Kallfluh), où elle revêt des formes
bizarres à rameaux arqués et tortus traînant parfois sur le sol.

Cet arbre manque aux contrées du nord. Son territoire a les

mêmes limites que celui du sapin blanc; c'est un arbre de montagne de l'Europe méridionale et centrale. Dans les Pyrénées c'est un arbre de haute taille, tandis que, des Carpathes aux Alpes occidentales et même jusqu'au sud de l'Apennin, il reste petit et tortu. Dans les tourbières du Jura, dans les basses Alpes et les chaînes d l'intérieur de l'Allemagne, il revêt les formes caractéristiques que nous venons de décrire.

Il diffère essentiellement du *Pinus sylvestris*, qui seul s'avance jusqu'en Scandinavie et en Sibérie.

Les arbustes qui accompagnent cet arbre dans les tourbières sont le *Lonicera cœrulea*, espèce du nord et des Alpes, des saules à petites feuilles (*Sal. aurita* et *repens*) et un arbuste rare, le bouleau nain (*Betula nana*). Cet arbuste, haut de deux pieds, aux chatons courts et aux feuilles petites, orbiculaires et dentées, n'est pas seulement une espèce du nord, mais encore une espèce vraiment arctique. Il habite toute la région circompolaire de l'Asie et de l'Amérique jusque dans les latitudes les plus extrêmes; au Groënland il s'avance même jusqu'au 73me. Il atteint au Jura, à Einsiedeln, dans les Alpes orientales et les Carpathes, sa limite méridionale, et ne prospère que dans les climats rigoureux.

Parmi les plantes caractéristiques de la tourbière d'Einsiedeln, je mentionne les suivantes qui croissaient surtout à Studen, à 895 m. avant que les cultures ne s'y étendissent, ce qui a lieu de plus en plus, depuis une vingtaine d'années.

Viola palustris.
Trientalis europœa.
Lysimachia thyrsiflora.
Malaxis paludosa.
Orchis incarnata.
»   *Traunsteineri.*
Potamogeton rufescens.
Comarum palustre.
Sparganium natans.
Swertia perennis.
Primula farinosa.
Saxifraga Hirculus.
Lycopodium inundatum.
Ceratophyllum demersum.

Vaccinium uliginosum.
»   *Ocycoccos.*
Carex pauciflora.
»   *chordorhiza.*
»   *Heleonastes.*
»   *pilulifera.*
»   *pulicaris.*
»   *limosa.*
»   *filiformis.*
»   *dioica f. Gaudiniana.*
Scirpus cœspitosus.
»   *pauciflorus.*
Schœnus nigricans.
»   *ferrugineus.*

Sagina nodosa.
Drosera longifolia.
   »   rotundifolia.
   »   intermedia.
Epilobium tetragonum.
   »   palustre.
Lonicera cœrulea.
Andromeda polifolia.
Salix repens.
   »   daphnoides.

Eriophorum vaginatum.
   »   alpinum.
   »   gracile.
Juncus stygius.
   »   supinus.
Rhynchospora alba.
   »   fusca.
Utricularia minor.
Scheuchzeria palustris.

D'après Rambert, le *Hierochloa odorata* ne croît que dans les endroits où les meules de foin ont reposé pendant quelque temps.

Le *Geissboden*, vaste plateau situé à 900 m. qui, sur la rive orientale du lac de Zoug, s'appuie contre le Rossberg, donne également asile aux espèces suivantes :

Juncus stygius.
Carex chordorhiza.

Carex Heleonastes.
Saxifraga Hirculus.

Et en outre :

Juncus alpinus.
Carex pacifica.
   »   irrigua.
Calamagrostis lanceolata.

Polygala depressa.
Pinguicula alpina.
Rhododendron ferrugineum.

Plus loin, dans le bassin du Hohen-Rhonen, au Huttensee, à 660 m., on signale le nuphar nain (*Nuphar pumilum*), qui se trouve aussi au Græppelsee, sur le versant oriental des basses Alpes de Saint-Gall.

Dans le canton de Zurich, à une altitude inférieure, on peut cueillir, outre les espèces communes, toute la série des utriculaires rares, telles que le *neglecta* et l'*intermedia* à Dubendorf et le *Bremii* au Katzensee, où l'on trouve également le *Drosera obovata*.

Enfin, les seules stations où le *Calla palustris* se soit conservé, se trouvent au canton de Lucerne, au-dessus du lac de Sempach (forêt du Kusirain, à environ 600 m.) et au-dessus de Meggen.

Personne ne méconnaîtra que cette flore des marais de notre plateau ne se rattache, quant à ses caractères principaux, à celle de l'Allemagné du nord et de la Scandinavie.

Une seule espèce de notre plateau, le *Carex heleonastes*, manque à l'Allemagne du nord; une seule autre, la *Swertia perennis* à la Scandinavie; trois manquent aux deux pays, ce sont le *Carex dioica f. Gaudiniana*, le *Pinguicula* et le *Rhododendron*. Ce qui est remarquable, c'est que les plus importantes des espèces qui composent cette flore, savoir *Juncus stygius*, *Carex Heleonastes* et *chordorhiza*, *Lysimachia thyrsiflora*, *Malaxis paludosa*, *Hierochloa odorata*, *Saxifraga Hirculus*, *Carex pacifica*, *Betula nana*, *Orchis Traunsteineri* et *Polygala depressa* manquent entièrement à la chaîne des Alpes.

En revanche, toutes ces espèces, même les plus rares, telles que le *Carex dioica f. Gaudiniana*, reparaissent en quantités beaucoup plus grandes dans les marais tourbeux du sud de la Bavière, où elles sont mêlées à un grand nombre d'autres espèces caractéristiques et également septentrionales qui manquent à notre plateau et parmi lesquelles on peut mentionner : *Salix depressa*, *myrtilloides*, *Carex capitata*, *Pedicularis Sceptrum Carolinum*, *Alsine stricta*, *Juncus squarrosus*, *Carex Microglochin*.

A mesure que nos marais tourbeux s'élèvent on voit un plus grand nombre d'espèces alpines se mêler à la flore. Au Geissboden, à 100 m. au-dessus d'Einsiedeln, on trouve déjà le *Rhododendron ferrugineum*, le *Carex irrigua*, le *Pinguicula alpina*.

La flore de toutes ces tourbières appartient à la région subarctique *européenne* qui ne dépasse pas la limite des forêts; tandis que les espèces des hautes Alpes qui appartiennent aux contrées du nord se rattachent à la flore du nord de l'Asie et au cercle polaire.

Les *Carex Heleonastes*, *chordorhiza*, *Lysimachia thyrsiflora*, *Orchis Traunsteineri*, sont des espèces qui ne dépassent guère l'Oural et ont leur foyer central en Suède et en partie aussi dans la région des forêts de l'Amérique du Nord. Les espèces d'Einsiedeln ne croissent plus dans la région arctique proprement dite, excepté toutefois : *Scheuchzeria*, *Juncus stygius*, *Viola palustris*, *Primula farinosa*, *Saxifraga Hirculus*, *Betula nana*, *Vaccinium uliginosum*, qui sont des plantes plus ou moins circompolaires. Ce n'est que dans l'Amérique du Nord que le *Lonicera cœrulea*, le *Hierochloa*, le *Carex heleonastes*, le *Scirpus cœspitosus*, atteignent le cercle polaire.

La plupart de ces espèces n'ont pas non plus pénétré jusque dans les marais de la chaîne alpine intérieure : chez nous comme en Bavière elles se sont arrêtées aux premières hauteurs, sur la lisière du plateau.

Parmi les plantes mentionnées dans notre liste d'Einsiedeln, il n'en est que cinq : *Primula farinosa, Lonicera cœrulea, Viola palustris, Vaccinium uliginosum, Scirpus cœspitosus* qui aient gagné les hautes Alpes et y soient abondantes.

Comment expliquerons-nous cette distribution si singulière de tout un groupe de plantes paludéennes des contrées du nord qui, tout en recherchant un climat rigoureux, ne s'avancent pas jusque dans les régions arctiques et encore moins dans les hautes Alpes? Le climat des marais de l'intérieur de la chaîne ne leur serait certainement pas défavorable. Ce qui contribuera peut-être à nous éclairer à ce sujet, c'est que des espèces telles que *Malaxis, Carex chordorhiza, Calla, Trientalis, Betula nana, Saxifraga Hirculus,* réclament des stations d'une certaine étendue et la société de certaines autres espèces. Ce sont les premières à disparaître quand on dessèche le marais. Le rhizome central du *Carex chordorhiza* projette au loin ses stolons filiformes, jusqu'à ce qu'ils émergent des mousses humides pour fleurir, aussi a-t-il besoin de beaucoup de place. Dans les marais des hautes Alpes il ne trouverait guère de stations assez étendues.

Parmi les papillons on peut établir aussi des règles semblables à celles que nous avons fixées pour les plantes. Il y a des espèces du Nord qui ne pénètrent pas dans les Alpes et des espèces arctiques qui ne se trouvent que dans les hautes Alpes. Les *Cœnonympha Davus* et *Argynnis Pales f. Arsilache* ont la même distribution que le *Lysimachia thyrsiflora,* que l'on trouve des marais de l'Allemagne jusque dans ceux de la partie supérieure de notre plateau. Le premier de ces papillons manque dans les hautes Alpes (la station la plus alpestre que je connaisse, ce sont les hauteurs au-dessus de Lax dans le Vorderrheinthal grison). Quant au second, il y est remplacé par la forme type du *Pales.*

En revanche, le *Colias Palæno* et le *Lycæna Optilete,* répandues dans les hautes Alpes, franchissent le plateau sans y toucher et se retrouvent plus au nord, dans les marais de la Forêt-Noire. Leur distribution est à peu près la même que celle de l'*Empetrum nigrum.*

Les *Lycœna Orbitulus* et *Donzelii*, l'*Erebia Lapponum* et le *Zygœna exulans* ont une distribution qui diffère encore de celle des espèces mentionnées. Ils passent sans station intermédiaire des contrées du nord aux Alpes centrales, à l'instar du *Ranunculus glacialis*.

Mais, outre la partie supérieure du plateau, il est encore une contrée où nous pouvons étudier notre flore paludéenne, ce sont les tourbières du Jura. Elles aussi donnent asile aux *Carex heleonastes* et *chordorhiza*, au *Betula nana* et au *Saxifraga hirculus*. Ces espèces y sont beaucoup plus abondantes qu'à Einsiedeln, et elles croissent même en compagnie de l'*Alsine stricta*, espèce des tourbières de la Bavière qui a pénétré jusque dans la partie moyenne du Jura, sans toucher à notre plateau.

En revanche, plusieurs des espèces d'Einsiedeln manquent aux marais du Jura, ce sont entre autres : *Juncus stygius, Carex dioica f. Gaudiniana, Trientalis, Lysimachia, Malaxis, Hierochloa.*

Les marais de la haute Gruyère, qui renferment aussi le *Saxifraga hirculus* et le *Betula nana*, comblent pour ainsi dire la lacune entre les stations du Jura et celles du haut plateau d'Einsiedeln. Ces marais sont les tourbières de Frachy, au-dessus du couvent de la Val-Sainte, à 1020 m., de Champotey au nord de Bulle, à environ 1000 m. et de Sales-Semsales, y compris le lac de Lussy, près de Châtel-Saint-Denis, à environ 900 m.

Le marais de la *Tour de Gourze*, situé sur la hauteur du Jorat au-dessus de Lausanne, à 900 m., est plus rapproché encore de ceux du Jura. Nous y trouvons : *Betula alba f. pubescens, Potamogeton plantagineus, Lycopodium inundatum, Eriophorum vaginatum, Carex pulicaris, Rhynchospora alba, Orchis Traunsteineri*, et au-dessus de Vevey, *C. dioica f. Gaudiniana* et *S. Hirculus*.

Un fait très singulier pour la flore de nos tourbières, c'est l'absence du *Juncus squarrosus*, espèce très répandue depuis la Scandinavie jusqu'à la Forêt-Noire et le sud de la Bavière. Il ne se trouve chez nous qu'à deux endroits très restreints, au massif du Gothard et aux Ormonts dans les sous-Alpes vaudoises, seules localités en Suisse.

Le moment est venu de parler des causes historiques qui ont présidé à la formation des marais de notre plateau.

Ils doivent en grande partie leur existence aux mouvements de terrain occasionnés par les glaciers de l'époque glaciaire.

La couche qui, au Jura, forme l'assise inférieure des tourbières et s'oppose au passage de l'eau, est un ciment imperméable provenant des dépôts glaciaires.

Dans les tourbières du plateau, ce ciment n'existe qu'en partie, mais il est souvent remplacé par un autre obstacle qui empêche le dessèchement. Il suffit qu'un repli de terrain s'oppose à l'écoulement des eaux dans la partie inférieure d'une vallée, d'un enfoncement ou d'une terrasse pour que le sol se transforme en marais. A cet égard, les anciennes moraines que les glaciers ont laissées sur le sol jouent un rôle considérable, et ce sont elles qui, dans la partie moyenne du plateau, ferment presque toujours le passage aux eaux des marais.

Du pied des Alpes jusque dans la contrée de Berne, jusqu'au centre de l'Argovie et même au delà de Zurich, le paysage révèle en traits plus ou moins saillants la présence des moraines. Ces contrées se distinguent par une surface très mouvementée : des collines nombreuses se succèdent tantôt en lignes parallèles, tantôt en hauteurs irrégulières, isolées les unes des autres. D'ordinaire on peut distinguer dans ces collines une direction générale dans le sens de la longueur ; les enfoncements qui existent entre elles paraissent tantôt sous forme de sillons longitudinaux, tantôt sous forme de cuvettes. Ce sont ces enfoncements qui recèlent les marais : quand les eaux s'amassent en grandes quantités, elles sont d'ordinaire retenues par un exhaussement de terrain placé en travers à l'extrémité inférieure. Ces collines sont presque toujours couvertes de forêts, peu épaisses d'ordinaire. Elles se composent presque toujours de détritus glaciaires. La ligne qu'elles suivent dans le sens de la longueur indique la direction du glacier et les replis de terrain qui s'étagent d'espace en espace dans la direction opposée, sortes de remparts placés transversalement, sont autant de moraines frontales. C'est dans ces stations que la flore des marais du nord s'est maintenue au milieu des régions inférieures, plus chaudes et plus sèches. C'est là aussi que, sur les blocs erratiques, quelques plantes des rochers des Alpes continuent à vivre, entourées de la végétation des champs et des prés de la partie antérieure du plateau. Muhlberg a trouvé le *Viola biflora* près de Bremgarten, sur un bloc de Nagelfluh appartenant à l'ancienne moraine du glacier de la Reuss, et l'*Asplenium septentrionale* sur un bloc de granit à Künten. Les stations les plus rapprochées de cette plante

15

sont les roches primitives du massif du Saint-Gothard, d'où le glacier l'a jadis transportée jusqu'en Argovie. Ces blocs erratiques de la
plaine sont également recouverts de nombreuses espèces de mousses
alpines : le *Trichostomum rubellum* se trouve dans le Jonenthal sur
le nagelfluh, le *Bartramia Œderi* à Hermetschwyl, le *Dicranum ful-
vum* sur les blocs de granit et sur les murs composés de débris de
roches glaciaires, dans toute la vallée inférieure de la Reuss jusqu'au
Jura ; le *Grimmia ovata* près de Wohlen, sur le bloc de granit appelé
Erdmannlistein ; les *Grimmia leucophœa, Racomitrium heterostichum,
Orthotrichum rupestre, Bryum alpinum, Eurhynchium crassinervium*, et
le *Scapania albicans*, hépatique des régions alpines, habitent d'autres
blocs erratiques de la même zone. — Mais l'exemple le plus intéressant de cette végétation erratique sur notre plateau, c'est une colonie de *Rhododendron ferrugineum* qui se trouve à Schneisigen, en
Argovie, à une lieue et demie de Bade. Muhlberg en indique au
nord-ouest du village à environ 500 m. plusieurs buissons d'environ huit pieds de diamètre dans une jeune forêt de différentes essences. Les gens de l'endroit, persuadés que cet arbuste fait la gloire de
leur village, se sont engagés par contrat à le conserver et dans cette
intention l'ont entouré d'une forte palissade. Les tiges sont assez
anciennes et il en est qui ont jusqu'à un pouce d'épaisseur. Non loin
de là, il doit s'en être trouvé encore autrefois d'autres buissons qui
ont été détruits par un défrichement. L'*Alnus viridis*, assez répandu
dans la région des collines du canton de Zurich, peut être cité aussi
comme une plante marquant le paysage des anciennes moraines.

Comme on le voit, c'est grâce aux moraines des anciens glaciers
qui recouvraient les bassins fluviaux actuels jusqu'à leur embouchure
dans la vallée du Rhin et jusqu'au Jura, que les plantes alpines ont
émigré jusque dans la zone inférieure. Les exemples que nous venons
de citer rentrent dans la même catégorie de faits que la présence du
Cornus suecica, arbuste nain des contrées du nord, qui ne se trouve
sur les côtes d'Allemagne, près de Brême, que sur les alluvions provenant des montagnes de la Scandinavie et de la Finlande, actuellement séparées de l'Allemagne par la mer.

Les débris amenés par les glaciers ont eu sur la végétation une
autre influence moins apparente, mais néanmoins très considérable.
Le Freiamt, cette partie de l'Argovie qui était autrefois entièrement

recouverte par le glacier de la Reuss, est précisément aussi celle qui se distingue par la fertilité de ses champs de céréales. Simler attribue, non sans raison, cette fertilité à l'abondance de potasse et d'acide phosphorique provenant de l'apatite et du feldspath que les roches primitives, broyées par la masse du glacier, ont déposés dans le sol.

B. Les vallées de la chaîne des Alpes.

La région des essences à feuilles comprend aussi, outre notre plateau, la partie inférieure des nombreuses vallées qui pénètrent du nord dans la chaîne des Alpes. En parlant du Valais, du Rheinthal des Grisons, ainsi que des vallées du nord des Alpes, que nous avons désignées du nom de vallées du föhn, nous avons déjà constaté que, dans toute vallée un peu considérable, la température est plus douce et la vie végétale plus intense. Cela se remarque même quand le climat n'est pas tempéré par quelque lac ou par l'action du föhn. Il suffit de l'insolation plus vive dont jouissent les pentes pour qu'en entrant du plateau dans ces vallées alpines nous y trouvions une flore des rochers et des collines qui se compose d'espèces manquant au plateau. Ce n'est pas dans le fond de la vallée que se remarque ce nouvel essor dans la végétation, bien au contraire, ce fond est recouvert d'une couche de graviers ou de prairies qui absorbent incessamment les eaux glacées des torrents alpins et donnent asile à une flore, souvent moins intéressante et moins variée que celle de la plaine. Ces stations ne se distinguent guère que par quelques espèces des terrains sablonneux, telles que l'*Epilobium Dodonæi*, l'*Erigeron drobachensis* et quelques espèces alpines, descendues des montagnes. Mais sur les pentes exposées au soleil, on trouve, outre les plantes appartenant plus spécialement aux différentes circonscriptions alpines et dont nous aurons à parler plus tard, toute une série de belles espèces dont l'ensemble révèle distinctement un climat plus tempéré : *Arabis Turrita, Erucastrum obtusangulum, Rumex scutatus, Sedum dasyphyllum* et *maximum, Saponaria ocymoïdes, Dianthus silvestris, Potentilla caulescens, Sempervivum tectorum, Libanotis, Athamanta cretensis, Calamintha officinalis, Laserpitium Siler* et *latifolium, Salvia glutinosa, Galium lucidum, Buphthalmum salicifolium, Luzula nivea, Carduus defloratus, Lappa officinalis* et *tomentosa, Echinospermum*

Lappula, Cyclamen europœum, Primula acaulis, Juniperus Sabina, Lilium bulbiferum et *Lasiagrostis Calamagrostis,* habitent en assez grande abondance l'entrée et les pentes plus chaudes de nos vallées. Sur le plateau, ces plantes ne se rencontrent jamais ensemble et la plupart d'entre elles y manquent même entièrement. Parmi les espèces mentionnées, il faut remarquer le *Lasiogrostis Calamagrostis,* une des plus belles de nos graminées, tant pour sa taille que pour l'éclat soyeux de sa panicule.

La flore des montagnes, dont nous aurons à nous occuper dans le chapitre suivant, vient s'ajouter par masses à cette flore plus chaude des vallées ; il en résulte une association d'espèces qui ne s'observe que dans ces vallées. On voit, côte à côte, le *Calamintha alpina* et le *Calamintha officinalis,* les *Petasites niveus* et *officinalis,* les *Senecio cordatus* et *erucifolius.* Dans les vallées d'Unterwald, ces deux espèces forment même un hybride, le *S. lyratifolius,* qui n'est pas rare dans la région des arbres à feuilles.

Le *Lappa tomentosa* qui, en Allemagne, habite la plaine, est une des espèces caractéristiques des vallées de nos Alpes qui manque au plateau ; il en est de même du *Blitum virgatum.*

La direction que suivent les vallées alpines a aussi une grande influence sur la végétation. On y remarque des différences considérables selon qu'elles vont du nord au sud ou de l'ouest à l'est. Rambert donne comme exemple la vallée de Gessenay qui se dirige d'abord de l'est à l'ouest pour prendre ensuite la direction du sud au nord. Dans la première partie de la vallée, la végétation montre de très grandes différences selon la situation des pentes ; on distingue dans la partie inférieure des pentes tournées vers le sud une zone distincte, plus chaude et plus sèche. Cette zone se révèle dans les endroits non cultivés par toutes sortes de broussailles et d'arbres à feuilles. Les cultures, les champs de blé, les arbres fruitiers et les villages se trouvent exclusivement de ce côté, tandis que la partie qui est tournée au nord est d'ordinaire entièrement couverte, dès le fond de la vallée, par les forêts de sapins. En parlant du Valais, de la Valteline et des vallées centrales, situées près des lacs, nous avons déjà eu l'occasion de relever le contraste qui existe entre les pentes exposées au soleil et celles qui restent à l'ombre. En effet, la plupart de ces vallées se dirigent de l'ouest à l'est et les plantes du midi, en

particulier le châtaignier, croissent de préférence sur les pentes exposées au midi.

Dans la Basse-Engadine ce contraste éclate au plus haut degré :
sur le versant sud de la chaîne de la Selvretta on voit des terrasses
ensoleillées où les champs et les villages montent très haut, tandis que
sur le versant nord règnent de sombres forêts.

Dans les vallées qui se dirigent du sud au nord, les deux côtés
sont entièrement semblables : il leur manque ces stations privilégiées ;
aussi les différentes zones y descendent plus bas que sur les pentes
tournées du côté du sud, dans les vallées qui vont de l'ouest à l'est
et où ces pentes sont plus longtemps et plus directement sous l'action des rayons solaires.

C'est dans les vallées alpines que les *arbres fruitiers*, surtout le
noyer et le poirier, atteignent leur plus grand développement. Ce
dernier arbre est représenté par des variétés très anciennes à fruits
assez petits et acerbes et croît en abondance dans les prairies. Il a
le tronc droit et fier, qui ne le cède en rien quant à l'épaisseur et à
la hauteur à celui des ormes et des chênes. C'est grâce à l'abondance
de l'humidité et à la chaleur solaire qui se concentre dans les vallées,
que ces arbres prospèrent ; toutefois, les fruits en sont souvent
détruits par les gelées, surtout quand le fôhn a provoqué une floraison trop hâtive.

Une plante cultivée dans nos vallées alpines du nord-est et qui
mérite d'être spécialement mentionnée, c'est le *Melilotus cœrulea*, le
Schabziegerklee, légumineuse d'un pied de haut, à fleurs bleues en
épis courts. Desséchée, elle exale cette odeur forte bien connue qui
est cause qu'on la mêle au schabzieger, sorte de fromage maigre d'un
vert grisâtre qui depuis des siècles est un des principaux articles
d'exportation du canton de Glaris.

Ce mélilot est une plante des steppes du sud-est de l'Europe et
n'est mêlé au laitage qu'en Suisse. Dans le midi du Tyrol, la culture
de cette plante est plus répandue encore ; on la mélange au pain
pour lui donner un goût aromatique. Rien ne paraît mieux satisfaire le goût de nos montagnards que la forte odeur qu'exhale
cet herbage. C'est la même que celle du *Levisticum*, grande ombellifère qui ne manque dans aucun jardin des paysans de ces
vallées. Les pâtres préfèrent également à toutes les autres herbes

le *Plantago alpina* et les deux *Meum* qui, eux aussi, répandent un
parfum tout pareil.

C. Région des forêts à essences feuillées dans la zone des lacs insubriens.

De la région inférieure des forêts au nord de nos Alpes nous
passons à la région correspondante au midi de la chaîne.

En quittant la région inférieure de l'Italie pour entrer dans la
zone des forêts du Tessin, nous rencontrons immédiatement le châtaignier (*Castanea vesca*). C'est le plus beau de nos arbres à feuilles,
et il suffit de sa présence pour que nous nous sentions transportés
dans la région privilégiée des montagnes insubriennes. Celui qui n'a
jamais vu le châtaignier dans la région montagneuse de nos vallées
alpines méridionales, n'a aucune idée de l'exubérance et de la
majesté que cet arbre peut atteindre. Il n'a pas, il est vrai, le tronc
aussi puissant et les rameaux aussi pittoresques que le chêne de
l'Allemagne, si justement célèbre, mais il dépasse de beaucoup cet
arbre quant à la magnificence et la richesse du feuillage.

Le châtaignier est facile à dessiner et à peindre; son tronc a
quelque chose de fier et de vigoureux, ses branches sont plutôt
ascendantes qu'horizontales comme celles du chêne. L'écorce, d'un
brun très foncé, est recouverte de petites cannelures longitudinales
régulières, semblables à ces sillons que tracent sur le bois certains
insectes nuisibles.

Tandis que le noyer révèle dans toutes ses parties, dans les formes du tronc, dans son branchage, dans les teintes de son écorce et
de son feuillage, quelque chose de plus tendre et de plus délicat, une
sève plus douce, le châtaignier ne renie jamais son caractère d'arbre
de forêt, sauvage et primitif. Sa feuille, la plus grande de celles de nos
arbres, est fortement dentée et a quelque chose de coriace qui rappelle
déjà les arbres toujours verts de la zone méditerranéenne; et pourtant
il n'est pas de verdure qui soit plus savoureuse et plus riche. Quand le
soleil y pénètre, on dirait un ruissellement d'or et d'émeraude. A la
beauté de son feuillage vient s'ajouter celle de ses bouquets de fleurs.
Aussi délicates que celles du *Spiræa Aruncus*, elles donnent à la forêt
quelque chose d'éthéré et de féerique : l'ombrage du châtaignier est

profond et mystérieux. Les feuilles sèches de cet arbre ont pour le moins autant de consistance que celles du hêtre ; mais, malgré la couche dont elles recouvrent le sol, la forêt n'en est pas moins toute verte de graminées et d'autres herbes. Leurs teintes bleuâtres et foncées contrastent d'une manière frappante avec les reflets dorés des grands dômes de verdure. Il est hors de doute que dans nos vallées insubriennes le châtaignier est aussi bien sauvage dans l'origine que dans les autres montagnes de la zone méditerranéenne. Du niveau de nos lacs italiens, où il a été refoulé par la culture de la vigne, il monte dans toutes les vallées jusqu'à la région où il est remplacé par le mélèze, l'épicéa et le hêtre.

En descendant des sommets du Gothard, on le rencontre pour la première fois dans la Lévantine à Faido, à 800 m., et sur la pente Est à Osco, il atteint presque 1100 m. Dans le val Maggia, il monte jusqu'à Peccia, 900 m., dans le Bergell jusqu'à la Porta, à 819 m. Dans le val Vedro il pénètre par pieds isolés jusque sur le territoire suisse, à Gondo, à 859 m. ; les forêts proprement dites ne commencent qu'à Isella, à 663 m. A Poschiavo il apparaît non loin de la rive inférieure du lac, à 900 m. ; dans la Valteline, à Miggiando, à environ 860 m. ; au-dessus de Chiavenna, dans le val Giacomo, jusqu'à Cimaganda. D'après Lavizzari, le plus haut point qu'il atteigne sur les collines du Mendrisiotto est à une altitude de 1000 m. Il préfère constamment les pentes et ne s'effraie pas des plus escarpées. Dans la Valteline il couvre le côté de la vallée qui est exposé vers le nord et qui est le moins chaud, tandis que le côté opposé, situé sur la rive droite de l'Adda, est occupé par la vigne. Il affectionne les terrains formés des débris du gneiss et se plaît sur les rochers, dans les fentes desquelles il enfonce ses puissantes racines. Sur les immenses éboulements de Plurs et d'Epenassey, c'est le seul arbre qui forme forêt. Il aime les stations sauvages et en apparence stériles, et y atteint tout son développement. On dirait qu'il a à cœur de déployer toutes les ressources de sa puissante vitalité. Des troncs mutilés par la foudre ou la chute des rochers et qui même ont perdu presque tout leur bois, n'en sont pas moins encore surmontés de cimes fraîches et verdoyantes ; j'en ai vu même un pied dont la racine n'était plus reliée aux branches que par un morceau d'écorce large comme la main.

Outre le bord sud de nos Alpes, où sa limite est à environ 900 m., le châtaignier est disséminé du sud-est de la France jusque dans nos grandes vallées alpines et au nord de la chaîne. Partout il indique un climat privilégié. Du midi de la Savoie et du bassin inférieur du Rhône il s'avance jusqu'à Genève où il se trouve en abondance : on connaît les bois de châtaigniers du pied des Voirons et du Salève, près de Mornex. Il longe ensuite toute la rive méridionale du Léman, où il forme aux Allinges, à Évian, à Meillerie, etc., des forêts magnifiques. De là il entre dans le Valais dont il encadre l'entrée. Les bois de châtaigniers commencent au-dessus de Montreux, et sont déjà plus fréquents aux environs de Bex, surtout sur la colline de Chiètre, et continuent jusqu'à Martigny. Ils remontent aussi le val d'Illiers jusqu'au village de ce nom. La courbe du Rhône indique en même temps la limite de la zone du châtaignier ; plus loin il ne paraît plus que par places. Le dernier bois se trouve à Fouly : à Sion, à Bramois, à Vez, et de Naters à Mœrel on ne le voit plus que par groupes isolés.

Entre le châtaignier, tel qu'on le trouve dans les contrées insubriennes et le châtaignier du Valais, il existe une notable différence. Ici, les fruits en sont plus petits, le tronc plus noueux et près de la moitié moins élevé ; la cime est également moins élancée et moins compacte. On voit clairement qu'il n'atteint pas dans cette contrée le degré de développement qu'il pourrait atteindre ailleurs.

Le châtaignier est encore répandu en deçà de Genève, dans la direction du nord-est. On en trouve de petites forêts à Thoiry, à Crans, à Trélex sur le versant du Jura, et sur les assises tertiaires au pied de la chaîne. Gaudin fait déjà mention du bois de châtaigniers la *Vissanche* près Bursins, à la Côte. De là, il se montre par places à Cossonay, à Estavayer, au Chaumont, à Neuveville (Thurmann) ; sa station-limite est l'île de Saint-Pierre, dans le lac de Bienne.

Une troisième zone pour la distribution de cet arbre, ce sont les rives des lacs, au nord de l'axe central des Alpes. Le centre de cette zone c'est la contrée du lac de Zoug à Vitznau, où cet arbre est généralement répandu ; mais on en trouve aussi de nombreux pieds au Burgen près de Horn.

On le voit aussi reparaître près de Murg, au lac de Wallenstadt.

Enfin, il se trouve dans le Rheinthal supérieur, sur les pentes des montagnes entre Coire et le lac de Constance, et même, d'après Sauter, dans le Vorarlberg, près de Bregenz et de Saint Margarethen.

Au Valais, sur le versant du Jura et au lac des Quatre-Cantons, le châtaignier reste fidèle à une altitude de 600 m.

Partout il recherche les terres friables et profondes; il évite les terrains trop compacts du Jura.

Jetons un coup d'œil sur la distribution générale de cet arbre. A l'ouest, en France, il est très répandu depuis l'Espagne et le Portugal, et s'avance jusqu'en Belgique. Les stations de l'Alsace et du grand-duché de Bade rentrent dans cette circonscription occidentale.

Du midi de la France il s'avance par la Savoie et le Piémont jusqu'à notre frontière. De même que les châtaigniers du Valais ne sont plus comparables à ceux du Tessin, ces derniers sont loin d'atteindre à la magnificence de ces hautes châtaigneraies, telles qu'on les rencontre dans certaines vallées du versant méridional des Alpes graies. Il faut traverser la vallée de la Soanna, de Val Prato à Ponte, à l'ombre des châtaigniers qui y couvrent des lieues entières, dont les cimes s'élèvent à 22 m. et plus et dont les rameaux croissant horizontalement mesurent plus de 10 m., pour voir cet arbre dans tout son développement et dans toute sa beauté. Il y a là des profondeurs et des groupes comme à peine en ont rêvé les Claude Lorrain et les Poussin.

Des débris rocheux de toute dimension, des torrents aux eaux rapides et pures et par dessus les cimes arrondies des châtaigniers, voilà de quoi se compose le paysage de ces vallées méridionales. Cette triple union se grave ineffaçablement dans le souvenir du voyageur.

De la Valteline, la zone du châtaignier passe au bassin de l'Adige, où elle monte à Botzen jusqu'à 840 m. De Méran elle va dans le Passeyer jusqu'à Saint-Léonard, dans le Vintschgau jusqu'à l'entrée du Schnalserthal, et dans l'Eisackthal jusque dans la contrée entre Brixen et Mittelwald. Cette zone se poursuit le long des pentes du Tyrol méridional jusque bien avant dans les contrées de l'est et même jusqu'en Asie Mineure et au Pont. En Italie, elle descend jusqu'en Sicile et franchit même la Méditerranée, car le châtaignier a été observé sur le cap d'Edugh, près de Bone.

Mais nous n'avons pas tout dit : ces arbres se retrouvent dans deux contrées bien plus éloignées encore et très distantes l'une de l'autre, savoir le nord de la Chine et le Japon, et la partie centrale des États-Unis d'Amérique, si du moins le châtaignier qui croît dans cette dernière contrée (*Castanea americana*) est identique à celui d'Europe, comme l'affirme de Candolle.

En Suisse, et probablement aussi dans la plus grande partie du territoire de cet arbre, les forêts tout entières sont affermées et cultivées, et l'on y récolte les fruits de tous les arbres, même de ceux qui croissent dans les localités les plus sauvages. Ces fruits mûrissent en octobre : en Valais ils sont encore très mangeables; au lac des Quatre-Cantons il est déjà rare qu'ils le soient. Avant l'introduction de la pomme de terre, ils formaient au Tessin, avec le maïs, la base de l'alimentation populaire. L'homme s'est si bien emparé du châtaignier qu'il est difficile de dire quels groupes sont sauvages et quels groupes sont cultivés. C'est surtout le cas dans les stations qui forment limite du côté du nord.

Mais ce n'est pas seulement par son fruit que le châtaigner doit être compté au nombre des arbres utiles. On le laisse croître en buisson pour servir à la fabrication des échalas. Cette exploitation a même lieu en grand. On peut voir ces taillis de châtaigniers à mi-côte des montagnes du lac Majeur, par exemple au Sasso-di-Ferro, au-dessus de Luino.

Dans le canton de Vaud, à la Côte et aux environs de Bex, cet arbre, si noble et si utile, est malheureusement peu à peu supplanté par les cultures. On lui reproche d'ombrager les prairies, d'occuper trop d'espace; aussi d'année en année est-il toujours plus fréquemment sacrifié par les cultivateurs, au grand détriment du paysage et du climat. Dans les cantons de Vaud et du Tessin son bois est très apprécié pour la fabrication des tonneaux.

Dans les montagnes insubriennes il atteint des dimensions étonnantes. Lavizzari en connaît un pied près de Castaneda-Calanca qui mesure 10,8 m. de circonférence. A la Salita di Peccia, ce renflement transversal qui sépare le fond subalpin du Val Lavizzara de la partie inférieure de la vallée, à 900 m., on voit une forêt de châtaigniers, très ancienne, s'élever bien haut sur les éboulis rocheux. Cette forêt est mise à ban (en tessinois, *favra*) et protège le village de Peccia contre les avalanches. Je n'ai jamais rencontré d'arbres aussi gros; ils croissent entre des blocs énormes; les troncs ne sont pas élevés, mais garnis à la base d'excroissances noueuses comme les plus vieux oliviers de la rivière de Gênes. En 1861, Lavizzari a mesuré un de ces arbres : il avait 8,90 m. de circonférence. Un autre arbre que j'ai vu en 1873 mesurait, à la hauteur de ma poitrine, 45 pieds suisses, soit 13,5 m. de circonférence.

Pour ce qui concerne le climat propre au développement du châtaignier, examinons de plus près les indications de la station de Brusio, dans la vallée de Poschiavo, station qui peut être envisagée comme type pour la zone qui nous occupe. A 777 m. la moyenne de la température est de 9°,8, celle du mois de janvier descend seule à zéro ; tous les autres mois ont des moyennes bien plus élevées : décembre, le mois le plus froid après celui de janvier, est déjà à 2°,2; pendant 7 mois de l'année, la température ne descend pas au-dessous de 9°,2, et en mars elle est déjà de 4°,7. Il ressort de ces indications que la période de végétation est très longue, ce qui pour le châtaignier est certainement une des premières conditions de prospérité. Le minimum d'hiver ne descend pas au-dessous de —7°,0 et le minimum d'été ne monte pas au-dessus de 28°,6. Le climat est donc favorable sous tous les rapports : le sol n'est jamais desséché par des chaleurs excessives et les gelées de l'hiver n'ont rien de bien redoutable.

Gersau et Altorf, stations situées à la limite nord de la zone du châtaignier, ont un climat semblable à celui de Brusio. Pendant 7 mois la température y est également au-dessus de 10°,0 et de 9°,2, et celle de mars monte à 4°,4. En revanche, les minima et maxima sont déjà plus extrêmes. Ceux d'Altorf sont à —12°,5 et à 30°,5 ; mais le châtaignier les supporte sans peine, car il n'en a pas moins une période d'une longueur suffisante pour son développement.

Comparons ces indications avec celles de Winterthur qui est à peu près à la même altitude qu'Altorf et où la vigne croît encore, mais où le châtaignier ne prospère déjà plus. Là, ce n'est que pendant 6 mois que la température est au-dessus de 9°,0 ; le septième, octobre, ne monte déjà pas au delà de 7°,7, mars est à 2°,73 seulement et le minimum d'hiver à —16°,2.

Le châtaignier ne craint pas les fortes pluies, ce que montre clai-

rement la texture ferme et coriace de ses feuilles. Dans son territoire
le plus important, au versant sud des Alpes, les pluies sont très abondantes : il tombe par année de 100 à 150 cm. d'eau. Au Val Vedro,
au pied du Simplon, à Brusio (72 cm.), à Bex (90 cm.) et à Martigny (75 cm.), il est encore prospère partout où le sol ne risque pas
de se dessécher, c'est-à-dire sur les pentes rapides et constamment
arrosées par les régions supérieures.

La zone du châtaignier n'a rien de compact et de serré comme
celle du hêtre et de l'épicéa. Il croît par groupes pittoresques ou par
individus isolés autour des villages ; dans les intervalles, on voit des
cultures, des vignes, des champs de maïs et de gelso ; il ne domine
que sur les pentes où il croît en véritables forêts.

La flore des forêts de châtaigniers est bien plus nombreuse et plus
intéressante que celle des forêts de hêtre, ce qui s'explique également
par le fait que les premières sont beaucoup moins épaisses.

De l'autre côté des Alpes, le fond verdoyant de la forêt est partout
émaillé de *Dianthus Seguierii* aux fleurs d'un beau rose ; çà et là il
est remplacé par ses deux congénères, le *D. monspessulanus* ou le *D.
deltoides*, espèce de petite taille. Il est rare que l'on ne puisse y cueillir également le *Veronica spicata* qui atteint ici de grandes dimensions
et devient rameux, le *Jasione montana* aux fleurs d'un bleu pâle, le
Galium rubrum. Dans le Val Maggia, c'est le *Galium pedemontanum* et, aux environs de Lugano, l'*Asperula taurina* qui se rencontrent dans les forêts de châtaigniers. Du fond des herbes qui
croissent sous ces épais ombrages s'élèvent les larges ombelles du
Laserpitium latifolium et d'autres ombellifères dont nous aurons à
faire mention plus tard. Le *Lycopodium Chamæcyparissus*, le plus
grand de nos lycopodes, le *Galium lævigatum* et le *Danthonia provincialis*, belle graminée à épillets panachés, habitent également la
zone du châtaignier.

Du Piémont jusqu'au Tyrol, le *Centaurea rhætica* se cramponne
çà et là aux rochers de cette zone ; surtout sur les bords du lac de
Côme. Cette jolie espèce, dont l'involucre est garni de longs cils pec-
tinés et recourbés, reparaît dans l'intérieur des Grisons. On trouve
aussi toute une série d'espèces qui, du haut de la région alpine
du Tessin, descendent jusqu'à ces forêts, savoir :

Sempervivum arachnoideum, Saxifraga Cotyledon, Bupleurum stella-

tum, *Erysimum helveticum*, *Dianthus vaginatus* Vill., *Phyteuma Scheuchzeri*, *Silene rupestris*, et d'autres encore.

La station la plus remarquable et la plus riche de la région insubrienne du châtaignier et du hêtre, pour autant qu'elle appartient au territoire de la Suisse, c'est le Monte-Generoso, montagne qui s'élève au sud-est du lac de Lugano.

Son sommet, appelé le jardin de la reine, *il giardino della Regina* est à 1695 m. et appartient à la région subalpine, témoin la présence des *Achillea Clavennæ*, *Oxytropis montana*, *Silene quadrifida*, *Pedicularis fasciculata*, *Gentiana purpurea*, *Saussurea discolor*.

Mais cette montagne ne déploie toute sa richesse que dans la zone du châtaignier et du hêtre, où les forêts alternent avec les pâturages et les prairies. Un nombre considérable d'ombellifères rares y vivent de compagnie : le *Molopospermum cicutarium*, grande espèce répandue de Pyrénées jusqu'au midi du Tyrol ; le *Pleurospermum austriacum*, plante des forêts qui se retrouve aussi au Val Vedro, dans le canton de Saint-Gall et dans les contrées du nord ; le *Ligusticum Seguierii*, ombellifère des Alpes méridionales qui va jusqu'en Transylvanie ; les *Peucedanum venetum* et *rablense*, répandus jusqu'en Carniole et dont le premier va du midi de la France jusqu'en Croatie (on le trouve aussi au Valais) ; le *Laserpitium Gaudini*, espèce de la région insubrienne qui va du Tessin en Dalmatie et pénètre aussi jusque dans les Grisons. Gaudin mentionne aussi parmi les plantes du Generoso le *L. peucedanoides* qui est répandu du lac de Côme jusqu'en Croatie et en Transylvanie ; toutefois cette espèce n'a plus été retrouvée dès lors.

Il faut mentionner aussi :

Cirsium Erisithales, *Carduus defloratus f. summanus* Poll., plante du Balde, du lac de Côme, du Tessin et des Alpes françaises, et *Achillea tanacetifolia*, *Centaurea axillaris*, *Cytisus Laburnum*, *Festuca spadicea*, *Veratrum nigrum*, *Anthemis Triumfetti*, *Lichnis flos Jovis*, *Cytisus capitatus*, *Prenanthes purpurea f. tenuifolia*.

Les groupes de *Quercus Cerris*, chêne cerris, *scerro*, depuis longtemps observés en Suisse, croissent également autour du Generoso, surtout à l'Alpa di Melano. C'est une étape qui relie le territoire ouest de cette espèce méridionale à son territoire principal, qui se trouve dans les contrées de l'est. Le *Q. Cerris* est un chêne aux branches

ascendantes, au tronc moins épais que celui des deux grandes espèces ; souvent même il reste à l'état d'arbrisseau. Les feuilles sont
rudes et oblongues, à lobes mucronés ; la cupule est garnie d'écailles
recourbées en dehors et contournées. Le foyer central de sa distribution est la Turquie d'Europe, la Hongrie, le bassin inférieur du
Danube et la Croatie. De là il s'avance jusqu'en Carniole ; il manque au midi du Tyrol ou du moins il y est très rare ; il reparaît en
Italie et se rapproche de la partie inférieure du Lac Majeur (Arona,
Varese) et de notre localité tessinoise par ses stations du lac de Côme.
Tout récemment, M. Coaz me l'a indiqué à Brusio. Son territoire
occidental commence au nord de la vallée de la Saône et s'avance
par Dôle, Osselle et Novillars jusque tout près de notre frontière
jurassique. Il évite les côtes françaises de la Méditerranée et s'avance
jusqu'à Nantes. Il a sa limite au nord de l'Espagne.

Cet arbre se rattache à la zone du châtaignier et ne s'élève même
qu'à 745 m. dans la partie la plus méridionale de cette zone, savoir
dans les montagnes du sud de la Macédoine (au 44me degré de latitude).

Deux autres arbres du Midi, le *Fraxinus Ornus* et l'*Ostrya carpinifolia* croissent aussi aux abords du lac de Lugano, sur sol calcaire.

Le premier, le *frêne fleuri*, est un charmant petit arbre à bouquets
de fleurs blanches et délicates. Il est répandu du midi de la Hongrie
jusqu'en Espagne ; mais nulle part il ne franchit les Alpes, bien qu'il
pénètre avec le châtaignier dans le Tyrol jusqu'à Passeyer et dans
l'Eisackthal jusqu'à Clausen. Cet arbre se rattache également à la
zone du châtaignier. D'après Hausmann, il monte au Tyrol jusqu'à
840 m.

L'*Ostrya carpinifolia* est assez semblable au charme, comme le
nom l'indique, mais cet arbrisseau porte de jolis chatons blanchâtres
qui rappellent ceux du houblon. Il forme de vastes buissons autour
du lac de Côme surtout au-dessus de Lecco, et aussi sur les bords de
celui de Lugano, autres à Gaudria et au Salvatore. On dit qu'il croît
aussi au-dessus de Bellinzona, sur les pentes du côté du Val Calcana.
Cette espèce, qui ne croît chez nous qu'en buisson, y atteint sa
limite nord-ouest. L'Ostrya est répandu dans le Tyrol, où il s'avance
jusqu'à Botzen, en Styrie et dans la Carniole, jusqu'en Dalmatie et
en Roumélie, et, dans les Apennins, jusqu'en Sicile. Il manque aux

contrées de l'ouest. Il s'élève plus haut que le châtaignier : Hausmann l'indique près de Botzen à 1050 m. Je l'ai vu sur les pentes de la Grigna à la même altitude.

Çà et là, le *Corylus avellana f. glandulosa* se mêle au noisetier ordinaire. Cette variété se distingue par sa taille plus vigoureuse, ses poils très glanduleux et ses fruits plus gros et plus arrondis, aux involucres très lacérés et recouverts de glandes rougeâtres. Au lac d'Orta, près de Pella, il croît entre les prairies situées le long de la rive et on l'y ménage soigneusement à cause de ses fruits. Sur les mêmes rives on peut voir aussi dans la zone du châtaignier quelques pieds sauvages du *chêne pyramidal, Quercus Robur f. fastigiata*, que je n'ai jamais observé au Tessin.

Dans le Val Maggia, sur les immenses éboulis au-dessus de Peccia, une forêt mélangée d'aunes et de bouleaux s'étend immédiatement au-dessus de la zone du châtaignier et a de loin un aspect tout à fait étrange. Les troncs de ces arbres lisses et d'un blanc grisâtre s'y élèvent en ligne verticale jusqu'à une hauteur de 6 mètres, sur le terrain sec formé par les débris du gneiss. Ces aunes ont les feuilles plus petites, plus arrondies que celles de l'*Alnus incana ;* elles sont pourvues sur les deux faces d'une épaisse couche de poils appliqués, de couleur grisâtre et aux reflets soyeux ; elles sont en outre d'une consistance plus ferme, les dents sont plus obtuses, plus courtes et plus petites et les nervures en sont presque aussi saillantes que celles du charme. Le fruits sont très longuement pédonculés et deux fois plus petits que ceux de l'*Alnus incana ;* les pédoncules et l'extrémité des rameaux sont également recouverts de poils très serrés. Le fait que cet arbre croît sur un sol sec indique à lui seul que nous n'avons pas affaire à l'aune ordinaire, qui ne prospère que dans les terrains humides ; le feuillage rappelle un peu celui du *Populus alba*, il est même moins vert encore, puisque les feuilles sont blanchâtres sur les deux faces. L'arbre en question est une forme remarquable qui mériterait à plus juste titre que beaucoup d'autres variétés d'être élevée au rang d'espèce. Je l'ai nommé *Alnus incana f. sericea*. Heer m'a écrit que cet arbre croît aussi au Gäsi près Wesen, sur le lac de Wallenstadt, et Brugger l'a observé dans les vallées méridionales des Grisons.

Ce qui est surtout caractéristique pour la zone du châtaignier,

dans sa partie insubrienne, c'est le grand nombre de papilionacées
formant buisson, telles que les genêts et les cytises.

On y remarque côte à côte le *Sarothamnus scoparius*, le *G. germanica f. Perreymondii*, le *Cytisus Laburnum*, et sur le sommet du Generoso une forme naine de cette dernière espèce, à grappes courtes et
presque dressées ; puis les *C. alpinus, nigricans, capitatus* Jacq., *hirsutus* L. ; sur le Calbege et non loin de là, au lac de Côme, le *C. glabrescens* Sartor., espèce endémique ; le *Cytisus purpureus*, propre à la
partie orientale de la zone insubrienne et qui s'étend de la Croatie
jusqu'à la partie inférieure du lac de Côme, tout près de nos frontières ; le *C. sessilifolius*, commun dans la partie moyenne de l'Italie et
couvrant de vastes pentes au-dessus de Lecco ; enfin le *Cytisusradiatus*,
aux Corni di Canzo, bel arbuste qui suit le versant sud de la chaîne
et va de l'Espagne jusqu'en Transylvanie, en passant par le Valais.
Vers la limite supérieure de son territoire, le châtaignier est supplanté par le hêtre, et sur les dernières sommités des Alpes calcaires c'est ce dernier qui forme la limite des arbres, souvent mêlé à la
forme orientale du pin tortu (*P. montana f. mughus*, Scop.), à écailles des cônes très peu saillantes (Grigna). Les grands conifères
n'appartiennent guère qu'à l'axe principal de la chaîne et aux
vallées alpines supérieures, où le mélèze, mêlé à l'épicéa et plus
rarement à l'arole, forme la limite des arbres et souvent même y
atteint des dimensions vraiment gigantesques. Dans les hautes Alpes
du Tessin, le hêtre ne manque pas non plus sur le terrain primitif :
on en voit de magnifiques pieds croissant en compagnie du mélèze et
de l'épicéa, par exemple au-dessus de Fusio dans la partie supérieure
du Val Maggia, à 1100 m. Ce fait confond l'axiome de Wahlenberg
qui prétend que le massif du Gothard n'est pas favorable au hêtre.

Dans le Val Maggia, la limite supérieure de cet arbre est à 1300 m.

Il paraît surprenant qu'un arbre qui, dans l'Oberland bernois,
s'élève jusqu'à 1400 et 1500 m. (à Wengen et au Genthal), s'arrête
si bas sur le versant sud des Alpes. Cela s'explique pourtant par le
caractère du climat. L'abondance de l'humidité est cause que dans
les contrées les plus méridionales de la Suisse toutes les limites de
hauteur sont beaucoup plus basses que dans le Valais, sur le haut
plateau de l'Engadine et même dans certaines parties du nord de la
Suisse. Nous voyons se répéter ici ce qui s'observe sur le versant

méridional de l'Himalaya, où les eaux sont plus abondantes : les neiges et les glaciers s'y accumulent en masses plus considérables et refoulent ainsi dans les profondeurs les différentes régions qui s'étagent sur les pentes. Du côté nord, sur le plateau du Thibet, on cultive encore les céréales à 5000 m., altitude où, sur le versant opposé, toute vie a cessé depuis longtemps. De même en Portugal, région très pluvieuse, les plantes méridionales et la vigne montent bien moins haut qu'au midi de l'Espagne, où les pluies sont moins abondantes. Il en est de même au Tessin, du moins dans le voisinage immédiat de la région des neiges ; sur les basses Alpes déjà plus éloignées de cette région on voit, il est vrai, les limites monter à des altitudes plus élevées.

Les chaînes du Tessin n'atteignent en moyenne que 2500 m., les sommets montent rarement à plus de 3000 m., altitude où, au Valais, la limite des neiges n'est pas encore distinctement marquée, et pourtant la région des neiges est très étendue dans les Alpes tessinoises : des cimes comme le Basodino, la Fiorina, la Cristallina et le Campo Tencca, tout en n'ayant que 3000 m., ont des névés très considérables. Dans le Valais et en Engadine il faut déjà monter à 500 m. plus haut pour trouver de pareilles masses de neige. Aussi, au Tessin, les arbres descendent-ils bien plus bas dans la vallée et ne montent-ils pas aussi haut dans la montagne. On peut s'en convaincre par le tableau comparatif ci-après :

VAL MAGGIA

La vigne monte à Cavergno à	450 mètres.
Le châtaignier à Peccia à	900 »
Le seigle à Fusio à	1300 »
Le mélèze a sa limite inférieure à Prato à	780 »
Limite supérieure du mélèze à Sambucco	1750 »
Limite inférieure du rhododendron à Orsellina	300 »
Limite supérieure du rhododendron à Campo alla Turba	2100 »

VALAIS

La vigne monte à Stalden à	834 mètres.
Le châtaignier à Mœrel à	769 »
Le seigle dans la vallée de Saint-Nicolas à	1650 »
Le mélèze a sa limite inférieure à Sion à	1100 »
Limite supérieure du mélèze dans la vallée de Saint-Nicolas	2300 »
Limite inférieure du rhododendron dans la vallée de St-Nicolas	1620 »
Limite supérieure du rhododendron dans la vallée de St-Nicolas	2300 »

Il ressort de ces indications que dans le val Maggia toutes les limites sont à des altitudes inférieures, à l'exception du châtaignier, qui n'est pas encore précisément chez lui au Valais.

RÉGION DES FORÊTS DE CONIFÈRES

Abordons maintenant la région des forêts de *conifères*. Elle s'étend en moyenne de 1350 à 1800 m.

Comme nous l'avons vu, les forêts inférieures de hêtres ou de châtaigniers ne sont plus que des restes conservés entre les cultures. Il n'en est pas de même des forêts de sapins qui couvrent les pentes plus rapides de nos Alpes et du haut Jura. Elles ont eu beaucoup moins à souffrir des envahissements de l'homme, et si parfois il en a troublé la paisible existence, elles n'en ont pas moins conservé leur territoire primitif.

Que seraient nos montagnes sans forêts?

Ce sont elles qui donnent au paysage de nos Alpes son cachet particulier, ce sont elles encore qui en font la richesse au point de vue économique. A part les masses de neiges éternelles et les glaciers, d'où découlent d'innombrables filets d'eau, ce sont également les forêts qui conservent à la montagne son humidité et en même temps sa vie. A l'extrémité sud-ouest des chaînes alpines, dans le département français des hautes Alpes, on peut voir combien est lugubre et même effrayant le spectacle des hautes cimes dépouillées de leur revêtement de forêts.

La contrée au-dessus de Gap, qui se compose de montagnes calcaires entièrement dénudées et qui est située tout près des vallées florissantes de la Provence et du bassin du Rhône, est peut-être, en Europe, l'image la plus parfaite des déserts de l'Arabie. Des pentes rocailleuses à perte de vue, sous le soleil brûlant du Midi, un paysage de couleur roussâtre et uniforme, à peine çà et là sur les cimes les plus élevées une légère teinte de verdure; un climat d'une sécheresse et en même temps d'une rigueur extrême, un soleil d'Afrique et des

vents froids, même au gros de l'été, ce qui oblige les habitants de se pourvoir d'un manteau en toute saison; avec tout cela un manque absolu de sources; au printemps et en automne de véritables déluges qui forment des torrents dévastateurs bientôt disparus : tel est le caractère que présente cette partie des Alpes françaises, dont le paysage attriste et repousse, et qui serait encore un charmant et riant paysage, si les anciennes forêts qui couvraient les pentes existaient encore.

Dans les vallées du haut Dauphiné et dans la Maurienne le spectacle n'est guère plus rassurant, bien que, grâce à la proximité de la région des neiges qui est très étendue, la verdure des pâturages alpins n'ait pas entièrement disparu. Là, les vallées forment des entailles très profondes dans des massifs hauts de 3000 à 3500 m. Les Alpes, à cette latitude, ne sont plus de longues chaînes, mais une succession désordonnée de croupes puissantes, coupées de ravines profondes.

Ces ravines étaient autrefois couvertes de mélèzes et d'épicéas, comme les vallées de nos Alpes valaisannes, mais aux jours fiévreux des grandes commotions, lors des guerres de la Révolution et de l'Empire, l'État s'est emparé violemment de la richesse naturelle de ces montagnes et l'a sacrifiée à la gloire. On assure que les flottes que le premier consul a fait construire pour l'expédition d'Égypte ont englouti les forêts du haut Dauphiné.

Les conséquences de ces dévastations ont été aussi terribles que promptes à paraître. Les pelouses verdoyantes qui s'étendaient sur les pentes disparurent; les chalets situés sur les prairies le long des ruisseaux furent emportés, et le fond de la vallée prit de plus en plus l'aspect d'un immense cône de déjection. Tandis qu'autrefois les forêts, qui formaient ceinture jusqu'à mi-hauteur des montagnes, absorbaient les pluies et que les eaux ne s'écoulaient que lentement et insensiblement vers la vallée, en suivant leur cours naturel, elles se précipitent aujourd'hui du haut des cimes et ne sont plus retenues par aucun obstacle; les torrents sont en quelques instants démesurément gonflés, ils ne peuvent contenir leurs ondes furieuses, et d'année en année ils enlèvent plus de terrain aux cultures et même aux habitations. Le lit du torrent est devenu une ravine, celle-ci s'est peu à peu comblée, et les eaux, toujours plus grosses et plus hautes ont rongé plus avant sur leurs bords, emportant pièce à pièce la précieuse couche de terre végétale.

Les versants de ces montagnes étant extraordinairement rapides, cette désolation a pris de telles proportions qu'elle peut sans crainte être comparée aux phénomènes semblables les plus extrêmes, tels qu'on les observe dans les montagnes de la région des steppes méridionales, dans le sud de l'Arabie et de la Perse.

On sait que dans ces contrées, dont les montagnes dénudées montent en lignes presque verticales, les ravines se remplissent si subitement pendant les pluies d'orage, que le voyageur qui est surpris dans leurs profondeurs n'a aucune chance de salut.

Des phénomènes tout semblables s'observent toutes les années, ou du moins à de courts intervalles, dans la haute vallée de la Durance.

Surell donne au sujet de ces avalanches d'eau (c'est ainsi qu'on les appelle dans la contrée) des détails qui font frémir : quand le ruisseau de Saint-Chaffray est gonflé, il pousse devant lui une sorte de boule de 8 m. de haut qui tourne rapidement et dont le diamètre dépasse de beaucoup le rivage. Cette boule se compose d'une masse épaisse provenant des couches de gyps du lit du torrent, et ce n'est qu'après elle que paraissent les masses d'eau proprement dites.

Un terrible coup de vent précède chaque fois l'avalanche. En 1836, quelques habitants de Guillestre qui se trouvaient sur le pont du Rif-Bel entendirent un bruit d'orage dans les montagnes, et aussitôt un immense bloc de rocher tomba à leurs pieds sur le pont, qui est à plus de 4 m. au-dessus du lit du ruisseau, ce n'est qu'alors que les masses d'eau firent irruption.

A Chorges, au torrent des Moulettes, en juillet 1838, une petite pluie locale qui tombait sur les cimes des montagnes, engagea quelques personnes à monter sur la digue du torrent. Cette digue était composée d'un mur très solide de 2 m. d'épaisseur et de 5 m. de haut. Tout à coup « le souffle précurseur » se fit sentir et remua si violemment les blocs de rocher du lit du torrent que les spectateurs s'enfuirent en toute hâte. Au même moment la digue, quoique très forte, glissa sous leurs pieds et fut enlevée sur une étendue de 25 m. avec un bruit de tonnerre qui s'entendit à 3 kilom. Un nuage de poussière s'éleva, au travers duquel on vit fondre « la lave, » qui s'avançait en droite ligne contre le village.

Une heure après, le lit du torrent était aussi sec qu'avant l'orage.

Quand, sur des pentes si abruptes, les eaux ne sont pas retenues par les forêts, elles se précipitent en une seule masse comme les avalanches de neige et, comme ces dernières, elles chassent devant elles une colonne d'air dont le choc est aussi violent que celui d'un corps solide.

Ce sont là de terribles phénomènes, d'autant plus terribles qu'ils s'observent non loin de la Suisse, dans la chaîne des Alpes, dans ces mêmes Alpes méridionales auxquelles appartient notre Valais et qui sont situées à un degré à peine de notre frontière.

Malheureusement, il n'est pas nécessaire de franchir nos frontières pour observer des phénomènes tout semblables, bien que dans des proportions réduites : témoin le Bois-Noir dans la vallée inférieure du Rhône et l'entonnoir géant qui alimente cet énorme cône de déjection; témoin l'Illgraben, cet autre entonnoir de 2000 m. de profondeur, dans lequel le regard plonge avec terreur quand on parcourt la partie moyenne du Valais; témoin encore les paysages désolés de la vallée de Saint-Giacomo-di-Fraële et du val Cava, où toute la montagne, du torrent jusqu'aux crêtes, ne présente que des rocailles dénudées ayant conservé à peine quelques vestiges de pins de montagne; témoin surtout les pentes et les *fiumare* de notre belle zone insubrienne, ces « dragons » comme on les appelle, qui guettent leur proie dans ce paradis terrestre. D'après le rapport fédéral, la moitié environ des fonds de vallée du Tessin ne sont que des surfaces désertes. M. E. Cuénod cite de l'Oberland grison un exemple digne d'être mentionné à la suite de celui de la Durance. Pendant la nuit du 3 au 4 octobre 1868, le grand torrent de la Zafragia se précipita si subitement en deux courants sur le village de Ringgenberg, que le choc atmosphérique causé par la chute de l'eau, lança un moulin construit en bois à une distance de 35 pieds et qu'un bloc de plus de 10,000 pieds cubes fut jeté par le torrent jusqu'au milieu du village.

On connaît les dommages causés par la Nolla, ce torrent du centre des Grisons qui s'avance d'un mouvement lent, mais non moins dévastateur, charriant une vase épaisse. On sait quel danger court la

ville de Sondrio dans la Valteline à chaque violent orage. Par suite
des déboisements de sa haute vallée, le Mallero qui descend du val
Malenco pour entrer ici dans la vallée principale, est sujet à des
gonflements si subits qu'en 1834 trente maisons ont été enlevées et
que les digues de pierre qui ont coûté des millions ne suffisent pas
pour garantir la ville.

Si nous nous arrêtons si longtemps à considérer les suites désas-
treuses qu'entraîne inévitablement le déboisement de nos forêts de
montagne, ce n'est pas pour nous estimer heureux qu'en Suisse nous
ne soyons pas encore aussi exposés que dans d'autres contrées à de
pareils désastres, c'est bien plutôt pour signaler le danger qu'il y a
de méconnaître ce principe fondamental, que les forêts sont absolument nécessaires à toutes les pentes rapides de nos Alpes, si l'on ne
veut pas que la contrée tout entière se transforme en désert. Quand
les forêts manquent, non seulement les orages ont des effets dévastateurs, mais encore le déboisement en lui-même provoque des chutes
d'eau beaucoup plus violentes : le climat local devient plus mauvais
et les eaux, au lieu de tomber sous forme de pluies douces et de
longue durée, éclatent en orages subits, à la violence desquels rien ne
saurait résister.

L'humidité est constamment attirée par la forêt et conservée dans
son tapis de mousse. Elle s'en échappe aussi constamment par l'évaporation. Les cimes des arbres absorbent la pluie et ne la laissent
descendre qu'en partie jusqu'à terre, la renvoyant dans les airs sous
forme de vapeur. Par cet échange continuel, le climat des contrées
boisées devient plus humide et le ciel y est plus souvent chargé de
nuages et de pluie. Les ruisseaux ne se gonflent que lentement pour
redescendre insensiblement à leur niveau naturel ; il s'établit ainsi
un véritable équilibre dans la circulation des eaux.

Lorsque son bassin d'origine était mieux garni de forêts, le
Weissbach (Appenzell), même après les orages les plus violents,
n'était fortement gonflé qu'après trois heures entières de pluie,
tandis que maintenant il l'est déjà une heure après : l'équilibre a été
troublé, et comme toujours au grand détriment des rives.

Quand le roc nu ou ses débris forment seuls la surface du sol, le
soleil les échauffe incessamment et avec une intensité toujours plus
grande ; les courants d'air chaud qui montent empêchent la forma-

tion de la rosée et des nuages : aussi règne-t-il une chaleur sèche dans ces vallées alpines méridionales dont nous venons de parler, ce sont de véritables « fournaises, » expression qu'en été l'on entend chaque jour dans la bouche des indigènes. Ce n'est que dans la haute région, près des neiges éternelles, que les nuages peuvent enfin se résoudre en pluie, ce qu'ils font plus rarement, mais avec d'autant plus d'impétuosité.

M. Fankhauser a fait des observations très exactes dans le canton de Berne sur l'influence des forêts sur le climat. Il a constaté, de 1865 à 1872, que la masse de pluie dans les forêts d'épicéas, près de Berne, n'est que le 32 %, et dans les forêts de hêtres de Porrentruy le 10 % seulement de la masse totale des pluies ; que l'humidité relative de l'air dans les forêts d'épicéas est de 8 %, et dans les forêts de hêtres de 13 % plus considérable qu'en rase campagne ; tandis que l'évaporation dans les forêts d'épicéas n'est que le 30 %, et dans les forêts de hêtres le 50 % de celle qui a lieu hors de la forêt. Il a constaté en outre que l'évaporation pendant la saison chaude est huit fois moins considérable dans les forêts qu'en dehors, et que ce n'est qu'en hiver que cette évaporation est à peu près égale dans les deux stations. Pour ce qui concerne la température, il ressort des observations de M. Fankhauser que la moyenne annuelle des forêts d'épicéas près de Berne est de 0°,5, et celle des forêts de hêtres du Jura de 0°,6 plus basse qu'en rase campagne ; en revanche, dans les forêts, les maxima sont de 11 et de 14 % plus bas, et les minima de 3 et de 11 % plus élevés que hors de la forêt. Ces chiffres parlent : ils montrent d'une manière évidente que les forêts contribuent à adoucir le climat et nous expliquent pourquoi les plantes toujours vertes et à larges feuilles de notre région, telles que le buis, le houx, les fougères (*Scolopendrium* et *Aspidium aculeatum*) ne se trouvent guère que dans les forêts.

L'abri que les forêts offrent contre les vents est aussi d'une haute importance pour le développement de la végétation. Ce n'est qu'à l'abri de leurs parents adultes que les jeunes arbres peuvent croître dans certaines expositions ; aussi les buissons qui forment le sous-bois sont-ils pleins de force et de sève, tandis qu'à la même altitude, sur les pâturages ouverts, on ne rencontre plus guère que de petits genévriers ou de chétives bruyères.

Quand on jette un coup d'œil sur les Alpes suisses, en prenant pour guide le rapport fédéral de 1862, on remarque que le 31,6 % de leur territoire est improductif, c'est-à-dire occupé par des rochers, des champs de neige, des glaciers ou des cours d'eau ; 33 % se composent de pâturages, 20 % de terres cultivées et 15,4 % seulement de forêts. En laissant de côté la surface improductive, on peut évaluer à 22,4 % la superficie couverte par les forêts. Comparativement aux pays voisins, c'est là un chiffre peu considérable. En effet, l'Autriche a 30 %, le sud de l'Allemagne 25 à 33 %, et la France, pays pauvre en forêts, 16 % de superficie boisée. Nous aurions lieu d'être satisfaits si, du moins, toutes nos pentes rapides étaient suffisamment boisées, mais le vandalisme forestier qui était à l'ordre du jour au commencement et même jusqu'au milieu du siècle, a laissé de terribles traces. Dans le Val Maggia, la vallée la plus dévastée de la Suisse, on peut voir encore au-dessus de Fusio la forte écluse qui servait à gonfler le torrent pour flotter jusque dans la vallée les troncs d'arbre des forêts de montagne. On peut voir les effets de ces dévastations dans la partie inférieure de la vallée, qui porte l'empreinte de la désolation et dont le fond n'est plus qu'un vaste champ de graviers, large parfois de 2 kilom. et absolument stérile. Il n'en était pas encore ainsi en 1812, lorsque Escher de la Linth parcourait la contrée et que les hautes forêts n'étaient pas encore abattues. « Le fond de la vallée de la Maggia, dit-il, s'élargit insensiblement vers son issue et se transforme peu à peu en une plaine fertile couverte de belles cultures comme les campagnes de l'Italie. » Aujourd'hui cette description est une véritable ironie.

La partie la mieux boisée de la Suisse c'est le Jura. Là, la superficie des forêts comporte le 30,2 % du territoire. Dans les Alpes, les contrées les mieux boisées sont les deux Unterwalden, le bas Simmenthal, l'Emmenthal, le Rheinthal grison inférieur et la Mesolcina. L'extrémité méridionale du bassin du lac de Sarnen et la forêt qui s'étend du lac de Lungern au Brunig sont d'un aspect magnifique. Combien de temps en sera-t-il encore ainsi ? Une forêt superbe, désignée par les habitants du nom de forêt du Sacrement (Sakramentswald) et qui rappelle les forêts vierges d'autrefois, s'étend du côté du nord au pied du Giswylerstock. Assez bas déjà, le hêtre est supplanté par le sapin ; les buissons de houx, qui forment un sous-bois souvent de quatre mètres de haut, disparaissent, et à mesure que les pentes deviennent plus rapides toute la forêt prend quelque chose de sombre et de gigantesque. Elle est d'un aspect vraiment solennel. Elle n'est pas épaisse, mais les arbres y sont d'énorme et haute taille, et bien que les troncs soient presque toujours nus jusqu'à une assez grande hauteur, leurs cimes ne laissent pénétrer aucun rayon de soleil et le sol est couvert d'une ombre des plus épaisses. Ce sol humide est couvert d'un véritable tapis de tussilage dont le feuillage d'un vert tendre éclaire un peu cette obscurité. Partout des troncs pourris gisant à terre ou encore debout, et sur ces masses décomposées de jeunes arbres pleins de force et de sève! Un jeune sapin d'un pied de diamètre croît sur un bloc jaunâtre de trois mètres de haut : on dirait un cavalier sur sa monture. De tous côtés les racines descendent le long de ce cône que l'on prend à première vue pour un rocher, mais qui, vu de près, se trouve être la masse poreuse d'un énorme tronc très ancien sur lequel le sapin a germé et crû. Quand cette masse de bois pourri se sera désagrégée tout entière, le sapin se trouvera planté sur un échafaudage de racines aériennes, comme certains arbres des tropiques. Plus loin, le sentier conduit auprès d'un sapin de 5,7 m. de circonférence (en 1868), et bientôt l'on trouve une sorte de porte étroite qui n'est autre chose qu'un tronc gigantesque, tombé au travers du chemin et dans lequel on a scié un fragment de la largeur du sentier pour ménager le passage. La paroi que forme le diamètre du tronc monte à hauteur d'homme des deux côtés du sentier. C'est là une image de ce qu'étaient nos forêts helvétiques il y a dix siècles, quand l'ours et le bison les hantaient encore. Au Brunig, j'ai observé encore cette forme si caractéristique du rajeunissement des forêts primitives, telle que l'a décrite Gœppert en parlant de la Forêt de Bohême, savoir : de jeunes sapins croissant en alignements réguliers sur des exhaussements de terrain qui proviennent de troncs pourris gisant dans le sol.

Malheureusement, l'aspect des forêts dans les Alpes a d'ordinaire quelque chose d'incomplet, de déchiré et de fragmentaire. Dans les Alpes centrales les arbres sont si abondamment couverts d'*Usnea barbata* qu'ils sont comme revêtus d'une chevelure de vieillard, inculte et désordonnée : on dirait de noirs squelettes enveloppés de linceuls grisâtres, jetés les uns sur les autres par les ouragans et formant parfois des amas qui empêchent l'homme d'avancer.

Le canton d'Uri est de tous le plus pauvre en forêts (6,0 %). A part celle du fond de la vallée de la Reuss, la petite forêt mise à ban au-dessus du village d'Andermatt et quelques petits espaces boisés dans les vallées latérales inférieures, ce canton est absolument dépouillé de bois, à tel point que la vaste contrée alpine d'Urseren ne possède pas un seul arbre, et que dans les villages on se sert comme combustible de la bruyère et du fumier sec.

Une partie du centre des Grisons est presque aussi mal boisée : le val d'Avers et quelques autres hautes vallées avoisinantes sont entièrement dénudées. Comme en Mongolie, on y brûle du fumier desséché. Dans la haute Engadine, dans le Tessin et le haut Valais, les forêts sont aussi très clairsemées, ce qui est dû en bonne partie à la prépondérance du mélèze, qui aime l'air et le soleil.

Cet aspect dénudé de tant de contrées alpines, dont l'altitude ne serait pas trop élevée pour permettre aux forêts de s'y développer, n'est pas dû à la nature, mais à l'influence de l'homme.

Dans la vallée de la Reuss, au canton d'Uri, on attribue la dévastation des forêts au passage des armées françaises et russes pendant les guerres des dernières années du XVIIIme siècle.

Au Valais, au-dessus de Sierre, sur le versant des Alpes bernoises, on montre encore une pente dénudée de plus d'une lieue d'étendue, dont les forêts ont été brûlées en 1799, lors des guerres de la république française contre les Valaisans, qui désignent aujourd'hui encore le plateau dévasté sous le nom du bois des Français.

Dans la basse Engadine, ce sont les achats de bois des salines bavaroises et autrichiennes qui ont fait disparaître bien des forêts.

A part ces destructions en grand, la dévastation des forêts de montagne se poursuit incessamment en petit. Kasthofer rapportait en 1822 que plusieurs communes des Grisons, pour avoir des pâturages plus étendus, avaient incendié leurs forêts. « Ce sont les sauvages d'Amérique qui le leur ont appris, » s'écrie-t-il dans son indignation.

Les vachers des Alpes font leur provision de bois à la première forêt venue, sans s'inquiéter des besoins de la génération future.

Dans plusieurs cantons montagnards on emploie chaque année des quantités incroyables de bois pour enclore des prairies.

Il ne faut donc pas s'étonner si de 1800 à 2000 m. et même plus haut on trouve partout dans le sol des souches parfois très épaisses, derniers vestiges d'un état antérieur plus favorable.

Les dommages augmentaient d'année en année, quand enfin, le 24 mars 1876, une loi fédérale fut votée qui charge la Confédération de la haute surveillance de la police forestière dans les régions élevées. Cette loi définit ce qu'il faut entendre par forêts protectrices, et désigne comme telles toutes les forêts qui, en raison de leur altitude ou de leur situation sur des pentes abruptes, des points culminants, des arêtes, des croupes de montagnes, des saillies ou dans la région des sources, dans des défilés, dans des ravins, au bord des ruisseaux et des rivières, jouent un rôle protecteur contre les influences climatériques, les ravages du vent, les avalanches, la chute des pierres ou des glaces, les affaissements de terrains, les affouillements, les ravines et les inondations. La conservation et le rajeunissement de ces forêts est assuré au moyen de prescriptions sévères dont l'exécution est contrôlée par un inspecteur fédéral, et il est également prescrit que les espaces dont le reboisement fournirait des forêts protectrices importantes doivent être reboisés.

Espérons que sous la protection de cette loi une ère de prospérité nouvelle aura commencé pour nos forêts de montagne.

L'arbre le plus important des forêts de notre région montagneuse, c'est l'*épicéa*, appelé en Suisse sapin rouge, en Allemagne *Fichte* (*Pinus Picea du Roi, Abies excelsa* Poir.). Il descend jusque dans les vallées et sa limite supérieure est d'ordinaire celle des arbres en général. Quand le hêtre n'occupe pas les régions inférieures, il constitue l'essence dominante des forêts, et même il règne seul sur de vastes étendues.

C'est l'épicéa qui donne aux pentes de nos Alpes cet aspect austère et parfois même sombre avec lequel contraste si agréablement la verdure riante et la vive lumière des alpages plus élevés.

Ce n'est que dans les Alpes centrales du Valais et des Grisons que le mélèze et l'arole font concurrence à l'épicéa, sans arriver toutefois à l'exclure. Dans le Jura, comme dans les Pyrénées, il est remplacé dans les régions inférieures, de 700 à 1300 m., par le sapin blanc et n'occupe que la partie supérieure des sommités au-dessus de la zone de ce dernier.

Comme celle de tous nos arbres, la limite supérieure de l'épicéa est difficile à exprimer en chiffres; car dans notre pays la limite des arbres est déjà bien loin d'être une limite naturelle. Les progrès de l'homme, ses défrichements et ses dévastations en ont fait une limite artificielle qui varie selon les différentes contrées.

A tout prendre, la limite actuelle des forêts d'épicéa peut être fixée en moyenne dans les Alpes suisses à 1800 m. environ. Dans les Alpes des Grisons, qui sont à une altitude générale plus élevée, cette limite se trouve vers 2050 m.; il en est de même dans le Valais; dans les chaines septentrionales elle est à 1800 m. et au Jura à 1400.

Dans l'Oberland bernois, l'épicéa monte souvent en pieds isolés, sous forme de *gogant* ou de buisson *rabougri*, jusqu'à 1900, plus rarement jusqu'à 2000 m.

En Scandinavie et dans le nord de la Russie, ce n'est plus un arbre de montagne; il n'y monte pas à plus de 240 m. et disparaît au nord du golfe de Bothnie, vers le 69me degré.

Dans le Riesengebirge il monte en moyenne à 1170 m.; dans les Carpathes à 1494 m. Ce qui est certain, c'est que c'est dans les Alpes qu'il atteint l'altitude la plus élevée, à l'exception de quelques localités des Pyrénées, où il n'a plus de zone spéciale, mais où il ne se trouve que par places et comme exception sur la lisière supérieure des forêts de sapins blancs. Massot l'indique au Canigou à 2411 m., station dont toutefois Martins ne fait pas mention.

Sur les hauteurs alpines le mélèze et l'arole montent seuls aussi haut et même plus haut encore.

Dans les stations les plus élevées, sur les rochers, l'épicéa prend peu à peu un aspect de dépérissement, moins cependant que le hêtre et le pin de montagne. Il ne rampe pas comme eux, mais reste droit, toutefois sans fleurir. Dans les plus hautes régions il ne croît guère que de 2 ou 3 m. en un siècle, et c'est tout au plus si son tronc atteint de 3 à 4 cm. d'épaisseur. Les anneaux qui indiquent la croissance annuelle sont alors si rapprochés qu'ils deviennent presque microscopiques.

Les épicéas nains situés le plus haut, ne se trouvent pas en plein pâturage; ils sont pour ainsi dire cramponnés aux rochers, dans les anfractuosités desquels ils se blottissent.

Les derniers sapins que l'on rencontre sur les pâturages ont presque toujours un aspect tout différent de ceux qui croissent en forêt :
ce sont de magnifiques pieds d'une individualité fortement marquée,
des *gogants*, comme on les appelle dans les cantons romands. Dans la
Suisse allemande ils portent le nom de *Wettertannen* ou de *Schirm-
tannen*, arbres protecteurs. Couverts de lichens qui pendent aux
branches et donnent à l'arbre tout entier l'aspect d'un vieillard en
cheveux blancs, ils restent là isolés, à de grandes distances les uns
des autres. Leurs formes athlétiques et ramassées montrent qu'ils
savent résister aux orages. Des cônes vieux de plusieurs années
s'accumulent sous leur ombrage sans se détériorer. Ces sapins servent à marquer les sentiers et offrent un abri au bétail contre les
orages et le soleil. Souvent ils sont ornés d'un crucifix ou de quelque sainte image. Les pensées que fait naître un de ces arbres sont
mêlées de reconnaissance et de tristesse. Comment penser sans
reconnaissance aux troupeaux innombrables qui ont cherché sous
son ombrage un abri contre les ardeurs du soleil ou les intempéries?
Et pourtant cet arbre éveillera aussi la tristesse à la pensée que, son
heure venue, quand la foudre en aura frappé la cime longtemps
épargnée, l'alpe restera dénudée, la limite des arbres sera refoulée
d'autant vers la vallée, le dernier rejeton de toute une génération aura
disparu et le pâturage aura fait une nouvelle conquête sur la forêt.

Il est rare que le tronc de ces grands épicéas se partage en plusieurs embranchements, comme cela a lieu si souvent pour le sapin
blanc. Pourtant, sur le versant oriental de la petite Scheidegg, au-
dessus de Grindelwald, on peut voir au milieu des aroles quelques
magnifiques exemplaires d'épicéas à deux ou à plusieurs ramifications principales.

Sur le versant nord des Alpes l'épicéa n'atteint pas sa limite
inférieure absolue ; çà et là sur le plateau on le rencontre croissant
en bosquets, ou formant des forêts de peu d'étendue. En revanche,
il abandonne la plus grande partie des collines et des pentes montagneuses inférieures au hêtre ; aussi la forêt d'épicéa proprement dite
ne commence-t-elle qu'à 800 m. On peut donc sans inconvénient
parler d'une région de l'épicéa s'étendant de 800 à 1800 m. Ce
n'est que sur la lisière plus chaude du Jura, dans le Valais et sur les
bords des lacs du Tessin, qu'il reste en arrière à cause de la séche-

resse et de la longueur de l'été. Là, le pin est celle de nos conifères qui d'ordinaire descend le plus bas.

Pour les constructions, on ne se sert guère d'autre bois que de l'épicéa. Dans certaines contrées écartées du Jura, il est encore d'une autre utilité : on en extrait la *résine* ou la poix. Dans la gorge de la Scheulte, en montant de la vallée de Delémont à la Hohe-Winde, j'ai parcouru une forêt qui est exploitée dans ce but. On avait creusé dans tous les troncs plusieurs larges entailles montant de la racine jusqu'à hauteur d'homme; la résine fraîche et d'une belle couleur de cire se déposait abondamment le long des parois de ces entailles.

L'épicéa se présente chez nous sous deux formes bien caractéri-sées : la forme ordinaire à gros cônes, à écailles fortement échan-crées, à feuilles minces et vertes, et le *P. Picea f. medioxima* Nyl., à cônes plus petits, à écailles flexibles à peine échancrées ou même entières, et à feuilles épaisses, coniques, munies de 4 larges lignes blanchâtres.

Cette dernière forme est celle des Alpes centrales; elle est identi-que à l'épicéa des régions arctiques de la Scandinavie, et grâce à son port ramassé, elle a quelque chose de si différent qu'en Laponie on l'a confondue d'abord avec le *P. obovata* de la Sibérie.

De la Handeck à l'Engstlenalp, du lac de Côme à celui de Wallen-stadt, Brugger a constaté la présence de cette variété septentrionale à une altitude de 4000 pieds ; Welter me l'a aussi envoyée du haut Jura neuchâtelois. Elle diffère tellement par l'ensemble de ses nuan-ces d'un gris pâle (p. ex. à St-Moritz dans la haute Engadine) de l'épicéa ordinaire aux teintes plus foncées, que, d'après Brugger, les paysans grisons d'Obervatz l'ont nommée *aviez selvadi*, sapin blanc sauvage, pour la distinguer du sapin blanc proprement dit. Il rapporte en outre que cet épicéa des Alpes fournit un bois d'une excellente résonnance pour les instruments de musique et que les anneaux en sont singulièrement étroits.

Ce n'est pas seulement cette variété montagneuse, mais l'espèce en elle-même qui a son foyer central vers le Nord; comme arbre de montagne, l'épicéa ne s'avance que jusqu'à la chaîne des Alpes.

Il couvre d'immenses forêts le centre et le nord de la Russie à partir du versant ouest de l'Oural, et s'avance en Norwége jusqu'au cap Kunnen, au 67me degré. Les dernières grandes forêts qu'il forme dans la plaine sont celles de l'Esthonie et de la Courlande; plus au sud, il n'habite plus que les montagnes et atteint sa limite méridionales au versant sud des Alpes, à la Madonna delle Finestre au-dessus de Nice, au Mont Ventoux et dans les Pyrénées. Il ne pénètre pas dans les presqu'îles méridionales de l'Europe.

En Sibérie, il est remplacé par le *P. obovata* Led., espèce semblable mais à petits cônes d'un pouce de longueur et à écailles minces. Cette espèce est envisagée par Grisebach comme une variété de notre épicéa due à l'influence du climat, mais qui pourtant se rapproche bien davantage du *P. Orientalis* du Pont, et des *P. alba* et *nigra* de l'Amérique septentrionale.

Le *sapin blanc* ou sapin proprement dit : *Pinus Abies Du Roi*, *Abies pectinata* DC. joue un tout autre rôle dans nos forêts. Nous avons vu que l'épicéa est un arbre des plaines du Nord; le sapin est au contraire un arbre de montagne du Midi, plus méridional que le hêtre et ne croissant jamais dans la plaine.

Il ne se trouve pas plus au nord que les Pyrénées, l'Auvergne et les montagnes du midi de l'Allemagne; en revanche, il est répandu non seulement dans la chaîne des Alpes et des Carpathes, mais encore dans les contrées méridionales de l'Europe, le long des Apennins jusqu'aux montagnes de la Sicile (Serra dei Pini dans les Madonie), jusqu'aux îles ioniennes (Céphalonie) et au Péloponèse. Il est à remarquer qu'il ne se trouve pas en Espagne à cause de la sécheresse du climat. A l'est, il s'avance jusqu'en Transylvanie et à l'olympe de Bithynie. Le sapin blanc du Caucase (*P. Nordmanniana*) appartient à une autre espèce.

Par son écorce d'un blanc argenté contrastant agréablement avec la couleur vert-noirâtre de son feuillage, par ses cônes debout sur les branches comme les bougies d'un candélabre, le sapin l'emporte sur l'épicéa au point de vue pittoresque, mais au point de vue de l'utilité il est loin d'avoir les avantages de ce dernier. Son bois blanc et délicat est loin d'être aussi recherché que celui plus résineux de l'épicéa. Dans les Alpes il occupe les stations inférieures, et il est rare qu'à lui seul il forme forêt; d'ordinaire on le trouve par nids plus ou moins nombreux au milieu des épicéas. Il affectionne évidemment les terrains calcaires ou ardoisés, les versants ombreux, et

évite un sol trop aride. Il en est autrement au Jura : là, les forêts
situées de 700 à 1300 m. se composent presque exclusivement de
sapins. Ce sont eux qui donnent à ces pentes jurassiques ces teintes
sombres et solennelles que l'on ne retrouve guère ailleurs. Dans les
Alpes et quelquefois aussi dans le haut Jura, le sapin se présente souvent sous forme de *gogant*, et c'est alors un des arbres les plus magnifiques. Quand la cime en est détruite, on voit bientôt s'élever des
branches inférieures horizontales toute une série d'arbres secondaires
qui s'élèvent en lignes verticales ; il se forme alors une sorte de candélabre d'un aspect aussi singulier que pittoresque. Dans les Alpes
du Melchthal, j'ai compté sur un seul sapin géant dont la cime était
détruite jusqu'à 20 de ces sapins secondaires ; j'ai observé des phénomènes semblables au Jura (à Bœs au-dessus de Beinweil). Ces
antiques sapins atteignent quelquefois une circonférence de 5,1 m.
et même de 6,6 m., comme cela peut se voir au Schwarzenberg, dans
l'Entlibuch. Ils conservent jusque dans la plus haute vieillesse quelque chose de frais et de vigoureux, grâce au brillant de leur feuillage
et à l'éclat de leur écorce.

Sur les hauts rochers, le sapin ne se présente nulle part sous une
forme naine comme l'épicéa ; il reste constant dans tous ses caractères
jusqu'aux limites de son territoire. Dans nos Alpes, il occupe assez
régulièrement la zone de 700 à 1500 m. Heer l'a trouvé dans le
canton de Glaris à 1620 m.

Dans la plaine, le sapin s'avance moins loin que l'épicéa ; il lui
faut un sol incliné. Dans son territoire extrême, dans les Sudètes et
les Carpathes, il ne s'élève en moyenne qu'à 750 et 974 m. ; mais
dans les montagnes du sud-ouest il monte plus haut qu'en Suisse.
Dans le Dauphiné, sa limite est déjà en moyenne à 1835 m., on y
trouve même des maximum de 1890 m., altitude qu'il n'atteint
jamais dans notre pays. Dans la partie méridionale de l'Apennin, la
moyenne est à 1787 m., et dans les Pyrénées, où il domine, à
1950 m.

L'épicéa est répandu d'une manière assez égale dans les contrées
tempérées de nos Alpes septentrionales, aussi bien que dans le climat plus continental de nos Alpes centrales ; le sapin montre au
contraire une préférence marquée pour les contrées de l'ouest. Dans
le Valais et dans les Grisons il est peu répandu, sans manquer tou-

tefois entièrement. Dans l'Engadine il monte jusqu'à Scanfs, à 1630 m. ; c'est le point le plus élevé qu'il atteigne en Suisse.

Les plantes qui caractérisent les forêts de conifères sont très abondantes chez nous. Les espèces suivantes y sont répandues jusque bien avant dans les Alpes :

Dentaria digitata, Mulgedium alpinum, Lunaria rediviva, Convallaria verticillata, Rosa alpina et *abietina, Goodyera repens, Epipogon Gmelini, Corallorhiza, Listera cordata, Streptopus, Saxifraga rotundifolia, Ranunculus lanuginosus, Petasites albus, Homogyne alpina, Luzula nivea* et *flavescens, Achillea macrophylla, Gentiana asclepiadea, Aconitum paniculatum, Galium rotundifolium, Ribes petræum, Tozzia alpina, Phyteuma Halleri, Senecio nemorensis, Adenostyles alpina.* D'autres appartiennent à la partie occidentale de la zone des conifères, ce sont : *Campanula latifolia, Pulmonaria montana, Vicia tenuifolia, Mulgedium Plumieri, Aposeris fœtida, Rosa montana.*

Du côté de l'est, la plante des forêts de conifères qui offre le plus d'intérêt pour nous, c'est le *Dentaria polyphylla*, crucifère printanière aux fleurs d'un jaune pâle. Le foyer de son territoire suisse se trouve dans les gorges humides du Haut-Toggenburg ; de là elle rayonne jusqu'au Bachtel et au Hœrnli dans le canton de Zurich, jusqu'à l'Urnerboden et à Matt dans le canton de Glaris, et jusqu'au-dessus de Thusis, dans le canton des Grisons. A l'est du Rheinthal elle est remplacée par le *D. enneaphylla*, espèce qui manque en Suisse. Elle ne reparaît qu'au sud des Alpes, en Italie et en Croatie.

La ligne qui marque le territoire de cette espèce se dirige donc du midi au nord des Abruzzes à la vallée de la Thour ; cette ligne est interrompue deux fois : une première fois par la plaine lombarde et une seconde par la chaîne des Alpes. C'est là un des phénomènes les plus rares dans la distribution géographique des espèces. En effet, la plupart des plantes de montagnes se sont répandues le long de l'axe de la chaîne, en suivant le versant sud ; le *D. polyphylla* a suivi la direction contraire, du sud au nord.

Le *Spiranthes autumnalis* me paraît être une espèce des forêts de sapin blanc ; souvent elle croit en rond autour des vieux arbres isolés.

Nos forêts de sapins, surtout pour ce qui concerne leur partie supérieure et leurs clairières, sont habitées par un grand nombre de papillons alpins, qui, tout en montant dans la haute région alpine, n'en ont pas moins la forêt pour véritable patrie.

Ce sont les *Erebia* qui forment le gros de ce contingent alpin ; ils se trouvent même quelquefois en si grand nombre dans les clairières que l'on chercherait en vain ailleurs, sur les pentes inférieures les mieux exposées, un aussi grand nombre de papillons réunis. L'*Epinephele Hiera* se montre déjà en mai dans les hautes vallées, immédiatement après la fonte des neiges, et monte très haut en été. *Cœnonympha Satyrion, Erebia Ligea, Euryale, OEme, Pharte, Stygne, Pronoë, Æthiops, Pyrrha Medusa f. Hippomedusa* sont répandus par places, mais *E. Tyndarus* et *Melampus* l'emportent de beaucoup sur tous les autres quant au nombre des individus. Ce qui est très remarquable et n'a pas été assez relevé jusqu'ici, c'est que tous nos *Erebia* alpins, comparés aux individus de même espèce trouvés sur les montagnes de l'Allemagne, se distinguent par des couleurs moins voyantes et par la disparition presque entière de taches ocrées sur fond brun foncé. Cette différence est parfois si considérable que l'on croit avoir affaire à des espèces toutes différentes. Les *Pronoë* et *Epiphron* de l'Allemagne, avec leurs larges bandes plus claires et leurs ocelles bien saillantes ne ressemblent pas du tout à notre *Pronoë f. Pitho* et à notre *Epiphron f. Cassiope*. De même le *Lycœna Arion,* ce papillon d'un bleu pâle qu'on trouve sur nos collines, est dans les Alpes d'un noir foncé à rares reflets d'un bleu superbe ; la femelle du *Polyommatos Virgaureœ,* qui est d'un jaune orange dans les plaines de l'Allemagne, est également dans la zone alpine d'un brun foncé verdâtre (*f. Zermattensis*). D'où proviennent ces différentes colorations ? Peut-être faut-il y voir l'effet d'une insolation plus grande, comparée à celle des chaines septentrionales.

Parmi les *Lycœna* on rencontre çà et là les *Pheretes* et *Optilete,* toutes deux charmantes espèces et plus souvent encore *Acis, Eumedon, Ægon, Argus*. Le *Polyommatos Virgaureœ* et çà et là le *Chryseis* brillent d'un éclat incomparable. On trouve encore dans la même région *Syrichthus Serratulœ, Argynnis Amuthusia, Ino* et *Niobe*.

Les espèces alpines endémiques l'emportent, quant au nombre, sur les espèces septentrionales.

La fraîcheur de nos forêts de sapins a quelque chose d'enchanteur, surtout sur la lisière inférieure et quand elles reposent sur la couche d'humus toujours plus épaisse des terrains ardoisés, sur un sol fertile et riche en sources; il n'y a guère en Europe que les gorges du versant occidental des Vosges qui l'emportent sur elles pour l'abondance et l'exubérance de la végétation. Je parle, il est vrai, de stations comme on les rencontre dans la vallée d'Engelberg, où se fait la transition de la forêt de hêtres à celle de sapins. Dans les endroits où les mousses plantureuses et brunâtres ne couvrent pas le sol et où le soleil pénètre suffisamment à travers les cimes des arbres pour permettre un plus libre essor à la végétation intérieure, on trouve des fourrés d'épilobes à fleurs roses, d'aconits aux épis d'un bleu d'acier, de composées hautes et majestueuses (*Senecio nemorensis* et *cordatus, Mulgedium alpinum, Adenostyles alpina*). Les lacunes sont remplies par les corolles violettes du *Lunaria*, qui se transforment plus tard en grandes silicules planes, et par le *Petasites alba*. Plus loin brillent les fleurs innombrables du *Lychnis diurna* et du myosotis des forêts. Çà et là on voit s'élever quelques pieds isolés de *Lys martagon*; près des sources s'étalent les *Cardamine impatiens* et le *Circæa alpina* et parfois aussi l'*Asperula taurina*, la plante caractéristique de ces Alpes. Plus haut encore les tiges de l'*Achillea macrophylla*, espèce également très caractéristique.

Au point de vue esthétique, on ne saurait trop relever l'importance des forêts de sapins pour notre paysage alpestre. C'est le contraste du vert clair des pâturages et des nuances si variées des rochers avec le vert sombre et parfois bleuâtre des sapins et de leurs ombrages qui donne au paysage alpestre la vigueur et le ton qui lui sont particuliers et qui font une bonne partie de son charme et de sa beauté. Enlevez la forêt de sapins, il ne restera plus que des tons clairs et blêmes qui donnent au paysage quelque chose de triste et d'inanimé à moins qu'ils ne soient compensés par la coloration des prairies et des buissons. Cela peut se voir dans les parties des Alpes où manque le sapin, par exemple sur le versant occidental de la chaîne méridionale. Le mélèze lui-même n'est pas en état de donner au paysage des contrastes aussi vigoureux que le sapin, car il n'a pas d'ombre, son feuillage est très peu épais et d'un ton très clair.

Mais c'est surtout quand l'orage gronde dans les forêts de sapins qu'elles se montrent dans toute leur majesté; l'impression qu'elles laissent alors est vraiment grandiose. Comme Rambert le dit si bien, le vent ne secoue pas la cime des arbres d'une manière confuse et désordonnée comme cela a lieu dans lesforêts de chênes ou de hêtres : c'est la forêt tout entière qui se balance majestueusement dans la même direction ; elle forme un tout compact, et chaque tronc, solidaire de son voisin, ressent la pression du vent; c'est une vague qui se propage avec puissance et régularité jusqu'au bord de la forêt et à laquelle succède bientôt une seconde vague qui suit le mouvement inverse. C'est, dans une proportion gigantesque, le même mouvement régulier que celui des blés inclinant leurs épis sous le souffle de la brise.

Après le sapin et l'épicéa, couple inséparable qui appartient bien en propre au climat de l'Europe, nous passons à deux autres arbres qui ont pour patrie les contrées asiatiques, ce sont le *mélèze* et l'*arole*.

Le *mélèze*, en italien *larice*, en allemand *Lœrche*, en romanche *Larisch*, en patois de la Suisse romande *larze*, *Pinus Larix* L., est l'arbre caractéristique des Alpes centrales et en même temps l'expression la plus complète de son climat continental. Grâce à son feuillage formé d'aiguilles fines et délicates et qui tombent à l'approche de l'hiver, il supporte mieux que tout autre la sécheresse excessive et la rigueur des frimas. Son écorce rude et à sillons épais rappelle celle du chêne, mais elle est de couleur plus vive, plus rougeâtre. L'*Evernia vulpina*, lichen d'un beau jeaune citron, la revêt d'une parure plus brillante que ne le fait pour d'autres arbres toute autre mousse ou tout autre lichen.

Jeune, le mélèze de nos montagnes a le tronc très droit; ce n'est qu'à un âge avancé que quelques-unes de ses branches s'épaississent à l'instar de celles du chêne, s'étalent et se recourbent, donnant ainsi à l'arbre plus de caractère et d'individualité. Il atteint souvent des dimensions colossales. Il n'est pas rare de rencontrer des mélèzes de 80 pieds de hauteur et de 6 pieds de diamètre. Le rapport au Conseil fédéral sur nos forêts de montagne en mentionne un dans les Alpes vaudoises qui, à une hauteur de 9 pieds, mesurait 8 pieds de diamètre et pourtant, chose étonnante, il n'était âgé que de 270 ans.

A la cassure, l'écorce est du rouge carmin le plus vif; le bois des pieds les plus âgés est également d'un brun-rouge foncé. C'est un de nos bois les plus précieux, car il résiste également bien aux influences de l'air et de l'eau. Sendtner fait remarquer que si ce bois est d'une texture si consistante et si serrée, ce n'est pas parce qu'il est imbibé de résine comme le bois des racines du pin; cela est dû simplement à un épaississement considérable des membranes cellulaires qui finissent par remplir tous les espaces intermédiaires. Au Valais on voit des chalets construits en mélèze qui remontent au XVme siècle; ils sont entièrement noircis par le soleil; le bois en est aussi sain et aussi intact que s'ils étaient neufs.

Le bruit du vent dans les rameaux de mélèze est une sorte de frôlement doux et agréable à l'oreille, et son feuillage, du vert le plus tendre, donne à l'arbre beaucoup d'élégance et de grâce. Dans les stations où, comme dans le haut Valais, au Kipferwald, il se mêle au bouleau, le paysage prend quelque chose de fin, de lumineux et d'aérien, on se croirait transporté tout à coup dans les forêts des contrées sibériennes.

Un paysage alpin boisé de mélèzes offre le contraste le plus frappant, selon qu'on le voit en hiver ou en été. En été, l'arbre est garni de son feuillage du plus beau vert et son aspect général ne diffère pas absolument de celui du sapin; mais en hiver et même encore au printemps, quand la neige a cessé de recouvrir la terre et que le mélèze est dépouillé de ses feuilles, il donne au paysage quelque chose de si triste et de si mort que l'on en croit à peine ses yeux. La vallée, si verdoyante en été, paraît nue et sans forêt, car le branchage du mélèze est si ténu, et la couleur en est si pâle et si jaunâtre que les arbres se distinguent à peine sur le sol brunâtre de la forêt. Dans les bois d'arbres à feuilles, on est habitué à ce changement, mais, sans s'en douter, on prête dans sa pensée une vie continue au feuillage des conifères; aussi l'œil est-il très désagréablement surpris à la rencontre de ces forêts inanimées.

Dès que la vie se réveille dans le mélèze, la forêt devient d'une beauté exquise. Les rameaux, secs en apparence, se garnissent, même avant l'éclosion des feuilles, de mille petits cônes de couleur rubis, alternant avec des chatons du plus beau jaune et dans les cas, rares d'ailleurs, où les jeunes cônes sont d'un blanc de neige, on peut dire hardiment que le mélèze l'emporte pendant sa floraison sur tous les autres arbres de notre pays.

Dans le bas Valais, au-dessus d'Épenassey, sur d'immenses éboulis, le mélèze se rencontre avec le châtaignier. Quel contraste de voir côte à côte l'arbre du climat maritime de la Méditerranée et celui des froides régions sibériennes!

Le mélèze est exclusivement un arbre des montagnes du centre de la Suisse; il évite le Jura et les basses Alpes, sauf une exception à l'est, soit du côté du continent.

Au sortir des Alpes occidentales, il s'avance dans le Valais, le Tessin et les Grisons où il est très abondant, et forme avec l'épicéa et l'arole le fonds de la forêt alpine. On ne le rencontre en forêt pure que dans le haut Valais; partout ailleurs, ces forêts sont mélangées de *P. Picea f. medixima*, et très souvent d'aroles.

Dans la vallée de Saas, à partir de Hutegg, dans la vallée de St-Nicolas, de Randa jusqu'à Zermatt, des forêts de mélèzes purs couvrent les pentes jusque dans le fond des vallées. Dans la partie inférieure de ces vallées, où elles sont fermées par des gorges, on retrouve l'épicéa. Le bassin supérieur, plus large, aux pentes mieux exposées au soleil, est occupé exclusivement par le mélèze.

De cette région, qui peut être envisagée comme son territoire principal, il s'avance jusqu'aux Alpes vaudoises et sur le versant nord des Alpes bernoises, mais seulement dans le fond des vallées de la chaîne principale, savoir l'Oherhasli, au-dessous de la Handeck, les hautes vallées de Gadmen, d'Urbach et de Sefinen, le Gasternthal, la Gemmi, les parties supérieures des vallées de la Kander, de la Simmen, de Lauenen, le versant nord du Sanetsch et de l'Oldenalp. Il est nul dans les vallées inférieures et dans les basses Alpes. Il manque également dans les cantons primitifs, sauf dans le canton d'Uri où il se trouve dans la partie supérieure de la vallée de la Reuss, à Wasen, dans les vallées de Maien et de Gœschenen. Il manque aussi dans le canton de Glaris. En revanche, il passe des Grisons, où il est répandu dans tout le territoire — en franchissant la chaîne du Calanda et des Graue-Hœrner — jusque dans la vallée de Seetz et de là au massif le plus septentrional de nos Alpes, l'Alpstein d'Appenzell, où il atteint sa limite nord sur le versant oriental du Gœbris, à 1250 m.

Des Grisons il passe à l'est, dans le Vorarlberg, où il s'avance vers le nord jusqu'au Gebhardtsberg au-dessus de Bregenz, pour gagner de là le massif principal des Alpes bavaroises, et par le Tyrol les alpes d'Autriche où il est très répandu, surtout sur les Alpes centrales et sur les versants méridionaux. De là il passe aux Carpathes sans s'avancer toutefois jusqu'à la Boukovine. Vient ensuite une grande lacune, car il manque sur toute la partie basse de la Russie et il ne reparaît qu'au nord-est de cette contrée, sous une forme nouvelle qui est le *P. Larix f. sibirica* Ledebour.

La limite occidentale de cette forme longe la mer Blanche à partir d'Archangel et le Volga jusqu'au midi de l'Oural; de là, ce mélèze est répandu jusqu'à la mer d'Ochotsk. Il forme avec le pin ordinaire et le bouleau les forêts de toute la Sibérie, y compris les plaines et les bassins fluviaux.

Cette forme sibérienne se distingue de la variété alpine par un tronc plus droit et plus élancé, et des écailles rondes et plus convexes, caractères fort peu saillants.

De même que le mélèze de nos Alpes dégénère quelquefois en bois tortu, comme on peut le voir sur la Gemmi, l'espèce sibérienne, à sa limite septentrionale extrême, au Boganida, à 71°, n'est plus qu'un chétif buisson. C'est de tous les arbres celui qui se rapproche le plus des mers polaires (72° $^1/_2$).

Beaucoup de personnes croient en Suisse que le mélèze évite les terrains calcaires et recherche le sol primitif. Il n'en est rien. Dans la Bavière et le Tyrol il croît tout aussi bien sur le calcaire et se trouve même dans quelques vallées, à Kitzbuhl, par exemple, presque exclusivement sur cette formation. Le mélèze est par excellence l'arbre du climat continental. Si les contrées de la Suisse où règne ce climat sont précisément celles où domine la formation primitive, c'est là une rencontre purement accidentelle. C'est grâce à sa préférence pour le climat continental qu'il ne s'avance dans les basses Alpes que vers l'est; à l'ouest, il s'arrête au Dauphiné, avec les Alpes, et n'atteint pas aux Pyrénées. Il est inconnu en Espagne et en Italie, et même en Scandinavie, car il évite les pluies abondantes du climat du Golfstrom.

Il est vrai qu'au Tessin les pluies sont aussi très fortes, mais leur influence est tempérée par la puissance de l'insolation. C'est dans les contrées où la quantité annuelle de pluie descend à environ 60 cm. que l'arbre prend son plus grand développement.

Le mélèze a à subir la concurrence de l'épicéa et dans cette lutte l'avantage paraît rester à ce dernier. Kasthofer remarquait déjà que les gelées de mai nuisent toujours plus au mélèze qu'à l'épicéa et que celui-ci se reproduit aussi plus facilement par voie naturelle. L'épicéa tend toujours à dominer seul, aussi le voit-on traverser et partager de plus en plus les forêts de mélèze. Kasthofer a vu au-dessus de Suvers les plus beaux mélèzes entourés de taillis formés de jeunes épicéas; autour de ceux-ci pas trace de mélèze, et pourtant dans la règle ce dernier supporte mieux les rigueurs de l'hiver et croît plus vite que son rival. Le mélèze, qui n'a point d'ombrage et par là ne nuit pas aux autres arbres, souffre à l'ombre de tout autre arbre et dans l'obscurité des forêts de sapins, il finit par disparaître. Le même naturaliste remarque que les cônes de l'épicéa qui pendent aux branches et finissent par en tomber se prêtent aussi beaucoup mieux à la dispersion des graines que les petits cônes du mélèze qui sont dressés, s'ouvrent peu à la maturité et restent fixés aux rameaux.

Là encore nous voyons se renouveler ce spectacle si solennel d'une évolution séculaire : le chêne cède le pas au hêtre et le mélèze à l'épicéa.

Il est pourtant une zone où le mélèze l'emporte sur l'épicéa, c'est la région alpine supérieure. Là, la période de végétation est si courte qu'elle ne suffit plus même à l'épicéa, tandis que le mélèze au feuillage caduc s'en contente. Ses feuilles ne paraissent qu'après la fonte des neiges et le fait que c'est précisément dans les régions inférieures qu'il paye son tribut aux gelées tardives prouve suffisamment qu'il n'a rien à souffrir quand la neige dure assez longtemps pour le garantir des gelées.

On voit souvent en effet, à une altitude de 1950 à 2275 m., les mélèzes dépasser les épicéas de 100 et même de 200 m. La limite moyenne de leurs forêts est à 1900 m. pour le Valais et à 2100 m. pour l'Engadine.

Dans la vallée supérieure de l'Aar, où les limites sont toutes refoulées si bas, on le trouve au glacier de l'Aar, à 1850 m. Sur le Grimsel, à 2170 m., on en trouve les racines et les cônes. Au-dessus de Zermatt je l'ai vu à 2300 m., au-dessus de Münster, dans les Grisons, il monte du côté du midi jusqu'à 2316 m., sur l'alpe de

Remus à 2323 m., et au-dessus de Trafoi, sur le versant oriental du Stelvio, à 2400 m. au moins.

Ce n'est qu'en Dauphiné que le mélèze atteint de pareilles altitudes ; il les y dépasse même : les frères Schlagintweit indiquent des mélèzes à 7700 pieds, soit à 2502 m. Il est à remarquer que nulle part en Europe la limite des arbres ne monte aussi haut.

En Bavière, pays plus froid, le mélèze monte en moyenne à 1834 m. et sur les Tauern, près de Salzbourg, à 1950 m.

Dans l'Oural, au 61me degré, il marque à 763 m. la limite des arbres ; dans les chaînes de l'Altaï, où le climat est plus continental et plus méridional, il va jusqu'à 1950 m., ce qui montre bien quelle est la nature de cet arbre. Comme nous l'avons déjà dit, il aime la sécheresse et les ciels sans nuages.

Dans les Carpathes, il ne s'élève pas au-dessus de 1495 m.

Quant à sa limite inférieure, il ne l'atteint chez nous que dans la région montagneuse.

En Valais, de St-Maurice à Martigny, le mélèze descend avec le châtaignier et le noyer jusqu'au fond de la vallée, grâce à la nature montagneuse de cette contrée ; de même, dans la vallée de la Setz, il descend jusqu'à 450 m. ; en revanche, dans le bassin intérieur du Valais on ne le trouve pas au-dessous de 1140 m.

L'arole, *Pinus Cembra*, appelé en langue romanche *arolla*, dans l'Engadine *schember*, et dans les Alpes allemandes *Zirbe*, est avec le mélèze l'arbre de nos régions supérieures et en même temps celui du nord-est de la Sibérie. Il était autrefois extrêmement répandu, mais les influences pernicieuses auxquelles il est en butte de toutes parts ont bien diminué son territoire de la moitié. En 1822, Kasthofer disait déjà : « Ce qui est plus rare encore que de grandes forêts, formées exclusivement de mélèze, ce sont de grandes forêts d'aroles. On serait tenté de croire que parmi les arbres il en est de même que parmi certaines espèces d'animaux qui répugnent instinctivement à se trouver réunis en grand nombre. Sans le secours de l'art, cet arbre ne sera plus jamais répandu dans notre patrie, et sans ce secours, il sera tôt ou tard extirpé dans toutes les vallées fortement peuplées. » Hélas ! que de terrain l'arole n'a-t-il pas perdu depuis que Kasthofer écrivait ces lignes et pourtant quel autre arbre méritait plus de ménagements !

L'arole est d'une taille courte et ramassée qui lui donne un aspect lourd et massif. Son tronc épais ne monte pas en ligne droite, mais en ligne ondulée; son écorce est très rude, d'un brun grisâtre ou d'un rouge jaunâtre et donne asile, tant sur le tronc que sur les branches, à de nombreux lichens. Ses feuilles, réunies en faisceaux épais à l'extrémité des rameaux, sont d'un vert brun foncé; la cime n'a rien d'aigu comme celle des autres conifères; aussi, quand on trouve l'arole en forêt, est-on tenté, grâce à sa cime arrondie, de le prendre pour quelque arbre à feuilles. Ce n'est pas sans raisons que Gaudin dit que les branches de cet arbre manquent d'élégance (*inconcinne ramosa*).

Il forme un singulier contraste avec le mélèze, si léger, si gracieux, et a quelque chose qui rappelle la végétation des époques géologiques antérieures. Et pourtant, ces deux arbres sont unis par les liens d'amitié les plus étroits: ils recherchent les mêmes climats et demeurent fidèles l'un à l'autre sur tout le continent, jusqu'à l'extrémité orientale de l'Asie. L'arole, avec son cône singulièrement gros et ne mûrissant que la troisième année, sa semence mangeable qui reste en terre plus d'une année avant de germer, son bois fin croissant très lentement, réveille un sentiment de tristesse et de mélancolie, car c'est un végétal destiné à disparaître. — Davall assure que les souris sont si friandes de ses fruits qu'il n'est possible de les faire germer dans les pépinières que lorsqu'au moyen de treilles de fil de fer ou d'autres appareils semblables on empêche soigneusement ces animaux de pénétrer dans les parterres. Autre désavantage: l'écureuil noir de nos montagnes ronge les cônes à demi mûrs et les fait tomber. On les trouve souvent en quantité au pied de l'arbre, encore verts, lavés d'un beau violet et recouverts d'une efflorescence bleue, mais rongés jusqu'aux semences et tout brisés. Le petit nombre de fruits qui restent à l'arbre sont avidement recherchés et mangés par l'homme.

L'ensemencement naturel est donc à peu près nul et les jeunes individus sont très rares. Ce n'est guère que dans les forêts impénétrables de la partie moyenne du Valais que ces derniers se voient encore en certaine quantité. Sur le versant oriental du val d'Anniviers, de Luc vers le fond de la vallée, j'ai trouvé des places où de jeunes aroles poussaient au milieu d'arbres extrêmement vieux et croissaient pleins de vie, comme les plus beaux plants des pépinières, au milieu des *Mulgedium* et des *lys martagon*. Dans les forêts au-dessus des Mayens de Sion, vers le mont Thion, on voit encore de jeunes aroles en très grand nombre sur les pentes rapides. Je n'ai jamais rien vu de semblable ni dans l'Engadine, ni dans le haut Valais.

A tout prendre, c'est dans ces deux contrées que l'arole se développe de la manière la plus normale. Le tronc de l'arbre y est d'ordinaire droit et se termine par une cime arrondie, de forme régulière. Au-dessus de Luc, j'ai vu deux aroles qui avaient atteint la hauteur considérable de 21 m. et qui étaient pourvus d'épais rameaux de la base au sommet. En Valais il n'est pas rare de lui trouver une circonférence de 4,5 m.

Dans les chaînes plus septentrionales, l'arole est si tortueux, si irrégulier, je dirai même si ébouriffé qu'il n'est guère possible de le décrire; c'est surtout le cas d'une forêt très remarquable, située sur les pentes de la petite Scheidegg, du côté de Grindelwald, et qui s'étend de 1650 à 2000 m. Là, les troncs ont toutes les courbures et les torsions imaginables; ils sont en partie d'une épaisseur colossale, surtout sur les pentes des ravines où d'un côté leurs racines sont entièrement dépouillées de terre et même d'écorce, tant elles ont été lavées et blanchies par les pluies. Au-dessus de ce réseau de racines s'élèvent les troncs et les souches qui, à partir du sol, se ramifient de la manière la plus étrange. Souvent ces rameaux sont plus épais que le tronc lui-même. Les cimes de l'arbre n'ont rien d'arrondi, elles se composent de branches de différente hauteur qui s'écartent l'une de l'autre et forment une sorte d'éventail, ce qui ôte complètement à l'arbre l'aspect d'une conifère. Les individus les plus caractéristiques sont ceux dont le tronc très épais n'a plus gardé une seule branche d'une longueur normale, mais seulement un amas de rameaux courts et comme mutilés. C'est l'image de la lutte extrême et désespérée d'un végétal qui, tout en étant doué d'une forte vitalité, n'en est pas moins menacé dans son existence. L'abondance et la vive couleur de son feuillage, ainsi que la masse de résine qui découle de son écorce donnent encore à cet arbre destiné à la disparition un cachet de singulière vigueur.

Dans cette forêt, qui compte encore un millier d'individus, je n'ai pas réussi à découvrir un seul jeune pied : tous les arbres paraissent appartiennent à la même génération. Le 30 juin 1878, les faisceaux de feuilles avaient à peine quelques traces de pousses nouvelles, tandis qu'à la même altitude l'épicéa en montrait qui brillaient du plus beau vert et avaient déjà deux centimètres de longueur.

Comme le mélèze, l'arole passe du Valais en Dauphiné, mais il est bien moins répandu que son congénère. En Dauphiné, dans le Queyras, on voit encore avec surprise, au milieu d'une vallée nue et ravagée à perte de vue, une forêt d'aroles serrée et assez étendue; elle est cernée et protégée par des ravins qui la rendent à peu près inaccessible. C'est le dernier reste d'une végétation aujourd'hui presque éteinte. Au Valais, au Tessin et surtout au centre des Grisons, cet arbre ne manque nulle part à une certaine altitude. Il forme rarement des forêts pures, mais on le rencontre par bosquets et par nids au milieu des mélèzes et des sapins ; souvent c'est lui qui prédomine, et quelquefois même, vers la limite supérieure des arbres, c'est lui qui règne seul.

Dans les vallées d'Anniviers et de Tourtemagne, au Riffel, dans la vallée de Zmutt, on en voit de très beaux groupes ; la branche occidentale de la vallée d'Hérens, nommée val d'Arolla, lui a emprunté son nom, et ce n'est pas sans raison, car cet arbre y est d'une vigueur et d'une beauté rare.

Dans l'Engadine, on peut suivre l'arole pendant des journées entières le long des pentes ; sa présence y marque souvent la limite supérieure des arbres. Il pénètre plus avant que le mélèze dans les chaînes septentrionales, si l'on excepte quelques avant-postes qu'occupe celui-ci dans le canton d'Appenzell.

Dans les Alpes vaudoises, dans les Alpes bernoises, à l'Engstlenalp, dans la vallée de Gadmen, à l'Altels, et entre Grindelwald et Lauterbrunnen, il existe des massifs, assez lâches il est vrai, mais qui se composent presque exclusivement d'aroles; on en rencontre les souches jusqu'au sommet de la petite Scheidegg, ce qui prouve qu'il y existait autrefois. On en voit des pieds isolés dans toutes les hautes vallées de l'Oberland bernois jusqu'au-dessus de Boltigen; il pénètre même dans les Alpes fribourgeoises. Dans les petits cantons, il paraît très rare et n'est indiqué par Rhyner qu'à Wattingen, dans la vallée de la Reuss, et sur l'Alpe de Gœschenen. Dans les cantons de Glaris et de St-Gall il est aussi très rare et très disséminé; il monte néanmoins jusqu'à la chaîne des Churfirsten.

L'arole croît aussi bien sur le calcaire (par exemple au Portail de Fully) que sur le granit, et vers l'orient son territoire est identique à celui du mélèze. Comme celui-ci, il est répandu dans les Alpes d'Autriche et reparaît dans la partie centrale des Carpathes et dans la Transylvanie, d'où, franchissant les plaines de la Russie, il atteint au nord de l'Asie son territoire principal.

Du pied occidental de l'Oural, il pénètre vers l'orient jusqu'à Ajan, à 56 $\frac{1}{2}$°, où il croît en forêts; vers le nord il s'avance sur le Jennisei, à 68 $\frac{1}{2}$°.

Dans la partie orientale de la Sibérie et surtout au Kamtschatka, il ne paraît plus sur les hauteurs que comme bois tortu (Kedrovonik), garni de nombreux petits cônes et rampant sur le sol comme le genévrier, ce qui ne se voit jamais chez nous.

Comme le mélèze, il manque en Scandinavie, probablement à cause du climat maritime dont les étés sont plus frais et plus humides.

A certains endroits, l'arole et le mélèze se partagent le terrain de telle sorte que le premier de ces arbres occupe les pentes exposées au nord et par conséquent plus ombragées, et le second les pentes méridionales.

L'arole ne supporte pas aussi facilement que le mélèze la sécheresse extrême du sol. Dans les hautes régions il suit ce dernier, avec la différence toutefois que sa limite inférieure est plus élevée et qu'il monte un peu plus haut vers les pâturages.

Dans nos Alpes centrales on ne le trouve guère au-dessous de 1800 m. et il y monte en moyenne jusqu'à 2200 m. Dans l'Oberland bernois, au glacier de l'Aar, il croît à 2000 m.; à l'Altels, de 1865 à 2180 m. Dans les Alpes bavaroises, Sendtner l'indique de 1531 à 1867 m.; quelques pieds isolés montent jusqu'à 2112 m. Au Valais, sur les pentes de Zmutt, je l'ai vu à 2350 m.; dans l'Engadine, au Wormser-Joch, il s'élève jusqu'à 2426 m., et en Dauphiné à 2502. Comme on le voit, il monte un peu plus haut que le mélèze dans la zone alpine supérieure, où il cesse à peine à 600 m. de la limite des neiges.

On trouve parfois dans l'Engadine la variété aux cônes d'un

jaune verdâtre que Clairville avait déjà observée. Toutes les conifères paraissent exceptionnellement sous cette forme. Coaz l'a constatée pour le mélèze et l'épicéa et je l'ai également observée dans la Forêt-Noire pour le sapin blanc.

Comme on le sait, le bois de l'arole est d'une belle couleur blanchâtre, sauf le centre du tronc qui est rougeâtre. Ce bois est d'une texture fine et serrée, mais il se détériore vite à l'air. Il résiste généralement aux insectes, à l'exception du *Tomicus Cembræ*, sorte de bostriche. Les sculptures sur bois de Grœden se faisaient autrefois avec du bois d'arole, mais actuellement cette ressource est presque épuisée. — Dans l'Engadine, on s'en sert de préférence pour boiser les chambres. Avec l'âge, il devient jaunâtre et l'odeur de genévrier qu'il exhale ne contribue pas peu au caractère éminemment alpestre de ces habitations, où règne un immense poêle à escalier, surmonté d'un lit, et qui sont éclairées par des fenêtres basses, se rétrécissant en entonnoir dans d'épaisses murailles. Les amandes, appelées en langue romanche *nuschellas*, en allemand *Zirnüsse*, se mangent comme une friandise pendant les longues soirées d'hiver. Au moyen d'un long exercice, les jeunes gens et les femmes parviennent, sans le secours de la main, à en briser la dure enveloppe avec les dents et à en savourer l'amande sans cesser un instant de converser dans leur dialecte si étrange et si sonore.

Au nombre des plantes caractéristiques et généralement répandues de la zone du mélèze et de l'arole, il faut mentionner le *Rosa pomifera*, qui ne croît nulle part en aussi grande abondance que dans les bois de mélèzes du haut Valais, du Tessin et des Alpes méridionales, à l'est aussi bien qu'à l'ouest; en outre, *Linnæa borealis*, *Melampyrum sylvaticum*, *Lychnis flos Jovis*, *Sempervivum arachnoideum*, *Vaccinium Vitis Idæa*, *Rhododendron ferrugineum*, *Viola pinnata*, *Ononis rotundifolia*; à l'est, *Laserpitium Gaudini*, et à côté de ces plantes de forêt, une quantité d'espèces alpines qui ont élu domicile dans les clairières et sur les rochers, grâce aux rayons de soleil qui ne sont pas interceptés par le branchage aérien du mélèze. Dans la haute Engadine, *Achillea moschata*, *Senecio abrotanifolius*, *Phyteuma hemisphæricum* et beaucoup d'autres espèces deviennent ainsi accidentellement des plantes de forêt, et sur la Scheidegg, le *Chrysanthemum alpinum*, l'*Androsace obtusifolia* et l'*azalée* ornent la forêt d'aroles.

Un fait singulier et en même temps très caractéristique, c'est que les fougères qui, à la même altitude, jouent un rôle considérable dans les forêts de sapins, manquent dans la région du mélèze. Au-dessus de Zermatt, J. Biner, guide botaniste, ne manque pas de conduire l'étranger à un endroit où croît un petit groupe d'*Aspidium filix mas*. Il donne une grande importance à cette plante et la considère comme une rareté toute spéciale, car sur une grande étendue elle est la seule de son espèce. Ce n'est qu'au-dessous de Randa, dans la région du sapin, qu'on retrouve des fougères, en particulier l'*Aspidium aculeatum*.

Cette absence des cryptogames vasculaires qui ont besoin de beaucoup d'humidité est due au branchage du mélèze qui, comme nous l'avons déjà dit, laisse pénétrer le soleil et ne projette point d'ombre ; elle est due aussi à ses aiguilles desséchées dont le sol se recouvre, et en première ligne au climat plus sec des Alpes centrales.

Parmi les papillons de la zone du mélèze, il faut mentionner spécialement l'*Erebia Goante*, qui se retrouve au nord du Saint-Gothard et des Alpes bernoises, dès que commence la forêt de mélèze ; il en est de même de l'*E. Ceto* et du *Lycæna Eros*, espèces caractéristiques des Alpes méridionales.

Le *Polyommatos Chryseïs* est remplacé par l'*Eurybia ;* le *Parnassius Mnemosyne* qui, dans l'est de l'Allemagne, habite déjà la région inférieure, est répandu de la haute vallée de l'Aar à travers le Valais jusqu'au mont Legnone (d'après Villa) ; le *Lycæna Donzelii*, espèce du Nord et des Alpes méridionales, se rencontre au Valais et dans la basse Engadine. *Melitæa Partenie* Borkh. est remplacé dans le haut Valais et dans l'Engadine par le *Mel. Parthenie f. varia* Bisch. et l'*Erebia Melampus* des forêts de sapins par l'*Erebia Cassiope*. Dans les forêts de mélèzes du haut Valais on trouve le *Cænonympha Darwiniana Staud*, forme prise à tort comme intermédiaire entre le *C. Arcania* de la plaine et le *C. Satyrion* des Alpes. Enfin, pour le haut Valais, il faut mentionner l'*Anthocharis Simplonia* des Alpes méridionales et des Pyrénées, espèce voisine de l'*Ausonia* des contrées du sud-ouest.

L'épicéa et le sapin, le mélèze et l'arole, ces quatre magnifiques conifères se rencontrent donc dans nos Alpes et y forment, diversement mêlés, la vaste ceinture de conifères qui sépare la région alpine de la région inférieure. Il n'y a que la chaîne des Carpathes, chaîne que l'on peut envisager comme l'extrémité orientale de l'axe central européen, qui soit aussi riche en conifères; l'extrémité occidentale, savoir la chaîne des Pyrénées, est bien plus mal partagée à cet égard, car elle ne possède que le sapin blanc, mêlé à un faible contingent d'épicéa.

Le sapin blanc et l'épicéa forment un couple uni par une amitié fraternelle et auquel on peut très bien opposer cet autre couple, le mélèze et l'arole. Les deux premières conifères appartiennent aux contrées de l'Ouest, les deux dernières à celles de l'Est. Les premières recherchent l'humidité et ne supportent pas la grande chaleur; les dernières restent indifférentes aux rigueurs de l'hiver, mais il leur faut un été à la fois chaud et court. Sur les bords de la Léna, la température moyenne est de —10,3, et pendant sept mois elle ne monte pas à plus de —8,6; mais pendant les trois mois d'été elle ne descend jamais au-dessous de 14°,5; le mois le plus chaud a 20°,4.

Ce contraste excessif favorise la végétation du mélèze. Dans la haute Engadine il n'y a que cinq mois au-dessous de zéro : des trois mois d'été, celui de juin descend à 9°,41 (à Sils), et celui de juillet à 12°,5 (à Bevers). Là encore, le contraste entre l'été et l'hiver est plus grand que nulle part ailleurs en Suisse.

Dans le nord de la Suisse, le climat de la limite de l'épicéa, comme on peut l'observer au Righi, ne monte en moyenne en juin qu'à 7,36, et en juillet à 10,47. On voit que la différence est grande entre ce climat et celui de la forêt de mélèzes, ce qui ressort mieux encore du fait que le mois de janvier ne descend au Righi qu'à —5,15, tandis qu'à Sils il descend à —8,48 et à Bevers à —10,45. Dans la haute Engadine on trouve encore de belles forêts de mélèzes et d'aroles à des altitudes où, sur le Righi, les derniers épicéas sont près de disparaître.

La station du Beatenberg, située à 1150 m. et où les forêts d'épicéas sont prospères, peut être envisagée comme l'expression la plus complète du climat de cet arbre. Mais ici la température suit une ligne bien plus égale : pendant deux mois seulement, elle descend au-dessous de zéro; la période de végétation est donc de sept mois, ce qui veut dire que pendant sept mois consécutifs la moyenne est à plus de 5°. Le mois de novembre est même à 1°,12. A toutes ces différences s'ajoute encore celle de la moyenne annuelle des pluies : dans l'Engadine elle est de 62 à 90 cm., au Beatenberg de 150 cm.

Un cinquième arbre entre encore, comme élément secondaire il est vrai, dans la composition de nos forêts de conifères : c'est le *pin de montagne*, vulgairement *torche-pin*, *Pinus montana Mill. f. uncinata* Ram., en allemand *Bergfœhre*. Il appartient à la même espèce que le *pin tortillard*, qui croît en buisson sur les pentes alpines, et le pin des tourbières, arbre nain des marais de montagne. Le pin de montagne est un arbre au tronc droit et vigoureux qui monte à 6, à 8 et même à 10 m. et plus. Ses rameaux descendent fort bas et ne se développent jamais en ombelle comme ceux du *Pinus sylvestris ;* ils ne sont pas non plus couverts de ce bel épiderme rouge qui caractérise ce dernier et se détache par minces feuillets. Ses rameaux sont garnis de feuilles sur une plus longue étendue et ses feuilles persistent pendant plusieurs années. Les cônes sont brillants et souvent à écailles fortement crochues.

Cet arbre forme, dans les Pyrénées, surtout sur le versant espagnol de la chaîne, des forêts d'une étendue considérable, et il monte sur le versant français, dans la région montagneuse, jusqu'à 1800 m., altitude où il se présente, il est vrai, sous une forme déjà plus réduite et moins normale.

C'est dans les Pyrénées qu'il atteint son plus grand développement : il n'est pas rare d'y trouver, sur le versant aragonais, des pieds de 20 m. de haut. Le pin de montagne se retrouve comme arbre véritable sur le versant méridional du Ventoux, entre 1400 et 1800 m., où il a une zone spéciale. De là, il s'étend par groupes le long de la chaîne des Alpes. Déjà Gaudin avait signalé un de ces groupes, composé de très beaux individus, dans les Alpes vaudoises, au-dessous d'Anzeindaz. J'ai revu ce groupe en 1851. J'en ai trouvé de plus beaux encore au Valais, sur les pentes nord (Planards de Lens, 1650 m.). Il en existe aussi une véritable forêt au-dessus de Græchen, dans le haut Valais. C'est à cette forêt que Félix Platter fait allusion en parlant d'un « sombre bois de pins hanté par un grand nombre d'ours. » Au versant sud du Lukmanier, sur un espace très étendu, des bois clairsemés de pins de montagne se mêlent à des groupes de mélèzes, d'aroles et d'épicéas, et forment un paysage des plus pittoresques. A la Lenzerheide il en existe une forêt mêlée

18

de pins tortillards, à 1500 m., et c'est dans la partie est des Grisons que ces forêts prennent le plus d'extension. Il en existe au Val di Forno, au val Livigno ; du col de l'Ofen à celui du Buffalora de 1800 à 2100 m., et près de Santo-Giacomo di Fraële. Dans ces forêts, le pin de montagne est un véritable arbre de forêt, mais, comme je m'en suis assuré au val Chiamuera, il prend insensiblement l'aspect du tortillard dès que les rocailles envahissent le sol.

La forêt de pins que Kasthofer indique à Davos, à 1510 m., est également formée de pins de montagne.

Dans la haute Engadine on trouve comme rareté la forme septentrionale du *Pinus sylvestris,* savoir le *P. Frieseana* Wich., en société du pin de montagne. Au nord de la ligne que nous venons d'indiquer, ce dernier ne se montre que par pieds isolés. Heer le signale à la Manegg, où il est mêlé au pin ordinaire, dont il se distingue facilement par un feuillage de couleur plus foncée et par un port différent. J'en ai vu un très bel exemplaire entièrement isolé au-dessus de Giswyl, dans la région habitée ; le tortillard ne croît qu'à 800 m. au-dessus de cette station.

Du côté de l'est, le pin de montagne semble plus rare au delà de l'Engadine et faire place à la forme basse du tortillard. Hausmann ne l'a pas rencontré dans le Tyrol, et pourtant Kerner en parle comme d'un arbre de la partie moyenne du Tyrol septentrional (*P. obliqua* Saut). Sendtner dit en avoir trouvé dans les Alpes bavaroises, où il porte le nom de *Spirke,* des individus de 30 pieds de haut en compagnie du pin ordinaire. Dans la partie générale de sa flore du duché de Salzbourg, Sauter ne le mentionne pas au nombre des arbres formant forêt. Ce qui est certain, c'est qu'à l'est du Tyrol et de la Bavière on ne trouve plus que le *P. pumilio,* et dans les tourbières le *P. uliginosa* au tronc bas et ascendant, jamais haut et vertical.

Le pin de montagne présente donc, quant à sa distribution géographique, un phénomène aussi intéressant que singulier : à l'Est, c'est un buisson rampant sur le sol, et à l'Ouest un arbre au tronc droit et élevé. Or, c'est en Suisse que se fait la transition d'une forme à l'autre, sans que l'on puisse déterminer quelle est parmi les différentes influences du climat celle qui provoque cette transition.

L'espèce en elle-même n'est pas septentrionale : elle suit la distribution du sapin du Pont jusqu'aux Pyrénées et a sa limite nord dans les chaînes de l'Allemagne. En Italie, elle s'avance vers le sud jusqu'aux Abruzzes, son extrême limite méridionale (*f. magellensis* Schouw.). Son territoire principal rentre donc évidemment dans le climat maritime. Plus à l'est, dans les Carpathes, il dégénère sous l'influence du climat continental; car dans cette chaîne, grâce à la sécheresse excessive des régions inférieures, il est refoulé bien au-dessus de la lisière ordinaire des forêts, à une altitude où il forme, à lui seul, des forêts d'arbres nains; car ce n'est que là qu'il jouit d'une humidité suffisante.

D'après Sonklar, voici quels sont les maxima annuels des pluies dans ces contrées : les collines hongroises, 15 à 20 pouces, mesure autrichienne; l'extrémité des Carpathes, 25 à 30, soit à peu près 91 cm.; le centre de la chaîne des Carpathes, 30 à 35 pouces, environ 108 cm. En Suisse, dans la région du pin de montagne, à 2000 m., il tombe d'ordinaire 150 cm. de pluie; il est évident que la région des forêts n'offre pas à cet arbre une assez grande dose d'humidité et qu'il ne la trouve que sur les hauteurs de nos Alpes.

Wahlenberg a déjà comparé la région des forêts des Alpes avec celle de la Scandinavie, et sa comparaison est marquée de tout point au coin du génie. Rien n'est plus propre à nous démontrer d'une manière frappante de quels privilèges spéciaux jouissent les montagnes de notre pays.

Il constate avant tout qu'en Laponie la forêt s'élève jusqu'à 585 m. de la limite des neiges, tandis que dans le nord de la Suisse elle laisse, entre elle et cette limite, une distance de 877 m.

En descendant des fjelds neigeux de la Laponie, on rencontre bientôt la forêt de bouleaux, brillant du vert le plus gai et balançant au vent ses cimes légères; des myriades de taons et de cousins bourdonnent autour du voyageur et les rennes parcourent joyeusement la forêt. Grâce à l'influence des longues journées et d'un ciel constamment découvert, toute la nature a un caractère incomparable de gaîté et d'animation. Bien au contraire, dit notre auteur, la première zone que nous rencontrons en Helvétie, c'est celle des sombres forêts de sapins, dont les noires pyramides se dressent jusque sur les savoureux pâturages où le taureau des Alpes oppose sa large et puissante encolure aux averses de pluie et de grêle, tandis que l'éclair traverse la nuit des nuages. Là, ni taons ni cousins. Tout dans la nature porte l'empreinte de la force et de la sévérité. On est tenté de se demander si, en Helvétie, la forêt de bouleaux n'a peut-être pas existé autrefois et n'a pas disparu pour une cause ou pour une autre. Mais non : la disposition de toutes les autres plantes montre que c'est bien la forêt de sapins qui marque la limite extrême des arbres, car les plantes alpines viennent en toucher la lisière. D'où proviennent donc ces différences ? Wahlenberg y voit un effet de notre climat d'été. Pendant cette saison il ne pleut que rarement dans les montagnes de la Laponie et jamais il n'y neige ; l'été a un caractère tout continental. Il y est d'une chaleur si égale que le voyageur n'a guère besoin de sa tente de toile que pour se garantir des cousins. Ce n'est pas sans un étonnement douloureux que Wahlenberg a constaté qu'en Suisse il neige tous les mois de l'année dans les forêts de sapin et même que les orages accompagnés de grêle y sont fréquents.

Des arbres au feuillage délicat, le bouleau par exemple, ne pourraient supporter un pareil climat ; aussi cet arbre manque-t-il dans notre zone subalpine. Les sapins et les conifères en général sont, au contraire, admirablement organisés pour supporter gaîment et sans dommage des étés aussi orageux que ceux de nos Alpes. Par leur forme pyramidale et leurs branches pendantes, ils semblent faits pour recevoir le premier choc des pluies et de la grêle et le briser victorieusement. Le climat des montagnes de l'Helvétie présente deux phénomènes qui sont en opposition l'un avec l'autre : d'une part, une période de végétation relativement longue, et de l'autre, des neiges anciennes et nouvelles en masses considérables, des nuits froides et des orages impétueux. Toutes ces particularités ne gênent en rien l'existence des sapins, qui ont besoin d'une période de végétation plus longue que celle du bouleau et ne craignent ni l'humidité, ni les orages.

La Laponie possède aussi l'épicéa : dans cette contrée, cet arbre n'appartient pas à la région supérieure des forêts, mais bien à la région inférieure. Il ne dépasse guère les collines qui forment la limite de la Laponie proprement dite au 68me et 69me degrés. Là, il trouve encore pour sa végétation une période d'une durée suffisante, ce qui n'est plus le cas dans le haut plateau. Sur sa limite nord, l'épicéa se montre sous une forme extrêmement singulière et qui est inconnue chez nous, même dans les stations alpines les plus élevées : sa tige, longue de 4 à 10 aunes, peut à peine se soutenir ; les rameaux paraissent noirs et morts, seule l'extrémité de l'axe central est verdoyante. D'après Wahlenberg, cette forme serait due au froid, qui aurait ralenti l'essor de la végétation dans la couche extérieure du tronc et fait mourir les rameaux, ne permettant ainsi qu'à la partie centrale de se développer.

Entre le bouleau et le sapin on trouve encore en Laponie une large zone occupée par le pin ordinaire.

Les autres essences qui se trouvent dans nos forêts de montagne sont des arbres à feuilles. Il faut mentionner avant tout le *Sorbus aucuparia*, avec ses magnifiques ombelles de baies d'un rouge cramoisi. Vers la limite supérieure des arbres, il est rare qu'il fasse défaut. Il monte quelquefois, sous forme de chétif buisson, jusque dans les rocailles des hautes Alpes, dans des endroits où les sapins ont déjà disparu. Il est bien connu des pâtres sous le nom de *Gürmsch* ou de *Wielesche*, d'après Wieland le forgeron, personnage de la mythologie germanique. Dans la vallée de l'Aar, qui n'est pas des plus favorablement situées, il monte à 1600 m. D'après Sendtner, la moyenne de sa limite supérieure est en Bavière à 1797 m.

C'est un arbre des contrées du Nord qui supporte très bien les climats maritimes, car il se trouve en Sibérie, sous le 67me degré, aussi bien qu'au cap Nord et en Islande. Comme on le voit, c'est une des plantes les plus résistantes des climats rigoureux.

Il nous reste à parler encore d'un des arbres les plus imposants de nos forêts de montagne, l'*érable de montagne* (*Acer Pseudo-Platanus*). La zone en est située au-dessous de celle des conifères, mais il monte très haut dans l'intérieur de cette dernière, et souvent même ce sont les pieds situés le plus haut qui sont les plus beaux. On le trouve d'ordinaire au bord des forêts, dans les enfoncements et les vallons abrités.

L'érable est un des arbres favoris du montagnard et l'un des principaux ornements de notre région subalpine. Par sa forte individualité, son tronc richement coloré et tacheté de rouge dont l'épiderme se détache comme celle du platane, par ses rameaux allongés et fortement ondulés, par sa vaste cime arrondie et l'émeraude de son feuillage, il anime singulièrement, partout où il se présente, les teintes sombres et noirâtres des forêts de sapin. Il affectionne la lisière des forêts et les espaces libres en plein pâturage. Il est répandu par milliers d'individus au-dessus des chalets inférieurs de nos montagnes. C'est surtout sur les anciens éboulis et les amas de terre au pied des versants rapides qu'il se montre dans toute sa beauté. Dans les vallées de Lauterbrunnen et de Melchthal il encadre admirablement les pentes escarpées de la vallée. Dès que l'érable paraît, le paysage prend plus de charme, il gagne en richesse de feuillage et de verdure, et le branchage de cet arbre est si pittoresque qu'on cesse de regretter l'absence du châtaignier.

Il arrive fréquemment qu'une partie de son feuillage passe au plus beau jaune, ce qui trahit l'arbre même à une grande distance.

L'écorce de l'érable est presque nulle. Son épiderme se renouvelle constamment de place en place ; aussi les troncs présentent-ils une agréable succession de tons clairs et de tons obscurs en parfaite harmonie avec la vigoureuse verdure du feuillage.

Son ombrage, la noblesse de ses formes, son bois fin, dur et du blanc le plus pur, font de l'érable un des arbres les plus précieux de notre pays. Il est rare qu'il forme des massifs de quelque étendue, et sur nombre d'alpes même il n'en forme point. D'ordinaire, il croît par groupes dans les espaces ouverts de la partie supérieure de la zone du hêtre, d'où il monte très haut dans la région des conifères. Le plus grand massif d'érables que j'aie rencontré est situé dans le Sernfthal, au-dessus d'Elm, où l'arbre forme une épaisse bordure tout autour des majestueux groupes d'épicéas de la forêt dite le *Kirchwald*.

D'après Sendtner, cette distribution par groupes et par individus isolés provient de la forme des fruits qui sont armés d'ailes et sont facilement transportés par les vents. Il fait remarquer que tous les arbres pourvus d'une pareille semence ont une distribution semblable ; il cite comme exemples le sapin blanc et le bouleau, qui, eux aussi, se présentent par groupes et par individus isolés, tandis que l'épicéa et le hêtre, dont la graine est plus lourde et n'est pas transportée par les vents, forment des forêts plus serrées et plus compactes.

L'érable, le seul des arbres de nos Alpes que l'on traite avec ménagement, atteint quelquefois et même en peu de temps des dimensions gigantesques. Il n'est pas rare de trouver des troncs d'un mètre et demi d'épaisseur. En 1866 j'ai visité sur l'alpe Ohr, dans le Melchthal, l'érable géant mentionné dans le rapport fédéral. A une hauteur de 6 m. le tronc de cet arbre énorme se partage déjà en plusieurs branches ; à un mètre du sol il a une circonférence de 8 m., plus bas de gros renflements le rendent bien plus large encore. L'érable descend par pieds isolés jusque dans les vallées, mais ce n'est qu'à une altitude de 1000 à 1560 m. qu'il acquiert son parfait développement. Les plus beaux exemplaires se trouvent toujours dans les régions supérieures. Dans la vallée de Gadmen, il monte jusqu'à 1600 m. En somme, il dépasse le hêtre de 300 m.

Dans le Jura on le rencontre dans les forêts de sapins jusqu'au Passwang. En Bavière il en existe une forme montagneuse aux rameaux tortueux et arqués que je n'ai jamais rencontrée en Suisse.

Son territoire a à peu près les mêmes limites que celui du hêtre. A l'est, il ne s'avance pas jusqu'à la chaîne de l'Oural, et vers le nord il ne franchit pas la frontière allemande ; du côté du midi, il touche aux montagnes de la Sicile.

A l'ombre de quelque vieil érable, l'herboriste peut avoir la chance de trouver le *Malaxis monophyllos*, petite orchidée aux fleurs petites mais d'autant plus nombreuses. Cette espèce est disséminée de la Scandinavie jusqu'aux Alpes et ne croît jamais qu'en très petit nombre d'individus. La plante paraît être en voie de disparition.

Dans la partie inférieure des forêts de sapins on rencontre çà et là l'*if, Taxus baccata*, qui forme sous-bois. Cet arbre, qui chez nous est exposé à tous les dommages possibles, n'atteint jamais dans notre pays la taille qu'on lui voit en Angleterre et en Irlande. Au-dessus de Schwytz j'en ai pourtant trouvé dont le tronc avait au moins 60 cm. d'épaisseur. Il est assez commun dans les sous-Alpes vaudoises tournées vers le lac.

Au nombre des arbrisseaux des forêts de conifères, il faut mentionner *Ribes alpinum* et *petræum*, *Lonicera alpigena* et *nigra*. Le *Salix capræa* des forêts de hêtre est remplacé par le *S. grandifolia*, espèce essentiellement alpine, aux grandes feuilles ridées et aux rameaux très pubescents, répandue de la Transylvanie jusqu'aux Pyrénées. De même le *Sambucus nigra* des collines inférieures est supplanté par le *S. racemosa*. Pour ce qui concerne les roses, on constate un phénomène des plus remarquables en abordant la région des conifères : on voit tout à coup les espèces de la vallée remplacées par des espèces voisines, quoique bien distinctes. Ce sont des formes à fleurs plus grandes et plus foncées, brièvement pédonculées, aux fruits gros et couronnés par leur calice jusqu'à la maturité. C'est ainsi que le *R. molliss* Sm. belle espèce aux feuilles tendres, remplace le *R. tomentosa* des forêts de hêtre. Les *R. Reuteri* God. (*glauca* Vill), *rubrifolia* Vill. (*ferruginea* Vill.) et *coriifolia* Fr., aux fleurs d'un rose vif, remplacent les *R. canina* et *dumetorum*. Dans les basses Alpes, le *R. abietina* a pris la place du *tomentella*, espèce voisine qui croît sur les coteaux de nos vignobles; le *R. rubiginosa* des régions inférieures a disparu et se trouve remplacé par l'*alpina*, espèce presque sans épines, et, dans les Alpes centrales, par le *pomifera*. Nous aurons à mentionner cette dernière espèce quand il sera question des plantes des forêts de mélèzes du Valais. Vers la limite supérieure des arbres, on voit paraître les rosages ou rhododendrons, le *Juniperus nana* des contrées arctiques, ainsi que le *Sorbus chamæmespilus;* plus haut encore, l'*Alnus viridis* et le *Pinus pumilio* opposent à la forêt une rivalité toujours plus puissante et plus victorieuse.

Comme nous l'avons déjà remarqué, les forêts qui recouvrent les pentes *du bassin du Rhône* et de ses vallées latérales sont en majeure partie des forêts de conifères. Les quelques forêts d'arbres à feuilles qui se trouvent au Valais appartiennent à la partie inférieure de la vallée et ne franchissent pas la zone soumise à l'influence du vent de l'ouest, savoir la contrée de Saxon et d'Ardon. Là, le hêtre et le houx disparaissent.

Au pied de la chaîne septentrionale, le châtaignier croît par groupes isolés jusqu'à Naters et à Mœrel. C'est sous son ombrage que l'on peut cueillir à Fully le *Vicia pisiformis*, plante qui n'est pas rare en Allemagne et ne se trouve en Suisse que dans cette unique localité. L'*Acer opulifolium* et le charme, qui sont très répandus dans le Jura et les Alpes vaudoises, s'avancent jusqu'à Sion, et le *Cytisus alpinus* se trouve disséminé sous forme d'arbrisseau de 4 m. de haut sur la lisière des bois jusqu'à Lens et au-dessus de Sierre. Au centre de la vallée, de la Sionne jusqu'à Lens, nulle part ailleurs, mais là en grande abondance, le *Cytisus radiatus* borde les forêts de toutes les

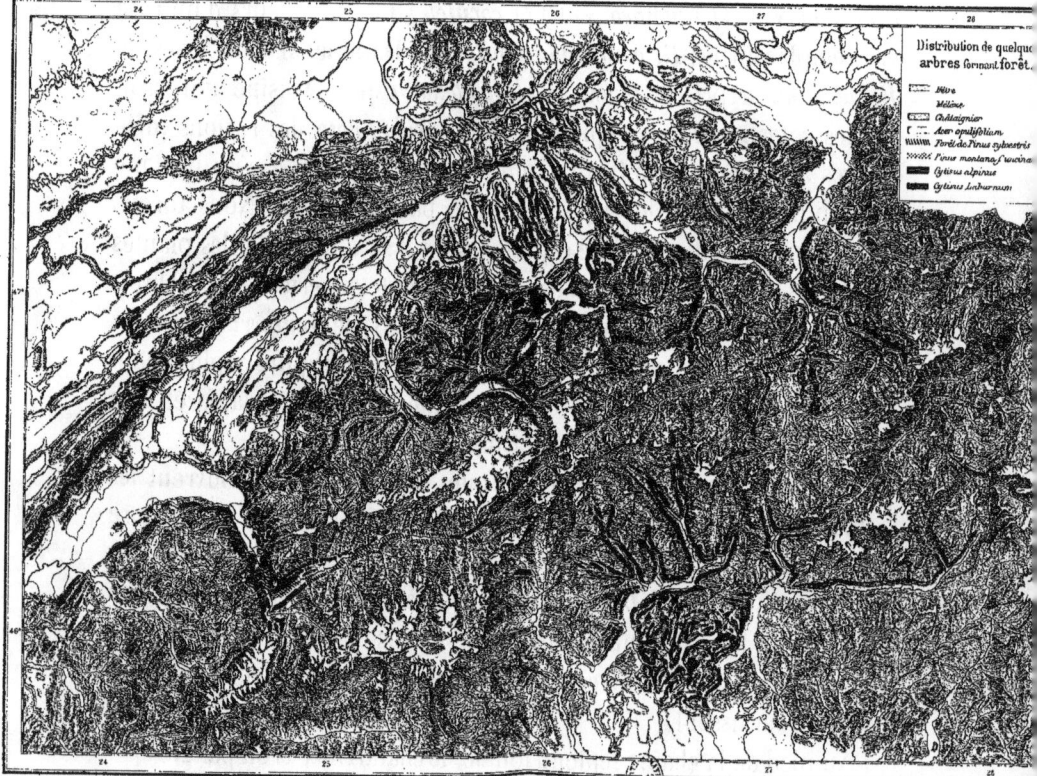

Distribution de quelque
arbres formant forêt.

Hêtre
Mélèze
Châtaignier
Acer opulifolium
Forêt de Pinus sylvestris
Pinus montana f. uncina
Cytisus alpinus
Cytisus Laburnum

H. Georg. Editeur à Bâle et Genève

Imp. topogr. de Wurster, Randegger & Cⁱᵉ à Winter

régions. Il forme d'épais buissons s'élevant à mi-hauteur d'homme et présentant de nombreux rameaux flagelliformes très divisés, presque tous dressés et en apparence dénués de feuilles. Cet arbuste, véritable spartium du Midi, forme des fourrés considérables et se couvre en juin d'une immense quantité de fleurs d'un jaune doré disposées en verticilles serrés. Aucune plante dans notre zone n'a un aspect aussi caractéristique et en même temps aussi étrange.

Cette espèce, qui appartient aux montagnes du Midi, se retrouve aux Corni di Canzo près du lac de Côme, et au midi du Tyrol.

Sur la lisière inférieure de la zone des conifères on rencontre aussi de temps à autre l'érable de montagne, par exemple dans la vallée de Saint-Nicolas ; mais il est bien loin d'y être aussi répandu et aussi beau que dans les Alpes septentrionales.

Le fond des forêts valaisannes se compose de mélèzes, d'épicéas et, dans les parties supérieures, d'aroles. Çà et là seulement on rencontre le sapin, qui est presque une rareté dans les Alpes pennines. Je l'ai trouvé au-dessus des Mayens de Sion ; Rion l'indique à Hermance ; Favre au Simplon, dans le Nesselthal.

Le pin de montagne, dans sa forme au tronc droit et de haute taille :_ P. montana f. uncinata Ram., est répandu par places d'Anzeindaz au Valais, où, passant par Lens, il s'avance jusque dans le haut Valais et forme dans la vallée de Græchen les groupes mentionnés page 273.

Au Valais, la limite supérieure des forêts est en moyenne à 2050 m. ; mais les dernières traces de forêt montent bien plus haut, surtout dans la chaîne du mont Rose. Sur les pentes qui dominent Zmutt du côté du Schwarzsee, les aroles et avec eux les plantes des hautes forêts montent jusqu'à près de 2400 m. ; au Riffel, du côté du sud, les mélèzes montent à 2281 m. Dans le val d'Anniviers, bien au-dessus du glacier de Zinal, la forêt de mélèzes sur les deux versants de la vallée monte bien à 2300 m.

Les herbes et les arbustes qui composent la flore des forêts de conifères du Valais sont remarquables à plus d'un égard.

Sur la lisière inférieure des bois, sur les bords des sentiers qui traversent les forêts de mélèzes des vallées méridionales, on trouve encore plusieurs espèces des chaudes régions, entre autres l'*Achillea tomentosa ;* on y rencontre aussi d'autres plantes qui manquent aux collines inférieures, ainsi les suivantes : *Linaria italica, Daphne alpina, Plantago serpentina, Thalictrum fœtidum, Lychnis flos Jovis, Ononis rotundifolia, Astragalus Cicer;* dans la vallée de Saint-Nicolas et au Simplon, *Astragalus exscapus, Vicia Gerardi, Galium tenerum, Trifolium alpestre, Echinospermum deflexum, Galium pedemontanum, Verbascum montanum* Schrad. ; dans le bas Valais, l'*Asplenium Breynii,* qui est une rareté pour les contrées de Salvan et de Bovernier et pour la vallée de Saas, tandis qu'il est très répandu au Tessin. Plus haut, vers la limite supérieure : *Lathyrus heterophyllus, Vicia tenuifolia, Phaca alpina, Geranium aconitifolium, Linnœa borealis, Equisetum pratense, Astrantia minor, Viola pinnata;* dans la vallée de Bagnes, *Pyrola rotundifolia* f. *arenaria.* Chose singulière, cette forme est la même que celle des dunes des îles de la Frise orientale.

Parmi les plantes de forêts, il en est une qui mérite d'être spécialement mentionnée, c'est le *Geranium bohemicum.* C'est en effet une des espèces les plus rares et les plus fugaces. Elle est disséminée au centre de la Russie, en Autriche et en Allemagne, en Italie et au midi de la France. Au Valais, on ne la trouve jamais que dans les endroits où, l'année précédente, il y a eu des charbonnières. Il lui faut, paraît-il, chez nous du moins, un sol mêlé de beaucoup de charbon pur et de peu de terre végétale. C'est dans ces conditions que je l'ai trouvée au-dessus de Lens, et en dessous de Joux-Brûlée, dans le bas Valais. La fleur est d'un bleu pur, toute la plante est glanduleuse et de couleur olivâtre.

Il ne faut pas oublier les roses, car au Valais elles ornent la zone des conifères mieux que partout ailleurs. On en trouve de véritables taillis dans le dixain de Conches, surtout en dessous de Münster, puis dans la partie moyenne de la vallée de Saint-Nicolas, ainsi qu'au mont Chemin, dans la vallée de la Dranse et aux Mayens de Sion.

L'espèce qui domine est le *R. pomifera* Herm., plante ravissante par son feuillage d'un bleu grisâtre et ses fleurs d'un rouge éclatant. Cette espèce est la vraie rose des Alpes centrales ; elle ne se retrouve nulle part en aussi grande abondance que dans le haut Valais. Elle suit la chaîne des Alpes maritimes à travers le Valais, le Tessin et l'Engadine, jusqu'au Tyrol et en Autriche. Dans les chaînes septentrionales elle ne paraît que par places et manque presque entièrement au Jura. Au delà, elle apparaît sur quelques points isolés des

Vosges, de la contrée du Rhin, de la Silésie et de la Prusse, et s'avance jusqu'au midi de la Suède.

Il faut avoir vu cette espèce dans le haut Valais et dans le val Maggia pour comprendre toute la richesse et toute la beauté dont est susceptible, dans ses innombrables variations, une forme végétale aussi simple que celle de la rose. D'un buisson à l'autre on remarque toujours quelque différence. On passe par tous les degrés de transition des formes naines (*f. cornuta* Chr., *f. minuta* Bor.) aux formes de haute taille (*f. recondita* Pug.). A Furgangen, à Ulrichen et en dessous de Münster viennent se joindre encore de nombreux hybrides, par exemple les *pomifera-alpina* et *pomifera-Reuteri*. Au Simplon, c'est surtout le *pomifera-coriifolia*, et dans la vallée de Saint-Nicolas, le *pomifera-cinnamomea*. Pour la beauté, les formes hybrides l'emportent presque sur l'espèce type.

Cet arbuste est si commun dans les vallées du Tessin que ses gros fruits charnus, doux et farineux se récoltent sous le nom de *balle-rini*, se sèchent et se réduisent en poudre pour la nourriture des porcs. Cette farine s'appelle *farina di bescul*.

Outre le *pomifera*, on rencontre fréquemment aussi au Valais le *graveolens* Gren., à fleurs pâles fortement odorantes, espèce appartenant au sud-ouest jusqu'au centre de l'Allemagne, puis le *R. montana* Chaix, également du sud-ouest et répandu de la Sierra Nevada aux Alpes maritimes et au Piémont. Par son port plus grêle, ses feuilles petites, glabres et glaucescentes, aux belles teintes pourpre, par ses rameaux florifères glanduleux, son calice aux divisions longues et sveltes et sa corolle d'un bel incarnat, il fait un contraste frappant avec le *R. pomifera*, espèce pubescente, aux formes plus développées et dont les fruits, de la grosseur d'une prune, pendent en gros bouquets des rameaux. Le *R. montana* orne les clairières de Joux-Brûlée et des vallées de la Dranse, et va de là jusqu'au haut Valais. A l'est il ne dépasse pas Bormio, dans la haute Valteline, mais il vient d'être signalé sur un point isolé de la basse Autriche. Au nord des Alpes, on ne le trouve que dans le Jura.

Pour finir, je mentionne encore la rose-cannelle (*R. cinnamomea*) qui borde admirablement de ses fleurs la lisière supérieure des hautes forêts. C'est une plante de montagne très répandue dans les contrées du Nord, par exemple en Scandinavie. En Suisse, on ne la

trouve, à part le Valais, où elle est commune dans les chaînes pennines, que sur le gravier de l'Aar, près de Thoune et de Belp, où
elle est abondante. Ailleurs, il est difficile de distinguer les stations
où elle n'est que subspontanée de celles qui sont véritablement indigènes. On la retrouve dans l'Engadine, contrée analogue au Valais.

Rien n'est comparable à la magnificence et à l'éclat du *R. cinnamomea* dans sa forme alpine : *f. fulgens* Chr., telle qu'on la trouve au
commencement de juillet parmi les buissons au-dessus de Zermatt.
On dirait que cet arbuste cherche à compenser la petitesse de sa
taille par un feuillage d'autant plus riche et des fleurs d'autant plus
nombreuses, aux corolles d'un pourpre éclatant, aussi grandes que
celles du *R. provincialis* des jardins.

Les églantiers les plus nobles et les plus élégants ne se montrent
guère au-dessous de 1200 m.; de là, ils s'élèvent par groupes isolés
à une grande hauteur : au-dessus de Fully, par exemple, jusqu'à
1800 m.; au-dessus de Zermatt, jusqu'à 1950 m., et même pour le
R. alpina, jusqu'à 2300 m.

Nous ne parlerons de la région des forêts de l'Engadine et surtout
de la basse Engadine, qui appartient aux Alpes orientales, que lorsqu'il sera question de la région alpine. Les forêts de la Rhétie se
rattachent à cette région d'une manière aussi intime que naturelle.

Nous ne mentionnerons ici que celles du Vorderrheinthal, aux
environs de Flims, de 1000 à 1500 m. d'altitude, leur caractère
étant encore celui de la région subalpine. Rien de plus beau et de
plus varié que ces bois séculaires, d'une étendue plus considérable
que partout ailleurs dans les Grisons. Ils occupent une large terrasse
et montent par degrés jusque vers les arêtes alpines de la chaine qui
sépare le canton de Glaris de l'Oberland grison. Le Rhin, qui coule
dans une gorge d'une profondeur effrayante, entre des pentes de
dolomie friable, désagrégée et s'effondrant sans cesse, ne se voit
nulle part de ce vaste plateau forestier qui paraît s'adosser immédiatement à la chaine opposée. A Flims même, à 1000 mètres, les derniers pieds de hêtre marquent la limite de la région basse. Ce sont
des arbres superbes qui forment quelques groupes comparés à juste
titre à des voûtes de cathédrale, à cause de la beauté de leurs troncs
et de la majesté de leurs cimes élancées et serrées. Bientôt l'épicéa,
mêlé au sapin blanc, forme la masse des forêts. Sur les tertres et les

anciennes moraines exposées au levant, on rencontre des groupes de mélèzes d'une rare beauté, et partout ; jusqu'à 1500 m. et plus, le pin ordinaire (*Pinus sylvestris*) s'y mêle sous une forme très élancée, plus verte qu'ailleurs, et souvent à feuilles singulièrement courtes (*f. brevifolia* Heer), ce qui donne à l'arbre un aspect des plus étranges. On dirait une espèce exotique. Cette forme est rare en Suisse ; je la connais de Silésie. A ces essences si variées et si rarement réunies dans le même district, se mêlent encore toutes sortes d'arbres à feuilles, ce qui est d'un très bel effet. Les forêts de Flims sont une région particulièrement intéressante pour le forestier. Partout les arbres sont d'une très belle venue, et souvent si serrés qu'il est impossible de les traverser sans un sentier frayé. Nulle part les plantes qui recherchent l'ombrage des bois ne sont plus abondantes : le *Pyrola uniflora* y foisonne ; on y rencontre encore *Festuca flavescens*, *Cystopteris montana*, *Epipogon Gmelini*, *Corallorhiza*, *Malaxis monophyllos* et l'*Amanita muscaria*, ce magnifique champignon. L'*Argynnis Thore*, ce papillon des recoins les plus ombragés, n'y est pas très rare non plus. Les rosiers couvrent des espaces considérables dans les clairières. Ce sont surtout des formes de l'*abietina* et de superbes hybrides entre l'*alpina* et le *venusta* Scheutz, forme scandinave trouvée pour la première fois dans les Alpes, près du village de Flims même.

La présence de l'*Atragene alpina* et du *Laserpitium Gaudini* à la lisière des bois, annoncent avec le mélèze que nous sommes tout près du grand plateau grison et du climat spécial qui le caractérise.

Champs et jardins dans la région montagneuse.

Dans la zone des conifères et même au delà, on rencontre encore des terres cultivées. Donnons à ces cultures quelques moments d'attention.

Sur le versant nord des Alpes, la culture du seigle et de l'orge d'été, ainsi que celle du lin, monte en moyenne à 1235 m. ; celle de la pomme de terre à 1560 m.

Plus haut, c'est-à-dire aussi haut que montent les habitations humaines, on cultive encore avec succès des raves et des laitues (*Lactuca sativa*), témoin le jardin de l'hospice du Grimsel, à 1878 m., et celui de l'auberge de Schwarenbach, à 2065 m. D'après Kasthofer, on a essayé de planter des pommes de terre sur le Grimsel, mais elles n'ont pas réussi même dans les bonnes années.

Dans l'*Engadine* la région des cultures monte, ainsi que toutes les limites inférieures, à une altitude qu'elles n'atteignent que dans le chaud climat du Valais.

Ces limites ont déjà été soigneusement observées et décrites par Kasthofer en 1822.

A Zuz, à 1712 m., il trouva du seigle et des pommes de terre; à Samaden, à 1707 m., le 2 septembre, des navets, et à Celerina, l'orge et l'avoine prêtes à être moissonnées.

A Saint-Moritz, à 1856 m., il vit encore un jardin richement pourvu de choux-raves, de pois, de carottes, de choux verts, de raves, de salades et de choux cabus pommés. A Campfer, à 1829 m., l'orge mûrit quelquefois, et près de Sils, à 1797 m., le lin est encore prospère, mais sa graine ne mûrit plus.

Brügger rapporte qu'à Sils on a cueilli autrefois des cerises mûres; d'après les journaux, cela a eu lieu encore en septembre 1878. Il paraît que la culture des champs n'a disparu des étages supérieurs de la vallée, soit de Celerina-Sils que depuis le commencement de ce siècle pour des causes qui sont bien plutôt de nature sociale que climatologique. Il n'en est plus resté que quelques champs d'orge à Campfer, Sils et Pontresina, à 1803 m. Ces cultures ont laissé jusqu'à ce jour des traces distinctes dans les terrasses de formes particulières où elles régnaient autrefois, et en outre, dans les noms donnés anciennement aux prairies et mentionnés encore dans les archives de ces communes.

Kasthofer donne des renseignements fort intéressants sur la manière dont, il y a 50 ans, les habitants de la haute Engadine tiraient parti de leurs champs situés tout près de la limite extrême des cultures. Si possible, on laboure et on fume les champs déjà en automne, puis au printemps on sème le seigle d'hiver en quantité ordinaire et de suite après l'orge d'été. En croissant celle-ci dépasse le seigle qui la première année reste bas. Une fois que l'orge est arrivée à maturité on la coupe assez haut. Le seigle pousse alors très vigoureusement et se fauche encore en automne comme fourrage vert avec le chaume de l'orge; plus tard même, on le fait pâturer par les moutons. Le printemps après, le seigle, bien que coupé en automne et même brouté par les moutons pousse de nouveaux jets, porte des épis et fournit du grain.

Ailleurs, on sème des pois en même temps que l'orge ; ces pois se fauchent comme fourrage vert à l'époque de la floraison et le seigle se récolte l'année suivante.

Voilà comment les montagnards de l'Engadine savaient alors et savent sans doute encore aujourd'hui par une combinaison des plus intelligentes satisfaire aux besoins de l'élevage du bétail et à ceux de la culture des céréales. Pour faire arriver plus sûrement ces dernières à maturité, ils leur donnent une période de végétation plus longue, suivant en cela l'exemple des plantes alpines qui, elles aussi, vivent plus d'une année pour accomplir plus à l'aise le cycle de leur végétation.

La basse Engadine, où la limite des arbres monte aussi très haut, ne le cède en rien à la partie supérieure de la vallée. Théobald a trouvé le seigle et l'orge à Cierfs dans le Munsterthal à 1670 m. ; à Samnaun l'orge, le seigle, les pois et la pomme de terre à 1726 m., et même un commencement de champ cultivé et des jardins à l'auberge de l'Ofen, à 1804 m.

Sur le versant nord du haut plateau rhétien, à Chiamut, dans le Rheinthal antérieur, à 1640 m., le lin mûrit non seulement sa tige, mais encore sa graine ; la pomme de terre est encore mangeable, même dans les mauvaises années. Le seigle, l'orge d'été, les pois et même le froment et le chanvre sont encore prospères.

A Klosters, les champs cultivés montent jusqu'à 1205 m.

A Bergün, au centre du haut plateau, ils vont jusqu'à 1389 m.

A Medels, sur la route du Lukmanier, il y a encore de beaux champs de seigle à Platta, à 1379 m.

Dans les Grisons les cultures montent, comme on le voit, jusqu'en pleine région alpine. Kasthofer explique ce fait par l'altitude générale plus élevée du haut plateau rhétien. Quand il sera question de la région alpine, nous aurons occasion de revenir sur ce point. « La seule manière, dit cet excellent observateur, d'expliquer la température plus élevée des vallées des Grisons, comparées à celles de l'Oberland bernois, c'est la suivante : toutes les vallées des Alpes bernoises sont bien plus profondes que celles de la Rhétie ; aussi dans ces dernières, les renflements et les cimes des montagnes montent-ils à

une hauteur moins considérable comparativement au fond des vallées ; il en résulte que les couches d'air chauffées par le soleil dans
le fond de ces dernières montent plus haut, ce qui favorise la vie
végétale. Il faut tenir compte aussi des formes plus arrondies et plus
douces des Alpes rhétiennes. » Aujourd'hui les physiciens s'expri-
ment un peu différemment ; néanmoins cette explication, d'une
simplicité vraiment classique, est la seule qui puisse être appliquée
à un phénomène qui, en son temps, paraissait si inexplicable aux
savants qu'ils ne voulaient pas même croire à l'exactitude des calculs qui plaçaient ces localités à des hauteurs vraiment alpines.

Au *Tessin*, la région supérieure des cultures monte moins haut
que dans les Grisons, et cela pour les mêmes causes que celles que
nous avons déjà appris à connaître lorsqu'il était question de la
limite inférieure des arbres dans cette région.

Au-dessus d'Airolo les cultures montent à 1479 m., à Fusio à
1280 m. ; dans le Bergell, à Vicosoprano, à 1087 m. ; dans la
vallée de Poschiavo, à Pisciadell, à 1400 m. ; dans la Valteline,
près de Bormio, à 1221 m. La pomme de terre monte partout
à 200 m. au moins au-dessus de toutes les céréales et se trouve
non seulement aux environs des villages mais près des fermes
isolées des basses Alpes.

D'après Kasthofer, ce n'est pas le seigle d'été qui se cultive dans
les hautes vallées du Tessin, mais le seigle d'hiver. De ce côté des
Alpes, cette dernière céréale ne se cultive que dans des régions inférieures, aussitôt après la moisson : on le sème pour profiter autant
que possible des beaux jours avant l'arrivée de l'hiver. Le lin, alternant avec la pomme de terre, se cultive jusqu'au-dessus d'Airolo.

Deux appareils caractéristiques sont en usage parmi les agricul-
teurs de la région montagneuse insubrienne : ce sont les « rescane, »
en langue romanche « chichenes, » servant à la préparation du blé
et les « Heinzen » pour celle du foin. On retrouve ces mêmes appareils dans quelques-unes des vallées des Grisons.

Les « rescane » sont de hauts échafaudages composés de pieux
reliés entre eux par des lattes. Après la moisson, le blé est exposé
en gerbes sur ces espèces de treillis, placé ainsi à distance du sol
avant d'être battu, il se dessèche sous la double influence du soleil
et de l'air qui joue à travers le treillis. L'autre appareil est assez

semblable : il consiste en un piquet à traverses sur lequel on place l'herbe fraîchement fauchée pour la séparer du sol toujours humide et la faire sécher plus rapidement grâce à l'action de l'air et du soleil. Ces deux appareils ont été imaginés pour remédier au climat des versants méridionaux, si humide que malgré le soleil du midi il devient nécessaire de venir en aide, par des procédés artificiels, aux moyens naturels seuls employés dans les Alpes septentrionales.

Au *Valais*, là où la vigne ne croît plus, on cultive encore le seigle à côté des prairies jusqu'au fond des vallées les plus reculées et aux dernières terrasses des montagnes, aussi longtemps qu'il existe des villages et des hameaux. Dans sa partie inférieure et moyenne, la forêt est interrompue çà et là par les champs de seigle, qui apparaissent dans le paysage comme des taches d'un jaune doré. Ces champs montent même jusque tout près de la limite supérieure des forêts. La région des cultures paraît avoir été conquise sur la forêt, et il est probable que dans l'origine les forêts de conifères faisaient immédiatement suite à la région chaude. D'après Rion, la culture des céréales et avec elles les villages agricoles montent en moyenne dans tout le pays à 1263 m. D'après Wahlenberg, ces derniers cessent déjà dans le nord de la Suisse à 2700 pieds, soit à 877 m.

Les altitudes extrêmes atteintes par ces cultures sont très considérables. J'ai vu de beaux champs de seigle au Mont-Chemin, près de la région du hêtre, à 1300 m. ; à l'intérieur du pays, dans la vallée de Nendaz, à 1400 m. ; à Vercorin, à 1500 m. ; à Luc, val d'Anniviers, à 1675 m. On voit que ces altitudes laissent bien loin derrière elles le maximum de la Suisse septentrionale qui est à 1020 m. et se rapprochent déjà de celui de l'Engadine qui est à 1670 m.

Les vallées intérieures de la chaîne méridionale, situées dans la région du massif du Mont-Rose accusent de tout autres chiffres. Là, la moyenne est déjà de 1500 m. Au-dessus de Saas j'ai trouvé la limite à 1520 m. On peut citer ensuite, à 1848 m., les célèbres petits champs qu'a envahis depuis 1850 le glacier du Gœrner et sur le bord desquels les épis mûrs frôlaient la glace en se balançant au souffle du vent.

Dans la vallée de Finelen le seigle croît au-dessus des forêts, à l'abord des pâturages, et pourtant la forêt monte elle-même à 400 m. au-dessus du torrent. Finelen, village d'été, est lui-même à 2075 m. et les derniers champs, exposés au midi, sont situés plus haut encore. On peut donc hardiment indiquer pour eux l'altitude considérable de 2100 m. Je les ai visités deux fois, et chaque fois dans la troisième semaine de juillet: en 1856, les premières anthères sortaient des épis ; en 1878, le 23 juillet, la floraison était déjà terminée et l'épi commençait à grossir.

Il serait difficile de trouver un contraste plus frappant que celui qui existe entre les deux versants de la vallée de Finelen. Elle se dirige en ligne droite de l'ouest à l'est et montre, mieux qu'aucune des grandes vallées qui se trouvent dans une situation semblable, combien est considérable, même sur un petit espace et dans les altitudes les plus élevées, l'influence exercée par l'exposition, selon que celle-ci est méridionale ou septentrionale. Sur le versant tourné au nord règne une sombre forêt d'aroles et de mélèzes avec un épais sous-bois de saules alpins et de rhododendrons : site sévère et sauvage que n'éclaire jamais le soleil. Le versant tourné au midi est sans forêts et brille d'un beau vert coupé de taches dorées provenant des champs de seigle, qui paraissent comme suspendus sur la forte déclivité des gradins. La présence de l'*Artemisia* et de l'*Hieracium lanatum* est indiquée par des teintes plus blanches, et le *Juniperus Sabina*, aux senteurs pénétrantes, remplace les saules arctiques qui ne croissent que de l'autre côté du torrent. Entre deux aspects aussi tranchés, il n'y a de transition que le seul torrent, large de trois mètres. D'un côté, parmi les aroles, on voit fleurir les saxifrages arctiques près des sources glacées ; de l'autre, des gazons secs surmontés des innombrables fruits plumeux de l'*Anemone Hallerii*, et des champs de seigle où retentit la note aiguë du grillon.

Abstraction faite des montagnes du midi de l'Espagne, la culture des céréales ne monte aussi haut en Europe que dans les vallées alpines du Piémont et du Dauphiné, qui offrent d'ailleurs beaucoup d'analogie avec le Valais. A Gressonay et à Bödemje, deux localités au versant sud du Mont-Rose, cette culture s'arrête à 1910 m. et à 1982 m. ; au val Savaranche dans les Alpes graies à 2043 m. et dans les hautes Alpes à 1982 m.

Sur les pentes les plus élevées de la vallée de Zermatt, on sème le seigle en juillet, comme semence d'hiver, sur les jachères fraîchement remuées ; la moisson a lieu en juillet et août et le champ reste inculte jusqu'au même mois de l'année suivante.

Cherchons à nous rendre compte des causes qui permettent à un végétal aussi délicat et aussi peu résistant que le seigle de vivre à une altitude aussi considérable.

Si nous prenons la vigne pour point de comparaison, nous verrons qu'il y a à cet égard une grande différence entre elle et le seigle. Si la vigne monte beaucoup moins haut, c'est qu'elle subit l'influence de toute l'année, y compris l'hiver et ne peut en conséquence résister dans des altitudes où le gel est trop violent. Il lui faut en outre une longue période de végétation, ce qu'elle ne trouve plus sur les hauteurs.

Le seigle au contraire est une plante d'été qui commence à se développer au printemps, qui en automne a fait son œuvre et que l'hiver ne trouve plus.

De Candolle a essayé d'exprimer la quantité de chaleur que réclament les végétaux selon les différentes stations où ils croissent, par la somme de degrés de chaleur qu'il leur faut pendant la durée de leur période végétative, somme où ne sont naturellement pas comprises toutes les notations qui descendent au-dessous de la température nécessaire à la plante.

En appliquant cette méthode à l'orge, céréale dont les besoins sont analogues à ceux du seigle, il a obtenu les chiffres suivants en prenant pour point de départ le minimum de 5° C. de chaleur nécessaire à la vie de ce végétal.

En Écosse et dans le nord-ouest de l'Allemagne il faut à l'orge une somme de 2000 à 2100 degrés au-dessus de 5° C. Dans les Carpathes à 1000 m. elle prospère encore dans des stations qui n'accusent pas plus de 1808°. Dans les Alpes bernoises on peut même la cultiver encore à 1510 m., bien qu'à cette altitude elle ne reçoive pas plus de 1357° au-dessus de 5°.

Enfin dans les Alpes méridionales, dont le climat est analogue à celui des parties supérieures du Valais, elle n'a à 2046 m. que 903°.

Par quoi sont compensées au Valais ces températures si considérables ? D'où vient qu'une plante qui, dans les brouillards du nord-ouest a besoin de 2000° et qui, même sur le versant nord des Alpes, ne peut exister sans en avoir 1357, se contente au pied du Mont-Rose des deux tiers ou de la moitié de cette somme ? Il va sans dire qu'il s'agit ici de la température de l'air mesurée de la manière ordinaire au moyen du thermomètre placé à l'ombre.

Évidemment le principe compensateur doit être indépendant de la température de l'air tel qu'on la mesure d'ordinaire à l'ombre et même il faut qu'il augmente en proportion de la diminution de la chaleur de l'air dans les hauteurs.

En 1843 Mohl avait déjà relevé la différence essentielle existant entre la météorologie de la plaine et celle des hautes régions montagneuses. Cette influence compensatrice, c'est l'action directe des rayons solaires. Bien que l'air soit plus froid, il est assez raréfié dans la région alpine et permet ainsi aux rayons du soleil de réchauffer le sol plus facilement que dans une proportion plus grande la faculté assimilatrice des plantes. Il va sans dire qu'une condition essentielle pour cela est la clarté du ciel. A cet égard, il est peu de stations aussi favorables que celles du midi du Valais : l'insolation y remplace la chaleur de l'air et fournit à elle seule une fraction notable de la somme de chaleur que réclame le seigle.

Si ce phénomène ne se montre nulle part d'une manière aussi frappante qu'au Valais, cela provient de la situation méridionale de la contrée et plus encore de l'élévation générale du pays. L'action du soleil s'exerce sur de larges espaces où les vallées montent déjà à des hauteurs alpines, et elle produit un climat local dont l'été est tout particulièrement favorable.

Dans des contrées voisines de la Suisse, à l'est et à l'ouest, on cherche à renforcer par des moyens artificiels cette action des rayons solaires de manière à rendre possible la culture des céréales. Dans quelques localités de la vallée de Chamounix on voit le long des chemins des plaques de gneiss ardoisé de couleur foncée que l'on couche au printemps sur les champs pour favoriser la fonte des neiges. Kerner raconte que dans l'Oetzthal, près de Heiligkreuz, à 1690 m., on amène des céréales à maturité en étendant en mars de la terre sur la neige, qui se fond alors d'autant plus vite. Saussure a vu qu'on se servait du même procédé à Chamounix. Visitant cette vallée le 24 mars 1764, il vit des hauteurs d'Argentière que la neige au fond de la vallée (à 1270 m.) était marquée sur des vastes étendues par des sillons de couleur plus foncée. Bientôt il vit des femmes s'avancer à pas mesurés sur la neige et y jeter quelque chose que son guide, fort étonné de son ignorance, dit être une sorte de terre noire qui avait pour effet de hâter de 15 jours à 3 semaines la fonte des neiges et la culture des champs.

Il est intéressant de voir toute une flore champêtre de mauvaises herbes suivre le seigle jusqu'aux altitudes les plus élevées. Sur le Mont-Chemin, le *Vicia onobrychioides* habite les champs, et au-dessus de Fusio, de Dalpe et d'Osco, on y trouve le *Cynosurus echinatus*. A Finelen on rencontre comme mauvaises herbes dans les bandes de terrain où se cultive le seigle : *Androsace septentrionalis*, qui manque ailleurs en Suisse, *Viola tricolor f. bella* Jord., *Fumaria Schleicheri* Jord., *Lepidium campestre*, *Carum Bulbocastannm ;* et tout auprès, sur les murs, on peut cueillir *Hieracium lanatum*, *Artemisia Absinthium* avec *Aster alpinus* et *Senecio Doronicum*.

Dans tout le Valais on trouve le *Brassica campestris* DC. sous une forme grêle et certainement spontanée, dans les champs de la région montagneuse, mais jamais dans ceux du bassin inférieur ; il en est de même dans l'Engadine.

Le pain du Valaisan est exclusivement le pain de seigle, qui est plus dur, plus lourd et aussi plus noir que le *pumpernickel* des habitants de la Westphalie. Dans les villages de montagne on cuit encore aujourd'hui en hiver, de Noël au nouvel an, toute la provision de pain pour six mois et même plus longtemps. Ces pains sont assez plats et de forme arrondie. Grâce au climat du Valais cet aliment devient en se desséchant aussi dur que la pierre ; heureux celui dont les dents sont assez bonnes pour lui permettre d'attaquer ce mets très nourrissant d'ailleurs et assez agréable au goût, mais d'une consistance par trop ferme. Outre le fromage dur et vieux, on mange encore en petites quantités avec ce pain la viande des moutons ou des chèvres, séchée à l'air et qui, grâce à l'âpreté du climat, se conserve parfaitement sans être ni salée ni fumée. Cette nourriture est forte et primitive et le montagnard qui en fait les honneurs aux voyageurs ne manque pas d'y ajouter un vin généreux dont il apprécie lui-même la valeur et qui parcourt le corps comme un feu liquide et ravive les nerfs.

LA RÉGION ALPINE

Abordons maintenant cette vaste région où la végétation paraît diminuer tout à coup quant aux dimensions et au nombre des plantes, mais où elle n'offre pas moins le plus grand intérêt par les conditions toutes spéciales où celles-ci sont obligées de vivre, conditions qui éveillent en nous une sorte de sympathie pour l'aptitude merveilleuse qu'elles montrent dans la lutte contre les rigueurs du climat. Une victoire si complète couronne cette lutte éternelle que nous ne saurions en être spectateurs indifférents, bien qu'il ne s'agisse que de la vie de paisibles et chétifs végétaux.

Conditions nécessaires à l'existence des plantes alpines.

On croyait autrefois que les cimes de nos Alpes atteignaient des hauteurs où la vie végétale n'est plus du tout possible ; les observations faites ultérieurement ont démontré qu'il n'en est pas ainsi. Pour peu que, dans les hauteurs, il se forme une petite place qui, par suite des influences locales, n'est pas couverte de neige ou de glace, on y trouve non seulement des mousses et des lichens, mais aussi des phanérogames. C'est un fait qui se constate jusque sur les sommets les plus élevés de nos Alpes, à plusieurs milliers de pieds au-dessus de la limite des neiges. Chacune de nos hautes cimes a sa florule, ne se composât-elle que d'une ou de deux espèces, et leurs fleurs ornent souvent de la manière la plus admirable les niches où elles s'abritent. Parmi les nombreux exemples observés à cet égard, il faut mentionner que déjà en 1787 de Saussure avait trouvé au Mont-Blanc, à 3469 m., un gazon fleuri de *Silene acaulis* et en 1788 au Col-du-Géant, à 3485 m., un *Androsace glacialis* aux fleurs blanches et roses. Lindt a trouvé au Finsteraarhorn, à 4000 m., *Saxifraga bryoides, muscoides, Achillea atrata ;* et Calberla sur la cime de la même montagne, au versant ouest, à 4270 m., un exemplaire de *Ranunculus glacialis* portant deux fleurs et paraissant annuel ; il est vrai que les pétales étaient quelque peu rudimentaires, mais le reste de la plante était normal.

Grâce aux efforts de Dollfuss-Ausset en l'année 1866, nous sommes exactement renseignés sur la température annuelle d'un point situé à une altitude considérable, au milieu de vastes glaciers : c'est le col de Saint-Théodule, à 3333 m. au-dessus du niveau de la mer, sorte d'entaille entre la chaîne du Mont-Rose et le Mont-Cervin. Ce passage est le plus élevé de nos Alpes ; néanmoins Martins y a cueilli treize phanérogames qui certainement ne sont pas les seuls qui y croissent. Ce sont les espèces suivantes : *Ranunculus glacialis, Thlaspi rotundifolium, Petrocallis pyrenaica, Draba tomentosa, Geum reptans, Saxifraga planifolia, S. muscoïdes, S. oppositifolia, Chrysanthemum alpinum, Erigeron uniflorus, Artemisia spicata, Androsace glacialis, Poa laxa.*

Grâce à ces observations, il est possible de comparer directement le climat boréal des contrées du Nord et celui des hautes Alpes.

La plus haute station normale du réseau trigonométrique fédéral, c'est l'hospice du Saint-Bernard à 2478 m. Il est situé dans une profonde entaille de la chaîne principale des Alpes pennines, qui se dirige là du nord-est au sud-ouest, soit dans la direction principale de cette chaîne. Cette station est donc très exposée aux vents, qui y soufflent toujours dans la direction de la chaîne.

Il est donc naturel que le climat y soit d'une rigueur exceptionnelle et que les mois d'été amènent beaucoup de neige et de fortes gelées. Et pourtant ce passage, ainsi que les abords du lac aux eaux glacées qui s'y trouve, donne asile à une flore très riche, ornée des espèces les plus rares.

Comparons ces hautes stations alpines avec les stations boréales :

	Année.	Minima.	Maxima.
Théodule	—5,59	—21,1	15,1
Saint-Bernard	—1,33	—22,1	17,6
Ile Melville, 74° 47′	—17,1		
Spitzberg, 78°	—8,6		16,0
Godhaab, Groënland, 61° 10′	—2,9		

	Décembre.	Janvier.	Février.	Mars.	Avril.	Mai.	Juin.	Juillet.	Août.	Septembre.	Octobre.	Novembre.
Théodule	—9,8	—10,2	—10,6	—12,7	—7,3	—6,1	0,0	1,0	1,1	1,1	—5,1	—7,6
St-Bernard	—7,3	—8,3	—7,1	—8,0	—2,3	2,1	3,9	7,3	5,9	5,0	—1,3	—5,1
Ile Melville	—29,8	—35,2	—35,8	—27,9	—22,3	—8,1	2,3	5,8	0,3	—5,3	—19,3	—29,5
Spitzberg	—15,0	—18,2	—17,1	—15,6	—9,9	—5,3	—0,3	2,8	1,1	—2,5	—8,5	—11,5
Godhaab	—8,1	—10,9	—10,8	—9,1	—5,6	0,1	3,9	5,5	4,9	2,0	—1,2	—5,8

Nous avons évité à dessein d'introduire dans cette liste les stations asiatiques septentrionales, le climat rigoureux de ces stations étant si différent de celui plus tempéré de nos Alpes qu'il est impossible d'établir une comparaison. Jakutzk, au 62°,1 de latitude, a, en janvier, une température de —43°,0 centigrades, en juillet de 20°,4, ce qui fait une différence de 63°,4. Le climat de nos Alpes n'a rien de semblable : au Théodule, la différence entre le mois le plus froid et le plus chaud de l'année n'est pas de plus de 13°,8 centigrades, et au Saint-Bernard cette différence n'excède pas 15°.6.

Les contrées boréales de l'Ouest peuvent donc seules être comparées avec nos Alpes ; et pour cette comparaison nous choisirons le Spitzberg, qui est situé à la même longitude que nos Alpes. On remarque d'emblée que le climat des latitudes les plus septentrionales est beaucoup plus rigoureux que celui de notre région nivale. Au Spitzberg, où le climat est d'une douceur relative parce qu'il est océanien, les hivers sont bien plus froids et bien plus longs : pendant deux mois seulement la moyenne est au-dessus de zéro ; la moyenne annuelle est de 3° et la différence entre le mois le plus froid et le mois le plus chaud est de 21°.

On peut encore moins comparer les contrées arctiques du nord de l'Amérique avec celles de nos hautes Alpes. Ces stations américaines ont des hivers semblables à ceux des stations de l'Asie (Ile Melville 74° 47′, janvier —35°,2) ; l'été (juillet 5°,8) est également beaucoup plus chaud qu'au Théodule et se rapproche de celui du Saint-Bernard.

Si nous ne voulions avoir égard qu'à la moyenne annuelle, Hébron, à 58° sur la côte du Labrador, situé déjà en deçà de la limite des forêts, pourrait être comparé à notre zone alpine glaciale ; sa moyenne, assez semblable à celle de nos Alpes, est de —5°,8. Quant aux autres caractères du climat, le parallèle porterait à faux, car la courbe que décrit la température pendant l'année est beaucoup plus rapide et plus extrême. Dans les contrées de l'est de l'Amérique boréale, la chaleur monte pendant le mois d'août à 9°,5, et en janvier et février le froid descend en moyenne à —20°,7 : au col du Théodule, la température annuelle ne varie que de —12°,7 (en mars), à 1°,1 (en août et septembre), et au lieu d'une différence de 31°,2, nous n'en trouvons qu'une de 13°,8.

Il ne reste donc plus que l'ouest du Groënland, au 64me degré, soit à la limite méridionale de la zone polaire, qui offre quelque ressemblance avec le climat de notre région nivale. Par ses cimes hardies et ses glaciers serrés entre des pentes escarpées, le Groënland offre dans sa configuration une grande analogie avec celle des Alpes. .

Supposez la mer baignant nos montagnes jusqu'à la région alpine, et il n'existera plus de différence essentielle entre les deux contrées. De tous les pays de la zone arctique, le Groënland est de beaucoup celui qui, au point de vue de la température, est le plus semblable à nos Alpes : les moyennes mensuelles n'y sont pas distantes de plus de 16°,4.

La ressemblance est plus grande encore quand on compare le Groënland avec le Saint-Bernard : dans les deux stations, les mois de mai à septembre inclusivement sont au-dessus de 0 ; ceux de juillet et d'août sont les plus chauds de l'année et montent à 5°,5 et à 4°,9 au Groënland et à 7°,3 et 5°,9 au Saint-Bernard ; les mois de mai, juin, octobre et novembre sont à peu près au même niveau. Autre trait de ressemblance : les vallées du Groënland, comme celles de nos Alpes, sont réchauffées en hiver comme au printemps par une sorte de fœhn qui fait disparaître ces froids excessifs qui règnent dans les autres contrées de l'Amérique (voir les indications concernant l'île Melville).

Une comparaison devenue pour ainsi dire traditionnelle, c'est celle du climat des hautes Alpes avec celui du nord de la Scandinavie. Ici encore le rapprochement porte à faux. Les observations faites en Laponie et en Norwège proviennent de stations situées au-dessous de la limite des forêts, et en Scandinavie, la forêt règne dans les vallées jusqu'à l'extrémité du continent.

C'est donc à plus juste titre qu'en parlant de nos forêts de montagne nous avons comparé le climat de nos Alpes avec celui de la Laponie. Seule l'île Mageroë, qui forme le cap Nord et fait suite à l'extrémité nord de la contrée, ne possède plus de forêts ; ce qu'il faut attribuer plutôt à l'influence des vents de mer qu'à la température. La température annuelle de Mageroë décrit la courbe suivante :

Année.	Décembre.	Janvier.	Février.	Mars.	Avril.	Mai.	Juin.	Juillet.	Août.	Septembre.	Octobre.	Novembre.
+0,07	—3,4	—5,5	—1,9	—1,0	—1,1	1,1	4,5	8,1	6,5	3,1	0,0	—3,4

Celle de l'hospice du Saint-Bernard (à 2093 m.) est de :

Année	Décembre.	Janvier.	Février.	Mars.	Avril.	Mai.	Juin.	Juillet.	Août.	Septembre.	Octobre.	N.vembre.
—3,7	—6,5	—8,2	—6,4	—7,0	—1,6	2,9	5,0	8,7	7,3	6,1	—0,0	—4,8

On voit que les deux climats présentent une grande analogie, mais que les Alpes ont des mois d'hiver plus froids que ceux du cap Nord qui est baigné par les ondes attiédies du Golfstrom. Il ressort aussi de ces indications que dans le Nord la période de végétation doit être plus courte que dans les Alpes. Ici, en effet, le mois de mai a déjà 2°,9, le mois d'août reste à peu près au même niveau que juillet, et septembre est encore à 6°,1 ; tandis qu'à Mageroë mai est encore très froid et juillet est le seul mois de véritable été ; il a une température que juin et août sont déjà loin d'atteindre, et septembre n'a plus que 3°,1.

Mais le nord de la Norwège forme une exception unique et je dirai même articificielle, car il ne doit son climat si singulièrement égal qu'à la mer qui baigne ses côtes. Le reste du nord de l'Europe, savoir la Laponie suédoise et la Finlande, possède un climat bien plus extrême que celui de nos Alpes. Par les chaleurs de l'été et les froids de l'hiver, ce climat a déjà quelque chose de sibérien.

Le même contraste que nous avons remarqué entre les contrées plus maritimes de l'ouest et celles plus continentales de l'est de l'Europe distingue également le climat des régions arctiques de celui des hautes Alpes. Ici, la température est moins extrême ; dans les régions arctiques l'été est plus chaud et l'hiver plus froid ; seul le climat du Groënland se rapproche de celui de la chaîne des Alpes.

Comparons encore la température annuelle dans les hautes Alpes suisses avec celle d'un point des Alpes orientales, situé dans le massif du Glockner, à 4° de longitude plus à l'est que les Alpes valaisannes. Pendant les années 1848 et 1849, des montagnards ont noté des observations faites près de la Goldzeche ou *Mine d'Or*, sur la Fleuss, à 2791 m. Voici, d'après Schlagintweit, le résultat de ces observations :

Année.	Décembre.	Janvier.	Février.	Mars.	Avril.	Mai.	Juin.	Juillet.	Août.	Septembre.	Octobre.	Novembre.
—4,5	—11,4	—13,1	—12,1	—11,1	—4,6	—0,9	2,1	4,0	3,4	0,2	—2,9	—7,4

Cette localité est de 300 m. seulement plus élevée que le Saint-Bernard, et pourtant la température moyenne se rapproche beaucoup plus de celle du Théodule, qui est de 549 m. plus élevé; et le mois de janvier, le plus froid de l'année, surpasse en rigueur toutes les moyennes mensuelles du Théodule. En revanche, l'été est évidemment plus chaud que sur ce dernier point; le mois de juin monte déjà assez considérablement au-dessus de zéro, et ceux de juillet et d'août atteignent des chiffres qui ne le cèdent en rien à ceux du Saint-Bernard. Le contraste du climat continental et du climat maritime se font donc sentir même dans l'intérieur de nos Alpes, et l'influence bienfaisante du Golfstrom se manifeste encore chez nous jusque dans les couches supérieures de l'atmosphère.

Cherchons maintenant à nous rendre compte de l'importance des résultats obtenus par ces comparaisons, au point de vue de leur influence sur le monde végétal. Pour ce qui est de l'hiver, on peut passer cette saison sous silence; car dans nos Alpes, aussi bien que dans les contrées arctiques, il n'existe plus, dans la région qui nous occupe, de grands végétaux ligneux auxquels le froid pourrait nuire. Comparé avec celui du Nord, l'été de nos Alpes paraît si froid que nous serions tentés d'envisager la région arctique comme bien plus favorisée à cet égard. Cependant il n'en est pas ainsi. Tout près de la limite des neiges et même par places au-dessus de cette limite, les Alpes ont une flore qui laisse de beaucoup derrière elle celle de la limite des neiges dans les contrées arctiques. Pour la partie orientale des Alpes de Glaris, contrée peu favorisée, isolée par de longues chaînes et ouverte seulement vers le nord, Heer mentionne 216 espèces qui montent à plus de 7000 pieds, soit dans la zone qui correspond à peu près à la région arctique. Ch. Martins avait trouvé au Spitzberg 93 phanérogames; depuis lors on en a observé 10 à

15 nouveaux. Le Groënland, qui s'avance jusqu'au 59me degré de latitude, possède 344 phanérogames.

Pour ce qui concerne la végétation, c'est-à-dire le nombre et la masse des individus, l'avantage reste indubitablement aux Alpes. Il n'est pas rare d'y rencontrer, à des hauteurs de 8000 à 9000 pieds, des graminées en touffes serrées et des herbes à larges feuilles qui, dans la règle, ont la tendance à former des gazons compacts et étendus, et la présence de grands végétaux bien garnis de feuilles au milieu de la végétation naine des hautes Alpes est un phénomène qui peut s'observer jusqu'à de grandes altitudes. A 7000 pieds, les gazons serrés des herbes alpines et les arbustes nains sont mélangés de groupes de *Cirsium spinosissimum, Aconitum, Petasites, Senecio Doronicum, Adenostyles, Gentiana punctata* et *purpurea*, qui donnent au pâturage alpin un aspect plus riche et plus verdoyant.

Il n'en est pas de même dans le Nord. Là, ce sont les cryptogames qui dominent. Les lichens de nos Alpes appartiennent d'ordinaire à des espèces qui se fixent à la surface du rocher : les espèces gazonnantes, telles que les *Cetraria* et les *Cenomyce* y sont rares ; tandis que dans les contrées du Nord le sol est couvert d'une véritable couche de ces lichens qui est à peine dépassée par les extrémités des herbes. Où manquent les lichens, les herbes ne paraissent que par places et le sol reste à nu. Les gazons serrés, tels qu'on les rencontre dans notre végétation alpine, ne se montrent qu'exceptionnellement, et quant aux herbes de taille plus élevée, on ne les trouve que sur quelques versants abrités, sur la limite des forêts, sur les bords de la mer Blanche ou dans les fiords intérieurs du Groënland.

Les plantes alpines ont également des tiges et des rhizomes beaucoup plus fermes et plus consistants que les plantes boréales, ce qui s'explique par le fait que dans les Alpes la surface du sol se réchauffe plus fortement et pour plus longtemps que dans la zone arctique, entourée d'une mer aux eaux glacées. Sans doute, durant les mois où règnent les longs jours des contrées polaires, l'action du soleil est continue ; mais les brouillards et les changements de température en diminuent beaucoup l'influence. Sur les hauteurs de nos Alpes, la moyenne de clarté ne le cède en rien à celle de la plaine : au col du Théodule, elle est la même qu'en Engadine (5,4 pour le Théodule et 5,2 pour Sils), et elle dépasse d'une manière notable celle de

Genève et de Bâle. Au mois de juillet elle est au Théodule de 4,1 et en septembre de 2,8, tandis qu'en août elle n'est que de 6,0.

Rien n'empêche donc le soleil d'exercer pleinement son influence, et sur les hauteurs elle est rendue plus puissante encore par la raréfaction de l'atmosphère.

De Saussure a déjà comparé la température de l'air sur les hautes Alpes pendant les jours de soleil avec celle de la surface de la terre ou avec celle qu'accuse un thermomètre à boule de verre opaque exposé aux rayons directs du soleil. Au Mont-Blanc, à 6°,2 de température, il a observé que la chaleur par réverbération peut monter à 87°! Les frères Schlagintweit indiquent des différences de 24° (Adlersruhe 3338 m.) et de 22°,6 (OEtzthaler Ferner 2,761 m.); le 13 septembre, à 11 heures, sur le sommet du Finsteraarhorn, à 4275 m., Calberla en a observé une de 19 degrés, et au Hugisattel, à 4000 m., à midi et demi, une de 29°,5.

Il va sans dire que cette réverbération qui, par le vent et les temps froids, affecte notre épiderme d'une manière si désagréable et même si dangereuse, exerce une action puissante sur la vie des plantes et leur permet de prospérer à de très grandes altitudes. Plus la station est élevée, plus cette influence se fait sentir.

L'action puissante du soleil n'a pas manqué d'imprimer à la forme extérieure et à l'organisation des plantes alpines un cachet particulier. Leurs feuilles sont d'une texture serrée, épaisse et, grâce à un épiderme très solide, elles sont capables de résister au dessèchement auquel les expose par moments l'intensité des rayons solaires. Souvent aussi elles sont préservées de ce dessèchement par une pubescence serrée qui se compose presque toujours de poils étoilés, surtout chez les crucifères dont l'épiderme est d'ordinaire très délicat. Le poil se partage dès la base en une série de rameaux étalés en rayons, et il se forme ainsi sur tous les organes une couche qui empêche l'épiderme de se dessécher. Le duvet grisâtre, sorte de feutre épais qui recouvre d'autres plantes alpines, surtout les composées, a le même but. Dans les stations exposées au soleil, sur les hauteurs découvertes et les pentes, on remarque que les plantes ont presque toutes des feuilles coriaces ou une pubescence serrée, tandis que dans les ravins ombragés et abrités, dans les gorges et les couloirs qui servent de lits aux torrents, les plantes ont les feuilles plus vertes et plus délicates. Comme preuve de cette particularité, j'ai décrit déjà en 1857 la végétation de la Gelbe-Wand, au versant sud du Gornergrat, à 3000 m., végétation qui se distingue par la présence de plantes qui sont toutes fortement pubescentes, bien que souvent la forme type en soit entièrement glabre dans des endroits moins exposés au soleil.

Le tableau ci-après nous renseignera au sujet de la période de végétation des plantes alpines dans les stations les plus élevées.

Théodule, 3333 m.

			Jours au-dessus de 0 degré.	Jours au-dessus de 2 degrés.	Nuits au-dessus de 0 degré.
1866. Mai	7	heures	—	—	
	1	»	4	—	—
	9	»	—	—	
Juin	7	»	11	2	
	1	»	22	20	—
	9	»	13	2	
Juillet	7	»	14	8	
	1	»	30	25	4
	9	»	12	5	
1865. Août	7	»	15	8	
	1	»	29	21	4
	9	»	14	6	
Sept.	7	»	16	5	
	1	»	29	25	3
	9	»	20	2	
Oct.	7	»	—	—	
	1	»	2	—	—
	9	»	—	—	

Il ressort de ce tableau que, de tous les mois de l'année, il n'en est que quatre qui soient de nature à pouvoir être compris dans la période de végétation ; car les mois de mai et d'octobre ne montent déjà plus au-dessus de zéro, excepté au milieu de la journée, dans quatre jours de mai et deux d'octobre.

En revanche, les mois de juin et de septembre ont bien le caractère de mois d'été. Durant cet espace, le thermomètre reste pendant 53 jours, de 7 heures du matin à 9 heures du soir, au-dessus de zéro ; et pendant 15 jours, il est au-dessus de 2° pendant toute la journée. Mais ces jours alternent très irrégulièrement avec un grand nombre d'autres qui, pendant des espaces de temps plus ou moins longs, de 7 heures du matin à 9 heures du soir, descendent à zéro et même au-dessous (en juin 19 jours, en juillet 19, en août 17, en septembre 14).

Que nos plantes des hautes Alpes se contentent de peu ! Il ne leur faut qu'une période de végétation de quatre mois, avec une température de 0 à 2°. Et encore cette température ne règne-t-elle à l'heure de midi que 91 jours sur 122 ; elle n'est atteinte dès le matin que 23 jours de l'année et 15 jours seulement vers le soir.

Sans l'insolation qui compense les rigueurs de ce climat, il n'y aurait pas de vie végétale possible dans de pareilles conditions.

En suivant l'évolution de la température des hautes Alpes pendant une journée, on trouve que les jours où elle ne descend pas à zéro sont de rares exceptions. En été, pendant les nuits des plus chaudes journées, il y a généralement des gelées pendant lesquelles la température descend à plusieurs degrés au-dessous de zéro.

D'après les observations faites au Théodule, il n'y a eu pendant les mois de juillet, d'août et de septembre, que quatre jours où la température se soit maintenue au-dessus de zéro : en juillet elle est descendue pendant dix-sept jours, en août pendant huit et en septembre pendant sept jours, au-dessous de —3°, température à laquelle, dans nos vallées, l'herbe des prairies gèle à l'extrémité des feuilles et où les fleurs se flétrissent. En juillet, il y a eu des minima de —9°,7 (le 8 juillet), de —7°,0 (les 21 et 31 juillet) ; en août, de —10°,0 (4 août) ; la température est même restée pendant des journées entières bien au-dessous de zéro :

	7 heures.	1 heure.	9 heures.	Maximum.	Minimum.	Moyenne journalière.
20 juillet	—5,0	—1,6	—1,0	—0,2	—6,0	—0,2
4 août	—4,7	—3,2	—5,5	—1,3	—10,0	—1,3

Il est clair que si, dans nos vallées, il régnait pendant l'été une pareille température, les plantes seraient détruites. D'où vient que les petites herbes des hautes Alpes résistent à ces gelées, à ce rayonnement nocturne, si puissant sous le ciel pur des hauteurs ? Ne semble-t-il pas qu'il doive être d'autant plus funeste que le gel est suivi d'un dégel très rapide par suite de la réverbération ?

L'anatomie des plantes alpines prouve que les cellules de leurs feuilles sont plus petites, qu'elles ont des parois plus épaisses et un contenu plus concentré que dans les plantes de plaines ; de sorte qu'en gelant et dégelant bientôt après, les tissus ne se déchirent pas, même à des températures auxquelles succomberaient infailliblement les plantes de la plaine, dont les cellules sont munies de parois plus minces et renferment plus d'eau. Le port plus ramassé des plantes alpines et leurs feuilles imbriquées contribuent également à les garantir contre les courants atmosphériques qui passent sur le sol.

Et ce sont précisément ces gelées qui se répètent toutes les nuits qui expliquent pourquoi ces plantes restent si basses. Les recherches physiologiques les plus récentes ont prouvé que c'est pendant la nuit que les plantes croissent le plus rapidement ; de jour, elles croissent d'autant moins que l'insolation est plus considérable. Pour ces plantes des hautes Alpes il n'est pas question de croissance nocturne ; elle est empêchée par le gel. Ce n'est que pendant les heures du jour où l'action du soleil est assez forte pour chauffer considérablement le sol qu'il leur est permis de croître, ce qui explique la brièveté de leurs entre-nœuds.

C'est pour la même raison que les plantes gazonnantes des hautes Alpes changent si facilement d'aspect quand on les transporte dans la plaine : les nuits étant chaudes, elles continuent de croître et s'épuisent ; toutes leurs parties s'allongent bientôt d'une manière maladive et anormale et elles s'étiolent rapidement.

Nous trouvons là une différence essentielle entre le climat de la zone arctique et celui des hautes Alpes. Dans la première aucune nuit n'interrompt le long jour polaire du Spitzberg, et durant quatre mois le soleil ne descend pas au-dessous de l'horizon. On serait tenté de croire que les espèces de la flore arctique sont encore beaucoup plus basses et de formes plus ramassées que celles des Alpes, le jour régnant continuellement pendant leur période de végétation. Pourtant il n'en est pas ainsi. Comparées à celles des Alpes, elles sont plus chétives, plus minces, plus ténues, mais leurs entre-nœuds ne sont pas plus courts, ils sont au contraire plus longs. Le *Papaver alpinum* et les *Draba* du Nord ont la tige plus allongée que leurs congénères des Alpes ; les gazons compacts des *Androsace*, du *Cherleria*, du *Silene acaulis f. excapa*, du *Saxifraga bryoides* des Alpes n'ont aucun équivalent dans le nord : ces plantes diffèrent de leurs congénères des régions arctiques non seulement en ce qui concerne la masse de leur substance végétale, mais encore par l'exiguïté de leur taille et la brièveté de leurs entre-nœuds.

Si les plantes arctiques, même celles qui forment gazon, comme le *Silene acaulis*, sont généralement d'une végétation plus lâche, cela provient de ce que, à 76° 30', le soleil ne monte jamais à plus de 37 degrés au-dessus de l'horizon ; ses rayons obliques ont à traverser une épaisse couche d'atmosphère ; d'ailleurs, l'air est constamment assombri par des nuages et des brouillards, à tel point que, d'après Martins, il n'y a pas de jour, même en juillet et en août, qui soit entièrement beau. L'influence que pourraient avoir les longs jours se trouve ainsi considérablement diminuée. La croissance en longueur est néanmoins plus active que dans les hautes Alpes, ce qui n'empêche pas que les plantes boréales, tout en ayant une période de végétation plus longue et en apparence plus favorable, ne restent infiniment en arrière de celles de nos Alpes pour ce qui concerne la masse des tissus, l'épaisseur de la tige et le nombre des rameaux et des feuilles. Wahlenberg remarque que les pluies et les neiges du climat alpin influent aussi sur le fait que nos plantes alpines sont forcées de rester basses et de s'étaler sous forme de coussins, ou de pousser des tiges courtes et raides. De là vient, selon lui, que dans la flore des hautes régions les gazons courts alternent avec des plantes plus élevées, mais à tige raide, et que les hautes herbes plus délicates font complètement défaut. En Laponie on voit des plantes de haute taille à tige mince et délicate, telles que l'*Epilobium angustifolium* et le *Mulgedium*, monter jusqu'à la région alpine ; chez nous elles n'abandonnent pas l'abri des forêts et sur les pâturages on ne voit guère entre les arbrisseaux nains et les petites herbes que les tiges dures et raides du vératre, des aconits et des gentianes. La neige qui tombe si souvent chez nous, même pendant l'été, dans la région supérieure des forêts et empêche les arbres au feuillage délicat d'y prospérer, visite bien plus souvent encore les pelouses de la région alpine, obligeant ainsi les plantes à y revêtir l'une des deux formes

qui seules leur permettent de supporter ce fardeau glacé pendant la
période de végétation.

N'oublions pas que, dans les contrées du nord, la racine des
plantes se heurte à quelques pouces de la surface du sol à un terrain
éternellement glacé, elles n'ont donc à leur disposition qu'une couche d'humus bien mince. Dans les Alpes, cet obstacle n'existe pas :
les racines des plantes plongent à de grandes profondeurs, et pendant la végétation le sol est entièrement dégelé et jamais la tempé-
ture n'y descend à zéro pendant l'été. Il va sans dire que c'est un
avantage qui contribue beaucoup à rendre les racines et les tiges des
plantes alpines plus fortes et plus vigoureuses.

Toutes les courbes de température que nous avons comparées
font reconnaître encore une autre différence, qui est bien la plus
essentielle qui existe entre le climat des contrées arctiques et celui
des hautes Alpes, c'est la différence dans la durée de la période de
végétation. Grisebach relève avec raison toute l'importance de ce
fait. Il va sans dire que si la chaleur dont une plante a besoin dure
un mois de plus ou de moins, c'est là une circonstance d'une grande
portée ; aussi la limite tant horizontale que verticale des végétaux
ligneux et même des plantes herbacées est-elle évidemment marquée
par la durée de la période de végétation.

En comparant le Théodule, l'île Melville et le Spitzberg, nous
trouvons dans la première de ces stations 4 mois qui montent au-
dessus de zéro, tandis que nous n'en trouvons plus que 2 et 3
dans les deux autres. Au St-Bernard le mois de mai est à $+ 2,1$ et
celui de septembre à $+ 5,0$; à Hébron et à Godhaab le mois de
mai n'est qu'à 0,6 et à 0,1 et celui de septembre à 3,8 et à 2,0. En
mai, l'hospice du St-Gothard est déjà à 2,9, et en septembre il est
à 6,1. Mageroe n'a en mai que 1,1 et en septembre 3,1. C'est surtout la température du mois de septembre qui est caractéristique
pour le climat de nos Alpes : parmi les mois chauds il occupe le
troisième rang, il surpasse de beaucoup celui de juin et compte
parmi les mois d'été. Dans le Nord, septembre est presque partout
au-dessous de juin et ne compte déjà plus pour la végétation. Dans
nos Alpes, il ne le cède guère au mois d'août ; pendant le mois de
septembre, les racines peuvent acquérir plus de force pour amasser
les substances nutritives nécessaires pour l'année suivante ; les tiges

et les feuilles ont le temps d'achever leur développement et les fruits d'arriver à pleine maturité. C'est là un des avantages les plus considérables de notre climat alpestre ; c'est cette durée plus longue de la période de végétation qui malgré l'exiguïté des espèces donne à la flore de nos Alpes ce caractère d'abondance et de vigueur qui se manifeste par le grand nombre des individus, souvent disposés en masses serrées, par la régularité des formes et la richesse des ramifications.

Ce qui prouve que les plantes alpines sont placées sur la limite des conditions nécessaires à leur existence, c'est le fait que souvent elles n'arrivent pas à mûrir leurs semences ou même que celles-ci ne peuvent pas se former. La période de végétation suffit au développement de la fleur, mais pas toujours à celui du fruit ; aussi la reproduction se fait-elle plutôt par les bourgeons que par les graines : c'est ce qui fait que la plupart des plantes alpines sont vivaces.

Sur 100 espèces, Kerner indique pour la flore des contrées méridionales du Danube 56 espèces annuelles et 44 vivaces ; dans les Alpes la proportion est de 4 à 96. Les plantes alpines annuelles forment de rares exceptions, et ce sont presque toujours de petites espèces croissant sur le sable humide, par exemple le *Gentiana tenella*. Les plantes alpines suppléent par de nombreux rameaux et bourgeons à l'insuffisance de leurs graines, et leur tendance à former des coussins et des gazons est également une compensation pour la rareté des fruits mûrs.

La feuille elle-même subit l'influence de la brièveté de la période de végétation. Par suite de l'insolation, l'épiderme devient plus épais, et dans bien des espèces les feuilles résistent presque entièrement à l'hiver et continuent sous la neige à amasser abondamment dans leurs tissus les substances dont la fleur se nourrit au printemps. Kerner a observé que dans la soldanelle les feuilles restent saines et vigoureuses jusqu'à la naissance des nouvelles tiges et qu'alors seulement elles se flétrissent et tombent. D'après ce naturaliste, les feuilles raides et persistantes des petites espèces de gentianes, des saxifrages, de l'azalée et de beaucoup d'autres espèces jouent le même rôle.

Nous pouvons donc résumer comme suit notre comparaison entre la zone arctique et la région alpine : quant à la température d'été, les Alpes restent un peu au-dessous des contrées arctiques ; mais la période de végétation y est plus longue et y est suivie d'une arrière-saison, été tardif ou automne, comme on voudra, qui manque aux pays du Nord. En outre, les Alpes sont encore favorisées par l'insolation plus intense des grandes altitudes et par la température beaucoup plus élevée de leur sol.

Malgré ces différences, l'analogie qui existe entre les deux contrées est si grande qu'elles possèdent en commun un très grand nombre d'espèces.

Comparons encore brièvement les besoins des plantes alpines avec ceux des plantes de la plaine.

Ce qui caractérise avant tout les premières, c'est la brièveté de leur période de végétation. Elles sont organisées de manière à renaître après un long repos d'hiver, dès que la neige a disparu des hauteurs, ce qui n'a guère lieu avant le mois de mai et souvent même de juin, à se développer très rapidement sous l'influence d'un soleil brûlant et d'une lumière des plus vives et à accomplir toutes leurs fonctions dans un espace de 3 à 4 mois.

Quand cette période se prolonge d'une manière considérable, la plante s'épuise et meurt, car elle est ainsi exposée à une influence qui, au lieu de se faire sentir avec force pendant peu de temps, agit pendant un temps trop prolongé et dans une progression trop insensible.

Ce ne sont pas seulement les espèces alpines qui montrent que le climat des Alpes accélère le développement des végétaux, ce sont aussi les espèces des régions inférieures qui s'élèvent jusqu'aux hauteurs alpines.

Quant ces dernières sont du nombre de celles qui fleurissent tard, elles ont sur les hauteurs des Alpes une floraison beaucoup plus hâtive, bien qu'il soit hors de doute que leur développement n'y commence que beaucoup plus tard. Il en est ainsi de la bruyère, de la parnassie, du *Gnaphalium dioicum*, du *Gentiana germanica*, du *Solidago* et du *Dianthus superbus*, qui sur les collines ne fleurissent guère qu'en août, mais qui dans les Alpes sont déjà en juillet en pleine floraison. La puissance de l'action du soleil ne pourrait guère se faire sentir d'une manière plus évidente. Elle accélère à tel point le développement des plantes de la plaine qu'elle transforme les plantes d'automne en plantes d'été.

Les végétaux alpins réclament en outre une humidité de l'air et du sol beaucoup plus considérable et plus constante. Mühry attribue à l'air raréfié des Alpes une force d'absorption qui favorise au plus haut degré l'évaporation. Cette desséchante influence est compensée par le fait que, sur les hauteurs, l'air est beaucoup plus saturé d'humidité que dans la plaine. Au-dessus des régions basses qui, en été, ne sont pas visitées par les brouillards, les montagnes ont d'ordinaire une ceinture de nuages qui montent insensiblement à mesure que les neiges fondent ; or en été cette ceinture reste confinée dans la région alpine au-dessus de 1950 m., où par intervalles elle entoure les sommets et alterne avec les rayons ardents du soleil. A cet égard la plaine et la région alpine présentent une telle différence que Mühry a compté pour Berne 66 jours nébuleux dont 16 en été, et pour le St-Gothard 278 jours nébuleux dont 79 se répartissent sur les 3 mois d'été. A 2100 m., il n'y aurait que 13 jours d'été qui ne soient pas nébuleux. Ce phénomène caractéristique du climat de nos Alpes, dont le touriste subit si souvent les inconvénients, mais qui augmente en même temps le charme du paysage, est un élément indispensable à la vie des espèces alpines.

Ces brouillards, joints aux pluies fréquentes et aux filets d'eau qui découlent par milliers des taches de neige, fournissent une masse d'humidité suffisante pour que le sol où les plantes alpines plongent leurs racines ne se dessèche jamais complètement.

Dans la plaine, le sol se dessèche dans la règle pendant l'été. Tous les amateurs de la culture des plantes alpines savent fort bien que les plus belles espèces meurent impitoyablement quand on néglige une seule fois de les arroser.

Un soleil ardent, des brouillards humides et des pluies fréquentes se succédant pendant la même journée : tel est le caractère du climat de nos Alpes pendant la belle saison. Les plantes alpines s'adaptent aussi exactement que possible à ces conditions.

Nægeli est d'avis que les espèces alpines ne supportent qu'une certaine somme de chaleur et que si elles succombent dans la plaine, cela provient de ce que ce maximum est dépassé. Mais, d'après les observations que l'on peut faire au sujet des hautes températures que l'action solaire produit quelquefois dans les hautes Alpes, ce n'est certainement pas à une température trop élevée, mais uniquement au dessèchement du sol qui en résulte et au manque d'humi-

dité qu'il faut attribuer ce phénomène. Les expériences que j'ai faites
à cet égard dans notre région alpine, en Engadine et au Valais,
contrées si exposées toutes deux aux grandes chaleurs, m'amènent
bien plutôt à partager l'opinion de Kerner, qui déclare inoffensives
l'intensité de la lumière et celle de la chaleur, pourvu que la période
de végétation demeure la même que dans les Alpes et que le sol reste
constamment humecté.

D'après les expériences de Kerner et les miennes propres, le
moyen le plus sûr de cultiver avec succès les plantes alpines dans
les régions basses, c'est de les recouvrir de beaucoup de neige à
partir de l'automne jusqu'aussi avant que possible dans le printemps. Mais dans la plaine suisse on ne peut que fort rarement
recourir à ce moyen, et il s'en suit que les plus belles espèces péris-
sent inévitablement ; aussi peut-on s'estimer heureux si l'on voit
une plante alpine fleurir la première année et peut-être encore la
seconde après sa transplantation, grâce aux sucs amassés sur la
montagne par son rhizome, puis bientôt épuisée par cet effort, s'étio-
ler et périr.

Il suffit d'un coup d'œil attentif pour se convaincre que la végétation change d'aspect selon la nature du terrain. C'est là un fait
bien connu ; aussi s'est-on demandé avec raison si la composition
chimique du sol n'était pas ce qui déterminait cette différence. Plusieurs naturalistes ont tranché la question affirmativement et ont
même divisé toute la flore en espèces indifférentes à la nature chimique du terrain, en espèces croissant exclusivement sur sol calcaire
et en espèces croissant exclusivement sur sol siliceux. Toutefois on
ne tarda pas à voir qu'une pareille classification n'est pas admis-
sible. En effet, des plantes que ces naturalistes avaient désignées
comme croissant exclusivement sur le calcaire se trouvèrent bientôt
çà et là sur un autre sol, et il en fut de même des plantes indiquées
comme croissant exclusivement sur le terrain siliceux. On chercha
à se tirer d'affaire en établissant une catégorie d'espèces moins difficiles, affectionnant le calcaire ou la silice tout en pouvant au besoin
se contenter de l'un ou de l'autre de ces deux terrains.

Plus on étendit le champ des observations, plus il se trouva que la
classification établie pour telle contrée ne s'appliquait plus à telle
autre plus éloignée. Telle plante qui ne croissait en Suisse que sur

la silice, sur le sol dénué de calcaire, s'est trouvée en Bavière sur cette dernière formation, et l'on a vu ainsi se réduire insensiblement le nombre des espèces liées à une propriété chimique spéciale, à un élément, à un minéral renfermé dans le sol. La liste de 67 espèces essentiellement calcaires répandues en Autriche et en Suisse a été réduite à 35 par les travaux critiques de De Candolle, et celle des espèces siliceuses à 26.

En parlant plus spécialement du Jura, nous verrons qu'il n'en reste pas moins sûr que la végétation d'une chaîne de formation calcaire est absolument différente de celle d'une contrée granitique, siliceuse et dénuée de calcaire ou d'une chaîne de molasse triasique. C'est précisément sur la limite de ces différents territoires géologiques que le contraste est le plus frappant. Sur la lisière du Jura — soit au midi, près de Grenoble, où l'Isère marque la limite entre la chaîne granitique méridionale de la Chalanche, qui forme le massif du Dauphiné proprement dit, et les Alpes calcaires de la Grande-Chartreuse, qui sont pour ainsi dire l'origine de la chaîne du Jura — soit au nord, près de Belfort où le Jura se relie aux dernières sommités des Vosges, vers le vallon de Giromagny — partout dans ces contrées la transition est brusque et subite. D'un côté l'on trouve : *Rumex acetosella, Sarothamnus, Calluna, Jasione, Triodia, Aira flexuosa, Digitalis purpurea, Scleranthus perennis ;* de l'autre : *Rumex scutatus, Coronilla Emerus, Euphorbia amydaloides, Orobus vernus, Buxus, Prunus Mahaleb, Bupleurum falcatum,* etc. Il y a plus de différence entre la végétation de chacune de ces contrées qu'il n'y en a entre des régions dont l'altitude diffère de 1000 mètres. Dès que le sol blanchâtre ou jaunâtre du calcaire fait place au terrain sablonneux et aux débris noirâtres de la formation granitique, on voit disparaître les arbustes épineux et à petites feuilles, tels qu'on les trouve au Jura et apparaître l'exubérante végétation des formations primitives.

Mais ces différences ne sont pas constantes, elles ne se retrouvent pas dans d'autres contrées plus éloignées.

Dans la Suisse occidentale, le mélèze ne croît guère que sur les terrains cristallins du Valais. Il évite le calcaire jurassique, à tel point que les plantations artificielles n'y réussissent guère, et que jamais son bois n'a les fibres aussi fortes et aussi dures, ni la couleur aussi rouge que dans les Alpes valaisannes.

Dans l'Engadine, le mélèze croît aussi de préférence sur le terrain primitif ; là où le calcaire affleure, il est fréquemment remplacé par pin de montagne.

Il en est de même du Tyrol ; les forêts de mélèzes s'y trouvent presque toujours sur le terrain primitif.

Mais déjà dans la partie nord des Grisons, dans le canton de Saint-Gall et jusque dans les sous-Alpes du canton d'Appenzell (au Gæbris) on le trouve sur les couches argileuses et calcaires de la zone alpine septentrionale.

Plus à l'est, dans la Haute-Bavière et à Salzbourg, on le rencontre généralement sur le calcaire et non pas sur le terrain plus léger formé par la désagrégation des roches cristallines.

Enfin, dans les Carpathes, son territoire alpin dans les contrées du nord-est, Wahlenberg a remarqué qu'il croissait indifféremment sur les deux sols. Le mélèze est donc un arbre qui, de l'ouest à l'est, passe du terrain primitif à la formation du calcaire.

Le *Pinus montana* Mill. suit une marche opposée. Nous ne parlerons pas de la forme *uliginosa* Neum. que l'on trouve dans les tourbières des Alpes et des contrées situées plus au nord, forme que Sendtner, le savant explorateur des immenses tourbières bavaroises, envisage même comme une espèce à part et bien distincte. En suivant les Alpes de l'est à l'ouest, le pin de montagne dans ses formes normales, savoir celle qui croît en forêt (*f. uncinata*) et celle qui reste couchée (*f. Pumilio*), est évidemment lié au sol calcaire. Le *Pinus Pumilio* couvre de ses buissons tortueux les pentes rocailleuses des montagnes calcaires, tandis que l'aune vert tapisse les versants des hauteurs granitiques.

Dans la haute Engadine, cette différence est des plus frappantes : l'aune ne s'y trouve que sur les hauts massifs granitiques, et si l'on veut trouver le pin tortu il faut s'avancer jusqu'aux veines calcaires du Val de Fex ou du Val Chiamuera et aux couches de serpentine du Maloia. Le *Pinus Pumilio* croît aussi sur les hauteurs du Jura, où l'*Alnus viridis* manque absolument, tandis que ce dernier se retrouve sur la molasse et les débris glaciaires du plateau.

En Bavière, ces deux plantes ont une distribution toute semblable ; le *Pinus Pumilio* ne se trouve que sur le calcaire. Dans les endroits où, par exception, Sendtner l'a trouvé sur un sol argileux, il se mêlait toujours à ce sol une proportion notable de carbonate de chaux.

Dans les Carpathes — où ce buisson joue un rôle bien plus considérable et caractérise à lui seul la région alpine inférieure, où il règne exclusivement en formant d'immenses forêts — il recouvre d'une manière égale, dans la région de 1365ᵐ à 1819ᵐ, les terrains de toute formation. Or comme dans la chaîne centrale le calcaire occupe le pied des montagnes, tandis que les hauteurs sont formées d'un granit très riche en quartz, il se trouve que la région du *Pinus Pumilio*, ou autrement dit du bois tortu, est en grande partie située sur le terrain primitif. Nulle part ailleurs ces buissons ne sont aussi épais et ne s'opposent aussi opiniâtrement à toute autre végétation ; nulle part ailleurs ils n'arrêtent aussi longtemps le voyageur par leurs taillis touffus et impénétrables. *Tædiosa Mughus :* telle est l'expression dont se sert à chaque instant Wahlenberg dans sa description des Carpathes, tout en remarquant expressément qu'à partir de la limite des arbres, la montagne appartient tout entière à ce végétal.

Voilà donc un exemple d'une espèce qui à l'ouest se trouve liée au calcaire et à l'est s'accommode parfaitement du granit et y prospère.

On peut citer d'autres exemples d'une pareille distribution.

L'*Erica carnea* se trouve fréquemment sur le calcaire dans les Alpes suisses, mais elle croît aussi indifféremment sur tous les autres terrains. En Bavière elle montre déjà une préférence marquée pour le calcaire. Pour ce qui concerne les Carpathes, Neilreich la désigne comme une espèce qui ne croît que sur les assises calcaires de la grande chaîne. Cette espèce qui, à l'ouest, ne montre pas encore de préférence bien marquée pour le calcaire, ne se trouve plus à l'est que sur ce terrain. Et pourtant, par une singulière anomalie, elle manque presque entièrement sur toute la chaîne du Jura, formée de toutes les variétés possibles de calcaire et ne se trouve que dans une seule station, au Salève, dans un endroit où le calcaire est masqué par une couche de terrain sidérolithique, assez sablonneux pour donner naissance au *Pedicularis tuberosa* et à l'*Aira flexuosa*.

Dans les Carpathes, Wahlenberg n'a jamais trouvé que sur le calcaire le *Dryas*, le *Saxifraga oppositifolia*, le *Bupleurum stellatum*, la plupart des papilionacées alpines (*Phaca frigida, australis, alpina, Astra-*

galus alpinus, Oxytropis campestris, montana, uralensis), les *Gentiana nivalis, tenella, verna* et *acaulis*, le *Chamorchis* et le *Carex capillaris.* Toutes ces plantes manquent aux massifs granitiques de la chaîne centrale. On sait qu'en Suisse elles croissent tout aussi fréquemment sur les terrains primitifs que sur le calcaire et que le *Bupleurum stellatum* et le *Phaca alpina* préfèrent le terrain granitique des Alpes centrales.

Que prouve cette série d'exemples?

Tout simplement que les affinités chimiques ne peuvent être en jeu dans ces différentes distributions, mais que celles-ci dépendent bien plutôt du climat local dans le sens le plus restreint du mot, c'est-à-dire de la situation ménagée à la plante par la nature du sol, par un terrain plus ou moins humide, plus ou moins perméable à l'eau, composé de particules plus ou moins légères et plus ou moins serrées.

Si, comme l'estiment Sendtner et Unger, le *Pinus Pumilio* réclamait le sol calcaire dans l'acception chimique du mot, il n'occuperait pas d'une manière aussi exclusive le terrain granitique des Carpathes, terrain qui se distingue par une grande abondance de quartz et de potasse et qui est dénué de chaux et même presque entièrement de mica.

Mais si en Suisse le calcaire convient à cet arbuste, parce que le sol ferme et formant peu de terre végétale lui fournit précisément le degré d'humidité qu'il lui faut et en même temps la lui répartit de la manière la plus convenable, tout en offrant à ses racines l'appui nécessaire — rien ne s'oppose à ce que, dans les monts Tatra, le granit ne remplisse également toutes ces conditions, malgré la différence des circonstances climatériques.

Quand on envisage le *Pinus Pumilio* comme un arbre qui a besoin d'un terrain sec et d'où l'eau s'écoule rapidement, on peut comprendre qu'il se plaise sur les rocailles calcaires de nos Alpes, où ces conditions se trouvent effectivement remplies, et qu'il évite les terrains primitifs qui, dans la région alpine, se distinguent par une humidité excessive du sol, humidité telle qu'elle suffit à la formation de la tourbe dans les plus petites dépressions et les cuvettes les moins profondes.

La région alpine et granitique des Carpathes présente un tout autre caractère : on y remarque différentes particularités du climat qui montrent qu'elle remplit beaucoup mieux que les Alpes suisses les conditions nécessaires à l'existence du pin de montagne dans sa forme basse et couchée.

A une altitude de 1625ᵐ il tombe par année dans nos Alpes granitiques centrales 150 cm. de pluie et plus. Ce chiffre dénote un climat océanique.

La Hongrie, tout au contraire, a un climat très sec et continental jusqu'aux plus hauts sommets. Sonklar, comme nous l'avons déjà remarqué, page 275, n'évalue qu'à 91 cm. environ la moyenne de pluie annuelle pour les basses Carpathes, et qu'à 108 cm. environ pour la chaîne centrale.

Il ne faut pas oublier de tenir compte, dans les Carpathes, de l'influence considérable exercée par les vents, qui dessèchent l'atmosphère et le sol. Chez nous, nous n'avons aucune idée d'un pareil dessèchement. Ce n'est pas sans raison que Wahlenberg, dans son magnifique ouvrage sur les Carpathes, voue tout un chapitre à la sécheresse de l'air et du vent, et attribue à cette influence les traits essentiels qui caractérisent en Hongrie la vie de l'homme, des animaux et des plantes. Pourquoi donc s'étonner si en Hongrie le pin de montagne dans sa forme tortueuse trouve sur le granit cette sécheresse du sol et de l'air ambiant qui, chez nous, lui fait rechercher le calcaire.

Il reste donc bien établi que, dans deux territoires jouissant d'un climat semblable, un grand nombre de plantes se distribuent très exactement en raison du sol qui seul leur convient, et que notamment les espèces des rochers croissent presque toutes sur le calcaire. Mais rien n'empêche que la plupart de ces espèces ne prospèrent également, quand elles se trouvent dans un autre territoire de la grande chaîne européenne, sur un sol d'une autre nature, parce que les influences climatériques compensent pour elles les avantages qui, dans un autre territoire, étaient liés à telle ou telle composition du sol.

Un fait néanmoins bien avéré, c'est que certaines espèces, en nombre il est vrai relativement minime, n'ont été trouvées jusqu'à présent que sur le sol calcaire et paraissent ne pouvoir exister ailleurs. Ce sont surtout des plantes de rochers. De ce nombre est l'*Androsace lactea* qui, du Jura au Stockhorn et des Alpes septentrionales, de la Bavière aux basses Carpathes, n'a jamais été rencontré que sur le calcaire. Il en est de même de certaines plantes des sables, dont les stolons très allongés tracent des sillons dans le sol : elles ne paraissent prospérer que dans ces conditions, et même, quand on les cultive en petit, elles réclament un sable pur et dénué de calcaire. Il existe aussi certaines espèces des tourbières et des hautes Alpes granitiques qui meurent dès qu'il se mêle au terrain un peu de carbonate de chaux ; il suffit même que l'eau dont on se sert pour les arroser en contienne pour qu'elle les tue infailliblement. De ce nombre sont les *Sphagnum*, quelques fougères (Blechnum, Allosorus), les *Drosera, Saxifraga aspera, Phyteuma hemisphæricum, Androsace carnea.* Ces espèces sont liées au granit ou au sable. Reste à savoir si cela est dû à la composition chimique du sol plutôt qu'à ses conditions physiques ; or les exemples donnés plus haut me portent à incliner en faveur de la seconde alternative.

Ce qui est certain, c'est qu'il ne peut être question de plantes qui évitent le calcaire d'une manière absolue ; car dans toutes les plantes, même dans les Sphagnum, l'analyse chimique a constaté la présence de la chaux comme partie intégrante des tissus.

Pour ce qui concerne plus spécialement le Jura, on voit d'une manière évidente la végétation perdre de son caractère exclusif de végétation calcaire et se rapprocher de celle des contrées granitiques, dès que le climat se modifie de manière à ressembler à celui de ces dernières. Dans la partie nord de la chaîne, le *Rhododendron ferrugineum* fait entièrement défaut. On sait que dans les Alpes il recherche de préférence un sol dénué de chaux, humide et tourbeux et abandonne la roche calcaire à son congénère, le *Rh. hirsutum.* Il en est de même des *Myrtillus* et *Vitis Idæa, Arctostaphylos alpina, Lonicera cœrulea, Ribes petræum.* Ces espèces qui croissent de préférence sur les formations primitives ne paraissent au Jura que dans la région subalpine où l'air est si humide et les pluies si fréquentes qu'elles diminuent l'influence du sol calcaire. Dans la partie nord de la chaîne, quelques plantes de cette catégorie ne se trouvent que dans les tourbières, tandis que dans le haut Jura méridional, elles croissent aussi dans les forêts montagneuses et même sur les pentes, dans des espaces non boisés.

Kerner, un des partisans de la théorie de l'influence chimique du terrain, est d'avis que ces plantes ne réclament pas telle ou telle substance minérale, nécessaire à leur assimilation, mais que la présence d'une seule de ces substances, savoir de la chaux, s'oppose à leur développement. Du moment où la couche de terre végétale qui sépare ces plantes du sous-sol calcaire acquiert une épaisseur suffisante pour que leurs racines soient entièrement isolées du roc, il peut se former sur les montagnes calcaires une colonie locale de plantes qui évitent le contact de cette formation.

C'est quand des espèces semblables, liées l'une à l'autre par une étroite parenté, se comportent tout différemment dans le choix du terrain, que l'influence du sol sur la distribution des plantes devient le plus évidente. A cet égard l'*Anemone alpina* est un exemple extrêmement remarquable. Chez nous, la forme à fleur blanche se trouve exclusivement sur le calcaire (il n'en est déjà plus ainsi dans les Vosges), tandis que la forme à fleur jaune soufre *(A. alpina f. sulfurea)* ne se trouve que sur le terrain argileux et siliceux. La limite est si exactement tracée que, dans les stations où les deux terrains se rencontrent et empiètent l'un sur l'autre, les deux variétés en suivent fidèlement tous les contours. Même dans les endroits où la transition du sol calcaire au sol dénué de carbonate de chaux n'a pas lieu brusquement, mais par un mélange insensible, la fleur de l'anémone passe par une série de nuances intermédiaires de la couleur blanche à la couleur jaune. J'ai pu observer ce phénomène en plusieurs endroits, dans la chaîne du Faulhorn près de la Schynige Platte, au Beatengrat près du Gemmenalphorn et dans les Alpes vaudoises au-dessus de Fully. Dans la première de ces stations, j'ai constaté d'une manière très évidente qu'il ne s'agissait pas de formes hybrides, mais bien de passages. Le *Ranunculus glacialis* présente une différence toute semblable quoique plus faible, selon qu'il croît sur le sol calcaire ou sur le sol granitique.

Il existe une différence analogue, quoique moins absolue entre les deux variétés de la *Gentiana acaulis*. La forme à larges feuilles *(G. acaulis f. excisa)* se trouve d'ordinaire sur le terrain primitif et celle à feuilles étroites sur le calcaire, mais il n'est pas rare de trouver aussi par exception la variété à feuilles étroites parmi le *G. excisa* sur le terrain granitique et parfois cette dernière sur le calcaire pur.

C'est ainsi que se comportent dans nos Alpes suisses une série de plantes qui ne sont pas, il est vrai, des formes d'une même espèce,

mais des espèces si semblables qu'elles peuvent être envisagées comme
représentant un même type sur des terrains différents; aussi peut-on
excuser Kerner qui les considère comme descendant d'une même
forme primitive. De ce nombre sont : *Rhododendron hirsutum* et
ferrugineum, Achillea atrata et *moschata, Primula Auricula* et *hirsuta,
Androsace pubescens* et *glacialis, Juncus Hostii* et *trifidus*.

Toutes ces espèces, dont la première appartient d'ordinaire au
sol calcaire, se rencontrent aussi exceptionnellement sur un autre
terrain.

Il reste à mentionner encore une autre différence. Les plantes
calcaires ne sont pas aussi répandues que les plantes granitiques et
leurs territoires sont sujets à de grandes variations. C'est ainsi que
le *Primula Auricula* est très répandu sur toute la chaîne des Alpes,
tandis que le *P. hirsuta* habite surtout la partie occidentale de la
chaîne. En revanche, le *Rhododendron hirsutum* fuit les chaînons
occidentaux, tandis que le *Rh. ferrugineum* est répandu sur toute la
chaîne. Le *Iuncus trifidus* est abondant dans nos Alpes centrales; mais
son congénère, le *J. Hostii*, ne se rencontre que rarement et disséminé sur quelques points de nos chaînes calcaires : il ne se trouve
qu'au nord-est de la chaîne septentrionale, dans les cantons d'Appenzell, de Schwytz et de Saint-Gall et dans les basses Alpes insubriennes.

Nægeli à cherché a expliquer ces différences de distribution chez
les plantes qui ne sont pas absolument exclusives.

Il est d'avis que ces espèces, plus spécialement l'*Achillea atrata* et
le *Rhododendron hirsutum* d'un côté, l'*Achillea moschata* et le *Rhododendron ferrugineum* de l'autre, s'accommodent également des deux
terrains quand elles ne sont que peu répandues, ou quand l'une des
deux espèces règne seule dans tout un territoire. Mais dès qu'elles se
rapprochent et vivent dans la même localité, l'*Achillea moschata* est
supplanté sur le calcaire par l'*Achillea atrata*, qui prospère mieux sur
ce sol et y est plus résistant que le *moschata*, qui, de son côté,
acquiert sur le granit une force et une vitalité plus considérables.

Nous reviendrons sur ce point quand il sera question des territoires de nos deux rhododendrons.

Composition de la Flore alpine envisagée au point de vue de ses territoires propres et de ses lieux d'origine.

Examinons maintenant la question de l'indigénat des différents éléments dont se compose la flore alpine.

Des 294 espèces qui, en Suisse, ne se rencontrent guère que dans la haute région alpine, il en est 64 qui sont circompolaires, c'est-à-dire répandues autour du pôle, dans les principales régions de la zone arctique, en Amérique et en Asie; 36 autres n'habitent que certains territoires de cette zone. Ainsi un tiers environ des végétaux qui forment la végétation de nos hauts sommets se retrouvent dans ces immenses espaces situés à 50 degrés plus au nord, où les rayons obliques du soleil polaire les réchauffe et leur rend la vie pour quelques mois.

De ces 64 espèces alpines et en même temps circompolaires, 14 sont très communes et abondent partout dans les Alpes, ce sont les suivantes :

Silene acaulis,	*Myosotis alpestris,*
Dryas octopetala,	*Polygonum viviparum,*
Saxifraga oppositifolia,	*Salix retusa,*
» *aizoides,*	» *herbacea,*
» *stellaris,*	*Phleum alpinum,*
Erigeron alpinus,	*Poa alpina,*
Azalea procumbens.	*Juniperus nana.*

28 autres sont également très répandues, sans être toutefois aussi communes :

Cardamine alpina,	*Astragalus alpinus,*
Sagina saxatilis,	*Oxytropis campestris,*
Alsine verna,	*Sibbaldia procumbens,*
Phaca frigida,	*Epilobium alpinum,*
Erigeron uniflorus,	*Lloydia serotina,*
Campanula Scheuchzeri,	*Luzula spadicea,*
Arctostaphylos alpina,	» *spicata,*
Veronica alpina,	*Juncus triglumis,*
Pedicularis vertillata,	*Eriophorum Scheuchzeri,*

Androsace Chamæjasme,	*Carex atrata,*
Oxyria digyna,	» *frigida,*
Empetrum nigrum,	*Trisetum subspicatum,*
Salix reticulata,	*Poa distichophylla,*
» *Myrsinites.*	*Lycopodium alpinum.*

Enfin 11 autres sont disséminées et ne se trouvent guère que dans les Alpes centrales :

Draba Wahlenbergii,	*Gentiana tenella,*
Lychnis alpina,	*Salix glauca,*
Cerastium alpinum,	*Elyna spicata,*
Potentilla frigida,	*Carex incurva,*
Sedum rhodiola,	» *lagopina.*
Saussurea alpina.	

Le *Pedicularis versicolor* et le *Papaver alpinum,* qui tous deux sont au nombre des espèces circompolaires, ont en Suisse une distribution très singulière. La première de ces espèces appartient au sol calcaire et aux ardoises des chaînes septentrionales, de l'Oberland bernois jusqu'aux Alpes saint-galloises, où c'est une des plantes les plus caractéristiques de la région alpine. Elle y manque rarement et orne les rochers humides et désagrégés de ses belles fleurs d'un jaune souffré, tachetées de rouge et de noir, tandis qu'elle fait défaut dans la partie de la chaîne que les autres espèces arctiques paraissent affectionner de préférence, savoir dans les hautes Alpes granitiques. Elle ne se trouve en effet ni sur le versant méridional des Alpes bernoises, ni dans les Alpes pennines, ni sur le Gothard, ni dans les Grisons.

Quant au *pavot des Alpes,* cette plante des rocailles de nos Alpes calcaires septentrionales, on le rencontre à la Chaumény, dans la chaîne située entre le Valais et la Savoie ; en outre, dans les montagnes entre le pays de Vaud et la Gruyère, sur le Pilate, l'Urirothstock et le Rhætikon, mais il ne pénètre pas non plus dans la chaîne centrale.

Dans les contrées arctiques, sa corolle est d'un jaune citron ; en Suisse, elle est toujours d'un blanc aux reflets verdâtres. Sur la Bernina et dans le Tyrol, on trouve une espèce voisine, mais distincte, à fleur d'un beau jaune et à feuilles à lanières plus larges :

c'est le *P. alpinum f. rhæticum* Leresche, espèce voisine du *P. pyre-naicum* Willd, sans toutefois être identique avec cette dernière.

On peut mentionner 9 plantes circompolaires qui sont au nombre des raretés de nos Alpes. Ce sont les suivantes :

Draba incana, rare et très disséminé dans les Alpes calcaires, du Sentis au Stockhorn : Sentis-See, Guggerenfluh, Wasserberg, Axen, Pilate, Neuenen et au Ganterisch.

Saxifraga cernua : Alpes de Gessenay, d'où il paraît avoir disparu dans les derniers temps ; Bellaloï au-dessus de Lens, versant méridional des Alpes bernoises.

Alsine biflora : cinq stations, dont trois dans les Alpes vaudoises (Paneyrossaz, Martinets et Alesse), et deux dans la haute Engadine (Albula, la Valetta, au pied du Piz Padella).

Potentilla nivea : au Valais et dans la haute Engadine.

Tofieldia borealis Wahlenb. : dans les Alpes pennines, dans la haute Engadine et sur quelques autres points isolés.

Thalictrum alpinum : au Col Joata et au Buffalora, dans la basse Engadine.

Juncus castaneus : à Vrin, au centre des Grisons.

Carex Vahlii : dans la haute Engadine (Saint-Moritz, Val Bevers, Albula).

Les localités mentionnées pour l'*Alsine biflora* et le *Carex Vahlii*, avec un petit nombre d'autres dans le Tyrol méridional, paraissent être les seules où ces plantes arctiques se soient conservées en Europe.

C'est donc un fait qu'un certain nombre de nos plantes alpines sont identiques à celles de l'extrême nord, et que ces mêmes espèces croissent sur les montagnes, au 46me degré de latitude, comme dans les marais et sur les rochers, au 70me degré. Cela est d'autant plus intéressant à constater qu'entre ces deux territoires, si distants l'un de l'autre, s'étendent des plaines chaudes et des chaînes secondaires où ces végétaux manquent presque entièrement.

On pourrait à la rigueur admettre que le vent a transporté les graines de certaines espèces des contrées du Nord jusque sur nos Alpes, ou de nos Alpes jusque dans les contrées du Nord ; mais il n'est guère possible que des espèces en nombre aussi considérable et formant dans les deux territoires une bonne partie de la végétation, doivent aux courants atmosphériques leur existence simultanée sur des points aussi distants les uns des autres.

Cela est d'autant plus invraisemblable que ces courants, entre les Alpes et les contrées du Nord, ne se dirigent généralement pas du nord au sud ou du sud au nord, mais de l'est à l'ouest, ou de l'ouest à l'est, et qu'ainsi la communication n'aurait pu s'établir qu'à travers l'immense plaine russe et sibérienne.

Il semblerait naturel d'expliquer cette identité entre des espèces croissant sur des territoires aussi distants par l'analogie des climats, par la rencontre de conditions d'existence semblables qui auraient pour effet de produire les mêmes végétaux. On serait tenté de supposer qu'une pareille loi existe dans la nature, mais les faits viennent à l'encontre de cette supposition. L'expérience prouve bien au contraire que les régions froides des montagnes de la zone méditerranéenne méridionale et de l'Asie tempérée donnent naissance à une flore alpine dont les formes se rattachent à la flore méridionale des steppes et du plateau, et diffèrent essentiellement des espèces alpines du nord.

Les sommités nivales du Bulghar-Dagh, au sud de l'Asie Mineure, donnent naissance, à plus de 3248^m, à 14 espèces, parmi lesquelles un *Lamium*, un *Lactuca*, un *Ajuga*, un *Heldreichia* et deux *Eunomia* ; mais de toutes nos plantes alpines on n'y a trouvé que le *Cerastium trigynum*.

Les Andes de l'Amérique du Sud, même dans les régions nivales où le climat présente une grande analogie avec celui des hautes Alpes et des régions polaires, ont de même une végétation toute différente : ce sont des ombellifères naines et formant gazon, des composées ligneuses et de haute taille, des *Culcitium*, des *Espelezia*, des éricinées et des saxifrages tout particuliers, des *Gautheria*, *Befaria*, *Escallonia*, des calcéolaires, des *Wernera*, *Fuchsia*, etc. Si parfois on rencontre quelques plantes qui appartiennent à des genres alpins, comme les saxifrages et les gentianes, ce sont encore des espèces entièrement différentes de celles de nos Alpes.

Il est vrai que dans ses travaux sur la flore des montagnes de l'Amérique centrale, Maurice Wagner relève le fait qu'à une altitude de 3900^m, cette flore a plus d'analogie avec celle de l'Amérique du Nord et de l'Europe qu'avec la flore tropicale des chaudes régions inférieures, et que même la moitié des plantes appartiennent à des genres représentés dans la première de ces contrées ; il est vrai aussi qu'en Abyssinie, et même dans les îles de la Sonde, cette analogie paraît exister encore dans une faible mesure ; mais il faut remarquer tout d'abord que, si les genres sont les mêmes, les espèces sont entièrement différentes ; ensuite que la distance qui sépare ces contrées tropicales des stations montagneuses méridionales de la flore de l'Amérique du Nord et du nord de l'Asie, n'est pas assez considérable pour exclure toute idée de corrélation entre ces différentes régions.

Plus les montagnes se rapprochent des régions polaires, plus on voit augmenter le nombre des espèces communes aux deux territoires.

L'Himalaya qui possède une flore de montagne bien caractérisée et lui appartenant bien en propre, n'en a pas moins déjà un certain nombre d'espèces circompolaires. Les montagnes de l'Asie Mineure, le Caucase et les chaînes qui s'y rattachent ont en sus de leurs propres plantes une proportion notable d'espèces alpines et septentrionales.

C'est donc à tort que l'on supposerait que toutes les plantes du climat glacial sont invariablement les mêmes ; mais pour expliquer l'identité que l'on remarque entre un grand nombre d'espèces alpines et celles des contrées arctiques, nous devons chercher une cause qui nous fasse découvrir à travers l'espace qui les sépare quelque lien secret entre la région polaire et la région alpine.

Or cette cause, nous la trouvons dans l'histoire géologique de notre pays. On sait en effet qu'entre la période tertiaire, où le climat était chaud, et la période actuelle où il l'est relativement encore, s'interpose une période où le climat était si rigoureux que les Alpes et les contrées du Nord devaient être reliées bien plus intimement qu'aujourd'hui. Les glaciers des Alpes descendaient alors jusqu'en Souabe, et ceux de la Scandinavie, jusque bien avant dans l'Allemagne du Nord ; or comme les montagnes du centre de l'Allemagne étaient également couvertes de glaces sur une étendue considérable, elles ont dû former le trait d'union entre les deux zones. Bien que, sur les collines situées le long des vallées profondes, les forêts aient continué d'exister pendant la période glaciaire, les croupes et les sommités couvertes de gazons alpins et s'élevant sur les bords de ces immenses mers de glaces, n'en étaient pas moins assez rapprochées les unes des autres pour former une contrée d'une configuration analogue à celle de nos chaînes centrales où de chaudes vallées garnies de forêts coupent les pâturages alpins sans troubler d'une manière essentielle l'unité de la flore alpine actuelle.

On peut donc admettre qu'à cette époque tout l'espace compris entre les Alpes et l'extrême Nord ne formait qu'un territoire unique, appartenant à la flore alpine septentrionale. La mer paraît avoir recouvert la plaine d'Allemagne pendant une partie de cette époque, mais on ne sait encore jusqu'où cette mer s'avançait ; c'est d'ailleurs un point qui n'est pas suffisamment éclairci pour être pris en considération.

La question qui nous occupe serait ainsi complètement tranchée : si nous voyons actuellement, entre la flore alpine et la flore circompolaire, s'étendre la vaste plaine sarmate et allemande, au terrain sablonneux, au climat d'été sec et chaud, cela provient de la hausse générale de la température en Europe depuis l'époque glaciaire ; les glaciers se sont retirés, les territoires des deux flores se sont de plus en plus isolés et il n'en est plus resté dans la plaine que quelques îlots qui rappellent encore le passé par la présence de certaines associations de plantes glaciaires. Au nombre de ces îlots il faut compter en première ligne les tourbières, où les anciennes espèces se sont conservées, grâce à un climat local plus rigoureux ; de là vient aussi que le *Primula farinosa*, le *Trollius* et l'*Aconitum Napellus* se sont conservés sur les confins du Hanovre ; que l'*Anemone vernalis* se trouve dans les forêts de pins de la basse Alsace et de la Silésie, et le *Gentiana verna* sur les collines de la Hesse électorale.

Mais il est une autre question d'un ordre entièrement différent, c'est celle de l'indigénat, de la région qui a servi de point de départ, de foyer de création aux plantes de nos Alpes.

On ne saurait guère admettre qu'un grand nombre d'individus d'une espèce déterminée aient été créés en même temps sur tous les points du territoire actuellement occupé par l'espèce. Tout démontre au contraire que les plantes, de même que la race humaine et les différents peuples dont elle se compose, ont une patrie où elles sont nées et d'où elles se sont répandues par voie de migration, subissant les destinées les plus diverses, selon les variations des climats et les influences si nombreuses qui entretiennent sur la croûte terrestre un foyer de vie et de mouvement continuels.

Il en est qui gagnent toujours plus de terrain, qui conquièrent de nouveaux territoires; d'autres diminuent et sont même en voie de disparition. Il existe encore, même en Suisse, quelques espèces dont le territoire primitif n'a pas été troublé dans le cours des siècles .Une charmante campanule à corolle d'un bleu foncé aux divisions profondes, croît encore aujourd'hui en grande abondance dans la zone alpine de la vallée de Saas et au Tessin, soit sur les deux versants du massif du Simplon. Elle n'a pas franchi la limite de cette circonscription.

D'autres espèces ont un territoire extrêmement morcelé et dont il ne reste pour ainsi dire que quelques vestiges, quelques faibles traces qui démontrent qu'il a subi de profondes modifications. On peut donc raisonnablement admettre un point de départ unique pour le groupe de plantes qui appartient à la fois aux régions polaires et aux régions alpines.

Avant tout, scindons ce groupe en ses parties essentielles. Des 693 espèces observées dans la haute et la basse région alpine de la chaîne des Alpes, du Mont Ventoux aux Alpes de Vienne, 422 ne se trouvent pas dans les contrées du Nord et par conséquent sont un produit de la chaîne alpine elle-même; 41 autres espèces se trouvent, il est vrai, dans le Nord, mais elles y sont si disséminées qu'on peut admettre qu'elles proviennent des Alpes. Nous pouvons donc élaguer 463 espèces, soit les deux tiers de la liste tout entière. Reste à examiner un groupe de 230 espèces qui sont à la fois arctiques et alpines.

De ce nombre il en est 184 qui ont été observées dans le nord de l'Asie, et 182 dans les montagnes et les steppes de la partie tempérée de ce continent (l'Altaï et les autres chaînes sibériennes); 16 ne se rencontrent que dans le nord de l'Europe; 30 croissent dans les contrées du nord-ouest (Amérique du Nord) et manquent en Asie.

De ces 184 espèces, il en est 54, soit près d'un tiers, qui manquent à la contrée septentrionale la plus rapprochée des Alpes, savoir à la Scandinavie : ce sont même quelquefois des plantes qui sont au nombre des plus répandues de nos chaînes alpines, comme l'edelweiss, le *Lloydia*, l'*Aster alpinus*, le *Campanula Scheuchzeri*, l'*Atragene*, l'*Allium Victorialis*, le *Gagea Liottardi*, l'aune vert, le mélèze, l'arole, l'*Anemone narcissiflora*, le *Saxifraga muscoides*.

En retranchant les espèces qui n'occupent que quelques stations rares et isolées et paraissent en conséquence avoir pour lieu d'origine les Alpes, où elles sont abondantes, la Scandinavie ne possède que 171 espèces qui soient septentrionales et en même temps alpines. On ne saurait donc douter que les plantes arctiques et alpines à la fois ne proviennent du territoire qui a servi de patrie commune à la faune et à la flore de l'Europe. Il faut convenir aussi que plusieurs de nos plantes arctico-alpines peuvent avoir immigré chez nous par la Scandinavie; mais pour le plus grand nombre la Scandinavie ne leur a pas même servi de lieu de passage et encore moins de lieu d'origine, témoin ces 54 espèces qui manquent entièrement à cette presqu'île.

Enfin, il est parfaitement évident que ce n'est pas la région arctique qui est la patrie de ces espèces. Parmi les nôtres, 92 seulement sont répandues autour du pôle; or ce chiffre ne représente que la moitié des espèces qui se trouvent au nord de l'Asie (184), et jusqu'à présent on n'en connaît que deux, le *Kœleria hirsuta* et le *Leontodon pyrenaicus* qui appartiennent à la région arctique sans se trouver dans celle de l'Asie tempérée. En général, la région arctique est en quelque sorte un membre mort et déjà glacé du corps de notre planète : c'est la tombe immense où disparaît ce souffle vital qui diminue par degrés à partir de l'équateur. Cette région ne saurait donc en aucune façon être envisagée comme un foyer créateur d'où la vie se serait répandue vers le sud.

Par ses glaces flottantes, elle n'a d'autre influence que de diminuer l'essor de la vitalité dans les latitudes plus méridionales, de refroidir les mers et de donner à la faune un caractère arctique jusque bien loin vers le Sud. C'est à peine si, dans toute la région arctique, on a découvert jusqu'à présent une douzaine de plantes qui lui appartiennent bien en propre et puissent être envisagées comme endémiques : Le *Monolepis asiatica* en est l'exemple le plus remarquable.

Tout concourt donc à montrer que la zone tempérée de l'Asie septentrionale et avec elle, en proportion beaucoup moins considérable, le nord de l'Amérique, sont les contrées qui peuvent être envisagées comme le foyer créateur d'où nos plantes arctico-alpines se sont répandues.

L'hypothèse qui donne l'Asie pour lieu d'origine à nos espèces arctico-alpines paraîtra fort naturelle, si l'on songe que les liens les plus étroits relient le continent européen à son énorme voisin de l'est, et que le premier est en général tributaire du second. Cette supposition paraît toutefois bien hasardée pour les 30 espèces qui manquent au nord de l'Asie; et tout fait croire au contraire que leur territoire primitif se trouve vers le nord-ouest, dans l'immense labyrinthe de forêts et de côtes maritimes de l'Amérique du Nord, où elles sont très répandues.

Or ce sont précisément ces espèces qui ont pénétré jusqu'à nous par la Scandinavie, car il en est 23 qui s'y trouvent encore aujourd'hui. De ce nombre sont *Thlaspi montanum, Saxifraga Aizoon, aizoides, Bartsia alpina, Epilobium origanifolium, Allosorus crispus.*

La distribution de l'*Anemone alpina,* espèce qui abonde à tel point qu'elle forme une partie notable de la végétation alpine dans toutes les montagnes, des Pyrénées jusqu'au delà du Caucase, est de nature à confirmer cette assertion. Elle manque entièrement en Asie, de même qu'en Scandinavie, et ne peut nous être venue que de l'Amérique du Nord par l'Atlantique. En Amérique, elle est répandue dans toute la région septentrionale, du détroit de Behring jusqu'au Groenland. Il en est de même du *Bupleurum ranunculoides* et du *Laserpitium hirsutum,* qui ont une distribution plus singulière encore, car ils manquent dans la partie orientale de l'Amérique du Nord et ne se trouvent que sur les côtes de l'ouest.

On aura peine à croire que, malgré la mer immense qui sépare les continents, ces plantes aient pu émigrer de l'hémisphère occidental jusque dans nos Alpes. Toutefois, on peut admettre que le passage a pu avoir lieu par le Groënland et que l'Islande a pu y contribuer aussi. Il est d'ailleurs un fait bien acquis, c'est que l'Amérique, dont le Sud a une végétation toute différente de celle de l'ancien monde, se rattache dans l'extrême Nord, et de la manière la plus intime, au nord de l'Asie, tant pour la faune que pour la flore. On peut même dire que les deux territoires ne forment qu'une seule circonscription où dominent les mêmes espèces. Il n'est donc pas impossible que l'Europe ait reçu, de distances à peu près égales, des espèces arctiques des deux hémisphères.

Nous avons désigné plus haut les 230 espèces qui manquent aux contrées du Nord, comme étant un produit de la chaîne alpine elle-même. Il ne faut cependant pas étendre ce privilège à un trop grand nombre d'espèces, car une série assez considérable de ces végétaux présentent une si grande analogie avec des formes plus méridionales et surtout avec des formes méditerranéennes et orientales, qu'elles doivent nécessairement se rattacher les unes aux autres par des liens historiques. Nos rosages, soit rhododendrons, nous en fournissent le meilleur exemple.

Il n'est pas nécessaire de relever le fait que ces plantes avec leur feuillage toujours vert, leur port tenant à la fois du myrthe et du laurier, leurs grandes corolles ouvertes, si peu semblables à celle de nos autres éricinées, diffèrent considérablement, quant à l'aspect général, de toutes nos autres plantes alpines. On sait également que le plus grand nombre de leurs congénères, dont plusieurs sont de la taille du chêne et ont des fleurs aussi grandes que celles du lys, appartiennent à la zone tropicale et subtropicale des monts et des forêts des Indes orientales. Dans les hautes forêts de l'Himalaya, leurs espèces se comptent par douzaines. Il en est qui forment de véritables forêts, d'autres vivent en épiphytes sur l'écorce d'autres arbres. L'espèce la plus répandue est le *R. arboreum* : à 2411 m. déjà on le rencontre croissant en véritables forêts, mélangé de magnolias, de différentes espèces de chênes et de pins à longues aiguilles. Il s'avance aussi dans les montagnes du Dekan, où il couvre sous forme de buisson de vastes étendues dans les Nilagiris, à 2598 m. Les espèces varient selon les altitudes, et chaque étage paraît en produire de nouvelles. Le *R. argenteum* fleurit déjà en avril, à 8000 pieds anglais ; le *R. nivale*, petit arbrisseau, ne fleurit qu'en juillet à des altitudes de 11000 à 17000 pieds. Cette dernière espèce correspond, quant à la zone, à celle de nos rhododendrons. Voici comment Hooker décrit la zone des rhododendrons de l'est de l'Hymalaya, à Sikkim : « Le 11 juin 1849, à une heure, à une altitude de 12000 pieds anglais, la température était à 70° Fahrenheit. Sur les pentes de la montagne, les rhododendrons couvraient toutes les saillies d'un manteau vert foncé tout émaillé de brillantes gerbes de fleurs. Des huit à dix espèces qui croissaient dans cet endroit, chacune était ornée d'une profusion de fleurs semblables à celles des espèces cultivées dans nos serres et nos jardins anglais.

Cet immense foyer central du genre rhododendron, bien que situé, géographiquement parlant, en dehors de la région tropicale, n'en a pas moins au plus haut degré les avantages du climat de cette région. Ce foyer projette ses rayons bien avant dans la région forestière des chaînes les plus chaudes dans les Indes, dans les îles de la Sonde, en Chine et au Japon. Dans le climat équatorial de Sumatra et de Bornéo, les rhododendrons montent déjà à une altitude de 974 m. au-dessus de la mer ; à Java, on les rencontre de 649 à 3284 m., altitude où il ne saurait être question de région alpine et de climat alpin dans le sens que nous prêtons en Europe à ces expressions. Chose remarquable, c'est une des espèces des îles de la Sonde, le *R. retusum* Blume qui a le plus de rapport avec nos espèces alpines, plus encore qu'aucune espèce de l'Himalaya. Du côté de l'ouest, à une distance déjà bien moins considérable de notre chaîne alpine, dans les forêts du Pont et sur les côtes orientales de la Méditerranée, le genre est représenté par une magnifique espèce qui ne le cède guère à celles des Indes, le *R. ponticum*, répandu abondamment de 324 à 1851 m. sur le versant est du Caucase et sur les pentes de la chaîne qui borde les côtes méridionales de la mer Noire, jusqu'à l'Olympe de Bithynie ; puis de la Syrie au Liban, elle forme partout le sous-bois dans les forêts de hêtre ou de conifères.

La même espèce, franchissant d'un bond tout le bassin de la Méditerranée, se retrouve sous une forme un peu différente (*R. ponticum f. baeticum* Webb) à la pointe méridionale de l'Espagne, reliant ainsi l'ancienne Ibérie au pays des Celtibères. Il n'est pas rare de trouver une pareille dislocation chez les espèces orientales. Ce rhododendron croît au-dessus de Gibraltar, dans la Sierra Monchique, de 974 à 1300 m. et dans la Sierra Morena.

Viennent ensuite nos rhododendrons. D'après le genre auquel ils appartiennent, ils émanent du foyer central indien, absolument comme le pin de Weymouth des chaînes de l'Himalaya s'est avancé, sous une forme plus petite (*Pinus excelsa f. Peuce* Griseb.), de Simlah jusque dans la Turquie d'Europe (Peristeri), ou comme le cèdre a émigré sous des formes de plus en plus réduites (*Pinus Cedrus f.*

Deodora Roxb. *f. Libani* Tourn. *f. Atlantica* Man.*)* jusqu'aux montagnes du Maroc. Tout en formant des espèces bien distinctes, nos
rosages se relient d'une manière intime à celles de leur lieu d'origine.

Un rameau septentrional se détache de la grande ligne médiane
qui marque la distribution du genre. La région des forêts du nord
de l'Asie a aussi sa part d'espèces. Ce sont pour la plupart des
formes plus petites : l'une, le *R. chrysanthum*, se distingue par ses
fleurs d'un beau jaune; une autre, à fleurs rouges (*R. parvifolium*),
est un véritable arbuste alpin, répandu dans la partie orientale des
monts Altaï, à 50 degrés de latitude et à une altitude de 2225 à
2679 m. Une autre espèce, à fleur blanche (*R. caucasicum*) habite
le Caucase, aussi dans la région alpine, de 1851 à 2598 m.

Les forêts de l'Amérique du Nord, même dans les États méridionaux, ne manquent pas non plus de rosages. Elles en possèdent
plusieurs espèces qui forment sous-bois et ont quelquefois jusqu'à
10 pieds de haut. De ce nombre est le *R. maximum* qui s'avance
jusqu'au Canada. Quant à l'Amérique du Sud, le genre n'y est pas
représenté, ce qui ne nous surprend pas, vu le caractère absolument
distinct que revêt sa végétation. D'ailleurs ce fait parle encore en
faveur de l'origine asiatique du genre. Les rosages sont remplacés
dans les montagnes de l'Amérique du Sud par un autre genre, d'un
extérieur assez semblable : c'est le genre *Befaria*. En revanche,
Livingstone a découvert un rosage dans l'Afrique centrale, le 30
juillet 1866, dans la contrée de Wayau, à une altitude de 3000 à
4000 pieds anglais, à Zalanyama, à l'ouest de Nyassa. Ce fait n'a
rien qui doive nous étonner, car le continent africain, sauf pour sa
partie méridionale, doit aux régions tropicales de l'Asie un grand
nombre de ses formes végétales.

Un seul rosage a pénétré dans la zone arctique, où il forme la
dernière étape des migrations du genre : c'est le *R. lapponicum*, qui
habite les contrées du nord de l'Asie, de la Laponie, du Groënland
et du Labrador ; c'est un charmant rosage en miniature, à petites
feuilles de myrthe et à corolles d'un rouge foncé.

Le genre en lui-même appartient donc bien en propre aux forêts
des chaînes méridionales de l'Asie; de là il s'est exceptionnellement
répandu sous quelques formes réduites et comme secondaires, jusque

dans la région alpine, en franchissant la région des forêts et les vastes contrées du Nord.

Du fait que les types les plus isolés de la flore de France, tels que l'*Anagyris foetida* et d'autres encore, sont précisément ceux qui souffrent le plus fréquemment de la gelée, Charles Martins a conclu que ces espèces étaient d'origine méridionale et en même temps tertiaire. Kerner rapporte que dans le Tyrol les jeunes pousses du rhododendron gèlent quelquefois sur de grands espaces, quand une gelée tardive surprend les feuilles avant qu'elles aient atteint le degré de consistance nécessaire.

Ici encore, nous aurions affaire à un végétal qui ne s'est pas entièrement adapté à toutes les variations que subit le climat pendant sa période de végétation.

Venetz a également constaté en 1821, au Col d'Établon en Valais, qu'après les grands froids de l'année 1816 à 1817, les rosages avaient gelé sur un espace de 200 pieds d'étendue verticale. Il est vrai qu'il a remarqué en même temps que les gazons alpins eux-mêmes, ainsi que l'azalée, qui est une plante du Nord, avaient aussi souffert.

De même que le rosage, plante vraiment alpine, a des rapports intimes avec la flore méridionale, notre bruyère à fleurs rouges, l'*Erica carnea*, se rattache par son port à des types du Midi, à la série des charmantes bruyères à grandes fleurs du cap de Bonne-Espérance et des côtes de l'Atlantique. Le *Polygala Chamœbuxus*, la seule polygale d'Europe qui soit toujours verte et frutescente, ne présente non plus d'analogie, quant à la forme et aux dimensions de sa corolle, qu'avec les espèces de l'Afrique méridionale ou de l'Algérie (*P. Munbyana*). Le *Crocus vernus*, le *Colchicum alpinum*, sont des représentants de types essentiellement méridionaux, appartenant à la flore méditerranéenne.

De ce nombre sont encore : *Iberis, Biscutella, Aethionema, Ligusticum, Anthemis, Cerinthe, Rhaponticum, Erinus, Sideritis, Linaria alpina* : toutes ces espèces appartiennent à des types qui ne cadrent pas avec l'aspect général de la végétation de nos Alpes ; leurs congénères se trouvent au Midi.

Ces analogies prouvent que des types du Midi se sont conservés, non seulement dans les vallées les plus chaudes et les plus profondes de notre pays, mais aussi dans notre région alpine ; ou plutôt qu'ils

y ont pénétré et s'y sont acclimatés de manière à devenir de véritables plantes alpines ayant leur limite inférieure aussi bien que les
plantes d'origine polaire ou alpine.

Dans nos Alpes, l'existence de types méditerranéens n'est qu'un
phénomène relativement rare et isolé ; mais dans les chaînes méridionales, il devient de plus en plus fréquent, même dans les régions
nivales. Là, comme nous l'avons déjà dit, on rencontre sur les hauteurs
des espèces qui appartiennent à des genres exclusivement méridionaux et dont les congénères croissent plus bas, dans la plaine.
Dans les Pyrénées, on rencontre des espèces alpines appartenant aux
genres *Erodium* (*macradenum*) et *Reseda* (*R. glauca, Asterocarpus
sesamoïdes*), à la famille des *Thymélées* (*Passerina nivalis*). On y trouve
même une dioscorée (*D. pyrenaica*) et une cyrtandracée (*Ramondia*).
La région alpine de la Sierra-Nevada donne naissance à des séries
tout entières de *Linaria*, de *Teucrium*, d'*Erodium*, à des espèces des
genres *Umbilicus, Reseda, Ptilotrichum, Santolina* ; on y trouve en
outre un *Pterocephalus*, un *Bunium*, un *Onopordon*, un *Jasonia*, un
Erinacea. Toutes ces plantes appartiennent à des types méditerranéens purs et même subtropicaux, mais par l'ensemble de leurs formes elles sont bien véritablement alpines.

J'ai compté dans la chaîne des Alpes 48 formes méditerranéennes ; toutefois c'est là une évaluation bien relative, car elle ne se base
que sur de simples rapprochements de formes et de classification.

Il est même quelques espèces alpines qui paraissent avoir pour
origine des contrées plus éloignées encore. Quoi de plus étrange et
de plus inexplicable, au milieu de la végétation alpine, que l'existence de l'*Astragalus aristatus*, papilionacée formant coussin, à pubescence laineuse à fleurs cachées dans les aisselles des feuilles, à petio-
les durs et épineux. C'est là un type d'un tout autre climat, d'un
climat chaud et sec, qui ne peut être que celui du plateau de l'Asie.

Les espèces qui lui ressemblent se trouvent toutes en Orient ou
dans les contrées les plus arides de la zone méditerranéenne (*A. cre-
ticus, Tragacantha, massiliensis*).

L'*Astragalus alopecuroïdes* qui n'a que deux stations alpines, dont
l'une dans les forêts de mélèze du val de Cogne et l'autre dans le
Dauphiné, est un exemple plus convaincant encore. Ce n'est pas
seulement son aspect général et son port élancé qui nous le font

désigner comme une plante des steppes; c'est parce que la même espèce se retrouve effectivement dans les steppes de l'Asie et de la Russie, jusqu'au Volga, et en outre dans celles du plateau espagnol. Ces deux stations alpines sont des étapes sur la route que la plante a suivie en franchissant les limites de son territoire oriental pour s'avancer vers son territoire secondaire occidental.

Rien ne s'oppose à ce que l'on attribue aussi la même origine aux *Oxytropes* et aux *Astragales* de nos Alpes. Dans les steppes, les espèces de ces deux genres se comptent par centaines; et chacun d'eux en a donné aux Alpes une demi-douzaine, qui y marquent la limite extrême du genre dans sa migration vers l'occident.

De ce nombre sont aussi le *Trifolium alpinum*, dont les congénères (*Lupinaster*) également à grandes fleurs, habitent les steppes de l'Asie; l'*Hedysarum*, qui est absolument isolé chez nous, et les trois *Saussurea*, dont nombre de congénères habitent les steppes du bassin du Volga. Parmi les plantes mentionnées plus haut, *Oxytropis uralensis* et *campestris*, *Hedysarum obscurum*, *Saussurea alpina* et *discolor*, se trouvent encore actuellement dans le nord de l'Asie. Quant aux autres, elles offrent une analogie si frappante avec les plantes des steppes qu'on peut hardiment les envisager comme provenant de ces contrées; et pour ce qui concerne les deux *Astragalus*, ils sont une preuve vivante de cette origine, car leur port et la forme de leurs organes indiquent qu'ils ne se sont nullement adaptés au climat humide de nos Alpes.

Mentionnons encore une plante bien connue de nos Alpes : le *Leontopodium alpinum*, l'edelweiss des habitants du Tyrol et de la Haute-Bavière. Cette plante, dont les bractées, comme découpées dans une flanelle blanchâtre, prennent la forme d'une étoile irrégulière, habite dans toute la chaîne des Alpes les hauteurs calcaires les plus escarpées. Or, dans les steppes de la Sibérie, c'est une véritable herbe des prairies : elle y croît par milliers parmi les achillea, les centaurées, les saussurea, les artemisia et les chardons. On a remarqué que chez nous aussi elle aime assez à descendre dans les prairies au pied des hautes chaînes; et dans ces stations plus fertiles, elle prend le port allongé et élancé qu'elle a dans sa patrie asiatique.

Il ne reste donc plus qu'environ 182 espèces qui puissent être désignées comme étant vraiment originaires de nos Alpes.

Cette flore alpine endémique se distingue de la flore arctico-alpine par une proportion beaucoup plus considérable de plantes des stations sèches et des rochers ; dans la flore de l'extrême Nord, ce sont les plantes des eaux et des tourbières qui dominent. Parmi nos plantes alpines, il n'en est qu'un sixième qui affectionnent les stations humides ; toutes les autres sont des espèces des gazons secs et des rochers et comprennent nos plantes les plus caractéristiques, telles que les androsaces acaules, les primevères des rochers, les potentilles blanches, les saxifrages du groupe de l'*Aizoon* et du *Caesia*, les *Gentiana, Campanula, Phyteuma, Achillea, Hieracium, Sempervivum, Sesleria*. Parmi les épilobes, qui sont presque toujours des plantes de marais, il n'y en a qu'un qui soit purement alpin, c'est l'*Epilobium Fleischeri* ; et sur 12 saules il n'y en a également qu'un seul, le *Salix cæsia*, espèce des rocailles, qui passe, à tort ou à raison, pour être exclusivement alpin. Parmi les espèces polaires, au contraire, un tiers seulement recherchent les stations sèches ; les deux autres tiers de cette flore boréale réclament un sol fortement imbibé d'eau. Des 8 *Festuca* des Alpes, qui tous croissent dans les lieux secs, un seul, le *F. Halleri*, se retrouve dans le Nord ; sur 7 *Avena*, 2 seulement sont arctiques, tandis que des 5 *Poa* qui affectionnent le sable humide, il y en a 4, et que sur 29 *Carex*, le genre paludéen par excellence, 22 se retrouvent dans le Nord ; les 7 autres sont purement alpins et croissent sur les rochers, sauf le *Carex fœtida* : ce sont les C. *baldensis, curvula* et le groupe du *sempervivus*, non compris le *ferruginea*, qui se retrouve vers le Nord. Parmi les 7 *Juncus*, le *Jacquini*, plante des rochers, est le seul qui soit purement alpin. Sur 10 labiées, qui toutes appartiennent à des stations sèches, la zone arctique n'en possède que deux. De nos 17 primevères, le seul *P. farinosa*, plante des tourbières, se retrouve vers le Nord ; sur 8 *Trifolium*, le Nord ne possède que le *spadiceum*, qui recherche également les terrains tourbeux, et du groupe des *Achillea*, le *Ptarmica alpina*, encore une plante des marais, est le seul qui s'y rencontre.

Des nombreuses joubarbes des hautes Alpes, aucune n'est vraiment arctique, le *Sempervivum tectorum* ne s'avance que jusqu'en Scandinavie.

Des 16 saxifrages appartenant aux groupes sus-mentionnés, il n'y en a qu'un, le *S. aizoon*, qui se retrouve dans les contrées polaires et en Scandinavie; le *S. cotyledon* reparaît, dit-on, en Islande, en Scandinavie et dans la zone subarctique de l'Amérique orientale, mais il ne pénètre pas dans la région arctique proprement dite. Sur 21 gentianes, les *tenella* et *prostrata* seules sont polaires; deux autres, les *verna* et *frigida* appartiennent au nord de l'Asie, et deux autres encore, les *nivalis* et *campestris*, aux contrées du nord-ouest. Sur 17 campanules, le *Scheuchzeri* seul est arctico-alpin, le *latifolia* s'avance jusqu'au nord de l'Asie, et le *barbata* jusqu'en Scandinavie. — Les 7 *Phyteuma*, les 6 *Androsaces* acaules, les 4 *Sesleria*, sont exclusivement alpins. Du genre *Hieracium* dont il est impossible de fixer encore le nombre des espèces, il n'en est qu'un, l'*alpinum*, qui soit vraiment arctique et circompolaire. Chose remarquable, c'est dans la famille des composées dont les aigrettes sembleraient devoir favoriser la propagation des graines que se montre la plus grande différence entre la flore arctique et celle des Alpes. Des 83 composées des Alpes qui recherchent presque toutes les lieux chauds et secs, on n'en retrouve que 22 vers le Nord; de ce nombre, 8 seulement sont répandues dans la région arctique tout entière; tandis que sur les 106 monocotylédones alpines, qui presque toutes affectionnent les lieux humides, 70 reparaissent vers le Nord et 24 sont répandues tout autour du pôle.

Terminons ces énumérations. Un fait bien établi, c'est que la chaîne des Alpes, dotée d'un climat plus chaud et plus sec, a donné naissance à des espèces qui, pour la plus grande partie, ont élu domicile dans des stations qui ne convenaient pas aux espèces arctiques; en revanche, ces dernières ont recherché les lieux humides et ont abandonné les lieux secs à nos plantes endémiques. C'est aussi précisément en leur qualité de plantes des stations humides qu'elles sont répandues sur un aussi vaste territoire.

A. de Candolle a prouvé que les plantes cosmopolites dans le vrai sens du mot sont presque exclusivement des espèces aquatiques. On peut donc admettre que les espèces arctico-alpines qui ont trouvé un sol suffisamment imprégné d'eau, ont été victorieuses dans la lutte avec leurs rivales, et qu'elles se sont répandues de leur foyer central du nord de l'Asie et de l'Amérique dans toute la région circompolaire et dans toutes les chaînes de la zone tempérée, jusqu'à l'Himalaya, et s'y sont maintenues alors que la plaine était depuis longtemps couverte d'une flore composée de plantes des lieux secs et chauds.

Il n'en est pas ainsi de nos plantes alpines endémiques : elles se sont arrêtées à la limite de la zone qui a le même climat que celui des Alpes; au delà de la grande chaîne que forment ensemble les Carpathes, les Alpes et les Pyrénées, elles ne se sont avancées vers le Nord que jusqu'aux montagnes de l'intérieur de l'Allemagne, vers le sud jusqu'aux presqu'îles de la Méditerranée, et vers l'est jusqu'au Caucase. A de plus grandes distances, on n'en retrouve que 70 espèces, qui sont au nombre des plantes rares et disséminées de la Norwège, de la Grande-Bretagne, de l'Islande ou de l'Oural. Deux espèces ont pénétré jusqu'à l'Himalaya, ce sont les *Pedicularis asplenifolia* et l'*Oxytropis lapponica*. Malgré sa dénomination, cette dernière espèce est alpine et ne se retrouve qu'en Norwège où elle est très disséminée.

Ce n'est pas seulement dans les stations humides, mais aussi dans les régions les plus élevées, dans la zone subnivale et nivale que se révèle la nature plus robuste, la force d'adaptation plus considérable du groupe arctique. De 287 plantes croissant dans cette région et appartenant à toute la chaîne, la moitié, soit 125, sont arctiques. Des 172 espèces alpines qui peuvent être envisagées comme les plus répandues et en même temps celles qui forment par la quantité des individus la partie la plus considérable de la végétation, il n'y en a non plus que 93 qui soient arctiques.

L'élément endémique de notre flore alpine n'arrive donc à avoir la prépondérance que lorsqu'il est soutenu par la douceur du climat méridional; quand l'humidité et le froid des hauteurs se fait sentir d'une manière hostile à la végétation, ces espèces cèdent la place à celles du nord, plus résistantes.

Quoi de plus remarquable! Ce n'est pas seulement dans la population humaine de nos Alpes que l'on peut distinguer une race indigène celtique, une race germanique plus apathique et plus froide, et une race romaine plus vive; la flore elle-même se compose d'un mélange tout semblable; on y trouve en effet un élément endémique, un élément arctique et un élément méditerranéen.

Examinons encore de plus près nos espèces favorites, nos espèces alpines endémiques. Ont-elles dans leurs formes extérieures quelque chose de caractéristique qui les fasse reconnaître comme telles, ou bien ressemblent-elles aux espèces boréales au point de ne pouvoir en être distinguées ?

Nullement. Elles portent d'une manière évidente le cachet d'un climat plus doux, d'une nature plus riante. De même que les plantes des collines insubriennes peuvent être considérées comme des formes idéalisées de leurs sœurs de l'Europe centrale, de même que les espèces herbacées des Canaries reproduisent sous une forme plus riche et plus parfaite les types de la Méditerranée, les fleurs qui appartiennent en propre à nos Alpes resplendissent au milieu de leurs voisines de la flore boréale.

Le bleu de nos nombreuses gentianes aux corolles géantes, en touffes épaisses, est d'une nuance dont aucune fleur n'égale la profondeur et le lumineux éclat. A part les *G. tenella, prostrata, aurea, detonsa, propinqua, amarella,* espèces à fleurs petites et moins vivement colorées, la région arctique ne possède en fait d'espèces alpines que le *nivalis*, la plus petite de toutes nos espèces, et dont l'éclat ne saurait se comparer à celui de l'*acaulis* et de la *bavarica*. Et le groupe charmant des primulacées, ce joyau de grand prix placé dans le diadème floral de nos montagnes ! Nos quinze primevères — dont le *farinosa*, la plus petite pour la dimension de la corolle, appartient seul aux contrées septentrionales — révèlent sous une forme des plus simples et des plus modestes tout ce que le monde des fleurs peut offrir de plus aimable et de plus ravissant ; une corolle d'une forme exquise, des nuances d'un pourpre velouté, une ombelle de fleurs grande et riche comparativement à la rosette des feuilles. On ne saurait décrire la splendeur dont nos primevères fleuries revêtent les rochers de nos Alpes, il faut l'avoir vue ! Il faut avoir admiré notre *hirsuta*, et plus encore, sur les versants rapides des Alpes graies, le *pedemontana*, espèce plus ramassée et plus richement fleurie ; il faut avoir vu sur le bord des champs de neige, le délicat *integrifolia*, le *glutinosa*, espèce du Tyrol aux senteurs résineuses, et le *minima*, ravissante forme naine qui orne les pentes des Alpes orientales de ses fleurs du plus beau rose et s'avance jusqu'aux Sudètes. Cette dernière est probablement de toutes les espèces dont se compose la flore alpine, celle dont la fleur est la plus grande comparativement au reste de la plante.

Tout en étant déjà plus exiguës, les androsaces n'en jouent pas moins un rôle presque aussi considérable que les primevères, soit qu'elles appartiennent au groupe du *carnea*, dont la forme générale, plus allongée, se rapproche encore de ces dernières, ou qu'elles fassent partie des espèces acaules et gazonnantes qui s'implantent comme la mousse dans les fentes de rochers, à l'instar de leur parente, l'*Aretia Vitaliana* aux belles fleurs dorées. De toutes les androsaces, le Nord n'en possède qu'une seule, le *Chamœjasme*. Et le groupe délicieux des 4 soldanelles, aux corolles frangées, les plus gracieuses, les plus exquises de toutes les fleurs de nos Alpes! Les campanules et les Phyteuma des rochers, dont les contrées boréales ne possèdent qu'une espèce, le *Campanula Scheuchzeri*, à corolles étroites, sont également remarquables par la grandeur et l'abondance de leurs fleurs d'un bleu foncé. N'oublions pas non plus nos magnifiques violettes alpines (*calcarata, alpina, cenisia, lutea*), et nos *Sempervivum*, d'un rouge sang.

Toutes ces espèces endémiques se distinguent par leur corolle très développée, aussi belle que fortement colorée, et d'une forme bien caractérisée. Le *Paradisia*, l'une de nos espèces endémiques, est un des végétaux les plus nobles. C'est bien certainement celui dont la candeur se rapproche le plus de celle du lys.

Le *Nigritella*, aux fleurs d'un pourpre noirâtre fortement odorantes, est une des plus originales de toutes les orchidées. Le *Petrocallis*, les *Draba* à fleurs jaunes sont également des types bien saillants. De même, les saxifrages à fleurs blanches du groupe de l'aizoon, dont on ne retrouve dans les contrées boréales que deux espèces qui y sont rares, surpassent les autres espèces arctiques, nombreuses d'ailleurs, par la grandeur de leur rosette et l'ampleur et la richesse de leur inflorescence.

La région boréale a en général des fleurs bien plus petites. Ses espèces endémiques sont précisément celles dont les formes sont le plus réduites. Les plus importantes de ces espèces sont certainement les éricinées, parmi lesquelles il se trouve, il est vrai, des formes d'une originalité et d'une délicatesse exquise ; cependant elles ont toutes une corolle très petite et toutes les parties de la plante sont des plus exiguës. Il en est ainsi du *Diapensia*, dont le port tient le milieu entre l'*Aretia* et la bruyère, et du charmant *Cassiope*, dont le

feuillage presque microscopique et rappelant celui des mousses est
garni de petites clochettes du blanc le plus pur. Il est extrêmement
rare de rencontrer dans le Nord des plantes à grandes fleurs : l'une
d'elles est une orchidée du genre *Calypso*, dont la fleur, qui termine
une tige d'un pouce de haut, est une vraie merveille et rappelle les
espèces des tropiques. On peut mentionner aussi quelques renoncules
et le *Papaver alpinum*, qui se retrouve, il est vrai, dans nos Alpes.

La *flore de la plaine* se distingue avant tout de celle de la région
alpine par des tiges plus hautes et plus allongées, et même dans les
cas où des espèces voisines se ressemblent par leurs fleurs, l'ensemble
de leurs formes revêt un caractère entièrement différent. Le *Gentiana
Pneumonanthe* nous en fournit le meilleur exemple. Sa corolle est
aussi grande que celle des espèces alpines, mais par sa tige allongée
qui cherche à se maintenir à la hauteur des plantes qui l'entourent,
par ses feuilles étroites, il a absolument le type d'une plante de
marais des régions basses. Il en est de même des potentilles, des
renoncules, des achillea, des campanules, des *Hieracium*, des *Chrysanthemum, Dianthus, Silene, Anémone*, et même des *Carex* et des *Graminées*. Souvent la fleur est semblable à celle des espèces alpines,
mais le port de la plante est absolument dissemblable, et c'est toujours
l'espèce alpine qui l'emporte par la pureté et l'éclat des couleurs. Les
prairies arrosées de la plaine ont des fleurs d'une coloration peu saillante, celles des collines ont un éclat déjà plus décidé ; mais qu'est-ce
que tout cela en comparaison de la magnificence et de l'éclat de nos
fleurs alpines fraîchement écloses !

Parmi les plantes de la plaine, celles qui se rapprochent le plus de
celles des Alpes, ce sont certainement les espèces qui composent la
première flore printanière. Ces plantes sont basses et à fleurs relativement grandes ; nous y retrouvons des primevères, ce qui montre
qu'elles se rattachent en quelque mesure à la flore alpine. Les Alpes
ont 15 primevères, la plaine n'en a que trois (*officinalis, elatior, acaulis*) qui toutes comptent au nombre des premières plantes du printemps. Sur 10 *Draba* et sur 20 *saxifraga*, deux seulement habitent
la plaine, et ces quatre espèces sont des fleurs printanières.

Au nombre des autres plantes de la plaine qui par leur taille et
leur physionomie se rapprochent le plus de celles des Alpes, on peut
mentionner les anémones, le *Potentilla verna* et ses congénères, les

tussilages, quelques véroniques, les *Cerastium*, les *Thlaspi*. Comme on le voit, ce sont toutes des fleurs printanières. Le *Cardamine pratensis* est même la seule de toutes les plantes de la plaine qui, pour la nuance de la corolle puisse être comparée au *Thlaspi rotundifolium*. Tout cela a sa raison d'être. Dans les régions basses, le printemps, après la fonte des neiges, est de toutes les saisons celle qui a le plus d'analogie avec le climat alpestre : le soleil agit puissamment sur la terre alors que la température de l'air est encore peu élevée.

On ne saurait douter que la forme et les couleurs brillantes de la corolle des fleurs alpines ne soit en relation intime avec le petit nombre des insectes chargés de les féconder par leur contact. Dans les régions basses, où les papillons, les abeilles, les guêpes, les bourdons, qui transportent le pollen sur le stigmate, sont en nombre si considérable, les corolles n'ont pas besoin de frapper bien vivement l'œil de ces agents de fécondation, mais à une altitude plus grande, quand le climat se montre de plus en plus hostile aux insectes, il est nécessaire qu'une corolle aussi grande et aussi visible que possible leur facilite la rencontre de la fleur. De là vient aussi que, chez les plantes alpines, la corolle n'est pas réduite en proportion des autres parties de la plante. S'il en était ainsi, la fécondation serait trop compromise.

Ce qui prouve que c'est là une des raisons essentielles de la dimension plus considérable de la corolle dans les plantes alpines, c'est le nombre singulièrement grand des espèces chez lesquelles on peut constater un dimorphisme bien marqué. C'est le cas, par exemple, de toutes les primevères des rochers. Les individus de la même espèce se partagent en deux groupes : en individus à longs pistils et à étamines profondément cachées dans le tube de la corolle et en individus à pistils courts et à étamines montant jusqu'au bord du tube. La fécondation par l'individu lui-même est exclue ; une loi naturelle l'interdit. Elle n'a lieu pour la variété à longs pistils que par le pollen des fleurs à court pistil, et pour ces dernières que par le pollen de fleurs à long pistil croissant peut-être à une assez grande distance. Il est impossible que la fécondation ait lieu autrement que par l'entremise des insectes, qui fouillent le tube de la fleur pour chercher de la cire et du miel.

Inégalités de distribution, richesse et pauvreté relatives.

Considérons maintenant comment notre flore alpine est distribuée dans son territoire. De même que la région alpine est coupée à l'infini par les dépressions des vallées, le territoire de la flore alpine est le plus bigarré, le plus brisé, le plus morcelé qui soit en Europe. Dans les plaines de l'Europe centrale, les espèces occupent de larges zones et elles s'y mêlent les unes aux autres dans des proportions qui sont exactement fixées par la concurrence qu'elles s'opposent réciproquement. Les associations qu'elles forment entre elles ne dépendent que des limites climatologiques, de leur situation à l'est ou à l'ouest. C'est tantôt le climat continental, tantôt le climat maritime avec son soleil moins ardent qui marquent ces limites. La végétation s'étend d'une manière uniforme et il est rare qu'elle soit interrompue par autre chose que par des forêts ou des déserts de sable.

Il n'en est pas ainsi dans les Alpes. Chaque pente, chaque sommité et quelquefois chaque arête a ses spécialités : il arrive parfois qu'un espace de quelques toises sépare des associations de végétaux absolument différentes.

Cette diversité n'est pas seulement l'effet de la nature des terrains qui sont eux-mêmes plus variés que partout ailleurs; elle révèle toute la complication qui règne dans la distribution de la flore alpine. Les groupes et les individus des végétaux alpins semblent avoir été jetés sur nos montagnes d'une manière aussi irrégulière, aussi désordonnée que les gouttes de pluie que le vent disperse ou les graines qu'un semeur distrait répand au loin, bien au delà des sillons. Les territoires clos, qui sont la règle dans les régions basses, ne sont ici que l'exception. Nous avons déjà cité l'exemple d'un territoire clos, très restreint il est vrai, celui du *Campanula excisa*.

Je passe à une autre espèce, le *Primula integrifolia*. Cette primevère manque à l'est, au Tyrol et en Bavière. Sa circonscription ne commence qu'aux Grisons et dans les Alpes d'Appenzell, soit à l'ouest du sillon tracé par les vallées de l'Ill et du Rhin. De là, elle est très répandue dans la chaîne centrale des Alpes suisses jusqu'au Hasliberg, au Faulhorn, au Titlis et aux Alpes de Schwyz. Dans les

Alpes occidentales, cette ravissante petite plante manque entièrement, mais on l'a retrouve aux Pyrénées.

Un autre exemple, c'est celui du *Rumex nivalis* Heg. Cette petite oseille des marnes argileuses alpines est répandue de l'Allgau à nos Alpes orientales, où elle est très commune par places, et jusque dans l'Oberland bernois, au Faulhorn et à la Sulegg, Son territoire est donc bien compact et bien clos. Il suit la direction du nord-est au sud-ouest; mais, chose singulière, nous retrouvons ce même Rumex dans la Carinthie, après une lacune de 2 degrés de longitude, et après une seconde lacune tout aussi considérable, dans le Czrna-Gora.

Voilà trois exemples de plantes endémiques appartenant au grand axe alpin; mais pour la seconde et la troisième de ces plantes, il est aussi difficile de les faire dériver d'un foyer central unique que lorsqu'il s'agit d'une espèce qui se trouve en même temps en Norwège et aux Alpes. Ici encore on en est réduit à l'hypothèse que la migration a eu lieu par des voies dont il ne reste plus trace.

Mais il y a des irrégularités plus grandes encore. Le *Pleurogyne carinthiaca*, petite gentianée facile à reconnaître, est disséminée de l'Altaï et du Fon-Tau jusqu'à l'Oural et au Caucase; elle entre par la Carinthie dans la chaine des Alpes et on l'y trouve au Glockner et au Heiligen-Bluter-Taurn. Hausmann l'indique dans trois localités du Pusterthal, dans une quatrième au Schleern et une cinquième au Wormser-Joch. On a longtemps cru que la vallée de Saas était la seule localité où elle se trouvait en Suisse; aussi cette localité a-t-elle été souvent visitée par les botanistes. Cependant Rütimeyer l'a trouvée au Kistengrat, dans le canton de Glaris. Cette station forme en quelque sorte une étape entre la haute Valteline et le Valais. Brügger en a également observé un exemplaire isolé dans les graviers, à Avers dans le Val Bergalga. — Elle manque dans les contrées de l'ouest.

Quels sauts immenses et incompréhensibles! Nous relevons encore le fait que cette plante ne croit jamais qu'en colonies peu nombreuses, de quelques douzaines d'individus seulement, tantôt dans le sable des torrents, tantôt au bord des ravines remplies de neige; le moindre changement de terrain parait devoir la détruire. Ce faible contingent ne peut recevoir aucun renfort de territoires prochains; car c'est par degrés de longitude que se mesurent des distances comme celles qui séparent le Caucase de la Carinthie et la contrée de Glaris de la vallée de Saas.

Cette plante est un exemple de distribution disjointe dans le sens de l'est à l'ouest.

Passons au *Saxifraga cernua*. C'est une espèce singulière des parois ombragées et des grottes obscures, qui paraît épuiser sa force en renflements axillaires aux dépens de sa corolle, qui reste de petite dimension. Cette plante, qui reste d'ordinaire uniflore, est répandue tout autour du pôle et n'est rien moins que rare dans les contrées boréales. Elle se trouve de même en Norwège, en Islande, dans la Grande-Bretagne, et ne manque pas non plus dans l'Himalaya. Dans les Alpes, elle pénètre de la Transylvanie en Carinthie et dans le Tyrol, où elle n'a été observée que dans le sud-est, à Fassa. Plus à l'ouest, elle se retrouve très clairsemée dans les Alpes, entre le terri- toire de Berne et le Valais, où Leresche l'a cueillie au versant nord du Sanetsch, et Abr. Thomas et après lui Muret et Wolf, dans une grotte des parois rocheuses de Bellaloi, au-dessus de Lens, en Valais. Tel est le territoire qu'elle occupe dans les Alpes et encore ne s'y trouve-t-elle toujours qu'en très petit nombre d'exemplaires.

Le *Carex vaginata Tausch* (*sparsiflora Steud.*), répandu dans le nord et s'avançant jusqu'aux Sudètes, n'a que deux seules stations alpi- nes, situées toutes deux dans les basses Alpes de Berne, au Schwab- horn dans la chaîne du Faulhorn, et sur un rocher de la chaîne du Stockhorn, dans un espace très restreint. C'est une espèce très facile à distinguer de toutes les autres par son épi mâle, défléchi, formant après la floraison avec la partie inférieure de la hampe un angle aigu.

De pareilles stations, réduites à un petit nombre d'individus, prouvent que les mouvements des glaciers, tantôt progressant, tantôt reculant, les différentes influences qui ont transformé le sol et en même temps les variations du climat, ont contribué tous ensemble à remanier sur de vastes étendues, et même sur toute la chaîne de nos Alpes, le territoire jadis compact de plusieurs de nos plantes alpines, de manière à le rendre absolument incohérent et souvent même presque nul. L'exemple le plus saillant, c'est celui que cite Schnitzlein du *Potentilla fruticosa*, espèce du nord, assez grande, fru- tescente, buissonnante même, qui existe encore dans le rameau occidental de la grande chaîne, c'est-à-dire dans les Pyrénées, et dont on a observé dans les tourbières de la Bavière (au Ries) un buisson isolé, dernier vestige de tout son ancien territoine alpin.

L'*Achillea alpina*, espèce du nord qu'Em. Thomas a encore rencontrée dans le massif du Gothard (val Bedretto), et dont une variété est encore assez commune aujourd'hui dans les Pyrénées et dans la Lozère (*A. Alpina, f. pyrenaica* Gay), est encore une de ces plantes qui ont complètement disparu des Alpes.

Ce qui a eu lieu ici pour l'espèce tout entière, se répète dans des milliers de cas pour certaines stations où croissaient des espèces qui se sont encore conservées.

La station que le *Carex ustulata* Wahlenb. occupait sur les Margaritzen en Carinthie, station extrême pour les Alpes orientales et où Hoppe l'a encore cueilli, est depuis 1844 entièrement recouverte par le glacier de Pasterzen.

Le territoire d'un grand nombre de plantes alpines ne présente plus aujourd'hui que quelques vestiges sans ordre, sans régularité et déjouant toute explication.

Recherchons maintenant si l'on peut reconnaître quelque règle dans la distribution des espèces boréales, comparée à celle des plantes exclusivement alpines.

Comme nous l'avons déjà vu, les premières augmentent en nombre à mesure que l'altitude est plus élevée et l'humidité plus considérable. On a cru remarquer qu'elles affectionnent plus spécialement certaines parties de notre chaîne; en effet, la flore de la haute Engadine et des vallées méridionales des Alpes pennines renferme une proportion considérable d'espèces boréales rares. On y trouve à la fois:

Tofieldia borealis Wahlenb., *Juncus articus, Carex ustulata, Linnæa borealis, Ranunculus rutæfolius, Potentilla nivea* et dans l'Engadine seule : *Carex Vahlii, Thalictrum alpinum, Alsine biflora.* Heer suppose que la présence de tant d'espèces arctiques dans les Grisons est due à l'ancien glacier du Rhin, qui à l'époque glaciaire s'avançait jusque bien avant dans l'Allemagne, servant de trait d'union entre le Nord et les Alpes; mais il se trouve que si dans cette contrée les espèces boréales sont si nombreuses, cela provient de ce que les plantes en général, tant alpines endémiques que plantes du

Nord le sont également. La flore tout entière se compose d'un grand nombre d'espèces. Les faits se réduisent donc à ceci, comme de Candolle l'a récemment démontré : Quelques contrées des Alpes sont privilégiées et riches en espèces, tandis que d'autres sont pauvres.

Il est naturel que les espèces arctiques préfèrent les chaînes centrales, où elles trouvent les altitudes les plus élevées, où elles n'ont plus à subir que la concurrence d'un petit nombre d'espèces alpines, et où le climat leur convient le mieux.

Chose remarquable : il est toute une série de plantes boréales qui évitent les chaînes centrales et font halte sur le versant nord. De ce nombre sont les suivantes : le *Pedicularis versicolor*, répandu sur toute la chaîne extérieure calcaire et ardoisée et le *Papaver alpinum* qui n'y est pas rare ; le *Thlaspi montanum* qui ne se trouve presque qu'au Jura, et parmi les raretés les *Carex vaginata* et *Draba incano*, dont l'un habite les chaînes du Faulhorn et du Stockhorn et l'autre la contrée de Schwytz.

Il semble que ces espèces se soient arrêtées dans leur migration du nord au sud, aux premières parois qu'elles ont rencontrées, sans pénétrer dans l'intérieur de la chaîne : il s'agirait donc d'une migration plus récente que celle des espèces boréales de l'Engadine et des hautes Alpes pennines.

Quand on considère la distribution de la flore alpine à un point de vue général, sans avoir égard aux différents éléments qui la composent, on constate un fait bien saillant, c'est que la chaîne méridionale, la plus élevée, est de beaucoup la plus favorisée de toutes les parties des Alpes en ce qui concerne le nombre des espèces.

Ce n'est que lorsqu'on aborde le versant méridional des Alpes bernoises que la flore alpine gagne véritablement en richesse, et cette richesse atteint son point culminant dans les Alpes pennines, surtout dans les vallées de Zermatt et de Saas, et dans l'Engadine. Quand on veut préciser la limite de ces territoires favorisés, on voit se dessiner comme suit les contrées les mieux dotées quant au nombre des espèces.

D'après Parlatore et de Candolle, le Grammont, situé au sud de la chaîne du Mont-Blanc, dont il est séparé par la haute vallée de l'Allée-Blanche, est riche en espèces, tandis que le massif du Mont-Blanc lui-même, le plus élevé des Alpes, n'a qu'une végétation assez pauvre. Les chaînes qui s'avancent du massif et encadrent le Léman sur ses bords savoisiens, sont de même peu favorisées. Du côté du Piémont, au St-Bernard et plus encore dans la vallée de Bagnes, la flore est riche ; elle l'est déjà moins au val d'Hérens et au val d'Anniviers ; au val de Tourtemagne elle est pauvre, tandis qu'à Zermatt, sur le versant oriental et méridional de la vallée, sur les pentes du Riffel, à Zmutt, à Finelen, sur l'alpe de Täsch, elle est d'une richesse plus considérable que sur tout autre point de nos Alpes. Dans les vallées de Saas et de Binn et au Simplon, cette richesse est encore très grande, mais elle diminue beaucoup dans les hautes vallées du Tessin. Le massif du Gothard, la vaste étendue qui forme la partie centrale des Grisons, sont des domaines presque pauvres, tandis que la haute Engadine, de la Maloia au val Bevers et à l'Albula du côté nord, jusqu'à la Bernina et au Lavirum du côté sud, est d'une richesse extraordinaire, qui ne peut se comparer qu'à celle de Zermatt. La basse Engadine est déjà moins favorisée ; cependant à son extrémité inférieure, dans la contrée du Samnaun, du Piz Lat et du Stelvio, elle redevient riche. Telles sont les différences que l'on remarque le long de la chaîne centrale.

Dans la chaîne septentrionale parallèle, ce sont précisément les contrées de l'ouest qui sont les plus riches, par exemple les Alpes vaudoises (Dent de Morcles, Anzeindaz). Le versant nord de la chaîne bernoise est au contraire fort mal partagé, il l'est un peu mieux du côté de l'est, dans la partie supérieure de la vallée de l'Aar. Le versant méridional des Alpes bernoises participe déjà de la richesse du Valais, surtout au Rawyl, au-dessus de Louëche et à la Mayenwand.

Le pays d'Uri, du val d'Urseren à la Furka, est plus riche que l'Oberland bernois, mais les Alpes des petits cantons, de Glaris et de St-Gall sont au nombre des contrées pauvres : on n'y trouve guère de stations plus favorisées que près d'Engelberg, au Kistenpass et au Calanda. Du côté du nord, la dernière chaîne alpine calcaire est plus riche que le versant septentrional de la grande chaîne moyenne : il en est ainsi dans les Alpes au sud-est de Genève, dans les montagnes du Gessenay, dans les chaînes du Stockhorn et du Faulhorn, au Pilate, sur le versant sud-est de l'Alpstein, et au Rhätikon. Enfin les croupes de la molasse ou du flysch qui se rattachent à la chaîne des

Alpes, telles que le Jorat, les montagnes de l'Emmenthal, le Rigi, les montagnes de Zoug, sont d'une extrême pauvreté.

Les versants méridionaux proprement dits sont moins riches que les hautes vallées centrales. Le versant sud du Mont-Rose est beaucoup moins riche que Zermatt ; la partie du massif de la Bernina qui est tournée vers la Valteline est également moins riche en espèces que l'Engadine.

Plus à l'est, on peut constater les mêmes différences : le massif de l'Oezthal, le plus important du Tyrol et qui a à peu près la même situation que l'Oberland bernois, est relativement pauvre ; tandis que le groupe de l'Ortler est déjà plus riche. Celui du Grossglockner l'est au plus haut degré. Les sommités méridionales du Schleern et des Alpes de Fassa surpassent de beaucoup en richesse celles du Tyrol central.

A. de Candolle a essayé d'expliquer ces différences. Il suppose que les contrées riches sont celles qui ont émergé les premières lors de la retraite générale des glaciers, et les contrées pauvres, celles où la couche de glace s'est maintenue le plus longtemps.

Cette hypothèse est au fond la même que celle qui admet que les contrées les plus riches sont celles qui sont favorisées au point de vue du climat ; car il va sans dire que c'est dans ces contrées que les glaces ont disparu le plus tôt. Wahlenberg a aussi fait observer que les sommets du massif du Gothard qui sont les plus secs et les plus accessibles à l'action de la chaleur solaire, sont aussi les plus riches ; il dit, il est vrai, que cette richesse consiste surtout en espèces boréales, mais plus dans nos Alpes le nombre de ces espèces est considérable, plus le devient aussi celui des espèces essentiellement alpines. Cette influence générale du climat ne suffit cependant pas pour expliquer des différences aussi considérables existant entre des contrées aussi peu distantes l'une de l'autre que le Grammont et le Mont-Blanc ou le Valais et l'Oberland bernois. Ce phénomène se rattache à l'histoire des migrations des plantes alpines. Th. Schlatter en donne une preuve bien évidente dans ses observations sur la flore des Alpes de St-Gall et d'Appenzell. Selon lui, les vallées enfermées de tout côté par des pentes hautes et abruptes, comme la partie supérieure du Calveiserthal, sont restées pauvres en espèces ; tandis que sur les crêtes accessibles aux courants atmosphériques méridionaux et par là même aux semences continuellement amenées des foyers centraux par ces courants, les espèces sont beaucoup plus nombreuses. Ce sont les sommités plus accessibles du côté du sud et de l'est qui sont les plus riches en espèces. Dans la chaîne des Graue-Hörner on a trouvé des plantes qui jusqu'à présent n'étaient connues que dans les Grisons; ces plantes croissaient dans des stations où le transport des graines par les vents du sud-ouest, qui sont très fréquents, peut avoir lieu facilement par-dessus les sommités moins élevées du Calanda ou par le Kunkelspass. Le *Laserpitium Gaudini*, espèce alpine méridionale, pénètre même par cette ouverture jusqu'au versant nord des Alpes.

Le grand nombre d'espèces qui recouvrent les pentes vis-à-vis de Kunkels, révèle à première vue de quelle importance est ce passage pour les migrations des plantes du Midi. La différence considérable que l'on observe entre la chaîne orientale des Alpes d'Appenzell et le centre de ces Alpes, provient de ce que la première s'oppose au libre accès des vents, ce qui fait que le centre est pauvre tandis que la chaîne orientale est riche. Le *Rhaponticum*, grande composée qui se rapproche des chardons, ne se trouve dans l'intérieur de la chaîne appenzelloise que sur un seul point, l'alpe Mans. Grâce au col de la Saxerlucke, cette alpe est exposée directement au vent du sud-ouest, qui souffle des stations que cette plante occupe dans la chaîne des Churfirsten. De pareilles observations montrent à l'évidence que si certains districts sont moins favorisés que d'autres quant au nombre des espèces, cela provient certainement de leur situation particulière à l'égard des courants atmosphériques les plus fréquents, du moins quand ces courants viennent de contrées plus favorisées. Cela peut s'observer non seulement dans des districts restreints, mais aussi dans des vastes contrées.

Les massifs les plus élevés sur la lisière méridionale des Alpes centrales, savoir le versant nord des Alpes pennimes et l'Engadine, voilà quels sont les foyers de création de notre flore alpine endémique. C'est de ces contrées qu'a eu lieu la migration de ces espèces vers les Alpes septentrionales, où elles diminuent insensiblement à mesure qu'on s'avance vers le nord.

Plus une contrée située au versant nord de la chaîne est ouverte et accessible à l'immigration des plantes provenant de ce foyer, plus elle est riche en espèces; au contraire plus elle est enfermée par de hautes sommités, plus la flore y est pauvre.

Un certain nombre des plantes de la flore de Zermatt appartiennent au sud-ouest, au Piémont. Il est évident qu'il a été plus facile aux vents du midi de déposer dans les Alpes pennines les graines du val de Cogne et du Dauphiné que de les transporter jusqu'aux Alpes bernoises, et que le rempart formé par le versant sud de cette chaîne a empêché l'immigration des espèces alpines méridionales. Il est de même évident que le versant méridional, si riche en espèces, a dû recevoir bien plus facilement les plantes du Piémont que la chaîne du Mont-Blanc située au nord-est et à laquelle il sert de paravent. Il ne faut donc pas s'étonner si ces plantes font défaut dans l'intérieur de la chaîne. On ne sera pas surpris non plus de voir les espèces du sud-ouest manquer dans la vallée de Tourtemagne, qui est tout à fait séparée de la chaîne principale. Elle est encaissée vers le sud entre de très hautes sommités qui la coupent à mi-chemin, aussi est-elle une fois moins longue que ses voisines, les vallées d'Anniviers et de St-Nicolas, dont les hauts glaciers l'enserrent, dominés encore par la crête centrale des Alpes pennines.

Les différences si considérables que l'on constate quant à la richesse de la flore dans les différentes contrées de nos Alpes, viennent donc à l'appui de l'hypothèse que la partie la plus élevée de la chaîne méridionale est le point de départ de cette flore, et que c'est de là qu'elle a rayonné dans les chaînes septentrionales et méridionales qui l'avoisinent. Même quand il existe dans la grande chaîne des obstacles qui s'opposent à cette migration, il arrive que les espaces qui ne sont pas exposés aux courants du foyer central sont relativement déshérités. On peut donc admettre que dans nos Alpes, de même que dans les steppes ouvertes de toutes parts aux courants atmosphériques, c'est le vent qui a donné la première impulsion à la migration des végétaux, et cela dans une proportion plus considérable que dans les plaines du nord de l'Asie et de l'Europe centrale, qui sont coupées de forêts.

Kerner suppose, il est vrai, que l'action du vent pour le transport des graines ne se borne qu'à des espaces relativement peu étendus, à moins que les graines ne soient pourvues d'appareils spéciaux qui en facilitent le vol. Et même alors il ne croit pas que l'espace qu'elles peuvent franchir dépasse la distance qui sépare les deux versants d'une vallée. Il suppose néanmoins que les migrations se poursuivant ainsi pas à pas et insensiblement peuvent finir par embrasser des distances bien plus considérables. D'ailleurs, on a observé fréquemment dans les contrées de nos Alpes qui sont exposées à des vents impétueux des faits qui parlent en faveur d'une portée bien plus grande de l'action des courants atmosphériques. Tout le monde sait dans le Valais que les vents qui balaient la vallée emportent le sable des rives du Rhône jusque sur les terrasses des montagnes, à des hauteurs considérables et en si grande quantité que les affleurements du calcaire sont recouverts, sur de vastes espaces, d'innombrables paillettes de mica. Qu'est-ce que le transport de quelques graines en comparaison d'un pareil travail? Il n'y a que le vent qui, en moins de deux siècles, ait pu répandre sur l'Ancien monde des plantes telles que l'*Oenothera*, le *Diplopappus* et l'*Erigeron canadensis*. Grisebach raconte qu'après une tempête l'île de Ténérife a été recouverte de toute une végétation de l'*Erigeron dubius*, espèce du midi de l'Europe.

En revanche, il est impossible d'expliquer pourquoi c'est précisément la chaîne méridionale la plus élevée, du Piémont aux Alpes pennines, à la haute Engadine et aux Alpes du Tyrol méridional, qui est le centre, le point de départ et par conséquent le foyer de création de la flore alpine, et pourquoi ce privilège ne revient pas aux dernières pentes exposées au midi, mais bien aux massifs les plus élevés tels que le versant nord du Mont-Rose et les montagnes du haut plateau de l'Engadine. Mais n'oublions pas que toutes les causes premières échappent à notre connaissance. C'est déjà beaucoup que de pouvoir comprendre les faits secondaires qui en résultent. Il importe cependant de faire observer que ce foyer central se trouve justement dans la contrée alpine la plus favorisée par son altitude générale, et par là même par une insolation plus vive et une humidité moins considérable.

Il me paraît que les courants atmosphériques et les influences du climat suffisent pour expliquer pourquoi les plantes alpines sont répandues d'une manière si irrégulière et pour ainsi dire si partiale.

Si la chaîne extérieure des Alpes calcaires forme un heureux contraste, non seulement avec l'indigence des croupes plus septentrionales et plus basses du nagelfluh, mais aussi avec celle des hauteurs méridionales du flysch et de l'ardoise, cela tient en partie à la nature du sol, qui donne naissance à un grand nombre de plantes de rochers qui ne croissent pas sur un autre terrain ; cela tient surtout au fait que du côté du sud-ouest elles sont accessibles au vent des Alpes occidentales.

Dans les localités situées sur la limite entre la formation calcaire et la formation granitique, on remarque aussi un plus grand nombre d'espèces qu'ailleurs ; ce qui s'explique par la rencontre des plantes des deux formations, d'où il résulte une flore remarquablement riche et variée.

Les points les plus célèbres à cet égard sont : La Varaz dans les Alpes vaudoises, la Schynige-Platte dans la chaine du Faulhorn, le Piz Padella, les vallées de Bevers et de Fex, l'Albula et le Lavirum dans l'Engadine.

Aspect de la végétation alpine.

Peut-être n'est-il pas inutile de rappeler que jusqu'à présent nous ne nous sommes occupés que de la richesse de la flore ou autrement dit du nombre plus ou moins grand des espèces, et non pas de la richesse de la *végétation*, c'est-à-dire de la quantité plus ou moins considérable des individus. Ce sont deux choses bien distinctes. Si quelquefois la richesse de la flore a pour conséquence la richesse de la végétation, il peut arriver aussi que la végétation soit abondante et même luxuriante, tout en n'étant composée que d'un petit nombre d'espèces.

Pour ce qui concerne l'aspect de la végétation de notre haute région alpine, on peut dire d'une manière générale qu'il n'est pas en Suisse de chaîne de montagne quelque abrupte et quelque inhospitalière qu'elle puisse être qui soit dépourvue de la parure si charmante des gazons alpins. Cependant deux genres de stations se distinguent par une végétation singulièrement chétive, sans être toutefois entièrement dénudées, ce sont les pentes formées par le flysch et la serpentine.

Dans les hautes Alpes, le flysch est la formation la moins intéressante des montagnes de la Suisse, tant au point de vue de la végétation qu'à celui du paysage : c'est un singulier mélange d'ardoise et de molasse, véritable amas de débris et de roches vermoulues. On ne remarque nulle part autant d'éboulis et de ravines. Dans les régions inférieures où règne le flysch, on voit sur ses immenses cônes de déjection et dans ses vallées une végétation souvent belle, quoique déjà monotone ; mais sur les arêtes et les pentes supérieures, le sol est parfois dénudé sur des lieues d'étendue, par suite de la décomposition trop rapide du sous-sol et des éboulements continuels ; et cela se remarque même sur des pentes dont l'inclinaison permettrait, si le terrain était meilleur, une riche végétation de gazons alpins. Les exemples les plus frappants de cette zone peu favorisée sont les Gastlosen dans les sous-Alpes bernoises, les Ralligstöcke et la Schrattenfluh. Dans ces montagnes le flysch n'est pas de formation éocène, il fait partie des couches crétacées. On reconnaît de loin ces sommités à leurs pentes grisâtres, chauves et reluisant au loin.

La *serpentine*, roche extrêmement résistante, riche en silice et en talc, et irrégulièrement stratifiée, est aussi très défavorable à la végétation, mais par des raisons inverses, c'est-à-dire par la résistance presque absolue qu'elle oppose à la désagrégation.

Heureusement, il n'y a en Suisse que peu de montagnes de cette formation. Depuis des temps immémoriaux les pentes de serpentine situées près de Davos et à la Maloja ne sont couvertes que de chétifs lichens ; il n'y croît absolument aucun phanérogame, aussi le nom de Todte-Alp, l'Alpe morte, donné à Davos à l'un de ces versants, ne saurait être mieux choisi. La teinte d'un vert noirâtre que présente le massif de la montagne et qui contraste vivement avec la couleur rougeâtre des lichens, a en effet quelque chose de lugubre qui rappelle le monde infernal. Dans le haut Valais, la serpentine apparaît en masses moins homogènes et n'est pas entièrement dépouillée de végétation.

Les *lapias*, en allemand *Karrenfelder*, qui se rencontrent surtout dans la partie de la chaîne qui va du pays d'Unterwald à celui de Glaris, donnent lieu à des observations fort intéressantes sur les rapports réciproques de la vie végétale et de la désagrégation du sol.

Ce sont des plateaux légèrement inclinés, formés de roche calcaire très pure et très consistante ; ils sont traversés en tous sens par des fissures perpendiculaires, se révélant d'abord par des sillons presque imperceptibles qui s'élargissent rapidement et font de la montagne un véritable labyrinthe, presque impossible à parcourir. Ce terrain n'est pas aussi défavorable à la végétation qu'on pourrait le croire. Tant que la terre végétale peut s'amasser dans les sillons creusés dans la roche, les rosages, les *Vaccinium*, les *Dryas*, les *Salix retusa* aiment à y plonger leurs racines. Mais l'acide carbonique exhalé par les feuilles de ces plantes contribue pour une large part à la désagrégation de cette roche et favorise la formation des *lapias*. Rutimeyer a prouvé que cette action chimique est si puissante et en même temps si rapide que chaque feuille de ces plantes, collée à la pierre, se trouve bientôt dans un enfoncement de même forme et de même dimension qu'elle-même. On peut dire d'une manière générale que dans nos montagnes la végétation constitue la protection la plus efficace contre la désagrégation; mais dans ce cas-ci elle travaille au contraire à cette désagrégation, et les résultats de ce travail, quelque minime qu'il soit, n'en acquièrent pas moins une grande importance en s'additionnant les uns aux autres.

Quant aux autres contrées de nos Alpes, on peut dire en thèse générale que partout où il n'y a pas de débris fraîchement détachés de pentes trop abruptes, elles sont tout entières recouvertes de verdure. Rien n'est plus magnifique que cette teinte d'émeraude, si fraîche et si délicate, que prend la région alpine vers la mi-juin. A peine la neige a-t-elle disparu des replis et des vallons innombrables de nos hautes Alpes, grâce aux rayons d'un soleil plus ardent, qu'on les voit resplendir de la plus belle verdure, rehaussée de cet éclat magique qui environne les grands sommets et colore si admirablement même les rochers et les amas de neige.

Est-il une jouissance qui puisse se comparer à celle que l'on éprouve à contempler du fond du Valais, par une belle journée de juin, l'éclat de cette verdure qui couvre toutes les hauteurs, de 1900 à 2600 m., et contraste avec ces neiges du blanc le plus pur qui la couronnent.

On se fait quelquefois de véritables illusions au sujet du moment où la floraison de notre flore alpine atteint son apogée. Au fort de l'été il n'y a plus que les stations nivales les plus élevées qui soient en pleine floraison. Ailleurs, les gazons alpins ont déjà perdu leur plus belle parure. L'époque où la flore alpine des régions moyennes et même supérieures se montre dans tout son éclat printanier, c'est le mois de juin dès la fonte des neiges. Celui qui n'a pas vu ces tapis de fleurs dans leur fraîcheur virginale n'a aucune idée de la magnificence et de la richesse du monde végétal.

Le 11 juin pour la Schynige-Platte, le 18 juin pour le Pilate, le 20 juin pour le plateau du Simplon, voilà les bons moments. Il est vrai que, dans les années défavorables, ils peuvent être retardés de 8 et de 15 jours. Mais si l'on arrive à temps, rien dans l'univers n'égale une pareille magnificence. Les plantes basses et à petites feuilles sont littéralement couvertes par les grandes fleurs s'ouvrant en masses serrées, si bien que la verdure disparaît presque entre les corolles brillantes que l'on ne foule qu'à regret. Le rose tendre du *Primula farinosa* et du *Silene acaulis*, le blanc des anémones, le jaune ardent des épervières, le brun foncé et cuivré des *Bartsia*, le bleu profond et éclatant des gentianes étalées par touffes sur le sol, le violet velouté et profond du *Viola calcarata* qui ouvre ses innombrables corolles, telles sont les nuances fondamentales qui forment ce brillant tapis, tout couvert de gouttes de rosée qui sont comme autant de perles et de diamants. A cette magnificence vient s'ajouter encore pour le Simplon la blanche rosette de feuilles du *Senecio incanus*, aux fleurs oranges, les joubarbes et les pédiculaires au rouge sanguin, la blancheur candide du *Paradisia*, ce lys des Alpes, les asters à deux couleurs, le gris laineux de l'edelweis, l'*Aretia* aux fleurs jaunes et l'*Eritrichum*, dont le bleu azuré se rapproche de l'éclat d'un ciel déjà tout méridional.

On peut cependant distinguer dans cette floraison deux moments bien tranchés : d'abord une première floraison où dominent les nuances délicates et plus spécialement le blanc et le rose tendre. Ce sont les crocus, les anémones, les renoncules nivales, la primevère farineuse, la silène, l'auricule au jaune pâle, les tendres soldanelles qui ouvrent la scène. Deux semaines plus tard, les couleurs prennent déjà quelque chose de plus ardent, de plus estival : c'est le beau jaune de l'*Aronicum* et du *Senecio Doronicum*, le noir pourpré du *Nigritella*, les nuances vigoureuses du *Linaria* et de l'*Hedysarum* et le pourpre du Rhododendron. C'est le même contraste que celui qu'on observe entre la flore printanière et la flore estivale des prai-

ries de nos vallées : d'abord des couleurs blanches ou d'un jaune
pâle, qui rappellent encore les neiges ; puis des teintes plus vives,
bleues et rouges, et correspondant à l'éclat plus ardent du soleil.
Dans les Alpes, ces deux saisons se suivent, il est vrai, de si près
qu'elles n'en font souvent qu'une seule. A l'éclat des fleurs vient
s'ajouter encore un autre élément, non moins pittoresque : c'est
l'abondance des graminées, des laîches et des joncs, dont les épis
bigarrés de toutes les nuances, du jaune ardent et du brun au
noir le plus foncé, se penchent et se balancent sur les fleurs, dont
ils relèvent encore l'idéale beauté par leurs formes gracieuses et originales.

Telle est l'alpe dans sa parure de noce, image d'un monde plus
pur et plus parfait, gage suprême de la bonté de Dieu. Auprès
d'elle, toute la gloire orgueilleuse qui s'étale dans la plaine n'est
que néant et vanité.

Un avantage que possèdent nos Alpes et qui distingue au plus
haut degré nos chaînes suisses de toutes les autres montagnes, ce
sont ces vastes étendues et ces pentes recouvertes du velours épais
des gazons alpins et arrosées pendant l'été par les eaux qui découlent
de la haute région.

Dans d'autres chaînes nous voyons aussi l'alpe se revêtir au
printemps d'un vert manteau ; mais bientôt la végétation se dessèche
sous les rayons ardents du soleil, et il ne reste plus guère de verdure
que le long des torrents. Il en est surtout ainsi dans les hautes
chaînes méridionales, dans la Sierra Nevada et dans le Taurus de
Cilicie ; mais aussi dans le Caucase, dans les montagnes de la
Grèce et dans les Carpathes. Quel constraste entre nos Alpes granitiques et les aiguilles, les pitons du centre des Carpathes, constamment balayés par les vents puissants de l'est de l'Europe ! Tandis
que chez nous les Alpes brillent de fraîcheur, que les gazons sont
constamment arrosés, que le sol est d'une humidité telle qu'il a
partout la tendance à former de la tourbe, la région alpine des
Monts Tatra, au-dessus de la zone du pin de montagne, offre à
peine un pâturage des plus maigres aux quelques chamois qui l'habitent. Chez nous, dans les chaînes granitiques des Alpes centrales, le
botaniste peut à peine embrasser la quantité d'espèces et de formes
qui le frappent de toutes parts ; tandis que dans les Carpathes, aux

mêmes altitudes, il n'est plus question de tapis de verdure, et les espèces qui y représentent la flore des hautes Alpes ne s'y trouvent plus qu'en chétifs individus, disséminés sur de vastes étendues.

Il n'y a que deux contrées qui rivalisent avec nos hautes Alpes pour la richesse végétale, ce sont les Pyrénées et les Alpes de Transylvanie. Par leur flore, ces contrées se rattachent toutes deux à la chaîne des Alpes. Cette richesse ne se révèle cependant pas de la même manière. Les Pyrénées se distinguent avant tout par un mélange d'espèces extrêmement varié. Les Alpes de Transylvanie comptent un nombre d'espèces moins considérable, mais sur quelque points la végétation égale en abondance celle de nos Alpes.

Dans le fond des hautes vallées et sur les pentes de la grande chaîne, la flore des Pyrénées est d'une richesse si étonnante qu'elle laisse derrière elle les stations les plus privilégiées de la vallée de Zermatt et de la haute Engadine. On y retrouve un grand nombre de nos plus belles plantes des hautes Alpes, et il s'y ajoute encore toute une série d'espèces propres aux Pyrénées, en particulier de très beaux saxifrages et même des espèces boréales qui ne se retrouvent que dans cette chaîne, comme le *Menziesia cœrulea*. Le botaniste suisse lui-même ne peut s'empêcher d'envier ces richesses quand il lit la description que Timbal-Lagrave a publiée d'une excursion de Bagnières-de-Luchon au Port-de-Venasque et au bourg espagnol de ce nom. Pendant une herborisation de trois jours, ce naturaliste a observé sur ce passage, le long de la chaîne centrale et dans ses alentours (au Penna Blanca et au Col de Bacibé), plus de 200 espèces alpines, entre autres les espèces suivantes, répandues en Suisse : *Primula integrifolia, Sesleria disticha, Pedicularis rostrata, Sisymbrum pinnatifidum, Androsace carnea, villosa, tomentosa, Leontopodium, Crepis pygmœa, Ranunculus parnassifolius, pyrenaicus, Aretia Vitaliana, Gentiana alpina*, et un grand nombre d'autres propres aux Pyrénées : *Jurinea pyrenaica, Valeriana globulariæfolia, Saxifraga longifolia, mixta, ajugæfolia, ciliaris, aquatica, Potentilla nivalis et alchemilloides, Oxytropis pyrenaica, Carex pyrenaica, Vicia argentea, Arenaria purpurascens, Merendera bulbocodium, Erodium macradenum* et beaucoup d'autres encore.

Mais si les Pyrénées ne le cèdent en rien à nos Alpes pour le nombre et la beauté des espèces, la partie moyenne de la chaîne des

Alpes paraît l'emporter de beaucoup pour l'abondance de la végétation. Nos vastes pâturages alpins, recouverts d'une manière égale du
gazon le plus fin et le plus serré, ne se retrouvent pas sur les pentes
des Pyrénées. Ces montagnes révèlent déjà à cet égard leur nature
plus méridionale.

Les Alpes de Transylvanie, qui s'étendent du Banat jusqu'à la
frontière de la Roumanie, peuvent seules se comparer, pour l'abondance de la végétation, aux plus belles contrées de nos Alpes. Elles
ne sont pas aussi riches en espèces, ce qui est d'ailleurs naturel pour
une chaîne plus basse et plus étroite. D'après Kotschy, les Alpes du
Banat, des bains d'Hercule sur le Danube au Retyesat, sur des
sommets de 7000 à 8000 pieds (de Vienne) d'altitude, aux pentes
douces et aux croupes arrondies, sont recouvertes d'un tapis végétal
de la plus belle verdure, distribuée d'une manière si égale qu'il est
rare d'en trouver de semblables dans nos Alpes. Ce voyageur dit
que, même sur le versant méridional des Alpes de la Carinthie, il n'a
trouvé nulle part de végétation aussi riche. Il ne peut la comparer
qu'à la partie la plus favorisée de la Pasterze et de la Gamsgrube
près du Grossglockner. La région du pin de montagne, si étendue
dans la partie centrale des Carpathes, est réduite en Transylvanie à
une mince bordure le long de la limite des arbres. Il en est de même
plus à l'est des Alpes de Fogarasch ; les pentes y sont partout
recouvertes d'une luxuriante végétation de rosages, *Rh. ferrugineum
f. myrtifolium.* Voilà pour le terrain primitif. Mais, même sur les
sommités calcaires isolées des Alpes orientales de Transylvanie, la
végétation est aussi abondante qu'en Suisse. Voici comment Kotschy
décrit l'aspect que présente une de ces montagnes, la Piatra-Krajuluj,
à la limite des arbres, sur le versant nord : « D'ici, l'on voit la Piatra
s'étaler tout entière dans la direction du sud-est avec son tapis du
plus beau vert, coupé de nombreux rochers. La longueur de cette
pente est de plus d'un mille allemand, sur une longueur d'un quart
de mille, à une altitude de 2000 pieds de Vienne. Ce versant est
parcouru dans tous les sens par différentes rangées de collines
qui sont toutes recouvertes de verts gazons. » Ne dirait-on pas que
l'auteur décrit quelque partie de la chaîne du Stockhorn ?

Les espèces suivantes répandues dans nos Alpes suisses ont été
trouvées par Kotschy dans les Alpes granitiques de Forgarasch:

*Potentilla grandiflora, Soldanella pusilla, Pedicularis versicolor, Sesleria
disticha, Azalea procumbens, Saxifraga retusa* et *stellaris, Dianthus
glacialis, Polygonum alpinum, Sedum Rhodiola, Saussurea discolor ;* et
en outre, appartenant à la Transylvanie : *Silene depressa* et *Lerchen-
feldiana, Carex pyrenaica, Veronica petræa, Senecio Carpathicus,
Campanula spathulata, Artemisia petrosa, Swertia punctata.*

A côté d'espèces croissant en Suisse : *Papaver alpinum, Eritrichium
nanum, Oxytropis uralensis, Armeria alpina, Dianthus glacialis,
Androsace lactea, Silene acaulis, Saxifraga androsacea, oppositifolia*
et *planifolia,* on peut cueillir dans la région calcaire de la Piatra :
*Saxifraga luteo-viridis, Campanula carpathica, Banffya petræa, Anthe-
mis atrata, Sesleria rigida,* espèces de Transylvanie. Kotschy fait
observer que sur le calcaire la couleur des fleurs des Alpes est presque toujours blanche, ce qui est aussi le cas chez nous, comme Heer
l'a le premier fait remarquer.

Pour finir, comparons encore nos Alpes avec celles des contrées
du nord, de la Norwège et de la Laponie. Nous verrons à quel point
l'emporte la nature plus favorisée de nos montagnes. D'après Grisebach le sol des fields de la Norwège est presque entièrement recouvert d'une végétation brunâtre et blanchâtre composée de lichens.
Elle prédomine à tel point, qu'elle étouffe pour ainsi dire la verdure.
Les espèces les plus caractéristiques sont disséminées en petit nombre
d'exemplaires sur de vastes étendues de terrain. Il n'y a guère de
véritable verdure que sur le bord des torrents. On trouve, il est vrai,
en Norwège quelques-unes de nos plus belles espèces, telles que *Gentiana purpurea, Campanula barbata, Oxytropis lapponica, Chamorchis
alpina, Alchemilla fissa* et *alpina, Saxifraga Cotyledon, Nigritella,
Hieracium aurantiacum,* mais on ne les rencontre jamais aussi abondamment qu'en Suisse.

Wahlenberg raconte que dans la Laponie suédoise les chaleurs
de l'été calcinent à tel point le sol que les plantes nivales, telles que
les saxifrages, les renoncules, etc., y sont beaucoup plus rares qu'en
Norwège et qu'on n'y voit guère prospérer que les espèces des lieux
secs, telles que les *Cassiope (tetragona, hypnoïdes),* les *Azalea, Menziesia, Juncus trifidus,* et plus rarement encore le charmant *Diapensia*
aux petites feuilles coriaces. Pendant la saison chaude, les hautes
vallées sont brûlées à tel point que le paysage y prend une teinte

rougeâtre, et ce n'est qu'autour des étangs et des lacs que l'on trouve quelque végétation, composée d'ordinaire d'une bordure de Carex. Quand, par exception, l'été est moins chaud, l'influence qu'il exerce est plus fâcheuse encore. La neige persiste alors sur de vastes étendues et détruit pour des années toute végétation. En 1806, dans les montagnes de Luleä, Wahlenberg a vu sur des milles d'étendue les fields tristement déserts et rougeâtres, au point que les Lapons eux-mêmes, race passive et indolente, s'en plaignaient amèrement. Seuls, les lichens et les Polytrichum résistent à une pareille épreuve; et quand la végétation renaît peu à peu, ce sont les *Ranunculus glacialis* et *nivalis* et les *Saxifraga nivalis, stellaris* et *oppositifolia* qui reparaissent les premiers. Les arbustes et même les carex et les joncs sont détruits pour de longues années.

C'est à dessein que nous avons comparé si longuement notre région alpine avec celle des autres chaînes de l'Europe, nous voulions montrer d'une manière bien évidente combien les montagnes de notre patrie sont favorisées. Ce n'est que dans la chaîne des Alpes que l'on trouve un pareil tapis de verdure, orné des fleurs les plus brillantes. Ce n'est également que dans les Alpes que l'on rencontre ces troupeaux innombrables au service de l'homme; et c'est grâce à ces troupeaux que s'est conservée dans les régions alpines de notre pays la vocation du pâtre, aussi antique que le monde, et avec elle une source intarissable de force et d'originalité.

La Laponie ne possède que le renne, animal assez peu intelligent, à moitié sauvage et fournissant peu de lait. Il suffit aux besoins d'une existence à demi barbare. Les contrées méridionales ne possèdent que leurs troupeaux de moutons, gardés par un petit nombre de bergers isolés. Seules, les Alpes, et avant tout les Alpes suisses, sont richement dotées d'une race de nobles vaches, dont l'entretien fournit à l'homme un travail auquel il se livre avec joie et qui exerce dans une pleine harmonie toutes les forces de l'intelligence et du corps. Ce travail livre au commerce un des produits les plus estimés et donne à l'été, malgré les fatigues qui l'accompagnent, le caractère d'une grande fête célébrée sous le ciel, dans l'air le plus pur de l'univers.

Toutes les parties de la chaîne ne sont pas également favorisées à cet égard. C'est dans les basses Alpes et dans les Alpes centrales de

la Suisse que la végétation est la plus riche. D'ordinaire on y trouve
des pâturages de plusieurs lieues d'étendue, recouverts d'une herbe
égale et des pentes à perte de vue resplendissant du plus beau vert.
La Melchseealp, dans les Alpes d'Unterwalden, en est un exemple.
Lorsqu'en montant de Melchthal, on laisse derrière soi le dernier et
vaste éboulis, on voit tout à coup l'horizon s'ouvrir du côté de l'est,
et au lieu d'un bassin étroit comme on en rencontre souvent dans
d'autres vallées alpines, on voit s'étaler sur une étendue de trois
lieues une magnifique plaine ondulée, large d'une demi-lieue, sorte
de haut plateau de forme allongée orné de ces lacs alpins qui chez
nous manquent rarement dans de semblables expositions. C'est une
alpe dans le vrai sens du mot, recouverte d'un gazon du vert le plus
tendre, alternant avec les teintes brunâtres de petits marais tourbeux.
Et tout cela à une altitude de 2000 m. au-dessus de la mer, dans la
région alpine proprement dite. Aussi loin que le regard peut s'étendre, on ne voit aucun arbuste, aucun buisson, mais partout des
gazons courts, émaillés de myriades de fleurs ravissantes. Ce pâturage est peuplé de troupeaux. Trois groupes de chalets sont rangés
sur le bord du plateau et l'on y entend les cloches de trois chapelles.
Les pâtres habitent la montagne de la mi-juillet à la fin d'août et si
possible plus longtemps encore. L'alpe nourrit 700 vaches laitières
et 70 chevaux, sans compter le cortège innombrable des génisses, des
veaux, des poulains, des moutons, des chèvres et des porcs. Toute la
population masculine des villages se rend sur l'alpe ; les femmes
seules restent dans la vallée, mais le dimanche elles font aussi leur
visite à la montagne. La nourriture ne consiste guère qu'en laitage,
en petit-lait surtout et en *séré*. Le petit-lait est ce liquide doux et
aromatique qui reste au fond du vase quand la substance qui sert à
la fabrication du fromage a été séparée du lait. Le *séré*, en patois
valaisan *sérac*, en allemand *Zieger*, en italien *mascarpa*, est la caséine
exempte de graisse que l'on retire du petit-lait au moyen d'une nouvelle coagulation.

Grâce à cette nourriture, les pâtres sont en parfait état de santé,
surtout quand ils ont soin de se vêtir de manière à prévenir les
refroidissements subits qui peuvent se produire après de fortes trans-
pirations. On voit à leur manière d'être qu'ils se trouvent dans leur
élément naturel et qu'ils exercent avec bonheur la profession de leurs

ancêtres. Dans ces régions, la civilisation fait place à l'ancien état naturel. Pendant ces quelques mois passés sur l'alpage à un travail pénible, mais joyeusement accompli, dans un monde qui élève l'âme et exerce l'intelligence, l'homme n'a plus qu'un guide et qu'une règle, la loi de la nature. L'alpe est bien sa véritable patrie ; c'est là son domaine, lors même qu'il n'y séjourne qu'en été. La vallée n'est pour lui que l'accessoire : tout se règle, tout s'organise en vue de la montagne.

Presque toujours les alpages sont encore des propriétés de communes et non pas de particuliers. L'usage en est reparti aux ressortissants d'une manière toute patriarcale, non pas par tête ou en raison de la richesse des particuliers, mais d'après l'antique règle qui défend de conduire sur l'alpe plus de vaches qu'on n'en peut nourrir pendant l'hiver au moyen des récoltes de la vallée.

Ce principe, quelque singulier qu'il puisse paraître, a cependant sa raison d'être. Si cet équilibre était troublé, toute l'économie du pays le serait également. Si le bétail loué et acheté pour l'estivage sur la montagne était admis sur l'alpe, le prix du droit de pâturage ne manquerait pas d'augmenter ; les charges des biens-fonds situés dans la vallée et les hauts intérêts à payer ne seraient plus compensés par le séjour sur l'alpe, qui n'entraîne jamais aucun frais, et la concurrence la plus effrénée avec le morcellement des propriétés et son cortège de prolétaires et de désordres aurait bientôt succédé à l'ordre et à la solidité de mœurs et d'usages qui caractérise ce peuple de bergers.

Dès les premiers temps de l'immigration des tribus burgondes et allémanes, le droit de parcours sur les alpages a été réglé dans chaque commune en raison du chiffre approximatif du bétail qui hiverne dans la vallée. Les alpages se partagent en raison de la quantité de bétail que l'on peut y conduire pour l'estivage. L'étendue de pâturage nécessaire pour l'entretien d'une vache se compte par *pâquier* et dans certaines contrées de la Suisse française par *encrens*. Dans la Suisse allemande il se compte par *pied* de bétail (*Kuhschwere, Kuhessen, Stoss*). Dans des circonstances normales quatre pieds d'alpage sont envisagés comme suffisants pour l'entretien d'une vache ou de 3 veaux, de 6 chèvres, de 6 moutons, de 2 porcs, d'un poulain d'une année ; pour la moitié de l'entretien d'un poulain de deux ans (8 pieds), pour le tiers de l'entretien d'un cheval de 3 ans (12 pieds), pour le quart de l'entretien d'une jument mère et de son poulain (16 pieds). C'est ainsi que chaque année se répartit la jouissance de l'alpage ; quelquefois aussi elle est fixée par le sort.

Toutes les fois que les circonstances le permettent, la fabrication du fromage se fait en grand. Dans la règle, les fromages sont de 50 à 100 livres. D'ordinaire plusieurs propriétaires de bétail s'associent pour cette fabrication, fournissant chacun leur part de lait.

Dans le chalet, au-dessus d'un simple foyer où flambe du bois que l'on a amené souvent de plusieurs lieues de distance, est suspendue à la crémaillère la grande chaudière de forme ronde (ou conique comme au Tessin). On fait cailler le lait au moyen de la présure et on le chauffe ensuite lentement, mais non pas jusqu'à ébullition. La caséine ainsi que la plus grande partie des corps gras se précipite en petites masses que le vacher saisit habilement au moyen d'un linge et qu'il introduit dans la forme pour y être pressée, salée et lavée pendant des mois ; après quoi le produit est livré au commerce. Ces fromages sont d'ordinaire grands, plats et lourds, ce qui n'est pas un avantage pour l'exportation qui paraît réclamer des genres plus petits et moins durs. Cependant le fromage de Gruyère et celui de l'Oberland bernois n'en sont pas moins un aliment qu'il serait difficile de comparer à quelque autre, tant il est fort et substantiel ; aussi est-il bien digne des louanges que Haller lui a adressées dans ses vers, et de celles que lui voue dans le dialecte de l'Oberland, Kuhn, le poète populaire. Les fromages d'Unterwalden-le-Haut sont plus petits, plus consistants, plus aromatiques ; ils s'exportent presque tous en Italie où ils servent de condiment pour les pâtes alimentaires.

Mais l'estivage dans les hautes pâtures de nos Alpes, à des altitudes de 1950 à 2500 m. n'est qu'une étape dans la vie à demi nomade du pâtre. Selon les saisons, les troupeaux montent plus ou moins haut ou descendent plus ou moins bas le long des pentes. A la fin d'avril, c'est la première herbe des prairies de la vallée qui sert de nourriture au troupeau. En mai, on le mène aux pâturages situés de 970 à 1300 m., et appelés *Maiensæsse* (allemand), *mazots*, *mayens* (patois) et *acla* (romanche). En juin, les chalets de l'étage moyen commencent à se peupler ; à la fin de juillet, ce sont ceux de l'étage supérieur des hauts alpages. A la fin d'août, quand les pluies ont renouvelé les herbages, le même voyage recommence en sens inverse. Ces joyeuses pérégrinations durent en tout cinq mois.

Le bétail de nos Alpes se compose avant tout de ces excellentes vaches si bien décrites par Tschudi et qui appartiennent à des races dont l'origine se rattache d'après Rütimeyer aux races préhistoriques. Le contraste qui existe entre la race brune qui paraît être d'un degré plus rapprochée de l'état sauvage, et la race tachetée, plus grande, se remarque aussi dans leur distribution géographique. La première est répandue à l'est et au nord-est de la Suisse, tandis que la seconde l'est dans la Suisse occidentale. Le Valais a une race à part, plus petite et plus résistante. Ceci nous rappelle la description que fait Wahlenberg de la race bovine de la Hongrie, pays sec et continental. La race du Valais, petite et de taille plus mince paraît se ressentir d'une influence toute semblable, due évidemment à la sécheresse et à la nature rocailleuse de la contrée.

Ce naturaliste a décrit en maître le rôle réciproque que jouent le climat et la végétation dans l'élevage du bétail. Il vaut la peine de reproduire ce passage.

« C'est dans la race bovine, dit-il, que cette influence se montre de la manière la plus évidente. La race bovine hongroise est si haute sur jambes, a le corps si étroit et les cornes si longues qu'elle ressemble plutôt au cerf qu'à la vache suisse. Elle est très sauvage et très impétueuse et ne peut être tenue en respect que par des bergers à cheval et armés. En comparaison des vaches suisses, plus basses et aux formes plus grasses, la vache hongroise est comme desséchée et électrisée par les vents de la Hongrie. Sa chair est beaucoup plus maigre et comme saumurée : elle a un vrai goût de gibier. Son lait est très peu abondant. La vache hongroise ne fournit pas la sixième partie du lait d'une vache suisse; aussi l'élevage du bétail en Hongrie n'a-t-il pas pour but la production du lait, mais celle de la viande. Ces vaches maigres et sèches ne supportent pas du tout le froid de la montagne; en revanche, le bétail suisse qu'on introduit parfois ne supporte pas les vents secs de la plaine. De là vient que dans les Carpathes l'élevage du bétail ne joue pas le même rôle que dans nos Alpes. Il est rare que l'on mène du bétail sur les hauteurs, sauf quelques bœufs gras quand on désire avoir une viande plus savoureuse. Le mouton est le seul animal. dont l'élevage amène l'homme à habiter en été la partie extérieure de la chaîne, mais cet animal n'y prospère pas non plus. La viande en devient si flasque qu'on la dit à peine mangeable. »

Dans notre région alpine, l'homme ne cherche pas assez à seconder au moyen de cultures le travail de la végétation. Les recommandations données, en 1822, par Kasthofer, n'ont presque pas eu d'effet. Ce n'est que tout récemment, surtout par suite des efforts de Schatzmann, que l'on a signalé la diminution qui se produit insensiblement dans le rendement de nos Alpes, soit pour les forêts, soit pour les pâturages. Les causes de cette diminution sont surtout la longue insouciance apportée à l'aménagement des forêts, et par suite le dessèchement du sol et les dégâts causés par les eaux qui ne sont plus absorbées et régularisées par les forêts.

La tendance à sacrifier impitoyablement les forêts de haute futaie et les fourrés de broussailles pour étendre le pâturage a finalement beaucoup plus nui au pâtre qu'elle ne lui a profité. Les buissons d'aune, de pin de montagne, de rosage sont pour lui de la plus grande valeur ; non seulement ils fournissent le bois de chauffage nécessaire au chalet, mais ils fixent le sol des pentes les plus rapides et empêchent ainsi les affouillements, les ravines et les éboulements. Le pâtre aurait aussi un intérêt considérable à tirer parti de l'engrais qui se perd souvent dans de hideux cloaques, à réunir en monceaux les pierres détachées, à aplanir les trous que font les pieds des vaches en enfonçant dans un sol gras. Ce sont là de petites choses qui n'en ont pas moins leur importance. On peut recommander aussi avec Kasthofer l'ensemencement de bonnes herbes fourragères. Les bergers désignent surtout comme telles le plantain des Alpes et le *Meum mutellina*. Tous deux répandent la même forte senteur ; dans le plantain elle ne se fait sentir que lorsque la plante commence à se flétrir. Ce parfum ressemble un peu à celui du *Melilotus cœrulea* ou du *Trigonella fœnum græcum*.

Ces herbes, qui sont connues et appréciées de tous les pâtres de nos Alpes ne peuvent guère contribuer favorablement à l'alimentation par la quantité de substance qu'elles fournissent, car elles sont petites et basses. Elles jouent bien plutôt le rôle d'assaisonnement. On assure qu'elles favorisent aussi considérablement la sécrétion du lait. Après ces plantes fourragères de première qualité, il faut mentionner le porte-rosée *(Alchemilla vulgaris)* et le *Poa alpina f. vivipara.* Kasthofer remarque que de ces deux plantes qui fournissent déjà plus de substance tout en servant aussi d'assaisonnement, la première n'est pas partout aimée des vaches, et qu'au Jura elles la dédaignent même, ce que j'ai moi-même remarqué.

Ce n'est guère qu'au Valais que l'on arrose les alpages. Cet usage y existe depuis des temps immémoriaux et il y est suivi des résultats les plus heureux. Les *bis*, ces canaux fertilisants dont nous avons déjà fait mention en parlant des zones inférieures et de la viticulture de ce canton, répandent déjà dans les alpages une partie de leur contenu, sous forme de filets innombrables qui augmentent considérablement la production du sol. Non seulement ils livrent, sur les pentes rapides, l'eau dont les plantes ont besoin pour résister aux rayons brûlants du soleil, mais encore ils charrient en abondance, divisé et dissous, les différents ingrédients dont se compose la pierre et fournissent ainsi un engrais des plus naturels. Les torrents qui s'échappent de dessous les glaciers sont souvent d'un blanc de lait, tant ils sont chargés de paillettes de talc et de mica que le glacier a détachées des roches qu'il broie lentement sur sa route.

Et c'est dans ces torrents que le pâtre valaisan, de beaucoup le plus actif et le plus intelligent de nos montagnes, place sa barratte, munie d'une roue à eau comme un véritable moulin, image en miniature de l'industrie de l'homme au milieu de la nature sauvage des hautes Alpes.

Mais un autre travail encore trahit sur les hauteurs le génie agricole de l'homme, c'est l'utilisation de l'herbe qui croît dans les endroits inaccessibles au bétail, c'est la récolte du foin de montagne, du foin sauvage ou *Wildheu*, comme on l'appelle en allemand. Dès les premières heures du jour on entend un long cri retentir des plus hauts gradins des parois de rochers. C'est un signal qui annonce que le hardi faneur a atteint son domaine et commence à faucher sa petite, mais magnifique prairie. Nulle part les herbes ne sont aussi belles, aussi fraîches que sur ces terrasses entourées de hauts rochers que les pâtres de la Suisse romande désignent du nom de *vires*. Ces bandes de terrain, pâturages fleuris, vrais jardins suspendus, ne sont visités que par les chamois, qui s'y arrêtent parfois en passant ;

d'ailleurs ils sont vierges : aucun pied ne les a foulés, aucune dent n'y a touché. Nulle part le mélange des plantes alpines n'est plus varié ni plus riche, nulle part les touffes ne sont plus luxuriantes ni plus épaisses que sur ces étroits gradins où un riche humus remplit toutes les fentes de la pierre, où le soleil rayonne sur les parois qui se dressent de toutes parts et entretient partout la chaleur du sol, et où de nombreux filets d'eau humectent la roche.

On trouve dans ces stations des groupes exquis des espèces les plus rares. Il ne faut donc pas s'étonner si le botaniste aime à faire concurrence au *wildheuer* ou faucheur des Alpes et se laisse parfois guider par lui sans le suivre toutefois jusque dans ses meilleurs endroits, car ce dangereux métier conduit souvent le faucheur au bord des précipices et fait chaque année des victimes.

Une opération déjà difficile en elle-même, c'est celle de faucher sur une bande étroite de terrain dont l'inclinaison finit brusquement par l'abîme. Ce qui est plus difficile encore, c'est de descendre le foin en énormes bottes serrées dans un filet et sous lesquelles disparaissent les porteurs, et cela par des sentiers que, libres même de tout fardeau, nous ne saurions reconnaître et où nous ne voudrions nous risquer à aucun prix.

Ces foins, même dans les endroits les plus inaccessibles et les plus dangereux, ne sont pas un bien commun à tous. Ils se rattachent d'ordinaire aux autres droits des copartenaires de l'alpage et de la commune. Kasthofer décrit d'une manière intéressante l'usage suivi à Klosters à cet égard. Dans cette commune il y a des foins *francs* (Freimahden) sur la montagne. Chaque bourgeois, même s'il est trop pauvre pour avoir une vache sur les alpages de la commune, a le droit de faucher son foin. Le jour de la saint Jacques, d'après l'ancien calendrier, le faneur est tenu de se trouver avant le lever du soleil sur l'emplacement à faucher et de hucher vivement pour faire entendre aux alentours qu'il a pris possession de la place. S'il entend pour réponse la voix d'un autre faneur qui l'a devancé, il est tenu de chercher une autre place ou de se contenter, moyennant entente préalable, de la plus petite part du rendement, tout en faisant la moitié du travail. Il se trouve parfois de hardis faneurs qui, dès la veille, gagnent une bonne place et passent la nuit à la belle étoile dans des régions voisines des neiges éternelles, exposés à tous les hasards et à toutes les intempéries. Ils attendent le point du jour et poussent alors des cris joyeux pour avertir leurs rivaux que la place est prise.

Dans le Tyrol avoisinant, au Montafon, montagnes à foin par excellence, les pâtres dirigent même les sources sur les vires inaccessibles au bétail pour que l'herbe y croisse en plus grande abondance.

Ce n'est que plus haut, dans la région où les derniers vestiges du monde végétal se réduisent à quelques petites stations isolées au milieu des rocailles nues et des amas de neige, où le saule n'est plus qu'une herbe d'un pouce de haut, où les graminées et les laîches ne forment plus que de chétifs gazons, que commence enfin la liberté du monde primitif et que la terre refuse ses services à l'homme.

En examinant la végétation d'un de ces hauts alpages, de la Melchseealp, par exemple, on constate que plus de cent espèces dont elle se compose appartiennent exclusivement à la zone alpine. En fait d'arbustes, on n'y rencontre que les deux rhododendrons, le *hirsutum* sur le calcaire et le *ferrugineum* sur l'ardoise, le *Juniperus nana*, le *Daphne Mezereum*, et dans les endroits tourbeux le *Vaccinium uliginosum*. Le reste de la végétation se compose d'espèces alpines herbacées et sous-frutescentes qui recouvrent le pâturage dans une profusion inouïe et forment entre elles les groupes les plus variés. Le *Viola lutea* Huds. espèce peu répandue, aux grandes corolles d'un jaune soufre, à éperon bleu, se montre là par milliers d'exemplaires dans les gazons tout émaillés de fleurs alpines.

Dans les Alpes centrales méridionales, de pareils alpages sont plus rares, bien qu'aucune circonscription alpine n'en soit privée. Rambert a décrit la haute alpe de Salanfe, située sur le versant de la Dent du Midi à 1752 m., au-dessus de la paroi qui longe la vallée du Rhône entre Saint-Maurice et Martigny. Cette alpe forme, entre les plantes rapides et glacées de la Dent-du-Midi et de la Tour-Saillière, un amphithéâtre circulaire d'une demi-lieue de diamètre, à fond entièrement plat. Aucune pierre, sauf celles amenées par quelques avalanches, n'interrompt la pelouse veloutée qu'y forme la végétation alpine. Sur les bords de cette plaine sont dispersés une centaine de chalets, tout un village d'été. Dès la mi-juillet l'alpe se peuple de troupeaux.

La haute Engadine, bien que située en dessous de l'extrême limite

des forêts, est couverte au mois de juin d'une flore qui est absolument celle de la zone alpine. Entre les lacs de Sils et la barre de
Cresta, autour des lacs de Silvaplana et de Saint-Moritz, on voit
s'étendre sur des lieues entières des prairies où resplendissent les
fleurs des *Cirsium heterophyllum, Centaurea nervosa, Hypochœris uniflora, Gentiana bavarica;* où brillent les pédiculaires rouges et jaunes,
et dans les endroits secs toutes les fleurs des hautes Alpes, les épervières à fleurs dorées, l'*Androsace obtusifolia* et le *Gentiana nivalis*. A
la fin de juillet, toute une armée de faucheurs arrive du Tyrol, du
Val Malenco et des autres vallées latérales de la Valteline. Ils travail-
lent à l'envi pendant des semaines entières à coucher sur le sol cette
profusion de magnifiques herbages. Pour les habitants de l'Engadine,
cette récolte du foin est en même temps la seule fête de l'année, et
ils la célèbrent comme on célèbre dans d'autres contrées la fête des
moissons. Ils se mêlent en habits de dimanche aux ouvriers italiens
et jouissent de ce travail en plein air au milieu de l'abondance et du
parfum des herbages. Aussi les granges, qui font toujours partie de
l'habitation, ne sont-elles nulle part aussi vastes qu'en Engadine :
leurs fenêtres larges et cintrées ressemblent à des fenêtres d'église.

Une fois que les prairies sont fauchées, la haute Engadine a perdu
une bonne partie de son charme. Le sol dépouillé de son tapis végétal se dessèche au soleil du mois d'août et finit par ressembler à
celui d'une steppe. A voir les prairies en cet état, personne ne supposerait que, peu de temps auparavant, elles offraient l'aspect d'une
véritable mer de verdure, émaillée de fleurs aux mille nuances.

Dans le sud du Tyrol, au pied des massifs dolomitiques du
Schleern, se trouve une alpe célèbre et magnifique, la Seisseralp,
couverte de centaines de châlets. A l'ouest, ces endroits favorisés
deviennent de plus en plus rares. Cependant, sur le plateau du
Mont-Cenis s'étend autour d'un lac un alpage qui ne le cède en
rien, quant à l'éclat de la végétation, à nos plus belles prairies.

Et que dire enfin de ce singulier entonnoir situé dans la zone subnivale de la haute vallée de Cogne, qui s'étend de l'alpe de Chavanisse
jusqu'aux glaciers qui couvrent la crête des Alpes graies. Je n'ai
jamais vu une alpe aussi verte et pourtant elle n'était pas revêtue
de ces hautes herbes qui forment la végétation de nos prairies inférieures, mais de courts gazons, hauts à peine d'un pouce et tout

émaillés des fleurs des Alpes du Midi. Presque toutes les belles espèces de Zermatt se trouvaient là côte à côte : des coussins d'*Eritrichium* de l'azur le plus éclatant, l'*Oxytropis Gaudini*, le *Silene Vallesia* et, au milieu de ces plantes, le *Campanula Allionii* à grande corolle d'un bleu superbe, les *Pedicularis rosea* et *cenisia*, le *Saxifraga retusa* et un grand nombre d'autres espèces.

Mais en somme et au point de vue de l'aspect général de nos Alpes, cette exubérance de verdure est une exception. A l'est des Grisons et à l'ouest de la Savoie, les prairies alpines diminuent de plus en plus d'étendue, ce qui provient de la configuration des chaînes, qui sont plus étroites et plus abruptes. Dans les contrées de l'ouest, c'est un climat plus sec qui restreint toujours plus la zone de ces prairies. Dans les Alpes maritimes, les flancs des montagnes sont déjà chauves et dénudés, et ce n'est guère qu'autour des sources que l'on rencontre de la verdure. Ce sont alors de véritables oasis où croissent des espèces qui, par leur rareté et leur originalité, offrent une compensation au botaniste, mais sont loin d'en offrir une à l'économie agricole. Quelques-unes des plus belles de ces oasis alpestres se trouvent dans les hautes Alpes françaises. Au Lautaret, en montant vers le Galibier, le grand nombre des espèces rivalise avec la richesse de la végétation jusqu'à des arêtes très élevées. *Crepis albida*, *Veronica Allionii*, *Brassica Richeri*, *Artemisia Villarsii*, se mêlent à nos espèces suisses les plus rares, telles que *Valeriana Saliunca*, *Daphne striata*, *Hypericum Richeri* et *Festuca spadicea*. L'*Aquilegia alpina* et l'*Asphodelus Delphinensis* Gr. ornent par centaines les gazons. Plus loin, les prairies du Viso, dans le fond du Queyras, ne le cèdent en rien au Lautaret. Le *Fritillaria Delphinensis*, le *Brassica repanda*, l'*Isatis alpina* Vill., l'*Arabis Allionii* DC., *Campanula Stenocodon*, *Primula marginata*, *Gentiana Rostani* s'y rencontrent parmi la foule des fleurs moins rares, et tout cela sur des pelouses sans tache, aussi unies que les prairies artificielles les plus soignées.

Enfin, citons encore l'oasis la plus avancée vers le Midi, au milieu des ruines des Alpes-Maritimes : c'est le fond de la vallée de Visubia au-dessus de Lantosque, où se trouve la Madonna-delle-Finestre. Là, ce sont presque toutes des espèces particulières qui forment les gazons. Notre *Trifolium montanum* est remplacé par le *Tr. Balbisianum*, nos *Viola calcarata* et *cenisia* par les *V. valderia* et *nummulari-*

24

folia, notre *Sagina saxatilis* par le *S. glabra*, notre *Ach. moschata* par l'*A. Herba Rota*, notre *Centaurea nervosa* par le *C. uniflora*, notre *Sesleria* par le *Sesleria pedemontana*, notre *Potentilla caulescens* par le *Potentilla valderia* All., etc.

Cherchons maintenant à préciser la nature des *différentes stations* occupées par les plantes de notre région alpine.

Les plus fréquentes de ces stations sont les *prairies* et les *pâturages alpins*. Les premières s'appellent dans la Suisse allemande *matten*, en patois romand *praz*, termes qui, en Suisse, désignent toujours un pré, soit l'emplacement où l'on fauche, contrairement au pâturage, qui est celui où l'on fait paître le bétail.

Sur ce terrain dont nous venons de décrire l'aspect général, les différentes plantes se répartissent selon la quantité d'humidité contenue dans le sol et la quantité relative de lumière et de chaleur qu'elles exigent. Ces deux conditions produisent des différences marquées et parfaitement visibles.

Sur les collines et les renflements qui ne sont arrosés d'aucun filet d'eau, qui sont entièrement exposés au soleil et au vent, on rencontre parfois, au milieu du pâturage le plus vert, des teintes presque livides, une végétation chétive et desséchée. On y trouve le lichen des rennes, de couleur grisâtre, le *Gnaphalium dioicum*, et parmi les plantes fleuries l'*edelweiss*, au duvet laineux, l'*Aster alpinus* qui aime le soleil, de nombreuses épervières très poilues et quelques graminées telles que l'*Agrostis alpina* et l'*Avena versicolor*.

Le pâturage humide offre déjà un grand contraste avec ces collines : l'herbe y est du plus beau vert, le gazon fin et épais, et l'on y trouve la plupart des fleurs de nos Alpes. C'est dans la partie centrale de la chaîne méridionale que ce contraste est le plus marqué. La Triftalp au-dessus de Saas en est un exemple frappant. Au-dessous des chalets, dans la zone où la forêt de mélèze disparaît peu à peu, et plus haut encore, au-dessus des chalets, sur un vaste plateau rocailleux, c'est la végétation des stations sèches qui domine. A la mi-juillet, les fleurs sont déjà passées, tout est flétri ; à peine rencontre-t-on quelque *Erebia* de l'espèce *Lapponum*, voltigeant sur les herbes desséchées. Cependant tout auprès, à l'endroit où le torrent arrose une dépression assez profonde, à une altitude de 2000 m., s'étend une magnifique prairie couverte d'une végétation luxuriante et hantée par le brillant *Polyommatos Eurybia*. D'un domaine à l'autre, il n'y a qu'un pas.

Les espèces qui recherchent un sol absolument sec ne forment qu'un assez faible contingent, mais elles croissent toujours en grand nombre. Ce genre renferme quelques espèces qui le caractérisent bien, telles que *Potentilla nivea* et *frigida*, *Festuca pilosa*, *Senecio incanus*, *Leontodon pyrenaïcus*. Un phénomène singulier, c'est que l'*Arnica montana*, qui dans les chaînes allemandes se rencontre très souvent dans les prairies humides, près des forêts, est dans les Alpes une plante des stations sèches.

Les gazons raides et piquants qui se rencontrent surtout dans les Pyrénées et les chaînes espagnoles (*Festuca Eskia, F. Pseudo-Eskia, Clementei*, etc.) ne se trouvent aux Alpes que dans ces stations sèches. Ce sont des touffes de gramens aux feuilles raides ou enroulées, à pointe dure, comme le *Nardus stricta* et surtout différents *Festuca, F. varia, F. ovina, f. alpina*. Ces graminées, qui, grâce à leur épiderme lisse, échappent facilement à la main, rendent parfois aussi le sol si glissant qu'il devient presque impossible d'y marcher. Sur quelques pentes de la partie antérieure du Val d'Hermance, une forme curieuse du *F. ovina* recouvre au loin la contrée de ses grandes touffes aux feuilles longues, fines, lisses et très pointues.

Nous avons déjà parlé de ces bandes étroites de végétation dont se recouvrent les saillies des hautes parois de rochers. Ces *vires* (ou pâturages aux chamois comme on les appelle en allemand) sont inaccessibles au bétail et foulées seulement par le faneur montagnard qui les aborde hardiment, le pied muni de sandales de bois armées de forts clous de fer, et dispute au chamois une partie de son fourrage. Ce sont des stations magnifiques, qui tiennent le milieu entre la prairie et le pâturage.

Le pré et le pâturage sont souvent marécageux, et dans cette région ils tendent toujours à se transformer en tourbières plus ou moins considérables, où prospèrent diverses espèces de *Carex*, d'*Erio-phorum*, de *Juncus* et de *Scirpus*.

Quand la pente du pâturage est coupée par des saillies rocheuses et qu'il en résulte des enfoncements, il se forme de *petites tourbières* où les groupes de sphagnum se superposent parfois par étages, de

sorte que l'on peut voir l'eau dégoutter des étages supérieurs sur les
inférieurs. Il suffit du plus petit enfoncement pour former une de
ces tourbières en miniature, car l'humidité de la haute région alpine
est sans limites. Dans ces petits marais, l'*Empetrum*, l'*Azalea*, le
Vaccinium uliginosum et le *Rhododendron ferrugineum* forment des
buissons et jouent le même rôle que le pin de montagne et le bouleau dans les tourbières situées à 1000 m. plus bas. Les épis de
l'*Eriophorum Scheuchzeri*, d'un blanc de neige, y brillent au loin. Ces
stations donnent encore naissance à de petits carex arctiques, mais
on y trouve aussi le *Carex fœtida*, espèce purement alpine.

Dans les innombrables petits *lacs alpins*, on retrouve jusqu'à des
altitudes très élevées les plantes aquatiques et vraiment cosmopolites
des régions basses. Ce sont, par exemple, les *Potamogeton pusillus* et
marinus (au lac de Fully à 2133 m.), les renoncules aquatiques et le
Sparganium natans. Chez nous cette dernière espèce appartient plutôt
aux lacs des montagnes, elle est plus rare dans la plaine.

Le *P. prœlongus*, plante des plaines de l'Allemagne du Nord, ne se
trouve guère non plus que dans les lacs alpins. Dans le Melchsee, à
2000 m., on trouve aussi une forme très réduite du *P. rufescens*, la
forme *alpinus Balbis*.

Dans l'un des plus beaux lacs des Alpes pennines, au lac Noir, au
pied du Mont-Cervin, à environ 2500 m., le *Ranunculus aquatilis*
f. confervoides Fr. croît encore en abondance en société des conferves.
Cette espèce se retrouve au Groënland. On trouve aussi dans ce lac,
l'*Agabus Solieri*, coléoptère agile, d'un noir foncé, et un gastéropode
au coquillage mince, le *Lymnœus pereger f. Blauneri* Shuttl. Le lac
Noir n'a pas de poissons.

Sur les pentes règnent les buissons. Sur le terrain ardoisé et le
granit, ils se composent surtout d'*aune vert* (*Alnus viridis*) et de *Rhododendron ferrugineum*. Quant aux saules alpins, ils se trouvent surtout sur les terrains sablonneux, traversés par des eaux courantes;
mais nulle part chez nous ils ne couvrent des étendues aussi immenses que dans les contrées boréales et déjà dans les fields de la Norwège.

Sur la formation calcaire, les buissons se composent de *pin de montagne* et de *Rhododendron hirsutum*. L'*Erica carnea*, le plus charmant
de nos arbustes alpins, croît indifféremment sur le calcaire et sur

l'ardoise. *Juniperus nana, Daphne Mezereum, Sorbus Chamæmespilus,* sont répandus sur tous les terrains.

Dans la région subnivale, près de la limite des neiges, on trouve encore toute une série de petits arbustes nains : *Azalea procumbens, Juniperus nana, Arctostaphylos alpina, Salix retusa, reticulata* et *herbacea.*

Le vert tapis des pentes et des prairies est fréquemment coupé par des éboulis pierreux. Dans certaines parties des Alpes, ils sont très nombreux, surtout dans la région subnivale. Quand ces débris de rochers se sont plus ou moins amenuisés, on les appelle dans la Suisse française des *pierriers.* Ils donnent naissance à toute une végétation d'herbes aux racines longues et ramifiées, aptes à recueillir l'eau de neige qui s'infiltre incessamment dans le sol.

Sur le terrain primitif et sur l'ardoise, cette végétation est relativement plus pauvre; sur le calcaire elle est très caractéristique. On peut cueillir aux premières stations le *Linaria alpina,* charmante scrophulariacée dont la fleur d'un violet foncé a la gorge du plus beau jaune, l'une des plus belles combinaisons de couleurs que l'on puisse observer dans notre flore. C'est là aussi que croît le *Thlaspi rotundifolium,* crucifère aux tiges nombreuses, aux fleurs en ombelle d'un lilas pâle, aux feuilles petites et glaucescentes; le *Hutschinsia alpina,* aux petites grappes de fleurs blanches; l'*Aronicum scorpioides,* grande et belle composée aux fleurs jaunes, aux feuilles épaisses d'un vert olivâtre, aliment favori des chamois; les *Cerastium latifolium, Oxyria digyna, Geum reptans, Galium helveticum,* le *Soyeria hyoseridifolia* et l'*Arenaria biflora,* déjà plus rares, enfin l'*Anemone baldensis,* qui ressemble aux petites anémones blanches du nord de l'Amérique.

Plus haut, on trouve dans ces rocailles *Poa laxa, Saxifraga biflora, Ranunculus glacialis, Androsace glacialis, Gentiana bavarica f. imbricata auct. non Frœl., Campanula cenisia.*

Sur les débris à angles aigus de nos rochers calcaires on rencontre aussi la plupart des espèces qui habitent les terrains ardoisés, à l'exception peut-être de l'*Androsace glacialis,* du *Soyeria* et du *Poa.* A ces espèces s'en ajoutent encore plusieurs autres qui sont au nombre des plus belles de notre flore alpine : ainsi le *Papaver alpinum,* aux touffes isolées, aux feuilles d'un vert bleuâtre et à lanières fines, d'où s'élèvent des hampes nombreuses et délicates, garnies de poils

rudes. Elles portent des corolles d'un blanc verdâtre, finement plissées, qui s'ouvrent entre deux sépales très caducs, couverts de poils
noirâtres. Le pistil est entouré d'un faisceau d'étamines d'un vert
foncé; les fleurs sont toujours penchées. Toute la plante exhale une
forte odeur de musc, à laquelle se mêle le parfum spécial des pavots.
Au nombre des espèces des éboulis, il faut mentionner aussi le *Viola
cenisia*, dont la corolle est ornée de violet, de jaune et de noir, et
portée sur de longues tiges à petites feuilles rondes et épaisses. N'oublions pas non plus le *Ranunculus parnassifolius* à fleurs blanches, à
feuilles épaisses, rondes et longuement pétiolées.

Dans les éboulis du Pilate on trouve côte à côte le *Thlaspi rotundifolium*, le *Papaver* et le *Viola ;* dans celles du versant sud des Alpes
bernoises (à Fully, au passage de la Gemmi) : le *Thlaspi*, le *Viola*,
le *Ranunculus*, l'*Anemone baldensis* et le *Crepis pygmæa*, rare composée dont le port rappelle celui de l'*Aronicum*, mais dont la fleur
est plus petite et d'un jaune plus pâle.

Toutes ces plantes croissent par touffes arrondies dans les tiges
couchées sur les pierres rayonnant d'ordinaire très régulièrement
autour du point central. Leur existence semble être un miracle; mais
faites-y plus attention et vous entendrez bientôt le bruit de l'eau qui
s'infiltre sous les pierres roulantes; vous comprendrez alors d'où
provient leur vitalité. Elles se retrempent dans les profondeurs à
l'instar du montagnard qui, malgré la nature en apparence inhospitalière dont il est entouré, n'en fixe pas moins sa demeure dans ces
parages et s'y livre avec joie à son labeur, parce que, cherchant au delà
des misères de la vie, il a su trouver la source éternelle et vivifiante.

De tous les contrastes, si nombreux dans la nature de nos Alpes,
il n'en est pas de plus aimable et en même temps de plus touchant
que celui de cette flore des rocailles. Sur ce sol absolument stérile à
la surface, les plantes se développent en individus si beaux et si parfaits que les plus indifférents se prennent à les admirer. L'on n'éprouvera jamais assez d'étonnement à voir le papillon aux ailes brillantes
s'échapper de sa chrysalide ; de même, on ne saurait rien imaginer
de plus poétique que ces fleurs de la plus ravissante pureté, ornant
des espaces couverts de débris et de ruines. Là aussi, c'est la vie qui
renaît de la mort. Ces tendres fleurs semblent avoir pour mission de

jeter un voile délicat et charmant sur la lente, mais incessante destruction de la montagne.

Ces plantes ont d'ordinaire de petites feuilles glabres, presque toujours glauques et charnues et des tiges très nombreuses, couchées et rayonnant d'un centre commun. Cette particularité est due à des influences spéciales de ce genre de stations, influences que l'on pressent sans pouvoir les expliquer bien exactement. Dans tous les cas, l'insolation considérable qui y règne, le rayonnement de la chaleur reflétée par la surface blanche des rocailles et le dessèchement de cette surface doivent y avoir une large part.

Les pentes et les enfoncements garnis de verdure touchent dans la règle au *rocher* qui apparaît sous les formes les plus différentes, en crêtes, en pics, en mamelons. Tantôt c'est un simple bloc isolé, jeté sur le vert pâturage; tantôt une immense paroi verticale, ici, c'est une croupe rocheuse garnie d'humus jusque dans ses fissures; là, c'est une plaque entièrement nue ou une arête aiguë; sans parler des innombrables formes intermédiaires. Autour et à l'ombre des blocs isolés, on remarque quelques espèces fines et délicates, telles que le *Viola biflora*, quelques saxifrages et de petites fougères. Sur le bloc lui-même, on voit parfois de véritables petits jardins suspendus, où les fleurs se combinent de la manière la plus heureuse, et où l'on peut récolter, au beau milieu de la monotonie du pâturage, la collection complète de la flore des rochers. Ce sont des coussins de *Dryas*, de *Silene acaulis*, les *Saxifraga aizoon*, et *bryoides*, des potentilles, des *Draba*, des *Androsace;* sur le calcaire, le *Primula auricula*, remplacé sur le granit et le gneiss par le *hirsuta :* en outre : *Phyteuma hemisphœricum, Sempervivum* (surtout *montanum* et *arachnoideum*), *Sedum atratum, Carex curvula, Luzula lutea* et *spadicea, Festuca Halleri, Veronica saxatilis, Cherleria, Aster alpinus* et son compagnon, l'*edelweiss*. On trouve aussi souvent sur les blocs couverts d'humus le *Vaccinium uliginosum* qui ailleurs est une plante des tourbières. Le *Pinguicula alpina* se blottit dans les anfractuosités des parois humides et ombragées; sur le granit, il est remplacé par le *grandiflora*. Le *Saxifraga androsacea*, plante des mêmes stations, est aussi remplacé sur le granit par les *S. aspera* et *controversa*.

Sur les parois exposées au soleil croissent : *Artemisia Mutellina, spicata, Rhamnus pumila, Campanula pusilla, Saxifraga cæsia, Andro-*

sace helvetica, Arabis pumila, Draba aizoides, Saussurea discolor, Bupleurum stellatum, Hieracium albidum, Sedum Rhodiola, Primula hirsuta, Agrostis rupestris, Festuca pumila, Globularia cordifolia.

A part le *Rhodiola*, le *Primula hirsuta* et l'*Hieracium albidum*, ce sont avant tout des epèces des montagnes calcaires. C'est aussi dans cette formation que le rocher prend le plus facilement la forme de paroi nue et exposée au soleil. Dans la formation primitive, les parois rocheuses, moins unies, donnent plus de prise à la terre végétale qui s'accumule sur les saillies.

Viennent enfin les arêtes les plus élevées de la région nivale et subnivale. Au nombre des espèces qui appartiennent en propre à ces stations, on peut mentionner :

Eritrichium nanum, Cherleria, Androsace glacialis, helvetica, Anemone vernalis, Phyteuma pauciflorum, Potentilla frigida, Draba Wahlenbergii, frigida, tomentosa, Juncus trifidus, Sesleria disticha, Trisetum subspicatum, Elyna spicata, Carex rupestris, Draba aizoides f. Zahlbruckneri, Hutchinsia alpina f. affinis, Petrocallis pyrenaica, Saxifraga muscoides et *bryoides.*

Les abords des *taches de neige* méritent également d'être mentionnés. Quand les pâturages élevés touchent aux champs de neige, on y voit se répéter au fort de l'été ce qui se remarque sur les pâturages des régions inférieures au premier printemps. On y voit fleurir les plantes nivales proprement dites, c'est-à-dire celles qui, pour prospérer, ont besoin d'un sol à peine abandonné par les neiges et encore tout imbibé de leurs eaux. Avant que la surface du sol, comprimée par le poids de la neige, ait commencé à se réveiller de sa torpeur, avant même que les bourgeons jaunâtres des herbes aient commencé à pousser, on voit s'ouvrir tout près de la neige, et parfois dans la neige même toute une série de fleurs des plus fines et des plus délicates, dignes au plus haut degré d'éveiller notre attention et notre sympathie. Elles s'étalent sur le sol noirâtre et glacé, et dès que les gazons commencent à se redresser, elles disparaissent sans laisser de traces ou n'en laissant d'autres que de toutes petites feuilles qui restent inaperçues. Rien de plus extraordinaire. de plus saisissant que cette guirlande de fleurs du plus vif éclat qui bordent les neiges fondantes. On dirait qu'elles ont épié le premier jour de lumière et de soleil pour n'être pas en retard. Et en effet combien de fois n'arrivet-il pas dans les hautes régions qu'il ne leur est pas donné assez de temps pour passer par toutes les phases de leur modeste existence.

L'attrait de la lumière paraît pour elles encore plus considérable que celui de la chaleur ; en effet, même par une forte insolation, il est impossible que le sol, fortement détrempé par l'eau des neiges, soit d'une température bien supérieure à 0°. Sur la limite extrême des forêts de la Sibérie, on a constaté un fait analogue. Le tronc et les branches des mélèzes et des bouleaux sont encore entièrement durcis par le gel, par une température de 10 degrés au-dessous de 0°, que leurs bourgeons commencent déjà à se développer sous la seule influence des rayons solaires. Ces plantes suivent le même instinct, malgré le sol humide et glacé. Dès qu'un rayon de lumière les touche, elles se reprennent à la vie et fleurissent.

Heer suppose que ces petites plantes, tout en étant encore recouvertes par la neige, pompent déjà l'eau renfermée dans le sol et poussent dès la fonte.

De ce nombre est le *Crocus vernus*, aux calices tantôt blancs, tantôt bleus, tantôt panachés des deux couleurs, recouvrant un pistil du plus beau jaune au stigmate dentelé. Cette plante croît dans la vase terreuse par milliers d'individus d'une candeur immaculée, garantis du contact de la terre humide par la gaîne membraneuse qui l'entoure jusqu'à la corolle. A les voir, on dirait que la neige des hauteurs a fait place à une autre neige.

Vient ensuite l'armée des *soldanelles* : *alpina* et *pusilla*, dont les corolles délicates sont si finement frangées, colorées d'un si beau violet, et si légères que le moindre vent les emporte. Les soldanelles croissent si près des champs de neige que souvent, par un attrait inexplicable, les fleurs apparaissent déjà sur la neige alors que les parties inférieures de la plante en sont encore couvertes. Chacune des tiges perce une petite ouverture pour étaler sa fleur à la lumière. J'ai même constaté que la soldanelle commence à fleurir dans les petits espaces vides, sous la neige fondante, pourvu que celle-ci ne soit plus appliquée sur le sol à son bord extérieur.

Le *Primula integrifolia* est aussi au nombre de ces premières fleurs ; il a toute la délicatesse d'une soldanelle, sa corolle est d'un beau rose rouge ; la plante est naine et la fleur se fane extrêmement vite. C'est une espèce propre à la partie centrale et orientale de la Suisse.

Puis vient l'*Anemone vernalis*, au calice presque transparent, d'un blanc bleuâtre aux reflets métalliques ; la plante fleurit sur les crêtes rocheuses aux premiers rayons du soleil. Un fait bien remarquable, c'est qu'on la retrouve sous une forme identique dans des stations bien différentes, savoir dans les forêts de pins du Palatinat et dans les plaines de l'Allemagne du nord.

En même temps paraissent : le *Gagea Liottardi*, liliacée à fleur jaune, le *Ranunculus alpestris* à fleurs blanches, aux pétales luisants, et l'*Alchemilla pentaphyllea*, plante à fleurs peu apparentes, mais qui n'est pas sans intérêt. Elle ne se trouve que dans la zone alpine supérieure.

Toutes ces espèces devancent de toute une période le reste de la flore des vallons et des dépressions nivales. Celles qui suivent : *Ranunculus montanus, Gentiana acaulis, bavarica, verna* et *brachyphylla, Primula farinosa, Rumex nivalis* et *Oxyria, Salix herbacea*, etc., n'apparaissent que bien plus tard, lorsque le sol s'est suffisamment réchauffé et que le trop plein des eaux provenant de la fonte des neiges a trouvé son écoulement.

Les autres chaînes ont aussi leurs plantes nivales. Dans le midi, de l'Atlas et de la Sierra-Nevada au Taurus de Cilicie, on trouve le *Ranunculus demissus*, espèce analogue à notre *R. montanus*, et qui dès la fonte, entoure les champs de neige d'une guirlande de fleurs jaunes. En Transylvanie, on trouve à la Piatra Krajuluj, dans des conditions toutes semblables autour des dépressions remplies de neige : *Crocus veluchensis, Scilla præcox, Erythronium*. Parmi les fleurs de la plaine, il en est qui peuvent aussi en quelque sorte être envisagées comme plantes nivales, par exemple, les *Galanthus, Leucoium, Primula grandiflora* et *elatior*. Elles le sont toutefois à un degré moins considérable que les espèces alpines dont nous venons de parler.

Près des *ruisseaux* qui traversent le pâturage en grand nombre et s'y creusent parfois des lits profonds, la végétation est composée d'un nombre assez considérable d'espèces de haute taille, à tige épaisse et forte ; mais on y trouve aussi des plantes formant coussin, croissant en masses serrées, toutes ruisselantes d'humidité : *Petasites niveus, Pedicularis recutita* et *foliosa, aconitum Napellus, Cirsium spino-*

sissimum, Adenostyles alpina, Caltha palustris, au nombre des premières, et parmi les secondes, *Saxifraga aizoides* et *stellaris*. Ce groupe de plantes de grande dimension qui contrastent avec les formes généralement plus humbles des végétaux alpins, renferme quelques plantes tout particulièrement belles et originales, l'*Eryngium alpinum*, entre autres. Cette ombellifère, appelée chardon bleu dans les Alpes vaudoises, rappelle les cirses par des capitules environnés d'involucres aux reflets bleus, épineux et finement découpés. Cette plante est disséminée dans les basses Alpes à partir de la limite supérieure des forêts ; mais elle est nulle sur de grandes étendues. Elle a quelques stations isolées dans le bas Valais, au canton de Vaud, dans les Alpes d'Unterwalden, et de là jusqu'au Rhætikon et au Nufenen dans le centre des Grisons. C'est le plus beau des *Eryngium* alpins. Il représente un type tout à fait méridional, auquel appartiennent l'*E. Spina alba* du Dauphiné, l'*E. glaciale* de la Sierra-Nevada et l'*E. Bourgati* des Pyrénées.

Une belle plante qui s'élève parfois à hauteur d'homme, c'est le *Delphinum elatum*. Il a à peu près la même distribution que l'espèce précédente et ressemble beaucoup aux espèces congénères répandues en Asie et dans la région méditerranéenne et cultivées parfois dans nos jardins.

Mais la plus magnifique de toutes ces espèces, c'est l'Ancolie des Alpes, *Aquilegia alpina*, qui n'a dans aucune autre chaîne un aussi grand nombre de stations qu'en Suisse, où elle atteint dans l'Engadine sa limite orientale. Il vaut la peine de citer la description que Rambert fait de cette plante dont la fleur est bien la plus grande et la plus riche de toutes celles de nos Alpes :

« L'ancolie de la plaine est gracieuse, peut-être un peu triste : la couleur de petit-deuil qu'elle affecte parfois, surtout dans la variété qui habite les bois montagneux, semble lui convenir mieux qu'une autre. L'ancolie des Alpes est moins effilée, moins haute ; les rameaux en sont aussi moins nombreux ; elle ne porte qu'une ou deux fleurs, rarement trois ou quatre, mais grandes, d'un bleu pur et franc, et qui, délicatement suspendues, se balancent avec majesté. Le dessin en est d'un travail curieux et d'une heureuse ampleur ; c'est celui de toutes les ancolies : des pétales dont une pointe se recourbe et s'allonge en éperon, tandis qu'à l'autre extrémité ils s'élargissent en

limbe et se rapprochent par leurs bords, de manière à former un
vase penché et de ciselure gothique, puis toute une série d'autres
pétales, alternant avec les premiers, plus larges, plus longs et se
dégageant latéralement, comme autant d'ailes bien ouvertes. Une
fleur pareille a beau être grande, elle ne peut pas être lourde ; toujours elle flotte légère, et de fortes dimensions en font mieux ressortir les formes rares, aussi harmonieuses qu'originales, où brille
dans sa hardiesse le génie des belles fantaisies. »

Ces plantes de haute taille, auxquelles viennent se joindre les
gentianes à grandes fleurs dorées, disposées en candélabres, les aconits aux épis d'un bleu d'acier et les cirses (*Cirsium spinosissimum*),
donnent par places à notre région alpine l'aspect d'un véritable
jardin qui rappelle tout le luxe du Midi. Toutes ces plantes sont
essentiellement alpines et endémiques, à l'exception des *Delphinium*
et des aconits qui sont aussi représentés vers le Nord.

Parmi les stations caractéristiques, il ne faut pas oublier les *petits
espaces couverts de sable* qui s'étendent devant les glaciers des chaînes
granitiques ou au bord des torrents glaciaires, toutes les fois que le
sol présente une surface plane. Ces terrains, formés de débris de
quartz et de paillettes de mica réduits en fine poussière, terrains traversés et souvent recouverts par les eaux, sont les stations favorites
du *Carex incurva*. Cette singulière petite plante émet dans toutes les
directions des rhizomes de la longueur du doigt et plus qui se ramifient dans le sable et ne laissent émerger sur le sol que l'extrémité
de bourgeons feuillés, munis d'un épi très court. On dirait que cette
plante rampe lentement et péniblement à travers le limon sablonneux qui tend constamment à la recouvrir. Les *Equisetum arvense* et
variegatum, qui montent jusqu'aux plus hautes régions, projettent
également dans le sable de fort longs rhizomes souterrains. C'est
aussi dans ces stations que végètent : le *Juncus alpinus*, au rhizome
horizontal très allongé, plante remplacée, dans le haut Valais et la
haute Engadine, par le *Juncus arcticus ;* le *Campanula cenisia*, le
Tofjeldia borealis et de rares espèces alpines annuelles, telles que le
Gentiana tenella. — C'est là encore que l'on trouve, dans le haut
Valais, le *Pleurogyne carinthiaca*, le *Trifolium saxatile*, et dans toute
la chaîne l'*Epilobium Fleischeri* et plusieurs saules alpins.

Il nous reste à parler des stations qui résultent des amas d'*engrais* amoncelés autour des chalets sur des espaces souvent considérables, et que le montagnard néglige d'utiliser pour l'amélioration du pâturage. Ces stations tout artificielles donnent naissance à une foule de plantes de la plaine qui prospèrent très bien sur la montagne : ce sont des orties (l'*Urtica dioica*, et non pas l'*urens*), les *Lychnis diurna, Geum rivale, Chenopodon Bonus Henricus, Polygonum Bistorta, Galeopsis, Lamium, Achillea millefolium*, et une foule d'autres espèces. On y trouve aussi l'*Aconitum Napellus* et le *Senecio cordatus*, espèces subalpines, et surtout le *Rumex alpinus*, qui croît en si grande abondance que, dans les Grisons, on en conserve les feuilles dans des tonneaux pour en nourrir les porcs.

Ces îlots de végétation, propres aux terrains enrichis de substances azotées, se rencontrent quelquefois à des altitudes incroyables, et on est étonné de trouver au pied des rochers surplombants des orties de haute taille et de superbes aconits, alors que tout autour on ne remarque plus que quelques *Ranunculus glacialis* et quelques androsaces, derniers restes de la végétation nivale. — Ce sont les endroits où, depuis fort longtemps, les troupeaux de moutons ont l'habitude de se mettre à l'abri de la grêle pendant les orages.

Les arbustes alpins.

Examinons de plus près les différents arbustes de notre région alpine.

Par la beauté et la richesse de leurs formes et les espaces relativement considérables qu'ils recouvrent, les rosages ou *rhododendrons* sont les plus importants. Ils croissent entre la région des forêts et la région subnivale, tout en affectionnant plus particulièrement, au-dessus de la limite des forêts, une zone d'une largeur d'environ 325 mètres.

La limite inférieure de leur territoire peut être fixée à 1600 m. en moyenne; souvent elle est la même que la limite supérieure des arbres à feuilles. Aussi les rosages forment-ils souvent le sous-bois dans les éclaircies des forêts de conifères ou le revêtement des espaces vides dans les forêts supérieures. De là, comme nous l'avons déjà vu, ils descendent quelquefois, dans les endroits favorables, jusqu'au niveau de nos lacs cis- et transalpins. Au moyen de différents calculs,

Ch. Martins a fixé leur limite moyenne supérieure à 2120 m.,
De Candolle à 2500 m. Leur limite supérieure monte même, dans
le nord de la chaîne des Alpes, jusqu'à la proximité immédiate de la
région subnivale. A partir de 2273 m., ils perdent beaucoup de
leur force et de leur opulence. Les frères Schlagintweit indiquent
l'altitude de 2403 m. comme limite supérieure pour le Dauphiné ;
Sendtner, 2436 m. pour la Bavière.

Dans leur distribution géographique, les deux espèces, celle à
feuilles brunâtres en dessous (*R. ferrugineum*) et celle à feuilles
ciliées (*R. hirsutum*), se comportent d'une manière assez semblable
quant à l'altitude, mais non pas quant à la nature du sous-sol.

Les conditions nécessaires à l'existence des rosages sont les mêmes
que celles des végétaux alpins en général; toutefois il en est une
qui pour eux est d'une plus grande importance que pour d'autres
espèces, c'est la protection contre les gelées du printemps.

Les rosages sont des végétaux toujours verts. Leurs feuilles raides
et coriaces, quand elles ont acquis leur plein développement, supportent aussi bien les ardeurs du soleil que les gelées des hautes régions;
mais il faut absolument qu'elles soient à l'abri des gelées pendant la
période de développement, alors qu'elles sont encore délicates et
n'ont pas acquis toute leur force de résistance. L'involucre d'écailles
brunâtres et imprégnées de résine qui entoure le bourgeon ne les
garantit qu'en partie. C'est bien plutôt la neige elle-même, la neige
profonde, qui se charge de ce soin tant que durent le froid et les
brusques variations de la température. Une fois que la couche de
neige est fondue et que l'arbuste est exposé à la lumière, l'été a
reparu sur l'alpe et le danger est plus ou moins conjuré. Mais il
n'en est pas ainsi dans les régions inférieures, d'où la neige a disparu depuis longtemps et où les gelées nocturnes, encore très fortes,
menacent les jeunes pousses des rosages, qui commencent à se développer sous l'influence de la lumière et de la chaleur.

Le rosage ne descend dans les régions inférieures que dans les
endroits où, grâce à l'accumulation de la neige provenant des avalanches ou à de profonds ombrages, il rencontre des conditions favorables à son existence; et en examinant de près ces stations plus
basses et si remarquables dont nous avons déjà eu l'occasion de
parler ailleurs, on se convaincra toujours qu'elles jouent en effet un

rôle protecteur. Dans nos jardins le rosage se comporte absolument comme ses grands congénères asiatiques. Il lui faut un sol de fane ou de bruyère, toujours humide, et un abri contre la gelée. Les pieds issus de graines sont ceux qui réussissent le mieux, parce qu'ils s'adaptent plus facilement au climat où ils sont nés. Les pieds transplantés directement des Alpes dans la plaine ne réussissent guère.

Considérons maintenant nos deux espèces, chacune à part.

Tout bien examiné, on sera peut-être obligé d'accorder le prix de la beauté au *R. hirsutum*, lors même que sa taille n'est pas aussi élevée ni aussi robuste que celle de son congénère. Le *R. ferrugineum* possède à un plus haut degré le caractère d'un arbuste du Midi. Il forme, pour nous servir des termes de Grisebach, la transition entre le type du myrte et celui du laurier. Ses ombelles plus larges et plus serrées sont aussi d'un pourpre plus foncé. Le port du *hirsutum* est celui des myrtes. Il est beaucoup moins élevé, ses rameaux sont courts et très divisés; mais par la délicatesse et le vert gai de sa feuille, plus petite et plus arrondie, et avant tout par sa corolle plus délicate, plus ouverte, d'un rose plus gai et plus lumineux, il l'emporte sur son orgueilleux rival.

Comparé au *ferrugineum*, le *R. hirsutum* est bien plutôt une plante des rochers et des stations sèches; on ne le rencontre jamais dans les terrains tourbeux proprement dits, tandis que le *ferrugineum* les affectionne tout particulièrement, et orne, par exemple, de superbes massifs les hautes tourbières des sommets du Schwendi, entre l'Entlibuch et le lac de Sarnen. En sa qualité de plante des rochers, le *hirsutum* est presque essentiellement calcaire. Dans le terrain primitif de la haute Engadine, où le *ferrugineum* est si commun et forme tantôt des taillis dans les forêts de mélèzes, tantôt de vastes fourrés sur les pentes, il faut aller à la recherche des quelques filets de calcaire qui se trouvent à l'entrée du val Fex, pour découvrir le *hirsutum*. Mais si, dans la règle, les deux espèces occupent des stations bien distinctes, cette séparation n'est cependant pas absolue. Fischer dit que, dans l'Oberland bernois, le *hirsutum* croît de préférence sur le terrain calcaire; Heer a évalué, pour les schistes argileux et le quartz à micaschiste du Sernfthal, sans tenir compte des couches de calcaire, à $^3/_{10}$ le nombre de stations occupées par le *ferrugineum*, et à $^2/_{10}$ celles occupées par le *hirsutum*. L'étendue collective des stations est de $^{10}/_{10}$ pour la première espèce, et de $^{4}/_{10}$ pour la seconde. Partout où les deux types croissent ensemble, il y a des zones de transition et il se forme de nombreux hybrides (*Rh. intermedium* Tausch). J'ai pu suivre tous ces intermédiaires au Sachselengrat et près d'Engelberg.

Nægeli a examiné de plus près la distribution des rosages d'après la nature du sol, et il a constaté que, dans les contrées où l'une des deux espèces se trouve seule, elle croît indifféremment sur les terrains pauvres en calcaire et sur ceux qui en sont riches, et que le *R. ferrugineum* lui-même ne dédaigne pas entièrement le roc calcaire presque nu.

On peut faire les mêmes remarques quand, dans la même contrée, les deux espèces sont peu abondantes. Mais dès qu'elles croissent l'une près de l'autre en masses considérables, elles choisissent leur terrain et s'excluent réciproquement. Nægeli explique ce phénomène par le fait que là où les deux espèces se sont rencontrées, la présence de deux concurrents sur la même station a fini par amener la prépondérance exclusive de l'un sur le calcaire et de l'autre sur le sol dépourvu de chaux.

Sur le calcaire, le *hirsutum* est dans des conditions plus favorables pour se propager; aussi a-t-il peu à peu écarté le *ferrugineum*, qui, de son côté, s'est multiplié plus abondamment sur le terrain dépourvu de chaux et en a chassé son rival. Voilà comment se comportent les deux espèces dans les contrées où elles ont pénétré ensemble. Quand, au contraire, il n'y en a qu'une qui ait immigré, comme c'est le cas du *ferrugineum* dans le Jura, elle peut s'accommoder des sols les plus divers, parce qu'aucune autre espèce différemment organisée ne lui dispute le terrain.

Quant à la distribution géographique générale du *ferrugineum*, cette espèce occupe un territoire bien plus vaste que celui du *hirsutum*, son congénère des rochers. Le *ferrugineum* suit avec persévérance, de l'est à l'ouest, la ligne principale de la chaîne des Alpes et occupe aussi bien les chaînes centrales que les premières et les dernières chaînes inférieures. Les stations erratiques au pied des montagnes, et dans la Suisse centrale jusqu'en Argovie dans la région des champs, appartiennent au *ferrugineum*. Il descend dans les Alpes occidentales jusqu'aux sommités à l'est de Nice, et dans les chaînes orientales jusqu'aux derniers sommets de la contrée de Vienne. On le retrouve encore dans les deux autres chaînes qui continuent pour ainsi dire les Alpes, savoir les Pyrénées et les Carpathes. Il est abondant de l'est des Pyrénées jusqu'aux chaînes centrales et y occupe, d'après Ramond, une région de 1600 à 2500 m. Au Canigou il descend jusqu'à 1322 m. Dans les chaînes centrales des Carpathes, qui s'élèvent à 2400 m. et ont une végétation qui rappelle celle des hautes Alpes, Wahlenberg ne l'a pas rencontré. Il se trouve par contre, sous une forme plus petite et un peu modifiée (le *Rh. ferrugineum* Baumgarten, *Rh. myrtifolium* Schott), dans les Carpathes orientales, dans les montagnes entre le comté de Marmaros et la Galicie, dans la Transylvanie et le Banat. En effet, c'est dans cette partie de la chaîne que les Carpathes ont le plus de ressemblance avec les Alpes et jouissent du climat le plus favorable.

Parmi les chaînes situées au nord et au sud de cet axe central, cette espèce ne se retrouve que dans le Jura et dans les Apennins. Elle est même commune dans la partie méridionale et alpine du Jura, où cette chaîne se rattache aux Alpes du Dauphiné. Dans cette région, elle se trouve souvent en grande quantité, à une altitude de 1600 m., sur les hautes sommités situées entre la France, Genève et le pays de Vaud ; ainsi au Reculet, à la Dôle, à la Faucille, où elle descend, d'après Grenier, jusqu'à 1200 m., au Mont-Tendre (1680 m.), au-dessus de la vallée de Joux et même dans le grand cirque du Creux-du-Van où A.-P. de Candolle l'a découverte à l'ombre des rochers, à 970 m. D'après Godet, on l'aurait même vue au Chasseral. Nous verrons plus loin pourquoi cette chaîne, tout en étant de formation calcaire pure, ne possède que le *Rh. ferrugineum*. La raison en est d'ailleurs toute simple : cela provient de ce que le *hirsutum* manque aux Alpes occidentales auxquelles le Jura a emprunté sa végétation alpine.

Dans les Apennins, le *ferrugineum* n'a été découvert que récemment au-dessus de Boscolungo dans la contrée de Pistoia, où il croît en individus isolés et non pas en nombre : ses feuilles plus petites rappellent la forme des Carpathes.

La distribution géographique du *Rh. hirsutum* est tout autre.

Cette charmante espèce ne paraît être répandue nulle part en aussi grande abondance que dans les Alpes suisses, sauf peut-être dans la Haute-Bavière, d'où elle suit la partie nord de la chaîne à travers le Tyrol et le Salzbourg jusqu'aux Alpes autrichiennes (Raxalp, Schneeberg). Baumgarten la cite, à tort ou à raison, en Transylvanie. Wahlenberg ne l'a pas trouvée dans la partie centrale des Carpathes. Ce n'est que tout récemment qu'on a trouvé en Galicie, sur le versant nord de la chaîne, une plante isolée qui paraît être une forme glabre de notre espèce (*Rh. hirsutum f. glabratum* Aschers, Kuhn). Du côté de l'ouest, elle ne s'avance pas au delà des basses Alpes savoisiennes de la contrée de Genève. Elle n'occupe donc dans sa distribution générale que le tiers de l'espace du *Rh. ferrugineum*. Le *Rh. hirsutum* manque également à toutes les chaînes latérales. Il montre une préférence marquée pour les chaînes extérieures et ne se rencontre qu'en petite quantité dans celles du centre, parce que le terrain calcaire et chaud des basses Alpes est précisément celui qu'il affectionne. Il se retrouve dans les sous-Alpes méridionales de la région insubrienne et dans le sud du Tyrol.

Les rosages ou *rhododendrons*, la bruyère alpine, l'*Erica carnea*, l'*aune vert* et le *genévrier* forment ensemble un groupe de plantes qui est de la plus haute importance au point de vue de l'économie alpestre, car ce sont elles qui, sur les hauteurs, fournissent le combustible nécessaire au montagnard, dans les contrées où la forêt a été détruite ou est située à une distance trop considérable.

C'est aussi dans les broussailles épaisses formées par les rosages que nichent les gallinacés de nos Alpes. Peut-être les bourgeons de ces arbustes servent-ils de nourriture à ces oiseaux. On les voit s'élever par volées des taillis de rosages ; aussi le nom de *Hühnerstaude*, buisson aux coqs de bruyère, servait-il autrefois partout dans la Suisse allemande à désigner notre arbuste. Cette désignation est antérieure à celle, plus esthétique il est vrai, d'*Alpenrose*.

En France, outre le nom de *rosage*, on donne encore au rhododendron les noms de *rose des Alpes* et de *laurier rose des Alpes*.

Chose singulière! dans la partie française du Valais on trouve le nom de *réselin*, qui ne peut être que l'allemand *Röslein*. Favrat fait dériver du latin *rosa* les noms de *rosalai*, *arzelai*, *arzalai*, en usage dans le patois vaudois, où l'on dit aussi *antenet*, désignation fort originale qui rappelle certains noms français donnés aux airelles (*Vaccinium*) : *ambroches, ambresailles, ambavilles*. Dans la haute Enga-

dine et dans le Tessin, le rhododendron s'appelle *giup*. Dans le Tyrol,
il est désigné du nom fort ancien de *Rausch*, *Almrausch*. En 1582,
le naturaliste Clusius, dans sa description des plantes alpines de
l'Autriche, indique le nom de *Hühnerstaude* et de *Rausch* comme les
noms allemands du rhododendron.

Si incomparable que soit la beauté de ces buissons à les voir de
près et isolément, le paysage n'en prend pas moins un aspect sombre
et mélancolique quand ils recouvrent les pentes sur de vastes étendues. Mais quand le pourpre éclatant de leurs fleurs resplendit dans
l'ombre des forêts alpines, ils produisent assurément ce qu'on peut
voir de plus beau en fait de vif contraste et de puissant effet de couleur.

L'*aune vert* (*Alnus viridis*), appelé *verne* dans la Suisse romande
et *tros* dans tous les dialectes de nos Alpes, de l'Oberland bernois
jusqu'au Tessin, n'a pas, au point de vue esthétique, l'importance
du rosage ; mais il joue un rôle tout aussi considérable dans l'aspect
général du paysage et dans l'économie alpestre. Cet arbrisseau
couvre les versants des Alpes de ses buissons épais et d'un vert gai,
s'élevant au plus à hauteur d'homme. Il occupe la zone supérieure
à la limite des arbres jusqu'à 2000 m. D'après Heer, il est répandu
dans le canton de Glaris de 465 à 1950 m. Il se trouve sur tous les
terrains, hormis les rocailles calcaires proprement dites, où il cède
le pas au pin de montagne. Dans la partie centrale des Alpes granitiques, c'est lui qui domine dans la région des buissons, d'où il
descend dans les vallées et s'avance sur les hauteurs du plateau tertiaire, d'où il va même jusqu'aux collines des frontières septentrionales de la Suisse et de là dans la Forêt-Noire et jusqu'à Passau, au
confluent de l'Inn et du Danube.

L'aune vert est répandu des Alpes de Transylvanie jusqu'aux
Alpes occidentales. Il manque aux côtes maritimes de l'est de l'Europe ; il est déjà nul dans les Vosges et le Jura, ainsi que dans les
Pyrénées et en Norwège. Ce territoire révèle d'une manière évidente
qu'il est originaire du nord de l'Asie. Il est répandu dans toute la
Sibérie jusqu'au Japon, dans toute la région polaire de l'Amérique
et du Groënland, et de là jusqu'aux montagnes de la Caroline du
Nord ; enfin il se trouve par exception dans les Alpes insubriennes,
dans la partie transalpine des Grisons et en Valteline, sous une

forme réduite, très intéressante, l'*A. viridis f. brembana*, qu'on a constatée aussi au Labrador.

L'aune vert, arbrisseau au développement rapide, aux tiges très nombreuses et donnant beaucoup de bois, est de tous nos buissons alpins celui qui devrait être le plus recherché comme combustible par les vachers de nos chalets. Il vaudrait la peine d'en ménager plus sagement les taillis, qui d'ailleurs contribuent pour beaucoup à l'affermissement du sol sur les pentes. De cette manière on épargnerait les forêts, par trop mises à contribution, et le montagnard, toujours désireux d'étendre son pâturage, retrouverait largement ce qu'il croit perdre en laissant subsister ces buissons.

Grâce à leurs frais abris, une foule de grandes plantes de montagne montent dans la région alpine à des altitudes où, dans d'autres circonstances, elles ne pourraient exister. C'est le cas des suivantes : *Astrantia major, Digitalis ambigua, Pimpinella magna, Centaurea montana, Trollius, Ranunculus aconitifolius, Aconitum variegatum* et *Lycoctonum, Mulgedium, Luzula nivea, Lilium Martagon*. Parmi les plantes vraiment alpines, le *Pedicularis recutita* et l'*Achillea macrophylla* ne se trouvent guère que parmi les buissons d'aune vert.

Le pin de montagne, *Pinus montana f. Pumilio*, remplace l'aune sur les éboulis calcaires ; mais on le rencontre aussi sur d'autres formations, quand les affleurements de roc vif ou de débris sont suffisamment secs. C'est une sorte d'arbrisseau atteignant au plus la taille d'un homme, réduit parfois à un buisson nain d'un pied de haut. Le tronc et les branches sont toujours déjetés et tortus. Quand il atteint une certaine taille, on remarque que sa cime est toujours projetée en avant, comme si elle tendait à s'écarter de la pente de la montagne.

Dans nos Alpes, il recouvre maintes pentes, mais jamais d'une manière aussi exclusive que dans les Alpes orientales ou dans les Carpathes. En Suisse, son territoire ne comprend guère que la dixième partie de celui de l'aune vert. De 1500 à 2000 m., il se montre sous sa forme caractéristique, qui est celle d'un arbrisseau nain, couché et à rameaux étalés en éventail. Plus bas, c'est d'ordinaire un arbre véritable qui paraît sous deux formes distinctes, dont l'une est le *P. montana f. uncinata*, variété au tronc droit, et l'autre, le *P. montana f. uliginosa*, au tronc penché. Il se trouve aussi dans

les Alpes centrales, au val Fex et au val Chiamuera, puis à la Maloia
sur la serpentine, où il n'est plus qu'un arbrisseau nain, d'un pied
de haut, mais n'en fructifiant pas moins abondamment. Il est
répandu dans les basses Alpes calcaires, par exemple au Giswyler-
Stock et au Beatenberg. Je l'ai vu aussi sur les pentes de la Grigna
qui domine le lac de Côme; il se rencontre de même sur les rochers de
quelques sommités jurassiques, ainsi au Creux-du-Van et à la Hasen-
matt. Les stations les plus septentrionales et en même temps les plus
basses où j'aie rencontré le pin de montagne, sont la Ravellenfluh,
dans le canton de Soleure, à 700 m., et la Kallfluh, dans le Jura
bâlois, à 900 m. Les individus qui croissent dans ces stations sont
fort anciens et de très grandes dimensions; ils se trouvent sur les
rochers. Malgré la taille réduite à laquelle le poids des neiges paraît
condamner le *Pinus Pumilio*, son branchage n'en atteint pas moins
un âge très avancé et une épaisseur considérable, qui peut aller jusqu'à un pied et demi de diamètre. Son bois étant très résineux, il
est très estimé comme combustible. Dans l'Oberland bernois, on le
nomme *Dähle*, dans l'Unterwalden *Arve*, dans le Tessin *Zuondra*, et
dans les Grisons *Crein*. Dans le Tyrol, les montagnards le désignent
du nom de *Zunder*, même mot que zuondra; dans le Vorarlberg,
il s'appelle *Arle*, et *Latsche* dans la Haute-Bavière.

Cet arbre est d'une grande utilité, car mieux qu'aucun autre il
consolide les éboulis de débris calcaires. Ses racines, qui rampent
fort loin, s'implantent dans les rocailles les plus mobiles et même les
pierres qui roulent des hauteurs viennent se prendre dans son branchage et ses cimes nombreuses. A moitié enseveli dans les débris et
les glaciers, il n'est resté pas moins verdoyant et prospère.

Ce noble végétal qui, dans notre paysage alpin, est l'image la plus
parfaite de la lutte entre la vie végétale et les influences hostiles de la
nature, est bien véritablement alpine, mais c'est dans la partie occidentale de la chaîne qu'il faut chercher son foyer central. Heer a
observé, il est vrai, des cônes tout semblables dans les couches tertiaires du Spitzberg, et Moore en a déjà trouvé d'identiques dans les
tourbières de l'Irlande, mais dans l'époque actuelle c'est dans les
Pyrénées que sa forme élevée (*f. uncinata*) est le plus répandue. Elle
l'est déjà moins dans les Alpes occidentales et trouve sa limite dans
la Haute-Bavière et le Tyrol. Quant à la forme de taille moyenne,

particulière aux marais (*P. uliginosa*), on la trouve dans les tourbières qui longent le versant nord des Alpes et de là jusque dans les
chaînes de l'intérieur de l'Allemagne.

La forme alpine, basse et tortue (*Legföhre, P. Pumilio*), commence
dans les Alpes occidentales, en Savoie, et prend une extension toujours plus grande à mesure qu'elle s'avance à l'est vers les Carpathes
où, dans la zone de 1495 à 1944 m., elle acquiert une telle prépondérance qu'elle restreint considérablement la zone des herbes
alpines et la rend même quelquefois nulle. Aujourd'hui, il ne s'avance
pas jusqu'en Asie et dans les contrées boréales, mais on le trouve
au midi jusqu'à la partie méridionale des Apennins (*f. magellensis*),
et au nord jusqu'aux sommités rocheuses des Sudètes.

Prépondérance de la forme élevée dans la partie occidentale
extrême du territoire et diminution graduelle dans la partie orientale ; prépondérance de la forme basse dans la partie orientale
extrême du territoire et diminution graduelle dans la partie occidentale ; puis, indépendamment de ces deux formes, une troisième
forme intermédiaire répandue sur la limite nord du territoire : telle
est en résumé la distribution singulière de cette espèce. La Suisse a
sa part des trois variétés, mais la forme élevée n'y est déjà plus pré-
pondérante.

Plus haut que le pin de montagne, à une altitude de 1800 à
à 2500 m. (d'après Heer, de 1560 à 2307 m. pour la partie orientale des Alpes de Glaris), se trouve la zone d'un arbrisseau qui, par
ses formes basses et ses rameaux étalés en éventail et comme appliqués à terre, semble organisé tout spécialement pour résister aux
courants atmosphériques et au poids des neiges, révélant ainsi pleinement sa nature alpestre. C'est le genévrier nain, *Juniperus nana*.
Cet arbrisseau ne manque nulle part dans nos Alpes et se contente
de tous les terrains, même des plus secs et des plus dénués de terre
végétale. Ses fruits, très recherchés des oiseaux, mûrissent en quantité même dans la région des neiges. Il est rare qu'il dépasse le sol
de plus d'un mètre ; d'ordinaire il n'a guère qu'un pied de haut et
ne présente pas d'axe central distinct, mais simplement un grand
nombre de rameaux très divisés et appliqués sur la terre. On le
trouve aussi sur quelques sommités du Jura genevois. Il est répandu
sur toute la partie septentrionale des deux hémisphères et sur toutes

les grandes chaînes, de la Sierra Nevada jusqu'au delà du Caucase ; mais il lui faut des hauteurs vraiment alpines, aussi manque-t-il aux Vosges et à la Forêt-Noire. Il se retrouve dans les Sudètes. Tous ceux qui, sur les hauteurs où ne croissent plus ni l'aune ni le pin de montagne, ni même le rhododendron, se sont jamais fait une couche de son branchage, ou qui, surpris par l'orage sur les hauteurs inhospitalières de nos Alpes, s'en sont servis pour allumer un de ces feux qui donnent, il est vrai, plus d'étincelles et de fumée que de flamme, mais qui répandent pourtant une douce chaleur, seront d'accord pour reconnaître dans cet arbre un véritable bienfait.

Le genévrier nain diffère essentiellement, tant par ses feuilles que par son fruit, du genévrier de la plaine. Ce dernier est surtout répandu en Suisse dans quelques contrées supérieures du plateau, telles que l'Emmenthal et l'Entlibuch, mais il se trouve aussi au Jura. Il est rare que sur cette chaîne il monte au delà de 1500 m.

Dans les régions inférieures, la *bruyère commune* n'est répandue que par places très disséminées, mais dans la zone alpine où elle est de plus petite taille, tout en ayant de plus grandes fleurs, elle prend une extension qui rappelle celle qu'elle atteint dans les plaines de l'Allemagne du Nord. Comme dans les contrées du Nord, les espaces qu'elle recouvre sont ornés des capitules dorés de l'*Arnica montana* et de ceux du *Gnaphalium dioicum*, roses et blancs. Les charmantes petites clochettes couleur de cire et les baies rouges de l'*Arctostaphylos Uva Ursi*, au feuillage toujours vert, s'y mêlent quelquefois, de même que les longues guirlandes des *Lycopodium* et, à des hauteurs plus considérables, l'*Arctostaphylos alpina* et l'*Empetrum*, espèces qui sont toutes septentrionales.

Les *Vaccinium Vitis Idœa* et *uliginosum* jouent aussi un grand rôle dans cette région, et, dans les étages inférieurs, on trouve encore en abondance dans les forêts le *V. Myrtillus*. Rien ne prouve mieux quelle est la richesse des Alpes d'Europe comparativement aux contrées du Nord, que le fait que chaque année les fruits de ces plantes, répandues sur de vastes espaces, restent presque sans emploi, malgré leur valeur au point de vue de l'alimentation. Personne dans nos Alpes ne se soucie beaucoup de ces baies et nulle part elles n'occupent dans l'alimentation populaire la place que prennent dans le Nord des espèces à fruits bien plus acides et bien moins savoureux, l'*Empetrum nigrum*, par exemple, dont les baies insipides se récoltent avec le plus grand soin.

Sur le sol calcaire et sur les schistes, de vastes étendues de terrain sont couvertes par une bruyère d'une tout autre espèce et d'un aspect entièrement méridional. C'est l'*Erica carnea*, espèce magnifique et la bruyère alpine par excellence. Dès le réveil du printemps on voit resplendir au loin sur les pentes ses milliers de fleurs, d'un beau rose clair, ornées d'étamines saillantes d'un noir brunâtre. Tout en étant bien alpine, cette espèce, qui croît souvent en compagnie du *Polygala chamæbuxus*, rappelle par son port ses congénères de l'Atlantique. Elle ne s'écarte du grand axe des Alpes que dans ses stations des Sudètes et des Apennins. Elle manque dans les contrées de l'Ouest et n'atteint pas même le Jura, dont le sol calcaire devrait cependant, semble-t-il, lui être favorable. Elle descend jusqu'à la région de la vigne et se trouve, par exemple, dans le canton de Vaud en dessus d'Ollon, au bois Noir dans le bas Valais, et même dans les graviers de la Kander, près de Thoune. Elle s'élève jusqu'à 2290 m., altitude où elle recouvre souvent de vastes pentes avec le *Rhododendrum hirsutum*.

On ne saurait terminer cet aperçu des arbrisseaux alpins sans mentionner encore un genre qu'on peut considérer comme essentiellement boréal, nous voulons parler du genre *saule*. Il existe en effet un assez grand nombre de saules alpins.

Déjà en Scandinavie, et plus encore dans les contrées arctiques de l'Amérique, on trouve d'immenses étendues couvertes de différentes espèces de saules formant des buissons serrés d'un mètre de haut, à feuilles coriaces, souvent blanchâtres sur la face inférieure ou sur les deux faces, souvent aussi garnies d'une pubescence argentée. En Scandinavie, ces arbrisseaux remplacent l'aune et croissent en société du bouleau nain ; en Amérique ils font cause commune avec l'aune.

Dans nos Alpes les saules ne forment pas à eux seuls de véritables massifs : on ne les rencontre que par groupes dans les taillis d'aunes ou sur le gravier des torrents et les moraines des glaciers. Pour que les saules arrivent à prédominer, il faut des étendues de terrain humide et sablonneux plus vastes que n'en offrent les solitudes rocheuses de nos Alpes. Si ces arbrisseaux ne jouent pas chez nous un rôle considérable quant à la masse de la végétation, le nombre des espèces représentées dans nos Alpes ne laisse pas d'être assez considérable et tous sont de charmants petits arbrisseaux.

Dans la partie extérieure de la chaîne, c'est le *hastata* aux feuilles larges, ondulées et glabres ; dans la partie centrale, le *phylicifolia f. Hegetschweileri*, à feuilles plus grandes encore, et l'*Arbuscula*, à feuilles plus étroites, également glabres et au port plus ramassé ; dans les Alpes centrales méridionales, le *Myrsinites*, espèce plus petite encore, au duvet argenté et aux feuilles minces. On y trouve aussi le *Lapponum*, espèce magnifique, à feuilles d'un vert foncé et luisantes en dessus et du plus beau blanc en dessous. L'espèce la plus rare et en même temps la plus belle, c'est le *glauca*, qui a les feuilles étroites, d'un bleu argenté sur les deux faces. Ces deux espèces se retrouvent dans le Nord, mais rarement dans les mêmes stations. En Suisse, elles croissent quelquefois ensemble, par exemple sur les bords du lac de Saint-Moritz, sur le plateau de la Gemmi, et, dans les Alpes pennines, sur les rives sablonneuses et les sables glaciaires, dans la vallée de Finelen, par exemple, où elles se mêlent et forment des hybrides. Il faut mentionner aussi le *cœsia*, arbrisseau très bas, glabre et glaucescent qui se trouve à Anzeindaz (Vaud), dans l'Oberland bernois et surtout dans la haute Engadine. Cette espèce manque dans le Nord.

Un second groupe de saules alpins comprend les espèces arctiques. Elles se distinguent des espèces précédentes par une taille des plus réduites et des rameaux entièrement appliqués sur le sol.

Nous en possédons trois espèces qui représentent l'arbre ou l'arbrisseau dans sa forme la plus exiguë. Le tronc est couché sur le sol, les rameaux sont longs d'une ligne au plus et portent deux ou trois petites feuilles et un tout petit chaton. De ces trois saules, c'est le *retusa* qui l'emporte pour les dimensions de la tige. Il est commun sur toutes les hauteurs à partir de 2000 m. Dans les hautes Alpes et quelquefois aussi à des altitudes inférieures, dans le Jura méridional, par exemple, on en rencontre une forme à feuilles extrêmement réduites, le *S. serpyllifolia*. D'après Andersen, il n'est pas encore constaté d'une manière suffisante si cette forme se retrouve vers le Nord. La seconde espèce est le *S. reticulata*, la plus favorisée quant aux dimensions de la feuille, car à chaque branche elle en porte deux qui sont énormes comparativement à la petitesse de la tige. Ces feuilles sont gracieusement veinées et blanchâtres à la face inférieure. Vient enfin la troisième espèce arctique, le *S. herbacea*, petit saule presque imperceptible. C'est celui qui s'élève le plus haut. On le rencontre au delà de la limite des neiges. Son chaton, réduit à trois ou quatre capsules seulement, est fixé entre deux feuilles délicates, glabres et de forme orbiculaire.

Quand on coupe un de ces troncs qui n'ont guère que l'épaisseur d'un tuyau de plume, on est étonné d'y voir un très grand nombre d'anneaux, ce qui prouve que l'existence de ces pygmées est bien celle d'un arbre et qu'elle peut même aller jusqu'à 50 et 60 ans, sans que pour cela la substance ligneuse de l'arbre tout entier excède le poids de quelques onces.

Groupement des plantes alpines d'après l'altitude.

Nous possédons à cet égard des renseignements très exacts et très détaillés, recueillis par Heer dans les Alpes de Glaris et des Grisons.

En thèse générale, la limite supérieure des arbres est en même temps la limite inférieure du territoire du plus grand nombre des espèces alpines. Ce n'est que dans des stations qui subissent des influences toutes locales qu'elles descendent bien au-dessous de cette limite. A part les rives des torrents, lesquels transportent directement les graines et les rhizomes dans les régions inférieures, on peut compter au nombre de ces stations les couloirs à avalanches et les ravines ombragées qui conservent la neige pendant longtemps et sont fortement rafraîchies par les sources ; enfin, les rives des lacs alpins situés dans les endroits profonds et encaissés, refroidies constamment par les eaux et fournissant en quantité suffisante l'humidité que réclament les plantes alpines.

Grâce au climat local plus froid qui règne dans ces stations, même quand elles se trouvent dans la région des forêts et des collines, un certain nombre de plantes alpines descendent quelquefois assez bas et s'accommodent d'un terrain qui leur permet de résister avec succès à la concurrence des plantes de la région inférieure. Cette concurrence est moins redoutable dans ces stations, grâce à l'hiver plus long qui y règne, par suite d'influences pour ainsi dire artificielles.

Plusieurs de ces localités ont acquis une certaine célébrité. Sendtner a décrit la flore de l'endroit appelé Eiskapelle, près du Königssee. Dans cet endroit, situé à 840 m. au-dessus de la mer, la neige amenée par les avalanches s'accumule à tel point qu'elle conserve un véritable jardin de plantes alpines où le *Dryas*, le *Saxifraga cœsia*, *Soldanella*, *Pedicularis incarnata*, *Ranunculus alpestris*, fleurissent encore au mois d'août, de sorte qu'en réalité la limite inférieure de ces espèces est refoulée à 975 m. plus bas que la limite ordinaire.

Kerner cite des exemples plus frappants encore dans le nord du Tyrol. Près du lac d'Achen, à 952 m., on se croit par moments transporté dans la région du pin de montagne. A part la forme couchée et tortue de cet arbre qui croît en massifs serrés, on y trouve l'*Aster alpinus*, le *Rhodothamnus Chamæcistus* et le *Daphne striata*. Dans les cluses et près des chutes d'eau de cette contrée, le *Leontopodium* et le *Linaria alpina* descendent jusqu'à 958 m., le *Senecio abrotanifolius*, l'*Arabis bellidifolia* et le *Dryas*, jusqu'à 700.

La Suisse possède aussi de semblables localités, bien qu'elles y soient relativement plus rares que dans les régions plus froides des Alpes septentrionales. Sur les bords de tous ceux de nos lacs qui sont situés au versant nord de la chaîne et qui baignent des pentes rapides, on trouve des endroits où les avalanches et les ravines transportent le *Rhododendron ferrugineum* jusqu'au niveau des eaux, à 400 ou 500 m.; cela se remarque au bord des lacs d'Alpnach, de Thoune, de Brienz, de Lowerz. Cet arbuste y est accompagné de tout un cortège de plantes alpines, telles que l'*Erica carnea*, le *Pinguicula alpina* et beaucoup d'autres encore. Schlatter a rassemblé un grand nombre de données au sujet de stations semblables observées dans le Rheinthal saint-gallois. D'après lui, le *Viola biflora* descend des pentes abruptes de l'Alvier et de l'Alpstein jusqu'à 500 m. dans les ravines occupées par les torrents; le *Rhamnus pumila* jusqu'à 400 m.; le *Dryas*, le *Saxifraga aizoides* jusqu'à 450; l'*Aster alpinus* jusqu'à 550 m. Il a même rencontré le Rhododendron jusque dans les vignes près de Berneck, à une altitude de 600 à 700 mètres seulement.

Les graviers du Rhin charrient jusqu'au lac de Constance, dont le niveau est à 400 m., *Linaria alpina*, *Campanula pusilla*, *Chrysanthemum coronopifolium*, *Gypsophila repens*, et même, chose étrange,

Saxifraga oppositifolia, ce qui est, en effet, une localité bien singulière
pour une espèce des hautes Alpes. Non loin de Constance, sur les
grèves sablonneuses du lac, elle se comporte absolument comme sur
les bords des mers polaires. Au lac de Wallenstadt, l'*Oxytropis campestris*, l'*Athamanta cretensis* et l'*Epilobium Fleischeri*, descendent de
même jusqu'au lac. Dans la plaine, cette dernière espèce est remplacée d'ordinaire par sa congénère, l'*E. Dodonœi*.

N'oublions pas que des stations aussi basses de plantes véritablement alpines éveillent toujours le soupçon de restes glaciaires conservés dans des endroits bien abrités et datant d'une époque où
notre plaine elle-même aurait été couverte d'une végétation alpine.
Mais nous renvoyons ces considérations à plus tard.

La zone alpine se partage elle-même en régions distinctes. Il faut
avant tout mentionner un groupe de plantes qui peuvent être appelées *nivales* dans le sens propre du terme, parce qu'elles habitent de
préférence les hauteurs au-dessus de 2762 m., hauteurs qui, pour
la plus grande partie, sont recouvertes de neiges éternelles.

Heer, qui a parcouru les Alpes rhétiennes dans toute leur étendue
et mieux que nul autre naturaliste, a compté 105 espèces qui habitent cette zone ; dans tout le territoire des Alpes de Glaris, il en a
compté 24, et 11 dans le Sernfthal, soit la partie orientale de ce
même territoire.

Voici la liste des 24 plantes nivales des Alpes glaronnaises : *Poa
laxa, Campanula cenisia, Soldanella pusilla, Androsace helvetica, glacialis, Gentiana bavarica, Gaya simplex, Ranunculus glacialis, Draba
Wahlenbergii, Silene acaulis, Cerastium latifolium, Thlaspi rotundifolium, Hutchinsia alpina, Cherleria, Potentilla frigida, Saxifraga Aizoon,
cœsia, oppositifolia, stenopetala, planifolia, bryoides, muscoides, exarata,
Seguierii.*

De toutes ces espèces nivales, aucune ne descend, dans des circonstances normales, bien au-dessous de la limite générale de la
région alpine. Celles qui relativement descendent le plus bas, sont :
*Gentiana acaulis, Meum Mutellina, Galium alpestre, Primula hirsuta,
Bartsia alpina, Homogyne alpina, Campanula Scheuchzeri, Arabis
alpina, Saxifraga Aizoon, stellaris, Geum montanum.*

Toute une série de plantes alpines ont leur limite inférieure normale à 2275 m. Cette limite peut, il est vrai, être çà et là refoulée

plus bas par des transports accidentels, mais elle n'en reste pas moins constante dans des circonstances ordinaires. Voici la liste de ces plantes : *Poa laxa, Sesleria disticha, Elyna, Chamorchis, Valeriana supina, Salix herbacea, Aronicum glaciale* et *Clusii, Gnaphalium supinum, Achillea nana, Draba Wahlenbergii, Gaya simplex, Eritrichium, Androsace glacialis, Soldanella pusilla, Potentilla frigida, Phyteum pauciflorum, Saxifraga planifolia, stenopetala, Seguierii, bryoides, biflora* et *oppositifolia, Geum reptans, Cerastium latifolium, Cherleria, Arenaria biflora, Ranunculus glacialis* et *rutæfolius, Primula integrifolia, Campanula cenisia, Erigeron uniflorus, Senecio carniolicus, Lloydia serotina, Trisetum subspicatum.*

Fait extrêmement remarquable, des 105 plantes nivales des Alpes rhétiennes, plantes qui, comparativement aux 487 espèces observées par Heer dans la région alpine, soit à partir de 1787 m., sont dans la proportion de 1 à 4,8, il n'en est pas moins de 41 qui sont arctiques, et 12 sont tout au moins septentrionales ; la moitié appartiennent donc à la flore des contrées du Nord. Cela prouve que les plus hauts sommets conviennent mieux aux plantes boréales qu'aux espèces alpines endémiques, ou, autrement dit, que la nature des espèces boréales s'adapte mieux au climat des hauts sommets que celle des espèces endémiques, et qu'en conséquence c'est dans les hauteurs moyennes, de 1787 à 2762 m., que, selon toute probabilité, il faut chercher le foyer de création de ces dernières.

Parmi les genres purement alpins qui fournissent chacun plusieurs espèces au groupe des plantes nivales, il faut distinguer avant tout les genres *Androsace, Gentiana, Saxifraga, Campanula* et *Phyteuma.*

Quand on compare la florule de quelques sommets isolés, même très distants les uns des autres, on trouve que plus l'altitude en est grande, plus la flore y est semblable.

La flore du Piz Linard, dans la région de 3250 m. jusqu'au sommet (3417 m.), est une véritable quintessence des espèces nivales. On y trouve : *Androsace glacialis, Ranunculus glacialis, Silene acaulis* f. *exscapa, Cerastium latifolium* f. *glaciale, Gentiana bavaria* f. *imbricata, Saxifraga bryoides, S. oppositifolia, Draba Wahlenbergii, Cherleria sedoides, Chrysanthemum alpinum, Poa laxa.* De ces 11 espèces, 10 sont au nombre des 47 végétaux que les frères Schlagintweit ont cueillis au Mont-Rose, sur le pic de Saint-Vincent, à 3158 m., et 7 au nombre des 24 plantes observées par Ch. Martins et Payot aux Grands-Mulets, dans le massif du Mont-Blanc, à 3050 m. De même, ces 11 plantes nivales se trouvent toutes au nombre des 132 espèces cueillies par Martins au sommet du Faulhorn, à 2683 m.; 6 d'entre elles sont mentionnées parmi les 72 espèces observées par Ramond sur le Pic-du-Midi de Bigorre, dans les Pyrénées, à une altitude de 2887 m. Ces chiffres démontrent que la flore nivale des hauts sommets est la même dans toute la chaîne des Alpes jusqu'aux Pyrénées.

Il faut remarquer aussi que, sur les 11 espèces du Piz Linard, 7 sont boréales.

Rien de plus saisissant que l'aspect que présente la flore nivale dans les plus hautes régions de nos Alpes! Ce sont des gazons serrés, formés de feuilles très petites du milieu desquelles s'élèvent des fleurs sans tiges, beaucoup moins grandes que celles de la flore alpine moyenne et trahissant déjà par cette forte réduction la limite extrême de la vie végétale. Et pourtant ces fleurs brillent des couleurs les plus vives, les plus éclatantes. Rien de plus magnifique et en même temps de plus doux que le bleu de l'*Eritrichium*, rien de plus éthéré et de plus pur que le rose de l'*Androsace glacialis*. Ces gazons, véritables îlots de végétation, sont séparés par de vastes espaces de rocailles entièrement nues, mais ils n'en sont pas moins vigoureux et ils forment des touffes richement ramifiées, caractère qui les distingue essentiellement des formes chétives de la végétation des contrées arctiques.

Parmi ces plantes, ce sont les espèces endémiques alpines, savoir les *androsaces*, les *gentianes* et les *campanules*, qui sont les plus saillantes. Parmi les espèces boréales, il en est une qui mérite d'être spécialement mentionnée, à cause de son extérieur assez étrange : c'est le *Ranunculus glacialis*, au calice rose à pubescence noirâtre, à la corolle grande d'un blanc sale. Toute la plante a quelque chose qui rappelle involontairement la glace fondante. L'*Eritrichium* est remplacé vers le Nord par des espèces très voisines. De toutes les plantes de cette zone, celle qui a les plus grandes feuilles et les plus grandes fleurs, c'est sans contredit le *Geum reptans*, rosacée à corolle du plus beau jaune. On dirait une plante des régions subalpines.

La plante nivale dans le sens littéral du mot, c'est une petite

algue unicellulaire, le *Protococcus nivalis*, la *neige rouge*. Nous avons
vu que la soldanelle commence à végéter dès que la température
s'élève au-dessus de zéro, mais du moins plonge-t-elle sa racine
dans le sol, tandis que le protococcus naît, vit et meurt dans les
neiges mêmes qu'il colore au fort de l'été d'une teinte rosée très
caractéristique. On le rencontre surtout dans la partie centrale de la
chaîne, sur la limite des neiges et au delà. La mince couche d'eau
que produit la chaleur du soleil autour des granules dont se compose la neige des névés, suffit à l'existence de ce végétal, le plus
simplement organisé de tous. Entouré d'une forte membrane siliceuse, se reproduisant tant par la scission des cellules que par des
spores, il végète ainsi dans la neige où il occupe des espaces plus ou
moins étendus et souvent des champs tout entiers. Quand on examine cette algue au microscope, on voit qu'il s'y mêle une quantité
assez notable de substance terreuse qui sans doute lui sert de sol et
dont elle tire sa nourriture.

Souvent la coloration qu'elle donne à la neige est à peine visible,
souvent aussi elle est très marquée, bien qu'elle soit d'un rouge clair
très délicat. Quelquefois, quand une mince couche de neige l'a recouverte, la neige rouge ne se remarque que dans les pas du voyageur.
Je ne l'ai jamais vue plus belle qu'en juillet 1856 au sommet du
Gornergrat, à 3500 m. : sur de vastes étendues, les névés brillaient
parfois d'une teinte rosée à travers les nuages, et, par places grandes
parfois d'un mètre, cette couleur était d'un rouge vif.

Très souvent, les restes du protococcus donnent à la neige une
teinte noirâtre. D'après les recherches de J. Brun, cette neige noire
n'est pas seulement un simple produit de la décomposition de l'algue,
elle représente une phase particulière du développement, une forme
spéciale du végétal. Cette variété n'est pas encore suffisamment étudiée quant à ses rapports avec la forme normale, colorée en rouge.

La couche habitée par l'algue ne pénètre que fort peu dans l'intérieur du névé, car elle a besoin pour vivre de la chaleur du soleil.

La neige rouge est répandue tout autour du pôle. Il n'est pas de
récit de voyage dans les contrées arctiques où il ne soit fait mention
de ce petit végétal, observé d'ailleurs jusque dans les montagnes de
la Californie. Il paraît appartenir en propre au névé, c'est-à-dire à la
neige qui persiste pendant plusieurs années et ne pas s'accommoder

de celle qui disparaît au printemps. L'existence d'une petite podurelle de couleur noire, le *Desoria glacialis* paraît être intimement liée à celle de cette algue, car ce petit insecte s'ébat joyeusement et en grand nombre au milieu des névés dans des régions fort éloignées de toute autre végétation.

Jetons encore un coup d'œil sur les papillons de la région alpine. Les *Erebies*, les *Lycénes*, les *Argynnis* y sont très nombreux et la plupart d'entre eux appartiennent à la région supérieure des forêts. Cependant il en est aussi un certain nombre qui recherchent les buissons alpins et les pâturages ouverts.

Dans les buissons on trouve : *Colias Palæno*, *Polyommatos Eurybia*, *Erebia Cassiope*, *Mnestra*.

Dans les gazons : *Melitæa Cynthia*, *Pieris Callidice*, *Colias Phicomone*, *Parnassius Delius*, *Argynnis Pales*, *Lycæna Orbitulus*, *Erebia Lappona*, *Zygæna exulans*, et le plus grand et le plus agile des papillons alpins, l'*OEneïs Aillo*, qui s'élance d'un vol hardi du haut des pentes et des terrasses rocheuses. C'est le seul représentant alpin d'un genre qui appartient en propre aux contrées arctiques. Il domine au Labrador, où il compte au moins quatre espèces.

Les *Melitæa Asteria*, *Erebia Gorge* et *Alecto*, *Melitæa Aurinia* f. *Merope* sont de véritables lépidoptères diurnes des régions nivales, car ils ne se trouvent que dans les régions élevées, à 2000 m. environ et plus.

On est surpris de rencontrer dans des stations aussi élevées un papillon de la taille et de la beauté de l'*Alecto*, brillant du noir luisant le plus foncé ; mais cet insecte recherche les endroits les mieux exposés au soleil, et où, par conséquent, il est réveillé le plus tôt de son engourdissement. Il trouve amplement ces avantages sur les pentes couvertes de rocailles et sur les crêtes rocheuses.

Le plus grand nombre de ces espèces sont alpines, endémiques. Celles qui sont marquées d'un astérisque se retrouvent dans les contrées du Nord.

Nous abordons maintenant la description des différents territoires de nos Alpes, envisagés au point de vue de leur flore alpine ; et pour compléter le caractère de ces flores, nous aurons aussi parfois égard aux plantes subalpines de la région des forêts.

Distribution
de quelques
plantes alpines ou des marais

Primula integrifolia
Senecio uniflorus
incanus
carnolicus
Pedicularis versicolor
Androsace pubescens
lactea
Saxifraga Cotyledon
mutata
Bupleurum alpinum
Trientalis Europaea
Lysimachia thyrsiflora
Campanula Raineri

H.Georg, Editeur à Bâle et Genève

Int. topogr. de Wurster, Randegger & C.º di Winterthur

A. **Alpes du Valais.**

La flore alpine du Valais est la plus riche de la Suisse : à la flore générale des Alpes centrales, déjà si variée, vient s'ajouter encore une série notable d'éléments nouveaux, consistant pour la plupart en plantes du sud-ouest. Elle doit ce renfort à l'analogie que présente le climat du Valais avec celui du Piémont et du Dauphiné.

Le versant sud des Alpes bernoises est déjà riche et fait un contraste frappant avec le versant nord. A peine a-t-on franchi la crête que l'on rencontre du côté du Valais quelques stations isolées d'*Androsace carnea, Valeriana Saliunca, Lychnis alpina, Potentilla nivea, Aretia Vitaliana*, et beaucoup d'autres espèces.

Une des contrées les plus riches de ce versant, c'est la partie située entre les cantons de Vaud et du Valais, laquelle se termine par une large série de chaînes latérales, étalées en éventail. C'est là que se trouvent les stations célèbres de Haller, d'A. Thomas et de Gaudin : Anzeindaz, Paneyrossaz, la Dent-de-Morcles, les arêtes d'Alesse et l'alpe de Fully. Nous examinerons ces territoires à part, sous le nom d'Alpes vaudoises.

Mais la chaîne des Alpes pennines surpasse encore en richesse, et de beaucoup, le versant sud des Alpes bernoises. Le centre de cette richesse est en même temps celui des hauts massifs de montagnes, savoir le versant septentrional du Mont-Rose et les vallées et chaînes latérales qui de là se dirigent vers le nord et vers l'est. C'est la partie de la Suisse où la réverbération solaire est la plus forte, où la quantité de pluie est le moins considérable, et où règnent les forêts de mélèzes pures ; en un mot, c'est le territoire où les espèces des Alpes occidentales retrouvent en plein le climat dont elles jouissent dans leur patrie, savoir à Cogne, à Ronche et dans la Bérarde.

Le versant sud du Mont-Rose, du côté de Val Tournanche et de Macugnaga, est déjà singulièrement plus pauvre. Il ne faut pas s'en étonner, car les pluies y sont bien plus abondantes et il y règne déjà cet air humide de la Méditerranée que les hautes crêtes empêchent de pénétrer sur le versant nord.

On voit aussi la richesse diminuer du côté de l'ouest, dans les vallées d'Anniviers et d'Hérens. Là, la montagne est plus étroite, plus divisée, les chaînons latéraux, à l'ouest du Saasgrat et du Weisshorn, sont plus bas. La plus pauvre des vallées du Valais, c'est celle de Tourtemagne qui est encaissée par des chaînes abruptes, et ne pénètre pas jusqu'à l'axe principal de la chaîne. Dans la vallée de Bagne et au Saint-Bernard, soit directement dans la ligne des Alpes de Cogne, la richesse augmente ; mais elle diminue de nouveau et se perd du côté du Mont-Blanc et de la Dent-du-Midi.

Dans ce centre, formé par le versant nord du Mont-Rose, la contrée la plus riche c'est la vallée de Zermatt, surtout son côté méridional et oriental. Il faut mentionner surtout la haute vallée de la Tæschalp, qui monte jusqu'aux glaciers du Saasgrat et qui est probablement le jardin le plus varié de nos Alpes suisses ; la vallée de Finelen, la chaîne du Gornergrat et les pentes de Zmutt du côté du Schwarzsee et du Mont-Cervin.

Sur l'autre versant du Saasgrat, dans les montagnes occidentales de la vallée de Saas, la flore est encore presque aussi riche, surtout dans le magnifique cirque formé par les glaciers de Feen et sur l'alpe de Mattmar.

Les territoires de Simplon et de Binn sont encore riches, mais de là la flore diminue tout à coup du côté du Gries et de la Furka. La partie supérieure du Tessin et le massif du Saint-Gothard sont encore, il est vrai, un peu plus riches que l'Oberland bernois, mais les espèces occidentales disparaissent de plus en plus.

Ce n'est que bien plus à l'est, dans la haute Engadine, dont les hauts massifs rappellent ceux du Mont-Rose, que l'on en retrouve quelques-unes.

A côté des espèces occidentales, il en est dans le Valais qui ne se trouvent, il est vrai, nulle part ailleurs en Suisse, mais qui reparaissent plus loin, dans les chaînes du Tyrol et de l'Autriche. C'est là encore un des effets du climat continental du Valais, qui a conservé dans des stations isolées des espèces qui peut-être étaient répandues autrefois d'une manière ininterrompue le long de l'axe central de la chaîne.

C'est au séjour du grand Haller à Roche que nous devons la connaissance de ces vallées du Valais, les plus riches de la Suisse. Il les fit parcourir par plusieurs de ses forestiers, au nombre desquels il faut mentionner avant tout Abraham Thomas, fils de Pierre Thomas, dont la famille existe encore maintenant aux Devens près Bex, au seuil du Valais, et s'occupe du commerce des plantes et des graines.

« Abraham, d'une habileté merveilleuse, d'une grande mémoire et d'une perspicacité incomparable pour les formes nouvelles, découvrit, nouveau Colomb, — je cite les paroles de Murith, — les vallées de Saas et de Saint-Nicolas, où aucun botaniste n'avait été avant lui, et contribua le plus à enrichir l'ouvrage que son maître publia en 1768 (Historia stirpium Helvetiæ indigenarum). » « J'avoue, dit Haller lui-même dans la préface de ses *Stirpes*, que ces hommes n'étaient pas des botanistes instruits; mais ils m'ont cependant accompagné dans un grand nombre de voyages et sont arrivés par là à distinguer les plantes communes des plantes rares. Sans leur secours, on n'aurait jamais découvert un aussi grand nombre de belles plantes. Grâce à eux, mon désir a été rempli, on a pu explorer les rochers les plus escarpés, qui sont inaccessibles pour le savant et qu'il ne lui vient pas même à l'idée de visiter tant il est peu habitué à cette sorte de dangers. »

Aujourd'hui il est tout particulièrement intéressant de lire dans la correspondance entre Abraham Thomas et le prieur Murith, du Saint-Bernard, la description que le premier fait de son voyage dans les vallées classiques du haut Valais, en juillet 1795. Cette excursion, tout en étant loin d'être la première, n'en a pas moins pour nous tout le charme d'un voyage de découverte dans une contrée encore inexplorée.

« De Stalden je me déterminai à parcourir la vallée de Saas, et je m'y acheminai par un pont de pierre très élevé, appuyé sur deux pointes de rochers. Le torrent précipite sous nos pieds ses eaux écumeuses, blanchies par les sables granitiques des glaciers et par la décomposition des roches magnésiennes.

« Dès qu'on a traversé le pont, la montée devient plus rapide, et au bout d'une demi-heure de marche, on gravit des monticules garnis de mélèzes, sous lesquels se plaisent l'*Astragalus exscapus* et l'*Achillea tomentosa*. Le chemin n'est plus alors qu'un sentier pour les chevaux et les mulets de bât, frayé à travers des précipices et des ravins où l'*Antirrhinum genistifolium (Linaria italica)* est très commun. Plus loin, on rencontre des maisons semées en petits groupes, qui

sont situées sous des rochers sourcilleux qui semblent les menacer
de leur chute. A quelque distance, le vallon se resserre et forme une
gorge dans laquelle on passe et repasse le torrent sur des ponts de
bois solides et assez bien faits. Tantôt vous entrez dans de noires
forêts de sapin, tantôt vous marchez sur des éboulements descendus
des énormes glaciers qui dominent la vallée. Les rochers qui les
soutiennent ressemblent de loin à des murs construits de pierres
posées horizontalement. Il y a une alternative frappante de couches,
dont les unes sont nues et les autres boisées, toutes à peu près de la
même épaisseur, ce qui se répète jusqu'à sept fois depuis le torrent
jusqu'au haut des montagnes. Dans cette gorge, au delà d'un pont,
sur la gauche de la Viège, est une petite croix datée de 1733 avec
cette marque $_{IV}^{P.}$ C'est là que le beau *Linnæa borealis* croît en
quantité.

« A l'aspect de ces lieux sauvages et de ce bouleversement de la
nature, le voyageur est saisi d'un frisson involontaire; son esprit
recule devant ces masses énormes, tantôt éparses à ses pieds, tantôt
suspendues sur sa tête; à ce tableau il croit reconnaître le squelette
des montagnes. Il traverse promptement ces tristes lieux, et bientôt
il pourra reposer agréablement ses yeux sur la plaine de Saas. Des
terres labourées et de beaux champs de seigle s'offrent à lui avant
qu'il l'ait atteinte. C'est sur la lisière de ces champs que je cueillis
Hypochæris helvetica de Jacq.; ses fleurs surpassaient en beauté et
en grandeur toutes celles que j'avais rencontrées jusque-là.

« Le *Carduus heterophyllus* Hall. fil. est assez abondant dans la
plaine de Saas. C'est le nom du village principal de cette vallée; il est
situé entre la montagne et le torrent. En passant le pont qui traverse
le dernier, j'ai observé le *Trifolium saxatile* Allioni.

Quoique le village de Saas soit très élevé dans la montagne, le
voyageur découvre, avec étonnement, des habitations plus élevées
encore; c'est le vallon de Fez (Feen), que sa situation rend extrêmement curieux. Pour y parvenir on suit un petit chemin qui traverse
des rocailles et des bois de mélèzes; la pieuse population de cette
paroisse y a fait bâtir quantité de petits oratoires où l'on voit représentée successivement l'histoire de la passion et de la mort de Jésus-
Christ; j'y trouvai le *Phyteuma Scheuchzeri*, l'*Astragalus Leontinus* et
l'*Ast. pilosus*.

« De Saas à Fez on compte une lieue et demie. En arrivant au haut de la montagne, avant d'être à Fez, l'on trouve une église belle et bien entretenue qui est appuyée contre un rocher creux entouré de sapins et de mélèzes. On est plus étonné encore lorsqu'après avoir fait quelques pas, on découvre tout à coup une jolie plaine terminée par un autre village avec une autre jolie église ornée d'un clocher. Ce petit vallon offre une scène frappante : les montagnes d'alentour sont couronnées de glaces et le voyageur, saisi d'un respect religieux, entend en même temps le son des cloches et les éclats des glaciers qui imitent le bruit du tonnerre.

« A deux lieues de Fez, au fond de la vallée, s'élève une montagne nommée l'*Alpesine*, tout entourée de glaces ; je me décidai à aller la visiter et déjà avant d'y être je découvris le *Gentiana tenella* ou *glacialis*, et le *Pinguicula alpina* à fleurs bleues et d'une grosseur extraordinaire qui est le *Pinguicula grandiflora* Lam. Au pied de la montagne on trouve aussi le *Gentiana utriculosa* qui est là, d'une beauté surprenante. Je recueillis diverses plantes sur cette alpe, et celle qui me parut la plus rare fut le *Senecio uniflorus* que je trouvai sur son sommet.

« Je revins à Saas et le lendemain je m'acheminai le long de la vallée pour aller sur le Montmort (Monte-Moro) ; cette vallée est longue et contient encore quelques villages dont le premier s'appelle *Mameguel* (Almagel) et le dernier *Maicre* (Zer Meigern). De là on gravit les éboulements ou moraines des glaciers : c'est ici que le minéralogiste aura de quoi se satisfaire, car on y remarque quantité de *Jade* jointe à l'*Ostracite* et d'autres pierres curieuses. De Saas à Montmort il y a trois lieues. Le chemin qui est assez rapide jusqu'aux Alpes, passe enfin au bord d'un glacier qui, descendant des sommités, ferme le bas de la montagne, et qui, arrêtant le cours du torrent, forme un lac d'environ une lieue de tour. Le sentier conduit le long du lac par-dessus des rocailles ; il est soutenu dans quelques endroits par des murs. Dans cet endroit on trouve une grande abondance de *Rhodiola rosea* et de *Senecio uniflorus*. Ce dernier ne semble végéter que par l'humidité qui s'entretient dans les fentes des rochers. Près de là sont deux petits torrents qui se déchargent dans le lac ; leurs bords sont couverts du *Saxifraga pyramidalis* de Lapeyr.

« Dès que j'eus dépassé le lac solitaire, j'arrivai de l'autre côté aux chalets de Mackmar; c'est au delà de ces cabanes qu'abonde le *Primula longiflora;* les environs du lac sont parsemés d'*Achillea moschata* et d'*Achillea nana*, ainsi que de *Campanula cenisia*.

« En suivant la vallée, on trouve à quelque distance un groupe de chalets. Cette montagne se nomme *Distel;* je traversai le torrent et je montai du côté gauche sur des gazons émaillés de fleurs et entremêlés de rocailles. Avant d'atteindre les moraines qui descendent des glaciers, tout près du torrent, j'ai cueilli avec empressement le *Valeriana celtica*. Je revins à Distel par la droite du torrent; on y trouve le *Senecio uniflorus* à chaque pas.

« Je ne vous parle ici, Monsieur, que des plantes les plus rares et les plus curieuses, quoique la montagne en fournisse beaucoup d'autres qui pourraient intéresser les amateurs. J'aurais désiré passer quelques jours dans ces lieux remarquables, mais pressé de revoir la vallée de *Saint-Nicolas*, je revins à Saas pour reprendre le chemin de *Stalden*.

« Je couchai dans ce dernier village, d'où je sortis de grand matin pour me rendre à *Saint-Nicolas* à deux lieues de *Stalden*. Le sentier par où l'on est obligé de passer est vraiment affreux : des ravins et des rochers suspendus sur la tête des voyageurs, menacent à tout moment de les écraser. Quelques plantes sont là pour faire diversion : l'*Antirrhinum genistifolium* et l'*Astragalus monspessulanus* font oublier l'aspect menaçant de ces rochers.

« Plus on avance, plus la vallée devient pittoresque; pendant près de six lieues d'un chemin gagné sur les rocs et les torrents, vous éprouvez les sensations les plus neuves, au milieu, si je puis parler ainsi, des ruines d'un monde suranné et démoli, à l'aspect du majestueux entassement des décombres d'une création bouleversée par quelque catastrophe supérieure à tout ce qu'on peut se figurer de plus désastreux et de plus terrible. Le portique d'une telle ruine fait un effet des plus importants. Il est formé par deux rochers et par des montagnes voisines couronnées de sapins et de mélèzes antiques qui s'élèvent à une hauteur immense. A chaque pas la surprise augmente; on y voit la nature prodiguer tout ce qu'elle a de plus majestueux et de plus riche, en rochers granitiques, en eaux et en forêts. On dirait que le Créateur a voulu ici donner en grand le modèle des plus formidables fortifications : des murs, des bastions, des remparts taillés à pic dans le roc, sont uniformément entassés des deux côtés à une hauteur effrayante ; tels qu'une garnison nombreuse, d'énormes sapins rangés en bataille hérissent de leur noire file ces superbes escarpements.

« Au fond de la gorge, la Viége roule ses eaux fougueuses dans les sinuosités du canal qu'elle s'est creusée ; un grand nombre de blocs détachés des hauteurs s'élèvent du milieu de son lit, comme autant d'îles tapissées de mousses et de lichens ; l'eau blanchie par des sables, produit de la décomposition des micas, des magnésies et des granits, se fait jour au travers de ces obstacles et s'échappe en bouillonnant. Il ne manque à cette contrée, vrai séjour de la mélancolie, pour en faire le premier des jardins anglais, que quelques habitations propres à rappeler à l'âme absorbée l'homme et ses travaux champêtres. Un chalet, un toit pour abriter les troupeaux, un banc placé comme au hasard sous un arbre, reposeraient bien agréablement les yeux fatigués de tous ces grands effets. »

C'est le même endroit qui avait déjà fait une si profonde impression sur Félix Plasser en 1562 et qu'il décrit comme suit :

« De là nous arrivâmes à Saas, qui est situé dans une vallée séparée, mais nous prîmes à droite le chemin de l'autre vallée. Le chemin était si étroit que je me tenais d'une main à la montagne ; de l'autre côté je voyais un abîme extrêmement profond. »

C'est en effet un endroit qui remplit tous les voyageurs d'admiration et en même temps de terreur.

« A un quart d'heure de Saint-Nicolas, — continue Thomas, — on remarque involontairement que toutes les pierres sont rouges de *Lichen Jolitus (Byssus Jolithus)* et tous les rochers verts de *Lichen geographicus (Lecidea)*.

« Dans ces hautes contrées, près de Saint-Nicolas, le bras vigoureux du laboureur se fait remarquer : il a abattu les antiques sapins, il a creusé des canaux, pour arroser les prairies ; il a défriché la terre la plus ingrate, il a bâti des villages et de charmantes églises. Le peuple de ces vallées est simple, laborieux, religieux, hospitalier et fidèle, mais méfiant envers les étrangers. Aussi je recommande aux voyageurs de faire connaissance avec Messieurs les curés ou avec les personnes les plus considérées de l'endroit, afin de s'attirer par eux la confiance d'un peuple à moitié sauvage, d'un peuple souvent trompé par des voyageurs, ou déçu dans ses espérances par des malheurs.

« Enfin, quand on a fait une demi-heure de marche dans un sentier tortueux, la vallée s'élargit tout à coup et présente à l'œil charmé du voyageur une plaine tapissée d'une belle verdure, que termine pittoresquement le village de *Zermatten*. Les montagnes qui le dominent se présentent sous mille formes diverses et sont couronnées par des glaces et des neiges éblouissantes; vous avez devant vous la superbe dent du Matterhorn qui semble percer le ciel de sa pointe altière. »

Je fais suivre la liste des espèces occidentales qui ne franchissent pas le Valais.

Espèces subalpines :

Hugueninia tanacetifolia, Barbarea augustana (vallée de Saint-Bernard), *Hieriacium pictum*.

Espèces alpines :

Anemone Halleri, Thlaspi rotundifolium f. corymbosum, Saponaria lutea (versant sud du Mont-Rose), *Silene vallesia, Trifolium saxatile, Oxytropis fœtida, Potentilla multifida, Saxifraga diapensoides*.

Espèces occidentales qui s'avancent jusqu'aux Alpes vaudoises et en partie jusqu'aux Alpes bernoises et fribourgeoises voisines.

Espèces subalpines :

Hieracium lanatum, Scutellaria alpina.

Espèces alpines :

Polygala alpina, Valeriana Saliunca, Androsace carnea, Astragalus aristatus.

Espèces qui rayonnent jusqu'au Tessin :

Colchicum alpinum, Senecio uniflorus (versant sud du Mont-Rose à la Betta Furca, Zermatt, Saas, Simplon, montagnes au-dessus d'Intra.

Espèces que le Valais et l'Engadine possèdent en commun et qui ne se trouvent ni dans la zone intermédiaire, ni dans les Alpes orientales :

Scirpus alpinus, Leontodon pseudo-crispus, Adenostyles leucophylla, Geranium aconitifolium, Crepis iubata (seulement sur la limite entre le Tyrol et la basse Engadine, mais a été découvert tout récemment sur un point intermédiaire, au Flimserstein dans l'Oberland grison),

Alsine rostrata, Geranium divaricatum, qui ne s'avancent que jusqu'à la partie frontière du Tyrol, le Vintschgau ; *Astragalus exscapus,* espèce des forêts du haut Valais, qui ne se retrouve également qu'une fois dans la partie supérieure de la vallée de l'Adige (à Glurns).

Espèces que le Valais et l'Engadine possèdent en commun et qui manquent également dans la zone intermédiaire, mais se retrouvent dans le Tyrol et plus loin encore du côté de l'est.

Espèces subalpines :

Viola pinnata, Salix cœsia (Simmenthal), *Dracocephalum Ruyschiana,* qui reparaît dans le haut de la vallée de Gessenay ; *Arabis saxatilis* (Simmenthal), *Lychnis flos Jovis, Ononis rotundifolia,* qui se retrouve au Jura ; *Hieracium Peleterianum* (Vosges), *Plantago serpentina, Allium strictum.*

Espèces alpines :

Draba Thomasii, Hutchinsia affinis, Lychnis alpina, Alsine biflora, Arenaria Marschlinsii, Astragalus leontinus, Potentilla nivea, Herniaria alpina, Phyteuma pauciflorum, Phyteuma humile, Pedicularis incarnata, Juncus arcticus, Carex membranacea, Carex hispidula (Lautaret, val de Bagne, Betta Furca au versant sud du Mont-Rose, Riffel, Poschiavo, Tyrol.

Quatre espèces de ce groupe rayonnent vers le Nord par stations isolées ; ce sont les suivantes :

Ranunculus rutœfolius (Schöngiebel, au nord-est du lac de Brienz, au Calveis, canton de Saint-Gall) ; *Oxytropis lapponica,* (au Faulhorn, à l'Alvier), *Pleurogyne carinthiaca,* au Stelvio, au Kistengrat (Glaris), à Mattmar, et *Carex ustulata,* au val d'Hérens, au Rawyl (paraît extirpé au Glockner depuis 1844).

Les espèces suivantes se rencontrent au Valais, aux Grisons et au Tyrol, tout en ayant une étape au Tessin :

Trifolium pallescens, Alchemilla pubescens, Sedum Rhodiola, Carex incurva, Astragalus depressus (val Maggia).

Espèces qui passent du Valais aux Grisons et même au delà, sans se trouver en Engadine.

Peucedanum austriacum (bas Valais, Vaud, Simmenthal, Carinthie).

Anemone baldensis (val de Cogne, Alpes pennines, versant méridional des Alpes bernoises, Vaud, Fribourg, Tyrol).

Sedum Anacampseros (Valais, Tyrol).

Saxifraga cernua (autrefois à Gessenay, Valais, Fassa).

Rhaponticum scariosum (Valais, Tyrol). Remplacé dans les basses Alpes orientales (Alvier, Rhætikon) par le *Rh. helenifolium*.

Oxytropis Gaudini (val de Cogne, Valais, Tyrol).

Valeriana celtica (Mont-Cenis, col d'Ollen au sud du Mont-Rose, vallée de Saas, Tyrol).

Androsace tomentosa (Valais, Legnone, Tyrol).

Galium pumilum (Alpes occidentales, Simplon, Styrie).

Aretia Vitaliana (Alpes occidentales, Valais, Simplon, Tyrol).

Saxifraga retusa (val de Cogne, versant méridional du Mont-Rose, Styrie, Tatra).

Pedicularis fasciculata (val de Cogne, versant méridional du Saint-Bernard, Tyrol, mais avec une étape dans les Alpes insubriennes).

Sisymbrium pinnatifidum (Vaud, Valais, haute Valteline).

Sagina glabra (Saint-Bernard, Tyrol méridional).

Thlaspi alpinum (Zermatt, Carinthie, douteux pour le Tyrol).

Alyssum alpestre (du Mont-Viso, du Lautaret et du Mont-Cenis à Zermatt: ne se retrouve dans les Alpes orientales que sous une forme un peu différente).

Plantes du Valais qui manquent aux Alpes septentrionales et sont caractéristiques pour la chaîne centrale, y compris le Piémont, les cantons d'Uri, le Tessin et des Grisons, le Tyrol et en partie encore la région orientale des Alpes bernoises.

Espèces subalpines :

Thalictrum fœtidum,

Erysimum helveticum,

Dianthus vaginatus Vill.,

Alsine laricifolia,

Bupleurum stellatum,

Polygonum alpinum (qui ne se trouve que sur les versants méridionaux ; par places dans l'Oberhasli et le Rheinwald),

Linnea borealis (qui s'avance vers le nord au creux de Moselle, frontière de Savoie et du Valais, aux Voirons, dans la vallée d'Engstligen dans l'Oberland bernois, et au Hacken, canton de Schwytz,

Poa cœsia,

Phyteuma Scheuchzeri (qui ne se trouve que dans une seule localité de l'Oberland bernois),

Allosorus crispus (dans l'Oberland bernois et dans les Vosges),
Laserpitium hirsutum,

Centaurea nervosa,
Hieracium sabinum,
Pinguicula grandiflora.

Espèces alpines :

Alsine recurva,
Tofieldia borealis,
Kobresia caricina. Senecio inca-
nus (toutes deux dans l'Ober-
land bernois),
Cirsium heterophyllum,
Hieracium atratum,

Carex bicolor. Gentiana alpina
(qui rayonnent vers le nord
jusque dans l'Obwald),
Kœleria hirsuta,
Festuca pilosa,
Eritrichium nanum,
Salix glauca.

Parmi ces espèces des Alpes centrales qui, en partie, sont en
même temps boréales, il en est une qui joue un rôle très remarqua-
quable : c'est le *Cirsium heterophyllum.* Cette plante ne se rencontre
chez nous que dans les prairies des grandes chaînes centrales, dans
le haut Valais, dans la vallée d'Urseren et dans les Grisons ; et
pourtant au centre et au midi de l'Allemagne, c'est une plante des
chaînes inférieures qui descend jusqu'en Saxe, en Thuringe et en
Bohême, et s'avance même jusqu'en Angleterre et en Scandinavie,
sans proprement appartenir aux contrées du Nord.

Mais sur aucun point des Alpes la distribution des espèces ne
suit une règle absolue et sans exception ; à cet égard, le Valais
ne manque pas d'avoir sa part d'irrégularités. A sa flore, qui est
essentiellement celle des Alpes centrales et occidentales, se mêlent
des éléments entièrement différents, des espèces qui, de leur foyer
central situé dans les Alpes orientales, rayonnent jusque dans cette
vallée et y trouvent leur limite occidentale.

L'*Oxytropis velutina,* qui affectionne les chaudes parties du Tyrol
méridional, se retrouvent dans quelques stations favorables du Valais
(Charat, Folaterres, Saxon, Nax).

L'*Alsine aretioides,* qui a son foyer central dans les Alpes orientales, dans le massif du Glockner, se retrouve à l'Ofenthal, au fond
de la vallée de Saas.

L'*Alsine lanceolata,* répandu dans le midi du Tyrol, reparaît
comme rareté dans les montagnes entre la haute Engadine et la

Valteline (au Lavirum), et sur le versant méridional du Saint-Bernard.

Le *Mathiola valesiaca*, cette belle crucifère, s'avance du lac de Garde jusqu'à Bérisal sur le versant nord du Simplon ; il se retrouve au val de Cogne, sous une forme, il est vrai, un peu différente, à fleurs brunes et non pas violettes.

Le *Dracocephalum austriacum* va des Alpes orientales jusque dans la basse Engadine et au bas Valais.

Le *Primula longiflora* et le *Cortusa Mathioli* ont une distribution semblable : la première de ces espèces est répandue du Salzbourg et du Tyrol, son foyer central, jusque dans la haute Engadine (Maria), au Bernardin, au Tessin (Campolungo), au Simplon, à la vallée de Saas et de Tæsch ; la seconde va du Tyrol et des Alpes de la haute Bavière jusque dans la basse Engadine (Tarasp) et le Piémont.

Le *Pleurospermum austriacum* se trouve dans les Alpes bavaroises, dans l'Appenzell et au Simplon.

Le *Primula graveolens Heg.* (*viscosa All.* suivant Kerner) domine dans l'Engadine ; il est disséminé sur le versant méridional du Mont-Rose, au Col de Turlo entre Sesia et Anza ; il se trouve assez fréquemment dans les vallées vaudoises du Piémont et sur le versant français du Viso ; il reparaît sous une forme très voisine, le *P. latifolia* Lap. au centre des Pyrénées. Du côté de l'est, il ne dépasse pas le Stelvio.

Dans la vallée de Zwischbergen qui, à Gondo, fait déjà partie de la région insubrienne et donne naissance au *Melopospermum* et au *Pleurospermum*, ces deux ombellifères caractéristiques, on trouve dans la région alpine le *Sempervivum Gaudini* (*globuliferum* Gaudin) des Alpes graies.

Au-dessus de Lens et de Naters, l'*Asphodelus albus*, plante de la Méditerranée et de la région insubrienne, forme dans les hauteurs subalpines de magnifiques prairies naturelles.

Il faut mentionner encore le *Carex microglochin* qui au val d'Hérens et dans la haute Engadine est une plante des Alpes centrales, et qui, sur le haut plateau de la Bavière, n'est pas rare dans les tourbières et les marais. C'est là un phénomène qui rappelle la distribution du *Juncus squarrosus*, plante du nord, qui ne se trouve dans nos Alpes centrales que dans une seule localité, savoir au versant nord du Gothard, près d'Andermatt, et ne reparaît qu'à l'alpe d'Isenau (Alpes vaudoises) et dans les tourbières du sud de l'Allemagne.

Au nombre des plantes endémiques des Alpes du Valais, je dois mentionner l'*Hieracium alpicola*, une des plus belles espèces du genre. Elle est abondante sur le plateau du Simplon et a été trouvée au lac de Mattmar au-dessus de Saas et près de Louèche. Je dois y joindre le *Campanula excisa*, répandu dans la partie supérieure de la vallée de Saas (Mattmar, Triftalp) et de là dans les graviers de la Viège. La plante est très répandue au Simplon et se retrouve au bord sud du grand cirque du Mont-Rose, du Monte-Moro au col de Turlo. De là, elle pénètre jusqu'au Tessin de l'autre côté de l'Antigorio, à la Furca di Bosco.

Cette plante indigène prouve d'une manière évidente que le Valais appartient encore à la région occidentale. Par ses feuilles glabres et étroites, sa tige élancée, sa corolle infundibuliforme, elle se rattache de très près au *C. stenocodon* des Alpes occidentales, et elle n'a rien de commun avec les espèces pubescentes à feuilles larges et à corolle ouverte des Alpes orientales, dont le *C. Morettiana* est le type. Abraham Thomas a déjà décrit la forme si extraordinaire du *C. excisa* : entre chacune des divisions du limbe de la corolle, il y a une large échancrure arrondie qui donne à la fleur, vue de face, l'apparence d'une *Aquilegia alpina* en miniature.

Le *Viola Thomasiana* pénètre de la Savoie, par le Valais, jusqu'au Tessin. C'est la seule espèce des hautes Alpes qui soit du groupe *Nomimium*. L'*Erigeron rupestris* Schl. a été trouvé de la vallée de Bagne jusqu'au Simplon. C'est une espèce voisine de l'*uniflorus*, mais néanmoins distincte qui se retrouvera peut-être ailleurs.

Quant à la faune, le Valais possède en propre comme espèce endémique un lépidoptère du groupe des Bombyciens, c'est l'*Arctia Cervina*, papillon brun tacheté de noir qui n'a été trouvé que sur les côtes nivales au-dessus de Zermatt, et le *Limnœus pereger* f. *Blauneri* Shuttl. gastéropode qui ne paraît exister qu'au Schwarzsee. Ces deux formes endémiques révèlent une fois de plus le caractère bien distinct de cette contrée.

Les espèces caractéristiques du Valais se groupent comme suit d'après les différentes circonscriptions :

1. La chaîne du lac Léman au Mont Catogne appartient encore au climat du hêtre ; sa flore n'a donc pas encore le caractère de la flore valaisanne proprement dite. Les Alpes calcaires au-dessus de Monthey (la Chaumény) possèdent *Papaver alpinum, Eryngium alpinum, Geranium lucidum,* espèces qui ne pénètrent pas dans la vallée.

2. Les versants nord de la chaîne du Mont-Blanc, caractérisés par des gorges humides et ombragées, possèdent trois plantes caractéristiques des versants alpins méridionaux : *Saxifraga cotyledon, Asplenium Breynii* et *Geranium nodosum.*

3. Ce n'est qu'au Mont Catogne, ce grand massif à l'entrée du Val d'Entremont, que paraissent les premières plantes vraiment caractéristiques pour le Valais, savoir *Geranium aconitifolium, Androsace tomentosa, Viola pinnata* et *Thomasiana, Potentilla nivea.*

4. Le Saint-Bernard subit l'influence de la flore du sud-ouest, ce qui se remarque par la présence du *Sisymbrium pinnatifidum,* du *Pedicularis fasciculata,* et de l'*Androsace pubescens.* On y trouve aussi le *Meum athamanticum,* cette ombellifère si rare dans nos Alpes et si abondamment répandue dans les chaînes allemandes méridionales. Il faut mentionner aussi une variété locale, mais constante du *Chærophyllum sylvestre,* la forme *elegans* Gaud. Le versant sud du col est déjà pourvu de nombreux représentants de la flore piémontaise proprement dite : *Sagina glabra, Armeria plantaginea, Barbarea augustana, Tragopogon crocifolius, Pedicularis cenisia, Carlina acanthifolia, Sisymbrium strictissimum, Inula montana* et *spiræifolia* ; l'une d'elles, le *Barbarea* a déjà gagné le versant nord.

5. Le Val de Bagnes est caractérisé par *Crepis jubata, Carex hispidula, Saxifraga diapensoides, Hugueninia tanacetifolia,* et possède en outre la plus grande partie des espèces plus répandues du Valais, telles qu'*Alsine rostrata, Arenaria Marschlinsii, Oxytropis fœtida,* etc. Le *Sedum Anacampseros* et le *Scutellaria alpina* y atteignent leur limite suisse orientale.

6. Le val d'Hérens et le val d'Anniviers sont plus pauvres : le premier a les *Carex ustulata* et *Microglochin,* et d'après une communication récente de Gremli, l'*Armeria plantaginea,* avant-poste du Piémont ; le second a l'*Astragalus leontinus,* le *Potentilla nivea,* etc.

7. Dans la partie occidentale du versant sud des Alpes bernoises, sur la limite des Alpes vaudoises, on trouve :

Viola Thomasiana, Sedum Anacampseros, Astragalus depressus, Salix cæsia, Alsine biflora, Potentilla intermedia, Scutellaria alpina, Valeriana Saliunca, Viola pinnata, au Rawyl *Asphodelus albus, Carex ustulata, Saxifraga cernua,* au-dessus de Louèche *Aretia Vitaliana, Potentilla nivea, Oxytropis lapponica, Lychnis alpina, Hieracium alpicola, Valeriana Saliunca.*

Le *Crepis pygmæa* et le *Ranunculus parnassifolius* appartiennent à toute la chaîne septentrionale et manquent presque entièrement à celle du midi. L'*Androsace carnea* est caractéristique pour tout le Valais et n'y manque presque nulle part. Même remarque pour les *Carex bicolor, Lychnis alpina, Achillea nana, Ranunculus pyrenæus.*

8. A Zermatt, la richesse est si grande que nous sommes obligés de nous borner aux espèces les plus importantes. On y trouve :

Potentilla multifida, Oxytropis Gaudini et *fœtida, Senecis uniflorus, Androsace tomentosa* et *septentrionalis, Anemone Halleri, Allium strictum* f. *Christii, Carex hispidula, Thlaspi alpinum* et *rotundifolium* f. *corymbosum, Ranunculus rutæfolius, Tofjeldia borealis, Primula longiflora, Astragalus leontinus, Scirpus alpinus, Draba Thomasii, Phyteuma humile, Trifolium saxatile, Artemisia glacialis, Alyssum alpestre, Silene vallesia, Colchicum alpinum.*

Au haut du versant méridional du Théodule et du Mont-Rose, la flore renferme déjà quelques éléments provenant des Alpes graies : le *Saponaria lutea,* le *Saxifraga retusa* et le *Sempervivum Gaudini.*

9. La vallée de Saas possède la plus grande partie de la flore de Zermatt et en outre :

Juncus arcticus, Pleurogyne, Campanula excisa, Valeriana celtica, Alsine aretioides, Artemisia nana, Hieracium alpicola.

10. Le Simplon se distingue par l'abondance de l'*Hieracium alpicola* et du *Campanula excisa,* et en outre par les *Valeriana Saliunca, Mathiola Valesiaca* et *Galium pumilum.* L'*Aretia vitaliana* y descend presque jusqu'à la limite des arbres. Dans la zone des forêts, les grandes ombellifères alpines méridionales donnent à la végétation une physionomie toute particulière.

11. Le Val de Binn est déjà un peu moins riche et n'a pas d'espèces qui lui appartiennent en propre. On y rencontre une foule d'*Hieracium* appartenant au groupe du *sabinum* et trop difficiles à déterminer pour que nous puissions les mentionner ici.

Cherchons à nous rendre compte des points de contact qui rattachent la flore méridionale et occidentale des Alpes graies à celle du versant nord des Alpes pennines.

1. *Primula pedemontana, Sesleria pedemontana, Saxifraga pedemontana, Dianthus tener Balb,* restent sur le versant méridional de la chaîne de Cogne. *Campanula Allionii, Pedicularis rosea* s'avancent jusqu'au versant nord de cette chaîne, dont l'*Aethionema Thomasii* est un produit endémique.

2. *Statice alpina, Saxifraga retusa, Sempervivum Gaudini, Saponaria lutea, Alsine Villarsii* (Col de Brusson), *Pedicularis fasciculata* et *cenisia* s'avancent jusqu'au versant méridional des Alpes pennines, toutefois sans franchir la crête. Le *Saponaria* est commun sur le versant sud de la chaîne de Cogne et se retrouve au-dessus de Breuil, dans la partie supérieure du Val Tournanche, en outre, au Col di Betta Furca entre le Val Challant et Gressonay et sur l'alpe de Ciamporino, sur le passage du Val Devera au Val Cherasca, au versant sud des Alpes du Val de Binn. Le *Saxifraga* est commun déjà au versant nord des Alpes de Cogne et se retrouve sur le versant méridional des Alpes pennines à la Betta Furca, au Col d'Ollen entre Gressonay et le Val Sesia et enfin sur la pyramide de Saint-Vincent dans le massif du Mont-Rose.

3. *Oxytropis Gaudini, Anemone Halleri, Artemisia glacialis, Silene vallesia, Saxifraga diapensoides, Colchicum alpinum* s'avancent jusque sur le versant septentrional des Alpes pennines.

Comme on le voit, la flore diminue par degrés à mesure que l'on avance du centre vers la périphérie.

B. Alpes tessinoises.

La région alpine du Tessin est plus pauvre que la partie occidentale du Valais ou que la partie orientale des Grisons. Ce fait s'explique par une température moins élevée en raison de pluies très abondantes, par la situation de la contrée, séparée du Valais par le sillon profond de l'Antigorio, et de l'Engadine par les vallées du Liro et de la Maira, et enfin par la grande uniformité du sol, composé partout de roches cristallines de gneiss. A vrai dire, les Alpes du Tessin, coupées en quatre vallées profondes et parallèles qui se ramifient elles-mêmes en vallons plus étroits, n'est qu'une partie des chaînes si nombreuses qui se rattachent au massif du Gothard. Il en est de même des Alpes du Rheinwald qui touchent au Tessin du côté de l'est. Il est donc naturel que la flore alpine du Tessin soit celle des Alpes centrales en général. Les plantes communes du terrain granitique s'y trouvent en immense abondance, mais les espèces d'un intérêt plus spécial y sont rares. Le versant méridional du Saint-Gothard donne une juste idée de la végétation des régions alpines, si vastes et si isolées des vallées moyennes du Tessin. *Achillea moschata* et *nana*, *Hieracium albidum* et *alpinum*, *Alsine recurva* et *laricifolia*, *Pedicularis rostrata* et *tuberosa* abondent sur les hauts pâturages. Les prairies alpines sont ornées de *Cirsium heterophyllum* et de *Centaurea nervosa*. Le *Saxifraga Cotyledon*, cette magnifique espèce, monte en quantité jusque dans la région alpine.

Il faut signaler aussi *Daphne striata*, *Senecio abrotanifolius* et *carniolicus* dont la limite occidentale est proprement aux Grisons, mais qui la dépassent dans quelques stations méridionales. *Trifolium pallescens*, *Alchemilla pubescens*, *Primula longiflora*, *Carex incurva*, *Hieracium sabinum*, se rencontrent également dans quelques localités isolées des Alpes tessinoises qui relient aux Valais et aux Grisons les territoires occupés par ces espèces.

Colchicum alpinum, *Viola Thomasiana*, dont la limite normale orientale est en Valais, pénètrent aussi dans quelques stations jusque dans les Alpes tessinoises.

Le *Campanula excisa* observé à la Furca di Bosco entre l'Antigorio et le Val Maggia est une colonie qui procède du foyer endémique que cette plante occupe dans le territoire du Simplon. C'est là aussi que le *Senecio incanus* atteint en Suisse sa limite orientale.

Sur les hauteurs alpines du Val Maggia j'ai trouvé, en plus grande abondance que partout ailleurs dans les Alpes suisses et en grands exemplaires, le *Sempervivum alpinum* Griseb. qui tient le milieu entre le *montanum* et l'*arachnoideum* et joint aux pétales du second le duvet du premier. Je l'ai aussi revu en quantité dans le haut Quayras du Dauphiné, vers le Col de la Croix.

La plante la plus caractéristique du versant méridional du Gothard et du Mont Adule, c'est l'*Armeria alpina*. Elle ne se trouve que dans les hauteurs alpines de la partie supérieure du Tessin, jusqu'au Gries du côté de l'ouest et jusqu'à la Zaportalp du côté de l'est. Entre ces limites, elle est assez répandue et n'a que deux avant-postes dont l'un dans le val Bregaglia et l'autre à Poschiavo. Cette charmante petite fleur dont les capitules roses s'inclinent sur d'épais gazons feuillés qui rappellent ceux des graminées, ne se retrouve plus loin qu'au Piémont et de l'autre côté de la crête de l'Ortler, dans la vallée tyrolienne d'Ulten jusqu'au Baldo.

E. Thomas a découvert à Bedretto une petite colonie absolument isolée de *Ptarmica alpina*, plante qui ne s'est trouvée jusqu'à présent que dans les contrées boréales.

C. **Alpes rhétiennes.**

Abordons maintenant le haut pays de la Rhétie et sa lisière méridionale, l'Engadine.

Jusqu'au Saint-Gothard et au Mont Adule, les Alpes suisses se partagent par chaînes qui se dirigent du sud-ouest au nord-est émergeant vers le nord de la surface accidentée du plateau et partagées vers le sud par le bassin du Rhône et les profondes vallées de l'Antigorio et du Tessin. Partout on remarque de nouvelles dépressions : d'Interlaken (altitude 595 m.), à Brieg (702 m.), espace qui comprend toute la largeur des Alpes bernoises, la distance n'excède pas 35 kilom. ; d'*Amsteg* (522 m.) à Faido (721 m.) à travers le massif du Gothard, du nord au midi, la distance est encore moins considérable, elle n'est que de 30 kilom. en ligne droite. Que prouvent ces distances ? Elles montrent que dans aucune contrée des Alpes suisses septentrionales, la région montagneuse ne comprend un espace bien considérable : partout cette région est traversée par des vallées dont le climat est celui de la plaine.

Ce n'est que dans les Alpes pennines, dont le versant nord appartient à la vallée du Rhône, que la région montagneuse comprend des espaces plus considérables. De Sierre en Valais (562 m.) à Châtillon dans la vallée d'Aoste (530 m.), le massif de la chaîne mesure environ 60 kilom.

Mais il suffit d'un coup d'œil jeté sur la carte hypsométrique de Ziegler, véritable chef-d'œuvre de dessin géographique, pour nous faire reconnaître qu'il y a en Suisse une contrée où les hauts massifs ont une extension bien plus considérable. Cette contrée est celle des Alpes de la Rhétie. Là, ce n'est plus, comme dans le reste de la carte, la teinte verte de la zone forestière qui l'emporte (d'après Ziegler, de 900 à 1200 m.) et dans laquelle pénètre fréquemment le gris de la plaine ; c'est bien plutôt le jaune verdâtre de la région alpine (d'après Ziegler, de 1500 à 2100 m.) qui donne le ton à la carte, teinte à laquelle vient s'ajouter le jaune et blanc de la zone alpine supérieure, dans une proportion aussi considérable que le vert foncé qui marque la zone des forêts.

De Coire qui est à 504 m. à Grosotto dans la haute Valteline, sur une distance d'environ 75 kilom., et de Landeck dans la haute vallée de l'Inn, en Tyrol, à 827 m., à Torre dans la haute vallée de Blegno, à 651 m., sur une ligne de 110 kilom., les vallées les plus profondes sont déjà à 900 m. au-dessus de la mer.

La première ligne (de Coire à Grosotto) coupe à angle droit les vallées et les massifs de la partie centrale des Grisons et passe par Davos et Samaden dans la haute Engadine. Aucune des vallées traversées par cette ligne, qui est d'une longueur considérable, n'est d'un niveau inférieur à 1650 m. Davos lui-même est à 1650 m. et Bevers à 1715 m.

L'Engadine, à partir de la Maloia, qui est à 1811 m., jusqu'à Ried dans le Tyrol, à 877 m., où l'Inn change de direction, est une vallée d'environ 80 kilom., qui appartient tout entière à la région montagneuse. Jusqu'à Zernetz, c'est-à-dire sur une étendue de 22 kilom., elle ne descend pas au-dessous de 1500 m.

Avec quelle rapidité les autres vallées suisses, comparées à l'Engadine, ne descendent-elles pas vers les régions basses ! De Surrhein dans la partie antérieure du Rheinthal, à 900 m., on ne mesure jusqu'à la hauteur d'Oberalp à 2070 m. que 20 kilom. dont 4 seulement sont compris dans l'altitude de 1500 à 2070 m. De Brigue, à 729 m. à la Furca à 2486 m., il n'y a que 40 kilom., dont 4 à peine sont à 1500 m. ou plus.

Ces chiffres démontrent suffisamment le caractère géographique tout spécial de nos Alpes rhétiennes. Elles forment un haut plateau, un massif élevé qui n'a de pareil en étendue qu'au nord de l'Espagne et en Scandinavie, et qui, pour l'altitude, n'a aucun équivalent en Europe. On a dit que le Valais est l'Espagne de la Suisse, on

peut dire aussi à juste titre que l'Engadine en est le Thibet. De
même que l'immense plateau de Pamir, « le faîte de l'univers, »
comme l'ont appelé les Chinois, donne naissance aux fleuves de l'Asie
et projette ses nombreuses chaînes de montagnes, le haut plateau de
la Rhétie donne naissance aux plus grands fleuves de l'Europe occidentale et orientale, au Rhin et au Danube. Au point de vue géographique, on ne saurait douter un instant que l'Inn ne soit le bassin
primitif de ce dernier fleuve.

L'influence exercée sur le climat par l'élévation considérable de
ces vastes massifs tout entiers, y compris même le fond des vallées,
peut s'exprimer en un seul mot : le climat, au lieu d'être maritime,
devient continental. On sait en effet que dans les contrées dont le
climat est maritime, les ondulations de la ligne qui marque les
variations de la température annuelle se soutiennent à un niveau
plus égal ; en d'autres termes, que les différences entre les froids les
plus rigoureux de l'hiver et les chaleurs les plus intenses de l'été
sont peu considérables.

Qu'on me permette de démontrer ici par un exemple des plus
frappants ce que le climat des contrées désignées du nom de plateaux
a d'extrême et d'excessif :

Le tableau ci-après indique quelle est la moyenne de la température annuelle aux îles Faroër, ce groupe de récifs situés au milieu
de l'Atlantique, au 62°3′ de latitude nord, dans la région du
Golfstrom :

Année.	Hiver.	Printemps.	Été.	Automne.	Décembre.	Janvier.	Février.	Mars.	Avril.	Mai.	Juin.	Juillet.	Août.	Septembre.	Octobre.	Novembre.
7,31	3,6	5,3	12,2	8,0	5,0	3,0	2,7	3,8	5,5	7,1	11,5	12,3	12,3	10,7	8,0	5,3

Comparons ces chiffres avec ceux de la moyenne de température à
Iakoutsk, situé au même degré de latitude nord (62°1′), mais au
cœur de l'Asie :

Année	Décembre.	Janvier.	Février.	Mars.	Avril.	Mai.	Juin.	Juillet.	Août.	Septembre.	Octobre.	Novembre.
—10,3	—37,1	—13,0	—33,8	—21,4	—8,7	—2,7	14,6	20,4	14,5	6,7	—8,6	—30,2

Il est vrai que ce sont là des extrêmes : nous avons comparé climat le plus continental possible avec le climat le plus maritime possible, aussi le contraste est des plus frappants.

D'une part, nous trouvons au milieu de l'Océan, bien que dans l'extrême nord, un hiver qui, même en janvier et en février, est loin d'être aussi rigoureux qu'à Lugano (0,9), et un été qui, en août, n'est pas même aussi doux que le mois d'avril à Lugano, ce qui fait une différence de 9,6 degrés seulement entre le mois le plus chaud et le mois le plus froid de l'année.

D'autre part, nous trouvons un hiver dont le froid descend en moyenne de 13 degrés au-dessous des plus grands froids, observés en Suisse, même comme phénomène rare et exceptionnel, dans les plus hautes régions alpines, et un été dont la chaleur est au niveau de celle du mois d'août à Lugano (20,4°). Il y a donc entre le maximum et le minimum annuel une différence de 63,4 degrés!

Le contraste entre le climat continental extrême et le climat maritime tempéré se retrouve en Suisse dans des proportions, il est vrai, bien réduites, mais non moins sensibles.

On sait que notre pays subit encore fortement l'influence des courants atmosphériques de l'ouest, qui viennent de l'Atlantique. L'Engadine avec ses larges massifs est la première contrée qui cherche pour ainsi dire à se créer son propre climat et oppose à cette influence maritime une influence toute locale. Ce vaste et haut plateau jouit en été, grâce à l'influence du soleil plus ardent qui brille sur les hauteurs, d'une chaleur beaucoup plus intense que des cimes étroites et isolées; et en hiver le refroidissement de l'atmosphère est d'autant plus sensible que le rayonnement a lieu dans un ciel plus pur.

	Année.	Hiver.	Printemps.	Été.	Automne.	Maxima.	Minima.
Sils Maria 1810 m.	1,93	—6,5	1,1	10,5	2,5	22,8	—23,0
Davos 1650 m...	2,53	—3,7	1,9	10,8	3,1	25,2	—24,7
Rigikulm 1784 m..	2,24	—3,9	0,6	9,0	3,1	20,6	—18,9

	Décembre.	Janvier.	Février.	Mars.	Avril.	Mai.	Juin.	Juillet.	Août.	Septembre.	Octobre.	Novembre.
Sils Maria.	—5,9	—8,4	—5,2	—1,3	+1,3	6,5	9,4	11,9	10,2	8,2	2,1	—2,6
Davos...	—5,4	—7,3	—4,5	—3,4	+1,8	7,4	9,6	12,2	10,6	8,9	2,7	—2,3
Rigikulm.	—3,3	—5,1	—3,3	—4,5	0,9	5,6	7,3	10,4	9,3	8,8	2,5	—1,8

Ce tableau montre d'une manière évidente la nature extrême du climat de la haute Rhétie. Entre Sils, dans la haute Engadine, et Davos, la différence entre la moyenne des mois de janvier et de juillet est de 20,3 et de 19,5° : ce sont là les froids les plus rigoureux de la Suisse (Davos est de 2,3 degrés plus froid que le Saint-Bernard qui est de 828 m. plus élevé. Des 75 stations météorologiques qui existaient en Suisse en 1871, il n'y a que celle de Bevers qui accuse des froids plus considérables que Davos, savoir 26,9 ; mais c'est là un phénomène à part, qu'il faut attribuer à l'influence d'un vent entièrement local qui passe sur les glaciers). Sils et Davos ont les mêmes maxima qu'Andermatt (22,6) et Engelberg (25,4), qui sont situés à 362 et à 626 m. plus bas.

Comparé avec le Righi, sommité entièrement isolée, Sils accuse presqu'à la même hauteur une différence de 4,8° de plus entre le mois le plus froid et le mois le plus chaud, et une différence de 6,3 de plus entre les maxima et les minima annuels. En été, la chaleur est en moyenne de 1,5 plus élevée et le printemps de 0,5 plus chaud ; la période de végétation est donc plus longue et plus favorable, mais en revanche l'hiver est de 2,6 plus froid et l'automne de 0,6 moins chaud. On voit que le soleil réchauffe l'Engadine plus promptement et fait monter dans la zone alpine la température d'été à la même hauteur que dans nos vallées montagneuses et subalpines. Mais cette chaleur fait place plus rapidement au froid de l'hiver : déjà en septembre, la température est au-dessous de celle du Righi.

Le caractère continental du climat se retrouve aussi dans les pluies. Après le Valais, le haut plateau de la Rhétie est, de toutes les contrées de la Suisse, la plus sèche, la plus pauvre en pluies.

Davos, qui est situé sur la limite du Prättigau, participe encore en quelque mesure de la richesse pluviale de cette vallée; aussi dans cette station la quantité de pluie annuelle monte-t-elle encore à 90 cm. (Klosters en a 120). A Sils, qui est plus rapproché du bassin du Tessin, elle est encore de 100 cm., tandis qu'à Bevers elle n'est déjà plus que de 84 cm. La cause de cette pauvreté est la même que pour le Valais, où les pluies tombent sur les versants extérieurs des montagnes et ne pénètrent pas dans l'intérieur de la vallée : dans l'Engadine, les courants atmosphériques se déchargent de leur humidité en passant sur les basses Alpes méridionales et septentrionales, et ils sont à sec quand ils abordent les vastes espaces du haut plateau.

Quant à la clarté du ciel, les observations faites à Sils, station située dans la région alpine, qui est en Suisse la plus riche en nuages et en pluies, donnent, comme moyenne des jours nébuleux, le chiffre de 5,2 dixièmes, tandis qu'à Genève et à Bâle cette moyenne est de 6,0 et 6,1 dixièmes.

En été, c'est précisément dans la zone de 1600 à 1800 m. que reposent les nuages; aussi en 1864 les jours nébuleux étaient-ils en juin de 7,5 dixièmes, en juillet de 6,4, en août de 4,3; tandis qu'à Zurich ils n'étaient pendant les mêmes mois que de 6,3, 4,8 et 4,2. A Sils, la moyenne qui résulte des observations de 12 années consécutives, n'est que de 5,7, 5,1 et 5,3. On voit qu'à Sils le nombre des jours clairs est notablement plus élevé qu'au Righi.

Dans ces conditions atmosphériques, la force d'évaporation propre aux hauteurs alpines agit avec une énergie bien plus grande. Mühry relève tout spécialement cette propriété de l'air qui a pour effet d'enlever à tel point l'humidité des objets, qu'il devient possible de conserver la viande sans sel en la séchant simplement à l'air. C'est pour la même cause que la surface du sol se dessèche partout où il n'est pas constamment arrosé et que la végétation est préservée d'une trop grande abondance d'eau glacée, provenant des neiges fondantes.

Une contrée plus particulièrement favorisée de ce haut plateau, c'est la haute Engadine avec ses lacs qui contribuent à rendre les hivers plus doux. C'est aussi dans cette partie de la contrée que le haut massif atteint son point culminant. La température y devient si favorable que la truite prospère encore dans les lacs les plus élevés de la Bernina, au Lago Bianco, à 2220 m. et au Lago della Crocetta à 2330 m.

Quant à la végétation, il va sans dire qu'à cette hauteur, au milieu des Alpes centrales, on se trouve en pleine flore alpine. Les arbres des Alpes rhétiennes sont le mélèze et l'arole, qui caractérisent en même temps la partie continentale du nord de l'Asie, du Kamtschatka au nord de la Russie. Le climat d'un massif élevé ayant pour effet de faire monter la limite supérieure de toute la vie organique,

la limite des arbres est aussi notablement plus élevée dans l'Engadine que partout ailleurs en Suisse. Au Thibet, les champs de blé
montent jusqu'à 5000 m., tandis que sur le versant méridional de
l'Himalaya les neiges éternelles descendent beaucoup plus bas ; de
même en Engadine, la limite supérieure des arbres monte même
sur les versants nord, de 5 à 600 m. au-dessus du fond de la vallée,
soit jusqu'à 2333 m. au-dessus de la mer.

Ni le mélèze, ni l'arole n'y forment de massifs purs. D'ordinaire,
ils sont mêlés les uns aux autres dans une union toute fraternelle et
comme s'ils sortaient de la même racine. Le mélèze affectionne de
préférence la lisière des forêts et les espaces ouverts. Il aime à se
trouver en plein pâturage. C'est dans ces endroits isolés qu'il atteint
son plus beau développement, et il arrive souvent que quelques-unes
de ses branches y acquièrent une vigueur plus grande aux dépens de
la symétrie de l'individu ; elles se courbent alors et donnent à
l'arbre quelque chose de plus riche et de plus puissant. Le vent
circule librement à travers ses rameaux grêles et aériens, pourvus
d'aiguilles minces et courtes. Le mélèze ne donne que peu d'ombre
et à ses pieds les herbes poussent plus riches que partout ailleurs dans
la forêt.

Où l'arole domine, l'ombre est plus épaisse, le sol plus moussu.
L'ours qui se rencontre encore assez fréquemment dans les forêts
d'aroles de la basse Engadine, mais qui d'ailleurs ne fait aucun mal
à l'homme, est d'une nature qui, dans le monde des animaux, cadre
admirablement avec la végétation forte et concentrée de cet arbre
dont il recherche l'ombrage. Au vert clair du mélèze se marie d'une
manière charmante le vert bleuâtre et foncé de l'arole. C'est vraiment
merveilleux de voir deux arbres de physionomie si dissemblable
former ensemble une union aussi étroite, aussi intime. Il semble que
le feuillage caduc du mélèze doive réclamer un tout autre climat que
celui de l'arole qui est toujours vert ; et pourtant, non seulement en
Suisse mais encore aux Carpathes et dans leur grande patrie sibérienne, ces deux conifères restent fidèlement liées l'une à l'autre.

A ces deux principaux représentants de la flore des arbres se mêle
un troisième élément, la variété alpine et en même temps boréale de
l'épicéa (*Pinus Picea du Roi f. medioxima* Nyl).

Cet arbre ne se trouve dans le reste de nos Alpes que par places et sous des formes moins saillantes. Pour la Suisse, c'est la Rhétie qui est sa véritable patrie.

Il faut mentionner encore pour cette région un quatrième arbre, le pin de montagne, *Pinus montana* Miller, dans sa forme élevée, plus caractérisée qu'ailleurs. On trouve même cet arbre en massifs purs au passage de l'Ofen dans la basse Engadine, et entre Laret et Davos. Il ressemble pour le port à la forme des Pyrénées, *P. montana* Mill. *f. uncinata* Ram., mais il en diffère par des écailles à crochets moins longs. Ce sont des arbres de 6 à 9 mètres de haut, de forme générale oblongue, au branchage court et ramassé, jamais disposé en ombelle comme celui du pin ordinaire.

Ce dernier ne se trouve même dans la haute Engadine que dans quelques stations très isolées. Il y paraît sous la forme montagneuse. à rameaux garnis de feuilles jusque très près du tronc : c'est la variété *Frieseana* Wich. Les derniers sapins blancs (*P. Abies du Roi*) ne montent que jusqu'à Scanfs (à 1630 m.). A ces forêts de conifères se mêlent çà et là, isolément, le sorbier (*Sorbus aucuparia*), le cerisier à grappes (*Prunus Padus*), ou encore le tremble (*Populus tremula*), le saule (*Salix pentandra, daphnoïdes*) ou le bouleau (*Betula alba f. pubescens* Ehrh).

Quant au sol de la forêt, il est tout émaillé d'herbes et d'arbustes alpins, appartenant aux espèces méridionales ; il en est même plusieurs qui ne croissent jamais dans d'autres stations. C'est avant tout le *Linnea borealis*, aimable petite caprifoliacée dont les mille corolles blanches à gorge rose, portées sur des pédoncules presque capillaires, se balancent au-dessus de tiges rampantes et allongées, garnies de nombreuses petites feuilles arrondies. Il est rare que cette plante mûrisse son fruit qui est une baie d'un beau jaune. Le *Rhododendron ferrugineum* forme partout sous-bois dans les forêts ; le *hirsutum* se rencontre plus rarement et seulement sur le calcaire ; le *Polemonium*, magnifique plante qui paraît ici sous une forme spéciale, le *P. cœruleum f. rhæticum*, caractérisée par des feuilles décurrentes ; l'Ancolie des Alpes (*Aquilegia alpina*), le *Geranium aconitifolium*, espèce à fleurs blanches, l'*Atragene alpina*, l'*Achillea moschata*, animent et rehaussent admirablement le charme de ces bois pleins de soleil, sur lesquels s'étend un ciel du plus profond azur. Des églantiers à fleurs d'un rouge foncé, les *Rosa pomifera* et *cinnamomea*, se joignent à cette flore de hautes Alpes et montent jusqu'à Pontresina, à 1803 m.

C'est avec raison que Rambert, en décrivant ces forêts de l'Engadine et les plantes qui s'y trouvent leur accorde la palme pour l'élégance distinguée et la délicatesse exquise. Ce caractère esthétique tient également au climat, à la sécheresse, à l'insolation, aux effets de la lumière et de la chaleur. Aussi l'Italien ne dit-il pas sans raison *Engiadina, terra fina.*

La végétation des prairies et des pâturages est composée pour la plus grande partie de plantes essentiellement alpines. Tout montre que l'on se trouve au centre de la grande chaîne.

Dans les prairies à foin, qui dans la partie supérieure de la vallée s'étendent à plat sur des lieues entières, on trouve, croissant en abondance, une foule d'espèces qui ailleurs ne prospèrent que sur les pentes des hautes montagnes. Dans les prairies du plateau de Saint-Moritz et de Campfer, *Androsace obtusifolia, Gentiana nivalis, Viola calcarata* et *tricolor f. bella, Onobrychis montana, Trifolium alpinum, Aster alpinus, Pedicularis tuberosa,* croissent parmi les graminées et les hautes tiges du *Cirsium heterophyllum* et du *Centaurea nervosa.* Les prairies sont l'orgueil et la beauté du pays. A la fin de juin elles brillent de couleurs si magnifiques, elles sont ornées d'une telle profusion de grandes fleurs, que l'on chercherait en vain en Suisse quelque chose de semblable. Le blanc des chrysanthèmes géants, le jaune des composées, telles que l'*Hypochœris uniflora,* les *Hieracium,* l'*Arnica montana,* etc.; le rouge du *Lychnis diurna,* du *Cirsium* et du *Centaurea ;* la nuance foncée des violettes, le brun noirâtre du *Phleum alpinum,* le bleu des nombreuses gentianes, du *Viola calcarata,* du *Viola tricolor* var. *bella,* des *Véroniques,* des *Campanules* et des *Phyteuma* se marient de la manière la plus agréable et donnent à ces vastes espaces couverts de fleurs une teinte qui rappelle toutes les couleurs de l'arc-en-ciel.

Laissons Brugger décrire le réveil du printemps dans cette contrée. Le 22 mars, soit en moyenne 42 jours avant la disparition générale des neiges, on voit s'ouvrir la corolle bleue du *Gentiana verna,* et avec elle ou bientôt après, la fleur dorée du *Potentilla verna* et les clochettes soyeuses de l'*Anemone vernalis.* Sur les pentes calcaires exposées au soleil, l'*Erica carnea* commence à se couvrir de ses fleurs roses. Le 2 avril, les blancs calices du *Crocus vernus* (la variété violette est inconnue dans l'Engadine) surgissent dans les places dénudées des prairies, en si immense quantité que ces dernières, déjà verdoyantes, paraissent un moment recouvertes d'une nouvelle couche de neige. Le 3 avril, au premier chant de l'alouette, le *Tussilago Farfara* ouvre ses capitules dorés. Le 18 avril, le *Primula farinosa* fait son apparition dans la prairie et le *P. hirsuta* sur les rochers. Le 24 avril, c'est le tour du *Polygala Chamœbuxus*, du *Thlaspi Salisii*, du *Gentiana acaulis* et de l'*Anemone sulfurea*. Ce n'est guère qu'à partir du 3 mai que le fond de la vallée est entièrement dégarni de neige; le développement du plus grand nombre des fleurs des prairies prend un essor rapide; au 18 mai, ces dernières sont du plus beau vert et l'on y voit fleurir le *Viola calcarata* et le *Primula officinalis*. Le 18 juin, le *Prunus padus*, le *Sambucus racemosa*, le *Berberis* et les *Vaccinium* sont en pleine floraison. Les dernières neiges d'hiver tombent en moyenne avant le 12 juin, mais elles reparaissent une fois ou l'autre pendant tous les mois de l'année, ne fût-ce que pour un moment. Le 20 juin, le rhododendron fleurit et la vie végétale a atteint son apogée dans la vallée.

A Engelberg, qui est à 800 m. plus bas que l'Engadine, le premier printemps n'est pas plus précoce : le crocus n'y paraît même que le 7 avril (en 1866). L'avantage d'une situation beaucoup moins élevée n'apparaît qu'au moment du réveil des forêts d'arbres à feuilles, réveil qui est plus printanier (28 avril).

En Engadine, la puissante influence du climat continental se manifeste d'une manière évidente, tant par l'élévation rapide de la température que par la précocité du printemps.

Les buissons de rosages, de vaccinium, de *Juniperus nana* recouvrent les pentes inférieures. Près des ruisseaux, sur la rive des lacs, les saules nains se montrent sous leurs formes les plus diverses. Aux espèces boréales telles que l'*Arbuscula*, le *Myrsimites*, le *Lapponum*, le *glauca*, le *hastata* vient se joindre le *cæsia*, des Alpes méridionales.

Les éboulis sont recouverts d'*Alnus viridis* comme sur les côtes de la mer de Behring, et sur le sol calcaire, rare d'ailleurs, on trouve le *Pinus montana* Mill. f. *Pumilio* Hke. et même déjà sa variété des contrées du sud-est, le *Mughus* Scop., caractérisé par des écailles à ombilic plat et non prolongé en crochet.

Le *Primula graveolens* Heg., belle primevère à corolle d'un pourpre foncé, croît en quantité sur les rochers. Dans la basse Engadine,
le *Cortusa Mathioli* orne les ravins humides, et le *Daphne striata*
Tratt., la plus belle espèce du genre, plus répandue dans les Grisons
que partout ailleurs, étale sa fleur odorante, du plus beau rose.

A partir de 2500 m., les hauteurs sont occupées par la flore des
hautes Alpes, qui s'y étale dans toute sa variété et dans toute sa
magnificence. On remarque cependant la prédominance des graminées à feuilles coriaces, telles que le *Nardus*, le *Sesleria disticha*, le
Kœleria hirsuta, les *Festuca pilosa, varia* et *Halleri*. Au commencement
d'août, les pentes sont déjà desséchées et jaunies, à moins que les
filets d'eau qui découlent des neiges ne les arrosent et ne conservent
la verdure. Tout autour des champs de neige fondante, brillent d'un
éclat superbe l'*Eritrichium* au bleu d'azur, l'*Androsace glacialis* aux
fleurs d'un rose pâle, et une foule d'autres espèces rares qui ne se
trouvent pas ailleurs en Suisse.

C'est sur le haut plateau de la Rhétie que les plantes des Alpes
occidentales se rencontrent avec celles des Alpes orientales ; cette
contrée forme la limite entre les territoires des deux flores. Toute
une série d'espèces qui, du Dauphiné au Valais, étaient au nombre
des plus saillantes atteignent dans l'Engadine et au massif de l'Ortler,
leur dernière étape du côté de l'est ; de même toute une série d'espèces s'avancent du Tyrol et de la Bavière jusqu'en Engadine, où elles
atteignent leur dernière étape du côté de l'ouest.

Si nous cherchons à nous rendre compte d'une manière plus
exacte de la ligne tracée par cette limite, nous verrons que le vaste
plateau de la haute Engadine, du Maloja à Zernetz, avec les larges
massifs de la Bernina et de l'Albula, fait encore partie du territoire
occidental ; tandis que la basse Engadine avec ses chaînes calcaires
plus abruptes et sa configuration plus étroite qui rappelle les vallées
du Tyrol, doit certainement être envisagée comme appartenant encore
au territoire oriental. Ce n'est donc pas, comme dans les Alpes
orientales, une vallée profonde servant de lit à un fleuve, qui forme
la limite entre les deux flores : c'est le point où le plateau se rétrécit
en chaînes plus étroites. Théobald, ce savant connaisseur des montagnes des Grisons, dit en parlant de la basse Engadine et du Münsterthal : « Il est bien rare de trouver des montagnes aussi gigantes-

ques, aussi rapprochées l'une de l'autre et pourtant séparées les unes des autres par des entailles aussi profondes. » Au point de vue du climat, cette configuration du terrain a pour effet une augmentation de chaleur, qui jointe à l'élévation générale du sol, encore considérable, fait monter la température à une hauteur toute continentale.

La ligne qui sépare les deux territoires passe du groupe de la Silvretta par Süs et Zernetz au Stelvio et à l'Ortler, dont le versant oriental possède encore plusieurs espèces occidentales. Dans son ensemble, le massif large et puissant de l'Ortler appartient encore au même territoire que le massif de la Bernina, quelle que soit d'ailleurs l'importance donnée par les géographes à l'Adda et à l'Oglio envisagés comme limites.

Les espèces suivantes ne se trouvent que dans la basse Engadine et dans le Münsterthal, y compris la vallée voisine du Samnaun : *Pedicularis asplenifolia* et *Jacquini, Centaurea austriaca* Rb. non Willd (les deux dernières espèces se retrouvent au Rhæticon), *Sempervivum Funckii, Primula glutinosa* et *Œnensis* Thom. (*Daonensis* Leyb.), *Draba stellata* et *tomentosa f. nivea, Orobanche lucorum* (aussi à Poschiavo), *Senecio nebrodensis*, qui est aussi dans les vallées insubriennes, et qui a pénétré encore, en remontant la vallée, jusque dans la haute Engadine. Toutes les espèces mentionnées dans cette série sont orientales et atteignent ici leur limite occidentale.

A l'est de la limite que nous avons tracée, *Rosa caryophyllacea* (haute Valteline, Palatinat), *Sisymbrium strictissimum* (Poschiavo, Piémont), *Thalictrum alpinum* (Mont-Cenis), *Corthusa Mathioli* (Piémont), *Astragalus depressus* (Tessin, Vaud), ne se trouvent que dans la basse Engadine; mais après une vaste lacune, qui pour la plupart d'entre elles comprend toute la Suisse, elles se retrouvent à l'ouest dans quelques stations isolées.

Le *Dianthus deltoïdes* s'avance jusqu'au canton de Zurich, et de là jusque dans les Vosges.

L'*Aconitum variegatum* et le *Galeopsis versicolor* se retrouvent par places dans les petits cantons et la partie nord-est de Glaris (Matt). Cette dernière espèce possède encore une localité isolée dans le Val Anzasca.

Après les espèces que nous venons de mentionner et qui sont singulièrement nombreuses pour une contrée qui ne compte, de Zernetz à Finstermünz, que quelques lieues carrées, espèces qui sont très répandues plus à l'est dans le Tyrol, nous passons à l'énumération des espèces occidentales qui s'arrêtent à cette limite. On pourra juger de l'importance de cette frontière naturelle.

Le *Gentiana purpurea*, commun en Suisse, s'arrête dans la haute Engadine (sauf une station isolée au Val Mingher); dans la chaîne septentrionale il ne dépasse pas non plus l'Iller dans le Vorarlberg.

Le *Viola calcarata*, cette magnifique violette de nos Alpes, est encore très abondante dans la haute Engadine; elle a sa limite au Stelvio et manque presque entièrement dans le Tyrol. Dans la chaîne septentrionale, elle ne dépasse pas le Rhætikon.

L'*Alchemilla pentaphyllea*, qui est commun en Suisse, s'avance jusqu'au massif de l'Ortler, sans franchir la vallée de l'Adige.

Le *Plantago alpina* qui, dans la haute Engadine, est encore une des plantes les plus communes des pâturages alpins, devient beaucoup plus rare à partir de la frontière du Tyrol.

Le *Ranunculus Thora* s'avance jusqu'à l'Albula et au Murter près de Zernetz, pour faire place plus à l'est au *R. hybridus*.

Le *Primula integrifolia* n'est pas rare dans la haute Engadine jusqu'au Fluela et autour du groupe de Silvretta; plus à l'est, il fait entièrement défaut.

Le *Primula graveolens*, qui est très répandu dans l'Engadine, ne va pas non plus jusqu'au Tyrol.

De même, d'après les observations de Zuccarini, les espèces suivantes : *Potentilla nivea, Alsine rostrata, Geranium divaricatum*, ainsi que *Luzula lutea, Astrantia minor, Nasturtium pyrenaicum, Erinus alpinus, Achillea nana* et *macrophylla* (qui manque aussi à la basse Engadine), *Primula hirsuta, Dracocephalum Ruyschiana, Carex fœtida, Laserpitium hirsutum, Bupleurum stellatum, Viola cenisia* — tout en se retrouvant çà et là dans le Tyrol, n'en ont pas moins leur territoire principal à l'ouest du massif de l'Ortler.

D'après Haussmann, il en est à peu près de même des *Campanula cenisia* et *rhomboïdalis, Aquilegia alpina, Saxifraga planifolia, Artemisia glacialis, Geranium divaricatum, Crepis pygmœa, Viola cenisia, Herniaria alpina*. Toutes ces espèces sont occidentales et diminuent à l'est du cours de l'Adige pour disparaître bientôt.

Le *Saxifraga Cotyledon* et le *Rosa montana*, qui sont si caractéristiques pour les Alpes centrales et occidentales, ne s'avancent également dans la haute Valteline que jusqu'à Bormio, sans aborder le bassin de l'Adige.

En revanche, à l'est du Stelvio et du Vintschgau on voit paraître : *Rhodothamnus Chamæcistus, Carex fuliginosa, Arabis petræa, Primula minima, Saxifraga Burseriana, Sesleria sphærocephala, Dianthus alpinus, Saxifraga elatior, Senecio nemorensis f. Cacaliaster, Artemisia tanacetifolia, Astragalus vesicarius, Horminum pyrenaicum, Pæderota Bonarota, Soldanella minima, Cardamine trifolia*, plantes qui sont au nombre des espèces caractéristiques des montagnes du Tyrol.

De pareilles variations dans la flore, sur une ligne aussi étroite, démontrent de la manière la plus évidente que cette ligne forme bien la limite entre les deux territoires de l'est et de l'ouest.

Ce n'est pas seulement dans le monde des plantes, mais aussi dans le monde animal que cette ligne forme limite. Dans la haute Engadine on trouve encore l'*E. Evias*, qui appartient aux Alpes occidentales et est un des papillons les plus caractéristiques des vallées méridionales, de l'Espagne jusqu'au Piémont, au Valais et au Tessin (Generoso). A partir de Bormio, et déjà de la Grigna, il est remplacé par l'*E. Nerine*, qui appartient exclusivement aux Alpes orientales.

Killias a trouvé près de Tarasp les *Lycæna Amanda* et *Meleager*, et le *Zygæna pilosellæ f. Pluto*, lépidoptères des contrées de l'est qui manquent ailleurs en Suisse, sauf en Valais, où l'on a constaté la présence des deux Lycènes.

Le *Melitæa Maturna* qui est également une espèce orientale monte jusqu'à Pontresina et se retrouve isolément au Val d'Anniviers et au Mont-Cenis.

D'après Mousson, l'*Helix ericetorum*, qui est une espèce suisse, est remplacé à Tarasp par l'*H. obvia Hart.*, et l'on voit paraître la forme plate de l'*H. zonata*, qui n'existe pas ailleurs en Suisse et qui est une espèce du Tyrol.

L'influence de l'est se fait également sentir dans le climat de la basse Engadine.

A Zernetz, à 1476 m., l'hiver et l'été comparés avec ceux d'Andermatt, qui est à la même altitude (1448 m.), ont un carac-

tère bien continental. On retrouve la même différence entre les stations de Remus (1245 m.) et de Churwalden (1213 m.), bien que
Churwalden fasse déjà partie du haut plateau rhétien.

Voici les indications relatives à ces quatre stations.

	Année.	Décembre.	Janvier.	Février.	Mars.	Avril.	Mai.	Juin.	Juillet.	Août.	Septembre.	Octobre.	Novembre.
Zernetz....	3,8	—5,7	—8,0	—3,8	—2,2	3,7	9,1	11,5	11,3	12,8	11,1	4,1	—1,1
Andermatt ..	3,6	—4,6	—6,7	—3,4	—1,6	3,1	7,9	9,6	12,1	10,5	9,3	3,5	—1,8
Remus.....	5,3	—3,6	—6,2	—1,9	0,0	5,8	11,7	13,5	16,1	11,4	12,6	5,6	—0,5
Churwalden..	5,8	—1,2	—2,9	—0,1	—0,2	5,1	10,6	12,0	15,0	13,2	12,0	5,6	—0,9

En février, la température de la basse Engadine est encore au-
dessous de celle des vallées alpines occidentales, mais en avril et
surtout en mai, la chaleur du printemps monte déjà bien plus haut,
et cette augmentation se soutient même jusqu'en octobre. Pour la
Suisse ce climat est extrême et ne se retrouve sur aucun autre
point de notre territoire. Pour trouver des températures d'hiver
comme celle de janvier à Zernetz, il faut s'élever jusqu'à Sils-Maria,
qui est à 340 m. plus haut (la moyenne de janvier y est de — 8, 4)
et dans les Alpes centrales et occidentales, jusqu'au Saint-Gothard
(2093 m. — 8, 2) et au Saint-Bernard (2478 m. — 8, 8).

J'excepte la station de Bevers, qui, comme nous l'avons déjà dit,
est dans une situation particulièrement défavorable à cause des vents
qui descendent des glaciers. En juillet, la température de Remüs est
plus élevée que celle de toutes les stations du réseau météorologique
au-dessous de 1036 m.

Le climat plus extrême de la basse Engadine, comparé à celui de
la haute Engadine, se révèle surtout par des pluies moins abondantes.
A Bevers la pluie annuelle est encore de 84 cm,, chiffre extrêmement bas et sans égal pour la région alpine de la Suisse ; mais à
Zernetz elle n'est plus que de 63, à Schuls de 66 et même de 62 cm.
à Remus. Ce sont des chiffres qui révèlent pleinement la nature continentale du climat, le plus continental de toute la Suisse ; ils montrent en même temps la prédominance des vents secs qui soufflent de
l'est.

La puissante influence qu'une température relativement si

extrême, jointe au soleil ardent de la région montagneuse et aux
pluies peu abondantes, exerce sur les organismes — ne se manifeste
pas seulement par l'existence d'espèces orientales, mais encore d'une
manière plus visible par les nuances plus vives que les papillons
revêtent dans la basse Engadine. Les *Lycœna* y sont d'un bleu
foncé, d'une nuance qu'ils n'ont pas même au Valais. Le *L. Damon*,
qui est au Valais d'un vert bleuâtre, est à Tarasp d'un bleu plus
pur et plus éclatant; le *L. Aegon* est d'un bleu profond avec une
bordure noire très large, rayonnant vers le milieu des ailes; le
Zœygna transalpina Esp. a sur les ailes inférieures une bordure
noire très large; les *Z. achilleœ, Minos, filipendulœ* sont d'une couleur si foncée qu'au premier abord on a peine à les reconnaître; les
Erebia Medusa, Ceto, Ligea et *Euryale* y sont de même d'un noir plus
foncé, à ocelles plus saillantes que partout ailleurs en Suisse.

Killias fait remarquer qu'aux environs de Tarasp les fleurs des
champs sont, comme les papillons, d'une couleur plus foncée.

L'Engadine, dont le fond est situé bien haut dans la région des
conifères, c'est-à-dire à une hauteur où même au Valais les formes
méridionales ont déjà disparu, possède donc en plein la flore et la
faune d'un pays au climat chaud. C'est ce qui ressort clairement des
listes que nous avons données plus haut. En trouvant dans la basse
Engadine des plantes telles que *Sisymbrium strictissimum, Lilium bulbiferum, Dracocephalum austriacum, Rosa caryophyllacea, Orobanche
lucorum, Centaurea maculosa, Stipa*, et des lépidoptères tels qu'*Epinephele Eudora, Melitœa Phoebe, Syrichthus Carthami, Lycœna Meleager
et Cyllarus* on est tenté de classer ce petit territoire à côté des chaudes régions de la Suisse.

Un fait qui semblerait parler en faveur de cette classification, c'est
que les plantes des forêts humides, telles que *Mulgedium alpinum,
Achillea macrophylla, Luzula sylvatica*, qui toutes s'avancent jusqu'au
fond du Val Sardaska, manquent dans la basse Engadine, et que le
Primula elatior qui domine à Davos y est remplacé par une forme
très grande de l'*officinalis*. Mais ce qui s'oppose à ce que nous com-
prenions cette contrée au nombre des chaudes régions dont nous
avons parlé au commencement de cet ouvrage, c'est la présence des
forêts de conifères et d'un grand nombre de lépidoptères alpins. Le
mélange de formes méridionales et de formes alpines est si accentué,

que nous rencontrons en effet, avec les papillons déjà nommés, les *Lyc. Eros, Erebia Ceto, Argymis Thore* et *Ino Geryon f. chrysocephala,* espèces alpines par excellence.

Tout cela montre que la basse Engadine appartient en propre aux Alpes méridionales et que, pour sa flore et sa faune, elle n'est pas tributaire du bassin de l'Inn qui se dirige vers le nord-est, mais bien de celui de l'Adige. On peut y constater, comme à Schaffhouse et au pied du Jura, que les lignes de végétation ne coïncident pas avec le cours actuel des fleuves. A Schaffhouse, nous avons vu que le Rhin. dans son cours actuel, traverse deux territoires distincts, l'un à l'ouest et l'autre à l'est, et situés tous deux au nord des Alpes ; dans la basse Engadine, un fleuve qui coule vers le nord arrose un territoire qui doit sa flore à une vallée alpine méridionale, absolument comme aujourd'hui les eaux du Jura, qui s'épanchent vers le nord, traversent une région basse dont la végétation émane de la partie méridionale de la vallée du Rhône.

Il est vrai que la Reschenscheideck, ligne de partage des eaux entre le bassin de l'Inn et celui de l'Adige, est à 400 mètres au-dessus du cours de l'Inn à Martinsbruck et de celui de l'Adige à Mals, mais dans une contrée d'une altitude générale aussi élevée, cette limite n'a pas été au point de vue du climat une barrière assez puissante pour empêcher la colonisation par le sud.

Ce qui parle encore en faveur de cette hypothèse, c'est le territoire occupé actuellement par chaque espèce en particulier.

Le *Laserpitium Gaudini,* si abondant dans les Grisons, manque dans la partie tyrolienne de la vallée de l'Inn et dans tout le Tyrol septentrional. Il se retrouve vers le sud à Nauders et à Reschen ; autrement dit, il monte par le bassin de l'Adige dans la basse Engadine.

Il en est de même des *Sisymbrium strictissimum, Centaurea maculosa, Arabis saxatilis, Capsella pauciflora, Erysimum helveticum.* A partir de Finstermünz, ils manquent entièrement au bassin de l'Inn ; mais ils franchissent le bassin de l'Adige pour reparaître dans le Vintschgau inférieur. Ces espèces appartiennent à la flore alpine méridionale. Il est surtout remarquable de voir comment se comportent le *Dracocephalum austriacum* et l'*Alsine rostrata.* Ces plantes manquent dans toute l'étendue du Tyrol, à l'exception du bassin de

l'Adige, qui touche à la basse Engadine. On voit donc bien clairement, même quand il s'agit d'espèces rares, que les liens les plus
intimes rattachent entre elles les deux vallées.

Parmi les espèces orientales qui montent jusque dans la *haute
Engadine*, il faut mentionner : *Arabis Halleri, Capsella pauciflora,
Dianthus glacialis, Stellaria Friesoana, Sempervivum Wulfenii, Senecio
abrotanifolius* (qui se retrouve dans l'Appenzell) et *carniolicus, Crepis
Jacquini, Papaver alpinum f. rhæticum, Carex Vahlii, Valeriana supina*
(qui reparaît au Strela et au Rhætikon) ; en outre le *Willemetia
apargioides* et le *Leontodon incanus,* qui dans les chaînes septentrionales vont jusqu'aux Alpes de Schwytz.

L'*Atragene alpina* se trouve dans la haute Engadine et dans la
partie centrale des Grisons. Ces stations se rattachent au territoire
très étendu que cette plante occupe en Bavière et au Tyrol. Elle
reparaît dans la Suisse occidentale.

Le *Pulmonaria azurea* n'est pas rare dans la partie centrale des
Grisons, ainsi que dans les montagnes de la zone insubrienne, où
il atteint sa limite occidentale ; il ne reparaît qu'au centre de la
France.

Le territoire du *Daphne striata* s'étend de l'est dans le canton des
Grisons où il a sa station principale. De là, il passe au canton d'Uri
et aux Alpes septentrionales de Saint-Gall et de Schwytz, où il paraît
s'arrêter ; il reparaît ensuite sur les cimes voisines du col de Lautaret dans le Dauphiné, où il fait contraste avec toute une flore austro-
occidentale.

Dans le haut Valais et dans la région insubrienne, nous avons
constaté des cas d'endémisme bien caractérisés. Nous ne pouvons en
faire autant pour ce qui concerne l'Engadine. Il n'y a guère que la
variété du *Polemonium* dont nous avons parlé plus haut (P. *cœruleum
f. rhæticum* Thom.) qui puisse être envisagée comme forme endémique. Pour toutes les autres espèces, l'Engadine doit être considérée
comme faisant partie du Tyrol méridional ; on y retrouve les mêmes
espèces caractéristiques, telles que le *Primula œnensis,* etc. Une distribution qui offre un intérêt tout particulier, c'est celle du *Melitæa
Asteria.* Ce papillon ne se trouve que dans deux circonscriptions,
dont l'une comprend le Calanda, le Gurgeletsch, l'Albula et le Val
del Fain, et l'autre le massif du Glockner. Une pareille distribution

rappelle celle des plantes alpines les plus localisées, celle du *Carex ustulata*, par exemple, qui se trouve au Fimberjoch en compagnie du *Crepis jubata*.

En revanche, les espèces occidentales ci-après atteignent leur limite orientale dans la haute Engadine : *Adenostyles leucophylla, Saussurea depressa, Scirpus alpinus, Leontodon pseudocrispus, Geranium aconitifolium* (cette dernière espèce se retrouve encore au Val Tasna, dans une station isolée).

Je relève encore les points suivants pour ce qui concerne la végétation et la flore du haut plateau rhétien.

La présence du *Laserpitium Gaudini*, répandu jusqu'au fond de la haute Engadine et même disséminé jusque dans les montagnes de la partie méridionale du canton de Saint-Gall, prouve que la Rhétie se rattache déjà aux montagnes de la région insubrienne, quelque différents que puissent être d'ailleurs les climats des deux contrées.

Le *Tommasinia verticillaris* est bien une espèce endémique des Grisons, du Tyrol jusqu'à Lienz dans la vallée de la Drau et du Val Fiemme, sans parler d'une station isolée en Serbie.

Le *Thlaspi Salisii*, forme intermédiaire entre le *Th. alpestre* et le *perfoliatum*, est abondante dans la haute Engadine (il se trouve encore par places près de Lavin) et dans la partie supérieure de la vallée de Poschiavo. Cette forme ne m'est connue que de ces contrées. Il est remarquable que l'espèce type, le *Thl. alpestre*, paraisse dans chaque contrée sous une forme spéciale, ce qui se voit non seulement dans les Alpes (*Thl. Lereschii, Thl. brachypetalum, Thl. virgatum*), mais encore au Jura (*Thl. Gaudini*), et même dans les Vosges (*Thl. vogesiacum*).

Un fait digne de remarque, c'est que le *Trientalis*, plante du Nord qui a ses stations normales les plus méridionales dans les marais de l'Allemagne, autrefois au Titisee dans la Forêt-Noire et près d'Einsiedeln, et qui, comme beaucoup d'autres espèces boréales, évite la chaîne des Alpes — se retrouve dans une station entièrement isolée, au cœur des Alpes de la Rhétie, au val Roseg, dans la chaîne de la Bernina. Ce phénomène ne se répète que sur deux points des Alpes centrales, savoir à Andermatt, dans le massif septentrional du Saint-Gotthard, sur l'alpe de Tartsch dans le Vintschgau tyrolien, et enfin dans les basses Alpes de la Savoie, près d'Albertville. En Bavière,

elle ne monte pas même jusqu'aux sous-alpes. Cette distribution
rappelle encore une fois celle du *Juncus squarrosus* qui n'est pas rare
dans la Bavière, la Forêt-Noire et les Vosges, mais qui ne se trouve
nulle part dans les Alpes suisses, excepté à Andermatt et aux Ormonts.
Il faut signaler encore le fait que les marais alpins de la haute
Engadine, qui sont riches en espèces essentiellement alpines, le sont
aussi en cypéracées et en joncacées ou autrement dit en espèces
boréales paludéennes, telles que *Juncus arcticus* (qui se retrouve au
Fluela), *Carex Buxbaumii, irrigua, ustulata, bicolor, Microglochin*. Le
C. Vahlii a ses stations à Saint-Moritz, au Val Bevers, à l'Albula et
dans les contrées limitrophes du Tyrol.

Il est encore deux plantes qui méritent d'être spécialement mentionnées et dont la distribution offre la plus grande analogie avec
celle des espèces boréales citées plus haut, c'est le *Botrychium virginia-
num*, magnifique fougère des contrées du Nord, surtout de l'Amérique, laquelle manque à partir de la Dalécarlie, de la Finlande et du
centre de la Russie, à l'exception d'une seule station, celle de *Ser-
neus*, située dans le Prættigau, où cette plante se trouve dans la région
des arbres à feuilles. Puis *Galium triflorum* Michaux, plante du Canada
et de la Suède, que M. Killias vient de trouver à Tarasp.

La flore du haut plateau situé entre le Rhin antérieur et l'Inn est
évidemment tributaire de celle de l'Engadine, et c'est bien là, en
Engadine, qu'est le foyer central de la distribution : les espèces qui
ont pénétré dans les montagnes et dans les vallées de l'intérieur des
Grisons, ne sont pour ainsi dire que des étincelles émanant de ce
foyer. C'est ainsi que le *Valeriana supina* s'avance jusqu'à la chaîne
extérieure des Alpes rhétiennes, à la Scesa Plana, massif du Rhætikon. Là, elle touche à la limite orientale du *Campanula cenisia*. De
même, d'après Brugger, les *Senecio carniolicus* et *abrotanifolius* et le
Primula glutinosa (sous la forme *exilis* Brugger) montent jusqu'à
Parpan (au Rothhorn), *Pleurogyne, Dianthus glacialis* et *Carex bicolor*
jusqu'à la chaîne du Tödi, et le *Sempervivum Funkii* jusqu'au Rheinwald. Quant à la distribution des autres espèces, il n'y a que peu de
chose à remarquer. Le *Juncus castaneus*, espèce du Nord qui s'avance
jusqu'en Angleterre, reparaît en Autriche, en Carinthie (il est douteux pour le Tyrol) et dans l'intérieur des Grisons, à Obersaxen, à
Vals et au Splügen et, d'après Kilias, au Fluela. Vers l'ouest, du côté

du Gotthard et du Tessin, on remarque dans les montagnes du groupe de l'Adula la présence de l'*Armeria alpina* et de l'*Hieracium picroides*, espèce intermédiaire entre l'*albidum* et le *prenanthoides*. Le *Linnea borealis* est répandu dans la plupart de ces hautes vallées. Le *Primula integrifolia* est abondant dans toute la contrée et s'arrête aux hautes sommités du Tessin et au Saint-Gotthard, mais, du côté du nord-ouest, il touche aux hautes Alpes bernoises.

La vallée du Rheinthal est plus spécialement caractérisée par la présence de trois plantes essentiellement transalpines. Ce sont les suivantes : le *Saxifraga Cotyledon*, qui pénètre jusque dans les gorges de la Rofla, le *Polygonum alpinum*, observé dans les prairies de Nufenen, et l'*Horminum* sur le versant du Valserberg et près d'Alveneu. Toutes les fois que ces espèces, qui sont caractéristiques pour les pentes méridionales, se trouvent sur le côté nord de la chaîne, elles montrent que la contrée subit à un haut degré l'influence du Midi et forment une colonie alpine méridionale. Quand nous aborderons le pays d'Uri et l'Oberland bernois, nous aurons à parler plus au long de ces colonies.

Une de ces dernières stations périphériques, station fort remarquable, c'est le Flimserstein, promontoire de la chaîne entre Saint-Gall et l'Oberland grison, On y trouve le *Crepis jubata*, cette plante si rare de la chaîne centrale, le *Phyteuma pauciflorum* et une quantité d'autres espèces nivales des grandes Alpes.

D. **L'Oberland bernois et les Alpes moyennes.**

Pour la beauté du paysage, l'Oberland dépasse de beaucoup toutes les autres contrées du versant septentrional de la chaîne. Nous ne trouvons nulle part des cimes aux formes si pittoresques et si harmonieuses, des lacs aussi splendides, des vallées aussi riches en beautés de toute sorte. Et pourtant, cette contrée est, quant à la flore, l'une des plus pauvres de toute la Suisse. Ce fait prouve évidemment que la pauvreté relative de certaines contrées n'est pas due au séjour prolongé des glaciers, mais à l'isolement de ces contrées, séparées par des barrières infranchissables des régions du sud et du sud-ouest, plus riches en espèces. La flore du sud-ouest s'avance jusqu'au versant méridional des Alpes bernoises. Dès qu'on a franchi la Gemmi, on trouve au Torrenthorn et sur l'alpe de Cherbenon : *Potentilla nivea, Anemone baldensis, Androsace carnea, Achillea nana, Lychnis alpina, Aretia Vitaliana, Saxifraga biflora.* De même à peine a-t-on laissé le Grimsel derrière soi, que déjà à la Mayenwand on se trouve en pleine flore valaisanne. Il y a plus encore : les dépressions de la grande chaîne montrent clairement que quelques espèces du Valais ont gagné le versant nord, grâce aux courants atmosphériques. Il est donc hors de doute que ce sont bien les hautes crêtes des Alpes bernoises qui empêchent les plantes alpines méridionales de se répandre de leurs foyers jusque sur les hauteurs de l'Oberland. Du côté de l'est, la chaîne calcaire septentrionale barre de même à beaucoup d'espèces le passage à l'intérieur des Alpes bernoises. Cette chaîne extérieure est ornée de toute une série d'espèces du sud-ouest qui, sauf quelques exceptions, n'ont pas pénétré dans l'Oberland. La présence de ces espèces vient à l'appui du principe que nous venons d'établir.

Si l'Oberland compte un nombre relativement restreint de plantes alpines, cela provient des obstacles infranchissables qui s'opposent à la migration des espèces du sud-ouest. L'Oberland n'est accessible que du côté du nord et du nord-est; or de ce côté il ne pouvait lui venir qu'un contingent beaucoup plus faible que celui qui lui serait venu des contrées que nous euvisageons comme les foyers de création des espèces alpines. En outre, l'Oberland, dont les nombreuses vallées s'ouvrent toutes vers le nord, est tout différent du Valais, la vallée par excellence qui jouit du climat du sud-ouest et se rattache à la flore de ces régions. L'Oberland est une sorte de muraille exposée aux influences du climat du nord et servant à en garantir le Valais.

La flore alpine de ces magnifiques contrées est donc assez ordinaire ; souvent même elle a quelque chose de trivial. Elle se compose des espèces les plus généralement répandues, et pour une contrée aussi vaste et à région alpine aussi étendue, tant en hauteur qu'en superficie, elle ne compte qu'un fort petit nombre de raretés.

Au nombre des espèces qni sont généralement répandues dans les hautes Alpes suisses et qui, en conséquence, se rencontrent aussi fréquemment dans l'Oberland bernois ou du moins n'y sont pas rares, il faut mentionner :

Aquilegia alpina, Delphinium elatum, Viola calcarata, cenisia, Trifolium alpinum, Phaca australis, Potentilla minima et *grandiflora, Alchemilla pentaphyllea, Saxifraga cæsia* et *aspera, Gaya simplex, Laserpitium hirsutum, Artemisia spicata, Achillea moschata* et *macrophylla, Chrysanthemum alpinum, Aronicum Clusii, Campanula cenisia* et *rhomboidalis, Gentiana thachyphylla* et *tenella, Erinus alpinus, Veronica saxatilis, Pedicularis rostrata* et *tuberosa, Androsace helvetica* et *glacialis, Paradisia, Juncus Jacquini, Luzula lutea* et *spadicea, Carex fœtida, lagopina, irrigua, nigra, Elyna, Trisetum subspicatum, Poa laxa, Allosorus.*

Cette série d'espèces est caractéristique pour la haute chaîne alpine intérieure, mais il y manque les espèces qui s'y mêlent ailleurs et qui distinguent nos régions du sud-ouest et du sud-est. Cette flore est une flore neutre.

Le *Viola lutea* est plus répandu dans les Alpes bernoises que partout ailleurs ; l'*Androsace pubescens* y est assez abondant vers l'ouest.

Parmi les plantes du Valais, les suivantes ont franchi la chaîne et confirment par leur rareté et leurs stations situées près des cols et sur la frontière, la règle dont j'ai parlé plus haut.

1. Le *Saxifraga cernua* et le *Crepis pygmæa* ont pénétré jusqu'au versant nord du Sanetsch.

2. Le *Carex ustulata*, le *Crepis pygmæa* s'avancent jusqu'au plateau du Rawyl. Le *Linnea borealis* se trouve dans le bois près des chutes de l'Engstligen, dans la vallée d'Adelboden.

3. *Anemone baldensis. Ranunculus parnassifolius, Lychnis alpina, Salix cæsia* et *Myrsinites, Crepis pygmæa, Alsine laricifolia, Oxytropis lapponica*, ont franchi la Gemmi et élu domicile sur le plateau qui règne au sommet de ce col, où chacune de ces plantes ne se trouve qu'à un seul endroit.

4. *Salix glauca, Oxytropis lapponica, Potentilla frigida, Phyteuma Scheuchzeri*, ont pénétré par le Lœtschenpass sur le versant nord, où ces plantes croissent à peu de distance les unes des autres.

5. Au fond de la vallée de Lauterbrunnen on trouve : *Alsine laricifolia, Woodsia hyperborea, Betonica Alopecuros.* Cette dernière espèce ne provient pas du Valais, mais d'une contrée bien plus lointaine encore. Elle est venue de la région alpine insubrienne, comme au Simmenthal le *Calamintha grandiflora*, espèce également insubrienne ;

ou bien il faut envisager la station occupée par cette plante comme la dernière trace occidentale du territoire qu'elle occupe dans les Alpes orientales, du Schneeberg à la haute Bavière. La *Betonica* a été découvert en 1868, par Ferd. Schneider, au-dessus de Gimmelwald, en colonies peu nombreuses.

6. Ont franchi le Grimsel et pénétré dans la haute vallée de l'Aar : *Salix glauca* et *Myrsinites, Androsace tomentosa, Pinguicula grandiflora, Potentilla frigida, Phaca alpina.*

7. Sont venus du Valais sans que l'on puisse distinguer le col qui leur a servi de passage : *Ranunculus pyrenæus* (dans 3 stations), *Sedum repens* (2 stations), *Saxifraga biflora* (Oldenhorn Albrist), *exarata* 5 stations), *planifolia* (5) *Achillea nana* (4), *Senecis incanus* (5), *Gentiana utriculosa* (2), *obtusifolia* (2), *Pedicularis Barrelieri* (5), *Festuca varia* (1), *Adenostyles leucophylla* (1).

8. Ont franchi la frontière du côté de l'est : *Rumex nivalis, Primula integrifolia, Saxifraga stenopetala.*

7. *Oxytropis lapponica, Kobresia, Carex rupestris, Sedum repens, Saxifraga Seguerii* croissent au Faulhorn, cette fois donc sur la lisière extérieure de l'Oberland.

Les vallées du Hasli et de Gadmen, qui forment l'extrémité orientale de la contrée, ont seules une place plus spéciale dans la flore. Elles sont favorisées d'immigrations plus nombreuses d'espèces alpines méridionales, et se rattachent ainsi au bassin supérieur de la Reuss, du Saint-Gothard aux vallées de Maien et de Maderan, contrées avec lequelles elles forment une colonie d'un cachet plus méridional. C'est dans le canton d'Uri que ces espèces d'origine tessinoise sont le plus richement représentées. Ont pénétré dans les vallées de Gadmen et du Hasli : *Sesleria disticha* (au Susten), *Eritrichium nanum* (Steinlimmi), *Saxifraga Seguerii, Tofieldia palustris, Bupleurum stellatum.* Ce qui est plus convaincant encore, c'est la présence d'espèces telles que l'*Asplenium Breynii*, le *Polygonum alpinum* (Guttannen), plante transalpine, et surtout le *Saxifraga Cotyledon*, qui orne partout les versants méridionaux, du mont Rose à la Valteline, et qui a des stations isolées au Mont-Blanc et dans les vallées vaudoises du Piémont. Cette plante est abondante dans le haut bassin de la Reuss, dans les vallées de Maderan et de Maien, et elle suffit à elle seule pour donner un cachet sud-alpin aux deux vallées

orientales de l'Oberland bernois. L'existence du *Saxifraga Cotyledon*
nous apprend aussi que l'immigration du Tessin dans la contrée
qui nous occupe, a eu lieu en première ligne par le Saint-Gotthard
et en seconde seulement par le Susten ; car, comme on le sait, cette
espèce manque presque entièrement dans le haut Valais.

On ne saurait douter que le caractère méridional de la flore de
cette partie de l'Oberland ne soit dû pour la plus grande partie à
l'action du fœhn ; car c'est précisément du côté de l'est qu'il souffle
avec le plus d'intensité. Son influence dans ces vallées est plus sensible que partout ailleurs, tant au point de vue de la température et
de la clarté du ciel qu'à celui des pluies qui succèdent à son passage ;
dans ces vallées la quantité de pluie annuelle est absolument la même
que dans les Alpes méridionales ; elle monte même à plus de 200 cm.
et atteint, dans la haute vallée de l'Aar, l'un des deux plus hauts
maxima connus dans nos Alpes suisses (Grimsel 226 cm.).

Les Alpes des Petits Cantons, surtout celles d'Unterwalden et de
Schwytz, de l'Aar au Glärnisch par le Titlis et l'Urirothstock, ont
un caractère analogue à celui de l'Oberland bernois. Elles en diffèrent cependant en ce que le nombre des espèces des hautes Alpes
diminue insensiblement pour faire place à la flore des basses Alpes.
On y trouve : *Viola luteu* (en quantité), *Eryngium alpinum*, *Oxytropis
Halleri*, *Pedicularis versicolor*, *Arabis pumila*, *Delphinium elatum*. Parmi
ces plantes on en voit encore çà et là qui appartiennent aux hautes
Alpes, ainsi : *Carex bicolor* (Alp-Tannen), *Ranunculus rutæfolius* et
Gentiana alpina (Schöngiebel près du Brienzergrat), *Valeriana saxatilis* qui atteint dans la vallée de Wäggi sa limite occidentale.

Comme nous l'avons déjà dit en parlant des Alpes bernoises
orientales, les espèces alpines qui croissent dans les *Alpes d'Uri* et
sur les hauteurs et les versants nord du massif du Gotthard, leur
sont venues du versant méridional, et à cet égard ces contrées
occupent une place à part dans notre flore. Le *Saxifraga Cotyledon*
s'avance jusqu'à la ligne des vallées de Maderan et de Maien, et
toute la richesse florale se trouve accumulée dans la haute vallée
d'Urseren et sur les pentes de la Furka. On y trouve : *Polygonum
alpinum*, *Centaurea nervosa*, *Cirsium heterophyllum*, *Bupleurum stellatum*, *Erigeron Villarsii*, *Alsine recurva*, *Saxifraga planifolia*, *Achillea*

nana, Senecio incanus, Dianthus vaginatus, Gentiana utriculosa, Erithri-chium, Festuca pilosa, Carex bicolor, Kœleria hirsuta. Ces espèces sont sud-alpines ; le *Viola Thomasiana* appartient au haut Tessin, l'*Hiera-cium sabinum* est une espèce du haut Valais. Dans la partie supé-rieure de la vallée d'Urseren on trouve le *Thlaspi Mureti*, forme du *Thl. alpestre,* laquelle par les dimensions de sa fleur se rapproche du *Thl. alpinum* du Valais. Deux espèces boréales sont entièrement isolées dans cette haute vallée ; ce sont le *Juncus squarrosus* et le *Trientalis europea.*

Sauf la vallée d'Urseren, qui est la partie supérieure du couloir par lequel le fœhn, qui prend naissance sur la crête de la montagne, se précipite dans les profondeurs, la région alpine du canton d'Uri est pauvre en espèces. Cette région est l'une des plus déchirées et des plus rocailleuses de la Suisse. Le grand nombre des rochers nus et des pierres roulantes y nuit à l'essor de la végétation ; aussi le fond de la vallée, qui s'ouvre tout à coup après la gorge des Schöl-lenen et où l'on voit pour la première fois la Reuss couler paisible-ment, est-il d'un aspect d'autant plus surprenant et plus agréable. C'est sur les pentes de l'Urseren que se trouve, au-dessus d'Ander-matt, le célèbre petit bois d'épicéa depuis si longtemps mis à ban. Le voyageur qui vient du nord dans cette vallée y voit pour la première fois les prairies des Alpes méridionales, bien caractérisées par les tons blancs du *Polygonum alpinum* et les nuances roses du *Cirsium heterophyllum* et du *Centaurea nervosa.*

Sur le plateau et les vastes hauteurs du Gotthard la contrée a de nouveau cet aspect désolé ; elle est pauvre tant pour la flore que pour la végétation, et à une altitude de 2300 m. on trouve de gran-des étendues qui rappellent les fields du nord : ce sont des bancs de gneiss où l'on ne voit pas d'autres plantes que le *Polytrichum septen-trionale* et le *Carex fœtida,* plantes qui sont d'un ton brunâtre des plus tristes.

Le massif des *Alpes de Glaris* qui fait suite aux Alpes d'Uri et se compose d'une forte chaîne garnie de glaciers et de chaînons latéraux moins importants, se dirigeant vers le nord jusqu'à la région des lacs de Zurich et de Wallenstadt n'est pourvu vers le sud d'aucun passage qui soit à cette partie de la chaîne ce que le Gotthard est à la vallée de la Reuss. Quelques cols très élevés mènent seuls vers le sud à travers les hauts névés de la chaîne du Tödi. D'ailleurs ces passages ne mènent pas aux contrées méridionales proprement dites, mais seulement aux premiers abords du haut plateau de la Rhétie avec son immense dédale de montagnes.

Il est tout naturel qu'une région alpine qui n'est ouverte que vers le nord soit pauvre, et même beaucoup plus pauvre que l'Oberland bernois, qui touche au Valais, ou que le pays d'Uri, qui subit à la fois l'influence du Tessin et du Valais.

Les espèces remarquables que possède la contrée de Glaris lui sont venues de la région alpine des Grisons. On trouve dans les Alpes glaronnaises :

Potentilla frigida, Pleurogyne, Viola cenisia, Saussurea alpina et *discolor, Carex rupestris, lagopina, Tofjeldia palustris, Rumex nivalis, Willemetia, Primula integrifolia, Daphne striata, Aronicum glaciale, Achillea nana, Leontodon incanus, Campanula cenisia, Gentiana obtusifolia, Ranunculus pyrenaus, Saxifraga biflora, Seguierii, stenopetala* et *planifolia, Phaca alpina.*

L'origine rhétienne de ces espèces se révèle surtout par l'existence du *Sesleria disticha,* du *Sempervivum Wulfeni* (d'après Heer) et du *Phyteuma globulariæfolium,* qui se trouvent ensemble dans le Sernfthal.

En revanche, le *Rhaponticum helenifolium* et le *Valeriana saxatilis* appartiennent plutôt aux basses Alpes orientales.

Les chaînes qui se terminent au lac de Wallenstadt et au Rheinthal et qui sont traversées par les vallées *de la Murg, de Calveis et de la Seetz,* se rattachent aux Alpes glaronnaises. Elles ont le même caractère général ; c'est dans ces vallées que le *Rhaponticum* est le plus répandu ; toutefois on rencontre comme dans les forêts de mélèze des Grisons, les espèces rhétiennes suivantes qui manquent aux Alpes de Glaris :

Ranunculus rutæfolius, Erigeron Villarsii, Aronicum Clusii, Dracocephalum Ruyschiana, Juncus Jacquini. L'*Androsace pubescens* et le *Ranunculus parnassifolius* sont venus de l'ouest et ont suivi la chaîne des Alpes. Schlatter fait remarquer que ces éléments méridionaux ne se rencontrent que sur les pentes qui regardent vers le midi ;

tandis que les localités qui ne sont pas de prime abord accessibles au vent du sud, se distinguent par leur pauvreté.

Parmi les contrées intermédiaires entre les hautes Alpes et les basses Alpes, il n'en est pas de plus belle et de plus aimable que celle des *Alpes vaudoises*. Cette zone s'étend des sommets de la Dent de Morcles par les Ormonts et le pays d'Enhaut jusque dans les montagnes de Fribourg et même jusqu'à la chaîne du Stockhorn.

Les montagnes de Morcles n'ont déjà plus tout le contingent de la flore alpine du sud-ouest qui est le partage des Alpes pennines; néanmoins le caractère méridional et en même temps occidental de la flore s'y révèle encore pleinement par la présence des *Androsace carnea* et *pubescens*, *Valeriana saliunca*, *Sedum Anacampseros*, *Sisymbrium pinnatifidium*, *Crepis pygmœa*, *Viola Thomasiana*, *Geranium phœum* f. *lividium*, *Hieracium longifolium* et de beaucoup d'autres espèces.

Cette partie des Alpes conserve ce même caractère jusqu'au Stockhorn. Pour peu qu'elles soient directement exposées aux vents du sud-ouest, elles sont richement dotées de plantes de cette zone. Si cet élément occidental manque à la flore, au nord-est du Stockhorn, et si les espèces dont il s'agit n'ont pas pénétré dans l'intérieur de l'Oberland, c'est qu'elles se sont heurtées à l'obstacle que leur opposait le versant méridional des Alpes bernoises et celui des Alpes vaudoises et fribourgeoises.

Les espèces suivantes sont d'un intérêt tout spécial :

Atragene alpina,	Eryngium alpinum,
Anemone baldensis,	Valeriana Saliunca,
Ranunculus parnassifolius,	Cineraria aurantiaca,
» Thora,	Saussurea depressa,
Arabis brassicœformis,	Erigeron Villarsii,
» saxatilis,	Aposeris fœtida,
» serpyllifolia,	Mulgedium Plumieri,
Viola lutea,	Scabiosa alpina,
Linum alpinum,	Pedicularis Barrelieri,
Astragalus depressus,	Dracocephalum Ruyschiana,
» oristatus,	Betonica hirsuta,
Potentilla intermedia,	Scutellaria alpina.

Ces espèces, en partie exclusivement occidentales, en partie presque toujours occidentales pour la Suisse, sont répandues de la Savoie et des Alpes du bas Valais jusque sur les hauteurs des chaînes calcaires de la vallée de Gessenay. Elles donnent à la contrée un caractère méridional plus tranché.

Ces plantes sont à la région alpine de cette contrée ce que l'*Acer opulifolium*, le *Cytisus alpinus*, le *Peucedanum austriacum*, l'*Hieracium lanatum*, le *Calamintha grandiflora* sont aux vallées qui s'étendent au pied de ces belles montagnes.

Il est remarquable que le *Trifolium spadiceum*, espèce du nord, ne se trouve en Suisse que dans ces Alpes et dans celles du bas Valais, où il paraît avoir pénétré par Chamounix, tandis que son territoire septentrional s'étend jusqu'à la Forêt-Noire.

E. La chaîne septentrionale.

Nous passons maintenant à la dernière chaîne alpine proprement dite, qui se trouve du côté du nord. Elle forme une magnifique série de sommités calcaires très abruptes, qui enserrent en un vaste pourtour les chaînes intérieures, et sur lesquelles s'épaulent les masses, plus confuses du bassin tertiaire. Nos Alpes calcaires septentrionales sont moins abruptes et moins monotones que les chaînes autrichiennes septentrionales. Il semble que la nature alpestre recueille encore toute sa force et toute sa beauté avant de mourir dans la plaine. Cette zone est véritablement privilégiée en comparaison du versant nord de la grande chaîne. Grâce à la composition du sous-sol qui est sec et très sensible à la chaleur, elle possède un nombre plus considérable de formes méridionales que les versants nord des chaînes plus élevées, et la configuration du terrain y est des plus accidentées et des plus variées.

Il va sans dire que, pour le plus grand nombre des espèces, cette chaîne est tributaire des chaînes intérieures. Il y manque toutefois un grand nombre de plantes qui appartiennent essentiellement aux Alpes centrales : ce sont surtout celles qui affectionnent les terrains granitiques, plus humides, celles qui aiment le voisinage des vastes champs de neige et des glaciers ou qui préfèrent le climat continental du plateau.

Ce déficit est compensé par un nombre assez considérable d'espèces du sud-ouest répandues vers le nord-est sur la lisière extérieure du grand axe alpin, ou autrement dit sur les dernières chaînes calcaires, mais qui ne pénètrent pas dans l'intérieur.

De ce nombre sont : *Ranunculus Villarsii, Arabis serpyllifolia, Linum alpinum, Cephalaria alpina, Aposeris fœtida, Narcissus radiiflorus, Betonica hirsuta, Pedicularis Barrelieri, Androsace pubescens.*

A ce groupe s'en rattache un autre formé par des espèces qui, sans avoir ce caractère occidental, habitent de préférence ou exclusivement cette zone calcaire extérieure et évitent les hauteurs alpines et nivales des chaînes intérieures, absolument comme le hêtre et le houx évitent dans la région inférieure les vallées des Alpes centrales. Ces plantes sont les suivantes :

Valeriana saxatilis, Papaver alpinum, Draba incana, Saussurea depressa, Rhaponticum helenifolium, Crepis alpestris, Coronilla vaginalis, Juncus Hostii, Oxytropis Halleri, Viola lutea, Cineraria aurantiaca.

Elles sont remplacées dans les chaînes intérieures par les espèces suivantes :

Papaver a. f. rhæticum, Draba Thomasii, Saussurea alpina, Rhaponticum scariosum, Pedicularis tuberosa, Androsace glacialis, Juncus trifidus, Oxytropis velutina, Viola carcarata.

Le *Pedicularis Barrelieri*, ainsi que les *Androsace pubescens* et *helvetica, Arabis pumila, Petrocallis pyrenaica, Saxifraga stenopetala, Crepis pygmœa, Soyera hyoseridifolia, Carex mucronata, Gentiana purpurea, Viola cenisia*, s'avancent déjà un peu plus loin vers la chaîne principale, mais ces espèces en dépassent à peine la lisière septentrionale et ne s'y rencontrent plus dans la partie centrale, ou seulement comme raretés.

Les espèces dont la distribution est la plus remarquable, sont *Papaver alpinum, Draba incana, Carex vaginata, Cochlearia officinalis, Pedicularis versicolor*. Chose singulière, ces plantes qui sont septentrionales, ne pénètrent pas dans les Alpes centrales. Dans le monde des lépidoptères, on remarque aussi de pareilles distributions : le *Polyommatos Helle* et l'*Argynnis Thore*, espèces du nord, ne se rencontrent que dans la chaîne septentrionale, dans les gorges alpines ouvertes vers le nord. (La dernière de ces espèces se trouve aussi par places à Flims et à Tarasp.)

Pour expliquer la distribution de ces plantes, on ne saurait avoir recours aux mêmes arguments que ceux qui nous ont servi à expliquer pourquoi un grand nombre d'espèces boréales des marais font halte sur la lisière de la chaîne. On peut supposer que ces dernières n'ont pu se maintenir dans les Alpes centrales à cause de la configuration trop abrupte des pentes et du soleil trop ardent qui chauffe les plateaux. Les plantes des pierres roulantes, telles que le *Papaver* ou des plantes de rochers telles que le *Pedicularis versicolor*, ou encore des plantes de ruisseaux telles que le *Cochlearia*, trouveraient dans les Alpes centrales un grand nombre de stations qui leur conviendraient parfaitement.

Cette exclusion ne peut avoir que des causes historiques ; il faut les chercher dans les migrations nombreuses et compliquées dont les territoires si disloqués du plus grand nombre de ces espèces sont la preuve bien évidente.

Le *Draba incana* (chaîne du Stockhorn, Schwytz, Appenzell), le *Carex vaginata* (Schwabhorn dans la chaîne du Faulhorn, chaîne du Stockhorn entre le Burglen et l'Ochsen) et le *Cochlearia officinalis*, sont toutes trois des espèces septentrionales qui, chez nous, se distinguent par leur excessive rareté. On est surpris surtout de voir cette dernière plante, qui dans le nord est une des plantes communes des plages maritimes, occuper dans nos Alpes quelques stations presque introuvables au fond de petites vallées alpines ouvertes vers le nord. Abstraction faite de la station de Bex mentionnée par Haller, et de celle du Jura, citée par Gaudin, qui toutes deux ont disparu, l'*herbe aux cuillers* ne se trouve en Suisse que près des sources froides à la Horneckalp (val d'Éritz), dans le Justisthal, dans la chaîne du Stockhorn près du lac du Ganterisch, à 1575 m., et aux eaux de Schwefelberg. Comme on le voit, toutes ces stations se trouvent dans la région subalpine des basses Alpes, à l'est et à l'ouest du lac de Thoune. En Bavière, le *Cochlearia* occupe des stations tout aussi isolées dans les marais du haut plateau, à 450 m. Il manque entièrement dans les Alpes intérieures, par exemple dans le Tyrol. Un territoire aussi chétif, aussi morcelé en face d'un autre, si vaste et si compact, que cette plante occupe vers le nord, peut être envisagé comme le dernier vestige de celui que cette espèce a dû occuper à l'époque glaciaire et qui ne formait qu'un tout avec celui du nord.

Les espèces des chaînes extérieures, qui ne sont pas septentrionales mais purement alpines, doivent être envisagées comme des
produits endémiques de cette région qui ne se sont pas ou pas
encore répandus dans les chaînes centrales plus élevées.

On est surpris de voir plusieurs de ces espèces franchir d'un bond
la grande chaîne et se retrouver dans les basses Alpes méridionales.
De ce nombre est le *Gentiana pannonica* qui ne se trouve chez nous
que sur un seul point de la chaîne des Kurfirsten, mais qui de là est
très répandu du côté de l'est et dans les basses sommités de la Forêt
de Bavière et de Bohême jusqu'aux Alpes septentrionales. Elle est
très rare dans la partie centrale des Alpes du Tyrol, mais elle se
retrouve dans la chaîne des basses Alpes méridionales, à Fassa et à
Fleims. De même notre *G. purpurea*, qui est commune sur les sommets les plus élevés des basses Alpes dans la région septentrionale,
est rare dans les Alpes centrales et se retrouve au midi sur les sommités secondaires, par exemple au Generoso.

Le *Betonica hirsuta*, qui est répandu dans la Savoie, le bas Valais,
le pays d'Enhaut (Vaud) et la vallée de Gessenay, se retrouve dans
les basses Alpes du Tyrol méridional, au Baldo et dans les Giudicarie
(nord-ouest du lac de Garde).

Le *Valeriana saxatilis* est répandu dans les basses Alpes du
nord-est jusqu'à Schwytz, et dans celles du sud aux bords du lac
de Côme.

Dans les basses Alpes, on peut distinguer des limites occidentales
et orientales aussi bien que dans les Alpes centrales. Parmi les espèces
vraiment occidentales de cette zone on peut mentionner, par exemple, le *Pedicularis Barrelieri*, qui se trouve à Chambéry, dans les
Alpes de Fribourg et de Vaud, au Gessenay, dans le haut Simmenthal, à la Gemmi, au Wetterhorn; l'*Arabis serpyllifolia*, en Savoie,
au Salève, dans le Jura méridional, les Alpes vaudoises et la vallée
de Gessenay, au Justisthal, à la Gasterenklus, à Schwytz, à Emmetten.

Parmi les espèces qui ont des limites occidentales, on peut mentionner le *Saxifraga stenopetala* dans les Grisons, Glaris, Uri, Schwytz,
l'Oberland bernois (Fischer); le *Valeriana saxatilis* qui est commun
dans la haute Bavière, disséminé et rare dans l'Appenzell, les Alpes
de Calveis et de Seetz jusqu'à Schwytz. Il passe du Tyrol méri-

dional dans la haute Valteline, à Bormio, aux lacs de Côme et de Lugano.

La distribution la plus intéressante de toutes ces espèces qui évitent les Alpes centrales, c'est celle du *Gentiana purpurea*, car son territoire alpin est à peu près identique à celui de la Suisse. Elle manque au Tyrol; de l'autre côté du Rhætikon et du Rheinthal, elle n'a que deux stations isolées, l'une dans le Vorarlberg sur le versant nord-ouest du Widerstein et dans la forêt de Bregenz près de Krumbach. Mais déjà à partir de la lisière orientale de l'Alpstein, des Alpes de Kalveis et de Seelz, elle est répandue plus à l'ouest dans toute la Suisse et ne manque pas même au Righi. Elle s'étend jusqu'aux Alpes de Maglan au sud-est de Genève. On la retrouve, mais rarement, le long du versant méridional de la chaîne, et il en existe quelques stations fort isolées dans les Apennins. On en a trouvé quelques traces au Dovrefield en Norwège. Cette plante compte un second territoire en Transylvanie et un troisième au Kamtschatka.

La limite orientale du *Gentiana purpurea* est identique à la limite occidentale du *G. pannonica*; et il existe encore d'autres limites semblables pour des espèces dont l'abondance caractérise l'une ou l'autre des deux contrées. Ces limites font de la chaîne septentrionale du Rheinthal saint-gallois une ligne de démarcation aussi rigoureuse que celle que marquent dans les Alpes centrales, entre la haute et la basse Engadine, le *Primula integrifolia* et le *Primula glutinosa*.

Passons maintenant aux différents massifs dont se compose notre chaîne calcaire septentrionale.

Ce sont d'abord ces montagnes à crêtes aiguës et menaçantes, aux pâturages d'un vert d'émeraude, qui s'étendent au sud et à l'ouest de la haute vallée de Gessenay. Elles enserrent la partie supérieure du Léman et se terminent par le Moléson : ce sont les Tours d'Aï, les Rochers-de-Naye, la Dent-de-Jaman et la chaîne de la Dent-de-Branlaire, qui s'élève au nord de la Sarine. Ces crêtes sont ornées des espèces suivantes :

Oxytropis Halleri, Pedicularis Barrelieri, Linum alpinum, Arabis serpyllifolia, Petrocallis, Cineraria aurantiaca, Betonica hirsuta, Saussurea depressa, Papaver alpinum, Ranunculus parnassifolius, Viola lutea, Erigeron Villarsii, Astragalus depressus et aristatus, Scutellaria alpina ; dans les bois, on trouve : *Aposeris, Mulgedium Plumieri,*

Cephalaria alpina, *Atragene*. Le facies de toute cette flore est encore celui du sud-ouest.

Puis *la chaîne du Stockhorn*. On voit disparaître quelques-unes des espèces occidentales, telles que le *Saussurea*, le *Ranunculus parnassifolius*, etc. En revanche, on y trouve les *Carex vaginata*, *Draba incana*, *Cochlearia officinalis*, *Pedicularis versicolor*, plantes boréales, et l'*Androsace lactea*, emprunté au Jura.

Les hauteurs qui suivent à l'est jusqu'aux abords du Pilate, se distinguent par une flore de montagne des plus triviales et des plus pauvres. On n'y rencontre plus que quelques vestiges de végétation alpine au milieu d'une flore absolument vulgaire. Ce sont les montagnes situées entre l'Entlibuch et le bassin de Sarnen; elles ne sont pas de formation calcaire, mais se composent de flysch, ce qui fait que le sol en est stérile, humide et froid, et ne saurait convenir aux plantes de rocher des montagnes calcaires. Sur de vastes étendues alpines, on rencontre à peine çà et là quelque groupe de *Juncus triglumis*, quelque exemplaire perdu de *Gentiana nivalis* ou quelque tige isolée de *Cirsium spinosissimum*, plantes séparées l'une de l'autre par des espaces qui ont souvent des kilomètres de longueur et où l'on ne rencontre que les espèces les plus communes, telles que le *Primula farinosa*, etc.

Vient ensuite le *Pilate*, la plus belle de toutes ces montagnes, celle qui réalise le mieux l'idéal d'une haute alpe de petite dimension. L'influence du sud-ouest s'y fait encore sentir d'une manière sensible, puisqu'on y trouve le *Papaver*, le *Viola cenisia*, le *Petrocallis*, le *Poa cenisia* et le *Narcissus radiiflorus* aux fleurs d'un blanc de neige; en outre, l'*Aspidium rigidum*, fougère qui caractérise les Alpes calcaires, l'*Androsace helvetica*, l'*Arabis pumila* et le *Draba tomentosa*. A ces espèces vient s'ajouter encore le *Crepis alpestris*, espèce orientale.

Franchissant les Mythen et les montagnes de la vallée de Wäggi, région qui ne présente rien d'intéressant, nous passons aux *Churfirsten* et à l'*Alvier*. Ces sommités enserrent de leurs versants rapides le bord septentrional du lac de Wallenstadt jusqu'au Rheinthal. C'est là que le *Gentiana pannonica* atteint sa limite occidentale : *Silene quadrifida*, *Stellaria cerastoides*, *Cerastium alpinum*, *Linum alpinum*, *Potentilla minima*, *Chrysanthemum coronopifolium*, *Rhaponti-*

cum, indiquent déjà une flore qui se rapproche de celle de l'est et des Alpes centrales.

D'après Schlatter, le versant méridional de. ces montagnes se distingue par la présence de plusieurs espèces caractéristiques des Alpes centrales qui manquent sur le versant nord ou y sont remplacées par des plantes des basses Alpes. Parmi les premières on peut mentionner :

Oxytropis campestris, Petasites niveus, Artemisia Mutellina, Gentiana obtusifolia, Rumex nivalis, Eriophorum Scheuchzeri, Carex lagopina, Elyna; parmi les dernières : *Polygala alpestris, Sedum villosum, Crepis succisæfolia, Gentiana pannonica, Swertia, Eriophorum alpinum, Carex tenuis.*

Notre chaîne calcaire extérieure est fermée par l'*Alpstein*, montagne isolée qui domine le lac de Constance. Son sommet, qui est à 2564 m., dépasse les hauteurs qui l'entourent du côté du sud; aussi a-t-il l'avantage de posséder quelques espèces des hautes Alpes qui ne se trouvent pas sur ces dernières. Ce qui mérite d'être spécialement mentionné, ce sont les observations faites par Schlatter au sujet de la distribution des espèces sur cette sommité. Il ressort de ces observations que l'Alpstein reproduit en petit le phénomène que nous avons constaté en parlant de l'Oberland bernois ; en effet, ses versants sud donnent asile à une flore alpine assez riche; amenée par le vent des Alpes de Montafon et des Grisons, qui s'élèvent au midi et à l'est. Le centre du massif, quoiqu'il renferme les sommets les plus élevés, ne subit plus cette influence, le versant méridional et oriental ayant déjà brisé la force du courant atmosphérique et l'ayant contraint de déposer les graines qu'il transportait. Le *Rhaponticum,* abondant dans les Alpes de Seetz et les Churfirsten, ne se trouve dans l'Appenzell que sur l'Alpe Maus, précisément en face du col de la Saxerlücke, par laquelle le vent a pu chasser les graines. Ces observations prouvent que, si en thèse générale la distribution des plantes alpines dépend en première ligne de la direction des vallées, elle est dans ses détails, et quelquefois même pour de grandes portions de leur territoire, un effet de la configuration des crêtes, selon que celles-ci s'opposent ou laissent libre passage aux vents, ces véhicules qui jouent le rôle le plus important dans la migration des plantes. Il ne faut donc pas s'étonner si les régions que de longues et hautes crêtes de montagne mettent à l'abri des vents, et surtout les bassins alpins, entourés de hautes parois de rochers, ne possèdent qu'une flore des plus pauvres.

Le versant sud-est des Alpes d'Appenzell possède les espèces suivantes qui manquent à la partie intérieure de l'Alpstein :

Anemone vernalis, Arabis bellidifolia, Hypochœris uniflora, Hieracium aurantiacum, Schraderi, Phyteuma hemisphœricum, betonicafolium, Orobus luteus, Sorbus Chamœmespilus, Sempervivum tectorum, Gnaphalium carpathicum, Gentiana purpurea et *tenella, Veronica fruticulosa, Soldanella pusilla, Juniperus nana, Juncus triglumis, Carex irrigua, Persoonii, Elyna, Poa laxa.* A ce groupe viennent se joindre encore : *Salix Lapponum, Myrsinites, Senecio abrotanifolius* et *Hieracium ochroleucum.* Ces dernières espèces se rattachent évidemment à la flore des Grisons et du Montafon.

En revanche, dans l'intérieu de l'Appenzell, on trouve : *Carex Microglochin, Viola palustris, Polygala chamœbuxus, Achillea macrophylla, Cineraria aurantiaca, Streptopus, Juncus filiformis, Poa cenisiu, Aspidium rigidum.* Ce groupe se rattache par l'*Achillea* au centre de la Suisse, et par le *Carex Microglochin* à la partie nord-est du plateau bavarois.

Le *Draba tomentosa* n'a été trouvé qu'au lac du Sentis, dans l'intérieur du massif.

F. **Basses Alpes méridionales.**

Ces montagnes, composées d'un riche mélange de calcaire, de dolomie et de porphyre, s'étendent parallèlement à la grande chaîne alpine. Elles ont leur place bien distincte, séparée du puissant massif de gneiss des Alpes tessinoises, qui n'est qu'une dépendance de celui de Gotthard. Si ces basses Alpes méridionales possèdent une flore plus riche, cela ne provient pas seulement de la richesse et de la variété du sous-sol, mais surtout de ce qu'elles sont déjà étrangères au climat des Alpes centrales et participent aux avantages de la zone insubrienne, dont elles encadrent les lacs superbes. C'est aussi pourquoi nous avons déjà considéré de plus près le monde végétal de ces contrées en parlant de la zone insubrienne. En cherchant à donner un tableau d'ensemble de ce monde enchanteur auquel beaucoup de plantes appartiennent à titre d'espèces endémiques, nous avons déjà mentionné les quelques espèces véritablement alpines qui distinguent cette contrée, par exemple, *Androsace Charpentieri.*

Quant aux plantes alpines qui n'appartiennent point à ce groupe-là, elles se trouvent pour la plupart, non pas dans les chaînes centrales, mais dans les sous-alpes calcaires qui longent la grande chaîne du côté du nord. Telles sont : *Rhododendron hirsutum, Oxytropis montana, Gentiana purpurea, Carex mucronata, firma, Juncus Hostii, Saxifraga mutata, Cyclamen europæum, Valeriana saxatilis.* On dirait que dans sa migration le long des deux versants de la grande chaîne, cette flore des sous-alpes a eu un point de départ commun.

Quant au groupe suivant : *Potentilla nitida, Salix glabra, Achillea Clavennæ, Saxifraga sedoides, Scorzonera alpina, Doronicum cordifolium, Cerastium ovatum* Hoppe et autres, espèces qui se rencontrent sur les basses Alpes du lac de Côme, ces plantes y arrivent du Tyrol oriental et trouvent dans ces Alpes leur limite occidentale.

Coup d'œil général sur la région alpine.

Quand on embrasse dans son ensemble la région alpine de notre pays, on voit se confirmer pleinement le principe exprimé par Haller en 1768 : Summi *montes plantarum alpinarum plerasque proferunt,* ce qui veut dire que les circonscriptions les plus riches appartiennent à la partie méridionale de la chaîne centrale la plus élevée. Je ne dis pas le versant méridional, car la contrée de Zermatt, le versant nord du mont Rose, la haute Engadine, le versant nord de la chaîne de la Bernina sont plus riches que la contrée de Macugnaga et les Alpes de la Valteline. Il ne faut pas entendre le principe énoncé plus haut dans ce sens seulement que c'est dans ces contrées que le plus grand nombre d'espèces se trouvent réunies ; nous voulons dire plus que cela : nous affirmons que c'est dans ces contrées que se trouve la patrie, le lieu d'origine, du plus grand nombre des espèces alpines, et que c'est là, par conséquent, que doit être placé le principal foyer de création de la flore alpine. C'est dans la chaîne méridionale, dans la région où les sommités sont les plus larges et le plus élevées, que les territoires sont les plus compactes et les plus serrés ; en nous éloignant de là pour nous avancer vers le nord, nous voyons les espèces se disséminer de plus en plus, être de plus en plus clairsemées et finir par disparaître les unes après les autres dans la région des basses Alpes. Le plus grand nombre des plantes alpines ont leur centre de distribution au sud de la grande chaîne; celles qui ont leur foyer dans les chaînes du nord ou même ailleurs, sont bien vite énumérées. Les travaux botaniques sur les Alpes septentrionales et les basses Alpes confirment tous le fait que nous avançons. Rhyner, dans son énumération des plantes alpines des bords du lac des Quatre-Cantons; Schlatter, dans celle qu'il a publiée sur les Alpes suisses du nord-est; Heer, dans ses travaux sur le canton de Glaris; Fischer, dans son énumération des phanérogames de l'Oberland bernois, tous ces auteurs mentionnent des cas nombreux où une plante alpine, commune dans le Valais et les Grisons, apparaît comme une rareté dans la contrée qui fait l'objet de leur description ou s'arrête aux abords de cette contrée sans pénétrer plus avant. Voici quelques exemples. Le *Carex fœtida*, commun dans le Valais, est encore répandu dans le massif du Gotthard et dans le canton d'Uri; dans les alpes d'Engelberg on l'a trouvé dans deux stations; dans l'Oberland bernois, il est encore commun par places, mais dans la chaîne antérieure il n'a été trouvé qu'au Faulhorn et au Männlifluh. Dans les Grisons il n'est pas rare jusqu'à l'Ortler; mais il ne pénètre plus dans les Alpes de Glaris, de Saint-Gall et d'Appenzell. Le *Carex bicolor* n'est pas rare dans les Alpes pennines du Valais, mais il l'est déjà plus dans la chaîne nord parallèle; vers la Furka il est disséminé du côté du pays d'Uri. D'après Rhyner, la dernière station qu'il occupe et où ce botaniste en a compté encore 31 exemplaires, se trouve sur l'alpe Tannen, l'une des alpes du plateau du Melchsee. Il n'est pas rare dans la haute Engadine; Théobald indique comme station limite une localité du Rheinthal antérieur. Le *Ranunculus rutæfolius* compte plusieurs grandes stations dans les Alpes de Zermatt et de l'Engadine. Il se retrouve d'une part au Brienzergrat, de l'autre à l'Alvier. Ces deux stations sont évidemment des étincelles émanant des deux foyers mentionnés. L'*Achillea nana* est très répandu dans les hautes régions des Alpes pennines et dans les grandes chaînes de la Rhétie. Dans le canton d'Uri il est déjà plus rare. Dans l'Oberland il est rare de même que dans le canton de Glaris. Dans les Alpes du nord-est il ne se trouve plus que dans les Alpes de Calveis et de Seetz.

Mais pourquoi multiplier les exemples? La flore alpine disséminée des basses Alpes extérieures se compose essentiellement de ces derniers avant-postes qui tous se relient à la flore alpine, plus compacte, de la chaîne centrale.

Cela fait supposer que ce n'est qu'après le retour d'un climat plus chaud, c'est-à-dire après la retraite des grands glaciers de l'époque glaciaire, que la flore alpine endémique s'est formée et que celle des contrées arctiques a pu se répandre de nouveau dans les hautes régions des Alpes centrales. Lorsque les grands glaciers couvraient les vallées, la partie la plus élevée de la chaîne, qui est aujourd'hui la plus riche en espèces alpines, a dû avoir un climat si rigoureux qu'il n'est guère possible que ces espèces aient été alors bien nombreuses, ou que la vie végétale soit restée assez intense pour produire de nouvelles espèces. Ce n'est qu'après le retour d'un climat moins rigoureux, semblable à celui qui y règne aujourd'hui, qu'une végétation aussi riche a pu se développer.

On peut donc admettre qu'à l'époque des grands glaciers la flore alpine endémique, qui a son territoire principal dans le midi de la chaîne centrale, n'existait pas encore. Elle est d'une génération plus jeune que la flore boréale qui est venue s'ajouter comme un élément nouveau à notre végétation alpine. Si elle avait déjà existé du temps des grands glaciers, on ne saurait comment expliquer son absence dans les contrées du nord.

Telle est la conclusion qui s'impose, si nous admettons la vérité d'un principe si simple, qu'il ne nous semble guère pouvoir soulever d'objection, savoir que la partie primitive des êtres organisés est aux lieux où se trouve le foyer central de leur distribution actuelle, c'est-à-dire où ils sont aujourd'hui le plus répandus. A l'époque glaciaire, alors que la température était considérablement moins élevée qu'aujourd'hui, ces espèces n'auraient pu exister dans les contrées où elles prospèrent de nos jours.

Le fait que les végétaux essentiellement alpins recherchent pour la plupart un sol relativement sec et chaud, confirme absolument l'hypothèse de leur origine postglaciaire.

En outre, ce qui prouve que la flore alpine septentrionale ne s'est formée qu'après que le climat eut atteint le degré de température actuel, ce sont les types évidemment méridionaux et méditerranéens qui se sont transformés en plantes vraiment alpines, telles que l'*Erica carnea* et d'autres encore. Ces espèces n'ont pu immigrer et se modifier que lorsque le climat leur a permis de se maintenir dans la zone alpine.

Nous avons vu que très souvent une espèce qui semblait arrêtée par des barrières insurmontables, franchit peu à peu les crêtes et se répand, d'abord en faible quantité, dans les régions voisines. Ce phénomène vient à l'appui d'une autre hypothèse que nous n'hésitons pas à admettre, c'est que la migration de la flore des hautes Alpes méridionales n'est pas encore terminée.

L'exemple classique de l'existence du *Rhaponticum* dans l'Appenzell, du *Campanula excisa* à la Furka-di-Bosco, les nombreux exemples semblables observés près des cols des hautes Alpes bernoises, la migration de quelques exemplaires du *Primula integrifolia* à travers le Rheinthal jusqu'aux sommets des Drei-Schwestern et de la Roja au-dessus de Feldkirch, tout cela montre clairement que les territoires sont en voie de s'étendre et qu'ils se terminent plutôt dans le sens de la ligne convexe que dans le sens opposé.

Kerner envisage les formes endémiques qui existent dans certaines régions limitrophes, comprises dans le territoire d'une espèce répandue sur une vaste étendue, comme des espèces nouvelles qui, par suite des différences locales qui règnent dans des stations très distantes l'une de l'autre, se sont insensiblement éloignées du type primitif. Cet auteur a observé, sur la lisière méridionale et occidentale du territoire du *Cytisus supinus* L. (*C. Kerneri* Kanitz), toute une série de formes spéciales fortement localisées. Le même phénomène se reproduit sur la frontière méridionale du vaste territoire du *Cytisus Ratisbonnensis*. Kerner envisage ces variétés comme issues de l'espèce principale.

Que l'on admette ou non la possibilité d'une pareille dérivation généalogique dans les espèces, ce qui est certain, c'est que si nous voulons appliquer ce principe à notre territoire, nous serons obligés de constater aussi que les formes locales se rencontrent dans la zone des Alpes centrales méridionales, tandis que le territoire de l'espèce type s'étend bien au delà et même quelquefois jusque vers le nord.

La seule espèce sœur du *Primula farinosa*, plante septentrionale et cosmopolite (abstraction faite du *P. stricta* Hornem, qui en diffère à peine), c'est le *P. longiflora* des Alpes méridionales.

Le *Saxifraga Aizoon*, commun dans toutes les Alpes, jusqu'au Groënland, ne possède d'espèces sœurs rigoureusement localisées que sur la lisière méridionale des hautes Alpes, savoir, les *S. cochlearis, lantoscana* et *lingulata*, dans les Alpes maritimes, le *S. cotyledon* dans les Alpes insubriennes et les *S. elatior* et *crustata* dans les Alpes orientales méridionales.

Le *Gentiana verna*, répandu dans toutes les Alpes, jusqu'au nord de la Russie et en Grande-Bretagne, n'a d'espèces sœurs que dans les hautes Alpes centrales, savoir, le *G. brachyphylla*, qui paraît une forme dérivée, et le *G. imbricata*, dans les Alpes orientales méridionales, sur la dolomie.

Le *Primula hirsuta* (*viscosa* Vill.), l'espèce à fleurs roses qui prédomine dans la partie occidentale de la chaîne, n'a donné naissance à d'autres formes que vers le Midi. Les espèces suivantes semblent s'en être détachées : au Piémont, le *P. pedemontana* : dans la vallée de Munster et le midi du Tyrol, le *P. œnensis* ; dans les deux districts méridionaux, le *P. graveolens Heg.*

Nous pourrions ajouter bien d'autres exemples qui permettraient d'établir des descendences généalogiques semblables à celles que Kerner a établies pour les Cytises. Nous n'avons mentionné les cas précédents que pour montrer, par un nouvel argument, à laquelle de nos contrées alpines revient en première ligne le privilège de créer des formes nouvelles.

LE JURA

La Suisse tout entière est encadrée de montagnes. Comme Jérémias Gotthelf le dit si bien : « Il n'est aucun endroit de notre pays où l'œil ne rencontre, sinon les cimes étincelantes des hautes Alpes, du moins un ruban bleu à l'horizon. » Ce ruban bleu, ligne longue et monotone qui va du Salève au Randen, c'est le Jura.

La structure orographique de cette chaîne est des plus simples. Elle se compose d'un axe principal qui s'étend dans la direction du sud-ouest au nord-est et se subdivise en plusieurs chaînes parallèles. Les sommets de ces montagnes s'allongent pour la plupart en renflements aplatis qui n'ont de parois abruptes que du côté de l'est, soit sur le versant suisse. Dans l'intérieur du Jura, ces différentes chaînes forment des vallées dont le fond est à une altitude considérable. Quelques-unes de ces vallées coupent les chaînes en travers et forment les *cluses*, qui rompent très pittoresquement la monotonie du paysage. Ce n'est que vers le nord, dans la contrée de Bâle-Campagne, que la chaîne se partage en une foule de vallons qui rayonnent presque en éventail entre de petits plateaux. Cette contrée, toute parsemée de collines, est d'une beauté tout idyllique qui ne se retrouve pas ailleurs.

L'aspect général du haut Jura, de Genève à Soleure, est celui d'une énorme et monotone paroi, revêtue du manteau noirâtre des forêts de sapin et à peine surmontée de quelques sommités proprement dites.

A partir de l'assise sur laquelle repose le Jura et qui est déjà à une altitude de plus de 400 m., Thurmann distingue dans cette chaîne les régions suivantes :

1. La région moyenne, de 400 à 700 m., où prospèrent encore les céréales et le noyer, et où le hêtre, mélangé au chêne, constitue l'élément principal des forêts. On y trouve le buis, le *Coronilla Eme-*

rus, le *Bupleurum falcatum.* Dans cette région, les vignes montent du bord des lacs jusqu'à 450 m. et plus.

2. La région montagneuse, de 700 à 1300 m. C'est la zone des grandes forêts jurassiques, composées dans leur partie inférieure de sapin blanc (*Pinus Abies* Du Roi), et plus haut d'épicéa mêlé de sapin blanc et de hêtre. C'est aussi dans cette région que se trouvent les hautes tourbières jurassiques, couvertes de pin de montagne et de bouleau. Le noyer manque. Les prairies dominent. En fait de céréales; on ne rencontre que l'orge et le seigle, qui se cultivent jusqu'à 1100 m.; le cerisier monte jusque vers 1000 m. C'est la zone du *Gentiana lutea*, du *Saxifraga aizoon*, du *Carduus defloratus*.

3. Enfin, la région subalpine, de 1300 m. aux plus grandes hauteurs, qui dépassent quelque peu l'altitude de 1700 m. Les cultures cessent, le pâturage et la forêt règnent seuls, et cette dernière monte même qu'à 1400 m. environ. Elle se compose principalement d'épicéa; le sapin blanc disparaît, le hêtre est disséminé et rare. Sur les hauteurs, croissent l'*Alchemilla alpina*, le *Nigritella* et même le *Dryas* et l'edelweiss.

Cherchons maintenant à définir la nature du climat.

Nous passons sous silence la région inférieure, qui est d'ailleurs très restreinte. Elle est à l'abri de la chaîne et subit l'influence des lacs. Cette région est l'une des plus chaudes de la Suisse et c'est avec raison que Thurmann, dans la carte climatologique si remarquable qu'il a esquissée, lui donne la même nuance que le bassin du Léman, la contrée de Schaffhouse, le versant alsacien des Vosges, le Kaiserstuhl, la vallée de Schaffhouse et le bassin du Danube près de Ratisbonne.

Pour la région montagneuse proprement dite, les données actuelles confirment celles de Thurmann, qui ne se basaient pas encore sur des observations exactes et suivies; c'est-à-dire que le climat du Jura est à peu près semblable à celui des basses Alpes à la même altitude. Il est cependant un peu plus rigoureux. Chaumont (altitude 1152 m., moyenne annuelle 5,73) et Sainte-Croix (altitude 1092 m., moyenne annuelle 6,20), sont des stations plus froides que le Beatenberg (altitude 1150 m., moyenne annuelle 6,43), ou la Valsainte (altitude 1032 m., moyenne annuelle 6,87) et Ponts-de-Martel, à 1023 m., dont la moyenne annuelle est de 5,96, et qui a les moyennes mensuelles suivantes :

Année.	Décembre.	Janvier.	Février.	Mars.	Avril.	Mai.	Juin.	Juillet.	Août.	Septembre.	Octobre.	Novembre.
5,96	—2,3	—3,2	—0,3	0,0	6,1	10,9	12,6	16,0	13,9	12,4	5,5	—0,1

Ces chiffres sont à peu près les mêmes que ceux de la station d'Engelberg (altitude 1024 m., moyenne annuelle 5,58).

La moyenne des pluies ne diffère pas non plus considérablement. Dans la partie méridionale de la chaîne, sur les hauteurs alpines, elle est de 175 cm. ; dans le reste de la chaîne jusqu'au Jura bernois de 100 cm. ; à Bâle elle n'est déjà plus que de 92 cm.

A en juger par la distance peu considérable qui sépare le Jura des Alpes suisses, et l'analogie que présente le climat de ces deux chaînes de montagne, on serait tenté de croire *a priori* que la végétation du Jura est de nature plus septentrionale ou du moins semblable à celle des Alpes. Et pourtant la flore du Jura est bien différente de celle de la chaîne alpine.

Les roches de nos Alpes forment en se désagrégeant un sol léger, sablonneux, qui reçoit et conserve très bien l'humidité. C'est surtout le cas des roches primitives cristallines qui renferment du quartz et du feldspath. L'humus des terrains granitiques, essentiellement composé de fines parcelles de quartz et de feldspath, donne à la végétation ce caractère si remarquable d'exubérance et de perfection que nous admirons dans les hautes Alpes et dans les Vosges. Les fougères, les plantes herbacées y atteignent la taille d'un homme ; les mousses qui tapissent le fond des bois y sont d'une verdure superbe. Les roches stratifiées de nos Alpes retiennent également l'humidité, et à cet égard les schistes argileux ne le cèdent guère au granit ; le calcaire alpin lui-même, si fortement désagrégé et souvent vermoulu, n'oppose pas à la végétation des obstacles aussi puissants qu'on pourrait le croire.

En général, les Alpes sont habitées par des plantes qui affectionnent un terrain riche et léger et dont les racines s'implantent profondément dans le sol. L'atmosphère locale, soit la couche d'air qui repose sur la surface de la terre, y est imprégné d'humidité ; aussi voit-on dominer les riches verdures et les larges feuilles.

Il n'en est pas de même au Jura. Sur toute son étendue, dès sa naissance dans les contrées du sud-ouest, où il se détache des Alpes méridionales, jusqu'à ses dernières traces en Souabe et en Bavière, cette chaîne se compose exclusivement de calcaire et en majeure partie, surtout dans les régions supérieures, d'un calcaire très blanc, d'une pureté et d'une dureté rares. Cette roche doit son origine aux récifs et aux bancs de corail de l'ancienne mer jurassique.

L'une des couches les plus inférieures, le lias, forme seule un terroir plus humide et plus riche, assez semblable à celui de nos Alpes; mais il est rare que cette couche affleure sur des espaces de quelque étendue. En somme, la vaste superficie du Jura se compose d'une roche très dure qui ne se désagrège que difficilement et dont les débris ne retiennent pas l'eau.

Mais où vont se perdre ces eaux si abondantes que les pluies fournissent au Jura? Elles s'écoulent très rapidement, sans demeurer sur la couche supérieure, par les nombreuses fissures de la roche calcaire et pénètrent ainsi dans les profondeurs. Elles s'y amassent et forment de magnifiques sources qui jaillissent toutes grandes et par larges ondées du rocher qui les recélait. Au premier abord, on est fort surpris de voir au pied de montagnes aussi sèches que celles du Jura, une pareille abondance de sources des plus fraîches et des plus riches. La célèbre source de Vaucluse et les autres *sources vauclusiennes* qui se rencontrent dans toute la chaîne jusque dans sa partie septentrionale, dans le Porrentruy, par exemple (le Creux-Genat), et à Tavannes à l'origine de la Birse, doivent toute leur existence à cette propriété du calcaire, de ne se décomposer que très difficilement en terre végétale et de laisser les eaux s'échapper par d'innombrables fissures. De là ces sources magnifiques qui jaillissent tout à coup au pied de rochers au grand étonnement du voyageur.

Ces sources qui souvent dès leur naissance sont de véritables rivières et dont la fraîcheur et l'abondance sont incomparables, sont une des richesses pittoresques du paysage jurassique, d'ordinaire assez triste et assez monotone. Laissons de Saussure décrire la source de l'Orbe :

« Un rocher demi-circulaire, haut de 200 pieds au moins, composé de grandes assises horizontales, taillées à pic et entrecoupées par des lignes de sapins, qui croissent sur les corniches que forment

leurs parties saillantes, ferme du côté du couchant la vallée de Val-
lorbe. Des montagnes plus élevées encore et couvertes de forêts, forment autour de ce rocher une enceinte qui ne s'ouvre que pour le
cours de l'Orbe, dont la source est au pied de ce même rocher. Ses
eaux, d'une limpidité parfaite, coulent d'abord avec une tranquillité
majestueuse sur un lit tapissé d'une belle mousse verte; mais bientôt entraîné par une pente rapide, le fil du courant se brise en écume
contre des rochers qui occupent le milieu de son lit, tandis que les
bords moins agités, coulant toujours sur un fond vert, font ressortir
la blancheur du milieu de la rivière : et ainsi elle se dérobe à la vue,
en suivant le cours d'une vallée profonde, couverte de sapins dont
la noirceur est rendue plus frappante par la brillante verdure des
hêtres qui croissent au milieu d'eux.

« Ah! si Pétrarque avait vu cette source, et qu'il y eût trouvé sa
Laure, combien ne l'aurait-il pas préférée à celle de Vaucluse, plus
abondante peut-être et plus rapide, mais dont les rochers stériles
n'ont ni la grandeur ni la riche parure qui embellit la nôtre! »

Cette tendance des eaux à s'écouler dans les profondeurs est plus
frappante encore lorsqu'on voit s'ouvrir sur les hauteurs, dans les
dépressions, des entonnoirs proprement dits, comme ceux que l'on
connaît depuis longtemps dans le Karst, sur les côtes de l'Adriatique. Ces entonnoirs recueillent les eaux des alentours et les déversent
dans l'intérieur de la montagne. Ils ne sont pas rares dans le haut
Jura neuchâtelois, par exemple, à la Sagne, à Lignières, etc., où ils
portent le nom d'*emposieux*.

Par suite de cet écoulement trop rapide des eaux, le sol est relativement aride sur toute la surface du Jura et sa végétation est celle
des terrains secs.

Où le roc affleure, ce sont les plantes de rocher qui dominent, à
tel point même qu'elles excluent toutes les autres. Elles se composent
d'arbrisseaux qui plongent leurs racines bien avant dans les fentes
étroites de la roche, ou d'herbes organisées de manière à pouvoir
s'étaler sur la pierre dure et unie, tout en n'enfonçant leur racine
que dans une seule fissure du rocher.

Quand il s'est formé une couche de terre, elle se compose d'un
humus mêlé d'une foule de débris et d'éclats de pierre; aussi se
dessèche-t-elle très facilement. De là vient que les plantes qui crois-

sent sur l'humus sont d'un aspect bien moins riche que sur les montagnes d'une autre formation. Les gazons y sont plus maigres, plus courts, les tiges plus chétives, les feuilles moins larges; on voit dominer les buissons à rameaux raides et épineux. La forêt elle-même est plus claire, les troncs plus ramifiés et plus noueux. Dans les endroits où l'on trouve aux Alpes une fraîcheur humide, des coussins de mousses et de grandes herbes de forêt, le sol du Jura n'est couvert que de la fane desséchée du hêtre; et dans les pâturages les plus élevés, si bien arrosés dans les Alpes, le manque d'eau se fait parfois sentir dans une telle mesure que les pâtres sont forcés de chasser le bétail pendant des lieues entières avant de trouver pour lui quelque source chétive; et souvent même, sur de vastes espaces, il ne se trouve aucun chalet.

La différence qui existe entre la végétation du sol alpin, riche en humidité et celle du sol jurassique, plus sec, ne consiste pas seulement dans le degré de développement plus ou moins grand qu'atteignent les végétaux dans les deux régions; on y trouve aussi des espèces entièrement différentes. Les unes recherchent les terrains humides, les autres les terrains secs.

Les plantes ci-après, qui dominent au Jura, sont, comme on le sait, presque inconnues dans la chaîne des Vosges. Ce sont :

Orobus vernus, Prunus Mahaleb, Helleborus fœtidus, Euphorbia amydaloides et *verrucosa, Bupleurum falcatum, Melittis, Buxus, Aronia rotundifolia, Carex humilis* et *alba, Daphne Laureola, Sesleria cœrulea, Teucrium Chamædrys, Asarum europœum, Cephalanthera rubra, Anacamptis pyramidalis, Convallaria Polygonatum, Rhamnus alpina, Draba aizoides, Arabis alpina, Coronilla vaginalis, Androsace lactea.*

La limite de la formation jurassique, près de Belfort, est en même temps celle de ce groupe de plantes, et dès les premiers pas sur la molasse vosgienne, on voit paraître en abondance :

Orobus tuberosus, Betula alba, Sarothamnus scoparius, Aira flexuosa et *cœpitosa, Calluna vulgaris, Luzula albida, Jasione montana, Rumex Acetosella, Scleranthus perennis, Digitalis purpurea;* et sur les hauteurs, les *Saxifraga stellaris* et *Silene rupestris.*

En comparant la végétation jurassique avec celle des Alpes granitiques et des Alpes à roches ardoisées, on trouve des contrastes tout aussi frappants. Ce n'est que dans les contrées où le calcaire, par exception, se retrouve dans une forme semblable à celle du Jura, par exemple dans la chaîne du Stockhorn, dans le Rheinthal inférieur, etc., que nous retrouvons une végétation véritablement analogue à celle du Jura.

Le contraste de la flore des lieux secs avec celle des lieux humides n'est pas le seul qui se remarque; nous en trouvons un autre encore, tout aussi marqué : c'est que la première de ces deux flores est en même temps la plus méridionale, et la dernière la plus septentrionale. Les espèces xérophiles du Jura sont de nature à pouvoir s'avancer plus loin vers le Midi, ou sont elles-mêmes au nombre des plantes qui proviennent du Midi; tandis que les espèces hygrophiles affectionnent de préférence les climats septentrionaux, ou proviennent de contrées où règnent ces climats.

La présence du buis et du cerisier Mahaleb nous montrent d'emblée qu'il en est ainsi. Nous savons que le premier de ces végétaux est essentiellement méditerranéen, et que le dernier ne s'avance pas au delà du Rhin et de Ratisbonne, et qu'il est très répandu dans le Midi jusqu'en Grèce et en Sicile.

Après avoir ainsi défini le caractère général de la végétation du Jura, nous passons à la description plus détaillée du tapis végétal de sa région intermédiaire, qui est celle des *forêts de hêtre*.

Dans la partie nord de la chaîne, les sommets ne s'élèvent guère au-dessus de cette région ; plus au sud elle se détache assez distinctement de la zone supérieure très étendue, qui est celle des forêts de sapin. Les forêts de hêtre ne sont guère au Jura que des forêts basses ou de moyenne futaie. Le hêtre jurassique a toujours la tendance à se ramifier à l'infini. Les troncs droits et majestueux comme on en voit, par exemple au-dessus de Lungern, dans les Alpes bernoises, manquent sur le calcaire.

Le revêtement intérieur de la forêt est formé tantôt par le buis, tantôt par l'épine-noire. A ces plantes vient s'ajouter par places le cerisier Mahaleb, le *Staphylea pinnata* qui fleurit très bien à l'état sauvage, le *Coronilla Emerus*; sur les collines et les rochers exposés au soleil, *Pinus silvestris*, *Rosa pimpinellæfolia*, *Daphne Cneorum* et *alpina*; çà et là, l'*Acer platanoïdes*, qui atteint rarement de hautes dimensions, et le *Sorbus torminalis*, qui monte parfois jusqu'à 40 p. Le *Daphne laureola* est très répandu dans ces forêts.

Au midi de la chaîne on rencontre l'*Acer opulifolium*, arbre des Alpes du sud-ouest, qui se retrouve au Valais ; l'*Acer monspessulanum* et le *Ruscus aculeatus*, répandus seulement jusqu'au Fort-de-l'Écluse ; le *Cytisus Laburnum*, arbrisseau qui caractérise les contrées du sud-ouest et a été désigné à juste titre du nom de pluie d'or à cause de ses longues et magnifiques grappes de fleurs. N'oublions pas le *Cytisus alpinus* qui lui ressemble et monte jusque dans le Jura vaudois pour reparaître au Valais.

Les forêts de hêtre et les buissons du Jura renferment encore les espèces suivantes :

Orobus vernus, Asarum, Peucedanum Chabræi, Aster Amellus, Buphthalmum salicifolium, Inula salicina, Cynanchum, Lithospermum purpureocœruleum, Peucedanum Cervaria et *Oreoselinum, Euphrasia lutea, Melittis, Euphorbia dulcis, amygdaloides, verrucosa, Epipactis rubiginosa, Scilla bifolia, Convallaria Polygonatum, Chrysanthemum corymbosum, Melica nutans* et *uniflora, Platanthera chlorantha, Galanthus, Dentaria pinnata.*

Les prairies sont caractérisées par un groupe d'orchidées qui se distinguent tant par le nombre des espèces que par celui des individus. Parmi ces orchidées brille en première ligne l'*Anacamptis pyramidalis*, espèce magnifique d'un pourpre ardent, qui est souvent très abondante. Vers le nord on voit dominer : *Platanthera bifolia, Orchis militaris, Morio, mascula, ustulata* et plusieurs *Ophrys*. Dès le milieu de la chaîne, il s'y ajoute encore *Orchis purpurea, Simia* et *Aceras anthropophora.*

Une espèce qui mérite d'être mentionnée plus spécialement, c'est le *Genista pilosa*, qui est répandu dans la zone du hêtre et du sapin blanc, du midi de la Suède jusqu'à la Méditerranée, et de la Crimée jusqu'en Espagne. Ce petit arbuste croît sur tous les terrains : on l'a trouvé sur le calcaire pur, sur le granit et sur la molasse rouge. Il n'est pas rare dans la Forêt-Noire et dans les Vosges ; par places il y est même commun. Dans le Jura il est répandu de Bâle-Campagne à Genève et plus loin encore ; mais il devient de plus en plus rare à mesure qu'on se rapproche du Midi. Cette espèce ne se trouve ni sur le plateau suisse, ni dans la chaîne des Alpes ; c'est pour la Suisse une plante exclusivement jurassique. Il ne s'agit pas ici d'une espèce occidentale qui a sa limite orientale dans le Jura, mais d'un phénomène semblable à l'absence relative du *Sarothamnus* dans la Suisse cisalpine.

Il ne faut pas oublier le *Spiræa filipendula*, les *Genista sagittalis* et *germanica*, et le *Coronilla montana*.

Presque toutes les espèces mentionnées ont en Suisse leur station principale dans le Jura et ne pénètrent pas dans les vallées alpines proprement dites. Une partie d'entre elles ne se rencontrent pas même dans les espaces ouverts du plateau, au pied des Alpes. Elles forment dans leur ensemble un groupe des climats plus chauds, groupe tantôt plus champêtre, tantôt plus méridional, conformément à la nature de la chaîne.

Parmi les espèces importantes, il faut mentionner le *Genista Halleri*, le *Sisymbrium supinum* et le *Polygala calcarea*. La première qui est commune en France, pénètre de là dans le Jura vaudois et neuchâtelois et atteint en Suisse son extrême limite orientale. Il en est de même du *Sisymbrium*, qui ne franchit la chaîne qu'au lac de Joux, et du *Polygala*, avec la différence cependant que cette dernière espèce, qui pènètre de France dans le Val de Travers, n'y atteint pas sa limite orientale absolue, car on la voit reparaître en Autriche.

Passons maintenant à la *région montagneuse* (de 700 à 1300 m.). Nous y trouvons la forêt de sapins, coupée çà et là de champs, de prairies et de pâturages.

La forêt est pauvre en autres plantes. Dans sa partie inférieure elle se compose principalement de sapins blancs et dans sa partie supérieure, d'épicéas. Il en est ainsi partout où ces deux arbres croissent ensemble en forêt. Le sapin blanc est évidemment l'arbre des montagnes du Midi de l'Europe; son territoire s'étend des monts Madonie en Sicile, sur toute la chaîne des Apennins, et de la Grèce jusque dans les contrées de l'Allemagne qui avoisinent les Alpes. L'épicéa est au contraire l'arbre des plaines de la Russie et de la Baltique, des montagnes de la Scandinavie, et il ne s'avance pas vers le sud au delà des Alpes et des Pyrénées.

De là vient que, dans nos montagnes, les zones supérieures avec leurs hivers rigoureux conviennent mieux à l'épicéa qu'au sapin blanc. Il ne faut pas oublier non plus que le tissu de ce dernier est aussi beaucoup moins résineux, et par là même moins résistant que celui de l'épicéa.

Dans ces forêts on rencontre çà et là le *Taxus*, noble conifère qui s'avance du midi vers le nord et vers l'orient, jusqu'à l'Himalaya. Chez nous, il devient de plus en plus rare, car son bois est très recherché des tourneurs, surtout dans les contrées viticoles où l'on en fait des robinets.

Sur la lisière des bois on rencontre fréquemment l'érable de montagne (*Acer pseudo-platanus*).

Les buissons de cette zone se composent de *Ribes alpinum, Rhamnus alpina, Rosa alpina, salævensis, rubrifolia, rubella, Sabini, mollissima* Fr., *spinulifolia* Dem., *vestita* Godet, *Sorbus scandica, Salix grandifolia, Lonicera alpigena*.

C'est dans cette région que se trouvent les *combes*, petits vallons ombragés et en pente, situés sur le flanc des montagnes. Un bon nombre d'espèces rares et intéressantes se donnent rendez-vous dans ces stations et la végétation y est d'ordinaire plus riche et plus vigoureuse.

Parmi les herbes et les graminées qui croissent dans les forêts, nous mentionnerons : *Elymus europæus, Poa hybrida* Schl., *Calamagrostis sylvatica, Ranunculus lanuginosus, Libanotis montana, Laserpitium latifolium;* dans le sud, *Luzula flavescens, Calamagrostis Halleriana, tenella* et *neglecta, Lunaria redivira, Campanula latifolia, Listera cordata, Epipogon Gmelini* et *Corallorhiza Halleri, Epipactis microphylla, Aspidium montanum, Carex tenuis*.

On trouve en pleine prairie : *Ranunculus aconitifolius, Arabis arenosa, Trollius, Cirsium eriophorum;* plus rarement *Crepis succisæfolia*, mais en immense quantité, *Gentiana lutea* et, dans le nord de la chaîne seulement, *Gentiana asclepiadea ; Cerinthe alpina*, qui est rare; *Meum athamantium, Orchis globosa*, assez abondant, et *Gymnadenia odoratissima*.

Dans le canton de Neuchâtel, quelques prairies humides de la région montagneuse sont littéralement couvertes de *Fritillaria meleagris*.

Les pâturages et les vergers d'une grande partie du haut Jura donnent naissance à d'innombrables *Narcissus Pseudo-Narcissus* aux grandes fleurs jaunes. On y trouve aussi, mais plus rarement, le *N. radiiflorus* aux fleurs d'un blanc candide.

Trois espèces ne paraissent se trouver que dans des stations bien isolées ; ce sont l'*Anthriscus torquata* (canton de Berne), le *Knautia longifolia* (cantons de Berne et de Neuchâtel), et *Polemonium* (Cremines et Fleurier).

On rencontre dans le Jura méridional : *Cirsium Erisithales, Cardamine Matthioli.*

Aux bords du lac de Joux : *Carduus crispus f. multiflorus, Linaria petraea* Jord. et *Sisymbrium supinum.*

Enfin sur les rochers : *Draba aizoides, Kernera saxatilis, Thlaspi montanum, Dianthus cæsius, Coronilla montana* et *vaginalis, Saxifraga Aizoon, Athamanta cretensis, Bupleurum longifolium, Laserpitium Siler, Valeriana montana, Hieracium Jacquini, glaucum, bupleuroides* et *scorzonerifolium, Globularia cordifolia, Primula Auricula.*

Dans les rocailles, au pied des rochers : *Scrophularia Hoppei. Erysimum ochroleucum, Centranthus angustifolius, Campanula latifolia ;* et plus au sud : *Sideritis scordioides, Arabis stricta, Anthyllis montana Arabis brassicæformis.*

Mais les stations de beaucoup les plus intéressantes de cette région, ce sont les *tourbières,* les *seignes, sagnes* ou *mouilles,* comme on les désigne dans le patois du pays.

Dans la chaîne jurassique, on trouve généralement la végétation des Alpes du sud-ouest, au sol sec ; les *plantes calcaires* excluent presque toutes les autres ; mais dès qu'on aborde un de ces enfoncements recouverts d'amas de tourbe, on se sent tout à coup transporté dans une nature entièrement différente.

« Lorsque je vis pour la première fois, dit Ch. Martins, la végétation de la grande tourbière qui recouvre le fond de la vallée des Ponts, à 1000 m. au-dessus de la mer, il me semblait que j'avais de nouveau devant les yeux le paysage de la Laponie que j'avais visité 20 ans auparavant ; non seulement les arbres, mais aussi les herbes appartenaient aux mêmes espèces que celles du Nord. »

Comment expliquer ce singulier contraste, cette parcelle de la nature froide et humide du nord au beau milieu de la zone si chaude et si sèche du calcaire jurassique ?

A partir du Jura bernois, ces tourbières deviennent de plus en plus fréquentes à mesure que l'on s'avance vers le sud ; elles sont toujours situées dans les hauts vallons étroits qui s'étendent parfois sur des lieues entières entre les chaînes parallèles. C'est dans la zone

où la grande chaîne est la plus large, c'est-à-dire dans le Jura neuchâtelois et vaudois qu'elles sont le plus nombreuses. Le paysage en
est des plus caractéristiques : la forêt de sapins disparaît tout à
coup pour faire place à des espaces couverts d'une masse spongieuse,
d'un gris rougeâtre, plus élevée dans sa partie moyenne que sur les
bords, composée de laîches et de mousses et imbibée par les eaux
stagnantes qui forment çà et là quelques mares profondes et arrondies, ou même s'accumulent dans les profondeurs, de manière que
le sol repose littéralement sur ces eaux. — Le tapis de mousse est
recouvert de petits arbrisseaux entre lesquels se dressent partout les
silhouettes caractéristiques et pittoresques de pins à courts rameaux
et à feuillage épais, d'un vert noirâtre. Leurs troncs, souvent tortueux, montent obliquement à deux fois la taille d'un homme, tandis
que leur branchage est appliqué sur la mousse et s'arrondit vers le
haut en une cime de forme conique qui ne rappelle en rien l'ombelle
terminale des grands pins de nos collines jurassiques.

Entre ces noirs conifères, qui donnent à la tourbière l'aspect
d'une forêt basse et comme échevelée, coupée de nombreuses clairières, on voit briller çà et là le feuillage argenté de quelque bouleau
(*Betula a. f. pubescens*) ou quelque chétif sorbier (*Sorbus aucuparia*).
Tel est l'aspect général des hautes tourbières jurassiques. Un com-
plément nécessaire à ce paysage, ce sont les coupes régulières et
profondes faites dans le sol, coupes dont la tranche brille d'un brun
noirâtre et dont on détache les morceaux de tourbe de forme prisma-
tique, qui s'entassent sous des huttes de planches ou s'étalent régulièrement sur la surface du sol pour y sécher. Dans les nombreux
villages du haut Jura, assez pauvre en forêts, la tourbe est un précieux combustible.

La conifère caractéristique des tourbières du Jura, qui est la
même que celle des marais de la haute Bavière, c'est l'arbre que
nous avons déjà rencontré dans les tourbières d'Einsiedeln, le
Pinus montana f. uliginosa.

Si l'aspect des tourbières du haut Jura rappelait à Ch. Martins les
paysages des contrées du Nord, il a dû dans sa pensée faire abstraction de cet arbre, car actuellement il ne se trouve pas dans les contrées du nord.

Les autres buissons de haute taille des tourbières sont les *Salix aurita* et *repens* et le *Lonicera cœrula*. Plus près du sol, on trouve encore le *Betula nana* qui fructifie même quelquefois et est bien plus répandu que sur le plateau d'Einsiedeln. On le trouve dans les tourbières de Lomont et des Franches-Montagnes, et de là jusqu'à celles de la Trélasse près de la Dôle. Le *Vaccinium uliginosum*, l'*Oxycoccos* et l'*Andromeda* croissent dans les endroits aqueux; sur les hauteurs plus sèches des coussins de mousse, le *Calluna*, les *Vaccinium Myrtillus* et *Vitis Idœa*, et comme rareté l'*Empetrum nigrum*. Cette espèce manque aux marais d'Einsiedeln et ne reparaît que dans les hautes Alpes. Cette plante est arctique et circompolaire ; on l'a trouvée aussi loin que l'homme s'est rapproché du pôle : au Groënland, dans les glaces du Taimyr, dans les parties les plus septentrionales de la Sibérie ; elle ne descend guère au delà des Alpes et des Pyrénées.

Parmi les herbes et les graminées, ce sont les joncs, les ériophores et les laîches qui jouent le rôle principal. Nous mentionnerons les espèces suivantes :

Le *Scirpus cœspitosus*, dont les gazons serrés sont un heureux point d'appui pour le pied du botaniste qui s'avance entre les coussins spongieux des sphagnum.

Les *Eriophorum alpinum*, *vaginatum* et *gracile*, dont les épillets blancs contrastent agréablement avec la teinte brunâtre de la tourbière.

Les *Carex chordorhiza* et *heleonastes*, espèces qui toutes deux appartiennent au nord de l'Europe ; le *Scheuchzeria palustris*, répandu dans le Nord jusqu'à l'est de la Sibérie.

Au nombre des plantes herbacées, il vaut la peine de nommer encore :

Viola palustris, 3 *Drosera*, *Sagina nodosa*, *Alsine stricta*, *Comarum*, *Saxifraga Hirculus*, *Cineraria spathulæfolia* Gm. et *campestris* Retz.. *Gentiana campestris*, *Pneumonanthe*, *Swertia perennis*, *Pinguicula vulgaris*, 2 *Utricularia*, *Sparganium natans*, *Orchis Traunsteineri*.

L'*Alsine stricta* est une plante des plus rares. Elle n'est répandue que dans la zone arctique orientale de la Sibérie et de la Scandinavie au Groënland. A part le Jura, elle ne se trouve plus que dans les tourbières de la haute Bavière. Le *Saxifraga hirculus* et le *Viola palustris* sont au plus haut degré circompolaires ; ils sont répandus jusqu'aux Alpes : le premier est plus rare et plus disséminé, il ne reparaît plus en Suisse que dans le canton de Fribourg et près d'Einsiedeln ; le second est abondant dans les hautes Alpes et descend aussi dans les chaînes méridionales.

Le *Swertia* a une distribution analogue à celle du sapin blanc et du pin de montagne ; il manque aux contrées arctiques.

Quant aux mousses des tourbières, elles sont d'une structure spéciale et fonctionnent comme des éponges. Chacune de leurs milliers de feuilles creusées en carène est un petit réservoir qui retient l'eau. Ces amas de mousse qui forment la grande masse de la tourbière, sont dus principalement à six espèces de sphaignes (*Sphagnum*).

On voit qu'à peu d'exceptions près, les plantes les plus importantes de la tourbière jurassique sont des plantes du Nord. Nous ne trouvons en Suisse de végétation analogue que sur quelques points des basses Alpes septentrionales, où les eaux séjournent sur des plateaux ou dans de petits vallons de la région montagneuse, par exemple dans le bassin si remarquable d'Einsiedeln. Mais là déjà la flore est plus riche : aux plantes que nous venons d'énumérer viennent s'ajouter encore : *Lysimachia thyrsiflora, Juncus stygius, Trientalis, Malaxis paludosa*. Ces espèces sont également des plantes du Nord.

Mais revenons à notre première remarque. Comment expliquer la présence, au milieu du Jura, de ces paysages humides des contrées du Nord ?

Cela s'explique par la nature du terrain, qui, partout ailleurs perméable, ne garde l'eau qu'à certaines places exactement déterminées.

Sendtner a déjà relevé le fait que les tourbières de la Bavière ne se forment que dans les vastes enfoncements du plateau, aux endroits où une couche de marne argileuse et ferme s'oppose au passage des eaux. Mais une autre question se présente : D'où la formation calcaire du Jura aurait-elle tiré pareil ciment ?

Ce ciment qui recueille l'eau nécessaire aux tourbières jurassiques, ce n'est pas le Jura lui-même qui le leur a fourni. La couche imperméable d'argile quartzeux qui forme le sous-sol de chacune de ces tourbières, est un résultat de la décomposition des roches cristallines, c'est la *boue glaciaire*, comme l'appelle Martins, que l'immense glacier du Rhône a déposée dans les dépressions du Jura, lorsque ses masses de glace sont venues se heurter aux flancs de la chaîne.

Les roches polies, les blocs erratiques et les tourbières, telles sont les traces irrécusables qu'a laissées le glacier qui s'est avancé jadis du Valais vers le Jura, en s'élargissant comme un grand éventail de Genève jusqu'en Argovie. C'est grâce à la couche de roche moulue, comme il en existe encore sous chacun de nos glaciers, qu'a pu se former, dans la plus sèche et la plus aride de toutes nos chaînes de montagne, le sol frais et humide de nos marais tourbeux.

Telle est l'origine des tourbières du Jura.

Passons maintenant à une autre question. D'où vient la flore qui les recouvre et qui se compose d'espèces qui ne se retrouvent nulle part aux alentours?

Cette flore, comme nous l'avons déjà dit en parlant de la tourbière d'Einsiedeln, est un reste de l'époque où la Suisse était couverte par des grands glaciers, où le climat de nos contrées était lui-même semblable aux climats du Nord et où naturellement la végétation, elle aussi, devait être septentrionale.

Aujourd'hui, le climat des Alpes et du Jura est changé, la température y est plus élevée. Un rayon de la flore méditerranéenne a pénétré dans la plaine, et, dans la montagne, un rayon de celle des Alpes du Midi; mais la végétation septentrionale des tourbières du Jura s'est maintenue intacte. C'est un reste de l'époque glaciaire, dont les traces se sont perdues partout où la couche de boue imperméable ne s'est pas déposée sur le sous-sol.

Ce ne sont pas là des théories. L'analyse de la couche de ciment qui s'étend à la base de nos tourbières jurassiques prouve que le quartz et le feldspath en sont les éléments constitutifs. Les conclusions que l'on a tirées de ce fait ne sauraient être ébranlées; elles sont indépendantes de tout système, de toute idée préconçue.

Très souvent, mais pas toujours, on retrouve aussi les moraines qui forment la tourbière à sa partie inférieure. L'eau de la tourbière paraît alors comme un remous d'eau glaciaire auquel la moraine aurait barré le passage jusqu'à aujourd'hui.

Ce qui contribue à fixer la végétation dans ces endroits, c'est encore le climat local que la tourbière se crée à elle-même. L'eau empêche le sol de se réchauffer par insolation; souvent une couche toute locale de brouillard plane pendant des jours entiers sur la tourbière, et tandis que tout autour le printemps règne déjà, on voit les

gelées blanches y persister jusque bien avant dans les mois de mai
et de juin (d'après Sendtner, jusqu'à la Saint-Jean dans les tourbières de la Bavière). L'évaporation de l'eau, au moyen des innombrables membranes cellulaires des sphaignes, est constante et des plus
énergiques ; elle suffirait à elle seule à expliquer la température plus
basse de la tourbière en comparaison des zones qui l'avoisinent.

La *région supérieure*, de 1300 m. jusqu'aux plus hauts sommets,
commence au Raimeux et au Weissenstein et atteint son point culminant au Reculet (1720 m.), près de Genève.

Dans cette région, la forêt, qui disparaît peu à peu à partir de
1400 m., se compose en majeure partie d'épicéas. Le hêtre n'y reste
plus qu'à l'état nain et comme rareté. Tous les hauts sommets sont
couverts de pâturages finement gazonnés et habités en été par de
nombreux troupeaux.

Dans ces forêts on peut cueillir :

Mulgedium alpinum et *Plumieri, Heracleum alpinum, Myosotis
alpestris, Convallaria verticillata, Athyrium rhæticum, Streptopus ;* au
sud. *Cephalaria alpina, Pinguicula longiflora* DC. Gaud.

Les buissons se composent de : *Sorbus Chamæmespilus, Juniperus
nana, Rhododendron ferrugineum.*

Quant aux plantes alpines proprement dites qui croissent sur les
rochers et les pâturages, j'en ai compté 199 espèces; de ce nombre
sont :

*Alsine liniflora, Arenaria grandiflora, Arabis cenisia, Androsace vil-
losa* et *lactea, Erinus alpinus, Ranunculus Thora, Aconitum Anthora,
Hypericum Richeri, Ligusticum ferulaceum, Eryngium alpinum, Hieracium vogesiacum, Agrostis Schleicheri,* et même *Potentilla minima,
Saxifraga oppositifolia, Leontopodium* et *Salix herbacea,* espèces des
hautes Alpes.

Mais de quel foyer central émane cette végétation jurassique dans
laquelle entre une proportion si remarquablement élevée de plantes
de rochers proprement dites ? En la comparant à la végétation de
cette admirable chaîne des Alpes dont les cimes neigeuses s'étalent
du haut des sommités du Jura en un panorama complet, des montagnes du lac de Constance à celles du Valais, — la question ne se
trouve pas éclaircie d'une manière suffisante. Comme nous l'avons

déjà vu, ces Alpes, et notamment les Alpes granitiques et ardoisées, sont couvertes d'un tapis végétal bien différent, qui est celui d'un sol formé de terre végétale humide. Toute une série d'espèces, très communes dans les terrains ardoisés, manquent absolument au Jura. *Meum Mutellina, Rumex alpinus, Geum montanum, Erica carnea, Alnus viridis,* la plupart des *Draba,* les Carex alpins, le *frigida* par exemple, les *Phaca,* ne sont pas des plantes liées d'une manière si intime à la nature des hautes Alpes, que le Jura ne puisse leur offrir des stations favorables, et cela même en grand nombre ; et pourtant toutes ces espèces n'y sont pas représentées ou du moins à peine représentées (le *Rumex alpinus* se trouve au Bilstein dans le Jura septentrional, mais il est possible qu'il y ait été planté). Quant aux Carex alpins, on ne trouve au Jura que le groupe du *Sempervirens,* savoir l'espèce type, le *tenuis* et le *ferruginea.* Tous trois sont des plantes de rochers.

Les espèces jurassiques les plus importantes manquent à nos Alpes ou ne s'y rencontrent que rarement. La chaîne calcaire du Stockhorn elle-même ne possède des 13 espèces de la haute région jurassique que nous avons énumérées en commençant, que l'*Androsace lactea* et l'*Erinus alpinus* ; et pourtant cette chaîne est une des plus rapprochées et de toutes nos chaînes alpines celle qui ressemble le plus au Jura, qui possède, entre autres, l'*A. lactea,* qui y est si répandu et qui est si rare dans les Alpes.

Les *Rosa montana, Androsace lactea, Arabis brassicaeformis, Mulgedium Plumieri, Cephalaria alpina, Acer opulifolium, Ranunculus Thora,* toutes espèces jurassiques, ne se rencontrent en Suisse que dans les Alpes du sud-ouest. Encore celles-ci ne possèdent-elles pas les espèces les plus caractéristiques des hautes chaînes jurassiques :

Alsine liniflora, Arenaria grandiflora, Aconitum Anthora, Ligusticum ferulaceum, Erysimum ochroleucum, Androsace villosa, Pinguicula longifolia, Centranthus angustifolius, Anthyllis montana, Hypericum Richeri, Sideritis scordioides, Scrophularia Hoppei.

Ces plantes ne se retrouvent que bien plus au midi, dans la contrée où le Jura se détache insensiblement des Alpes calcaires du Dauphiné pour former une chaîne alpine secondaire qui se sépare de l'axe principal des Alpes méridionales: mais loin de s'effacer bientôt comme les nombreuses chaînes latérales, il s'étend au loin, suivant constamment la direction du sud-ouest au nord-est, jusque dans le voisinage des chaînes granitiques, plus froides, du midi de l'Allemagne. Or, il va sans dire que sa végétation ne peut être autre que celle de sa chaîne-mère, celle des Alpes calcaires méridionales. C'est là, sur les sommets situés autour de Grenoble ou de Chambéry, que les espèces qui en Suisse ne se trouvent qu'au Jura sont vraiment chez elles, seulement elles y croissent en compagnie d'autres espèces qui appartiennent à la haute région alpine et ne descendent pas jusque sur les sommités, plus basses, du Jura. C'est de là que l'*Erysimum ochroleucum* s'est avancé jusqu'au Creux-du-Vent et au Chasseral, le *Centranthus* et le *Scrophularia* jusqu'au Roggenfluh. Ce qui permet à ces plantes alpines méridionales de s'avancer jusque près des Vosges, c'est un sol calcaire sec et chaud.

Les stations primitives de l'*Androsace lactea* ne se trouvent que près de Grenoble. Bouvier l'indique comme répandu en quantité dans les Alpes du Dauphiné, surtout au Lautaret jusqu'à Embrun et à Gap. Verlot l'y indique également. Le territoire principal de l'*Androsace villosa* est déjà plus rapproché, il commence dans la Maurienne.

Quant au *Pinguicula longifolia*, découvert par Ramond dans les Pyrénées, la station alpine la plus rapprochée du Jura se trouve, d'après Burnat, près de Tende, dans les Alpes maritimes.

Tout cela nous explique aussi très naturellement pourquoi, des deux rosages, le Jura ne possède que le *ferrugineum*. Cette espèce s'avance jusqu'au Creux-du-Van (de Candolle) et au Chasseral, et elle est aussi commune dans le haut Jura méridional que dans les Alpes. C'est la seule que les Alpes occidentales possèdent en propre : le *R. hirsutum* s'arrête du côté de l'ouest en même temps que les chaînes suisses.

Ce n'est pas seulement à ses pieds, mais aussi sur ses hauteurs que le Jura est tributaire, quant à sa flore, des foyers du sud-ouest. Cet élément donne un charme tout particulier à la chaîne, dont le paysage est assez monotone, du moins sur de grandes étendues.

Le Jura est digne de toute l'attention du naturaliste, non seulement parce qu'il donne asile à la flore calcaire méridionale, mais aussi parce qu'il semble être la patrie primitive de quelques espèces endémiques qui ne se trouvent que dans cette chaîne. A cet égard, il est supérieur à toutes les chaînes allemandes, même à celles, si étendues de la Silésie. Cette vertu créatrice, qui dote les Alpes méridionales de toute une flore endémique qui leur appartient en propre, se révèle encore dans le Jura, quoique dans une proportion bien plus restreinte.

La plante jurassique la plus importante à cet égard, c'est l'*Heracleum alpinum* L., espèce parfaitement distincte de ses congénères.

Il est remarquable, que dans le midi de l'Europe, l'endémisme se trahisse surtout dans la famille des ombellifères. Ainsi, pour le centre de la France, Grisebach indique comme plante endémique le *Peucedanum parisiense*.

Or, l'*Heracleum* est pour le Jura ce que ce *Peucedanum* est pour la France. On l'indique, il est vrai, dans plusieurs flores comme se trouvant dans certaines parties des Alpes. Il est mentionné, par exemple, dans la flore du Simplon de Favre, 1877, comme croissant au pied du versant méridional de ce passage ; mais cette indication demande à être confirmée. En effet, d'après toutes les données qu'il m'a été possible de réunir, personne n'a jamais rencontré l'*Heracleum alpinum* ailleurs qu'au Jura.

Ce qui est surprenant, c'est que le centre de sa distribution n'est pas dans la partie méridionale et plus riche de la chaîne, mais dans la partie septentrionale. Du Weissenstein à la Schafmatt il est plus répandu que vers le sud et ne dépasse pas le Chasseron.

Les formes voisines ne se trouvent également qu'au Jura ou dans son voisinage, et sont suspectes d'hybridité (*H. montanum* Schleicher, *asperum* Auct. non *M.* Bieb.). Il ne se trouve en Suisse qu'une seule autre espèce du genre, l'*H. Sphondylium* L. et sa forme alpine, l'*H. elegans* Koch. Ce n'est que dans la haute Valteline, près de Bormio, que l'on voit paraître une autre espèce, l'*H. Pollinianum* Bert. (legit Lévier). De la haute Bavière jusqu'en Styrie on trouve le *H. austriacum*, et au sud-ouest de la France, l'*H. pyrenaicum* Lam.

Mais le Jura possède encore une autre ombellifère endémique, c'est l'*Anthriscus torquata* Thom. du Jura septentrional. Beaucoup d'auteurs en font une variété de l'*A. silvestris*; mais ceux qui l'ont observé sur le vif ne sauraient être dans le doute au sujet de son droit d'espèce. C'est une plante des lieux profonds et ombragés, au pied des rochers.

Elle habite le fond de deux cirques de rochers près de Bressancourt, au Mont-Terrible.

Il ne faut pas s'étonner de voir le *Thlaspi alpestre*, la plus polymorphe de toutes les crucifères, revêtir au Jura une forme spéciale, la forme *Gaudinianum* Jord. Chaque contrée en possède une variété différente : dans les Vosges, c'est le *Th. vogesiacum* Jord. dans les Alpes vaudoises, le *Th. Lereschii*, etc.

Un fait des plus remarquables, c'est la grande extension que prend au Jura le *Thlaspi montanum* L., surtout dans la partie nord, tandis que dans toute la chaîne des Alpes suisses, cette plante n'est indiquée que comme rareté et d'une manière si peu certaine que l'on peut presque dire qu'elle y manque absolument. Ce *Thlaspi*, qui à l'inverse du plus grand nombre des autres espèces jurassiques est une plante des zones septentrionales, possède un vaste territoire dans l'Amérique du Nord; c'est d'ailleurs aussi par les Alpes du Dauphiné qu'il a gagné le Jura.

Le *Linaria* des bords du lac de Joux est une plante qui se rapproche de l'*alpina*. D'après Reuter, elle diffère de l'espèce des Alpes occidentales; c'est la *Linaria alpina f. petræa* Jord. Le *Sysimbrium supinum*, qui atteint sa limite orientale extrême près de ce même lac, est une espèce qui appartient à la France.

Le Jura n'a que peu d'espèces communes avec les Vosges. Nommons cependant l'*Hieracium vogesiacum*, plante des rochers, et le *Mulgedium Plumieri*, espèces des forêts, qui s'avance des Pyrénées dans les Alpes méridionales et dans l'intérieur de la France. La chaîne des Vosges et celle du Jura possèdent aussi en commun le *Thlaspi montanum* qui, comme nous venons de le dire, est une espèce du Nord.

Mais ce qui déjoue toutes les théories, c'est la distribution de l'*Arabis stricta* Huds, petite crucifère pauciflore qui croît dans les grottes et sur les parois de rochers au-dessus de Thoiry, au Colombier et au Salève. Elle provient aussi des Alpes du Dauphiné et de la grotte de Vaucluse. On la retrouve encore, d'une part dans les Pyrénées et de l'autre en Transylvanie, puis en Angleterre, en Irlande et au Labrador.

Remarquons encore que dans la partie septentrionale du Jura, où les chaînes longitudinales se dissolvent insensiblement ou se ramifient, formant un haut plateau à vallons irréguliers, la culture des anciennes espèces de céréales s'est conservée autour d'un assez grand nombre de villages écartés. On y cultive encore en grand le *Triticum monococcum* ou *petite épeautre*, dont la farine jaune et à riche gluten fournit un pain excellent. On rencontre même l'*Hordeum zeocriton* ou *orge à éventail*, aux longues arêtes divergentes, et le *Triticum dicoccum* ou *froment amidonnier*, en deux variétés dont l'une à arêtes longues et l'autre à arêtes courtes. Ailleurs, la culture de cette dernière espèce est abandonnée depuis longtemps. On n'en retrouve de trace que dans les stations lacustres.

Nous avons encore à examiner le Jura à un autre point de vue, savoir l'influence qu'a pu avoir sur sa flore la ligne du sud-ouest au nord-est qui marque la direction constante de la chaîne. Dans les Alpes, où l'axe général se dirige bien évidemment de l'est à l'ouest, qui sont coupées par de profondes vallées longitudinales et transversales et se subdivisent en un grand nombre de massifs et de chaînes indépendantes, ce n'est que par exception que les espèces sont distribuées d'une manière uniforme et normale.

Le Jura, en revanche, grâce à sa masse compacte et serrée, aux longs renflements de ses sommets et à ses vallées peu profondes et plates, laisse avancer pas à pas vers le nord-est le contingent que lui fournit la flore du Dauphiné. La marche que suit ce contingent est des plus régulières, et à mesure qu'on s'avance vers le nord, le nombre des espèces méridionales diminue. Ce n'est donc pas seulement la formation calcaire, mais encore la direction générale et la structure géographique de la chaîne qui favorise la migration de la flore alpine et qui est cause de la lente diminution du nombre des espèces méridionales à mesure que l'on s'avance vers le nord, où les sommets s'abaissent par degrés.

Au Reculet (à 1720 m.) la flore est riche en espèces du Midi; à la Dôle (à 1681 m.) elle l'est déjà moins; au Chasseron (1611 m.) et au Creux-du-Van (1465 m.) la diminution du nombre de ces espèces est très sensible; elle l'est plus encore au Chasseral (1400 m.), où l'on ne trouve déjà plus qu'un dernier vestige de cet élément méridional. C'est ainsi que l'on voit disparaître graduellement toute cette flore, au fur et à mesure que l'on s'avance des sommités méridionales plus élevées à celles, plus basses, de la partie septentrionale de la chaîne.

Ici encore, les exemples de distribution irrégulière et disloquée ne font pas défaut.

L'*Erinus alpinus* est répandu dans le sud jusqu'à la Dent-de-Vaulion ou autrement dit jusqu'à la cluse de l'Orbe. De là, il fait défaut jusqu'à la cluse de la Suze, pour reparaître de nouveau de la chaîne du Weissenstein au Ramsfluh, près du cours de l'Aar. L'*Erinus* n'étant pas rare dans les chaînes septentrionales des Alpes, qui sont le plus rapprochées, il est fort à supposer que dans la partie sud du Jura il provient du Midi, tandis que dans la partie nord de la chaîne il provient des Alpes suisses. Les cluses mentionnées plus haut l'auront empêché jusqu'à présent de se répandre dans la partie centrale du Jura.

Le *Primula Auricula*, qui est commun dans les Alpes du sud-ouest jusque près de Genève, manque au Jura méridional et ne reparaît qu'au nord des cluses de la Birse où il est très abondant. Là, l'immigration paraît avoir eu lieu par les Alpes calcaires septentrionales et s'être arrêtée à l'obstacle des cluses de la Birse. La route suivie par cette plante serait donc l'inverse de celle du plus grand nombre des plantes alpines du Jura.

Il paraît en être de même du *Gentiana asclepiadea* qui est abondant dans les Alpes et dans le haut plateau suisse. Dans le Jura on ne le trouve que dans la chaîne septentrionale du Weissenstein au canton d'Argovie. Lui aussi s'est arrêté aux cluses de la Birse.

L'*Androsace lactea*, espèce répandue dans le Midi et qui, dans les Alpes suisses, ne se trouve, à titre de rareté, que dans la chaîne du Stockhorn et au Justisthal, franchit d'un seul bond la chaîne jurassique méridionale pour ne reparaître qu'aux cluses de l'Orbe. C'est là une anomalie qui jusqu'à présent reste inexplicable.

Un fait certain, c'est que dans la distribution irrégulière de ces espèces, les cluses étroites, mais profondes qui coupent les chaînes jurassiques, jouent un rôle très important. Les limites de ces espèces sont toujours marquées par une entaille de cette nature.

L'un des massifs les plus caractéristiques du Jura, le *Salève*, mérite d'être examiné de plus près. Il marque la limite du bassin de

Genève, et son versant nord, qui est des plus escarpés, monte sur un espace de 600 m. en ligne presque verticale; tandis que son versant méridional, en partie boisé, s'abaisse insensiblement vers les vallées savoisiennes. Le Salève appartient bien au Jura, mais il en est une chaîne détachée. Les parois calcaires traversées de lignes parfaitement horizontales qui marquent les bancs de sa roche, sont coupées de plusieurs entailles profondes. Sur aucun point de la chaîne la zone des rochers secs n'occupe plus d'espace qu'au Salève, aussi y trouve-t-on tout entière la flore du Jura méridional.

A ses pieds croissent :

Acer opulifolium, Cytisus Laburnum, Cyclamen europæum et (d'après Fauconnet) *neapolitanum, Asperugo procumbens, Atragene alpina, Rosa Sabini* Woods, *Ononis rotundifolia, Viola multicaulis, Helianthemum Fumana, Arabis muralis, Plantago Cynops, Primula officinalis* f. *suaveolens* Bertol., *Limodorum abortivum, Narcissus biflorus, Erythronium dens canis, Ruscus aculeatus, Ornithogalum pyrenaicum, Carex gynobasis, Stipa pennata, Barbarea augustana.*

Sur les parois de rochers : *Sorbus Chamæmespilus* f. *Hostii* Jacq., variété qui est envisagée par erreur comme une forme hybride; *Arabis auriculata, saxatilis, stricta, Sisymbrium austriacum, Hutchinsia petræa, Helianthemum canum, Geranium lucidum, Rhamnus alpina, Evonymus latifolius, Anthyllis montana, Potentilla petiolulata, rupestris, Sedum anopetalum, Serratula nudicaulis, Scorzonera austriaca, Hieracium lanatum, andryaloides* et *ligusticum, Galium tenerum, Daphne alpina, Ceterach* off. *Asplenium Halleri.*

Sur les hauteurs subalpines :

Arabis serpyllifolia, Rosa sabauda Rap., *Crocus vernus, Ranunculus montanus* f. *gracilis, R. Thora, Arenaria grandiflora, Erinus alpinus,* et au milieu de la zone calcaire, dans les endroits où se trouvent les dépôts de pisolithes et de sable quartzifère :

Alnus viridis, Pedicularis tuberosa, Scleranthus perennis, Erica carnea, Aira flexuosa, Festuca tenuifolia.

A part ces dernières anomalies, qui s'expliquent par la nature du sol, nous trouvons au Salève la flore des rochers calcaires mieux caractérisée que partout en Suisse. Toutes les autres espèces se rattachent aux Alpes méridionales et surtout à celles du sud-ouest. L'*Arabis stricta*, espèce des contrées du Nord, fait seule exception.

Il faut mentionner spécialement le *Potentilla petiolulata* Gaud., qui diffère essentiellement du *caulescens* L., non seulement par ses folioles pétiolées, mais aussi par sa pubescence glanduleuse. Cette espèce n'a été trouvée qu'au Salève, et non loin de là, en Savoie.

Le *Serratula*, cette magnifique composée qui ne se trouve que sur les parois abruptes au-dessus d'Archamp, provient des montagnes du Dauphiné et du Piémont; c'est parmi les plantes de rochers une des plus rares du bassin occidental de la Méditerranée.

Le *Ranunculus gracilis* Schl. n'est, il est vrai, qu'une forme du *montanus*, mais une forme qui est restreinte au Salève et au Jura méridional et qui, par les dimensions plus petites de ses feuilles, dénote la sècheresse de ces stations.

Le *Barbarea augustana* Boiss., espèce des Alpes du sud-ouest, se retrouve au Piémont sur le versant méridional du Saint-Bernard.

Au sud-ouest du Salève, à la frontière de France, deux sommités, le Vuache d'un côté, et le Crédoz de l'autre, resserrent le Rhône dans une gorge étroite qui est unique pour un fleuve de cette importance, c'est la gorge du Fort de l'Écluse.

Sur les flancs du Vuache, on peut cueillir l'*Isopyrum thalictroides*, charmante fleur printanière qui unit à la corolle blanche d'une renoncule alpestre la feuille d'un pigamon. Cette espèce s'étend sur toute l'Europe centrale, de Königsberg à Rome, mais très rare et très disséminée.

On trouve encore au Fort de l'Écluse : *Helianthemum pulverulentum*, *Parietaria diffusa*, *Acer monspessulanum*, et nous n'avons qu'à suivre le Rhône pendant quelques kilomètres pour voir les avant-postes de la flore du Midi devenir de plus en plus nombreux.

Dans le Jura septentrional, il vaut la peine de mentionner comme station privilégiée, la *Ravellenfluh* (environ 700 m.), au-dessus d'Œnsingen. Là, le haut Jura qui s'étend sans interruption de Genève à Soleure se termine par une série de cluses très pittoresques dont l'entrée est masquée du côté de la plaine par une coulisse de rochers qui porte le nom de Ravelle. C'est une mince paroi perpendiculaire de trois côtés, haute de 200 m. à peine et se composant de couches verticales appartenant au corallien. Elle se relie vers le nord au Jura bâlois, dont les sommets s'affaissent peu à peu pour se terminer en une suite de vallons et de plateaux.

Sur les parois de ce rocher et sur les arêtes aiguës de son sommet, les dernières espèces du Jura méridional croissent en compagnie d'autres plantes très remarquables. On est surpris de rencontrer
dans cette station à peine montagneuse et rentrant presque encore
dans la région des collines, un mélange très singulier d'espèces subalpines et d'espèces méridionales. On y trouve : *Prunus Mahaleb*, *Sorbus scandica*, *Quercus pubescens*, *Rhamnus alpina*, *Coronilla Emerus*,
Rosa Sabini, pimpinellifolia et *rubella*, *Asplenium Adiantum nigrum* et
Halleri avec le *viride*, *Thesium montanum*, *Globularia vulgaris* et *cordifolia*, *Polygala Chamœbuxus*, *Hieracium glaucum* et *Jacquini*, *Galium
anisophyllum* et le *puberulum Chr.*, espèce qui jusqu'à présent n'a été
observée que là ; *Cotoneaster vulgaris* et *tomentosus*, *Aronia rotundifolia*, *Saxifraga Aizoon*, *Dianthus cæsius*, *Coronilla vaginalis*, *Carex humilis*, *Thlaspi montanum*, *Valeriana tripteris* et *montana*, *Centaurea montana*, *Lonicera alpigena*, *Kernera saxatilis*, *Erinus alpinus*, *Draba aizoides*, *Mœhringia muscosa*. *Arabis alpina*, *Campanula pusilla*, *Helianthemum vulgare f. grandiflorum*.

Et puis, par un contraste singulier, l'*Iberis saxatilis*, plante naine
du Midi, qui se blottit dans les fentes du rocher et dont les rameaux
se chargent en avril de magnifiques fleurs blanches. Tout auprès,
sur le versant nord, on voit surplomber des troncs de *Pinus montana
f. Pumilio* très vieux, noueux et tortus. Cette station est évidemment
la plus basse que cet arbre occupe au Jura, et peut-être même en
Suisse. Toutes ces plantes se trouvent sur un espace fort restreint,
dans les fissures d'un calcaire très dur qui se détache par plaques
et roule ses débris dans la gorge, surtout du côté du nord-ouest.

C'est là une localité où se révèle, en pleine Suisse septentrionale,
toute l'importance de ces stations rocheuses, envisagées comme
avant-postes de la flore du Midi.

Le *Lägern* lui-même, qui est un étroit lambeau de terrain jurassique projeté dans la zone tertiaire, possède encore, d'après Jäggi :
Asplenium Halleri, *Lilium bulbiferum*, *Alyssum montanum*, *Lactuca
perennis*, etc.

Le caractère chaud et sec des hauteurs du Jura se révèle aussi
dans la distribution des lépidoptères. Le *Parnassius Apollo*, dans une
variété très colorée, le *Satyrus Briseis*, le *Zygæna Fausta* et le *Triphosa Sabaudiata* y sont très communs, et le *Thecla spini* y monte

même à une altitude de 1100 m. jusque dans la partie septentrionale
de la chaîne.

LES VOSGES ET LA FORÊT-NOIRE

Comparons maintenant notre flore suisse avec celle de la région
alpine des deux chaînes qui nous touchent de plus près vers le nord,
les Vosges et la Forêt-Noire.

Un premier fait à constater, c'est qu'elles ne sont nullement tributaires du Jura, leur voisin ; car leur flore est aussi différente de
de celle de cette chaîne que si elles en étaient séparées par des centaines de lieues. Cela provient de la différence du sol et du climat
local qui en dépend. Ici, un calcaire très dur et des stations sèches ;
là, le granit et la molasse quartzifère, et en conséquence des stations
à terre profonde, sablonneuses, fraîches et humides.

La seule ressemblance que ces montagnes présentent avec le Jura
et qui puisse s'expliquer par des analogies de climat, c'est la grande
extension qu'y prend le sapin blanc comparativement à l'épicéa, ce
qui refoule la forêt des arbres à feuilles dans une zone très inférieure.

Des deux chaînes, c'est celle des Vosges qui a la flore alpine la
plus riche. Vers le sud-est, le haut plateau vosgien s'effondre tout à
coup en immenses versants granitiques ; on y remarque des crêtes,
des gorges, des entonnoirs ornés de lacs de montagne d'un bleu
foncé, qui rappellent entièrement, par les nuances de leurs eaux et
les formes de leurs rives, le paysage de quelque haute alpe valaisanne,
du val d'Hérens, par exemple, à 2500 m.

Il en est de même de la végétation et de la flore. Dans ces parages, des amas de neige reposent quelquefois pendant toute l'année
dans les ravins profonds et ombragés, et des sources glacées jaillissent
au milieu d'épais gazons de *Saxifraga stellaris*. Le *Rhodiola rosea*, les
Hieracium albidum et *alpinum* ornent les rochers, recouverts des
mêmes mousses et des mêmes lichens aux vives couleurs que ceux
des hautes Alpes granitiques. L'*Anemone alpina* est singulièrement

abondant dans les Vosges, mais il y paraît sous une forme plus petite que celle de nos Alpes. En juin, on voit de vastes espaces tout couverts de ses fleurs. Nous avons vu que dans nos Alpes la variété à fleurs blanches manque au granit et ne se trouve que sur le calcaire; mais dans les Vosges, qui sont de formation granitique, on ne trouve absolument que la forme blanche et l'on n'y voit pas trace de *sulphurea*. Certes, voilà un fait qui parle hautement contre la théorie qui fait dépendre la distribution des espèces de la nature chimique du sol.

On trouve en abondance dans les gazons le *Viola lutea* dans une variété à grandes fleurs qui passent du jaune au bleu par toutes les nuances possibles (*V. elegans Spach.*).

Des papillons alpins, tels que l'*Erebia Pyrrha*, hantent les épervières comme dans les hautes Alpes, et le *Colias Paleano*, papillon du plus beau jaune clair qui habite nos Alpes granitiques, voltige sur les hautes tourbières, accompagné parfois de l'*Erebia Epiphron*, forme qui appartient aux montagnes de l'Allemagne septentrionale et qui manque aux Alpes.

Nous mentionnerons spécialement les plantes ci-après :

Espèces qui ne se trouvent pas en Scandinavie :

Anemone alpina.
    »   narcissiflora.
Viola lutea.
Meum Mutellina.
Scabiosa lucida.
Adenostyles albifrons.
Leontodon pyrenaicus.
Crepis blattarioides.
Hieracium aurantiacum.
    »   albidum.

Sorbus Chamæmespilus.
Epilobium trigonum.
Meum athamanticum.
Campanula pusilla.
Gentiana lutea.
Pedicularis foliosa.
Orchis globosa.
Streptopus amplexifolius.
Allium Victorialis.
Athyrium rhæticum.

Espèces croissant en Scandinavie :

Subularia aquatica.
Galium saxatile.
Silene rupestris.
Nuphar pumilum.

Mulgedium alpinum.
Hieracium alpinum.
Gentiana campestris.
Myosotis alpestris.

Sibbaldia procumbens.	*Veronica alpina.*
Potentilla alpestris.	» *saxatilis.*
Alchemilla alpina.	*Bartsia alpina.*
Epilobium alpinum.	*Empetrum nigrum.*
Salix hastata et *phylicifolia*	*Gymnadenia albida.*
(Hohneck 1876).	*Veratrum album.*
Rhodolia rosea.	*Luzula spadicea.*
Sedum repens.	*Carex frigida.*
» *annuum.*	*Poa alpina.*
Saxifraga Aizoon.	*Lycopodium alpinum.*
» *cœspitosa.*	*Allosorus crispus.*
» *stellaris.*	*Isoëtes lacustris.*

Au premier abord, on serait tenté de supposer que la première migration qui a gagné les Vosges émanait de la Scandinavie et que plus tard seulement les espèces alpines se sont répandues sur la chaîne. La situation de cette dernière sur la voie des contrées du Nord aux contrées alpines semble parler en faveur de cette hypothèse; mais nos listes montrent que les espèces alpines qui ne proviennent pas de la Scandinavie sont aussi nombreuses que les espèces scandinaves. Malgré la barrière du Jura, le rayonnement de la flore des Alpes centrales vers le nord-ouest s'est produit avec une intensité presque égale à celui de la flore septentrionale vers le Midi.

Parmi les espèces qui croissent en Scandinavie, le *Saxifraga stellaris*, le *Silene rupestris* et le *Sedum annuum* manquent aux chaînes intérieures et septentrionales de l'Allemagne. Il est donc probable que c'est des Alpes qu'elles ont gagné les Vosges et la Forêt-Noire. Seuls, le *Subularia* et le *Saxifraga cespitosa* leur sont venus des contrées du Nord sans s'avancer jusqu'aux Alpes ; encore n'est-il pas parfaitement sûr que cette dernière plante n'ait pas été introduite par les hommes.

Le *Thlaspi montanum* qui manque dans les Alpes suisses, est au nombre des rares espèces qui ont pénétré du nord dans les Vosges, et indirectement aussi dans le Jura.

Un groupe de la plus haute importance, ce sont les huit espèces ci-après :

Jasione perennis.	*Androsace carnea.*
Festuca Lachenalii.	*Mulgedium Plumieri.*

Angelica pyrenœa.   *Picris pyrenaica.*
Carlina nebrodensis.   *Hieracium vogesiacum.*

Elles révèlent la direction principale des grands courants atmosphériques qui, soufflant du centre de la France et des contrées qui
se rattachent aux Pyrénées, ont doté les Vosges d'un plus grand
nombre d'espèces caractéristiques qu'ils n'en ont amené dans le
Jura, qui est une chaîne bien plus étendue. Ce qui est surtout
remarquable, c'est la présence, en très grande abondance, de
l'*Angelica pyrenœa*, petite ombellifère qui atteint là son extrême
limite orientale. Une autre espèce, non moins remarquable, c'est
l'*Androsace* qui orne les sommets rocheux du Ballon d'Alsace, à
1426 m. Cette plante y paraît sous la forme de l'Auvergne, à dimensions plus grandes, à feuilles plus vertes et plus longues, et non pas
sous la petite forme de nos Alpes centrales à feuilles très courtes,
épaisses et presque triangulaires.

Une légère tendance à l'endémisme se manifeste dans la flore des
Vosges par la présence d'une variété spéciale du *Thlaspi alpestre*, le
Th. vogesiacum Jord ; par une forme du *Betonica*, intermédiaire
entre le *stricta* et le *hirsuta*, et par un *Hieracium* nain du groupe de
l'*Umbellatum*, désigné du nom d'*H. monticola*.

La *Forêt-Noire* est plus pauvre que les Vosges, qui sont riches en
stations rocheuses, et entièrement ouvertes du côté de l'ouest. Entre
les espèces de l'ouest de la France qui se rencontrent dans cette
chaîne, le *Jasione perennis* et le *Mulgedium Plumieri* ont seuls franchi
le Rhin ; encore cette dernière espèce est-elle fort rare dans la chaîne.

Anemone alpina, *Viola lutea*, *Sibbaldia*, *Rhodiola*, *Hieracium albidum*, *Allosorus* et beaucoup d'autres espèces des hautes Alpes font
entièrement défaut.

Nos *Erebia* alpins manquent aussi ; en revanche, on rencontre en
société du *Palœno*, le *Lycœna Optilete*, espèce du Nord et de nos
hautes chaînes alpines.

On trouve aussi dans la Forêt-Noire plusieurs plantes de nos
Alpes qui n'ont pas atteint les Vosges. Cela s'explique très naturellement : le Jura n'était plus pour elles un obstacle aussi infranchissa-
ble. De ce nombre, il faut mentionner avant tout le *Soldanella*, puis :
Swertia, *Gnaphalium supinum*, *Hypochœris uniflora*, *Ranunculus mon-*

tanus, Potentilla aurea, Primula Auricula et *farinosa, Gentiana verna, Agrostis alpina, Senecio cordatus, Salix Arbuscula, Poa laxa,* et les deux arbustes essentiellement alpins, *Alnus viridis* et *Pinus montana,* dont le dernier prend une grande extension dans la chaîne, tandis qu'il n'en existe que quelques traces dans les Vosges. Le *Trifolium spadiceum,* si rare dans nos Alpes, le *Juncus squarrosus* qui n'y a pénétré que sur deux points (Andermatt et Isenau), puis *Galium saxatile, Trientalis, Nuphar pumilum* et *Isoëtes,* se rattachant aux contrées du Nord.

Nous avons tenu à donner quelques détails sur la flore alpine de ces deux chaînes, situées dans l'horizon de nos Alpes, pour montrer combien les territoires peuvent être variés et compliqués même sur les espaces les plus restreints et dans les conditions orographiques les plus simples. Si nous voyons réunis dans la flore de ces montagnes des éléments si hétérogènes, à tel point que nous y trouvons côte à côte des plantes du Nord, des plantes des Alpes et des plantes des Pyrénées; si dans deux chaînes si parfaitement semblables, séparées seulement par un bassin fluvial, on constate de pareilles différences, combien l'histoire de notre grande flore alpine ne doit elle pas être plus compliquée, plus irrégulière et plus indéchiffrable !

LIGNES DE VÉGÉTATION

Il n'y a pas de contrée en Europe où se croisent pour un aussi grand nombre de plantes les lignes qui marquent les limites de leur distribution.

a. Limites polaires et équatoriales.

La limite la plus importante, c'est le rempart formé par le grand axe alpin. Un groupe considérable de plantes de la flore méditerranéenne s'arrêtent sur les sommités secondaires de notre zone insubrienne.

Un second groupe, assez différent du premier quant aux espèces qui le composent, s'avancent jusqu'au Valais et à la lisière orientale du Jura.

Un troisième groupe, sans liaison directe avec sa contrée d'origine, est disséminé dans la zone du fœhn et des lacs, au versant nord des Alpes et dans la vallée du Rhin.

Un certain nombre de plantes des régions chaudes et sablonneuses du centre de l'Allemagne et de plantes des eaux stagnantes et des marais, n'ont pas pénétré jusqu'en Suisse ou atteignent sur les bords du plateau leur limite méridionale, ainsi le *Pyrola umbellata*. Quelques-unes de ces espèces reparaissent, il est vrai, au pied du versant méridional de la chaîne des Alpes, le *Limnanthemum*, entre autres.

De même, le territoire d'un certain nombre d'espèces septentrionales des marais s'étend jusqu'au versant nord des Alpes sans pénétrer toutefois dans les zones supérieures et intérieures de la chaîne (*Betula nana, Carex heleonastes*).

Enfin, les plantes alpines proprement dites ont dans la région alpine des circonscriptions distinctes et, dans l'intérieur de cette zone, une limite septentrionale et une limite méridionale qui coïncident avec les lignes de démarcation de la région alpine. C'est le cas des magnifiques espèces endémiques de la zone insubrienne dont la limite nord est formée par les chaînes alpines du Tessin et la limite méridionale par la plaine du Pô.

La limite qui sépare la flore des Alpes septentrionales de celle des Alpes méridionales, limite déjà indiquée par Kock en 1838, peut être tracée comme suit :

A. La *ligne principale* pénètre en Suisse par le Piémont et longe le versant oriental de la chaîne du Mont-Blanc, attribuant ainsi la Savoie à la zone alpine septentrionale et les Alpes d'Aoste à la zone méridionale. De là, elle franchit le Rhône à Martigny et suit le flanc méridional des Alpes bernoises, du Saint-Gotthard, de l'Adula jusqu'à la Maloia, et enfin de la chaîne qui, de la Maloia, borde l'Engadine jusqu'aux sommités qui dominent le Samnaun. Là, un peu au nord de Finstermünz, elle passe l'Inn et suit le versant méridional du groupe de l'Œzthal pour rejoindre l'axe principal des Alpes tyroliennes, laissant la vallée de l'Adige et le Pusterthal dans la zone méridionale, et les vallées latérales de l'Inn dans la zone septentrionale.

C'est donc la ligne marquée par la chaîne et *non pas* celle qui indique la vallée qui, pour la flore alpine, forme la ligne de démarcation la plus importante.

B. *Empiètements vers le nord.* On peut en distinguer quatre :

1. A l'extrémité occidentale du Valais où un rayon de la flore méridionale alpine se trouve projeté le long de la chaîne calcaire antérieure, de la Dent de Morcles à la chaîne du Stockhorn et au Pilate.

2. A l'extrémité orientale du Valais, où une colonie méridionale s'avance par le passage du Gotthard jusqu'à la chaîne du Titlis et des Windgelle et s'établit dans les vallées d'Urseren, de Maien, de Gadmen et du Hasli. Une preuve de cette colonisation, c'est la présence du mélèze, du *Polygonum alpinum* et du *Saxifraga Cotyledon*. Cette dernière espèce se retrouve encore dans la vallée de Maderan.

3. Un poste avancé pénètre par le Splugen et le Bernardin jusqu'au centre des Grisons, dans la vallée du Rhin-Postérieur, où nous retrouvons aussi le *Polygonum alpinum* et le *Saxifraga Cotyledon*.

4. Enfin, nous voyons la flore des Alpes occidentales du Dauphiné s'avancer vers le nord, le long du Jura méridional, jusque dans la partie suisse de la chaîne.

b. Limites orientales et occidentales.

Les variations que subit la flore dans le sens des longitudes sont d'un intérêt plus grand encore que celles que nous venons de mentionner.

Un premier fait à constater, c'est que nos limites septentrionales sont presque toujours des limites nord-ouest.

Les plantes méridionales de la flore insubrienne proviennent pour la plupart du sud-est, de la zone de l'Adriatique et des vallées méridionales des Alpes de l'est, d'où elles ont remonté jusqu'à la lisière de la chaîne.

Les types méridionaux de notre région du fœhn au versant nord des Alpes, indiquent une origine toute semblable.

En revanche, le Valais et la lisière du Jura sont tributaires des contrées orientales du midi de la France, d'où les espèces ont immigré en remontant le bassin du Rhône.

Quant à la flore de la vallée du Rhin, elle se divise en deux parties parfaitement distinctes.

L'Alsace et la partie bâloise de la vallée du Rhin doivent également leurs espèces méridionales aux contrées de l'ouest, et grâce au climat de l'intérieur de la France qui permet à ces espèces de s'avancer fort loin vers le nord, elles ne nous sont pas venues directement par le sud, mais par l'ouest et même par le nord-ouest.

Il en est tout autrement de la flore de la vallée du Rhin, pour la partie située dans les cantons de Schaffhouse et des. Grisons. Nul doute qu'elle ne provienne de l'est, des chaudes régions de la Pannonie, et n'ait pénétré dans le bassin du Rhin en remontant la puissante dépression de la vallée du Danube.

Nous rencontrons ici des influences qui ne dérivent pas de l'état de choses actuel. Quant au climat, Schaffhouse est à peu près au même niveau que Bâle, il est même un peu plus favorisé, et pourtant les plantes du midi (*Centaurea maculosa f. rhenana*, *Verbascum floccosum*, le buis, etc.) ne remontent pas le cours du Rhin; au contraire, elles font halte devant les hauteurs qui, près de Laufenbourg, encaissent le fleuve d'une manière si pittoresque. Le bassin du Klettgau et de Schaffhouse, qui s'ouvre immédiatement après, est orné d'une flore tout autre et comprenant des plantes qui proviennent évidemment des régions danubiennes (*Rhamnus saxatilis*, *Genista ovata* W. K., *Cytisus nigricans*). La ligne actuelle tracée par le fleuve ne coïncide donc pas avec les lignes de la végétation.

Les gorges formées de roches granitiques que l'on rencontre de Kaiserstuhl à Bâle, entre le bassin tertiaire bâlois et celui de Schaffhouse, gorges que le Rhin n'a franchies que depuis l'époque tertiaire, peut-être même très tard, forment donc la limite qui sépare la flore rhénane, occidentale, de la flore danubienne, orientale. Cette limite remonte donc à une époque où le Rhin n'était pas comme aujourd'hui le point de ralliement entre les deux zones, et la limite orientale où s'arrête la flore rhénane est en même temps celle de l'ancien bassin tertiaire du fleuve. Depuis que le Rhin a rompu la digue des bancs granitiques de Laufenbourg, il n'a pas encore réussi à relier les deux végétations : la gorge qu'il vient d'y creuser est encore trop étroite, trop boisée et trop humide pour livrer passage aux plantes des sables et du loess de la plaine rhénane.

Cet exemple nous montre déjà que les lignes marquées actuellement par les fleuves ne coïncident pas toujours avec les limites de la végétation. Mais nous en ajouterons un second. Les hauteurs du Mormont, près de La Sarraz, forment aujourd'hui la ligne de faîte entre les affluents de l'Aar et de la mer du Nord et ceux du Rhône et de la Méditerranée; et pourtant les plantes du cours inférieur du Rhône, *Kœleria valesiaca, Adiantum Capillus Veneris, Buxus sempervirens, Cytisus alpinus, Acer opulifolium*, entre autres, s'avancent le long du Jura jusqu'à Neuchâtel et même jusque dans le bassin actuel de l'Aar, en faible contingent, il est vrai, mais sans interruption. Rutimeyer a prouvé que les eaux du bassin du Rhône s'écoulaient autrefois vers le nord et que le faîte du Mormont est une des dislocations les plus récentes de notre plateau. Les observations faites sur la flore viennent directement à l'appui de cette assertion. Sa distribution remonte à une époque où les eaux ne se partageaient pas encore à cet endroit. Il ne faut pas oublier d'ailleurs que ce faîte n'est qu'à 76 m. au-dessus du Léman, altitude trop faible pour que cette limite puisse être de quelque importance au point de vue climatologique.

La basse Engadine nous fournit un troisième exemple. Elle est parcourue par l'Inn, et pourtant elle est tributaire de la vallée de l'Adige pour le nombreux contingent d'espèces du Midi et des Alpes méridionales qui se mêle à sa flore. La Reschenscheideck, qui partage les eaux entre les deux bassins, ne saurait être envisagée comme une barrière, aussi peu que le Mormont pour le Jura. Voir à cet égard à la page 429.

Considérons maintenant de plus près les lignes frontières des plantes alpines. Le Valais et le Jura subissent en plein l'influence des Alpes occidentales, et la limite de la flore des Alpes de l'ouest coïncide jusque dans le haut Valais avec celle de la flore des Alpes du Midi. Mais plus à l'est, dans la zone où la flore du sud-ouest ne règne plus exclusivement, on voit clairement que les Alpes suisses sont encore sous l'influence de l'ouest. Quant à la flore des Alpes orientales, elle ne fait qu'effleurer notre frontière du côté de l'est.

A. *La ligne principale.* La haute Engadine avec ses larges massifs, écrasés en plateaux, possède encore quelques colonies des Alpes de l'ouest. Mais dans la basse Engadine, dont les vallées ont des versants

plus abrupts et plus rapides, le courant général de la végétation se
dirige de l'est à l'ouest.

1. Zuccarini remarquait, déjà en 1828, qu'au Tyrol la flore des
Alpes orientales s'arrête à la profonde dépression de la vallée de
l'Adige et se dirige du nord au midi; tandis qu'à l'ouest de l'Adige,
dès les versants orientaux du massif de l'Ortler, il manque déjà un
grand nombre d'espèces qui caractérisent les Alpes orientales, espèces
qui sont remplacées par des plantes suisses. Ces plantes qui marquent
la limite, nous les avons déjà énumérées à la page 430.

2. Dans le bassin supérieur de l'Adige, cette grande ligne de
démarcation dévie un moment du côté de l'est. En parlant de la
basse Engadine, nous avons déjà vu qu'elle va de l'Adige, le long du
versant nord du massif de l'Ortler, au Stelvio, et que de là au bord
oriental du plateau de la haute Engadine, elle coupe à Zernetz la
vallée de l'Inn et se dirige vers le bassin supérieur du Lech.

En décrivant la basse Engadine, nous avons déjà énuméré les
espèces dont il s'agit. Deux *Primula* et deux *Pedicularis* des plus
caractéristiques font de cette série d'espèces un groupe de la plus
haute importance.

3. Plus au nord, la ligne suit la vallée du Lech, comme Sendtner
l'a déjà démontré. Parmi les espèces orientales, les suivantes y trouvent leur limite :

*Atragene, Cardamine trifolia, Rhodothamnus, Gentiana pannonica,
Avena sempervirens;* et parmi celles de l'ouest : *Cineraria aurantiaca,
Draba Wahlenbergii, Viola calcarata, Achillea macrophylla, Chrysan-
themum alpinum, Cerinthe alpina, Eryngium alpinum, Plantago alpina.*

B. *Lignes secondaires.* A l'ouest de la grande ligne que nous
venons de suivre, on peut constater plusieurs autres *lignes secondaires.*

1. Dans la haute Engadine. Voir page 429.

2. La vallée supérieure du Rhin, qui se dirige du midi vers le
nord, forme une ligne toute semblable et très tranchée, quoiqu'elle
soit marquée par un plus petit nombre d'espèces.

Les espèces qui y atteignent leur limite orientale sont les suivantes :

Helleborus odorus W. K. et *dumetorum* W. K., *Primula integrifolia,
Nymphaea alba* L. *f. candida* Presl., *Gentiana purpurea, Asperula tau-*

rina, Tamus communis, Dentaria polyphylla, Sedum hispanicum, Primula acaulis.

3. Les plantes qui atteignent leur limite occidentale dans les cantons de Saint-Gall et de Glaris et dans les Alpes des petits cantons sont les suivantes :

Dentaria polyphylla, Valeriana saxatilis, Sedum hispanicum, Willemetia apargioides, Leontodon incanus, Aconitum variegatum, Astrantia alpina Schultz., *Galeopsis versicolor, Crepis alpestris, Daphne striata, Thesium rostratum, Evonymus latifolius, Chondrilla prenanthoides.* Celles qui s'arrêtent dans l'Oberland bernois sont : *Saxifraga stenopetala, Primula integrifolia, Rumex nivalis.*

4. Les espèces suivantes n'ont leur limite du côté de l'ouest que dans la partie occidentale de la Suisse et en Savoie :

Chrysanthemum coronopifolium, Rhododendron hirsutum, Saxifraga mutata, Pedicularis versicolor, recutita, Phaca frigida, Saxifraga Seguierii, Aronicum glaciale et *Gentiana purpurea.* Quant à cette dernière espèce, nous avons déjà vu que son territoire tout entier se trouve en Suisse, à l'exception de quelques rares stations en Savoie, dans les Apennins et en Scandinavie.

C. Le Jura enfin marque un certain nombre de *limites orientales* bien distinctes, le *Genista Halleri*, espèce de France, ne dépasse pas cette chaîne, de même, pour la Suisse du moins, le *Genista pilosa*; et en outre :

Alsine segetalis, Sisymbrium supinum, Seseli montanum, Peucedanum alsaticum, Campanula Elatines, Ranunculus hederaceus. En revanche : *Betula nana, Coronilla montana, Lysimachia thyrsoidea, Staphylea pinnata* ne franchissent pas cette chaîne pour passer à l'ouest.

A quel obstacle les espèces s'arrêtent-elles et quelles sont les barrières qui marquent ces lignes de végétation ?

Nous avons vu que la grande ligne qui sépare la flore alpine septentrionale de la flore alpine méridionale est marquée par les sommets de la grande chaîne. En revanche, les obstacles qui paraissent s'être opposés à la migration des espèces dans leur voyage de l'ouest à l'est, ce sont les dépressions formées par les vallées, les entailles profondes qui coupent la chaîne. Il en est ainsi de la vallée de la Saalache dans les Alpes orientales, des vallées du Lech et du Rhin.

L'obstacle que ces vallées opposent en général au passage des plantes alpines n'est pas seulement le fait d'une dépression large et profonde et par là même d'un sol plus sec. N'oublions pas qu'à l'ouest de la vallée du Rhin s'étend le plateau suisse, au climat plus favorable, et les basses Alpes avec leurs lacs nombreux et tempérés. A l'est, bien au contraire, nous voyons s'étendre le plateau bavarois dont le climat est rigoureux, et à l'ouest de la vallée de l'Adige, les larges massifs de l'Ortler et de la haute Engadine avec leur climat plus doux et plus chaud ; tandis que du côté de l'est s'élèvent les chaînes et les vallées étroites des Alpes orientales, dont le climat est bien plus extrême.

Comme nous l'avons déjà vu, la limite part de la haute Engadine, coupe la vallée de l'Inn et fait rentrer la basse Engadine dans la zone de la flore alpine méridionale. Puis elle dévie tout à coup vers le midi, laissant la partie tyrolienne de la vallée de l'Inn dans la zone de la flore alpine septentrionale, pour suivre les chaînes qui entourent les vallées de l'Adige et de l'Eisack. Par une singulière anomalie, le cours supérieur de l'Inn appartient à la flore méridionale et son cours inférieur à celle du Nord, mais ce qui n'est pas moins remarquable. c'est que dans cette même contrée, la limite occidentale de la flore alpine orientale, en se dirigeant vers le nord, abandonne le thalweg de l'Adige qu'elle avait remonté jusqu'alors, et décrit une courbe vers l'ouest en suivant la ligne qui sépare la haute Engadine des chaînes de la basse Engadine. Elle ne rentre dans le thalweg que plus au nord, dans le bassin du Lech.

Cette exception s'explique par le fait que la basse Engadine, quoique située plus à l'ouest de la dépression marquée par l'Adige, n'en appartient pas moins tout entière, quant à son relief, aux Alpes orientales et non plus au plateau de la haute Engadine.

Aussi longtemps que la vallée de l'Adige est assez profonde et assez large pour qu'un rayon de la flore des plaines puisse s'y glisser entre la région alpine des deux flancs de la vallée, la limite coïncide avec la ligne que suit cette vallée. Plus haut, dans le bassin montagneux, ce n'est plus le fond de la vallée qui marque la limite, mais le contraste des hauts massifs et des vallées étroites. Ce n'est que dans la vallée du Lech, plus profonde, que la limite est de nouveau marquée par la dépression.

DONNÉES STATISTIQUES

La flore suisse, considérée simplement au point de vue du nombre des espèces qui la composent, n'offre pas l'intérêt que présente à cet égard une contrée renfermée dans des limites naturelles bien distinctes.

La vallée du Rhin, où se termine le segment de la grande chaîne alpine qui est compris dans le territoire helvétique, est, il est vrai, une sorte de frontière naturelle du côté de l'est; mais cette frontière est loin d'être aussi saillante, aussi profondément marquée que l'est la frontière principale, formée par la dépression des vallées de l'Adige et du Lech, à laquelle ne participe qu'une petite partie de notre territoire, savoir la basse Engadine. Du côté de l'ouest, il serait plus exact de faire passer la frontière naturelle par le nord et l'est du Valais: car cette région, la plus riche de nos Alpes, rentre déjà dans la zone sud-ouest de la chaîne. Aussi quand Rhyner, dans sa statistique de la flore suisse, évalue à 2213 phanérogames le nombre total des espèces qui croissent sur le territoire de la Suisse, qui est d'une superficie de 752 lieues carrées, ce chiffre n'est-il que d'une valeur très relative.

Le Tyrol, dont la superficie n'est que de 526 lieues carrées, est plus favorisé encore que la Suisse. On y compte 2257 phanérogames. Et cela est naturel, car le Tyrol se trouve au milieu de la zone la plus riche du foyer créateur des Alpes de l'est; il appartient aussi, pour une bonne partie de son territoire, à la zone insubrienne et même, à son extrémité sud-est, à la zone favorisée de l'Adriatique.

La zone lombarde, telle que Cesati en a fixé les limites, c'est-à-dire en y faisant rentrer le Tessin et le midi du Tyrol, du Mont-Rose au mont Adamo et de la Sesia à l'Adige, compte 2639 espèces sur une superficie de 632 lieues carrées.

Les chiffres exprimeront des valeurs déjà plus significatives, si nous séparons de l'ensemble certaines circonscriptions naturelles pour les comparer entre elles.

L'Oberland bernois, sur une superficie de 60 lieues carrées, pos-

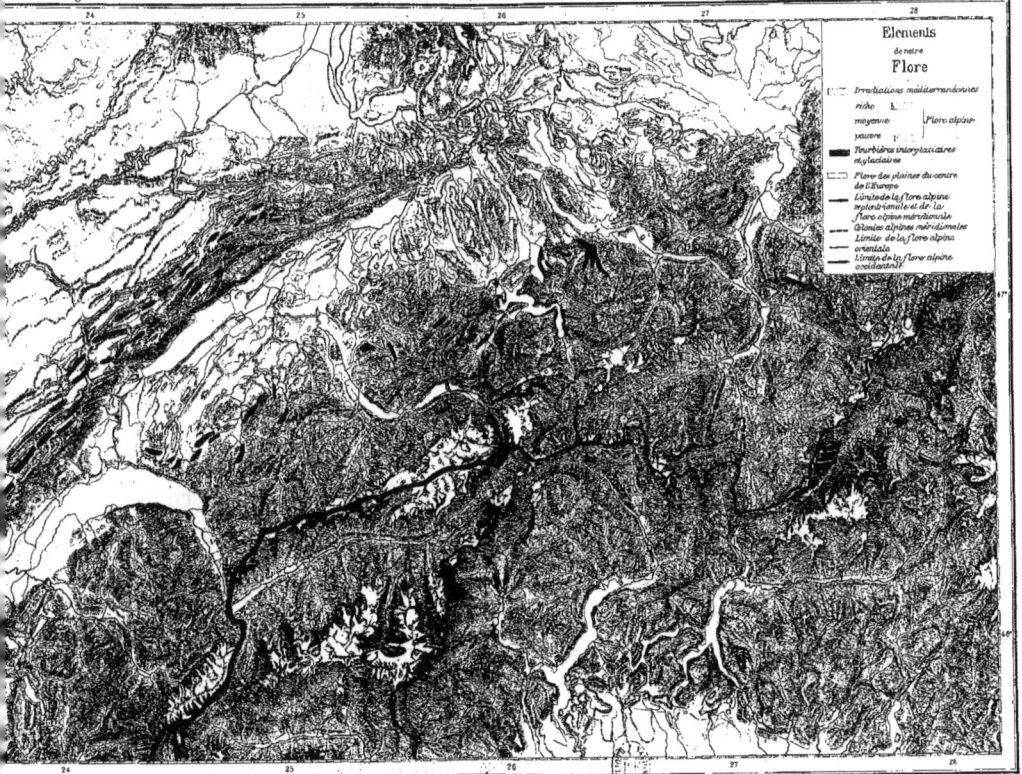

Elements
de notre
Flore

Irradiations méditerranéennes

riche

moyenne ⎤ Flore alpine

pauvre

Tourbières interglaciaires
et glaciaires

Flore des plaines du centre
de l'Europe

Limite de la flore alpine
septentrionale et de la
flore alpine méridionale

Glaciers alpins méridionaux

Limite de la flore alpine
orientale

Limite de la flore alpine
occidentale

H. Georg, Éditeur à Bâle et Genève.

Imp. typogr. de Vurster, Randegger & C.º à Winterthur.

sède 1281 espèces ; le Valais, sur 95,3 lieues carrées, en a 1752, et le Tessin, sur 54,5 lieues carrées, 1504. Ces chiffres montrent bien clairement que ce sont les Alpes méridionales qui ont de beaucoup le plus grand nombre d'espèces : non seulement leurs vallées donnent asile à toute une série de végétaux méditerranéens, mais encore c'est cette contrée qui est le berceau de notre flore alpine. Les quatre cantons qui sont situés autour du lac de ce nom et qui ont une superficie totale de 54,2 lieues carrées, comptent ensemble 1352 espèces. L'Oberland bernois dont le territoire est bien plus considérable, reste donc fort en arrière, ce qui s'explique par son isolement comparativement aux districts du fœhn, reliés aux Alpes centrales et méridionales par le couloir du canton d'Uri.

Nous arrivons à un résultat tout semblable en comparant deux circonscriptions purement alpines où la flore des plaines n'est pour ainsi dire pas représentée, nous voulons parler des cantons d'Uri et de Glaris.

Le canton d'Uri, dont la superficie est de 19,5 lieues carrées, mais dont le relief est plus simple et qui n'est formé que d'une seule vallée, a 1160 espèces ; le canton de Glaris, d'une superficie de 12,5 l. c. et se composant de deux vallées principales, en a 1100.

L'avantage du premier, quant à l'étendue du territoire, est compensé pour le second par une configuration plus brisée et plus irrégulière ; et néanmoins, Uri a 60 espèces alpines de plus que Glaris, à cause du voisinage immédiat du Tessin et du Valais.

Si le Tessin reste de 248 espèces inférieur au Valais, donc bien au-dessous, cela provient moins de la différence des superficies que de la proximité de la zone plus riche des Alpes du sud-ouest ; le Valais fait même partie de cette zone, tandis que le Tessin, tant par le climat que par la configuration de ses montagnes, s'en distingue très nettement sans rentrer encore dans le territoire principal de la flore de l'est. En déduisant d'une part les spécialités de la zone des lacs insubriens, et de l'autre celles des rocailles du Valais, on voit la pauvreté du Tessin ressortir d'une manière encore plus frappante.

Le canton de Berne, d'une superficie de 125.1 lieues carrées, participe à toutes les zones de la Suisse ; le Jura, la vallée jurassique, le plateau, les Alpes. la zone des lacs, rien n'y manque. Et pourtant, il ne compte pas un nombre d'espèces beaucoup plus considérable

(1596 espèces) que les Grisons (1550 espèces), dont le territoire (130,4 lieues carrées) rentre presque tout entier dans la zone alpine et n'est enrichi que d'un faible contingent d'espèces insubriennes. Cela vient de ce que les Grisons sont situés au milieu de la zone centrale sudalpine où la flore alpine déploie toutes les richesses de ses lieux d'origine.

En comparant la contrée de Schaffhouse et la Thurgovie, on voit toute la différence qu'il y a entre la flore d'une région chaude et basse et celle des régions du plateau. Le premier de ces cantons, qui n'a qu'une superficie de 5,4 lieues carrées, compte 1020 espèces, et le dernier, qui a un territoire de 17,9 lieues carrées, n'en a que 1006. L'un des cantons jurassiques les plus pauvres, situé dans la partie basse de la chaîne et n'ayant ainsi que peu de plantes alpines, le canton de Soleure, qui compte 1043 espèces sur une superficie de 14,2 lieues carrées, est encore notablement plus favorisé que les différentes circonscriptions du plateau. Des régions entièrement alpines, choisies même parmi les plus pauvres, sont relativement bien plus riches, ce qui est le cas, non seulement pour le canton de Glaris, mais encore pour celui de Schwytz, qui n'a pas de chaîne d'une grande élévation. Ce dernier canton compte 1137 espèces sur une superficie de 16,5 lieues carrées.

Ces chiffres montrent d'une manière générale que plus une région est rapprochée du foyer central des Alpes du midi, plus elle est accessible à la flore méditerranéenne et plus aussi la flore en est riche. Hausmann l'a prouvé d'une manière éclatante pour ce qui concerne la zone qui nous avoisine. Il indique pour le Tyrol, au nord de la grande chaîne alpine, sur une superficie de 240 lieues carrées, 1534 espèces ; pour le midi du Tyrol, sur 286 lieues carrées, 2123 espèces ; pour le Vorarlberg, qui rentre dans la zone alpine septentrionale, 1133 espèces sur 46,6 lieues carrées, et pour le district de Botzen, qui ne compte que 31,5 lieues carrées, le chiffre très considérable de 1664 espèces.

HISTOIRE DE NOTRE MONDE VÉGÉTAL

CONSIDÉRÉE DANS SES RAPPORTS AVEC LA DISTRIBUTION ACTUELLE DES ESPÈCES

Heer, dans ses excellents travaux, a déjà raconté de la manière la plus claire et la plus saisissante l'histoire de la végétation helvétique. Cette histoire ne rentre pas dans le cadre de notre ouvrage; mais si nous reproduisons ici un certain nombre des conclusions auxquelles la science est arrivée, nous ne le faisons que pour autant qu'elles contribuent à nous expliquer la distribution *actuelle* de notre monde végétal.

Un premier fait qu'il importe de constater avant tout, c'est que notre flore actuelle ne se rattache pas par un enchaînement continu à la végétation tertiaire des régions subtropicales aux formes si riches et si variées. Dans l'Amérique du Nord on voit encore aujourd'hui jusqu'à des latitudes très froides, les tulipiers, les magnolias, les noyers, les pins à fascicules de cinq aiguilles, se mêler aux chênes, aux hêtres et aux érables, ce qui prouve que dans ce continent, la transition du monde végétal de l'époque tertiaire à la flore actuelle s'est faite insensiblement, sans interruption violente et de manière à sauver un très grand nombre d'anciens types. Dans la zone méditerranéenne, les anciennes formes se sont aussi conservées, en certain nombre du moins. Mais de ce côté des Alpes, tous ces types d'arbres des régions subtropicales disparaissent avec les couches supérieures de la formation tertiaire, sorte d'herbier antique où elles se sont conservées, surtout à Œningen, sous forme d'empreintes parfaitement distinctes et susceptibles d'être déterminées. Ce n'est que sur les bords de la Méditerranée que nous voyons des éléments évidemment tertiaires se mêler à la flore actuelle, éléments qui ont pénétré avec la flore méditerranéenne jusque dans nos zones les plus chaudes, mais en faible proportion seulement, et dont on peut découvrir encore quelque trace dans nos forêts d'arbres à feuilles.

Aux couches tertiaires succède un véritable chaos de débris

rocheux et de sable, mélange qui ne peut provenir que de l'action
puissante et prolongée des grands glaciers.

La flore tertiaire de nos contrées a donc été détruite de fond en
comble par une invasion des glaces, après laquelle la flore actuelle
s'est répandue insensiblement. On ne saurait douter, en raison des
analogies de climat, qu'à l'époque des grands glaciers, les parties du
territoire qui n'étaient pas recouvertes par les glaces, savoir les sommités qui bordent le plateau et les collines éparses sur ce dernier ne
fussent dotées de la végétation des climats glaciaires. Les restes de
végétaux trouvés dans ces couches prouvent que cette flore faisait
partie de notre flore alpine boréale. C'est ainsi que près d'Ivrée, en
fouillant une moraine, on a mis au jour plusieurs troncs d'arole.
Dans la couche de terre glaise qui alors déjà recouvrait comme
aujourd'hui le fond des tourbières du canton de Zurich et qui a permis à ces dernières de se former, Nathorst et Heer ont trouvé les
restes de l'*Azalea procumbens*, des *Salix reticulata* et *retusa*, et même
du *Salix polaris*, espèce qui ne se rencontre plus actuellement que
dans les contrées arctiques. Cette terre glaise n'est absolument autre
chose que la roche finement broyée par le mouvement continu des
glaces ; aussi les restes organiques qu'elle renferme appartiennent-ils
bien certainement à l'époque même des glaciers.

Mais la succession des couches n'est pas partout aussi simple que
nous venons de le décrire. A certains endroits, on trouve sur la couche la plus profonde des débris glaciaires un dépôt de lignite, reste
d'une ancienne tourbière, dépôt qui est recouvert lui-même d'une
nouvelle couche de débris glaciaires. Vient ensuite une couche de
tourbe et enfin les amas de galets roulés amenés par les cours d'eau
actuels qui jadis ont dû être d'une dimension et d'une force bien plus
considérables.

On peut donc distinguer une couche interglaciaire de débris végétaux, couche qui se trouve intercalée entre deux périodes glaciaires.
C'est à Utznach et à Durnten que cette couche est le mieux caractérisée. A quelle flore appartiennent ces végétaux? Heer a prouvé
qu'ils n'ont plus aucun rapport avec la flore tertiaire, mais qu'ils
appartiennent déjà à notre flore actuelle. Ce sont, entre autres, le
pin ordinaire, le pin de montagne, le mélèze, le bouleau, le chêne, le
noisetier. Seule, une nymphéacée actuellement disparue, le *Holo-*

pleura révèle l'âge déjà fort ancien de cette végétation. Les traces de l'airelle, du pin de montagne et du mélèze dans la plaine d'Utznach dénotent également un climat tempéré par de vastes marais.

Ce qui prouve que, dans d'autres localités, le climat de ces époques inter-glaciaires a pu s'élever à une température même un peu supérieure à celle d'aujourd'hui, ce sont les fossiles mis au jour près de Cannstadt. Dans cette station, on a constaté les restes d'un noyer actuellement disparu et celle du buis, qui aujourd'hui ne s'avance pas aussi loin vers le nord, mais dont la limite passe de la Moselle au Jura par la contrée de Bâle.

C'est aussi dans cette même couche, c'est-à-dire à une époque qui a succédé à l'époque tertiaire et à la première période glaciaire, que l'on voit paraître pour la première fois deux plantes cultivées, la vigne et le figuier, constatées toutes deux dans les tufs, près de Montpellier. Ces deux végétaux se trouvent encore aujourd'hui à l'état sauvage, le premier au midi des Alpes et même dans les vallées du Danube, du Rhin et du Rhône (Valais) ; le second, sur les rochers du Valais, du Tessin et de la Provence.

Les variations dont nous venons de parler ne se constatent qu'en deçà de la formation tertiaire, sur les premières couches de débris glaciaires qui la recouvrent. Elles prouvent seulement qu'au climat glaciaire a succédé un climat plus chaud, semblable à celui qui règne actuellement, et en même temps une végétation semblable à celle qui recouvre actuellement nos plaines. Cette végétation a été refoulée à plusieurs reprises par l'extension des glaces pour faire place enfin et définitivement à celle de la plaine.

On s'est demandé si depuis la fin de la dernière époque glaciaire, où notre plateau suisse tout entier était recouvert par les glaces, soit depuis que le climat rigoureux de cette période a fait place à un climat plus chaud — il s'est produit dans le climat des variations bien sensibles.

Précisons la question. L'élévation de la température qui a mis fin à la dernière époque glaciaire, doit-elle être envisagée comme se poursuivant encore insensiblement et d'une manière constante, ou s'est-il déjà produit depuis lors un refroidissement du climat qui ferait supposer le retour éventuel d'une nouvelle époque glaciaire.

Nägeli incline en faveur de cette dernière hypothèse. Il lui paraît probable qu'une période plus chaude que la période actuelle a mis fin à l'époque glaciaire et aux stations des espèces alpines boréales qui se trouvaient dans la plaine, il suppose même que ce refroidissement plus récent a eu lieu pendant l'époque historique. Ce qui lui paraît parler en faveur de cette hypothèse, c'est le fait bien connu que la limite des arbres montait autrefois bien plus haut qu'aujourd'hui, et que les documents trouvés par Venetz dans les archives de différentes communes du Valais prouvent qu'au XVIme siècle et dans la première partie du XVIIme, il y avait des ponts, des forêts, des pâturages et même des cultures potagères dans des endroits actuellement recouverts par les glaciers. Un autre fait significatif signalé par Nägeli à l'appui de sa théorie, ce sont les stations égrenées que les plantes du Midi occupent sur le versant nord des Alpes. Il envisage ces stations comme des restes de l'époque où régnait un climat plus chaud, restes qui se sont maintenus dans certains endroits, tandis que, presque partout ailleurs, ces plantes ont été détruites dans la période subséquente, où la température est devenue plus rigoureuse et est descendue au niveau actuel.

Nous préférons à cette hypothèse celle qui admet que depuis la dernière époque glaciaire, le climat est devenu insensiblement plus chaud et plus sec et continue a le devenir plus encore ; nous préférons également envisager les colonies de plantes méridionales dans les contrées cisalpines comme les postes avancés d'une immigration récente.

Venetz rapporte que dans les années 1815 et 1817 les glaciers avaient fortement augmenté, par suite d'une série d'années froides et humides et que la végétation en souffrit beaucoup. On pensait encore au milieu de notre siècle, que le recul des glaciers constaté pour le XVIme et le XVIIme siècles, appartenait à une période plus chaude et définitivement close.

Mais les observations faites pendant les dernières années, à partir de 1865, démontrent qu'aujourd'hui encore, par suite de légères variations dans la quantité et la répartition des pluies, les glaciers peuvent diminuer dans des proportions aussi considérables qu'aux époques antérieures. Nos plus grands glaciers, surtout au versant nord des Alpes, ont considérablement diminué depuis une quinzaine d'années. Au Grindelwald inférieur, toute la partie antérieure du lit du glacier, occupée auparavant par une masse de glace d'au moins cinquante mètres d'épaisseur, n'est plus actuellement qu'une vallée rocheuse. D'anciennes terrasses rocheuses, situées près du glacier et longtemps inaccessibles, sont maintenant abordables ; par exemple, une carrière de marbre enfouie sous les glaces depuis 1760, et même l'endroit désigné du nom de *Petronellenbalm*, où était une chapelle dont la cloche portait la date de 1444 et qui était inaccessible depuis des siècles.

D'après H. Fritz, la diminution et l'extension des glaciers est un phénomène périodique. Depuis la fin du XVIme siècle, on peut distinguer des périodes d'extension de 50 années environ, alternant avec des périodes égales de diminution. Il fait coïncider ces époques avec celles de l'étendue plus ou moins considérable des taches du soleil. Les variations que subissent les glaciers paraissent donc se produire dans une même période climatérique, et il est certain que le climat ne s'est pas refroidi depuis l'époque glaciaire.

Si l'on peut constater une modification dans le climat et le caractère de la végétation, c'est plutôt celle qui a dû se produire par suite de l'éclaircissement considérable des forêts dans tout notre territoire. Le climat est certainement devenu plus continental et plus sec et le sol moins humide, ce qui a dû renforcer considérablement l'action du soleil et son influence comme source de chaleur. L'époque historique a donc facilité la migration des espèces méridionales ; elle n'a pas influé sur leur disparition ensuite d'un refroidissement du climat.

Un fait à l'appui de cette assertion c'est que l'immigration des espèces méridionales vers le nord se poursuit sous nos yeux et dans des proportions considérables, tandis que nous n'avons absolument aucun indice qui fasse supposer que des espèces boréales aient immigré récemment du nord au midi, ce qui n'aurait pas manqué d'avoir lieu si l'hypothèse de Nägeli était fondée.

Les espèces qui ont disparu récemment de notre flore étaient toujours des plantes essentiellement boréales et paludéennes, telles que le *Trientalis*, le *Calla*, le *Potentilla fruticosa* ; en revanche, les espèces dont on a constaté l'immigration sont des plantes bien méridionales, telles que le *Tulipa silvestris*, le *Linaria cymbalaria*, le *Lepidum Draba*.

Du fait que les traces du *Silene cretica* et du *Setaria italica*, plantes

qui toutes deux manquent actuellement dans notre flore, se retrouvent
dans les habitations lacustres de Robenhausen, Nägeli a cru pouvoir
conclure que le climat de cette époque était plus chaud que le climat
actuel. Nous ne pouvons nous ranger à cette opinion. On voit encore
aujourd'hui des mauvaises herbes du Midi suivre d'année en année
les céréales provenant des contrées méridionales et se maintenir dans
les cultures pendant une ou plusieurs années. Aujourd'hui encore, le
Setaria italica prospère comme plante cultivée dans le nord de la
Suisse, dans le Tyrol et même plus au nord; et s'il a dû céder le
pas aux nouvelles céréales, c'est simplement parce que celles-ci sont
plus productives. C'est donc pour des raisons qui touchent à l'économie agricole et nullement au climat. Nägeli relève aussi en
faveur de son hypothèse le fait que des plantes, qui selon toute
probabilité sont de descendance hybride, se trouvent actuellement
dans des stations qui, du côté du nord, empiètent sur le territoire
de l'espèce mère. Mais ce n'est là qu'un exemple de cette extension
rapide que prennent dans certaines circonstances les formes hybrides,
d'une croissance plus énergique et plus prompte; et l'on ne saurait
envisager comme une disparition de l'espèce primitive le fait que
dans telle ou telle station l'hybride seul serait resté. Voici deux
exemples de cette extension rapide de certaines formes.

Le *Potentilla splendens*, que l'on croit être un hybride, a dépassé
de beaucoup vers le sud le *Potentilla alba*; de même le *Rosa trachyphylla*, qui paraît dériver du *gallica*, a comblé sur de vastes étendues
les lacunes que présentait le territoire des *gallica*.

Une autre question se présente. Est-il possible de reconnaître
dans la composition actuelle du tapis végétal de notre pays les traces
des différentes époques géologiques, telles qu'elles se sont succédé
depuis l'époque tertiaire?

Certainement; il n'y a aucun doute à cet égard.

Chacune des différentes régions qui s'étagent dans le sens de
l'altitude et que nous avons spécialement décrites, nous présente des
végétaux d'un âge différent.

1. La région inférieure, qui est la plus chaude, renferme les
derniers vestiges de la flore tertiaire, mêlés aux représentants bien
plus nombreux, il est vrai, de la flore endémique moderne du bassin
de la Méditerranée.

2. La flore de la région moyenne, de 500 à 1250 mètres, est celle, plus récente, qui a recouvert la plaine après la retraite des glaciers. Parmi ces végétaux, il en est quelques-uns — surtout parmi les espèces aquatiques et les arbres à feuilles tels que les hêtres, les peupliers, les érables et les saules — qui rappellent des formes analogues à celles des plantes de l'époque tertiaire, ce qui laisserait entrevoir quelque relation entre ces végétaux et ceux de cette époque.

3. Dans les froides tourbières du haut plateau, on trouve un assemblage d'espèces analogue à celui des tourbières interglaciaires d'Utznach et de Durnten.

4. Plus haut, dans la région des conifères et dans la région alpine, nous voyons ce qui s'est maintenu de la végétation de la dernière époque glaciaire, savoir : l'arole, les saules et autres arbrisseaux nains, et les petites espèces alpines boréales.

5. Cette même région alpine renferme en outre une flore plus riche qui est de même date que la flore de la plaine, et par conséquent postérieure à l'époque des grands glaciers : c'est la flore alpine endémique avec son contingent d'admirables primevères.

Pour nous faire une juste idée de ce qu'était la végétation de notre pays à chacune de ces différentes périodes de son histoire, considérons de plus près certaines localités où se trouvent rassemblés les types les plus caractéristiques de chacune de ces époques.

1. La tourbière du plateau d'Einsiedeln est une image des grandes tourbières fossiles et interglaciaires d'Utznach et de Wetzikon. On y trouve réunis le pin de montagne, le bouleau, l'érable. Actuellement, ce groupe se répartit dans nos Alpes en deux zones, celle du sapin et celle du pin de montagne. Les petits arbrisseaux qui recouvrent la tourbière sont le bouleau nain, l'airelle ponctuée, le *Vaccinium uliginosum* et l'*Oxycoccos*. Le *Galium palustre* et le *Menyanthes trifoliata* n'y manquent pas non plus. Le petit nénuphar (*Nuphar pumilum*), dont les graines se retrouvent dans les débris lacustres de Robenhausen, s'est conservé dans deux petits lacs, au Huttensee et au Græppelersee, et le *Trapa natans* — qui s'est maintenu depuis la période interglaciaire dont les couches d'Utznach nous donnent l'image, jusqu'à l'époque des palafites de Robenhausen, bien postérieure à celle des glaciers — est actuellement en voie de dispa-

rition et n'est plus indiqué qu'à Elgg et à Roggwyl où il risque également d'être extirpé.

Les plantes dont nous venons de parler forment un groupe spécial, bien différent de la flore des hautes Alpes et de celle de l'extrême Nord. Nous avons déjà vu précédemment qu'elles évitent les Alpes, car c'est à peine si quelques-unes d'entre elles ont pénétré dans les hautes tourbières alpines. Leur distribution est soumise à d'autres lois. Elles doivent être envisagées comme un reste de la flore de la plaine, datant de ces intervalles plus chauds qui ont caractérisé l'époque glaciaire. Les espèces du Nord dans les hautes Alpes sont au contraire un reste de la flore qui recouvrait les crêtes et les hauteurs à l'époque où les derniers grands glaciers couvraient encore les vallées.

2. Pour nous faire une idée de la végétation boréale alpine ou plutôt *glaciaire* dans le sens géologique du mot, nous n'avons qu'à aborder le fond de quelque vallée alpine du centre de la chaîne, où la roche calcaire, plus chaude, fait défaut et où les marais sont nombreux, par exemple quelque alpe de la haute Engadine. Les buissons de saules arctiques, tels que les *Salix glauca* et *lapponum*, l'aune vert, le genévrier nain, les gazons de petits carex mêlés de *Kobresia*, de *Juncus arcticus* et *triglumis*, de *Tofieldia palustris*, d'*Hieracium alpinum*, de *Saussurea* et de *Lychnis alpina* ; les rochers couverts d'*Elyna spicata*, de *Potentilla nivea* et *frigida*, de *Draba Wahlenbergii* et *Johannis*, au-dessus desquels voltigent le *Plusia Hochenwarthii* et l'*Arctia Quenselii*, tout cela nous transporte à l'époque des grands glaciers. Heer explique la richesse de ces Alpes rhétiennes par le fait que c'était précisément à partir de cette chaîne que le glacier du Rhin, le plus grand de tous les glaciers primitifs de la Suisse, s'étendait jusque bien avant dans la plaine de Souabe et jusqu'à la lisière nord-est de l'Alb. C'est par cette ligne que la communication avec le Nord était le plus directe.

3. Toute localité de notre plateau qui n'est pas encore envahie par les cultures, nous donne une image de ce qu'était la végétation *après* l'immigration de la flore des plaines tempérées du nord de l'Asie, immigration qui a eu lieu par suite de l'amélioration du climat de nos contrées.

4. Une alpe calcaire avec ses crêtes et ses pentes couvertes d'éboulis, par exemple, les sommets les plus élevés du Pilate, nous

donne une image de ce qu'était à cette même époque la flore des hauteurs, avec ses espèces purement alpines et postérieures aux glaces, telles que *Petrocallis*, *Viola cenisia*, *Androsace helvetica*, *Primula auricula*, *Soldanella*, *Gentiana acaulis* et *Thlaspi rotundifolium*, toutes espèces qui ont pris naissance alors que la flore des plaines immigrait insensiblement dans les régions basses.

5. Une localité telle que Gandria ou Castagnola, au bord du lac de Lugano, nous transporte déjà pour ce qui est de la flore et du climat, dans une zone plus voisine de l'époque tertiaire. On y trouve l'olivier, le grenadier, le laurier, le plaqueminier, qui ont tous un équivalent ou un représentant aux formes analogues dans les couches de la formation tertiaire, savoir : l'*Olea Feroniæ*, le *Punica Planchoni*, le *Laurus nobilis* dans le terrain pliocène de l'Italie et de Meximieux près de Lyon, et le *Diospyros brachysepala* près d'Œningen. Il est vrai que ces plantes ne croissent plus à l'état sauvage. C'est grâce à l'homme que leur limite a été reculée si loin vers le nord, mais leur acclimatation n'en est pas moins complète et persistante, à tel point qu'il est permis de compter ces arbres au nombre des plantes subspontanées de la contrée.

L'*Ostrya carpinifolia*, qui actuellement croît encore à Lugano à l'état sauvage, est de même une espèce tertiaire. On la retrouve sous une forme semblable (l'*O. tenerrima*) dans le miocène du Var et sous une forme identique à la forme actuelle dans le miocène de l'Ardèche.

Même remarque pour le châtaignier qui forme nos forêts dans les Alpes méridionales. On en a trouvé en Styrie une forme tertiaire, le *Castanea atavia*.

Les recherches qui ont été faites pour découvrir les liens qui unissent les formes fossiles aux formes actuelles des plantes cultivées de nos chaudes régions, ont jeté beaucoup de lumière sur la question si controversée de l'indigénat de ces végétaux.

Dans ces recherches, A. de Candolle a eu recours à l'étude des langues comparées ; et Hehn, qui a suivi la même voie que de Candolle, tout en interrogeant la légende et l'histoire, a déclaré que tous les arbres cultivés de la zone méditerranéenne occidentale, l'olivier, le figuier, le grenadier, la vigne, n'appartiennent pas en propre à cette zone, mais ont été introduits d'Orient, leur patrie primitive, par les Pélasges et les Grecs.

Mais Grisebach a prouvé de la manière la plus évidente que les arguments de Hehn, basés exclusivement sur des données linguistiques et historiques, ne peuvent être considérés comme valables, vu qu'ils ne concordent pas avec les observations faites sur la nature. En première ligne, il faut bien distinguer, dans une région donnée, entre l'introduction de la culture d'une plante et la présence à l'état sauvage de la forme primitive de cette plante. La culture de la figue et l'usage des câpres peuvent s'être répandus de la Carie en Grèce et de la Grèce en Italie, alors que ces plantes y vivaient depuis longtemps sur les rochers sans être remarquées. Hehn ne tient pas compte d'un fait des plus importants, qui renvoie plus d'une de ses déductions savantes dans le domaine des hypothèses. Il oublie que l'Italie, l'Espagne et l'Orient méditerranéen possèdent en commun une flore tout entière qui n'est autre que la flore méditerranéenne. Qui croira jamais que les centaines d'espèces qui se rencontrent aussi bien sur les côtes de la Syrie et de la Grèce qu'au golfe de Gênes, sur le littoral espagnol et le Rif africain, n'aient immigré de l'est à l'ouest qu'après l'éclaircissement des forêts, et qu'il en ait été de même de la faune, du porc-épic au caméléon, du scorpion à la mante religieuse et aux innombrables insectes propres à ces contrées ?

Nous avons encore actuellement en Algérie, en Espagne, en Grèce et en Syrie, des exemples, peu nombreux il est vrai, mais suffisants, qui montrent que les régions basses et chaudes de la zone méditerranéenne peuvent aussi se couvrir de forêts. On y voit des bois clairs de chênes, de pins, de térébinthes, au feuillage toujours vert. Le myrte, le laurier, etc., aux feuilles également persistantes, s'harmonisent parfaitement avec ces arbres, tant au point de vue du climat que pour les formes extérieures.

On ne saurait admettre que toute cette flore et toute cette faune se soient répandues de l'est à l'ouest par suite de la civilisation ; c'est à tort que l'on donnerait à ce fait un caractère aussi général.

De même, on ne saurait établir comme axiome que toutes les plantes cultivées de quelque importance qui se trouvent actuellement dans la zone méditerranéenne, aient été introduites d'Orient à titre de plantes étrangères. Considérées du point de vue de la géographie botanique, les conclusions auxquelles Hehn croit pouvoir s'arrêter ne sauraient subsister. Sans doute, la *civilisation* a suivi dans sa marche la direction de l'est à l'ouest ; mais les espèces cultivées de la zone méditerranéenne n'ont pas dû nécessairement et dans la même mesure être réintroduites de l'est à l'ouest ; certainement plus d'une de ces plantes a pu exister déjà primitivement dans les contrées de l'ouest. Si, parce que certains végétaux ont été un objet de culte en Grèce ou en Orient, Hehn se laisse même aller à désigner comme espèces étrangères des végétaux très répandus et formant comme le myrte un élément constitutif des mâquis, cela est aussi peu logique que si l'on déclarait que le gui a été introduit en Europe par les Celtes, le tilleul par les Slaves, ou le houx en Angleterre par les Saxons, parce que ces peuples vénéraient ces végétaux ou s'en servaient dans leur culte.

La question de l'indigénat des plantes cultivées de la zone méditerranéenne entre dans une phase toute nouvelle quand on examine les plantes fossiles, découvertes dans les couches récentes du midi de la France. Saporta a constaté la présence du grenadier dans les tufs de Meximieux près de Lyon, appartenant au pliocène inférieur. Cette plante s'y trouve sous une forme à peu près identique à la forme actuelle. Ch. Martins n'hésite pas à envisager les stations actuelles du midi de la France, où cet arbrisseau croît à l'état sauvage dans les endroits stériles — des Pyrénées à Saint-Ambroix et Remoulins, département du Gard — comme des stations primitives et bien indigènes. Gaudin, Planchon et d'autres naturalistes encore, ont également constaté la présence du figuier dans les tufs quaternaires de la Toscane, du Languedoc et de Fontainebleau.

Le myrte lui-même a été découvert par Sapporta, sous une forme très voisine du type actuel, dans le miocène inférieur de Narbonne ; le laurier-rose l'a été dans le pliocène de Meximieux, et le caroubier dans le miocène d'Œningen et du Locle. Le fait que ces plantes se retrouvent dans les périodes géologiques antérieures et surtout dans les tufs quaternaires qui forment la couche la plus récente, parle d'une manière si concluante en faveur d'une filiation directe des espèces actuelles de la zone méditerranéenne occidentale avec les espèces de ces mêmes contrées à l'époque tertiaire et à celle qui a succédé à la période glaciaire, que toutes les hypothèses qui se basent sur l'étude comparée des langues et l'histoire des civilisations, ne sauraient plus

être envisagées comme admissibles. Et cela d'autant moins que,
d'après les observations de Ch. Martins, ces plantes sont extrêmement
sensibles au froid des hivers du midi de la France, ce qui prouve évidemment qu'elles proviennent d'un climat plus chaud. En effet,
plusieurs de ces végétaux gèlent régulièrement plusieurs années suc-
cessives, même sur le littoral de la Méditerranée. Ce phénomène qui
parle en faveur d'une origine *étrangère*, s'explique suffisamment
quand on fait remonter ces végétaux à une époque *antérieure*.

Cette remarque en amène une autre qui est d'une haute importance pour l'explication des limites et de l'extension prise vers le nord
par la flore méditerranéenne.

L'étude des couches tertiaires en général et les exemples que nous
venons de citer en particulier, surtout pour ce qui concerne le *caroubier*, nous montrent qu'à l'époque tertiaire les types méditerranéens
étaient répandus bien plus loin vers le nord qu'ils ne le sont aujour-
d'hui. D'où provient cette différence? Du fait que le climat de l'époque tertiaire était plus chaud, et cela jusqu'à des latitudes fort
septentrionales. Heer, se basant sur l'analogie avec le groupement
actuel des végétaux, évalue à 18,5 C. la moyenne de la température
annuelle telle qu'elle a dû être à l'époque du miocène supérieur
d'OEningen, non loin du lac de Constance, ce qui ferait une différence de 7,16 C. avec la température actuelle. Depuis la publication
des travaux de Heer, on a constaté il est vrai, dans l'île de Sachalin
au nord du Japon, que sous une température annuelle très basse des
formes tropicales telles que les bambous pouvaient se trouver en
compagnie de formes toutes septentrionales, telles que les bouleaux, etc. Cela pourrait faire supposer que les calculs de Heer arrivent à des chiffres trop élevés et que la différence entre le climat du
miocène et le climat actuel a pu être moins considérable. Il n'en est
pas moins certain qu'il s'est produit dès lors un abaissement de
température.

Dans l'ensemble de sa distribution, on voit la flore méditerranéenne diminuer insensiblement à mesure que l'on s'avance vers le
nord. On pourrait être tenté de croire que ses stations extrêmes ne
sont pas des postes avancés, mais les restes d'un territoire plus étendu
qui se seraient conservés jusqu'à nos jours. Ces restes se seraient
maintenus dans les localités où l'ancien climat aurait subsisté, de

manière à permettre au grenadier ou à l'*Ostrya carpinifolia*, de prospérer encore.

Au premier abord, cette hypothèse paraît logique, mais elle ne
saurait être mise en harmonie avec le fait indubitable que depuis
l'époque tertiaire à l'époque actuelle, notre pays a été plusieurs fois
recouvert par les glaces jusqu'au delà du lac Majeur et au delà du
Rhin. Et pourtant, il est impossible de nier la liaison qui existe entre
la flore tertiaire et celle de la Méditerranée.

Ce qui est le plus probable, c'est que l'époque glaciaire a refoulé
temporairement la flore tertiaire jusqu'aux bords de la Méditerranée
et que plus tard, après la retraite des grands glaciers et l'amélioration du climat de notre pays, une partie de cette ancienne flore a
insensiblement reconquis son ancien territoire et a reparu par places
dans le Tessin et le Valais. Dans l'intervalle, quelques restes des
anciennes stations se seraient maintenues intactes dans le midi de la
France. Les arbres cultivés de la zone méditerranéenne seraient au
nombre de ces restes.

Le document géologique le plus récent que nous puissions consulter sur l'histoire de notre végétation, ce sont les *habitations lacustres,*
dont les premières stations ont été découvertes en 1854, par Ferdi-
nand Keller, au bord de nos lacs. Ces ruines recèlent des restes de
végétaux en partie carbonisés, en partie transformés en tourbe. Heer
a tiré de ces débris une série de conclusions importantes.

Ces restes de végétaux et d'animaux, ainsi que des objets nombreux qui dénotent le travail de l'homme, prouvent que les colonisa-
tions lacustres les plus anciennes ont eu lieu bien après le dernier
envahissement des vallées par les glaces, ou géologiquement parlant à
l'époque actuelle. Ces habitations remontent à une époque historique
que très ancienne, où la civilisation humaine n'était pas encore assez
avancée pour connaître l'usage des métaux, où l'homme commençait
seulement à apprivoiser les animaux domestiques, où les races de
ces derniers étaient bien loin encore d'être aussi parfaites que les
races actuelles, où il ne connaissait encore d'autres céréales que le
froment, l'orge et les *Triticum monococcum* et *dicoccum,* et même dans
des formes qui, pour les dimensions du grain, sont bien inférieures
aux espèces actuelles.

Les restes des plantes sauvages de Robenhausen, la première de ces stations qui ait été connue, montrent qu'elles sont absolument identiques aux espèces actuelles. Seulement, ils font supposer que jadis, par suite de l'existence de forêts plus compactes et en conséquence d'un climat plus rigoureux, il y avait alors dans la plaine zuricoise des plantes de montagne et de marais qui actuellement ne se trouvent plus que dans la région montagneuse ou les contrées occidentales. Parmi les premières, je mentionnerai le *Pinus montana*, le *Nuphar pumilum*, et parmi les dernières, le *Ranunculus hederaceus*.

D'autre part, la présence du *Prunus Mahaleb*, qui ne se retrouve plus qu'aux bords du lac de Wallenstadt dans les régions les plus abritées, fait supposer que les dépressions du climat n'étaient pas générales, mais seulement locales.

Il en est tout autrement des plantes cultivées. Il se trouve d'abord qu'elles diffèrent presque toutes des espèces actuelles, surtout pour les dimensions de la graine, qui est plus petite. Les épis retrouvés à Robenhausen sont des restes complètement carbonisés par suite d'incendies qui détruisirent les cabanes, aussi sommes-nous parfaitement sûrs qu'ils ont exactement conservé leurs formes primitives, et que la petitesse des grains n'est pas l'effet d'une macération ou d'une pression, mais que telle était bien la dimension de ces semences.

Les grains du *Triticum vulgare f. antiquorum* Heer sont pour le moins de la moitié plus petits que ceux de l'espèce actuelle. Il en est de même de l'orge (*Hardeum hexastichum f. sanctum* Heer.)

Outre ces deux principales espèces de céréales, on trouve encore, mais rares, l'*Hordeum distichum*, et les *Triticum dicoccum, monococcum* et *turgidum*, de même que le *Panicum miliaceum* et le *Setaria italica*. En revanche, pas trace d'épeautre. Le seigle et l'avoine qui jouent actuellement un rôle si important sur notre plateau, manquent également. Heer en conclut que les premiers habitants des stations lacustres n'étaient pas encore en relation avec les contrées de l'est, patrie du seigle et de l'avoine, mais seulement avec celles du Midi.

Le lin des stations lacustres n'est pas le *sativum*, mais le *Linum augustifolium* Huds. Pendant la première époque lacustre, il s'y mêle quelquefois une mauvaise herbe, le *Silene cretica* L. Ces deux plantes, qui ne se trouvent plus aujourd'hui parmi les nombreuses herbes du Midi qui accompagnent nos plantes cultivées, font également supposer que les peuplades de palafittes ont tiré leurs céréales des contrées du

Midi. Parmi les mauvaises herbes, on mentionne également la nielle et le bluet.

A ces faits se rattache la question de savoir s'ils peuvent nous servir de norme pour évaluer l'intervalle qui sépare l'époque où nous vivons de celle des palafittes, ces premières habitations de notre pays? Cet intervalle, quelque minime qu'il puisse être au point de vue géologique, n'en doit pas moins être considérable au point de vue historique.

Heer, se basant sur le nombre et la forme à peu près égale des céréales cultivées dans l'antiquité grecque et juive et dans nos premières habitations lacustres, ne croit pas trop reculer l'existence de ces dernières en la rapportant à une époque antérieure à celle de David (1031 à 998 avant Jésus-Christ), ou à celle d'Homère. Cependant il relève lui-même le fait qu'au Vme siècle avant Jésus-Christ, l'orge se trouve représenté sur les médailles des villes de la Sicile et de la Grèce, dans des dimensions aussi réduites et avec un épi aussi ramassé que ceux que l'on retrouve carbonisés dans les restes de Robenhausen.

On a objecté qu'il n'est pas impossible que les premiers habitants de l'Helvétie, séparés par la chaîne des Alpes de la civilisation des côtes de la Méditerranée, aient conservé encore longtemps leur état primitif et leurs anciennes céréales, alors qu'en Italie la civilisation était déjà bien plus avancée. On donne comme exemple l'Irlande, où jusque bien avant dans le VIme siècle, il y avait encore des habitations lacustres et des usages qui formaient le plus grand contraste avec la civilisation qui régnait alors en Angleterre.

Ce qui paraît certain, c'est que nos palafittes remontent à une époque antérieure à celle des traditions romaines. En effet, leurs historiens ne font pas la moindre mention de ces villages suspendus sur le miroir des lacs et des peuplades qui habitaient ces étranges cabanes. Et pourtant les Romains possédaient à une époque déjà fort ancienne des villes florissantes sur les rives du lac de Côme où l'on a retrouvé un grand nombre d'habitations lacustres. Au reste, si ces habitations avaient été contemporaines de la civilisation romaine en Italie, les produits de cette civilisation se retrouveraient bien quelque part dans ces stations, puisqu'elles se rattachent évidemment au Midi par les céréales et les mauvaises herbes.

Aujourd'hui, le froment et l'orge ont été supplantés par l'épeautre, le seigle et l'avoine ; l'orge commune a remplacé l'orge à six rangs, l'ingrain et le froment amidonnier sont en voie de disparaître, le millet est à peu près disparu depuis le moyen âge, et sur notre plateau la culture des prairies finira un jour par remplacer complètement celle des céréales.

La contrée où les anciennes céréales ont encore été le plus fidèlement conservées, c'est le Jura septentrional et plus spécialement les vallées et le plateau de Bâle-Campagne et de Soleure. On y trouve encore, se succédant dans la même rotation de cultures, le froment amidonnier, l'ingrain, l'orge à six rangs et l'orge à deux rangs. Le froment amidonnier y paraît sous deux formes différentes : l'une, presque mutique et semblable en cela à celle des stations lacustres, sauf pour les dimensions ; l'autre, fortement aristée et constituant par le fait un progrès sur l'ancienne forme aux grumelles obtuses, les arêtes protégeant l'épi contre les oiseaux.

Dans les champs rocailleux et arides de cette contrée du Jura, l'ingrain est une céréale excellente, croissant avec toute l'énergie d'une plante sauvage et rendant beaucoup ; elle a d'ailleurs pour l'alimentation une valeur bien plus grande que le froment, parce qu'elle est plus riche en gluten.

Les stations lacustres, même celles qui sont situées sur les bords des lacs jurassiques, et par là même dans la zone actuelle du vignoble, ne possédaient pas encore la vigne. C'est ce que prouve l'absence complète des grains provenant du raisin, grains qui se conservent très bien ailleurs. Il est donc à supposer que la vigne, le plus noble de tous les végétaux cultivés, n'a été introduite que par les Romains et apportée d'Italie, où on la trouve dans des couches fort anciennes, mais toutefois postérieures à l'époque glaciaire.

Comme on le voit, les documents fournis par les stations lacustres confirment que notre flore indigène se composait déjà alors des mêmes plantes qu'aujourd'hui, avec la seule différence que quelques-unes d'entre elles étaient encore en plein essor de végétation, comme le *Trapa*, le *Nuphar pumilum* et le *Scheuchzeria*, tandis qu'elles sont aujourd'hui au nombre des espèces qui s'éteignent insensiblement.

Les plantes de cette époque ne montrent de différences que pour le degré d'influence exercée par l'homme sur les plantes cultivées. En

ces temps reculés, ces dernières sortaient à peine de l'état sauvage ;
elles n'en étaient encore qu'à une première phase de domestication,
tandis qu'aujourd'hui elles ont atteint un plus haut degré de développement.

Une autre différence entre les plantes cultivées de nos jours et
celles d'alors, c'est le choix des espèces. L'ancien lin est remplacé
par une autre espèce, le millet est à peu près abandonné, le froment
amidonnier, l'ingrain et la fève (*Vicia Faba*) ne se cultivent plus
guère. Tout cela a été remplacé par le seigle, l'avoine et la pomme
de terre, la plante cultivée universelle.

Nous avons dit tout à l'heure que les plantes cultivées et même les
mauvaises herbes sont une source importante à consulter pour l'histoire de notre monde végétal.

En effet, les plantes qui accompagnent les céréales et que le semeur répand involontairement avec ces dernières, offrent le plus
grand intérêt.

Comme on le sait, nos plantes cultivées ne se trouvent plus nulle
part à l'état sauvage. Cherchons maintenant à savoir si les mauvaises herbes qui les accompagnent peuvent nous fournir quelques traces
de leur origine.

Ce qui frappe avant tout, c'est que ces herbes sont annuelles et
bisannuelles, sauf quelques rares espèces dont les racines et les tiges
se cachent bien avant dans le sol sous forme de bulbes ou de rhizomes qui, par leur petitesse et leur profondeur, parviennent à sur-
vivre au labourage. Une autre circonstance bien remarquable, c'est
que, comparée à l'aspect général de notre végétation, elles appartiennent à des types évidemment étrangers et méridionaux.

Passons en revue les mauvaises herbes les plus communes de nos
céréales. Ce sont les suivantes :

Adonis æstivalis et *flammea, Delphinium consolida, Ranunculus
arvensis, Papaver Rhœas, Saponaria Vaccaria, Agrostemma Githago,
Lathyrus Aphaca, Nissolia, Bupleurum rotundifolium, Scandix Pecten
Veneris, Sherardia arvensis, Centaurea Cyanus, Specularia Speculum,
Linaria spuria* et *Elatines, Melampyrum arvense, Passerina annua,
Panicum sanguinale, Setaria glauca.* Ces plantes appartiennent toutes
à des formes qui n'ont pas leur équivalent dans le reste de la flore de

nos plaines. Elles forment, chacune pour soi, un groupe isolé dont les autres représentants ne se retrouvent que bien au midi.

Déjà les nuances de leurs corolles ont en elles-mêmes quelque chose qui ne cadre pas avec celles des fleurs de nos plaines. Le rouge ardent des *Adonis*, des coquelicots, le ton particulier du bluet et de la dauphinelle, le violet du *Spécularia*, de la nielle, la combinaison du jaune et du noir dans la corolle des linaires, du rouge et du jaune dans le *mélampyre des champs*, toutes ces nuances montrent plus d'analogie avec la flore de l'Orient qu'avec la coloration des fleurs de nos prairies.

Outre celui que nous avons nommé, on connaît encore sept *Adonis* annuels qui tous appartiennent à la flore méditerranéenne. Des dix *Delphinium* européens du groupe du *Consolida*, six appartiennent au sud-est, deux à la zone méditerranéenne orientale et occidentale ; le *Consolida* seul appartient à nos champs. Le *Ranunculus arvensis* n'a également chez nous aucun parent rapproché. Le *Papaver*, avec tous les congénères qu'il a dans nos champs, *P. dubium, Lecoquii, Argemone* et *hybridum*, appartient à un groupe d'environ dix espèces qui presque toutes se trouvent dans le sud-ouest, tandis que l'Orient possède des espèces plus grandes et vivaces. Le *Saponaria* et l'*Agrostemma* sont de même des formes entièrement isolées. Cette dernière plante se rattache à un petit groupe de nos *Lychnis*, mais dont les espèces sont vivaces et d'un port tout différent (le *L. Coronaria*). Les deux *Lathyrus* forment au milieu de leurs trente-cinq congénères deux groupes monotypes entièrement distincts, sauf le fait qu'il se se trouve en Sicile une espèce voisine de l'*Aphaca*, le *L. affinis*, Guss. Le *Bupleurum* est de même un type tout spécial dans le genre auquel il appartient ; deux espèces du Midi, le *B. protractum* et le *Savignonii*, et une autre de l'Orient, le *B. croceum* Fenzl. sont les seules qui lui ressemblent. Le *Sherardia* est encore un type unique, qui ne se retrouve que dans une forme semblable de la Grèce, le *Sh. pusilla*. Le *Centaurea* est également une forme isolée : ses parents les plus rapprochés sont des espèces vivaces, comme les *C. montana* et *axillaris*. Le *Specularia* et son voisin, le *S. hybrida*, sont des espèces dont les congénères se trouvent toutes dans le bassin de la Méditerranée et en Orient. Même remarque pour les *Linaria Elatine* et *spuria*. Quant au *Melampyrum arvense*, il existe une forme parallèle très voisine, le *M. barbatum* W. K., qui est répandue de la Hongrie aux côtes de la Méditerranée et jusqu'en France. Les autres mélampyres appartiennent à des types différents. Le *Passerina* n'a de forme voisine qu'en Sicile (le *P. pubescens*, Guss.) Le *Setaria glauca* — avec les types voisins, *S. viridis* et *verticillata* communs dans nos champs — est la seule espèce européenne qui soit voisine du millet (*Setaria italica*), qui est probablement originaire des Indes orientales.

Voilà certes assez de preuves qui démontrent que ces espèces se rattachent par des liens d'une étroite parenté à celles du Midi. Nous avons à faire à des plantes qui ont immigré avec les céréales et qui involontairement se cultivent chaque année avec elles. De la Perse et de la Syrie jusque dans les contrées les plus septentrionales, ces plantes accompagnent les céréales avec la fidélité la plus touchante. Elles ne s'arrêtent qu'aux abords de la zone subarctique, où finissent les cultures.

Le bluet, la nielle, la renoncule des champs (*R. arvensis*), s'avancent de la Sicile jusqu'au centre de la Russie et à la frontière de la Laponie suédoise ; le coquelicot va jusqu'en Danemark.

On ne saurait douter que ces mauvaises herbes ne soient venues du Midi, patrie originelle de nos céréales. Si l'on pouvait réussir à découvrir le foyer primitif de ces herbes, la question elle-même de l'origine des céréales se trouverait très probablement résolue. Mais comme les céréales et leurs fidèles compagnes sont également répandues sur l'univers tout entier, partout où les cultures sont possibles, de sorte que le territoire des unes et des autres est absolument le même, il devient impossible de déterminer le foyer de création des céréales en s'appuyant sur le territoire primitif des mauvaises herbes.

Ce qui néanmoins jette quelque lumière sur la question, ce sont les ressemblances que ces végétaux offrent avec d'autres au point de vue systématique. Il se trouve que les formes les plus semblables appartiennent pour la plupart à l'est des côtes de la Méditerranée, de la Dalmatie à la Syrie. Pour deux de ces espèces, le *Lathyrus aphaca* et le *Passerina*, il est remarquable que la Sicile, que les anciens envisageaient comme la patrie de Cérès, possède deux espèces parallèles.

De Candolle a prouvé que l'avoine et le seigle ne sont pas originaires de l'Égypte ou de la Syrie, mais des contrées situées à l'est de la chaîne des Alpes. Mais là, les mauvaises herbes ne peuvent nous servir à éclaircir la question, car ni l'avoine ni le seigle n'en possèdent de particulières. Celles qui les accompagnent se retrouvent aussi dans les froments ou les orges ; de même, ces deux dernières céréales n'ont pas de compagnes qui leur appartiennent en propre.

Seuls, le lin et le chanvre ont leurs mauvaises herbes à eux. Chez nous, ce sont pour la première de ces plantes le *Camelina dentata*, le *Lolium linicola*, le *Cuscuta Epilinum* auxquels s'ajoute encore, de la Bavière aux contrées de l'est, le *Silene linicola*. La mauvaise herbe du chanvre, c'est le *Phelipæa ramosa* qui croît en parasite sur ses racines et qui hante aussi celles du tabac.

Une plante cultivée qui a des mauvaises herbes toutes spéciales, c'est le riz. Ce sont surtout des cypéracées, qui l'ont certainement accompagné depuis les Indes, sa première patrie, jusqu'en Italie. De ce nombre sont : *Cyperus glaber, difformis, australis*; *Fimbristylis dichotoma ;* en outre, *Suffrenia filiformis, Ammannia verticillata*.

Bien que le territoire suisse ne touche plus aux rizières du bassin du Pô, deux de ses mauvaises herbes ne s'en sont pas moins répandues jusque chez nous : ce sont le *Cyperus Monti*, belle et grande espèce qui s'avance jusqu'au lac de Lugano (Melide), et l'*Oryza clandestina*, singulière graminée qu'on prendrait pour un diminutif du riz lui-même, comme les *Avena fatua* et *strigosa* imitent dans leur port l'avoine cultivée qu'ils accompagnent. Aujourd'hui, le *Leersia* est répandu par places dans les fossés le long des routes et dans les prairies marécageuses sur toute la plaine suisse, en Allemagne et même jusqu'en Angleterre. Son territoire s'étend donc bien au delà de la zone du riz ; et pourtant son port si étrange, qui ne ressemble qu'à celui de la plante qu'il accompagne dans les contrées méridionales, peut bien être envisagé comme une preuve de son origine.

Le caractère cosmopolite des mauvaises herbes de nos champs ressort pleinement du fait que ni celles de la Bavière, contrée voisine de la Suisse, ni celles de la Hongrie ne diffèrent essentiellement des nôtres. A part quelques espèces appartenant soit aux contrées de l'ouest, soit à celles de l'est, l'ensemble de ce groupe de plantes est absolument le même. Sur 758 lieues carrées, la Suisse compte 148 espèces de mauvaises herbes ; la Hongrie, y compris l'Esclavonie, soit un territoire de 4300 lieues carrées, n'en compte d'après Neilreich que 181 ; la partie de la Bavière située au sud du Danube et qui comprend 580 lieues carrées, possède 106 de ces plantes. On voit qu'à peu de chose près ces chiffres concordent entre eux. Des sept *Vicia*, cités par Neilreich comme mauvaises herbes en Hongrie et en Esclavonie, le *V. pannonica* seul nous est étranger, tandis que le *V. sativa* ne paraît pas exister en Hongrie comme mauvaise herbe.

En comparant le haut plateau du midi de la Bavière avec la Suisse, nous voyons qu'un certain nombre de ces plantes qui s'y trouvent manquent à la Suisse, ainsi : *Thlaspi alliaceum, Ceratocephalus falcatus* (forme des steppes), *Erysimum repandum, Silene linicola, Anthemis austriaca, Chrysanthemum segetum, Cerinthe minor, Bunias orientalis.* En revanche, nous possédons un certain nombre de plantes du sud-ouest qui, dans le canton de Vaud, dans le Valais et le long du Jura, se disséminent de plus en plus, deviennent de plus en plus rares, et dont le plus grand nombre n'atteignent pas le canton de Zurich. Ces espèces sont les suivantes : *Adonis flammea, Papaver Lecoquii, Iberis amara, Rapistrum rugosum, Silene gallica, Lathyrus hirsutus, Vicia lutea, Crassula rubens, Carum Bulbocastanum, Galium parisiense, Valerianella carinata, eriocarpa, Filago gallica, Veronica acinifolia, Euphrasia Odontites f. serotina, Stachys arvensis. Euphorbia falcata.*

Alsine segetalis, espèce de l'ouest, qui s'arrête au Jura septentrional, *Glaucium corniculatum, Vicia onobrychioides, Anthriscus cerefolium, Euphorbia segetalis, Tulipa maleolens, Cynosurus echinatus, Androsace maxima* ne s'avancent que jusqu'au Valais ; l'*Iberis pinnata,* l'*Apera interrupta,* le *Lolium multiflorum,* jusqu'au canton de Vaud. L'*Iberis panduriformis* Pourr. est disséminé dans le canton de Vaud, où il a immigré du sud-ouest de la France.

En fait d'espèces allemandes, les *Papaver hybridum, Turgenia latifolia* ne se retrouvent qu'au Valais ; le *Falcaria Rivini,* seulement sur la lisière du Jura septentrional ; les *Anthemis tinctoria* et *Conringia orientalis* se trouvent dans la partie centrale du plateau, mais singulièrement rares et disséminés. Le *Myagrum perfoliatum* de la Souabe, notre voisine, manque absolument en Suisse.

Sendtner mentionne une série d'espèces qui en Bavière ne se trouvent que dans les champs, comme mauvaises herbes, et qui chez nous se rencontrent tout aussi fréquemment et même plus fréquemment dans d'autres stations, telles que les talus, le bord des chemins et les lieux incultes. Ce sont les espèces suivantes : *Arabis Thaliana*, *Diplotaxis muralis*, *Lychnis vespertina*, *Cerastium glomeratum*, *Erodium cicutarium*, *Galium aparine*, *Senecio vulgaris*, *Myosotis intermedia*.

Cette distribution s'explique par les conditions du climat. On sait qu'en Sicile et sur les bords de la Méditerranée, des plantes telles que le *Papaver Rhœas*, le *Centaurea Cyanus* et d'autres espèces qui chez nous ne se trouvent que dans les champs, croissent aussi sur les collines sèches et même sur les pentes boisées et qu'en Bosnie le *Nigella arvensis* se trouve même sur les rochers calcaires.

Chez nous, ces espèces ont besoin pour prospérer du sol gras et amendé de nos champs. Dans le Midi, le climat est assez doux pour leur permettre de vivre sur un sol plus rude et moins riche en éléments nutritifs. Plusieurs espèces qui sur le haut plateau de Bavière ne prospèrent que dans les champs, se trouvent déjà en Suisse sur des terrains incultes. Ce qui prouve combien cette différence est considérable, c'est que Sendtner compte au nombre des mauvaises herbes qui croissent sur les jachères du haut plateau de Bavière, à 2450 pieds au-dessus de la mer, *Primula auricula* qui chez nous ne croît que sur les rochers calcaires des Alpes et du haut Jura, dans la zone des conifères et au-dessus.

Une plante qui paraît se trouver chez nous dans ces deux conditions, c'est-à-dire aussi bien comme plante sauvage que comme plante accidentelle accompagnant les cultures, c'est l'*Iberis amara*, espèce très disséminée, du Midi jusqu'en Autriche, au sud de l'Allemagne et en Belgique, qui par places est assez abondante dans nos cantons occidentaux, jusqu'à Bâle, mais qui s'y trouve exclusivement dans les champs de blé. Koch ne l'indique également pour toute l'Allemagne que dans les champs et les terres cultivées. Cette plante se trouve au pied des grands rochers du Val-de-Travers, au-dessus de Noiraigue, dans une circonscription assez étendue et dans des conditions entièrement différentes de celles où on la rencontre habituellement. Là, elle apparaît comme plante des éboulis rocailleux, absolument comme ses congénères des Alpes méridionales, comme les *J. aurosica, nana, granatensis* et autres.

Pourquoi n'admettrait-on pas que cette station, qui diffère si essentiellement de toutes les autres, est la dernière étape du côté du nord où la plante se trouve dans ses conditions primitives et conformes à celles de ses contrées d'origine, et que partout ailleurs elle ne se trouve dans nos champs que comme plante accidentelle, introduite avec les blés. Gaudin cite encore près de Nyon une autre station où cette espèce croit en dehors des céréales. Il l'indique comme « abondante surtout sur les pentes stériles près des rives. » Le bassin du Léman paraît donc rentrer encore dans le territoire naturel de l'espèce.

Outre les mauvaises herbes que nous venons de mentionner et que l'homme a certainement introduites du Midi avec les céréales, il en existe encore une foule d'autres qui croissent aux bords des chemins, dans les lieux vagues et les décombres, et qui certainement n'appartiennent pas à la flore primitive de notre pays. La nature des stations qu'elles recherchent et qui doivent leur transformation au travail de l'homme, suffit à elle seule pour nous l'indiquer. Elles n'ont d'analogues qu'à l'étranger; et même pour plusieurs de ces végétaux nous possédons des données précises sur l'époque de leur immigration. Ces plantes, qui se sont acclimatées et sont redevenues sauvages, nous fournissent de précieux renseignements sur l'histoire moderne de notre végétation.

Dans le sens le plus large du mot, toutes les plantes qui croissent chez nous dans les décombres, au bord des chemins et dans les terres remuées par l'homme, doivent être envisagées comme autant d'*immigrations.*

Elles n'appartiennent pas à la flore primitive; leur apparition est due à l'activité de l'homme.

Voici une liste de ces espèces :

Chelidonium majus. Capsella Bursa pastoris, Sisymbrium officinale et Sophia, Erysimum cheiranthoides, Thlaspi perfoliatum, Lepidium campestre, ruderale, Reseda lutea et luteola, Lychnis diurna, Lepigonum rubrum, Stellaria media, Arenaria serpyllifolia, Malva Alcea, moschata, rotundifolia, silvestris, Geranium pusillum, dissectum, columbinum et molle, Coronilla varia, Geum urbanum, Potentilla anserina et reptans, Bryonia dioica, Herniaria glabra, Aegopodium, Senecio vulgaris, Pulicaria vulgaris et dysenterica, Chrysanthemum Parthenium, Onopordon Acanthium, Cichorium Intybus, Lappa, Carduus nutans, Lactuca virosa et scariola, Sonchus oleraceus, Xanthium strumarium, Campanula Rapun-

culus, Echinospermum Lappula, Borago officinalis, Solanum nigrum et *Dulcamara, Physalis Alkekengi, Hyoscyamus niger,* les *Verbascum* à grandes fleurs, *Linaria minor, Nepeta Cataria, Glechoma hederacea, Lamium purpureum, maculatum, album, Galeopsis Tetrahit, Stachys recta* et *annua, Marrubium, Ballota, Leonurus, Ajuga genevensis, Verbena officinalis, Plantago major, Euphorbia Lathyris,* les *Chenopodium, Tanacetum officinale, Amaranthus Blitum, Atriplex, Euphobia Helioscopia, stricta, platyphylla, Urtica urens, Mercurialis annua, Parietaria, Allium oleraceum, Muscari racemosum, Bromus tectorum* et *sterilis, Hordeum murinum.*

Supposons un instant la Suisse inhabitée, nous verrions ces plantes ou disparaître entièrement du domaine de notre flore ou se réduire à un nombre extrêmement restreint. Sans avoir été introduites avec les blés, ces espèces n'en ont pas moins immigré qu'au fur et à mesure que les stations auxquelles la plupart d'entre elles sont exclusivement liées, ont été préparées, et c'est l'homme seul qui a créé ces stations.

A l'instar des mauvaises herbes de nos blés, ces plantes, comparées à l'ensemble de la flore, ont un caractère méridional, témoin les *Reseda,* les *Mauves,* le *Bryonia,* les *Lactuca,* le *Physalis,* l'*Hyoscyamus,* les nombreuses labiées.

Les chenopodiacées, qui réclament des substances richement azotées, ne prospèrent que sur un sol gras.

D'ailleurs, ce qui montre que ces espèces ont immigré dans notre pays, c'est le fait que cette migration n'est pas encore terminée. Considérons de plus près comment à cet égard elles se comportent en Suisse. Les données historiques recueillies par A. de Candolle nous facilitent considérablement cette étude.

Le *Mercurialis annua.* — Cette plante qui aux environs de Bâle, depuis C. Bauhin (Catal. 1622 : in vinetis), recouvre la première les terrains mis à nu, si bien que leur surface ressemble parfois à un champ ensemencé — ne s'est pas encore avancée jusqu'au lac de Zurich. Actuellement, elle se rapproche insensiblement de cette ville. Elle manque encore dans les cantons du centre de la Suisse, à Schwyz, Unterwalden, Appenzell, Zoug, et elle est encore rare dans ceux de Lucerne, de St-Gall et d'Uri. Ici, ce n'est pas le climat qui est en jeu : il s'agit d'une nouvelle immigration, comme c'est le cas en Angleterre, où la plante est également de date récente.

Le *Datura Stramonium*, qui se trouve parfois sur nos décombres, n'était encore à Bâle, du temps de C. Bauhin (1622), qu'une plante de jardin, comme aussi en France du temps de Tournefort (1700). Ce n'est que plus tard que des jardins, où on ne le cultive plus, il s'est répandu sur les décombres. Son origine est inconnue. La légende dit qu'il a été introduit par les Bohémiens; pourtant il ne paraît pas exister dans les Indes.

Le *Linaria Cymbalaria*, qui orne si bien nos vieux murs, n'était pas encore connu de C. Bauhin comme plante indigène. Il est vrai qu'il se trouve dans son herbier, mais avec l'indication : *ex muris patavinis*, ce qui prouve qu'il l'avait de Padoue. Ce n'est que depuis lors que cette plante s'est avancée de la région méditerranéenne à celle de nos lacs et jusqu'au Rhin, près de Bâle. L'*Antirrhinum majus*, le *Cheiranthus Cheiri*, le *Centranthus ruber*, qui ornent aujourd'hui nos murs, ont sans doute suivi la même voie, à une époque un peu antérieure. Il en est de même du *Tulipa silvestris*, qui croît actuellement dans nos vignes. Cette dernière espèce, aujourd'hui commune aux environs de Bâle, n'est pas encore mentionnée par Bauhin dans son catalogue des plantes sauvages croissant aux environs de cette ville.

Le *Veronica persica* a immigré à une époque plus récente encore. Originaire d'Orient, il n'a guère paru dans l'Europe occidentale que depuis le commencement du siècle. On l'a découvert à Bâle en 1815 au Weilerfeld ; aujourd'hui c'est une des plantes les plus communes des bords de champs. La prédiction de Hagenbach, en 1821 ; « *mox jus civitatis late sibi vindicatura* » s'est pleinement réalisée. Au canton de Vaud, en 1851, c'était pour Muret une plante rare. Rhiner ne l'indique dans les petits cantons que dans une seule localité, à Kussnacht ; mais dans quelques dizaines d'années, cette plante ne manquera plus dans aucun district de la région inférieure. D'après Fischer, elle est déjà très commune aux environs de Berne. Autour de Lausanne elle est vulgaire.

Le *Stachys lanata* se trouve depuis 30 ans sur une colline près de Pompaples, au canton de Vaud. Il paraît y avoir été introduit par des troupeaux de bœufs hongrois. Cette plante est absolument inconnue à l'ouest de la Hongrie, et pourtant elle s'est si bien acclimatée dans cette station isolée, qu'elle a formé avec le *Stachys alpina* une forme hybride décrite par Rapin. En 1857, elle était déjà indiquée par Boreau comme naturalisée à l'ouest de la France.

Le *Lepidium Draba*, qui dans la plaine du Languedoc est probablement la plante la plus commune du bord des chemins et des voies ferrées, s'est introduit chez nous à une époque plus récente encore. C. Bauhin ne l'indique pas aux environs de Bâle; ce n'est qu'en 1842 qu'il a été trouvé dans les vignes près de Grenzach, et depuis lors nous avons pu suivre ses progrès insensibles. Actuellement il a dépassé Liestal. Il suit évidemment les talus des voies ferrées. En 1845, il était nouveau pour la Suisse; en 1869 Rhiner le signale déjà dans les cantons de Genève, Valais, Vaud, Soleure, St-Gall et Bâle: aujourd'hui il a pénétré jusqu'à Glaris et à Landquart et est en bonne voie de devenir une plante commune.

Une autre plante qui suit également les chemins de fer, c'est l'*Isatis tinctoria*, que Bauhin indiquait il est vrai déjà en 1622 aux bords du Rhin, près de Bâle. Actuellement, elle a traversé le Jura le long de la voie ferrée et a gagné le haut plateau de Fribourg ainsi que les bords du Léman. Un cas tout semblable c'est celui du *Melilotus alba*, qui a suivi la voie ferrée de Bâle à Bienne par les hauteurs du Jura.

C'est aussi grâce au chemin de fer que nous avons vu en 1862 le *Calepina Corvini*, espèce de la partie moyenne du bassin du Rhin, apparaître à Bâle, où elle a élu domicile. Aujourd'hui on signale toute une invasion de *Hirschfeldia adpressa* qui, il est vrai, se trouvait déjà aux environs de Bâle, mais comme rareté, et qui actuellement est abondante sur les talus. En 1877, il s'était même avancé jusqu'à Schauenbourg.

Il y a des immigrations qui sont d'un intérêt plus grand encore, ce sont celles qui ont lieu de l'hémisphère occidental à travers l'Océan. Notre flore renferme toute une série de plantes d'Amérique qui aujourd'hui forment une partie notable de notre végétation sauvage.

D'après les recherches de de Candolle, l'*Oenothera* — qui est actuellement si commun en Suisse qu'il ne manque plus qu'aux territoires montagneux et restreints des cantons d'Appenzell et d'Unterwalden, où il ne manquera pas de se répandre aussi — a été planté pour la première fois en Suisse en 1619 au jardin botanique de Bâle, par C. Bauhin, qui en avait reçu les graines de Padoue sous le nom de *Lysimachia Virginiæ*. Linné raconte qu'il a été introduit de Virginie en 1614. — En 1737, cette plante était déjà abondante dans les plaines sablonneuses de la Hollande, et en 1768 Haller l'indique comme commune en Suisse.

L'*Erigeron canadensis*, qui est une des mauvaises herbes les plus répandues des bords de nos champs et se trouve aujourd'hui dans toutes les vallées des Alpes aussi loin que s'étendent les prairies et les jardins, et que j'ai même trouvé au-dessus de Fusio au fond du Val Maggia à 1300 m., était encore inconnu du temps de C. Bauhin. D'après de Candolle, il a été introduit en 1655, comme plante d'Amérique, au jardin botanique de Blois. En 1674, il était déjà répandu dans le midi de l'Europe; en 1763, Linné ne l'indique encore qu'au midi de l'Europe et en Amérique. Aujourd'hui, partant depuis un siècle, il a conquis la zone des cultures de l'Altaï jusqu'en Angleterre et de la Sicile jusqu'en Suède. Cette extension rapide est certainement l'exemple le plus frappant que nous offre l'histoire des immigrations modernes. Sans doute la légèreté de la graine, pourvue d'une aigrette en parachute, a joué un rôle prépondérant dans cette rapide extension.

Le *Diplopappus annuus*, sorte de petit aster blanc, n'a pas pénétré jusqu'à présent dans les vallées alpines, mais il est commun dans la zone tempérée du plateau, le long des rivières et des digues. Linné ne le mentionnait encore en 1763 que comme plante de jardin, originaire du Canada. Ce n'est qu'en 1770 qu'on l'indique près d'Altona, comme espèce échappée des jardins. En 1805, de Candolle le cite au Valais. Il est commun au Tessin (legit Favrat).

Une plante dont l'introduction remonte à peu près à la même époque et qui se rencontre chez nous dans la même zone, mais de préférence dans le voisinage des jardins et sur les décombres, c'est l'*Amaranthus retroflexus*. Il est aussi originaire de l'Amérique du nord. En 1843, Hagenbach n'en cite encore que deux stations sur la rive droite du Rhin; aujourd'hui, il ne manque nulle part sur les décombres et le long des chemins de fer, à plusieurs lieues à la ronde, jusqu'à Liestal et même jusqu'à Läufelfingen, près des hauteurs du Jura.

Le *Phytolacca*, qui est aujourd'hui une des plantes caractéristiques des collines insubriennes, n'est mentionné par Ray, en 1693, et par Linné que comme espèce d'Amérique cultivée dans les jardins. En 1768, Haller la trouvait déjà acclimatée et sauvage dans la haute Italie; dès lors elle s'est répandue le long de la Méditerranée jusqu'au centre de la France et au delà du Caucase.

L'invasion américaine la plus récente n'est pas de nature à nous réjouir, c'est celle d'une herbe aquatique qui remplit les canaux et les ruisseaux en telle abondance qu'elle les obstrue parfois complètement : c'est l'*Elodea canadensis* nommé à juste titre la *peste des eaux*. Cette plante, qui est très voisine d'une espèce de l'Europe orientâle, a paru pour la première fois sur notre continent en 1842. Elle ne fleurit presque jamais, mais elle croît d'autant plus rapidement et ce n'est qu'à grand'peine que l'on parvient à en nettoyer les cours d'eau. D'Angleterre, elle s'est répandue sur le continent et s'est déjà avancée jusqu'à Schlestadt (Waldner 1878). Vers 1870, elle a été découverte par Leresche dans un ruisseau à Rolle dans le canton de Vaud. Elle remplit un petit étang du Plan-les-Ouates (Genève), où Favrat l'a introduite en y jetant quelques brins de la plante de Rolle. Muret et d'autres l'y ont cueillie en fleurs.

Ajoutons à cette flore étrangère les espèces nombreuses qui s'introduisent chez nous d'année en année avec les céréales et la luzerne et par les voies ferrées, espèces qui fleurissent et se maintiennent pendant quelque temps sans prendre pied définitivement. Ces plantes sont, il est vrai, des apparitions éphémères; mais par leur retour continuel et leur abondance souvent considérable, elles n'en donnent pas moins un certain caractère à la végétation.

De ce nombre sont : *Centaurea solstitialis, Plantago arenaria, Ammi majus, Trifolium elegans, Helminthia echioides, Cuscuta corymbosa,* qui habitent les champs de luzerne; *Galega officinalis, Lactuca saligna, Tragopogon majus, Linaria striata, Farsetia incana,* qui immigrent parfois par la voie ferrée jusqu'à Bâle pour y séjourner quelque temps et disparaître ensuite. *Hesperis matronalis, Barbarea præcox, Cochlearia Armoracia, Lepidium latifolium,* qui sont entrés en Suisse à une époque antérieure, appartiennent proprement à la même série. Il est probable que ces derniers se sont échappés des jardins il y a déjà plusieurs siècles. Actuellement, ils sont disséminés et fugaces, même quand ils ne sont plus cultivés dans les jardins, ce qui est certainement le cas du *Barbarea*.

Quant aux plantes échappées plus récemment des jardins et qui commencent à devenir entièrement sauvages, on peut mentionner : *Epidemium alpinum* (Bâle), *Solidago canadensis* (aux bords de la Melchaa près de Sarnen et à Roche, Vaud) ; *Rudbeckia laciniata, Gnaphalium margaritaceum* (lac d'Orta) ; plusieurs *Aster, Mimulus luteus*, (Saint-Blaise près Neuchâtel) ; *Lysimachia ephemerum* (Clarens).

Un exemple qui montre que des arbustes échappés des jardins peuvent se maintenir fort longtemps, c'est celui du *Philadelphus coronarius* qui croît et fleurit depuis l'année 1798 sur les ruines de l'ancien château de Hombourg, dans le Jura bâlois. Il s'y trouve à côté des *Rosa pomifera* et *cinnamomea* — espèces indigènes mais qui ne sont là qu'échappées des jardins — et en compagnie de frênes, de tilleuls et de sapins de haute taille.

L'ennemi implacable de l'élevage des moutons, le *Xanthium spinosum*, plante épineuse des steppes du midi de la Russie, a été trouvé çà et là en Suisse par pieds isolés et comme espèce fugace. Grâce à l'humidité du climat et à l'absence de bruyères et de steppes, on peut espérer qu'il ne se répandra pas.

La *prairie* elle-même qui a plus d'importance en Suisse qu'en aucun autre pays de l'Europe, sauf peut-être les contrées basses et humides du nord-ouest, et qui comprend la plus grande partie de notre territoire cultivé, renferme une association d'espèces qui est plus artificielle que naturelle. C'est surtout le cas des endroits où elle touche directement aux terres cultivées. Sans parler des éléments nouveaux et purement artificiels introduits dans la flore, tels que le ray-grass d'Italie (*Lolium italicum*), l'homme met continuellement obstacle par la culture des prairies à l'existence de tous les végétaux frutescents et arborescents et favorise exclusivement la croissance des graminées, plus délicates. Cette circonstance à elle seule modifie profondément la surface d'un pays ; car abandonnée à elle-même, elle ne formerait bientôt qu'une forêt compacte, à l'exception de quelques pentes stériles, de quelques surfaces graveleuses et de quelques marais.

C'est grâce à cette culture que les graminées ainsi que d'autres plantes prennent dans la prairie une si énorme extension, ce qui autrement n'aurait pas été possible.

Anthoxanthum. Arhenatherum, Dactylis, Avena pubescens, Trisetum flavescens et *Lolium perenne*, couvrent des lieues d'étendue ; de vastes espaces sont colorés en jaune par le *Taraxacum* et le *Ranunculus acris*, en blanc par le *Leucanthemum*, en violet par la sauge des prés ou en rose lilas par le *Geranium pyrenaicum*.

La prairie elle-même ne manque pas non plus de types méridionaux. Le *Colchicum autumnale*, seule espèce indigène d'un genre du Midi, monte aussi haut que les prairies, jusqu'à l'Augstkummen dans la vallée de Zermatt, à 2200 m. Le *Bellis perennis*, dont les congénères habitent tous la zone méditerranéenne, monte avec les prairies jusqu'à la région alpine, et vers le nord jusqu'à Saint-Pétersbourg.

L'homme enfin, en livrant l'herbe vive en *pâture* à ses animaux domestiques, modifie considérablement l'aspect de la végétation, surtout dans la région qui par son altitude semble devoir être la plus sauvage et dépendre le moins de la faveur et de la défaveur de l'homme, nous voulons parler de la région alpine. Cela se remarque de la manière la plus évidente dans les endroits où le pâturage alpin touche à la prairie et aux terrasses rocheuses inaccessibles au bétail.

Dans les pâturages, l'existence des végétaux annuels devient impossible, car ils sont impitoyablement tondus par la dent de la vache et du bœuf, et par celle du mouton, plus acérée encore et plus avide, qui les coupe presque à ras de terre ; aussi ces végétaux ne sauraient y fleurir. Il s'en suit que les gazons des graminées prennent une immense extension. Les hautes herbes de nos prairies inférieures et les plantes alpines qui ornent si bien de leurs fleurs les terrasses protégées par les rochers sont ainsi sacrifiées et remplacées par un tapis de graminées uniforme et monotone.

Les places qui sont restées jusqu'à aujourd'hui absolument vierges, soit comme forêts, soit comme pelouses ou pâturages primitifs, sont plus rares qu'on ne le croit généralement, même dans les hautes montagnes. Pour en trouver dans la région inférieure, il faut rechercher les marais, les grèves des fleuves, les rocailles du Valais, les berges qui bordent les cours d'eau. Ce n'est qu'à partir de la région des forêts et de leurs ravines rocheuses que l'on rencontre des espaces vierges d'une certaine étendue, et que les végétaux présentent plus fréquemment dans leurs associations le caractère de la flore primitive.

Quant à la pelouse alpine, nous venons de voir que, par suite d'une influence toute artificielle, sa végétation est devenue bien plus monotone. Heureusement qu'ici les exceptions sont si nombreuses, grâce à la variété qui règne dans la configuration de nos rochers, qu'il faut à l'observateur le plus assidu des années de travail pour s'approprier toute cette richesse, et qu'une vie toute entière ne suffirait pas même à épuiser une seule partie de cette vaste étude.

Il est encore un autre phénomène qui montre que le monde végétal actuel est sujet à des variations incessantes, à une sorte de va et vient continuel.

En considérant le territoire des différentes essences qui forment le gros de nos forêts, nous remarquons qu'elles n'ont pas toutes le même degré d'extensibilité et de force vitale.

L'arbre le plus vigoureux, le plus vivace, paraît être évidemment l'épicéa. Son territoire s'étend de plus en plus aux dépens de celui du mélèze, comme Kasthofer l'a constaté dans les Grisons. Dans les pentes inférieures, aux abords de la zone du hêtre, il tend de même à dominer, et souvent il l'emporte sur son rival.

Wahlenberg déjà cite les observations de l'éminent forestier bernois. Ce dernier signalait que dans la vallée du Rhin, près de Coire, les habitants se plaignaient de ce que le hêtre diminuait insensiblement et était remplacé par l'épicéa. Au Jura, on voit également au premier coup d'œil que la forêt de sapin occupe une zone où le hêtre pourrait fort bien prospérer sans la concurrence des conifères, à en juger du moins par la présence isolée de cet arbre jusqu'à 1300 m.

Pendant le cours des siècles il se produit donc des alternances naturelles dans la composition des forêts : où le hêtre dominait d'abord, on voit l'épicéa et le sapin arriver insensiblement à la prépondérance ; où le mélèze régnait presque seul, le terrain est occupé peu à peu par les autres conifères.

Un fait qui au premier abord paraît singulier, c'est que dans le cours des temps le rajeunissement naturel d'une forêt au moyen des nouvelles générations de l'espèce dominante, diminue dans des proportions si considérables qu'une des essences finit par supplanter l'autre.

Mais il ne faut pas oublier que chaque essence modifie selon ses besoins le sol qu'elle habite, de manière qu'il finit par ne plus lui

34

fournir les avantages nécessaires, mais à favoriser la prépondérance d'une autre essence, qui ne manquera pas de venir occuper sa place.

Le hêtre aime les assises sèches, mais dans les endroits où les bois de hêtre existent déjà depuis longtemps, la décomposition des amas de fane, la présence des mousses et des herbes qui caractérisent ces forêts, finissent par former une couche d'humus qui atteint un degré d'humidité tel qu'elle convient beaucoup mieux au sapin qu'au hêtre lui-même. Le sapin ne manque pas alors de gagner insensiblement du terrain : le hêtre se rajeunit plus difficilement et bientôt il est forcé de céder le pas à son rival. Il en est ainsi au Jura : ce n'est que dans les régions basses, où le sol est plus sec, que les forêts de hêtre demeurent pures. Plus haut c'est le sapin qui l'emporte.

La diminution de la zone du mélèze comparativement à celle du sapin s'explique par une alternance toute semblable. Le mélèze aime les stations sèches et le soleil. Dans les endroits où il a contribué depuis longtemps à épaissir la couche de terre végétale, il devient facile au sapin de prendre pied dans la forêt; et comme son feuillage répand beaucoup d'ombre, il en chasse peu à peu le mélèze qui n'aime pas à être ombragé.

Tout fait croire que dans cette lutte, cette rivalité continuelle, le hêtre n'est pas appelé à jouer un rôle purement passif. Vaupell, naturaliste danois, a prouvé qu'autrefois dans le nord, les régions basses et les collines étaient occupées par le pin et le bouleau, et dans les endroits où le sol était d'une richesse suffisante, par le chêne, tandis que les montagnes de l'Allemagne étaient couvertes de hêtre. Peu à peu ce dernier s'est avancé vers le nord jusqu'aux côtes de la mer Baltique et a occupé les bons terrains, d'où il a refoulé le chêne, abandonnant au pin et au bouleau les plaines de sable et les contrées marécageuses. Là encore, ces changements proviennent évidemment de ces modifications naturelles que les essences font subir au sol, et qui amènent peu à peu sur le même territoire la prépondérance d'une autre espèce, parce que les conditions nécessaires à son existence finissent par s'y rencontrer d'une manière plus complète que pour l'espèce précédente.

Selon toute probabilité, le hêtre joue le même rôle dans notre pays. Nous avons vu que le chêne, le pin et le bouleau ne s'y rencontrent que par places et sur de petites étendues. Leur territoire est singulièrement chétif et rudimentaire. Les deux derniers, qui, en dehors de la zone du hêtre, sont si prospères et si vigoureux dans le nord de l'Europe, qui y montent à des altitudes très élevées et forment en Laponie la limite des arbres, ne se rencontrent chez nous que sur les espaces les plus stériles des régions inférieures. Ni le climat, ni la nature du sol ne s'opposent chez nous à ce qu'ils s'élèvent dans la région montagneuse, mais le hêtre s'y est établi et les a refoulés jusque sur les grèves et les sables du bord des fleuves, où il lui est impossible de les suivre.

Les stations si rares et si disjointes que ces trois arbres occupent dans toutes les régions, ne sont probablement que les restes d'un territoire autrefois plus compact et plus serré.

Quant à la question de savoir quelle peut être la durée approximative de cette évolution, il est impossible d'avoir des données à cet égard. Les observations les plus anciennes remontent à une époque encore beaucoup trop rapprochée de la nôtre. L'étude des couches géologiques les plus récentes prouve néanmoins que sur la plaine suisse, le pin de montagne et le mélèze participaient aussi à cette évolution, à une époque, il est vrai, où elle était favorisée non seulement par les modifications du sol, mais par des variations climatériques locales.

Ce qui est certain, c'est que le phénomène de ces alternances naturelles facilite considérablement la compréhension des migrations en général. Il nous montre par quels moyens une espèce peut s'étendre au loin, et même être plus prospère dans une époque subséquente et dans une autre contrée que celle de son point de départ.

En additionnant toutes les transformations que la végétation a subies depuis que le sol de notre pays a donné asile aux espèces qui vivent encore aujourd'hui, on voit de plus en plus que l'état actuel des choses n'a rien d'arrêté et de durable, mais que les modifications les plus profondes se poursuivent encore, d'une manière insensible, il est vrai, mais incessante. Dans son ensemble, l'état actuel n'est pas un état parfait, il est encore loin du but, mais il s'en rapproche pas à pas. Oui, tout le montre, la main puissante du Dieu créateur est encore étendue sur notre univers; dans le cours fugitif des siècles les formes végétales se succèdent rapidement, formant des groupes nouveaux, suivant le plan de la volonté divine; les anciennes limites se déplacent ; les espèces qui dominaient jusqu'alors quittent la scène et font place à d'autres qui leur étaient subordonnées. Tout ce travail dont l'observateur attentif peut seul se rendre compte et qui ajoute incessamment de nouvelles pages à l'histoire des formes végétales, modifie, enrichît et ennoblit incessamment le tapis végétal de notre planète.

Considérons maintenant dans un rapide aperçu quels sont les points de départ, les contrées auxquelles appartient l'*indigénat* des différents éléments dont se compose notre flore, et, en outre, quelle est la voie qu'ils ont dû suivre pour arriver à conquérir le territoire qu'ils occupent actuellement.

1. Les rares éléments tertiaires dans la flore de nos contrées les plus chaudes, ainsi que les traces de végétation tertiaire qui se sont conservés sur le plateau central européen, proviennent en dernier ressort du pays tertiaire de l'Europe centrale. La flore de ce pays antique nous est connue par les fossiles d'Oeningen. Ce n'est que par un long détour que ces végétaux sont parvenus de leur première patrie jusqu'à nous ; car au plus fort de l'époque glaciaire, l'ancienne flore tertiaire n'a guère pu se maintenir que sur les côtes les plus chaudes de la Méditerranée. Ce n'est qu'après la retraite des glaciers et ensuite de l'amélioration de la température que quelques-unes de ces plantes ont pu se répandre hors des contrées épargnées et regagner leur ancien territoire cisalpin. Si donc ces plantes ont appartenu primitivement à notre pays tertiaire, elles n'ont pu nous revenir que de ses confins méridionaux : leur patrie la plus rapprochée, c'est la zone méditerranéenne.

2. La flore arctico-alpine, caractérisée par l'arole, les saules nains et toutes les petites plantes alpines qui croissaient à l'époque glaciaire, provient certainement, pour la plus grande partie, des vastes chaînes du nord de l'Asie. Ces végétaux y ont encore actuellement leur foyer central, tant pour le nombre de sespèces que pour celui des individus. Une autre partie de ces végétaux proviennent du nord-ouest du continent américain. C'est de ces deux contrées que cette flore a immigré chez nous. Lors de l'adoucissement du climat, à la fin de l'époque glaciaire, elle s'est retirée dans les contrées arctiques et dans la région alpine, ne laissant sur son territoire antérieur, actuellement

abandonné, c'est-à-dire sur le plateau suisse, que quelques restes parmi les mousses et les lichens des blocs erratiques et quelques traces isolés parmi les phanérogames. Ce qui prouve que les montagnes du nord de l'Asie sont évidemment la patrie de ces végétaux, ce sont les données statistiques mentionnées à la page 325 et qui ont fait en 1866 le sujet d'une étude détaillée de l'auteur. Le plus grand nombre de ces espèces se trouvent encore aujourd'hui dans ces contrées.

3. Les bois et les marais des oasis interglaciaires se composent pour la plus grande partie d'espèces du nord de l'Europe qui n'appartiennent ni aux régions arctiques, ni aux hautes Alpes.

4. Après la retraite des glaciers, la force créatrice s'est réveillée, tant dans le nord de l'Asie qu'en Europe, sous l'influence de l'amélioration de la température.

a. Selon toute probabilité, ce sont les côtes de la Méditerranée qui les premières se sont couvertes de végétaux. C'est alors que naquirent les plantes qui appartiennent en propre au climat méditerranéen, dont les étés sont chauds et secs. Elles l'emportèrent de beaucoup sur les restes tertiaires tant pour le nombre des espèces que pour celui des individus.

C'est alors que parurent ces innombrables légumineuses, ces cistes, ces bruyères qui ne sont pas encore représentés dans la flore tertiaire et dont plusieurs ont gagné notre région insubrienne, tandis que d'autres ont pénétré dans les vallées abritées du versant nord des Alpes.

Nous avons vu que le cerisier Mahaleb existait déjà lors des palafittes de Robenhausen, qui rentrent dans la période la plus ancienne de l'âge de la pierre.

b. La flore actuelle de la plaine qui s'était formée dans les vastes prairies et les forêts du nord de l'Asie, couvrit alors les parties les plus tempérées de notre continent jusqu'aux Alpes et aux Pyrénées. Il est à remarquer en effet que les montagnes du midi de la Sibérie n'ont pas gardé la plus légère trace d'une époque glaciaire semblable à celle de nos Alpes. Thibatscheff n'a trouvé dans les Monts Altaï ni blocs erratiques, ni anciennes moraines, ni roches polies, ni roches moutonnées. Cela provient sans doute de ce que la sécheresse qui est propre au climat continental s'opposait alors aussi bien qu'aujourd'hui à un envahissement général des glaces. L'on sait d'ailleurs que

toutes les montagnes du centre de l'Asie ont fort peu de neige, lors
même que pour l'altitude et l'étendue des massifs, elles surpassent
toutes les autres proéminences de la croûte terrestre. Il est donc possible qu'à une époque très reculée il se soit formé au pied des montagnes du nord de l'Asie une riche flore des plaines, comprenant des
arbres et des arbrisseaux croissant en forêts et des herbes de prairies.
Cette flore s'est répandue en Europe à mesure que les glaciers lui ont
fait place. Pour expliquer la retraite des glaciers, il n'est pas nécessaire d'avoir recours à des influences cosmiques; elle a pu résulter
d'une sécheresse plus grande, d'une diminution des pluies, phénomène dont la cause, il est vrai, est encore entièrement inconnue. On
a voulu voir dans le fœhn l'agent qui a mis fin à l'existence des glaciers, mais cette hypothèse n'a été soutenable qu'au temps où l'on
croyait que le fœhn était un vent du sud, originaire du bassin du Sahara, qui paraît avoir été mis à sec à la fin de l'époque glaciaire par
un soulèvement du sol. Mais depuis qu'il est prouvé que le fœhn est
un vent alpin absolument local, qui ne prend naissance que sur les
hautes sommités, il est évident qu'il n'a aucun rapport avec ce phénomène géologique, pas plus qu'avec le Sahara. Dowe a d'ailleurs
prouvé que les courants atmosphériques qui proviennent de ce bassin ne touchent la terre que dans les contrées lointaines de l'Orient,
dans les steppes de la zone aralo-caspienne. Il faudrait donc admettre
une autre cause qui aurait fait naître le fœhn à la fin de l'époque
glaciaire, où il aurait agi avec une puissance tout à fait extraordinaire. Mais le Groenland et l'Islande ont aussi leur fœhn et n'en
sont pas moins en pleine époque glaciaire.

   c. Les produits endémiques de l'Europe tempérée se mêlèrent au
reste de la flore en même temps que le contingent du nord de l'Asie.
En même temps, les plantes endémiques de la région inférieure s'as-
socièrent à la flore des plaines du nord de l'Asie; celles des Alpes,
partant du versant méridional de la grande chaîne, se répandirent
surtout dans les chaudes stations des rochers et sur les pentes sèches
de la montagne. Ce sont de beaucoup les formes les plus belles et les
plus développées de notre flore alpine, témoin nos *Primula* et notre
Campanula excisa. Nous croyons pouvoir affirmer que cette partie de
notre flore alpine est actuellement encore en bonne voie de se répandre hors de son foyer central dans les chaînes latérales.

d. Enfin, un nombre assez considérable de plantes du Midi appartenant aux régions montagneuses ont immigré des chaînes de la zone méditerranéenne et même de plus loin encore, des chaînes de l'orient, jusque dans notre région alpine, où elles sont devenues des plantes alpines proprement dites. De ce nombre sont l'*Erica carnea*, l'*Astragalus aristatus*, le *Crocus*.

Le tableau ci-après donne une vue d'ensemble sur l'histoire de notre monde végétal actuel :

Périodes.	Habitat actuel dans notre pays.	Contrée d'origine.
Période tertiaire.	Restes qui se sont maintenus dans les parties les plus chaudes des vallées. Restes dans la flore de la plaine, surtout dans la région des arbres à feuilles.	Le pays tertiaire.
Première époque glaciaire.		Chaînes de la zone tempérée du nord de l'Asie.
Pause interglaciaire.	Tourbières des bords du plateau, au pied des Alpes : Einsiedeln, etc.	La partie tempérée de l'Europe septentrionale.
Dernière époque glaciaire.	Région des conifères et région alpine (contingent arctico-alpin mêlé à la flore). Traces dans la flore cryptogamique des blocs erratiques du plateau.	Chaînes de la zone tempérée du nord de l'Asie.
Époque post-glaciaire et actuelle.	Parties chaudes des vallées.... Plaine et région des arbres à feuilles .... Région des conifères et région alpine : leur contingent endémique alpin................. leur contingent méridional...	Région méditerranéenne. Zone tempérée du nord de l'Asie et Europe. Hautes-Alpes méridionales. Région méditerranéenne et région des steppes.

Mais cette histoire n'est pas encore terminée.

Dès l'apparition de l'homme, les forêts s'éclaircirent sur des étendues de plus en plus considérables; car il ne faut pas oublier que la forêt est la forme normale de la végétation de nos contrées. C'est par milliers que les graines du hêtre et du sapin se répandent des bois voisins sur nos prairies, et elles ne manqueraient pas de les transformer en forêts si la faux impitoyable du cultivateur ne les détruisait chaque année. C'est grâce au travail de l'homme, et souvent à son propre désavantage, que la forêt a été refoulée jusqu'aux pentes des montagnes.

Les ondes de nos céréales, l'émail de nos prairies, couvrent aujourd'hui la tombe des anciennes forêts helvétiques. Ce n'est pas tout. Toute une armée de mauvaises herbes firent invasion avec les céréales et la culture des prairies amena une répartition entièrement nouvelle des végétaux indigènes, en refoulant tous ceux qui ne fournissaient pas des fourrages d'une valeur suffisante. La région alpine elle-même subit l'influence de l'homme : l'herbe des pâturages fut livrée à la dent des animaux domestiques, et la végétation si brillante de ces espaces devint plus uniforme et plus monotone. Vinrent enfin les nouveaux moyens de communication : les chemins de fer amenèrent de nouveaux éléments dans la flore ; de ces espèces, il en est peut-être des centaines qui n'auront chez nous qu'une existence passagère, mais il en est d'autres qui se maintiendront et dont l'extension sera d'autant plus considérable (*Lepidium Draba*).

A côté de toutes ces transformations, d'abord géologiques et dues ensuite à la présence de l'homme, cette évolution lente et merveilleuse qui amène une alternance régulière entre la prépondérance des espèces, alternance qui a pour cause d'une part l'action de la plante sur le sol et de l'autre l'influence du sol sur la plante, cette évolution dis-je, se poursuivit incessamment à travers le cours des siècles. Nous avons vu qu'en se maintenant pendant un long espace de temps dans la même station, certains végétaux modifient le terrain, ne fût-ce que par leur ombrage, de manière à le rendre mieux approprié à l'existence d'une autre espèce, qui finit par prédominer.

C'est le cas de nos essences forestières, il est hors de doute qu'il en est ainsi de toutes les espèces végétales.

Il résulte de ces évolutions un va et vient, un échange continuel entre les territoires, même dans les limites de la même période ; et comme les stations que la nature met à la disposition de chaque espèce sont nécessairement limitées, le résultat final de ces fluctuations est la prédominance exclusive d'une espèce et la défaite totale de l'autre. C'est ainsi que nous voyons actuellement chez nous le chêne diminuer de plus en plus et le hêtre tenir encore en échec le sapin, qui déjà l'emporte dans la région montagneuse et ne manquera pas de refouler peu à peu son rival.

Toutes ces évolutions ont leur part dans la transformation des flores et l'ont sans doute toujours eue. Elles expliquent la disparition d'anciennes espèces, établies dès longtemps et elles préparent l'arrivée des contingents nouveaux.

Le tapis végétal qui recouvre la croûte terrestre doit donc être envisagé comme se transformant d'une manière incessante. C'est un fait patent et dont nul ne peut douter. Quant à savoir quelle est en dernier ressort la cause de toutes ces transformations et quelles sont les forces que le Tout-Puissant fait agir pour créer de nouvelles formes végétales, pour séparer les anciennes, c'est là un secret que nul ne saurait pénétrer.

Certains zélateurs hardis de ce maître qui a rétabli sous une forme nouvelle les hypothèses audacieuses de Lamarck, ont tranché la question à priori, d'une manière absolue et en apparence fort simple. De la ressemblance existant entre deux formes, ils n'hésitent pas à conclure à une descendance directe de l'une à l'autre. Que dis-je? ils vont plus loin encore : ils concluent pour toute espèce, même la plus développée, à une descendance directe de la cellule primitive, établissant ainsi avec facilité et complaisance une chaîne ininterrompue, où chaque espèce n'est qu'une phase momentanée dans l'histoire de l'indestructible matière. Ils croient pouvoir résoudre, en se jouant, la question éternellement obscure de l'origine des choses et ne s'aperçoivent pas qu'ils ne font que rétablir l'ancien chaos et l'ancienne nuit.

D'autres observateurs objectent à cette école qu'il n'existe pas un seul fait qui prouve d'une manière concluante qu'une espèce provient d'une autre par voie de descendance ou de sélection; et pour expliquer le changement des types et leur contraste avec ceux de l'époque subséquente, ils supposent qu'à la fin de chaque époque géologique distincte il s'est produit une transformation des anciennes formes, transformation qui, géologiquement parlant, aurait eu lieu à bref délai, soit avec une rapidité relativement considérable.

Nous ne nous sentons pas appelés à trancher cette importante question. Ce qui est certain, c'est que l'histoire du monde végétal depuis les époques les plus reculées jusqu'à nos jours révèle de la manière la plus claire et la plus évidente un progrès constant. De degré en degré, on voit les végétaux revêtir des formes plus pures, plus parfaites, plus idéales.

Depuis les formes encore confuses du carbonifère et du keuper, où les lycopodiacées, les conifères et les filicinées n'offraient que des types intermédiaires et comme hybrides, on voit de couche en couche les caractères s'exprimer et se trancher de plus en plus, et de nouveaux types surgir plus distincts et plus purs. A cet égard, la flore tertiaire dans le miocène et le pliocène est déjà au même niveau à peu près que celui de la flore actuelle ; on remarque seulement l'absence de certains genres et de certaines familles qui comptent aujourd'hui un très grand nombre de types et d'espèces, comme les genres *Rosa, Rubus, Erica*, les ombellifères, les crucifères. Ce qui fait la supériorité de la flore actuelle sur la flore tertiaire, c'est un *groupement local plus précis.* Heer, il est vrai, a démontré qu'à l'époque tertiaire la flore se répartissait déjà par régions, comme cela a lieu pour la flore actuelle ; et en 1866, Pierre Merian a prouvé qu'il en était ainsi dans toutes les formations, même dans les plus anciennes y compris le carbonifère et le silurien. Cependant on trouve dans les couches tertiaires de chaque localité, les familles les plus disparates réunies en un assemblage qu'on ne voit plus nulle part actuellement. On y trouve côte à côte : les palmiers de l'Amazone (*Manicaria*) et de l'Amérique du Nord (*Sabal*), les conifères du golfe du Mexique (*Taxodium*), de la Californie (*Sequoia*), du Japon (*Glyptostrobus*), de la Chine (*Salisburia*), du Chili (*Podocarpus*) et du Cap de Bonne Espérance (*Widdringtonia*); des chênes appartenant aux types actuels de l'Amérique du Nord, du Mexique, de la Méditerranée et de l'Orient ; des noyers (*Juglans, Carya, Pterocarya*) semblables à ceux que l'on trouve aujourd'hui en Orient et dans l'Amérique du Nord ; les *Porana* et *Dalbergia* de l'Inde, les protéacées de l'Australie (*Banksia*), les camphriers de la Chine et les tulipiers du nord de l'Amérique. C'est là une collection rare et bigarrée à tel point, qu'il ne saurait être question de la réunir dans nos jardins botaniques actuels.

Aujourd'hui, ces différents éléments se sont séparés. Sauf quelques rares exceptions qui ne font que confirmer le principe que nous venons d'établir, cette séparation a eu lieu dans ce sens que les genres, parfois même les familles, se sont retirés dans des territoires spéciaux. Aujourd'hui les protéacées règnent par centaines d'espèces en Australie et au Cap de Bonne-Espérance. Quelques formes détachées seulement s'avancent jusqu'en Abyssinie (*Protea*) et dans l'Amérique du Sud (*Rhopala*). Aujourd'hui, les cupressinées à écailles des cônes verticellées ne se trouvent plus qu'en Australie, dans l'île de Madagascar et au Cap de Bonne-Espérance, où il en existe plusieurs espèces : la seule exception, c'est le genre *Callitris* des Monts Atlas, qui confirme encore la règle. Aujourd'hui, le type des chênes du Mexique, de la Méditerranée et de la zone indo-persique (*Castaneifoliæ*) reste absolument confiné dans chacune de ces contrées. Le *Liquidambar* et le *Pinus excelsa f. Peuce*, conifère du groupe du *Pinus Strobus* n'apparaissent plus qu'en des stations isolées, comme vestiges du pays tertiaire, le premier au midi de l'Asie Mineure, et le second en Thessalie. Tous les deux se retrouvent sous une forme presque identique dans le tertiaire de la Suisse, tandis qu'aujourd'hui les *Liquidambar* et les pins à cinq aiguilles sont des groupes de plantes de l'Amérique et des Indes. « L'Australie en Europe » voilà comment Unger a désigné la présence des *Banksia*, dans les anciens âges de l'Europe : et aujourd'hui, au point de vue de la flore, l'Australie est aux antipodes de l'Europe. Ces différentes séparations proviennent sans doute aussi, du moins en grande partie, de la séparation des climats qui ne s'est produite d'une manière décisive que depuis l'époque tertiaire. Elle explique pourquoi un genre tertiaire qui, par suite de son organisation, réclame un climat tropical humide, comme le genre *Manicaria*, croît encore aujourd'hui sur les bords de l'Amazone. Mais elle n'explique pas pourquoi tant de types tertiaires qui auraient trouvé dans le bassin de la Méditerranée un climat entièrement conforme à leurs besoins, ont franchi cette contrée si rapprochée pour se concentrer sur l'hémisphère austral. Tous ces problèmes indéchiffrables n'obscurcissent pas le fait bien évident qui résulte de toutes les recherches, c'est qu'un progrès continu est l'idée qui préside à l'histoire du monde végétal, tant au point de vue du développement des formes qu'à celui du groupement des espèces.

Aujourd'hui, après des siècles de recherches, les phénomènes intimes de la vie des plantes nous sont encore aussi incompréhensibles
qu'au premier jour; mais nous pouvons cependant pressentir la
grandeur et la beauté du plan d'après lequel se déroule l'histoire du
monde végétal; nous pouvons comprendre, le cœur plein de gratitude, quelle a été l'intention du Dieu Créateur qui préside à cette
histoire. Cette intention n'est autre que le perfectionnement continu de l'ensemble de son œuvre.

A ce progrès incessant, qui monte des choses inférieures aux choses supérieures, se rattache également et de la manière la plus intime l'éducation que Dieu fait subir à l'humanité pour l'amener à la
perfection. Aussi l'étude de la nature, comme tout effort sincère de
la pensée, nous amène-t-elle à témoigner notre joyeuse gratitude à
l'auteur de toute cette magnificence, qui n'est que la bordure de
son vêtement et le reflet extérieur de son être. Le couronnement
de son œuvre, c'est qu'Il nous a trouvés dignes de la révélation par sa
Parole du mystère de son essence; c'est qu'Il a levé le voile qui
recouvrait l'antique énigme de la mort et nous a donné l'espoir
d'une vie nouvelle devant sa face.

Bâle, Pâques 1879.

Limites de hauteur.

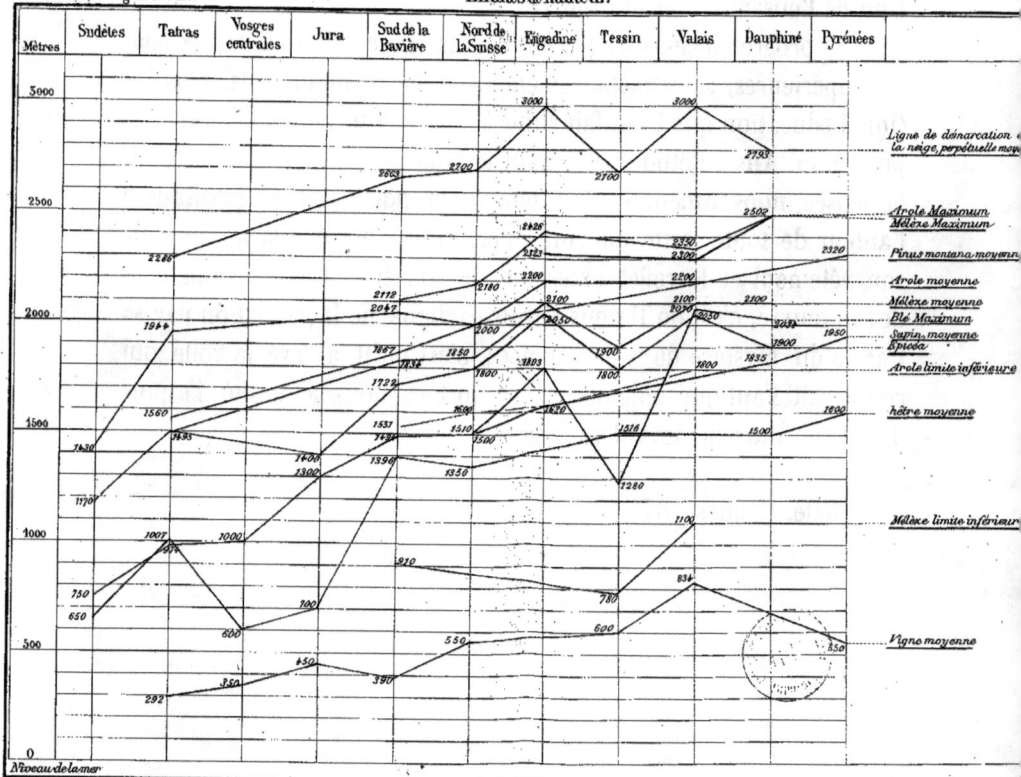

Mètres	Sudètes	Tatras	Vosges centrales	Jura	Sud de la Bavière	Nord de la Suisse	Engadine	Tessin	Valais	Dauphiné	Pyrénées

3000

Ligne de démarcation de la neige perpétuelle moy.

2500 — Arole Maximum / Mélèze Maximum

Pinus montana moyenn.

Arole moyenne

2000 — Mélèze moyenne / Blé Maximum / Sapin moyenne Spicéa / Arole limite inférieure

1500 — hêtre moyenne

Mélèze limite inférieur

1000

500 — Vigne moyenne

0

Niveau de la mer

Values (as read): 3000, 3000, 2793, 2805, 2700, 2700, 2502, 2426, 2320, 2350, 2300, 2323, 2246, 2200, 2200, 2180, 2112, 2100, 2047, 2100, 2100, 2100, 2060, 2050, 2031, 1950, 1944, 2000, 1900, 1867, 1850, 1835, 1834, 1805, 1800, 1800, 1800, 1722, 1800, 1600, 1620, 1560, 1537, 1510, 1516, 1500, 1630, 1495, 1431, 1430, 1600, 1390, 1350, 1280, 1300, 1170, 1100, 1007, 1000, 920, 975, 834, 780, 750, 700, 650, 600, 600, 550, 350, 450, 390, 292

H. Georg, Editeur à Bâle et Genève.

Imt. topogr. de Wurster, Randegger & C. à Win...

NOMS DES PLANTES

Anthemis tinctoria, 163, 210, 519.
  Triumfetti, 50, 237.
Anthoxanthum odoratum, 528.
Anthriscus Cerefolium, 117, 519.
  C. f. trichosperma, 114.
  silvestris, 477.
  torquata Thom., 469, 477.
  vulgaris, 116, 139.
Anthyllis montana, 469, 475, 481.
Antirrhinum genistifolium, voir Linaria italica.
  majus, 52, 139, 523.
Apera interrupta, 52, 116, 170, 519.
Aposeris fœtida, 257, 445, 447, 450.
Aquilegia alpina, 369, 379, 413, 425, 430, 440.
  Einseleana Schultz, 50, 56, 59, 62.
  vulgaris f. atrata, 92.
Arabis Allionii, 369.
  alpina, 98, 396, 464, 483.
  arenaria, 468.
  auriculata, 481.
  bellidifolia, 395, 453.
  brassicæformis, 153, 445, 469, 475.
  cenisia Reut., 474.
  ciliata, 215.
  Halleri, 70, 435.
  muralis Bert., 83, 98, 114, 481.
  petræa, 431.
  pumila, 376, 442, 447, 451.
  saxatilis All., 83, 117, 153, 409, 434, 445, 481.
  serpyllifolia, 445, 447, 449, 450, 481.
  stricta Huds., 83, 469, 478, 481.
  Thaliana, 520.
  Turrita, 97, 227.
Araucaria brasiliensis, 78.
Arbousier, 28.
Arctostaphylos alpina, 319, 373.
  Uva ursi (oficinalis), 316, 391.
Arenaria biflora, 373, 397.
  grandiflora, 474, 475, 481.
  Marschlinsii Koch, 409, 414.
  purpurascens, 356.
  serpyllifolia, 521.
Aretia Vitaliana, 338, 354, 356, 401, 410, 415, 439.
Argousier, 110.
Aristolochia rotunda, 49, 50.
Armeria alpina, 358, 416, 417, 438.
  plantaginea, 414.
  purpurea, 165, 166.
Arnica montana, 371, 391, 426.

Arnoseris pusilla, 171, 211.
Arole, 17, 19, 20, 21, 23, 265.
Aronicum, 354.
  Clusii, 397, 440, 444.
  glaciale, 397, 444, 494.
  scorpioides, 373.
Aronia rotundifolia, 464, 483.
Arrhenatherum elatius, 528.
Artemisia Absinthium, 109, 149, 158, 293.
  glacialis, 415, 416, 430,
  maritima, 111.
  Mutellina, 375, 452.
  nana, 415.
  petrosa, 358.
  spicata, 295, 375, 440.
  tanacetifolia, 431.
  valesiaca All., 108, 111, 113, 119, 120, 122, 123.
  Villarsii, 369.
Arum italicum, 49, 123.
Asarum europæum, 464, 466.
Asparagus officinalis, 116, 167.
  tenuifolius, 50.
Asperugo procumbens, 116, 481.
Asperula arvensis, 52, 90, 116, 209.
  flaccida Ten., 49, 61, 122.
  galioides, 52, 83, 163, 169.
  montana Willd. (longiflora W. K.?), 117, 122.
  taurina, 49, 149, 150, 152, 153, 154, 158, 184, 236, 259, 493.
  tinctoria, 90, 138, 163.
  umbellulata Reut., 60.
Asphodelus albus, 51, 412, 415.
  delphinensis, 369.
Aspidium aculeatum, 247, 271.
  Braunii Spenn., 49.
  cristatum, 47, 189.
  Filix mas, 271.
  montanum (Oreopteris), 468.
  rigidum, 451, 453.
Asplenium Adiantum nigrum, 103, 149, 152, 483.
  Breynii (germanicum), 47, 63, 103, 282, 414, 441.
  Halleri (fontanum), 51, 61, 97, 138, 153, 481, 483.
  Ruta muraria, 103.
  septentrionale, 46, 103, 215, 225.
  Trichomanes, 103.
  viride, 215, 483.
Aster, 527.

Bunias orientalis, 519.

Bunium, 332.

Buphthalmum salicifolium, 227, 466.

    speciosissimum Ard., 55, 59, 60.

Bupleurum croceum Fenzl., 516.

    falcatum, 139, 152, 168, 311, 460, 464.

    graminifolium Vahl, 61.

    junceum, 80.

    longifolium, 469.

    protractum, 516.

    ranunculoides, 327.

    r. f. caricifolium, 49.

    rotundifolium, 515.

    Savignonii, 516.

    stellatum, 236, 313, 314, 376, 410, 430,
      441, 442.

Butomus umbellatus, 70, 167, 209.

Buxus sempervirens, 134, 137, 311, 464, 492.

Byssus Jolithus, 470.

C

Cactus Opuntia, voir Opuntia.

Calamagrostis Halleriana, 468.

    lanceolata, 221.

    littorea, 167.

    neglecta, 468.

    silvatica, 46, 468.

    tenella, 468.

Calamintha adscendens Jord., 114.

    alpina, 228.

    grandiflora, 46, 61, 153, 440, 446.

    nepetoides, 46, 49, 149.

    officinalis, 227, 228.

Calepina Corvini, 83, 115, 169, 170, 183,
    524.

Calla palustris, 221, 223, 503.

Callitris, 539.

Calluna vulgaris, 216, 311, 464, 471.

Caltha palustris, 379.

Calypso, 339.

Camélias, 5.

Camelina dentata, 518.

Camellia, 77.

Campanula, 334, 397, 398, 426.

    Allionii, 369, 416.

    barbata, 335, 358.

    bononiensis, 50, 63, 116.

    carpathica, 358.

    cenisia, 373, 380, 396, 397, 406, 430,
      437, 440, 444.

    Cervicaria, 184.

Campanula Elatines, 494.

    excisa, 11, 341, 413, 415, 417, 457, 535.

    latifolia, 257, 335, 468, 469.

    Morettiana, 55, 413.

    persicifolia, 184.

    pusilla, 215, 375, 395, 483, 485.

    Raineri Perp., 55, 60.

    Rapunculus, 521.

    rhomboidalis, 14, 430, 440.

    Scheuchzeri, 215, 319, 326, 335, 338,
      396.

    spatbulata, 538.

    spicata, 46, 61, 70, 108, 117.

    stenocodon B. R., 369, 413.

Camphriers, 528.

Cannabis sativa, 287.

Capparis spinosa, 78.

Câprier, 78.

Capsella Bursa pastoris, 521.

    pauciflora, 434, 435.

Cardamine alpina, 319.

    asarifolia, 61, 70.

    Impatiens, 259.

    Matthioli, 469.

    pratensis, 340.

    trifolia, 431, 493.

Carduus crispus f. multiflorus, 469.

    defloratus, 227, 460.

    d. f. summanus Poll., 237.

    heterophyllus, voir Cirsium.

    nutans, 521.

    pycnocephalus, 83.

    tenuiflorus, 83.

Carex, 216, 334, 339, 371.

    acuta, 207.

    alba, 464.

    atrata, 320.

    baldensis, 57, 59, 62, 159, 334.

    bicolor, 411, 415, 437, 442, 443, 455.

    brizoides, 187.

    Buxbaumii, 437.

    capillaris, 314.

    capitata, 166, 222.

    chordorrhiza, 220, 221, 222, 223, 224,
     471.

    curvula, 334, 375.

    dioica f. Gaudiniana Guthn., 220, 222,
     224.

    distans, 46.

    ericetorum, 187, 210.

    ferruginea, 334, 475.

    filiformis, 220.

Diplotaxis muralis, 138, 167, 520.
    tenuifolia, 167.
Dipsacus laciniatus, 52, 83.
Doronicum cordifolium, 60, 454.
    Pardalianches, 90.
Dorycnium herbaceum, 49, 50.
    suffruticosum, 59, 158, 159, 212.
Draba, 304, 338, 339, 375, 475.
    aizoides, 98, 376, 464, 469, 483.
    a. f. Zahlbruckneri, 376.
    fladnizensis, voir Wahlenbergii.
    frigida, 376.
    incana, 321, 345, 447, 448.
    Johannis, 506.
    muralis, 116, 167, 211.
    stellata Jacq., 429.
    Thomasii, 409, 415, 447.
    tomentosa, 295, 376, 451, 453.
    t. f. nivea Saut., 429.
    Wahlenbergii, 320, 376, 396, 397, 493, 506.
Dracocephalum austriacum, 117, 412, 433, 434.
    Ruyschiana, 409, 430, 444, 445.
Drosera, 316, 471.
    intermedia, 221.
    longifolia, 221.
    obovata, 221.
    rotundifolia, 221.
Dryas octopetala, 215, 319, 353, 375, 395, 458.

E

Echinops sphærocephalus, 116, 123, 211.
Echinospermum deflexum, 158, 282.
    Lappula, 83, 116, 139, 149, 150, 158, 227, 522.
Edelweiss, 325, 333, 354, 370, 375, 458.
Elatine hexandra, 64, 89.
Elodea canadensis, 526.
Elymus europæus, 468.
Elyna spicata, 320, 376, 397, 440, 452, 453, 506.
Empetrum nigrum, 223, 320, 372, 391, 392, 471, 486.
Ephedra distachya, 120.
    helvetica C. A. Mey., 119, 123.
    Villarsii, 120.
Épeautre, 202, 479, 514.
Épicea, 16, 17, 20, 21, 23, 251, 529.
Epilobium alpinum, 319, 486.

Epilobium angustifolium, 305.
    Dodonæi, 167, 227, 396.
    Fleischeri, 215, 334, 380, 396.
    origanifolium, 327.
    palustre, 171, 221.
    tetragonum, 221.
    trigonum, 215, 485.
Epimedium alpinum, 527.
Épine-noire, 465.
Epipactis microphylla, 468.
    rubiginosa, 466.
Epipogon Gmelini (aphyllum), 13, 257, 285, 468.
Equisetum arvense, 380.
    pratense, 282.
    variegatum, 380.
Érable de montagne, 277.
    champêtre, 188.
    palmé, 181.
Eragrostis megastachya, 90.
    pilosa, 52, 115, 149, 168.
    poæoides Beauv., 52, 115, 168.
Eranthis hiemalis, 168.
Erica, 538.
    arborea, 45, 50, 69.
    carnea, 98, 215, 313, 331, 372, 386, 392, 395, 426, 457, 475, 481, 535.
    vagans, 84, 169.
Erigeron alpinus, 319.
    canadensis, 11, 350, 525.
    drœbachensis, 227.
    dubius, 350.
    rupestris Schl., 413.
    uniflorus, 295, 319, 397.
    Villarsii, 442, 444, 445, 450.
Erinacea, 332.
Erinus alpinus, 331, 430, 440, 474, 480, 481.
Eriobotrya japonica, 76.
Eriophorum, 371.
    alpinum, 200, 221, 452, 471.
    gracile, 221, 471.
    Scheuchzeri, 319, 372, 452.
    vaginatum, 221, 224, 471.
Eritrichium nanum, 354, 358, 376, 397, 398, 411, 428, 428, 441, 443.
Erodium, 332.
    Ciconium, 127.
    cicutarium, 520.
    macradenum, 332, 356.
Eruca sativa, 83, 114.
Erucastrum obtusangulum, 227.
    Pollichii, 167, 209.

H

Hedera Helix, 153.
Hedysarum obscurum, 333, 354.
Heldreichia, 322.
Heleocharis acicularis, 167.
    atropurpurea Kunth, 88.
    erraticus Rota, 88.
    Lereschii, 87, 208.
    monandra Hochst, 88.
    ovata, 70, 171.
Helianthemum apenninum DC. (polifolium
    Pers. pulverulemtum Jord.), 50, 52,
    83, 482.
    canum, 481.
    Fumana, 52, 90, 115, 138, 140, 149,
    151, 152, 154, 158, 164, 481.
    salicifolium, 51, 114, 126.
    vulgare, f. grandiflorum, 483.
Heliotropium europæum, 139.
Helleborus dumetorum, 493.
    fœtidus, 138, 168, 464.
    niger, 49, 59, 61.
    odorus, 493.
    viridis, 149.
Helminthia echioides, 83. 526
Helosciadium nodiflorum, 84, 138.
    repens, 149, 207.
Hemerocallis flava, 166.
    fulva, 139, 149, 150, 152.
Heracleum alpinum, 474, 477.
    austriacum, 477.
    montanum Schl. (asperum auct. non
    Bieb.), 477.
    Pollinianum Bert. 477.
    pyrenaicum Lam., 477.
    Sphondylium, 477.
    Sp. f. elegans Koch, 477.
Herbe aux cuillers, 448.
Herniaria alpina, 409, 430.
    glabra, 139, 521.
    hirsuta, 139.
Hesperis matronalis, 526.
Hêtre, 15, 16, 19, 20, 21, 22, 23, 177, 240,
    465.
Heteropogon Allioni, 33, 45, 50.
Hieracium, 334, 335, 339, 415, 426.
    albidum, 376, 417, 438, 484, 485, 487.
    alpicola Schl., 413, 415.
    alpinum, 335, 417, 484, 485, 506.
    andryaloides, 481.
    atratum Fr., 411.

Hieracium aurantiacum, 358, 453, 485.
    australe Fr., 69.
    boreale, 187.
    bupleuroides, 469.
    cymosum, 163.
    glaucum, 469, 483.
    Jacquini, 469, 483.
    lanatum, 117, 123, 126, 138, 153, 290,
    293, 408, 446, 481.
    ligusticum, 481.
    longifolium Schl., 445.
    monticola Jord., 487.
    ochroleucum, 453.
    Peleterianum, 115, 409.
    picroides, 438.
    pictum Schl., 117, 408.
    porrifolium, 50, 61, 67.
    prenanthoides, 438.
    sabinum, 153, 411, 415, 417, 443.
    Schraderi, 453.
    scorzonerifolium, 469.
    vogesiacum, 474, 478, 487.
    Zizianum Tausch, 162.
Hierochloa odorata, 221, 222, 224.
Himantoglossum hircinum, 137, 168.
Hippophaë rhamnoides, 110, 150, 167.
Hirschfeldia adpressa, 524.
Holopleura, 500.
Homogyne alpina, 215, 257, 396.
Hordeum distichum, 512.
    hexastichon f. sanctum Heer, 512.
    murinum, 522.
    vulgare, 286.
    Zeocriton, 203, 479.
Horminum pyrenaicum, 59, 61, 67, 431, 448.
Hottonia palustris, 139, 167.
Houx, 181.
Hugueninia tanacetifolia, 408, 414.
Hutschinsia alpina, 98, 373, 396.
    a. f. affinis Jord., 376, 409.
    petræa, 83, 99, 116, 164, 481.
Hydrocharis Morsus ranæ, 167, 207.
Hydrocotyle vulgaris, 167, 207.
Hyoscyamus niger, 522.
Hypecoum pendulum, 170.
Hypericum Coris, 148, 152.
    pulchrum, 187.
    Richeri, 369, 474, 475.
Hypochæris glabra, 211.
    maculata, 139.
    uniflora (helvetica), 368, 404, 426, 453,
    487.

Hyssopus officinalis, 50, 51, 109, 117, 163.

I

Iberis, 331.
   amara, 138, 519, 520.
   aurosica, 520.
   Garrexiana, 136.
   granatensis, 520.
   nana, 520.
   panduræformis Pourr., 519.
   pinnata, 90, 519.
   saxatilis, 136, 164, 483.
Ilex Aquifolium, 181.
Illecebrum verticillatum, 63, 212.
Ingrain, 514.
Inula Britanica, 89, 139.
   hirta, 49, 52, 163, 164, 212.
   montana, 127, 414.
   salicina, 466.
   spiræifolia, 49, 56, 414.
   Vaillantii, 84, 90, 149, 152, 208.
Iris germanica, 52, 115, 118, 139, 158, 168.
   graminea, 63.
   lutescens Lam., 121.
   sibirica, 167, 207.
   virescens Red., 121.
Isnardia palustris, 83, 209.
Isoëtes, 488.
   echinospora, 66.
   lacustris, 66, 486.
   Malinverniana, 66.
Isopyrum thalictroides, 84, 482.

J

Jasonia, 332.
Jasione montana, 236, 311, 464.
   perennis, 486, 487.
Jasminum fruticans, 139.
Jubæa spectabilis, 78.
Juglans, 538.
   regia, 15, 229.
Juncus, 334, 371.
   alpinus, 221, 380.
   arcticus, 344, 380, 409, 415, 437, 506.
   castaneus, 321, 437.
   filiformis, 171, 453.
   Hostii, 60, 318, 447, 454.
   Jacquini, 334, 440, 444.
   squarrosus, 11, 222, 224, 412, 437, 443, 488.

Juncus stygius, 200, 221, 222, 224, 472.
   supinus, 221.
   trifidus, 318, 358, 376, 417.
   triglumis, 319, 451, 453, 506.
Juniperus nana, 280, 319, 367, 373, 390, 427, 453.
   Sabina, 61, 110, 123, 149, 150, 153, 228, 290.
Jurinea Pollichii, 199.
   pyrenaica, 356.

K

Kentrophyllum lanatum, 83, 114, 123, 126.
Kernera saxatilis, voir Cochlearia.
Knautia longifolia, 469.
Kobresia caricina, 411, 441, 506.
Kochia prostrata, 127.
Kœleria glauca, 199, 211.
   gracilis Pers., 113, 123, 126, 199.
   hirsuta, 326, 411, 428, 443.
   phleoides, 80.
   valesiaca, 51, 113, 123, 126, 138, 150, 492.

L

Lactuca, 522.
   augustana All., 120.
   perennis, 97, 109, 138, 158, 163, 483.
   saligna, 83, 169, 526.
   sativa, 285.
   Scariola, 521.
   viminea, 116, 123.
   virosa, 83, 116, 139, 521.
Lagane, 65.
Lagerstrœmia indica, 78.
Lamium album, 522.
   incisum, 83, 99.
   maculatum, 522.
   purpureum, 522.
Lappa, 521.
   officinalis (major), 227.
   tomentosa, 227, 228.
Laserpitium gallicum, 80.
   Gaudini Mor., 56, 59, 67, 158, 237, 270, 285, 348, 434, 436.
   hirsutum, 327, 411, 430, 440.
   latifolium, 227, 236, 468.
   nitidum Zant, 60.
   peucedanoides, 60, 67, 237.
   Siler, 125, 227, 469.
Lasiagrostis Calamagrostis, 158, 228.

36

Polentilla multifida, 408, 415.
nitida, 60, 454.
nivalis, 356.
nivea, 321, 344, 371, 401, 409, 414, 415, 430, 439, 506.
opaca, 163, 168, 210.
petiolulata Gand., 481, 482.
præcox, 163.
procumbens, 165.
recta, 116.
reptans, 521.
rupestris, 83, 115, 163, 209, 481.
splendens Ram., 504.
supina, 169.
Valderia, 370.
verna, 389.
Potentilles, 334.
Prenanthes purpurea f. tenuifolia L., 56, 237.
Primivères, 334.
Primula acaulis (grandiflora), 90, 139, 140, 141, 149, 152, 153, 154, 157, 166, 228, 339, 378, 494.
Auricula, 200, 215, 318, 375, 469, 480, 488, 507, 520.
calycina Duby, 56, 59.
Daonensis, voir œnensis.
elatior, 339, 378, 433.
farinosa, 69, 214, 215, 220, 222, 223, 324, 334, 337, 354, 378, 427, 451, 458, 488.
glutinosa, 337, 429, 450.
g. f. exilis Br., 437.
grandiflora, voir acaulis.
graveolens Heg. (viscosa All. sec. Kerner), 412, 428, 430, 458.
hirsuta All. (viscosa Vill.), 98, 318, 337, 375, 376, 396, 427, 430, 458.
integrifolia, 337, 341, 356, 377, 397, 430, 438, 441, 444, 450, 457, 493, 494.
latifolia Lap., 412.
longiflora, 406, 412, 415, 417, 458.
marginata, 369.
minima, 11, 337, 431.
œnensis Thom. (Daonensis Leyb.), 429, 435, 458.
officinalis, 339, 427, 433.
o. f. suaveolens Bert., 95, 481.
pedemontana, 337, 416, 458.
stricta Horn., 458.
Protea, 539.
Protococcus nivalis, 399.

Prunella alba, 139.
Prunus avium, 190, 286.
Cerasus, 163.
Laurocerasus, 76.
lusitanica, 76, 161.
Mahaleb, 52, 110, 137, 138, 153, 163, 168, 311, 464, 483, 512.
Padus, 109, 425, 427.
spinosa, 137.
Pseudolarix Kæmpferi, 77.
Ptarmica, voir Achillea.
Pteris cretica, 31, 33, 48, 50, 123.
Pterocarya, 54, 538.
Pterocephalus, 332.
Ptilotrichum, 332.
Ptychotis heterophylla, 39.
Pulicaria dysenterica, 521.
vulgaris, 139, 521.
Pulmonaria angustifolia, 83.
azurea Bess., 63, 435.
montana Lej., 95, 257.
Punica Granatum, voir Grenadier.
Planchoni, 507.
Pyrola chlorantha, 214.
media, 214.
rotundifolia f. arenaria, 282.
umbellata, 199, 210, 489.
uniflora, 13, 285.
Pyrus communis, 190.
japonica, 132.
Malus, 190,

Q

Quercus Cerris, 50, 237.
Ilex, 74, 87.
pedunculata, 186.
pubescens, 135, 168, 186, 483.
Robur f. fastigiata, 239.
sessiliflora, 186.

R

Racomitrium heterotrichum, 226.
Ramondia, 332.
Ranunculus aconitifolius, 214, 388, 468.
acris, 528.
alpestris, 378, 395.
aquatilis f. confervoides Fr., 372.
arvensis, 515, 516, 517.
demissus, 378.
fluitans, 167.

Trifolium scabrum, 52, 88, 138, 167.
    spadiceum, 334, 446, 488.
    striatum, 83, 138, 167.
Trigonella Fœnum græcum, 364.
    monspeliaca, 114, 126, 170.
Trinia vulgaris, 137, 139, 168.
Triodia, 311.
Trisetum alpestre, 60.
    flavescens, 528.
    Gaudinianum Boiss., 112, 113, 119, 123,
      126.
    subspicatum, 320, 376, 397, 440.
Triticum biflorum Brign., 114.
    dicoccum, 203, 479, 511, 512.
    durum, 203.
    glaucum Desf., 167.
    monococcum, 203, 479, 511, 512.
    polonicum, 203.
    Spelta, 202.
    turgidum, 203, 512.
    vulgare, 202.
    v. f. antiquorum Heer, 512.
Trochiscanthes nodiflorus, 98, 99.
Trollius europæus, 214, 324, 388, 468.
Tulipa Didieri Jord., 121.
    maleolens Reb. (Oculus Solis Gaud. non
      St. Am.), 121, 123, 519.
    præcox Ten., 121.
    silvestris L., 139, 503, 523.
Tulipiers, 538.
Tunica Saxifraga, 52, 69, 115, 158, 212.
Turgenia latifolia, 116, 211, 519.
Tussilago Farfara, 427.
Typha angustifolia, 110, 116.
    latifolia, 110.
    minima, 167.
    Shuttleworthii K. S., 207.

U

Ulmus campestris f. montana, 189.
    effusa, 163, 189.
Umbilicus, 332.
    pendulinus, 50.
Urtica dioica, 381.
    urens, 381, 522.
Usnea barbata, 249.
Utricularia, 471.
    Bremii, 221.
    intermedia, 221.
    minor, 221.
    vulgaris, 221.

V

Vaccinium, 216, 353, 427.
    Myrtillus, 316, 391, 471.
    Oxycoccus, 220, 471, 505.
    uliginosum, 220, 222, 223, 367, 372,
      375, 391, 471, 505.
    Vitis Idæa, 270, 316, 391, 471.
Valeriana celtica, 406, 410, 415.
    globulariæfolia, 356.
    montana, 469, 483.
    Saliunca, 369, 401, 408, 415, 445.
    saxatilis, 60, 412, 444, 447, 449, 454,
      494.
    supina, 397, 435, 437.
    tripteris, 483.
Valerianella carinata, 139, 519.
    eriocarpa, 519.
Vallisneria spiralis, 50, 64.
Veratrum album, 215, 486.
    nigrum, 67, 237.
Verbascum, 522.
    Blattaria, 139.
    floccosum W. K., 51, 90, 167, 491.
    montanum, 282.
Verbena officinalis, 522.
Verne, 46, 387.
Veronica, 426.
    acinifolia, 83, 139, 168, 519.
    Allionii, 369.
    alpina, 319, 486.
    fruticulosa, 453.
    persica, 523.
    petræa, 358.
    præcox, 168.
    prostrata, 116.
    saxatilis, 215, 375, 440, 486.
    scutellata, 171.
    spicata, 236.
    verna, 63, 116.
Vesicaria utriculata, 99.
Viburnum Tinus, 87.
Vicia argentea, 356.
    Faba, 515.
    Gerardi, 149, 152, 199, 282.
    hirsuta. 152.
    hybrida, 90.
    lathyroides, 83, 116, 211.
    lutea, 83, 89, 519.
    narbonensis, 137, 164, 169.
    onobrychioides, 114, 126, 293, 519.

NOMS DES ANIMAUX

Satyrus S. f. Allionia, 115.
Spilothyrus Alceæ, 53.
    Altheæ, 52.
    Lavateræ, 116, 141.
Steropes Aracinthus, 52.
Syntomis Phegea, 52, 62, 68.
Syrichthus Carthami, 116, 141, 433.
    Sao, 141.
    Serratulæ, 258.

T

Thecla, 172.
    Acaciæ, 141.
    Spini, 483.
Tomicus Cembræ, 270.
Triphosa Sabaudiata, 483.

V

Vanessa Levana, 185.

Vanessa Polychloros, 213.
    Urticæ, 213.
    Xanthomelas, 213.

Z

Zygæna Achilleæ, 141, 433.
    Charon Hb., 125.
    Ephialtes, 51, 62, 116.
    exulans, 224, 400.
    Fausta, 141, 433.
    Filipendulæ, 433.
    Hippocrepidis, 141.
    Minos, 433.
    Orion H. S., 125.
    Peucedani, 141, 171.
    Piloselæ f. Pluto, 431.
    transalpina Esp., 51, 117, 125, 433.
    t. f. Hippocrepidis, voir Hippocrepidis.

LOCALITÉS

A

Aigle, 96.
Alesse, 321.
Algaby, 125.
Alpes bavaroises, 19.
    d'Appenzell, 453.
    de Fogarasch, 357.
    de Glaris, 443.
    maritimes, 369.
    des Petits cantons, 442.
    de Transylvanie, 357.
    d'Uri, 442.
    vaudoises, 445.
Alpstein, 452.
Alsace, 166.
Altorf, 146.
Alvier, 451.
Andelfingen, 210.
Apennins, 30.
Appenzell, 453.

B

Bâle, 39, 166.
Bassin du Rhône, 79, 126.
Bavière, 211, 519.
Bellinzone, 34.
Bex, 96.
Branson, 111, 119.
Bregaglia, 68.
Bregenz, 166.
Brévine, 137.
Brigue, 124.
Bruderholz, 168.

C

Camoghé, 57.
Château-d'Œx, 153.
Churfirsten, 449, 451.
Coire, 155.
Corni di Canzo, 56.

ADDENDA ET CORRIGENDA

Page 55, Centaurea transalpina s'étend jusqu'en Hongrie.

Page 61. l. 14 d'en haut : lisez Genista *tinctoria* f. Perreymondi au lieu de G. germanica f. P.

Page 103, l. 7 d'en bas : lisez *Asplenium* au lieu d'Asperium.

Page 139, l. 7 d'en haut : lisez Pulicaria *vulgaris* au lieu de germanica.

Page 168, l. 9 d'en bas : lisez *Holostea* au lieu de Xolostea.

Page 185, en haut lisez : *Paphia* au lieu de Papia.

Page 240, l. 3 d'en haut : lisez Genista *tinctoria* f. Perreymondi au lieu de germanica.

Page 409, l. 13 d'en bas : biffez Alvier, où Schlatter et Wartmann n'indiquent plus l'Oxytropis lapponica.

Page 440, l. 6 d'en haut : lisez G. *brachyphylla* au lieu de trachyphylla.

Page 453, l. 12 d'en haut : biffez Hieracium ochroleucum.

Page 522, l. 7 d'en haut : lisez Tanacetum *vulgare* au lieu d'officinale.

Page 527, l. 8 d'en haut : ajoutez *Impatiens parviflora* et *Matricaria discoidea*.

H. GEORG, ÉDITEUR, GENÈVE-BALE-LYON

Extrait du Catalogue.

Berlepsch (H.-A.), *Les Alpes,* Descriptions et Récits. Édition ornée de 16 illustrat., d'après les dessins de E. Rittmeyer. Trad. autorisée. 1868. In-8°, broché, 10 fr.; demi-rel., tr. dor... 14 —

« Ce livre ne peut manquer de rencontrer en Suisse et à l'étranger un accueil sympathique. La belle impression et les illustrations dont il est orné le placent à côté de l'ouvrage bien connu de Tschudi sur les Alpes; seulement ici le but principal est de décrire la nature et la vie des montagnards. L'auteur, qui depuis de longues années a voué ses recherches à la topographie et à l'ethnographie des Alpes, parle en connaissance de cause et raconte ce qu'il a vu lui-même. De là le ton de vérité dans les tableaux qu'il expose au lecteur. Il anime ses scènes, leur donne la couleur pittoresque qui plaît dans une lecture, et généralement nous retrouvons la chaleur qui naît de l'enthousiasme de l'auteur pour son sujet. Il ne montre pas moins de tact à éviter les longueurs, qualité que nous nous plaisons à lui reconnaître. » (*Nouv. Gaz. de Zurich.*)

Babey (C.-M.-Phil.), *Flore jurassienne* ou Description des plantes qui croissent naturellement dans les montagnes du Jura et les plaines qui sont au pied. 4 vol. in-8°, 1846, au lieu de 36 fr.... 20 —

Boissier (Edm.), *Voyage botanique dans le midi de l'Espagne* pendant l'année 1837. 2 vol. gr. in-4°, 206 pl., 1839-45 ...... 150 —
— Idem, col. .... 242 —
— Quelques exemplaires sur papier velin, planches coloriées, publié à fr. 400, ... 342 —
— *Icones Euphorbiarum*, ou figures de 122 espèces du genre Euphorbia, dessinées par Heyland, avec des considérations sur la classification et la distribution géographique des plantes de ce genre. In-fol., 120 pl. lith., 1866 .... 70 —
— *Flora orientalis* sive enumeratio plantarum in Oriente a Græcia et Aegypto ad Indiæ fines hucusque observatarum. Vol. I. Thalamifloræ. In-8°, 1017 p. 1867.................... 20 —
— — Vol. II. Calycifloræ. In-8°, 1160 p. 1872........... 25 —
— — Vol. III. Calycifloræ Gamopetalæ. 1035 p. 1875...... 25 —
— — Vol. IV. 1. 2. Corollifloræ. 1276 p. 1875........... 26 —
— — Vol. V. 1. Monocotyledoneæ. 428 p. 1882........... 10 —

Une flore d'Orient où toutes les espèces nouvellement décrites seront systématiquement classées est devenue nécessaire à la botanique proprement dite; elle ne l'est pas moins à la géographie botanique; c'est donc un vrai service que M. Boissier, connaisseur si parfait de la végétation de l'Orient, a rendu aux sciences en se livrant à un travail si colossal que la *Flora orientalis.*

Brun (J.), *Diatomées des Alpes et du Jura,* et de la région suisse et française des environs de Genève. 1 vol. in-8° de 150 pages et 9 pl. 1880.. 10 —

Bulletin des travaux de la Société botanique de Genève. Année 1879 et 1880, in-8° avec 1 planche........................... 3 70

Renferme entre autres : Prof. Müller, les Characées genevoises. — Id. Nouvelle classification végétale.

Burnat et **Barbey,** *Notes sur un voyage botanique dans les îles Baléares* et dans la province de Valence (Espagne). Mai et juin 1881. Gr. in-8°, 62 pages, 1 pl......................... 3 —

Burnat et **Gremli,** *Les roses des Alpes maritimes.* Études sur les roses qui croissent spontanément dans la chaîne des Alpes maritimes et le département de ce nom. Petit in-8°. 1877........ 4 —

Candolle (Alph. de), *Lois de la Nomenclature botanique,* adoptées par le Congrès international de botanique à Paris en août 1867. 2ᵉ édit. In-8°. 1867............................... 2 —
— *Nouvelles remarques sur la nomenclature botanique.* In-8°. 1883.
— *Darwin,* considéré au point de vue des causes de son succès et de l'importance de ses travaux. 2ᵉ édition augmentée. In-12°, 46 p. 1882....................................... 1 50

Candolle (Casimir de), *De la production naturelle et artificielle du liège* dans le chêne-liège. In-4°, 3 pl., 1880............... 3 50
— *Anatomie comparée des feuilles* chez quelques familles de Dicotylédones, In-4°, 84 p. et 2 pl. 1879................... 5 —
— *Considérations sur l'étude de la Phyllotaxie.* In-8°, 78 p. et 2 pl. 1881... 3 50
— *Nouvelles recherches sur les Pipéracées.* In-4°, 17 p. et 15 planch. 1882... 10 —

Christ (Dʳ H.), Ueber die *Pflanzendecke des Juragebirgs.* In-8°. 1868... 1 —
— *Die Rosen der Schweiz* mit Berücksichtigung der umliegenden Gebiete Mittel- und Süd-Europa's. Ein monographischer Versuch. In-8°, 220 p. 1873............................... 6 —

La monographie de M. Christ est appelée à faire sensation, elle est le résultat de longues et patientes recherches.

— *Ob dem Kernwald.* Schilderungen aus Obwaldens Natur und Volk. In-12°, 255 p. 1869............................... 2 70

Compte rendu *des travaux de la Société Hallérienne.* Genève, 1852-56, in-8°, très rare..................... .... 10 —

D'Angreville (J.-E.), *Flore valaisanne,* 217 p. Genève, 1863. 2 75

Déséglise (Alf.), *Description et observation sur plusieurs rosiers de la flore française,* fasc. 1 et 2, 1880-81............... 2 —
— *Florula Genevensis advena* avec supplém., 1878-81....... 2 —
— Menthæ Opizianæ, extrait du *Naturalientausch* et du *Nomenclator botanicus,* avec une clef analytique. In-8°, 1881........ 2 —
— et **Durand** (Th.), *Description de nouvelles Menthes.* 8°, 1879. 2 —

Fatio (V.), *Faune des Vertébrés* de la Suisse. Vol. I. Mammifères. In-8°, 410 p., avec 8 pl., dont 5 col. 1869............... 16 —
— Vol. III. Reptiles et Batraciens. 616 p. et 5 pl., dont 3 col. 1872. 18 —
— Vol. IV (Poissons I). 786 p. et 5 pl. col................. 25 —

Fauconnet (Dʳ Ch.), *Herborisations au Salève.* In-8°. 1867. 4 —
— Promenades botaniques aux Voirons et supplément aux herborisations. In-8°. 1868.................................... 2 —
— Excursions botaniques dans le Bas-Valais. In-8°, 145 p. 1872 3 —

Forel (Dʳ Aug.), *Les fourmis de la Suisse.* Systématique, notices anatomiques et physiologiques, architecture, distribution, géographie, nouvelles expériences et observations de mœurs. In-4°, 452 p., avec 2 pl., 1874 .... 15 —
Monographie épuisant le sujet complètement, voir : *Revue des Deux-Mondes,* 15 octobre 1875. — Ouvrage couronné par la Société helvétique des sciences naturelles et par l'Académie des sciences à Paris avec le prix *Thore,* destiné à récompenser les meilleurs travaux sur la zoologie (parus 1874).

Gillot (D.-H.), Étude sur la flore du Beaujolais. In-8°, 30 p. 1880. 2 —

Leresche et **Levier,** *Deux excursions botaniques dans le nord de l'Espagne et le Portugal* en 1878 et 1879. In-8°, 196 p. et 9 pl. 6 fr.

Lunel (G.), *Histoire naturelle des poissons du bassin du Léman.* In-folio, xii et 120 p., 20 pl. coloriées. 1874............ 120 —
Tiré à 120 exemplaires.

Minks (A.), *Das Microgonidium.* Ein Beitrag zur Kenntniss des wahren Wesens der Flechten. 1 Bd. In-8° mit 6 col. Tafeln. 1880. 15 —

Mueller (Dr Jean), *Monographie de la famille des Résédacées*. In-4°, 239 p., 10 pl. lith. 1857. Publié à 25 fr. Prix réduit...... 15 —

Ouvrage couronné par le prix quinquennal fondé par Pyr. de Candolle. La seule monographie qui ait été publiée sur les Résédacées.

— *Principes de classification des Lichens* et énumération des Lichens des environs de Genève. In-4°, 3 pl. 1862................ 5 —

Mulsant (E.) et **Verreaux** (Ed.), *Histoire naturelle des oiseaux-mouches* ou colibris constituant la famille des Trochilidés. 4 vol. gr. in-4°, chacun contenant 16 pl. lithographiées, coloriées à la main et atlas suppl. de 56 pl. Prix pour l'ouvrage complet....... 200 —

Rambert (E.), *Les Alpes suisses*. 3mo et 5me série à 3 50
Les autres séries sont épuisées.

Rion (Chanoine), *Guide du botaniste en Valais*, publié par Ritz et Wolff sous les auspices de la section Monte-Rosa du S. A. C. (Sion). 244 p. 1872.. 5 —

Rütimeyer (L.), *Der Rigi*. Berg, Thal und See; naturgeschichtliche Darstellung der Landschaft. 160 p. mit 13 Illustr. von A. Stieler nach Skizzen des Verfassers und 1 col. Karte (das erratische Gebiet des Rigi und Umgebung). In-4°, 1877. Br. 15 fr., eleg. gebunden. 20 —

INHALT : Die *Landschaft* und ihr allgemeiner Inhalt. — *Gestalt* und allgemeiner Bau des Berges. — *Geschichte der Gegenwart* : Verwitterung, Bergstürze, etc. — *Aeltere Erinnerungen* : Eisbedeckung. — *Vorzeit* : Der Leib des Berges. — *Umgebung* : Thal und See.

« Es war ein glücklicher Griff, das grossartige Natur-Idyll wissenschaftlich zu studiren und so uns dessen einzelne Bestandtheile zum Verständniss zu bringen... Neu war uns jedoch das künstlerische Element, welches der Verfasser sowohl als Zeichner, wie Schilderer vor uns entfaltet. »

Natur, 1878, Nr. 4.

Saint-Lager (Dr), *Catalogue des plantes vasculaires de la flore du bassin du Rhône*. Gr. in-8°, 886 pages, 1883............ 20 —

Tschudi (F. de), *Le monde des Alpes*, ou description pittoresque des montagnes de la Suisse et particulièrement des animaux qui les peuplent. Traduction par O. Bourrit. 2e édit., ornée de 24 superbes gravures sur bois. Un beau vol. gr. 8°. Br. 15 fr., relié, doré 20 —

« La Bible des Alpes, que chacun doit avoir avec soi. » MICHELET.

« ...M. Bourrit l'a rendu accessible au public français par une traduction élégante et exacte. Le charme qui se dégage de la lecture de ce livre ne s'explique pas uniquement par la vivacité des récits, par l'originalité et le coloris des descriptions, il est dû aussi à l'attrait particulier qu'exerce, même à distance, ce monde mystérieux des montagnes, toujours isolé au milieu de la civilisation. » (*Revue des Deux Mondes*, janvier 1870.)

H. GEORG, Libraire-Éditeur, BALE-GENÈVE-LYON

HISTOIRE

DE LA

CONFÉDÉRATION SUISSE

PAR

Alexandre DAGUET

SEPTIÈME ÉDITION
refondue et considérablement augmentée
2 vol. grand in-8°. Broché, fr. 14.

Lorsqu'un livre atteint sa *septième* édition, il semble au premier abord qu'on pourrait se dispenser d'en parler, car il ne s'agit pas d'un nouveau venu et les suffrages du public le recommandent d'avance.

Mais lorsqu'on embrasse un champ aussi vaste que le fait le sympathique professeur de Neuchâtel, il n'est guère possible de se reproduire purement et simplement. Les recherches historiques vont en effet leur train dans notre Suisse ; on défriche sans cesse ; ni les particuliers, ni les sociétés d'histoire ne demeurent oisives. « Il faut donc que les écrivains qui ont entrepris de donner au public des résumés généraux, exacts et complets, suivent la course des investigateurs, recueillent leurs découvertes, modifient sur quelques points leur premier travail, le complètent sur presque tous et une nouvelle édition devient, en quelque sorte, dans ces conditions, un nouvel ouvrage. »

C'est là une observation qui s'applique tout spécialement au nouveau volume de M. Daguet et cette édition, qui vient de sortir de presse, contient plus du double de la troisième édition que nous avons sous les yeux. C'est surtout dans la partie la plus rapprochée des origines que nous rencontrons le plus de développements nouveaux. Un chapitre entier est consacré à l'âge lacustre. L'époque celtique et la période romaine sont traitées avec ampleur. D'abondants renseignements sont donnés sur l'établissement des Barbares et notamment sur la monarchie burgonde. Après Charlemagne, les rapports de l'Helvétie avec les diverses dynasties impériales sont nettement élucidés.

L'auteur a voué un soin spécial au chapitre des origines de la Confédération. Il ne se contente plus de présenter la narration traditionnelle qui a longtemps passé pour l'histoire ; il expose fidèlement les objections qui ont été élevées contre ce récit et place en regard de ces objections les arguments invoqués en faveur de l'historicité totale ou partielle de la version que la tradition a consacrée.

Dans la partie la plus moderne de son volume, M. Daguet, tout en présentant çà et là quelques pages nouvelles, s'écarte moins de son ancien texte.

L'auteur a conduit ce premier volume, qui contient 455 pages, jusqu'à la Réformation. Si le second tome présente les mêmes proportions et reçoit la même extension, notre excellent compatriote aura mis la dernière main à une œuvre éminemment utile et il partagera avec son illustre devancier, M. L. Vulliemin, la reconnaissance de la jeunesse de notre Suisse romande, qu'il aura familiarisée avec la connaissance des annales de la Confédération.   A. R.

(Journal de Genève, 1879. N° du 1er janvier.)